"十三五"国家重点出版物出版规划项目

能源革命与绿色发展丛书

普通高等教育能源动力类系列教材

# 新 能 源 系 统

王如竹　李　勇　罗永浩　马　涛

章俊良　熊珍琴　葛天舒　　编著

U0379852

机械工业出版社

新能源一般是指太阳能、风能、生物质能、海洋能、地热能及核能等。本书主要内容包括：新能源资源及转换相关原理及技术，储能相关原理及技术（包括电能储存、热能储存），氢能与燃料电池，多能互补、可持续能源系统，碳减排技术评价与分析。通过对混合能源系统、智能电网及综合能源系统最新进展的描述，为读者绘制了一幅现代能源系统发展全景图。

　　本书为理工科院校能源类相关专业本科教材，也可作为能源类相关专业研究生的参考用书，还可供从事新能源技术研发的相关科技人员参考使用。

**图书在版编目（CIP）数据**

新能源系统/王如竹等编著. —北京：机械工业出版社，2021.6
（2023.6 重印）

（能源革命与绿色发展丛书）

"十三五"国家重点出版物出版规划项目　普通高等教育能源动力类系列教材

ISBN 978-7-111-69292-8

Ⅰ.①新…　Ⅱ.①王…　Ⅲ.①新能源-高等学校-教材　Ⅳ.①TK01

中国版本图书馆 CIP 数据核字（2021）第 203583 号

机械工业出版社（北京市百万庄大街 22 号　邮政编码 100037）
策划编辑：蔡开颖　责任编辑：蔡开颖　段晓雅　杨晓花
责任校对：张　征　封面设计：张　静
责任印制：张　博
北京建宏印刷有限公司印刷
2023 年 6 月第 1 版第 2 次印刷
184mm×260mm · 25 印张 · 619 千字
标准书号：ISBN 978-7-111-69292-8
定价：79.00 元

电话服务　　　　　　　　网络服务
客服电话：010-88361066　机 工 官 网：www.cmpbook.com
　　　　　010-88379833　机 工 官 博：weibo.com/cmp1952
　　　　　010-68326294　金 书 网：www.golden-book.com
**封底无防伪标均为盗版**　机工教育服务网：www.cmpedu.com

# 前言

　　能源是现代社会发展的动力。随着我国经济和人民生活水平的提高，能源需求越来越大。当前我国已经是全球能源消耗最大，同时也是 $CO_2$ 排放较多的国家之一。我国的能源结构仍以煤为主，并且石油的对外依存度已达到 70% 左右。从环境保护、气候变化、能源安全等多个角度考虑，我国必须在节能和使用新能源方面做出巨大努力。特别是新能源推广及规模化利用属于开源的一个重要方面，是我国能源转型和持续发展的重要战略。发展可再生新能源是当前科技界及产业界的当务之急，培养具备新能源原理及技术知识的人才也是当前高等教育的重要任务。

　　党的二十大报告指出，要"推动绿色发展，促进人与自然和谐共生"，并对此作出系统部署："一是加快发展方式绿色转型，二是深入推进环境污染防治，三是提升生态系统多样性、稳定性、持续性，四是积极稳妥推进碳达峰碳中和"。新能源的开发与利用正是贯彻了党的二十大提出的"立足我国能源资源禀赋，坚持先立后破，有计划分步骤实施碳达峰行动"的理念，可以说发展新能源系统是我国实现"双碳"目标的必然选择。

　　按照当前常用的定义，新能源是以新技术和新材料为基础，使可再生能源、氢能和原子能（核能）得到现代化的开发和利用的能源，用于替代资源有限、对环境有污染的化石能源。以太阳能、风能和生物质能为代表的可再生能源，其资源可谓无限，但又存在不稳定、间歇性及能源密度不高等缺陷。要想增大可再生能源占总能源的利用比例，必须首先解决好新能源存在的上述缺陷。随着新材料及新技术的不断涌现，未来的能源系统将是可再生能源和化石能源混合的系统，称为新能源系统。与单纯的化石能源系统比较，新能源系统具有结构与控制复杂、能源协同互补等特点。因此，多种能源的输送、储存、协同互补也成为当前研发的热点。同时，由于电能使用具有很大的便捷性，并且电力系统已经有较好的基础设施，电能占总能源的比例必然上升。为适应新能源系统，电网系统需要发展为智能电网系统。

　　本书首先介绍了新能源的转换技术，包括太阳能、风能、生物质能以及其他可再生能源转换技术。为使这些能源能够单独或者与化石能源协同可靠运行，稳定满足用户需求，本书接着介绍了储能的相关原理及技术，包括电能储存及热能储存。然后介绍了混合能源系统、智能电网及综合能源系统最新进展，为读者绘制了一幅现代能源系统发展全景图。由于气候变化是当前全球面临的共同挑战，也是新能源系统需要应对的重要问题，本书最后一章介绍了碳减排技术评价与分析。

　　本书是在上海交通大学本科高年级及研究生通用课程"新能源系统"讲授多年的教案基础上总结而成的。第 1 章、第 2 章、第 8 章由王如竹撰写，第 6 章 6.1 节和 6.2 节、第 10 章由李勇撰写，第 5 章由罗永浩撰写，第 3 章、第 11 章由马涛撰写，第 7 章、第 9 章由章俊良撰写，第 6 章 6.3 节由熊珍琴撰写，第 4 章由葛天舒撰写。全书由李勇统稿。研究生陈旭东参与了本书的部分工作。

　　由于编著者学识水平有限，新能源系统相关技术也处于迅速发展和变化中，书中可能存在一些疏漏，恳请广大读者予以批评指正。

编著者

# 目 录

思考题

# 第1章

# 引　言

能源是人类生存和发展的重要物质基础，也是当今国际政治、经济、军事、外交关注的焦点。我国经济社会持续快速发展，离不开有力的能源保障。在经济全球化深入发展和我国现代化加快推进的大背景下，如何认识能源发展趋势，选择什么样的能源发展战略，采取什么样的政策措施，是十分重要的问题，需要认真思考。

化石燃料能源的日渐减少，以及由化石燃料引起的严重环境污染和 $CO_2$ 温室气体排放，使得可再生能源逐步获得发展机遇。与此同时，作为碳排放较少、能源密度大的核能也得到了更多重视。我国在未来 20~50 年内，可再生能源与核能将是保障能源供给、控制 $CO_2$ 排放的有效手段。

## 1.1　能源的分类与定义

在能源利用总量不断增长的同时，能源结构也在不断变化。人类的能源利用经历了从薪柴时代到煤炭时代，再到油气时代和核能时代的演变，目前正逐步向可再生能源时代迈进。每一次能源时代的变迁，都伴随着生产力的巨大飞跃，极大地推动了人类经济社会的发展。同时，随着人类使用能源特别是化石能源的数量越来越多，能源对人类经济社会发展的制约和对资源环境的影响也越来越明显。

能源是能够提供能量的资源。这里的能量通常指热能、电能、光能、机械能、化学能等。能源可以分为一次能源与二次能源。一次能源主要是自然界中存在的能源，包括化石能源及核能等不可再生能源，以及太阳能、风能等可再生能源。二次能源是经过转化后可以利用的能量，如电、热、冷、机械能等能量形态。

### 1.1.1　化石能源

化石能源是由几亿年前的活生物的遗体形成的，主要包括煤炭、石油和天然气等。目前化石能源仍然是人类使用的主要能源。

煤炭是由远古的植物因埋在地下而形成的一种固态化石燃料。煤炭的燃烧会造成环境污染，洁净煤燃烧技术是当前能源领域的热点，许多国家都在开发高参数清洁煤发电技术。

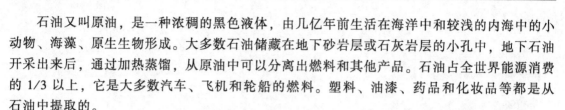

　　石油又叫原油，是一种浓稠的黑色液体，由几亿年前生活在海洋中和较浅的内海中的小动物、海藻、原生生物形成。大多数石油储藏在地下砂岩层或石灰岩层的小孔中，地下石油开采出来后，通过加热蒸馏，从原油中可以分离出燃料和其他产品。石油占全世界能源消费的 1/3 以上，它是大多数汽车、飞机和轮船的燃料。塑料、油漆、药品和化妆品等都是从石油中提取的。

　　天然气是储存于地下多孔岩石或石油中的可燃气体，它的成因与石油的成因相似，由于它比石油轻，所以常位于石油上部。我国四川、新疆等地也有单独成矿的天然气矿藏。天然气具有清洁、价格低廉和供应安全等特点，是比煤炭燃烧产生 $CO_2$ 温室气体少的化石能源，在我国也把它列为清洁能源。近年来在我国发现的资源较丰富的油页岩和煤层气，从中提取燃料成为我国能源资源领域的重点方向，以及在我国南海海底和青藏高原地下发现的带压的天然气水合物，安全高效开采天然气水合物也是我国能源资源领域的重点方向。

## 1.1.2　可再生能源

　　可再生能源包括太阳能、水能、风能、生物质能、海洋能、地热能和空气热能等。它们在自然界可以循环再生，是取之不尽、用之不竭的能源，不需要人力参与便会自动再生，是相对于会穷尽的、非再生能源的一种能源。

　　太阳能是指太阳所负载的能量，一般以阳光照射到地面的辐射总量，包括太阳的直接辐射和天空散射辐射的总和计量。太阳能的利用方式主要有：光伏（太阳能电池）发电系统，将太阳能直接转换为电能；太阳能聚热系统，利用太阳的热能产生电能；被动式太阳房；太阳能热水系统；太阳能取暖和制冷。

　　水能也称为水力能。水不仅可以直接被人类利用，它还是能量的载体。磨坊就是利用水能的好例子。太阳能驱动地球上的水循环，使之持续进行。地表水的流动是重要的一环，在落差大、流量大的地区，水能资源丰富，尤其是在中国、加拿大等河流资源丰富的国家，水力发电更是现代社会的重要能源。我国水力发电目前是可再生能源电力的最主要形式。

　　风能是指风所负载的能量，风能的大小取决于风速和空气的密度。人类使用风力已经有几百年的历史，如风车、帆船等。我国北方地区和东南沿海地区的一些岛屿，风能资源丰富。风力发电已经成为目前可再生能源电力的主体，是与太阳能发电相当的新型能源技术。

　　生物质能是指能够当作燃料的通过光合作用直接或间接形成的各种有机体。生物质能最常见于种植植物所制造的生物质燃料，或用来生产纤维、化学制品和热能的动物或植物。许多植物都被用来生产生物质能，包括秸秆、芒草、柳枝稷、麻、玉米、柳树、甘蔗和藻类等。

　　海洋能是潮汐能、波浪能、温差能、盐差能和海流能的统称。海洋通过各种物理过程接收、储存和散发能量，这些能量以潮汐、波浪、温度差、海流等形式存在于海洋之中。例如，潮汐源于月亮和太阳对地球的吸引力，涨潮和落潮之间所负载的能量称为潮汐能；潮汐和风又形成了海洋波浪，从而产生波浪能；太阳照射在海洋的表面，使海洋的上部和底部形成温差，从而形成温差能。所有这些形式的海洋能都可以用来发电。

　　地热能是贮存在地下岩石和流体中的热能，它可以用来发电，也可以为建筑物供热和制冷。人类很早以前就开始利用地热能，如利用温泉沐浴、医疗，利用地下热水取暖、建造农作物温室、水产养殖及烘干谷物等。但真正认识地热资源并进行较大规模的开发利用却是始

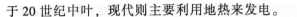

于 20 世纪中叶，现代则主要利用地热来发电。

空气热能是指空气中存在着的无穷无尽的低品位热能，利用空气源热泵消耗压缩功就可以吸收空气中的热能，获得更高品位的热能加热热水或供热，其供热效率往往达到 3~4，即消耗 1 份电力可以从空气中获取 3~4 份的热。空气热能属于可再生的范畴。空气源热泵热水器和空气源热泵供热系统均是高效利用空气环境热能的有效手段，近年来在国内外得到迅速发展和推广应用。

### 1.1.3 新能源

新能源是针对传统化石能源、核能和可再生能源提出的能源技术，包含现代核能、氢能与燃料电池、天然气水合物、储电与储热等。

核能（或称原子能）是通过核反应从原子核释放的能量，符合爱因斯坦的质能方程 $E = mc^2$，其中 $E$ 为能量，$m$ 为质量，$c$ 为光速。核能可通过三种核反应之一释放：①核裂变，较重的原子核分裂释放结合能（如铀的裂变），这也是目前已经广泛采用的技术，1kg 铀可供利用的能量相当于燃烧 2500t 优质煤，核反应堆反应形成高密度热能可以驱动二回路水蒸气发电系统；②核聚变，较轻的原子核（如氘、氚、锂等）聚合在一起释放结合能，氘-氚的核聚变反应需要在上千万度乃至上亿度的高温条件下进行，这样的核聚变反应已经在氢弹上得以实现，但用于生产目的的受控热核聚变在技术上还有许多难题，人造太阳核聚变技术是未来人类解决能源供给的一种前瞻性能源技术，核聚变能被人类寄予厚望，地球上可用的聚变材料数量巨大，受控热核聚变技术一旦成功，将会开辟人类能源应用的新篇章；③核衰变，原子核自发衰变过程中释放能量，这部分核能往往用于核辐射技术。

氢能是未来有发展前景的二次能源之一，有可能成为一种非常清洁的新型燃料。以多种方式制备的氢气，通过燃烧器或燃料电池转变为电力，可以用于汽车、火车等交通工具，实现终端污染物零排放；也可用于工业、商用和民用建筑等固定式发电供热设施。世界上一些主要工业化国家，正在开发氢燃料电池驱动的汽车，并已取得进展。一旦非化石能源廉价制氢、安全储氢输氢、高效耐用燃料电池等关键技术得到解决，尤其是太阳能、核能、生物质能大规模制氢技术取得突破，氢能将得到有效利用。在解决可再生能源不稳定性以及资源侧与需求端不匹配方面，氢往往作为一个能源载体被利用，如太阳能光伏发电和风电制氢，利用氢的可储存和可运输性，可以实现能源利用的优化与调配。

天然气水合物是近年来引起人们重视的非常规天然气资源，它是一种水和甲烷气的晶状混合物，是类冰固体，为超分子结构，具有很强的吸附能力，主要分布在大陆架具有特定高压低温条件下的陆坡地区，部分陆地上的永久冻土带也有分布。由于天然气水合物中通常含有大量甲烷或其他碳氢气体，故极易燃烧，亦被称为"可燃冰"。我国南海已经发现具有丰富的天然气水合物资源，并且已经成功试采。

储电被认为是新能源利用的一个重要内容。由于汽车工业的发展以及可再生能源电力的需求，对储电提出了更高要求，电池因而获得了更加广泛的应用。电动汽车又称为新能源汽车。电池已经从常规的干电池（锰锌电池、氧化银电池、镍镉电池）、铅酸蓄电池、锂电池，发展到磷酸铁锂电池、钠硫电池、锂-空气电池等形态。MW·h 级的储电电池已经获得商业应用。

储热是解决太阳能供给与需求时间不匹配，或者余热供应端与需求端空间不匹配，或者用于调节峰谷电力的有效手段，储热技术比较成熟的是显热（热水、砂石、混凝土为载体）存储，但是储热更加需要储热密度高、成本低、充热和放热可控的新型储热技术，如相变储热以及化学储热。储热器（或称热池）是与电池同样重要的储能技术，亟须发展相应的产品和市场。

## 1.2 能源与社会经济发展的关系

从现代经济社会发展来看，能源问题的重要性主要表现在以下四个方面。

### 1. 能源是现代经济社会发展的基础

现代经济社会发展建立在高水平物质文明和精神文明的基础上。要实现高水平的物质文明，就要有社会生产力的极大发展，有现代化的农业、工业和交通物流系统，以及现代化的生活设施和服务体系，这些都需要能源。在现代社会，人们维持生命的食物用能在总能耗中所占的比重显著下降，而生产、生活和交通服务已经成为耗能的主要领域。从发达国家走过的历程看，当一个国家处于工业化前期和中期时，能源消费通常会经历一段快速增长期；而到了工业化后期或后工业化阶段，能源消费将进入低增长期。历史还表明，当一个国家或地区的人均国民生产总值（GDP）达到一定水平后，居民衣食住用行等方面的能源消费将处于上升阶段，人均生活用能会显著增长。可以说，没有能源作为支撑，就没有现代社会和现代文明。

我国边远地区居民有近 4000 万人没有电力供应，太阳能光伏发电系列工程彻底解决了这部分居民的无电问题，保障了每家每户可以看电视的需求。同时，针对边远及经济落后地区居民的贫困问题，国家推出了光伏扶贫政策，把以前每年拨给扶贫款的做法调整为安装光伏屋顶电站的措施，使得贫困家庭靠光伏电站卖电不断获得经济收益。

### 2. 能源是经济社会发展的重要制约因素

20 世纪 50 年代以来，我国能源工业从小到大，不断发展，特别是改革开放以后，能源供给能力不断增强，促进了经济持续快速发展。但在经济发展过程中，能源供给不足的矛盾十分突出，往往只要固定资产投资规模扩大、经济发展加速，煤电油运就会出现紧张，成为制约经济社会发展的瓶颈。到 20 世纪 90 年代末，随着能源市场化改革不断推进、能源工业进一步对外开放和能源投入的增加，煤炭、电力产能大幅度提高，油气进口增多，能源对经济社会发展的制约得到很大缓解。进入 21 世纪以来，能源供求形势又发生了新的变化，工业化和城市化步伐加快，一些高耗能行业发展过快，能源需求出现了前所未有的高增长态势，能源对经济社会发展的制约又开始加大。我国是一个人口众多的发展中国家，达到较高水平的现代化社会还要走相当长的路。随着经济社会持续发展和人民生活水平不断提高，能源需求还会继续增长，供需矛盾和资源环境制约将长期存在。

近二十多年来，我国制造业飞速发展，基础设施建设涉及的钢铁冶金、建材、化工、煤电等行业发展迅速，一些特大城市率先进入工业化，同时城市人口迅速增加，房地产蓬勃发展，工业、建筑业和交通运输业对能源的需求量不断增加，能源消耗的增长对应着污染排放的增加。在一个健康的生态系统里，所有的污染可以靠大气环境、水环境实现自身循环净化，而当污染量要比环境容量大得多时，环境自身的消化能力已经透支，那么这时就会产生严重的环境问题，如比较突出的京津冀雾霾问题。到了寒冷季节，供热的需求进一步加剧了能源消耗，造成更加严重的环境污染。

### 3. 能源安全事关经济安全和国家安全

能源安全中最重要的是石油安全。20 世纪 70 年代发生的两次世界石油危机，导致主要发达国家经济减速和全球经济波动。21世纪以来，石油价格不断攀升，2008年初原油期货价格曾经超过每桶100美元，油价上涨对全球经济特别是石油进口国经济产生了较大影响，一些国家甚至因石油价格上涨引发社会动荡。从历史上看，发达国家在实现工业化的过程中，除开发利用本国能源资源外，还利用了大量国际资源。至今，许多发达国家依然高度依赖国际油气资源。在经济全球化不断发展的今天，能源资源的全球化配置是大势所趋。但是，不合理的国际政治经济秩序以及能源市场规则，给发展中国家利用国际资源设置了重重障碍。一些地区冲突和局部战争，也有深刻的能源背景。由于国内资源制约等因素，我国保障能源供应特别是油气资源供应需要利用国际国内两个市场、两种资源。目前，我国的石油对外依存度已经接近65%，今后可能还会更高。国际石油市场的稳定，对我国的能源安全、经济安全乃至国家安全的影响会越来越大。

石油天然气是中国经济发展的血液，安全可靠的石油天然气供应是我国经济社会发展的生命线。以往中东经过马六甲海峡的海运是我国石油天然气进口的唯一通道，为了国家能源安全，近年来我国开通了中俄天然气管线并签订了长期合约，与伊朗以及中东石油天然气资源国开展了人民币结算，我国的石油公司还参与了非洲石油天然气的开发与建设。特别是我国与巴基斯坦合作将高铁通过巴基斯坦全境，通达中巴合作的瓜达尔港，一方面作为"一带一路"建设支援了巴基斯坦，另一方面则通过中巴走廊从陆地上打开了连接中东的石油天然气运输的高效安全新通道。

**4. 能源消耗对生态环境的影响日益突出**

能源资源的开发利用促进了世界的发展，同时也带来了严重的生态环境问题。化石燃料的使用是$CO_2$等温室气体增加的主要来源。科学观测表明，地球大气中$CO_2$的浓度已从工业革命前的$280 \times 10^{-6}$上升到了目前的$415 \times 10^{-6}$；全球平均气温也在近百年内升高了$0.74℃$，特别是近50年来升温明显。

全球变暖对地球自然生态系统和人类赖以生存环境的影响总体上是负面的，需要国际社会认真对待。我国的能源结构长期以煤炭为主，使用煤炭过程中产生的$SO_2$、粉尘、$CO_2$等是大气污染和温室气体的主要来源。解决好能源问题，不仅要注重供求平衡，也要关注由此带来的生态环境问题。《巴黎协定》是2015年12月12日在巴黎气候变化大会上通过、2016年4月22日在纽约签署的气候变化协定，该协定为2020年后全球应对气候变化的行动做出了安排。《巴黎协定》的主要目标是将21世纪全球平均气温上升幅度控制在2℃以内，并将全球气温上升控制在前工业化时期水平之上1.5℃以内。2016年9月3日，全国人大常委会批准中国加入气候变化《巴黎协定》，我国成为第23个完成批准协定的缔约方。

## 1.3 我国及世界能源状况分析

《中国能源发展报告2018》（以下简称《报告》）通过对我国能源各领域的梳理，对我国能源发展的总体状况做出了客观分析与评价。2017年以来，我国经济保持稳中向好态势，新业态、新动能不断出现，经济结构持续优化，全年GDP增速达到6.9%。经济中高速增长带动能源消费大幅增加，国内能源供应稳步回升，供需形势从全面宽松转为局部、季节性偏紧，部分能源价格波动性上涨，能源行业继续朝着"清洁低碳、安全高效"的方向发展。煤炭方面，《报告》数据显示，2017年，煤炭行业整体形势向好，去产能持续稳步推进，但行业调控重心已由 2016 年的"去产能、限产量"逐渐调整为"保供应、稳煤价"。2016~2017 年这两年内煤炭去产能超过 5 亿 t，提前完成了煤炭去产能五年任务三年"大头落地"的目标，煤炭市场严重过剩局面得到有效遏制，煤炭有效供给质量大幅提高。供给方面，原煤生产恢复性增长，全年原煤产量 34.5 亿 t，同比增长 3.3%，是自 2014 年以来首次正增长。需求方面，煤炭消费 38.6 亿 t，较去年增长 0.4%。

## 1.4 新能源与可再生能源体系

近十年来新能源与可再生能源在国内外得到了飞速发展，《巴黎协定》的签订使得许多欧盟国家考虑 100% 可再生能源的可能性。德国更是通过大量发展太阳能和风能逐步关闭了核电站。

在世界能源发展史上，2016 年曾经留下了几个深深的印迹：5 月 15 日，德国可再生能源发电最大出力一度达 455GW，接近 458GW 的电力需求，电力价格一度出现负值；而英国则在 5 月的第二周达成零燃煤发电，这是该国百余年来首次完成不靠燃煤供电；还是在欧洲，5 月 7 日—11 日，葡萄牙全国连续四天在 107h 内实现完全依靠太阳能、风能以及水力发电供应。这三大事件，在三个国家"不约而同"地出现，可视为清洁能源发展的一大里程碑。曾经，电力供应完全依赖可再生能源还只是人类的一个梦想。如今，这个梦想已经越来越照亮现实。在欧洲，可再生能源发电已带领人类挥别过去那个只能在"污染中发展的时代"。诚然，可再生能源 100% 供电在现实中还有很多问题需要解决，但它确实离人类的生活越来越近。2018 年，我国宁夏太阳能和风能发电峰值也已经超过了用电峰值，验证了在我国至少有局部地区能够短期实现 100% 可再生能源供电。

斯坦福大学的研究成果表明构建 100% 可再生能源的这一宏图是可行的，2009 年该研究团队甚至提出 2030 年全球实现 100% 可再生能源的可能性，并按照能源系统对温室效应、环境污染、用水量、土地利用率和对野生生物的影响以及其他一些受关注的问题，对能源系统的好坏进行了排位。该研究显示，最佳的能源选择是风能、太阳能、地热能、潮汐能以及水力发电，即以风、水或者太阳光来驱动发电（Wind Water Solar，WWS）。核能、施加碳捕集的煤炭和乙醇以及石油和天然气都是次之的选择。该研究还发现，运用 WWS 充电的电动汽车以及氢燃料电池车能大幅消除运输行业所带来的污染。计划需要数以百万计的风力发电机、水力发电机以及太阳能发电装置，这个数目虽然庞大，但它也并非是一个难以逾越的障碍；况且，在此之前，国际社会已经成功经历过很多次这类的转化变革。转化全球的能源系统到底是不是可行的呢？而这又是否可以在 20 年内完成呢？答案取决于科学技术的选择、关键材料的研发以及经济与政治上的一些因素。当然这项研究仅仅是一项理想化的极限情况下的研究，但是却已经证明在技术和经济上的可行性，而全球共识的政治问题是其发展的主要瓶颈。

一个大规模的风能、水能和太阳能系统可以给全球能源需求提供可靠保障，并给气候、空气质量、水质量、生态和能源安全带来显著益处。现在 WWS 能源系统的推广面临的最主要障碍不在于技术，而在于政策。上网电价优惠政策和鼓励供应商削减成本政策的结合，加上取消化石燃料补贴和合理扩大供电网络，足以确保 WWS 能源系统的快速推广。当然，要改变和调整现实世界的能源和运输行业，就不得不考虑现有基础设施中的原始投资成本及未来的增量收益。但如果有相关的政策，各国就可以确定目标，让 WWS 能源在 10~15 年内占到该国新能源的 25%，在 20~30 年内占到几乎 100%。在相关政策支持下，所有现有的化石燃料发电设备理论上可以在同一时期内取缔使用并完成能源替换。

我国是可再生能源开发和利用发展最快的国家，也是太阳能光伏发电、风力发电以及太阳能热利用装机容量均为最大的国家。近十年来，我国太阳能光伏发电和风力发电的发展获得了爆发式增长。2018 年可再生能源发电量达 1.87 万亿 kW·h，同比增长约 1700 亿 kW·h；可再生能源发电量占全部发电量的比重为 26.7%，同比上升 0.2 个百分点。其中水电 1.2 万亿 kW·h，同比增长 3.2%；风电 3660 亿 kW·h，同比增长 20%；光伏发电 1775 亿 kW·h，同比增长 50%；生物质发电 906 亿 kW·h，同比增长 14%。全年弃水电量约 691 亿 kW·h，全国平均水能利用率达 95% 左右；弃风电量达 277 亿 kW·h，全国平均弃风率为 7%，同比下降 5 个百分点；弃光电量 54.9 亿 kW·h，全国平均弃光率为 3%，同比下降 2.8 个百分点。

2018 年全国水电新增装机约 854 万 kW。新增装机较多的省份是云南（392 万 kW）、四川（155 万 kW）和广东（90 万 kW），占全部新增装机的 74.6%。2018 年全国风电新增并网装机 2059 万 kW，继续保持稳步增长的势头。全国水电按地区分布，中东部和南方地区占比约为 47%，风电开发布局进一步优化。全国风电按地区分布，中东部和南方地区占 27.9%，"三北"地区占 72.1%。2018 年全年光伏发电新增装机 4426 万 kW，仅次于 2017 年新增装机，为历史第二高。其中，集中式电站和分布式光伏分别新增 2330kW 和 2096 万 kW，发展布局进一步优化。2018 年生物质发电新增装机 305 万 kW，生物质发电与太阳能发电结合是未来构造 100% 可再生能源体系的重要选择，因而发展空间巨大。

2020 年我国领导人在第七十五届联合国大会一般性辩论上郑重宣示：中国将提高国家自主贡献力度，采取更加有力的政策和措施，二氧化碳排放力争于 2030 年前达到峰值，努力争取 2060 年前实现碳中和。2021 年，我国制定碳达峰碳中和具体目标：到 2025 年，绿色低碳循环发展的经济体系初步形成，重点行业能源利用效率大幅提升。单位国内生产总值能耗比 2020 年下降 13.5%；单位国内生产总值二氧化碳排放比 2020 年下降 18%；非化石能源消费比重达到 20% 左右；森林覆盖率达到 24.1%，森林蓄积量达到 180 亿 m³，为实现碳达峰、碳中和奠定坚实基础。到 2030 年，经济社会发展全面绿色转型取得显著成效，重点耗能行业能源利用效率达到国际先进水平。单位国内生产总值能耗大幅下降；单位国内生产总值二氧化碳排放比 2005 年下降 65% 以上；非化石能源消费比重达到 25% 左右，风电、太阳能发电总装机容量达到 12 亿 kW 以上；森林覆盖率达到 25% 左右，森林蓄积量达到 190 亿 m³，二氧化碳排放量达到峰值并实现稳中有降。到 2060 年，绿色低碳循环发展的经济体系和清洁低碳安全高效的能源体系全面建立，能源利用效率达到国际先进水平，非化石能源消费比重达到 80% 以上，碳中和目标顺利实现，生态文明建设取得丰硕成果，开创人与自然和谐共生新境界。

尽管我国在可再生能源体量上处于国际领先，但是可再生能源在总能源的占比上还明显落后，离 100% 可再生能源的距离更是遥远。可喜的是，我国具有强大的可再生能源装备产业支撑，以及对 $CO_2$ 减排的国家意志，我国民众正逐步形成可持续发展的先进理念，通过政府牵引、资本投入，以及民众参与，可再生能源将在我国迅速发展和成熟。正因为离 100% 可再生能源距离很大，新能源与可再生能源具有广阔的发展空间。未来的 10~50 年将是新能源与可再生能源人才大有作为的黄金时代。

## 第 2 章

# 太阳能光热利用

太阳能是一种清洁的可再生能源。对于人类社会来说,太阳能是万物生长的源泉,是取之不尽、用之不竭的清洁能源。经测算表明,太阳能够释放出相当于 10 亿 kW 的能量,而辐射到地球表面的能量虽然只有它的 22 亿分之一,但也高于全世界目前用能的 10000 倍。因此太阳能资源十分丰富,是可再生能源中最引人注目、研究最多、开发应用最广的清洁能源。但是太阳能也有两个主要的缺点:一是它的能流密度低,通常每平方米不到 1kW;二是它的能量随时间和天气呈现不稳定性和不连续性。这两个缺点限制了人类对太阳能大规模利用。

太阳能热利用是指采用集热装置将太阳辐射收集起来并转换成热能,再通过介质的传递,直接或间接地供人类使用。它是目前无论在理论上还是实践中最成熟、成本最低、应用最广泛的一种太阳能利用方式。本章将介绍太阳能资源及其热利用原理、太阳能集热器的基本理论和构造,分析和讨论太阳能热水、空调制冷、热发电、空气取水与海水淡化系统。

## 2.1 太阳能资源

太阳能资源和太阳本身的结构密切相关;同时,到达地球上的太阳能随着季节、时刻、地球纬度的不同而变化,即取决于太阳与地球的相互空间位置以及它们的运动规律。因此,若要掌握它的变化规律,还必须从了解地球和太阳的运动入手。

### 2.1.1 太阳概貌

太阳是离地球最近的一颗恒星,也是太阳系中最大的行星。太阳是一个主要由氢和氦组成的气态球。如图 2-1 所示,根据最新的测定,日地间的距离为 $1.49597892 \times 10^8$ km。太阳表面的有效温度为 5762K,而中心区的温度高达 $8 \times 10^6 \sim 40 \times 10^6$ K,内部

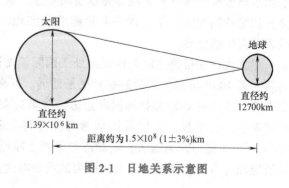

图 2-1 日地关系示意图

压力有 3400 多亿标准大气压。由于太阳内部的温度极高、压力极大，物质早已离子化，呈等离子状态，不同元素的原子核相互碰撞，引起了一系列核子反应，从而构成太阳的能源。因此它的热量主要来源于氢聚变成氦的聚合反应。太阳一刻不停地发射着巨大的能量，每秒有 $657×10^9\,kg$ 的氢聚变成氦，连续产生 $391×10^{21}\,kW$ 的能量。这些能量以电磁波的形式向空间辐射，其中有 22 亿分之一到达地球表面，尽管如此，它仍是地球上最多的能源，约为 $173×10^{12}\,kW$。这是一个巨大的能源。

太阳并非是一定温度的黑体，而是有许多层不同波长放射、吸收的辐射体。但是在利用太阳能热辐射系统中，可以将太阳看成是一个温度为 5762K、波长为 $0.3\sim3\,\mu m$ 的黑体。

## 2.1.2　太阳能资源计算

### 1. 太阳辐射到地球的能量损失

太阳辐射到地球表面的能量，要经过吸收、反射和直射。吸收主要包括水蒸气，$CO_2$ 吸收太阳光谱的远红外部分，臭氧层吸收紫外辐射。需要说明的是，这些被吸收的能量一般不为太阳电池所利用。除了太阳光谱被吸收外，还有一部分太阳辐射被大气中的颗粒所散射后到达地球表面，同时也有一部分散射能量被辐射到地球表面以外的空间。晴朗条件下，大气外层的太阳辐射有超过 50% 的能量可以直接到达地球表面，这就是常说的直射辐射。直射辐射就是地球表面直接来自太阳的辐射，没有经过任何散射。

太阳散射辐射又称天空散射辐射。太阳辐射遇到大气中的气体分子、尘埃等产生散射，以漫射形式到达地球表面的辐射能。大气有分子散射和微粒散射两种形式。气体分子对波长越短的射线散射越明显。尘埃、烟雾、水滴等微粒对波长与粒子大小相同的射线散射能力较强。散射辐射强度一般用带有能遮挡直线光的装置的总日射计量测量。来自太阳辐射的能量如果按照入射太阳能能量 174PW 计算，最终可通过陆地和海洋吸收 89PW。太阳辐射到地球的能量损失如图 2-2 所示，图 2-3 为直射和散射示意图，更直观地体现了太阳能辐射到地球表面的形式。

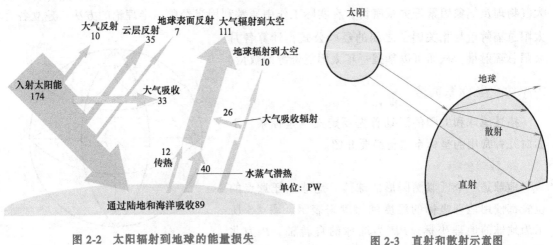

图 2-2　太阳辐射到地球的能量损失　　　　图 2-3　直射和散射示意图

### 2. 大气质量（AM）

太阳光在其到达地球大气外的平均距离处的自由空间中的辐射强度被定义为太阳能常数，取值为 $1353W/m^2$。大气对地球表面接收太阳光的影响程度被定义为大气质量。大气质量为零的状态（AM0），指得是在地球大气外空间接收太阳光的情况，适用于人造卫星和宇宙飞船等应用场合。大气质量为 1 的状态（AM1），是指太阳光直接垂直照射到地球表面的情况，其入射光功率为 $925W/m^2$，相当于晴朗夏日在海平面上所接受的太阳光。这两者的区别在于大气对太阳光的衰减，主要包括臭氧层对紫外线的吸收、水蒸气对红外线的吸收以及大气中尘埃和悬浮物的散射等。在太阳光入射光线与地面法线间的夹角为 $\theta$ 时，大气质量为 $AM=1/\cos\theta$。当 $\theta=48.2°$ 时，大气质量为 AM1.5，是指典型晴天时太阳光照射到一般地面的情况，其辐射总量为 $1kW/m^2$，常用于太阳能电池和组件效率测试时的标准。AM 示意图如图 2-4 所示。

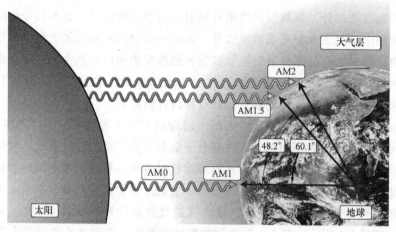

图 2-4 AM 示意图

太阳能资源的数量一般以到达地面的太阳总辐射量来表示。太阳总辐射量与天文因素、大气物理及气象因素等关系密切，在实际工作中通常利用半经验、半理论的方法，建立各月太阳总辐射量与相关因子之间的经验公式，计算各月太阳总辐射量，从而可以掌握每年太阳能资源的数量。

## 2.1.3 坐标系简介

描述地球和太阳的运动首先要定义其坐标系。下面对几种常用的坐标系进行简要介绍。

### 1. 地理坐标

地球是一个近似椭圆形的球体，地球上任意点的位置都使用地理坐标的经度和纬度来表示。图 2-5 所示为地球的地理坐标。$PP'$ 为地球的自转轴，$P$ 为北极，$P'$ 为南极。通过地心 $O$ 所作的垂直于 $PP'$ 的大圆

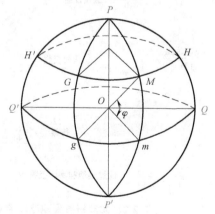

图 2-5 地球的地理坐标

$QQ'$ 称为地球的赤道，它将地球分为南、北两个半球。通过地面一点 $M$ 平行于赤道的小圆 $HMH'$，即为纬度圈。该点的铅垂线和赤道面的夹角 $\varphi$，称为地理纬度。从赤道向两极各分为 90°，分别称为南纬和北纬。过 $PP'$ 的大圆称为经度圈，也称子午线，简称经度。

有了地理坐标后，地球上任何地方的位置都可以用经度和纬度来表示。我国各大城市的经度和纬度数值都可以通过很多既定的图表获得，在对太阳能的利用中这类数据是必不可少的参数。

### 2. 天球坐标系

在计算太阳辐射中，离不开有关天球坐标的知识。所谓天球，就是人们站在地球表面上，仰望天空，在平视四周时看到的这个假想球面。根据相对运动理论，太阳好像是在这个球面上周而复始的运动一样。若要确定太阳在天球上的位置，最方便的方法是采用天球坐标系。常用的天球坐标系是赤道坐标系和水平坐标系。

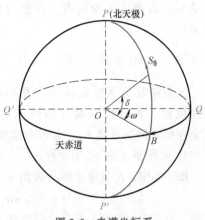

图 2-6　赤道坐标系

#### （1）赤道坐标系

赤道坐标系是以赤道 $QQ'$ 为基本圈，以天赤道和天子午圈的交点 $Q$ 为原点的天球坐标系。图 2-6 中，$P$ 和 $P'$ 分别为北天极和南天极。通过 $PP'$ 的大圆都垂直于天赤道。显然，通过 $P$ 和球面上的太阳（$S_\theta$ 点）的半圆也垂直于天赤道，两者相交于 $B$ 点。

在赤道坐标系中，太阳 $S_\theta$ 的位置由两个坐标决定：第一个坐标是圆弧 $QB$，通常称为时角，用 $\omega$ 表示。时角从天子午圈上的 $Q$ 点算起，即从太阳时的正午算起，顺时针方向为正，逆时针方向为负，即上午为负，下午为正。它的数值等于离正午的时间（小时）乘以 15°；第二个坐标是圆弧 $QS$，称为赤纬，用 $\delta$ 表示。赤纬从天赤道算起。对于太阳来说，向北天极由春分、秋分日的 0° 变化到夏至的正 23°27′；向南天极由春分和秋分日的 0° 变化到冬至日的负 23°27′。

太阳赤纬随时间的变化见图 2-6，$\delta$ 可由 Cooper 方程近似计算为

$$\delta = 23.45\sin\left(360\times\frac{284+n}{365}\right) \tag{2-1}$$

式中，$n$ 为一年中的日期序号。如春分 $n=81$，算得 $\delta=0$。由春分算起的第 $d$ 天的太阳赤纬，则为

$$\delta = 23.45\sin\frac{2\pi d}{365} \tag{2-2}$$

#### （2）地平坐标系

通过天球球心 $O$ 作一直线和观测点铅垂线平行，并与天球相交于 $Z$ 和 $Z'$。$Z$ 点称为天顶，$Z'$ 点称为天底。通过球心 $O$ 与 $ZZ'$ 相垂直的平面在天球上所截出的大圆，称为真地平。地平坐标系就是以真地平为基本圆，以南点 $S$ 为原点的天体坐标系，如图 2-7 所示。天顶是基本的极，所有经过天顶的大圆都垂直于真地

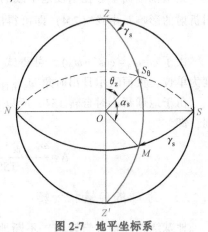

图 2-7　地平坐标系

平。因此，通过天顶 $Z$ 和太阳 $S_\theta$ 的大圆也垂直于地平面，两者相交于 $M$ 点。在地平坐标系中，太阳 $S_\theta$ 的位置是由两个坐标确定：第一个坐标是天顶距离，即圆弧 $ZS$，或天顶角 $\angle ZOS$，用 $\theta_z$ 表示，也可用太阳的地平高度（简称太阳高度）表示，即圆弧 $SM$ 或中心角 $\angle SOM$，用 $\alpha_s$ 表示。天顶距和太阳高度的关系为

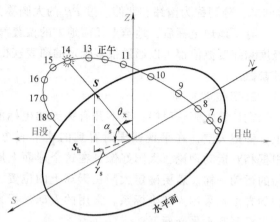

$$\theta_z + \alpha_s = 90° \qquad (2\text{-}3)$$

第二个坐标是方位角，即圆弧 $SM$，用 $\gamma_s$ 表示。取南点 $S$ 为起点，向西（顺时针方向）。

图 2-8　太阳视运动轨迹与太阳角示意图

### 2.1.4　太阳角的计算

太阳能收集器的设计计算都要涉及太阳高度角、方位角以及日照时间等问题。下面介绍太阳高度角 $\alpha_s$、太阳方位角 $\gamma_s$ 和日照时间 $N$ 的计算式。

1. 太阳高度角 $\alpha_s$ 的计算

图 2-8 中，$S$ 与地平面的夹角 $\alpha_s$ 就是太阳高度角，计算公式为

$$\sin\alpha_s = \sin\varphi\sin\delta + \cos\varphi\cos\delta\cos\omega \qquad (2\text{-}4)$$

式中，$\varphi$ 为当地纬度；$\delta$ 为太阳赤纬；$\omega$ 为时角。

2. 太阳方位角 $\gamma_s$ 的计算

在图 2-8 中，$S$ 在地平线上的投影线与南北方向线之间的夹角 $\gamma_s$ 就是太阳方位角。$\gamma_s$ 可以由下面两式中的任意一个确定，即

$$\sin\gamma_s = \frac{\cos\delta\sin\omega}{\cos\alpha_s} \qquad (2\text{-}5)$$

$$\cos\gamma_s = \frac{\sin\alpha_s\sin\varphi - \sin\delta}{\cos\alpha_s\cos\varphi} \qquad (2\text{-}6)$$

3. 日出日没时角 $\omega_\theta$ 以及日照时间 $N$ 的计算

太阳视圆面中心在出没地平线的瞬间，太阳高度角 $\alpha_s = 0$。如果不考虑地表曲线以及太阳折射的影响，由式（2-4）即可得出日出日没时角 $\omega_\theta$ 的表达式为

$$\cos\omega_\theta = -\tan\varphi\tan\delta \qquad (2\text{-}7)$$

由于 $\cos\omega_\theta = \cos(-\omega_\theta)$，可得式（2-7）的两个解为：$\omega_{\theta,\text{日出}} = -\omega_\theta$；$\omega_{\theta,\text{日没}} = \omega_\theta$。$\omega_\theta$ 以度为单位，负值表示日出时角 $\omega_{\theta,\text{日出}}$，正值表示日没时角 $\omega_{\theta,\text{日没}}$。

由于地球每小时自转 15°，所以日照时间 $N$ 可以用日出日没时角的绝对值除以 15°/h 得到，即

$$N = \frac{\omega_{\theta,\text{日没}} + \left|\omega_{\theta,\text{日出}}\right|}{15°/\text{h}} = \frac{2}{15}\arccos(-\tan\varphi\tan\delta) \qquad (2\text{-}8)$$

### 2.1.5　地球的自转和公转

地球绕着地轴（自转轴）不断地自转。自转一周（即经度 360°）形成一昼夜。一昼夜

分为 24h，所以地球每小时自转 15°。

时间的计量是以地球的自转为依据的。地球每天自转一周，计 24 太阳时。太阳时和钟表指示的时间是有差别的。下面所采用的时间都是以太阳时为计时系统，所以有必要介绍一下太阳时与钟时的换算。

钟表所指示的时间也称平太阳时（简称平时），它与真太阳时之差称为时差 $E$。计算式为

$$E = \tau_\theta - \tau \qquad (2-9)$$

式中，$\tau_\theta$ 为太阳时（分）；$\tau$ 为平太阳时（分）。

表 2-1 给出了根据我国 1982 年的天文年历经过四舍五入所得出的时差。年际间的变化甚微，可以忽略不计。

表 2-1　时差（分）

| 日期 | 月份 | | | | | | | | | | | |
|---|---|---|---|---|---|---|---|---|---|---|---|---|
| | 1 | 2 | 3 | 4 | 5 | 6 | 7 | 8 | 9 | 10 | 11 | 12 |
| 1 | −3 | −13 | −13 | −4 | +3 | +2 | −4 | −6 | 0 | +10 | +16 | +11 |
| 5 | −5 | −14 | −12 | −3 | +3 | +2 | −5 | −6 | +1 | +11 | +16 | +10 |
| 9 | −7 | −14 | −11 | −2 | +4 | +1 | −6 | −6 | +2 | +12 | +16 | +8 |
| 13 | −8 | −14 | −10 | −1 | +4 | 0 | −6 | −5 | +4 | +13 | +16 | +6 |
| 17 | −10 | −14 | −9 | 0 | +4 | −1 | −6 | −4 | +5 | +14 | +15 | +4 |
| 21 | −11 | −14 | −8 | +1 | +4 | −1 | −6 | −3 | +7 | +15 | +14 | +2 |
| 25 | −12 | −13 | −6 | +2 | +3 | −2 | −6 | −2 | +8 | +16 | +13 | 0 |
| 29 | −13 | — | −5 | +3 | +3 | −3 | −6 | −1 | +9 | +16 | +12 | −1 |

目前，我国都采用北京时间，即以北京所处的经度——东经 120° 经圈上的平太阳时作为全国的标准时间，用北京时间表示某一经度地区的平均太阳时，计算公式为

$$\tau = 标准时间 - 4(L_{st} - L)（分） \qquad (2-10)$$

式中，$L_{st}$ 为地方时间的标准子午线经度［东经，（°）］；$L$ 为某一地区的地方经度［东经，（°）］。

地球除了自转外还绕着太阳循着偏心率很小的椭圆形轨道（称为黄道）上运行，称为公转，周期为一年。地球的自转轴与公转运行的轨道面（黄道面）的法线倾斜呈 23°27′ 夹角，而且自地球公转的同时自转轴的方向始终保持不变，总是指向天球的北极，这就使得太阳光线直射赤道的位置有时可能偏南、有时可能偏北，形成地球上季节的变化。图 2-9 为地球公转的行程图。春分和秋分日阳光直射在地球赤道上；夏至日阳光直射在北纬 23°27′ 的地表上；冬至日阳光直射在南纬 23°27′ 的地表上，如图 2-10 所示。

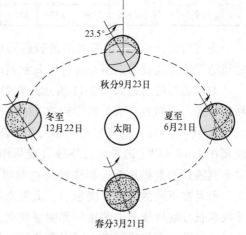

图 2-9　地球公转的行程图

需要指出的是，由于地球绕太阳旋转的运行轨道是一个椭圆形轨道，所以地球与太阳之间的距离在一年内是变化的。日地距离的变化见表2-2。

### 2.1.6 太阳常数与太阳辐射的电磁波

太阳本身的特征以及它与地球之间的空间关系，使地球大气层上界的太阳辐射通量几乎是一个定值。在日地平均距离处，在地球大气层外垂直于太阳辐射的表面上，在单位面积上和单位时间内所接收到的太阳辐射能，称为太阳常数。太阳常数通常用$I_{SG}$表示。1977年，国际辐射委员会（WRC）建议将$I_{SG}$定为1384W/m²。在20世纪80年代末，世界辐射计量标准（WRR）正式采用太阳常数$I_{SG}$的值为（1370±6）W/m²。

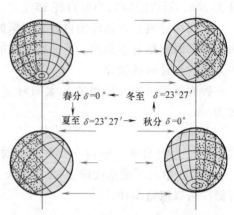

图 2-10　地球受日射情况示意图

表 2-2　日地距离的变化

| 日期 | 距离/km | 日期 | 距离/km |
|---|---|---|---|
| 1月1日 | 147001000（最小） | 7月1日 | 152003000（最大） |
| 4月1日 | 149501000（平均） | 10月1日 | 149501000（平均） |

由于日地距离在一年当中是变化的，因此太阳常数也随之发生变化而不同。1月初，地球经过轨道上离太阳最近的点，亦称为近日点。4月初和10月初，地球在日地平均距离处。7月初，地球经过轨道上离太阳最远的点，该点称为远日点。由表2-2可知，最近与最远距离的差仅为3.4%，根据到达地球大气上层的太阳辐射通量与距离的二次方成反比，所以，地球在近日点和远日点时的太阳辐射通量变化为6.7%。各月份的太阳常数值见表2-3。

表 2-3　各月份的太阳常数值

| 月份 | 1 | 2 | 3 | 4 | 5 | 6 | 7 | 8 | 9 | 10 | 11 | 12 |
|---|---|---|---|---|---|---|---|---|---|---|---|---|
| $I_{SG}$/（W/m²） | 1405 | 1394 | 1378 | 1353 | 1334 | 1316 | 1308 | 1315 | 1330 | 1350 | 1372 | 1392 |

应当指出，表2-3中所列出的数据只是月平均值，实际上大气层外太阳常数在一年中随时间的变化是连续的。但是在计算日照量时，只要按照月平均值进行计算即可。

太阳辐射的波谱如图2-11所示。在各种波长的辐射中，能转化为热能的主要是可见光和红外线。太阳的总辐射能中约有7%来自于波长0.38μm以下的紫外线，45.6%来自于波长为0.38~0.76μm的可见光，45.2%来自于波长在0.76~3.0μm的近红外线，2.2%来自于波长在3.0μm以上的长波红外线（或称作远红外线）。当太阳辐射透过大气层时，由于大气对不同波长的射线具有选择性的反射和吸收作用，到达地球表面的光谱成分发生了一些变化，而且在不同的太阳高度角下，太阳光的路径长度不同，导致光谱的成分也不相同。如紫外线和长波红外线所占的比例都明显变化。太阳高度角越高，紫外线及可见光成分越多；红外线则相反，它的成分随太阳高度角的增加反而减小。

## 2.1.7 大气层对太阳辐射的吸收

太阳辐射通过大气层时，其中一部分辐射能被云层反射到宇宙空间，一部分短波辐射受到天空中的各种气体分子、尘埃、微小水珠等微粒的散射，使得天空呈现蓝色。太阳光谱中的 X 射线和其他一些超短波射线在通过电离层时，会被氧、氮及其他大气成分强烈吸收，大部分紫外线被大气中的臭氧所吸收，大部分的长波红外线则被大气层中的 $CO_2$ 和水蒸气等温室气体所吸收，因此到达地面的太阳辐射能主要是可见光和近红外线部分，即波长为 $0.32 \sim 2.5\mu m$ 部分的射线。

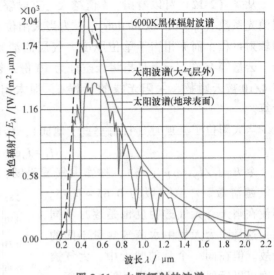

图 2-11 太阳辐射的波谱

因此，由于反射、散射和吸收的共同影响，使到达地球表面的太阳辐射照度大大削弱，辐射光谱也随之发生了变化。即大气层外的太阳辐射在通过大气层时，除了一部分被大气层吸收与阻隔外，到达地面的太阳辐射由两部分组成，一部分是太阳直接照射到地面的部分，称为直射辐射；另一部分是经过大气散射后到达地面的部分，称为散射辐射。直射辐射与散射辐射之和就是到达地面的太阳辐射能总和，称为总辐射。但实际上到达地面的太阳辐射还有一部分，即被大气层吸收掉的太阳辐射会以长波辐射的形式将其中一部分能量送到地面。不过这部分能量相对于太阳总辐射能量来说要小得多。

大气对太阳辐射的削弱程度取决于射线在大气中行程的长短及大气层质量。而行程长短又与太阳高度角和海拔有关。水平面上太阳直接辐射照度与太阳高度大、大气透明度成正比。在低纬度地区，太阳高度角大，阳光通过的大气层厚度较薄，因而太阳直射辐射照度较大；在高纬度地区，太阳高度角小，阳光通过的大气层厚度较厚，因而太阳直射辐射照度较小。又如，在正午，太阳高度角大，太阳射线穿过大气层的行程短，直射辐射照度就大；早晨和傍晚的太阳高度角小，行程长，直射辐射照度就小。

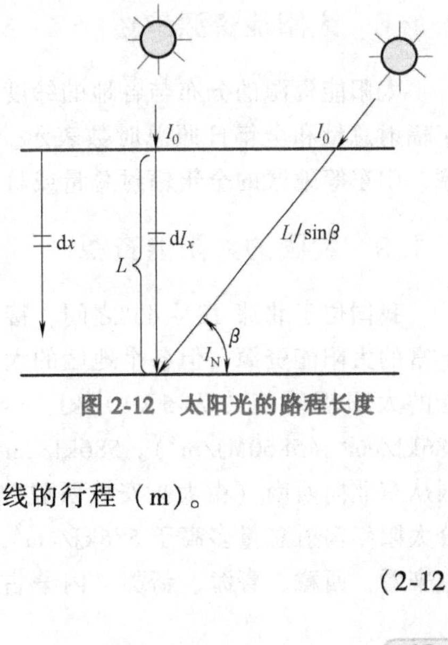

如图 2-12 所示，在距大气层上边界 $x$ 处，与太阳光线垂直的表面上（即太阳法向）的太阳直射辐射照度 $I_x$ 的梯度与其本身强度成正比，即

$$\frac{\mathrm{d}I_x}{\mathrm{d}x} = -kI_x \tag{2-11}$$

图 2-12 太阳光的路程长度

式中，$I_x$ 为距大气层上边界 $x$ 处的法向表面太阳直射辐射照度（$W/m^2$）；$k$ 为比例常数（$m^{-1}$）；$x$ 为太阳光线的行程（m）。

对式（2-11）积分求解得

$$I_x = I_0 \exp(-kx) \tag{2-12}$$

从式（2-12）可以看出，$k$ 值越大，直射辐射照度衰减越大，因此 $a=kL$ 值又称为大气层消光系数（specific extinction），$L$ 为当太阳位于天顶时（日射垂直于地面）到达地面的太阳辐射行程，而 $k$ 相当于单位厚度大气层的消光系数。大气层消光系数 $a$ 的大小与大气成分、云量等有关。云量是指将天空分为 10 份，被云遮盖的份数。例如，云量为 4 是指天空有 4/10 被云遮蔽。太阳光线的行程 $x$，即太阳光线透过大气层的距离，可由太阳位置来计算。

当太阳位于天顶时（日射垂直于地面），到达地面的太阳辐射行程为 $L$，有

$$I_L = I_0 \exp(-a) \tag{2-13}$$

令 $P = I_L/I_0 = \exp(-a)$，称作大气透明度，它是衡量大气透明度的标志，$P$ 越接近 1，大气越清澈。$P$ 值一般为 0.65～0.75。即使在晴天，大气透明度也是逐月不同的，这是因为大气中水蒸气含量不同的缘故。但在同一个月的晴天中，大气透明度可以近似认为是常数。图 2-13 所示为某城市晴天条件下大气透明度的变化。

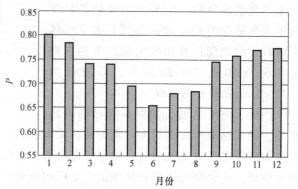

图 2-13 某城市晴天条件下大气透明度的变化

当太阳不在天顶，太阳高度角为 $\beta$ 时（见图 2-12），太阳光线到达地面的路程长度为 $L' = L/\sin\beta$。地球表面上的法向太阳直射辐射照度 $I_N$ 为

$$I_N = I_0 \exp(-am) = I_0 P^m \tag{2-14}$$

式中，$m = L'/L = 1/\sin\beta$，称为大气层质量，反映了太阳光在大气层中通过距离的长短，取决于太阳高度角的大小。

因此，到达地面的太阳辐射照度大小取决于地球对太阳的相对位置（太阳高度角和路径）以及大气透明度。

## 2.1.8 太阳能资源综述

太阳能资源的分布与各地的纬度、海拔、地理状况和气候条件有关。资源丰度一般以全年辐射总量和全年日照总时数表示。就全球而言，美国西南部、非洲、澳大利亚、中国西藏、中东等地区的全年辐射总量或日照总时数最大，为世界太阳能资源最丰富地区。

## 2.1.9 我国的太阳能资源

我国位于北纬 18°～45°之间，接近 2/3 的区域年平均日照总时数超过 2000h，具有十分丰富的太阳能资源，但各个地区的太阳年辐射总量相差很大。据估算，我国陆地表面每年接受的太阳辐射能约为 $5 \times 10^{19}$kJ，全国各地太阳年辐射总量达 335～837kJ/cm²，中值为 586kJ/cm²（5860MJ/m²）。586kJ/cm² 的等值线在地形图上的分布呈一明显的分界线，将全国从东北向西南（由大兴安岭西麓向西南至云南和西藏的交界处）分为两大部分。西北部分太阳年辐射总量多高于 586kJ/cm²，而东南部分多低于此值。从全国太阳年辐射总量的分布来看，西藏、青海、新疆、内蒙古南部、山西、陕西北部、河北、山东、辽宁、吉林西

部、云南中部和西南部、广东东南部、福建东南部、海南岛东部和西部以及台湾西南部等广大地区的太阳年辐射总量很大，尤其是青藏高原地区最大，那里平均海拔在 4000m 以上，大气层薄而清洁，透明度好，纬度低，日照时间长，与世界上同纬度的其他地区相比，与美国相近，比欧洲、日本优越得多。如被人们称为"日光城"的拉萨市，1961～1970 年间的年平均日照总时数为 3005.7h，相对日照为 68%，年平均晴天为 108.5 天，阴天为 98.8 天，年平均云量为 4.8，太阳辐射总量为 816kJ/cm²，比全国其他省区和同纬度的地区都高。全国以四川和贵州两省的太阳年辐射总量最小，尤其是四川盆地，那里雨多、雾多、晴天较少。如素有"雾都"之称的成都市，年平均日照总时数仅为 1152.2h，相对日照为 26%，年平均晴天为 24.7 天，阴天达 244.6 天，年平均云量高达 8.4。其他地区的太阳年辐射总量居中。

我国太阳辐射资源比较丰富，而太阳辐射资源受气候、地理等环境条件的影响，因此其分布具有明显的地域性。我国太阳能资源分布的主要特点有：太阳能的高值中心和低值中心都处在北纬 22°～35° 这一带，青藏高原是高值中心，四川盆地是低值中心；太阳年辐射总量，西部地区高于东部地区，而且除西藏和新疆两个自治区外，基本上是南部低于北部；由于南方多数地区云雾雨多，在北纬 30°～40° 地区，太阳能的分布情况与一般的太阳能随纬度而变化的规律相反，太阳能不是随着纬度的增加而减少，而是随着纬度的增加而增加。

按接受太阳能年辐射总量的大小，我国大致可分为四个资源带，四个资源带的年辐射总量见表 2-4。

表 2-4 我国太阳能分布的四个资源带的年辐射总量

| 资源代号 | 名称 | 指标/[MJ/(m²·a)] | 资源代号 | 名称 | 指标/[MJ/(m²·a)] |
|---|---|---|---|---|---|
| Ⅰ | 资源丰富带 | >6700 | Ⅲ | 资源一般带 | 4200～5400 |
| Ⅱ | 资源较富带 | 5400～6700 | Ⅳ | 资源贫乏带 | <4200 |

# 2.2 太阳能光热转换基本原理

## 2.2.1 热辐射简介

热辐射是以电磁波的形式传递热量，它所传递的辐射能量只取决于物体的表面温度和表面性质。如图 2-14 所示，热辐射的能量在电磁波波谱中主要位于波长 $0.1\sim1000\mu m$ 段。电磁波以光速传播，在真空中的速度为 $3\times10^8 m/s$。光速与辐射波长和频率的关系为 $c=\lambda v$。其

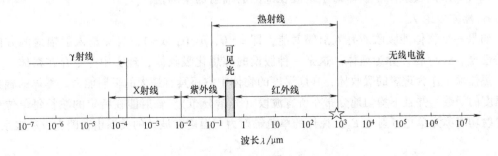

图 2-14 电磁波波谱

中，$c$ 为光速，$\lambda$ 为波长，$v$ 为频率。

尽管在推导物质的辐射性质时利用了辐射的波动性，辐射还有另一种性质，即粒子性。根据量子理论，电磁波是由分立的光子组成，其所带能量为 $\varepsilon = hv$。其中，$\varepsilon$ 为光子能量，$h$ 为普朗克常数，$h = 6.626 \times 10^{-34} \mathrm{J} \cdot \mathrm{s}$。尽管所有光子都以光速传播，但其中能量的分布是不同的。频率越高的光子，能量也越大，但具有高频率的光子数目也越少。因此，热辐射能量随频率或波长呈一定的概率分布，即辐射能的光谱分布。

1. 表面对入射辐射的响应

当一束辐射打到物体表面，其中一部分被反射，一部分被物体吸收，还有一部分通过表面。定义 $\rho$＝反射率＝被反射的辐射能量份额；$\alpha$＝吸收率＝被吸收的辐射能量份额；$\tau$＝透射率＝被透射的辐射能量份额。有

$$\rho + \alpha + \tau = 1 \tag{2-15}$$

多数固体是不透明的，因此 $\tau = 0$，$\rho + \alpha = 1$。另外，即使物体是透明的，也只能在一定的辐射波长范围内透过辐射，而在其他波长范围内不能透过辐射。例如，普通平板玻璃不能透过波长大于 $3 \mu m$ 的太阳辐射。

热辐射波入射到物体表面后会发生两种类型的反射，即镜反射和漫反射，如图 2-15 所示。当表面粗糙度值小于入射辐射波长时，发生镜反射，反射角 $\theta_2$ 等于入射角 $\theta_1$，高度抛光的金属表面即产生镜反射；当表面粗糙度值比入射波长大得多时，形成漫反射，此时反射辐射能均匀地分布在整个方向内。也有一部分材料的性质介于镜反射和漫反射之间。

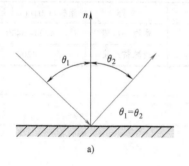
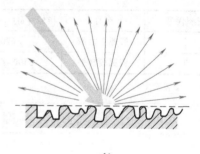

a)                                                                 b)

图 2-15　镜反射和漫反射

a）镜反射　b）漫反射

物体对入射波的响应性质不仅与物体的表面性质有关，而且也和入射波的方向和波长有关。式（2-15）仅适用于物体对于全波长范围的辐射的平均值。

2. 黑体辐射力

如果一个物体能吸收所有入射辐射能，即 $\tau = 0$，$\rho = 0$，$\alpha = 1$，且无论入射辐射的方向和光谱性质，这种物体称为黑体。这是一种假设的理想化吸收体，现实中并不存在黑体。

黑体除了作为理想的吸收体，在同温度的物体中它还具有最大的辐射能力。黑体的辐射能是温度的函数，并且不均匀地分布在所有波段（光谱分布）。辐射能在特定的波长每单位面积的辐射功率称为单色辐射力 $E_\lambda$。黑体的单色辐射力与温度和波长的关系由普朗克方程表示为

$$E_{b\lambda} = \frac{C_1}{\lambda^5 (e^{C_2 / \lambda T} - 1)} \tag{2-16}$$

式中，$E_{b\lambda}$ 为黑体的单色辐射力 $[W/(m^2 \cdot \mu m)]$；$T$ 为黑体的热力学温度（K）；$\lambda$ 为波长（$\mu m$）；$C_1$ 为普朗克第一常数，$C_1 = 3.74 \times 10^8 W \cdot \mu m^4/m^2$；$C_2$ 为普朗克第二常数，$C_2 = 1.44 \times 10^4 \mu m \cdot K$。

图 2-16 所示为根据普朗克方程给出的黑体单色辐射力在不同温度下随波长的变化关系。在给定波长时，黑体辐射的能量随着物体温度的升高而增大。每条曲线均存在一个峰值，随着温度的升高，这一峰值向较短波长移动。辐射能达到峰值的波长与温度的关系由维恩位移定律给出

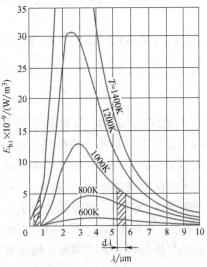

$$(\lambda T)_{max} = 2898 \mu m \cdot K \qquad (2-17)$$

在固定温度时，$E_{b\lambda}$ 对 $\lambda$ 的曲线下的面积正好是黑体在该温度时的单位面积的总辐射率。于是，黑体的总辐射力 $E_b$ 与单色辐射力 $E_{b\lambda}$ 之间的关系为

$$E_b = \int_0^\infty E_{b\lambda} d\lambda \qquad (2-18)$$

**图 2-16　黑体单色辐射力在不同温度下随波长的变化关系**

将式（2-16）代入并积分，即得斯特藩-玻尔兹曼定律的表达式为

$$E_b = \sigma T^4 \qquad (2-19)$$

式中，$\sigma$ 为黑体辐射常数，$\sigma = 5.67 \times 10^{-8} W/(m^2 \cdot K^4)$。

3. 真实表面的辐射性质

真实表面的辐射力小于同温度下黑体的辐射力。真实表面的总辐射力 $E$ 与同温度下黑体的辐射力 $E_b$ 之比称为该表面的辐射率 $\varepsilon$，即

$$\varepsilon = E/E_b \qquad (2-20)$$

表面辐射率除了是表面温度的函数外，还取决于辐射的波长和方向。式（2-20）所定义的辐射率是对于所有波长和各个方向的平均值，故 $\varepsilon$ 又称为全辐射率或半球辐射率。

为了表示辐射对波长的依赖性，定义单色辐射率或光谱辐射率 $\varepsilon_\lambda$ 为真实表面的单色辐射力 $E_\lambda$ 与同波长、同温度的黑体的单色辐射力 $E_{b\lambda}$ 的比值，即

$$\varepsilon_\lambda = E_\lambda/E_{b\lambda} \qquad (2-21)$$

单色辐射率 $\varepsilon_\lambda$ 与波长无关的物体称为灰体。灰体的单色辐射力 $E_\lambda$ 与同温度同波长的黑体单色辐射力之比是常数，因此灰体的单色辐射率就等于其全辐射率，即 $\varepsilon = \varepsilon_\lambda$。灰体的单色辐射力为

$$E_\lambda = \varepsilon \sigma T^4 \qquad (2-22)$$

如同黑体一样，真实的灰体也不存在，但许多物体表面表现出近似灰体的行为。太阳辐射在地球表面看上去近似灰体，其辐射率约为 0.6。

4. 辐射换热与角系数

对于真实表面，离开表面的辐射能包括发射辐射和反射辐射。离开表面单位面积的总辐射能称为有效辐射 $J$。如果真实表面近似灰体，则有

$$J = \varepsilon E_b + \rho H \qquad (2-23)$$

式中，$E_b$ 为黑体辐射力；$H$ 为单位面积的入射辐射；$\varepsilon$ 和 $\rho$ 分别为表面辐射率和表面反射

率，且灰体有 $\rho = 1 - \varepsilon$，于是

$$J = \varepsilon E_{\mathrm{b}} + (1 - \varepsilon) H \qquad (2\text{-}24)$$

离开表面单位面积的净辐射能为表面的有效辐射能 $J$ 和入射辐射能之差，即

$$q = J - H \qquad (2\text{-}25)$$

由式（2-24）、式（2-25）消去 $H$，即得

$$q = \frac{E_{\mathrm{b}} - J}{\dfrac{1 - \varepsilon}{\varepsilon}} \qquad (2\text{-}26)$$

式（2-26）表明，灰体表面单位面积的净辐射能可以看作在作用势为 $E_{\mathrm{b}} - J$、热阻为 $(1 - \varepsilon)/\varepsilon$ 的等效热路中的热流。这一热阻可视作热辐射的表面热阻，它来自于表面既作为发射体又作为吸收体、相对于黑体的非理想性质。

考虑两个灰体表面 $A_1$ 和 $A_2$ 之间的辐射换热。离开表面 $A_1$ 到达 $A_2$ 的辐射能为 $J_1 A_1 F_{12}$；离开表面 $A_2$ 到达 $A_1$ 的辐射能为 $J_2 A_2 F_{21}$。其中，$F_{12}$ 为离开表面 $A_1$ 到达 $A_2$ 的辐射能的百分数，$F_{21}$ 为离开表面 $A_2$ 到达 $A_1$ 的辐射能的百分数，它们被称为角系数。角系数代表了进行辐射热交换的两表面之间的几何位置关系。关于角系数的一个重要关系是其互换定理，即

$$A_1 F_{12} = A_2 F_{21} \qquad (2\text{-}27)$$

于是，在两表面间的净辐射换热为

$$Q_{12} = J_1 A_1 F_{12} - J_2 A_2 F_{21} = A_1 F_{12}(J_1 - J_2) = A_2 F_{21}(J_1 - J_2) \qquad (2\text{-}28)$$

由式（2-28）可知，对于两灰体表面的辐射换热，热阻来自表面间的几何位置关系，即 $R = 1/A_1 F_{12} = 1/A_2 F_{21}$，热流的驱动势为两表面的有效辐射之差（$J_1 - J_2$）。

## 2.2.2 太阳能辐射计算

太阳辐射的计算是太阳能的利用基础，从太阳发射出的电磁波首先到达大气层外，然后进入大气层，并在其中产生衰减，最后穿过大气层形成到达地表的太阳直射辐射和散射辐射，两者共同构成了到达地表的总太阳辐射。

### 1. 倾斜面上的太阳光线入射角

在计算倾角为 $S$ 的斜面上的太阳辐射的过程中，需要用到倾斜面上的太阳光线入射角。为此，这里增加一个表示太阳在任意方位的角度，即由太阳射线（观测点 $O$ 与太阳的连线）和斜面的法线 $n$ 之间的夹角 $\theta_{\mathrm{r}}$，称为入射角。倾斜面上太阳光线的入射角 $\theta_{\mathrm{r}}$ 计算公式为

$$\cos\theta_{\mathrm{r}} = \cos S \sin\alpha_{\mathrm{s}} + \sin S \cos\alpha_{\mathrm{s}} \cos(\gamma_{\mathrm{s}} - \gamma_{\mathrm{n}}) \qquad (2\text{-}29)$$

式中，$S$ 为倾斜面与水平面的夹角；$\alpha_{\mathrm{s}}$ 为太阳高度角；$\gamma_{\mathrm{s}}$ 为太阳方位角；$\gamma_{\mathrm{n}}$ 为斜面方位角，即如图 2-17 所示斜面的法线 $n$ 在水平面上的投影 $OB$ 与当地南北向 $OS$ 之间的夹角。同 $\gamma_{\mathrm{s}}$ 一样，顺时针方向（向西）为正，逆时针为负。

由图 2-18 所示几何关系可以得出，在纬度 $\varphi$、具有 $S$ 倾角的斜面上的太阳光入射角 $\theta_{\mathrm{r}}$ 和在纬度 $\varphi - S$ 上的水平面的太阳光入射角是相等的，所以对于面向赤道的任意倾斜角 $S$ 的斜面，有

$$\cos\theta_{\mathrm{r}} = \cos(\varphi - S)\cos\delta\cos\omega + \sin(\varphi - S)\sin\delta \qquad (2\text{-}30)$$

式中，$\delta$ 为太阳赤纬；$\omega$ 为时角。

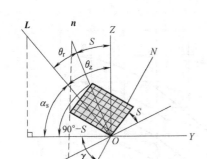
图 2-17 倾斜面上的太阳光线入射角

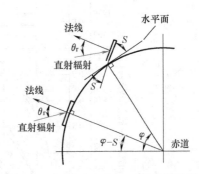
图 2-18 $S$、$\varphi$、$\theta_r$ 和 $\varphi-S$ 的几何关系

### 2. 直射辐射

2.1 节已简要介绍了太阳能直射辐射照度。根据太阳直射辐射照度可以分别算出水平面上的直射辐射照度和竖直面上的直射辐射照度。

某坡度为 $S$ 的平面上的直射辐射照度为

$$I_{Di} = I_N \cos\theta_r = I_N \left[ \cos S \sin\alpha_s + \sin S \cos\alpha_s \cos(\lambda_s - \lambda_n) \right] \tag{2-31}$$

水平面上的直射辐射照度为

$$I_{DH} = I_N \sin\alpha_s \tag{2-32}$$

竖直面上的直射辐射照度为

$$I_{DV} = I_N \cos\alpha_s \cos(\gamma_s - \gamma_n) \tag{2-33}$$

式中，$\theta_r$ 为太阳辐射线与被照射面法线的夹角（°）；$\gamma_s$ 为太阳方位角（°），太阳偏东为负，偏西为正；$\alpha_s$ 为太阳高度角（°）；$\gamma_n$ 为斜面方位角（°）；$I_N$ 为地球表面处的法向太阳直射辐射照度（W/m²）。

图 2-19 所示为不同太阳高度角和大气透明度下的太阳直射辐射照度。

### 3. 散射辐射

一般而言，太阳能集热器不但能利用直射辐射，也能利用散射辐射。所谓散射辐射就是地球大气以及云层的反射和散射作用改变了方向的太阳辐射。

对于晴天来说，散射辐射的方向可以近似地认为与直射辐射相同。但是，当天上布满云层时，散射辐射对水平面的入射角当作 60°处理。

（1）水平面上的散射辐射

晴天时，到达地表水平面上的散射辐射照度主要取决于太阳高度和大气透明度，可以表示为

$$I_d = kC_1(\sin\alpha_s)^{C_2} \tag{2-34}$$

式中，$I_d$ 为散射辐射照度（W/m²）；$k$ 为单位换算系数，$k = 697.642$；$\alpha_s$ 为太阳高度角；$C_1$、$C_2$ 为经验系数。

表 2-5 中给出了几位气象学专家分别所定的经验系数值，虽然有些差别，但用式（2-34）计算时影响不大。

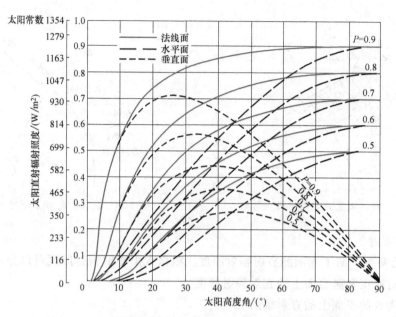

图 2-19 不同太阳高度角和大气透明度下的太阳直射辐射照度

表 2-5 经验系数 $C_1$、$C_2$ 的值

| 大气透明度 $P_2$ | 西夫科夫 | | 卡斯特罗夫 | | 阿维尔基耶夫 | |
|---|---|---|---|---|---|---|
| | $C_1$ | $C_2$ | $C_1$ | $C_2$ | $C_1$ | $C_2$ |
| 0.650 | 0.271 | | 0.281 | 0.55 | 0.275 | |
| 0.675 | 0.248 | | 0.259 | 0.56 | 0.252 | |
| 0.700 | 0.225 | | 0.236 | 0.56 | 0.229 | |
| 0.725 | 0.204 | 0.50 | 0.215 | 0.58 | 0.207 | 0.53 |
| 0.750 | 0.185 | | 0.195 | 0.57 | 0.188 | |
| 0.775 | 0.165 | | 0.175 | 0.58 | 0.168 | |
| 0.800 | 0.146 | | 0.155 | 0.58 | 0.149 | |

（2）倾斜面上的散射辐射

假定天空为各向同性的散射条件下，利用角系数的互换性（$A_{sky}F_{sky-G} = A_G F_{G-sky}$），可知到达太阳能集热器斜面上单位面积的散射辐射通量为

$$I_{T,d} = I_d A_{sky} F_{sky-G} = I_d F_{G-sky} \qquad (2-35)$$

式中，$I_{T,d}$ 为倾斜面上散射辐射通量；$I_d$ 为水平面上散射辐射照度；$A_{sky}$ 为半球天空面积；$A_G$ 为倾斜面的面积，且 $A_G = 1$；$F_{sky-G}$、$F_{G-sky}$ 为半球天空与倾斜面 $A_G$ 间的辐射换热角系数。

角系数 $F_{G-sky}$ 的示意图如图 2-20 所示。集热器的倾角为 $S$ 的平面对天空的角系数计算公式为

$$F_{G-sky} = \frac{1+\cos S}{2} = \cos^2 \frac{S}{2} \qquad (2-36)$$

图 2-20 角系数 $F_{G-sky}$ 的示意图

将式（2-36）代入式（2-35）中得

$$I_{\mathrm{T,d}}=I_{\mathrm{d}}\frac{1+\cos S}{2}=I_{\mathrm{d}}\cos^2\frac{S}{2} \tag{2-37}$$

#### 4. 太阳的总辐射

太阳的总辐射是到达集热器平面上的太阳直射辐射和散射辐射的总和，即

$$I=I_{\mathrm{Di}}+I_{\mathrm{T,d}} \tag{2-38}$$

式中，$I$ 为太阳的总辐射量；$I_{\mathrm{Di}}$ 为集热器平面上的直射辐射通量；$I_{\mathrm{T,d}}$ 为集热器平面上的散射辐射通量。

此外，太阳的总辐射还包括从地面反射来的间接辐射能，称为反射辐射能 $I_{\mathrm{r}}$，这里不详细讨论。

### 2.2.3　太阳辐射的吸收和传递

#### 1. 太阳辐射的吸收

集热器表面受到太阳辐射以后，部分辐射能在集热器内部一个极短的距离内（1～100μm）就能被物体吸收并立即转变为热能，使物体温度升高，并增加集热面对外发射的热辐射。对于以实现太阳能热利用为目的的集热面，希望对太阳辐射的反射和透射以及集热面的对外辐射都越少越好，从而使大部分太阳辐射为集热面所吸收并转变成热能。

提高集热面太阳辐射吸收能力的方法通常有两种：

1）在集热面上覆盖深色的具有高吸收率的吸收涂层。目前工程上常用的涂层有非选择性吸收涂层（涂层的光学特性与波长无关）和选择性吸收涂层（涂层的光学特性与波长有关）两类。太阳辐射可以近似认为是 6000K 的黑体辐射，约 99% 的太阳辐射集中在 0.3～3μm 的波长范围内。集热面的温度一般为 400～1000K，其辐射波长主要集中在 2～30μm 的波长范围内。因此，采用对不同波长有不同辐射和吸收特性的选择性涂层，即采用既有高的太阳能辐射吸收率又有低的红外发射率的涂层，就可以在保证尽可能多吸收太阳辐射的同时，又尽量减少集热面自身的辐射能损失。

2）改变集热面的形状和结构。如采用 V 形槽式集热面和透明蜂窝结构的集热面，利用它们的多次反射和吸收特性，减少对太阳辐射的反射，可以大大提高对太阳辐射的吸收效率。

#### 2. 太阳辐射能的传递

太阳辐射在集热器体内转变成热能以后，一般需要通过传热工质以对流和传导的方式将热量传递到用户。工质可以是液体，如水和油，也可以是气体。工质在与集热面紧密接触的窄缝空间或管道中，以自然对流或强制对流的方式将热量传递出去。当集热面吸收的太阳辐射能与工质传递出去的热量以及所有传递过程的热损失达到平衡时，集热面和其他相关部件的温度维持恒定，形成一个稳态的传热过程，这时可以用各种稳态传热公式进行各类传热计算。

由于集热器接受的太阳辐射具有瞬态特性且受到外界多重多因素的影响，这种稳态传热过程仅仅是理论上的，太阳辐射的吸收和传递过程实际上是一个随时间变化的复杂的非稳态过程。工程上为了简化计算，可以把时间分隔成一个个短的时段，在每个时段内，温度的变化不大，这样就可以用稳态传热的公式进行设计和计算，所得结果和实际工况相差不大。

# 2.3　太阳能集热器

太阳能集热器是指吸收太阳辐射并将产生的热能传递到传热工质的装置。集热器是组成各种太阳能利用系统的关键部件，不同的集热方法形成了不同的集热器类型。本节主要介绍非聚光的平板型太阳能集热器、真空管太阳能集热器和太阳能空气集热器。聚焦型太阳能集热器将在 2.4 节进行介绍。

## 2.3.1　平板型太阳能集热器

平板型太阳能集热器作为一种非聚光集热器，是当今世界上应用广泛的太阳能集热产品。它具有采光面积大、结构简单、不需要跟踪、工作可靠、成本较低（可同时接收直射辐射和散射辐射）、运行安全、免维护、使用寿命长的特点，但其热流密度较低、工质温度较低，因此成为太阳能低温热利用系统中的关键部件。

平板型太阳能集热器通过将太阳辐射转换为集热器内传热工质（液体或者空气）的热能，来实现太阳能到热能的转换。所谓平板型，是指集热器吸收太阳辐射能的面积与其采光窗口面积相等。下面主要介绍平板型集热器的结构和效率。

### 1. 平板型集热器的结构

如图 2-21 所示，平板型集热器主要部件包括吸热部件（包括吸收表面和载热介质流道）、透明盖板、隔热保温材料和外壳等部分。太阳辐射透过透明盖板，投射在吸收表面上，光能被转换为热能，以热量形式传递给吸热板内的传热工质，使传热工质温度升高；同时，温度升高的吸热板不可避免地以传导、对流、辐射等方式向四周散热，形成集热器热量损失。由于平板型结构不具备聚焦阳光的功能，其工作温度一般限于 100℃ 以下。吸热部件的结构形式按照吸热面板和载热介质流道之间的结合方式不同，可以分为多种结构形式，见表 2-6。

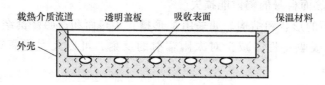

图 2-21　平板型集热器构造

表 2-6　平板型集热器常见的结构形式

| 结构形式 | 结构特点 | 成型方式 | 主要材料及特点 | 图例 |
|---|---|---|---|---|
| 管板式 | 排管与平板连接构成的吸热条带 | 捆扎,铆接,胶粘,锡焊等;热碾压吹胀,高频焊接,超声焊接等 | 铜铝复合太阳条或全铜吸热板 | 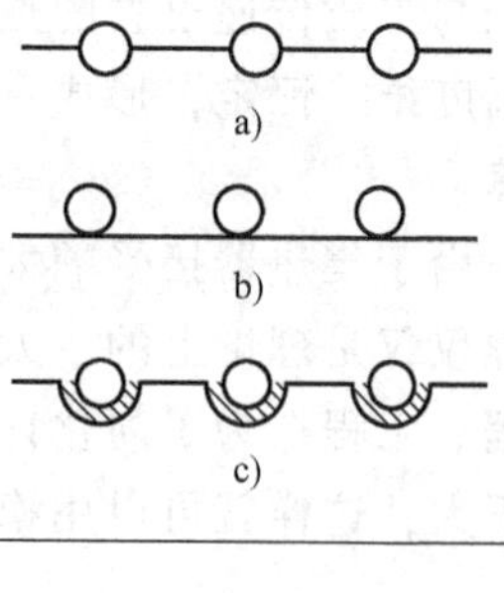 a)<br>b)<br>c) |

（续）

| 结构形式 | 结构特点 | 成型方式 | 主要材料及特点 | 图例 |
|---|---|---|---|---|
| 翼管式 | 金属管两侧连有翼片的吸热条带 | 铝合金模型整体积压拉伸工艺 | 管壁翼片较厚，动态性差，吸热板有较大热容 | |
| 扁盒式 | 吸收表面本身是压合成载热流体通道 | 两块金属板模压成型，焊接一体 | 不锈钢，铝合金，镀锌钢 | a)<br>b) |
| 蛇管式 | 同管板式结构 | | 铜焊接工艺，高频焊接或超声焊接 | |
| 涓流式 | 液体传热工质不封闭，在吸热表面流下，用于太阳蒸馏 | | | |

### 2. 平板型集热器的热性能

图 2-22 所示为平板型集热器的能量平衡关系。在单位时间内，集热器吸收的太阳辐射能等于同一时间内集热器损失的能量、集热器输出的有用能量和集热器本身的热容变化量之和。以上能量平衡关系可以用数学方程表示为

$$Q_A = Q_L + Q_U + Q_S \qquad (2\text{-}39)$$

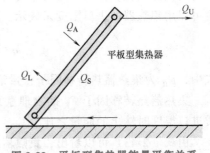

图 2-22　平板型集热器能量平衡关系

式中，$Q_A$ 为单位时间内集热器吸收的太阳辐射能（W）；$Q_L$ 为单位时间内集热器的能量损失（W）；$Q_U$ 为单位时间内集热器输出的有用能量（W）；$Q_S$ 为单位时间集热器的热容的变化量（W）。

当集热器工作在稳定工况时，集热器本身不吸热也不放热，即 $Q_S = 0$；当集热器工作在非稳定状态时，$Q_S > 0$ 或 $Q_S < 0$。

根据式（2-39），当集热器传热工质的流量和进出口温度不变或基本不变（稳态或准稳态工况）时，$Q_S = 0$，则

$$Q_U = Q_A - Q_L \qquad (2\text{-}40)$$

平板型集热器的瞬时效率可以用工质所获得的有用能量与入射到集热器上的太阳总辐射之比来表示，即

$$\eta = \frac{Q_U}{A_a I} = \frac{Q_A - Q_L}{A_a I} \qquad (2\text{-}41)$$

式中，$\eta$ 为集热器的瞬时效率（%）；$I$ 为太阳辐射照度（W/m²）；$A_a$ 为集热器采光面积（m²）。

经过一系列推导，集热器的效率方程可以表示为

$$\eta = (\tau\alpha)_e - U_L \frac{T_p - T_a}{I} \qquad (2\text{-}42)$$

式中，$(\tau\alpha)_e$ 为透明盖板透射比与吸热板吸收比的有效乘积，量纲为一；$U_L$ 为集热器的总热损失系数 [W/(m²·K)]；$T_p$ 为吸热板温度（℃）；$T_a$ 为环境温度（℃）。

由于吸热板温度不容易测定，而集热器进口温度和出口温度比较容易测定，所以集热器的效率方程也可以用集热器的平均温度 $T_m = (T_i + T_o)/2$ 来表示，即

$$\eta = F' \left[ (\tau\alpha)_e - U_L \frac{T_m - T_a}{I} \right] \qquad (2\text{-}43)$$

式中，$F'$ 为集热器效率因子，量纲为一；$U_L$ 为集热器的总热损失系数 $[W/(m^2 \cdot K)]$；$T_m$ 为工质的平均温度（℃），$T_i$ 为集热器进口温度（℃），$T_o$ 为集热器出口温度（℃）。

集热器效率因子 $F'$ 的物理意义是：集热器实际输出的能量与假定整个吸热板处于工质平均温度时输出的能量之比。$F'$ 的数值与吸热板的翅片效率、管板结合工艺、管内传热工质换热系数、吸热板结构尺寸等有关。

翅片效率是与翅片的厚度、管排的中心距、管排的外径、材料的热导率、集热器的总热损失系数等有关的参数，它表示翅片向排管传导热量的能力。

在式（2-43）中，尽管集热器平均温度可以测定，但由于集热器出口温度随太阳辐射照度的变化而变化，在测试过程中有时不容易控制集热器的平均温度，所以集热器的效率方程也可以用集热器的进口温度来表示，即

$$\eta = F_R \left[ (\tau\alpha)_e - U_L \frac{T_i - T_a}{I} \right] \qquad (2\text{-}44)$$

式中，$F_R$ 为集热器热转移因子，量纲为一。

集热器热转移因子 $F_R$ 的物理意义是：集热器实际输出的能量与假定整个吸热板处于工质进口温度时输出的能量之比。

由式（2-43）可以看出，集热器的瞬时效率与集热器的结构、材料和工艺有关。$(\tau\alpha)_e$ 越大，吸收的太阳能越多，$\eta$ 越高；$F'$ 越大，吸热板对工质的传热性能越好，$\eta$ 越高；$U_L$ 越小，$\eta$ 越高。

图 2-23 为几种不同材料、结构的集热器的瞬时效率曲线，可以根据使用地区的气温、使用季节和用水温度等情况来选择集热器的状态。图中横坐标表示归一化温差，定义为：（集热器工质进口温度–环境空气温度）/总太阳辐照度。

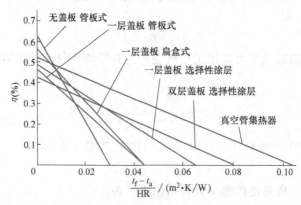

图 2-23 几种不同材料、结构的集热器的瞬时效率曲线

## 2.3.2 真空管太阳能集热器

真空管太阳能集热器是在平板型太阳能集热器的基础上发展起来的新型太阳能集热装

置。根据对太阳能集热器瞬时效率的分析可知，在平板型太阳能集热器的吸热板与透明盖层之间的空气夹层中，空气对流的热损失是平板型集热器热损失的主要部分，减少这部分热损失的最有效措施是将集热器的集热板与透明盖层之间抽成真空，但因为集热板和盖板间抽成真空后，$1m^2$ 的盖板要承受 1t 的压力，这项措施操作起来很难实现。为此，人们研制了内管与外管间抽成真空的全玻璃真空管，大大减少了集热器的对流、辐射和热传导造成的热损失。将多根真空管用联箱连接起来，就构成了真空管太阳能集热器。

真空管是构成真空管太阳能集热器的核心部件，它主要由内部的吸热体和外层的玻璃管组成。吸热体表面通过各种方式沉积有光谱选择性吸收涂层。由于吸热体与玻璃管之间的夹层保持高度真空，可有效地抑制真空管内空气的传导和对流热损失；而且由于选择性吸收涂层具有低的红外发射率，可明显地降低吸热板的辐射热损失。这些都使真空管集热器可以最大限度地利用太阳能，即使在高工作温度和低环境温度的条件下仍具有优良的热性能。

按吸热体的材料分类，真空管太阳能集热器有玻璃吸热体真空管（或称全玻璃真空管）和金属吸热体真空管（或称玻璃-金属真空管）两大类。

### 1. 全玻璃真空管集热器

如图 2-24 所示，全玻璃真空管集热器的结构包括：内、外玻璃管，选择性吸收涂层，弹簧支架，消气剂等，外形上像细长的暖水瓶胆。它采用一端开口，将内玻璃管和外玻璃管的一端管口进行环状熔封；另一端都密封成半球形的圆头。内玻璃管采用弹簧支架支撑，而且可以自由伸缩，以缓冲其热胀冷缩引起的应力；内外玻璃管的夹层抽成高度真空。内玻璃管的外表面涂有选择性吸收涂层。弹簧支架上装有消气剂，消气剂在蒸散以后用于吸收真空集热管运行时产生的气体，保持管内高度真空。

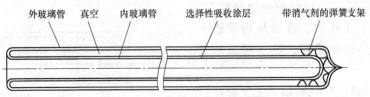

图 2-24 全玻璃真空管集热器结构

### 2. 金属吸热体真空管集热器

金属吸热体真空管有多种不同的形式，但无论哪种形式，由于吸热体采用金属材料，而且真空管之间也都采用金属件连接，所以用这些真空管组成的集热器具有以下共同的优点：

1）工作温度高。最高运行温度超过 100℃，有些形式的金属吸热体真空管运行温度甚至可高达 300~400℃，使之成为太阳能中、高温利用必不可少的集热部件。

2）承压能力大。金属吸热体真空管及其系统能承受自来水或循环泵的压力，多数集热器还可用于产生 $10^6kPa$ 以上的热水甚至高压蒸汽。

3）耐热冲击性能好。即使用户偶然误操作，对空晒的金属吸热体真空管集热器系统立即注入冷水，真空管也不会因此而炸裂。

正是由于金属吸热体真空管具有其他真空管无可比拟的诸多优点，世界各国科学家竞相研制出各种形式的真空管，以满足不同场合的需求，扩大了太阳能的应用范围。金属吸热体真空管已成为当今世界真空管集热器发展的重要方向。

（1）热管式真空管

热管式真空管集热器是金属吸热体真空管集热器的一种。热管式真空管主要由热管、吸热板、玻璃管等几部分组成，如图 2-25 所示。

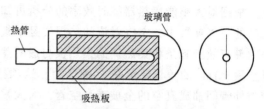

图 2-25　热管式真空管结构示意图

太阳光穿过玻璃管投射在吸热板上，吸热板吸收太阳辐射能并将其转换为热能，加热热管内的工质，使其汽化并将热量传送到热管的顶端，加热传热介质（通常是水），同时使工质凝结，流回热管的下端（加热端），如此不断循环。安装时，真空管与地面应有 10° 以上的倾角。热管式真空管除了具有工作温度高、承压能力大和耐热冲击性能好等金属吸热体真空管共同的优点外，还有其显著的特点：

1）耐冰冻。热管由特殊的材料和工艺制成，即使在冬季长时间无晴天及夜间的严寒条件下，真空管也不会冻裂。

2）启动快。热管的热容量很小，受热后立即启动，因而在瞬变的太阳辐射条件下能提高集热器的输出能量，而且在多云间晴的低日照天气也能将水加热。

3）保温好。热管具有单向传热的特点，即白天由太阳能转换的热量可沿热管向上传输去加热水，而夜间被加热水的热量不会沿热管向下散发到周围环境。这一特性称为热管的热二极管效应。

（2）同心套管式真空管

同心套管式真空管（或称直流式真空管）的外形与热管式真空管较为相似，只是在热管的位置上用两根内外相套的金属管代替，如图 2-26 所示。工作时，冷水从内管进入真空管。被吸热板加热后，热水通过外管流出。

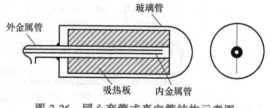

图 2-26　同心套管式真空管结构示意图

同心套管式真空管具有以下主要特点：

1）热效率高。传热介质进入真空管，被吸热板直接加热，减少了中间环节的传导热损。

2）可水平安装。在有些场合下，可将真空管水平安装在屋顶上，通过转动真空管将吸热板与水平方向的夹角调整到所需要的数值，既可简化集热器支架，又可避免集热器影响建筑外观。

（3）U 形管式真空管

国外有些文献将同心套管式真空管和 U 形管式真空管统称为直流式真空管，因为两者的工作原理完全一样，只是前者的冷、热水从内、外管进出，而后者的冷、热水从两根平行管进出。图 2-27 所示为 U 形管式真空管结构示意图。

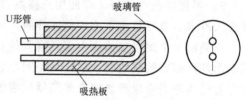

图 2-27　U 形管式真空管结构示意图

U 形管式真空管的主要特点除了热效率高、可水平安装之外，真空管与集热管之间的连接

# 第2章 太阳能光热利用

要比同心套管式简单。由于换热流体（水或导热油）在铜管内流动，因而 U 形管式真空管是一个承压系统，非常适合规模化大型工程应用。

（4）储热式真空管

储热式真空管主要由吸热管、玻璃管和内插管等部件组成，如图 2-28 所示。

储热式真空管的吸热管内储存水，外表面有选择性吸收涂层。白天，太阳辐射能被吸热管转换成热能后，直接用于加热管内的水；使用时，冷水通过内插管渐渐注入，并将热水从吸热管顶出；夜间，由于有真空隔热，吸热管内的热水温降很慢。

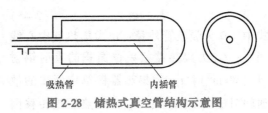

图 2-28　储热式真空管结构示意图

储热式真空管组成的系统具有以下特点：

1）不需要储水箱。真空管本身既是集热器又是储水箱，因而储热式真空管组成的热水器也称为真空闷晒式热水器，不需要附加的储水箱。

2）使用方便。打开自来水龙头后，热水可立即放出，所以特别适合于家用热水器。

（5）直通式真空管

直通式真空管主要由吸热管和玻璃管两部分组成，如图 2-29 所示。吸热管表面有高温选择性吸收涂层。传热介质由吸热管的一端流入，经太阳辐射能加热后，从另一端流出，故称为直通式。由于金属吸热管和玻璃管之间的两端都需要封接，因而必须借助于波纹管过渡，以补偿金属吸热管的热胀冷缩。

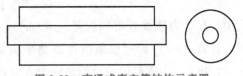

图 2-29　直通式真空管结构示意图

直通式真空管主要具有以下特点：

1）运行温度高。可将真空管与聚光反射镜结合，组成聚焦式太阳能集热器，能达到很高的运行温度（300~400℃）。

2）易于组装。由于传热介质从两端分别进出，因而便于真空管串联连接。

（6）内聚光式真空管

内聚光式真空管本身就是一种低聚光的聚焦式集热器，不过聚光反射镜是在真空管里面，故称为内聚光式真空管。国外有的文献称之为复合镜式真空管。它主要由复合抛物柱面反射镜、吸热体和玻璃管等几部分组成，如图 2-30 所示。吸热体通常是热管，也可以是同心套管，其表面有高温选择性吸收涂层。平行的太阳光无论从什么方向穿过玻璃管，都被复合抛物柱面镜反射到位于焦线处的吸热体

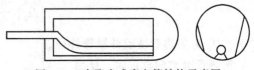

图 2-30　内聚光式真空管结构示意图

上，然后按热管式真空管或同心套管式真空管的原理运行。

内聚光式真空管具有以下主要特点：

1）运行温度较高。复合抛物柱面反射镜的聚光比一般为 3~5，运行温度可达 150℃以上。

2）不需要跟踪系统。这是由复合抛物柱面反射镜的光学特征所决定的，因而避免了复杂的自动跟踪系统。

**3. 真空管集热器的效率计算**

如图 2-31 所示，真空管集热器的效率为

$$\eta = \frac{DF_R}{B(I_{d\theta}+I_{D\theta})}[I_{eff}-\pi U_L(T_{f,i}-T_a)]$$

（2-45）

式中，$D$ 为吸收管外径；$B$ 为集热管中心线间距；$I_{d\theta}$ 为集热器板单位面积的直射辐射量（W/m²）；$I_{D\theta}$ 为集热器板单位面积的散射辐射量（W/m²）；$F_R$ 为集热器热转移因子；$I_{eff}$ 为集热管吸收的热量（W/m²）；$U_L$ 为集热器总热损系数 [W/(m² · K)]；$T_{f,i}$ 为集热器流体进口温度（℃）；$T_a$ 为环境温度（℃）。

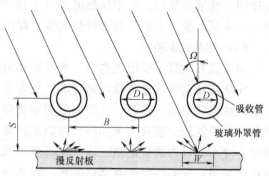

**图 2-31 真空管集热器横断面示意图**

$S$—集热管与漫反射板间距　$B$—集热管中心线间距
$D_1$—集热管玻璃外罩管外径　$D$—吸收管外径
$\Omega$—投影入射角　$W$—直射阳光通过集热管
间隙照在漫反射板上的光带宽度

集热器吸收的总热量 $I_{eff}$ 由以下四部分的辐射量构成。

1）集热器正面照射到集热管的直射辐射量 $I_{D,1}$。计算公式为

$$I_{D,1} = I_{D,N}\cos i_t g(\Omega)(\tau\alpha)_{i_t}$$

（2-46）

式中，$I_{D,N}$ 为法线直射辐射量（W/m²）；$(\tau\alpha)_{i_t}$ 为集热管的入射角为 $i_t$ 时，集热管的 $\tau\alpha$ 值，计算 $(\tau\alpha)_{i_t}$ 时可取集热管玻璃平面的法向透射系数 $\tau_n = 0.92$，吸收管法向吸收系数 $\alpha_n = 0.86$；$i_t$ 为直射阳光对集热管的入射角，即阳光直射线在集热管横断面上的投影与阳光直射线之间的夹角。集热管南北放置时，$\cos i_t$ 为

$$\cos i_t = \{1-[\sin(\theta-\varphi)\cos\delta\cos\omega+\cos(\theta-\varphi)\sin\delta]^2\}^{\frac{1}{2}}$$

（2-47）

式中，$\theta$ 为集热器漫反射板与水平面的夹角；$\varphi$、$\delta$、$\omega$ 分别为纬度、赤纬和时角。

集热管东西放置时，$\sin i_t$

$$\sin i_t = |\cos\delta\sin\omega|$$

（2-48）

$g(\Omega)$ 为遮挡系数，当投影入射角 $\Omega$（即阳光直射线在集热管横断面上的投影与集热器板法线的夹角）大于临近入射角 $\Omega_0$ 时，开始发生遮挡。$\Omega_0$ 的计算公式为

$$|\Omega_0| = \arccos\frac{D+D_1}{2B}$$

（2-49）

式中，$D_1$ 为集热管玻璃外罩管外径。

集热管南北向放置时，$\Omega$ 为

$$\Omega = \arccos\left(\frac{\cos i_e}{\cos i_t}\right)$$

（2-50）

式中，$i_e$ 为直射阳光对集热器板的入射角。

集热管东西向放置时，$\Omega$ 为

$$\Omega = \left|\arccos\left(\frac{\sin h}{\cos i_t}\right)-\theta\right|$$

（2-51）

式中，$h$ 为太阳高度角。

当 $|\varOmega| \leqslant |\varOmega_0|$ 时

$$g(\varOmega) = 1 \tag{2-52}$$

当 $|\varOmega| > |\varOmega_0|$ 时

$$g(\varOmega) = \frac{B}{D}\cos\varOmega + \frac{1}{2}\left(1 - \frac{D_1}{D}\right) \tag{2-53}$$

2）集热器正面的直射辐射穿过管间隙照在漫反射板上，再反射到集热管上的辐射量 $I_{\mathrm{D},2}$。计算公式为

$$I_{\mathrm{D},2} = I_{\mathrm{D,N}}\cos i_t \rho_s \Delta \frac{W}{D}(\tau\alpha)_{60°} \tag{2-54}$$

式中，$\rho_s$ 为漫反射板的反射系数；$\Delta$ 为直射光带对集热管的形状系数，当 $B = 2D_1$ 时，$\Delta$ 约 $0.6 \sim 0.7$；$(\tau\alpha)_{60°}$ 为散射辐射的平均入射角取 $60°$ 时的 $\tau\alpha$ 值；$W$ 为直射阳光通过集热管间隙照在漫反射板上的光带宽度，计算公式为

$$W = B - \frac{D_1}{\cos\varOmega} \tag{2-55}$$

3）集热管直接拦截的散射辐射 $I_{\mathrm{d},1}$。计算公式为

$$I_{\mathrm{d},1} = \pi F_{\mathrm{TS}} I_{\mathrm{d}\theta} \rho \overline{F}(\tau\alpha)_{60°} \tag{2-56}$$

式中，$F_{\mathrm{TS}}$ 为集热管对天空的形状系数，当 $B = 2D_1$ 时，$F_{\mathrm{TS}} \approx 0.34$。

4）集热器正面的散射辐射穿过集热管间隙照在反射板上，再反射到集热管的辐射量 $I_{\mathrm{d},2}$。计算公式为

$$I_{\mathrm{d},2} = \pi F_{\mathrm{TS}} I_{\mathrm{d}\theta} \rho_s \overline{F}(\tau\alpha)_{60°} \tag{2-57}$$

综上，集热器吸收的总热量 $I_{\mathrm{eff}}$ 可表示为

$$I_{\mathrm{eff}} = I_{\mathrm{D,N}}\cos i_t g(\varOmega)(\tau\alpha)_{i_t} + I_{\mathrm{D,N}}\cos i_t \rho_s \Delta \frac{W}{D}(\tau\alpha)_{60°} + \pi F_{\mathrm{TS}} I_{\mathrm{d}\theta}(\rho + \rho_s)\overline{F}(\tau\alpha)_{60°} \tag{2-58}$$

## 2.3.3 太阳能空气集热器

虽然太阳能热水器是目前太阳能利用中技术最成熟和应用最广泛的一种装置，但考虑到空气是一种比水更容易得到的传热介质，因此太阳能空气加热器吸引了人们的目光。太阳能空气加热器也称为太阳能空气集热器，是利用太阳能加热空气的装置。

与热水器相比，太阳能空气集热器主要优点如下：

1）不存在冬季的结冰问题。

2）微小的漏损不会严重影响空气加热器的工作和性能。

3）加热器承受的压力很小，可以利用较薄的金属板制造。

4）不必考虑材料的防腐问题。

5）经过加热的空气可以直接用于干燥或者房间取暖，不需要增加中间热交换器。

当然空气集热器也有不足之处。首先，因为空气的导热系数很小，因此其对流换热系数远远小于水的对流换热系数。所以在相同的条件下，空气集热器的效率要比普通平板型集热器的效率低。其次，与水相比，空气的密度小，以致在同样加热量的情况下，为使空气能在加热系统中流动，就要消耗较大的送风功率。另外，空气的热容量很小，为了储存热能，需

要使用石块或鹅卵石等储热堆，而以水为传热介质时，它同时可兼作热容量大的储热介质。本质上，太阳能空气集热器和太阳能热水器十分相似，都是利用经太阳辐射照射的吸热板来加热空气或水，但是由于空气和水的物性差别很大，故两种集热器的设计有所不同。

太阳能空气集热器样式很多，但从收集太阳能加热流体介质的热过程这一点来说，和前面所讲述的平板型集热器完全一样。太阳能空气集热器的总体结构与平板型集热器类似，也可分为四部分，即集热板、透明盖板、隔热层和外壳。其中，透明盖板、隔热层和外壳的具体设计与要求跟普通平板型集热器一样。而集热板部分由于使用的工作介质不同，结构上有很大的差异。

太阳能空气集热器根据集热板结构的不同，主要分为两大类：无孔集热板型和多孔集热板型。

（1）无孔集热板型

无孔集热板是指在空气集热器中，空气流无法穿过集热板，而只能在集热板的上面和背面流动，并和太阳能进行热交换。其结构如图 2-32 所示。

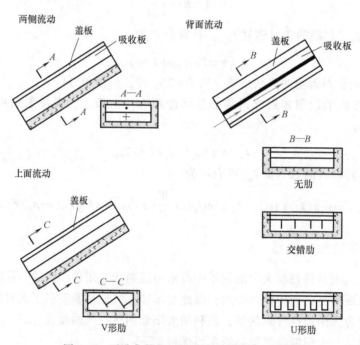

图 2-32　无孔集热板型空气集热器结构示意图

无孔集热板型空气集热器根据空气流动情况，又可分为三种形式：空气只在集热板上面流动；空气在集热板背面流动；空气在集热板两侧流动。

其中，针对每种流动形式，又可分为无肋或有肋，以及 U 形或其他形状的波纹集热板。尽管空气可以从集热板上面或两侧流动，但考虑到空气在集热板上表面流过时，会增加空气和玻璃盖板之间的对流热损耗，因此常见的设计是让空气在集热板的背面流动。

空气集热器的集热板大多是透明玻璃板表面涂黑或者采用黑玻璃。空气集热器对太阳辐射的吸收较差，为了减少热辐射损失，通常采用选择性吸收涂层，增加了集热器的成本。

此外，通常还可以采用以下方法提高空气集热器的性能：

1）将集热扳的背面弄粗糙，增加气流扰动，以提高对流传热系数。

2）加肋片或者采用波纹集热板，以增加传热面积，相应地增加气流扰动，强化对流传热。

无孔集热板型空气集热器的优点是结构简单、造价低廉；缺点是空气流和集热板之间的热交换不充分，集热效率难以有很大的改进。

（2）多孔集热板型

针对无孔集热板型空气集热器的缺点提出了多孔集热板型空气集热器。多孔集热板具有多孔网板、蜂窝结构、多层重叠板等不同形式，其结构如图 2-33 所示。

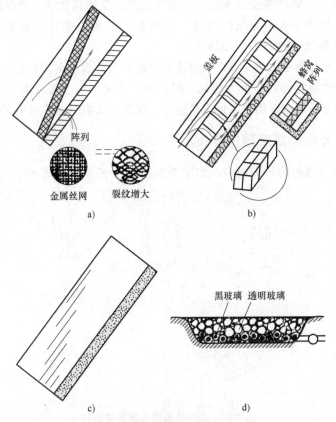

图 2-33　多孔集热板型空气集热器
a）金属网板式　b）蜂窝结构式　c）重叠玻璃板式　d）碎玻璃多孔床式

多孔集热板大多采用多层重叠的金属丝网，如图 2-33a 所示。太阳辐射能首先为金属网所吸收，然后通过对流加热空气。此外，还有发泡蜂窝结构、玫瑰管结构等，如图 2-33b 所示，其加热过程和金属网结构相同。在多孔集热板中，还包括重叠玻璃板式，如图 2-33c 所示，玻璃平板和气流的温度沿集热器的长度方向从顶部到底部逐渐增加，从而在大大降低热损失的同时，压力降也很小。这是空气集热器中常用的一种形式。

太阳辐射在多孔集热板中能够更深地射透，同时网孔增加了集热板和气流之间的接触传热面积，能够更为有效地传热。多孔集热板的孔隙形状、大小和厚度存在一定的最佳值，因此恰当得选择十分重要。但是这种选择理论计算相当复杂，因此通常情况下都是根据试验来确定。

由于多孔网板阻碍流动，多孔集热板的压力损失增大，但与空气在背面流动的无孔集热板相比压力仍较小。这是因为前者每单位横截面上流通的气量要低得多。试验表明，即使是发泡蜂窝结构，从压力降的角度来讲也是有利的。

## 2.4　聚焦型太阳能集热器

平板型集热器获得的热能量虽然很大，但是品质不高。在需要高温热能的太阳能热利用系统中，如需要高达几百摄氏度高温热能的太阳能热发电系统，由于太阳辐射的能流密度低，平板型集热器达不到所需要的高温，必须设法提高至能接收其上的能流密度才能提高集热器的供热温度。聚焦型太阳能集热器将一定面积上的太阳能集中到更小面积（如光斑）上，可以获得高温热能（也称为优质热能）。

聚焦型太阳能集热器是由聚光器以反射或折射的方式将投射到光孔上的太阳光集中到接收器上形成焦面，接收器将光能转换为热能，再由介质带走。由于接收器上的能流密度可能很高，所以能够达到比平板型集热器高得多的温度，这就为太阳能的热利用提供了有利条件。

### 2.4.1　聚焦型太阳能集热器的分类

聚焦型太阳能集热器的种类很多，如图 2-34 所示。按聚焦方式的不同，分类如下：

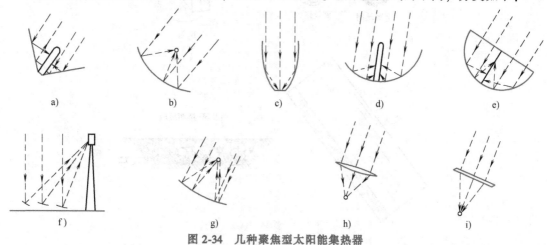

**图 2-34　几种聚焦型太阳能集热器**

a）锥形集热器　b）抛物面集热器　c）复合抛物面集热器（CPC）　d）球形面聚光集热器（SRTA）　e）半圆柱形集热器　f）塔式集热器　g）反射式菲涅尔集热器　h）透镜聚焦集热器　i）折射式菲涅尔集热器

1）使用反射光学系统，即通过曲面反射镜反射聚焦。例如：

① 锥形集热器，配合圆柱形接收器。常用于太阳灶。

② 旋转抛物面和抛物柱面反射型集热器。目前广泛使用。

③ 复合抛物面集热器（CPC）。这是一种不必严格跟踪的集热器。

④ 球形面聚光焦热器（SRTA），配合跟踪的接收器。

⑤ 半圆柱形集热器。这是 SRTA 集热器的进一步发展，接收器不必跟踪，半圆柱形反射聚光器随季节调整即可，结构较 SRTA 集热器简单，容易制造。

⑥ 塔式集热器。这是大中型太阳热动力系统中最有应用前景的一种集热器。

⑦ 反射式菲涅尔集热器。

2）使用折射光学系统（透镜等）的聚焦装置。例如：

① 透镜聚焦集热器。

② 折射式菲涅尔集热器。

另外，按聚焦程度的不同，聚焦型太阳能集热器分为将太阳光聚集成点状焦斑的三元集热器以及将太阳光聚焦成线状焦斑的二元集热器。点聚焦系统呈中心对称，一般应用在要求高聚光度的场合，如太阳炉和中心接收动力系统。线聚焦系统呈轴对称，一般应用在中等聚光已足够达到所需工作温度的场合。表 2-7 列出了几种聚焦型集热器的性能。

表 2-7 几种聚焦型集热器的性能

| 集热器形式 | | 聚光比范围 | 最高运行温度/℃ |
|---|---|---|---|
| 三元集热器 | SRTA | 50~150 | 300~500 |
| | 菲涅尔透镜 | 100~1000 | 300~1000 |
| | 抛物面 | 500~3000 | 500~2000 |
| | 塔式 | 1000~3000 | 500~2000 |
| 二元集热器 | CPC(季节调整) | 3~10 | 100~150 |
| | 菲涅尔透镜 | 6~30 | 100~200 |
| | 抛物面 | 15~50 | 200~300 |

## 2.4.2 复合抛物面（CPC）太阳能集热器

复合抛物面（CPC）聚光器是一种非成像低聚焦度的聚光器，它根据边缘光线原理设计，可将给定接收角范围内的入射光线按理想聚光比收集到接收器上。由于它有较大的接收角，故在运行时不需要连续跟踪太阳，只需根据接收角的大小和收集阳光的小时数，每年定期调整倾角若干次就可以有效地工作。同时考虑到 CPC 太阳能集热器的高温性能比较好，比较适用于采暖和制冷。

### 1. CPC 太阳能集热器的结构

CPC 太阳能集热器由两片槽形抛物面反射镜与装设在底部的吸收器构成，如图 2-35 所示，其中 A、B 为 CPC 上沿，C 为右侧抛物线焦点，D 为左侧抛物线焦点，这种聚光器聚光而不成像，因而不需要跟踪太阳，最多只需要随季节做倾斜度的调整。它可能达到的聚光比一般在 10 以下，当聚光比在 3 以下时，可以做成不调整的固定聚光集热器。这种聚光集热器，不但能接收直接辐射，而且能接收散射辐射（能利用总散射辐射的 20%），其性能和单轴跟踪型抛物面聚光集热器相当，但却省去了复杂的跟踪机构。与平板型集热器相比，由于有了一定程度

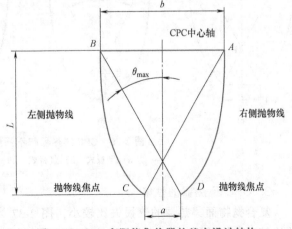

图 2-35 CPC 太阳能集热器的基本设计结构

的聚光，吸收体面积小，热损失也减小，因而集热器的温度提高。CPC 太阳能集热器合适的工作温度范围为 80~250℃，是具有一定特色的中温聚光集热器。

CPC 太阳能集热器的几何聚光比 $C_G$ 为

$$C_G = \frac{b}{a} = \frac{1}{\sin\theta_{max}} \tag{2-59}$$

式中，$b$ 为入射孔径（cm）；$a$ 为出射孔径（cm）；$\theta_{max}$（$\theta_A$）为接收角（°），其物理含义表示对任意一个特定的复合抛物面聚光器，能将其接收角范围内的全部入射光线按最大聚光比聚向吸收体，超过这个接收角范围外的光线不能接收而反射回天空。

如图 2-35 所示，镜槽的理论深度 $L$（cm）为

$$L = \frac{a+b}{2}\tan\theta_{max} \tag{2-60}$$

实际的镜槽深度要比由式（2-60）求得的数值稍短 $\frac{1}{3}$ 为佳，这样接收角 $\theta_A$ 只减少很小，却大幅度地降低了制作镜面的材料消耗。标准复合抛物面聚光集热器的一般尺寸见表 2-8（供设计时参考使用）。

表 2-8　标准复合抛物面聚光集热器的一般尺寸　　　　　　　（单位：cm）

| $C_G$ | $b$ | $a$ | $L$ |
|---|---|---|---|
| 3 | 70.4 | 24.2 | 91.2 |
| 5 | 45.7 | 9.0 | 91.2 |
| 10 | 30.5 | 3.0 | 91.2 |

**2. CPC 集热器与接收器的组合形式**

CPC 集热器可以和不同形状的接收器组合，以满足特定的要求。图 2-36 给出了四种可能的组合方案，即平板式、竖板式、楔板式和管式。竖板式和楔板式的优点在于接收器背部暴露于环境的面积比平板式小，而管式接收器应用最广泛。

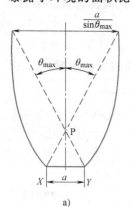 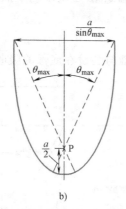 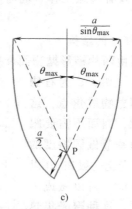 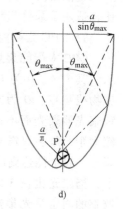

图 2-36　CPC 集热器与不同形状接收器的组合

a）平板式　b）竖板式　c）楔板式　d）管式

**3. CPC 集热器的性能**

复合抛物面集热器的热损失比较小，图 2-37 为这种集热器的瞬时效率与平板型集热器的比较。曲线越平，表示集热器的高温性能越好。从实际应用的效果来看，CPC 集热器特

别适用于采暖与制冷。

### 2.4.3 抛物面聚焦型集热器的热性能

由于聚焦型集热器的接收形式多样，表面温度高，边缘和导热影响较大，所以热损失的计算必须针对具体的接收器形式。

对于吸热管外套有透明的真空夹层套管的接收器，其单位长度的热损失 $q_L$ 可以表示为

$$q_L = \frac{A_h}{R_h L}(T_r - T_a) + \sigma \varepsilon_r \frac{A_r}{L}(T_r^4 - T_a^4) \quad (2\text{-}61)$$

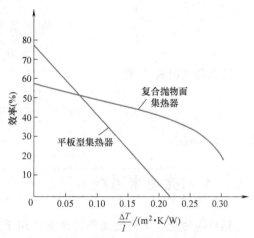

图 2-37 复合抛物面集热器和
平板型集热器的效率曲线

式中，右边第一项为导热损失，其中 $A_h$ 为接收器两端导热部件的横截面面积（$m^2$）；$R_h$ 为接收器两端导热部件的导热热阻（K/W）；$\sigma$ 为斯特藩-玻尔兹曼常数 [$W/(m^2 \cdot K^4)$]；$\varepsilon_r$ 为接收器表面的辐射系数；$A_r$ 为接收器的面积（$m^2$）；$T_r$ 为接收器的表面温度（K）；$T_a$ 为环境温度（K）；$L$ 为集热器长度（m）。

对于没有套管的裸露接收器的热损失，只考虑表面的辐射和对流损失，$q_L$ 可以表示为

$$q_L = h_w \frac{A_r}{L}(T_r - T_a) + \sigma \varepsilon_r \frac{A_r}{L}(T_r^4 - T_a^4) \quad (2\text{-}62)$$

式中，$h_w$ 为对流换热系数 [$W/(m^2 \cdot K)$]。

聚焦型集热器也可以推导出类似于平板型集热器的集热器效率因子 $F'$ 和热损失系数 $U_L$ 的表达式，使得已知 $F'$ 和 $U_L$ 时就可以计算出集热器的出口温度。

对于接收器为裸圆管的抛物柱面集热器，假设沿周向没有温差，圆管外侧的热损失为辐射和对流损失，热损失系数 $U_L$ 为

$$U_L = \left( \frac{1}{h_w} + \frac{1}{h_r} \right)^{-1} \quad (2\text{-}63)$$

聚焦系统中的流体热能可能很高，所以必要时应考虑管壁热阻，这样从周围环境到流体的总传热系数 $U_0$（以管外表面积为基准）为

$$U_0 = \frac{1}{U_L} + \frac{D}{h_i D_i} + \frac{D\ln\dfrac{D}{D_i}}{2\lambda} \quad (2\text{-}64)$$

式中，$D$ 为管外经（m）；$D_i$ 为管内径（m）；$h_i$ 为流体与圆管的换热系数 [$W/(m^2 \cdot K)$]；$\lambda$ 为管材的导热系数 [$W/(m \cdot K)$]。单位长度的集热器的有用能量收益 $q_u$ 为

$$q_u = \frac{A_0}{L} H R \eta_0 - \pi D U_L (T_r - T_a) \quad (2\text{-}65)$$

式中，$\eta_0$ 为集热器的光学效率；$H$ 为投射在任何方位的单位水平表面上的直射或散射辐射（$W/m^2$）；$R$ 为直射或散射辐射转换到集热器平面上的转换因子。

有用能量收益用流体得到的能量表示为

$$q_u = \frac{\pi D(T_r - T_f)}{\dfrac{D}{h_i D_i} + \dfrac{D\ln(D/D_i)}{2\lambda}} \qquad (2\text{-}66)$$

以上两式消去 $T_r$ 得

$$q_u = F'\frac{A_0}{L}\left[ HR\eta_0 - \frac{A_r}{A_0}U_L(T_f - T_a) \right] \qquad (2\text{-}67)$$

式中，$A_r = \pi DL$。

## 2.5 太阳能热水系统

到目前为止，太阳能光热转换主要用于加热水或者输出热能，其中以太阳能热水系统的应用技术最为成熟，应用也比较广泛。太阳能热水系统是由太阳能热水器、上水管路和下水管路等组成的、利用太阳能加热水的装置。这种装置结构简单，成本不高，最适用于北纬45°和南纬45°之间的地区，这些地区内每年约有2000h以上的日照时间，可用于为家庭、浴室或医院、旅馆等公共场所提供洗澡、洗衣、炊事等用途的热水，水温在夏季一般都能达到50~60℃。

下面主要介绍几种常见的太阳能热水系统，并分析太阳能热水器的热性能，最后针对常见的太阳能热水器在冬季冻结的现象，指出几种常用的防冻措施。

### 2.5.1 自然循环太阳能热水系统

自然循环太阳能热水系统是依靠集热器和储水箱中的温差形成系统的热虹吸压头，使水在系统中循环；同时将集热器的有用能量收益通过加热水，不断储存在储水箱内，如图2-38所示。

系统运行过程中，集热器内的水受太阳辐射能加热，温度升高，密度降低，加热后的水在集热器内逐步上升，从集热器的上循环进入储水箱的上部；同时，储水箱底部的冷水由下循环管流入集热器的底部。这样经过一段时间后，储水箱中的水形成明显的温度分层，上层水首先到达可使用的温度，直至整个储水箱的水都可以使用。

用热水时，有两种取热水的方法：一种是有补水箱，如图2-38a所示，由补水箱向储水箱底部补充冷水，将储水箱上层热水顶出使用，其水位由补水箱内的浮球阀控制，有时称这

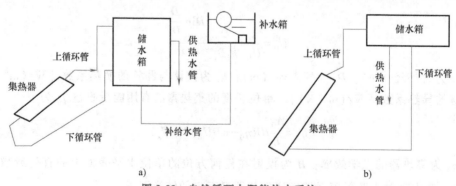

**图2-38 自然循环太阳能热水系统**

a) 有补水箱　b) 无补水箱

种方法为顶水法；另一种是无补水箱，如图 2-38b 所示，热水依靠本身重力从储水箱底部落下使用，有时称这种方法为落水法。

顶水法的优点在于能充分利用上层水先热的特点，使用者一开始就可以取到热水；缺点是从储水箱底部进入冷水会与储水箱内的热水混合，减少了可利用的热水。落水法的优点是没有冷热水的混合，但缺点是必须将储水箱底部不太热的水放掉后才可取到热水，所以既浪费水又浪费能量。

自然循环太阳能热水系统的优点是结构简单，运行可靠，无须动力，成本较低；缺点是为了维持必要的虹吸压头，储水箱必须置于集热器的上方，这有时会给建筑布置、结构承重和系统安装等带来一制约。

自然循环太阳能热水系统主要适用于家用太阳能热水器和中小型太阳能热水系统。

## 2.5.2 强制循环太阳能热水系统

强制循环太阳能热水系统是在集热器和储水箱之间的管路上设置水泵，作为系统中水的循环动力；同时，集热器的有用能量收益通过加热水，不断储存至储水箱内。

系统运行过程中，循环泵的启动和关闭必须要有控制，否则既浪费电能又损失热能。通常有温差控制和光电控制两种控制方法，其中温差控制较为普及，有时还同时应用温差控制和光电控制。光电控制是利用太阳能电池所产生的电信号来控制循环泵的运行。温差控制是利用集热器出口处水温和储水箱底部水温之间的温差来控制循环泵的运行，如图 2-39 所示。

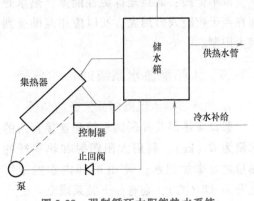

图 2-39 强制循环太阳能热水系统

用热水时，同样有两种取热水的方法：顶水法和落水法。顶水法是向储水箱底部补充冷水（自来水），将储水箱上层热水顶出使用；落水法是依靠热水本身重力从储水箱底部落下使用。在强制循环条件下，由于储水箱内的水得到充分混合，不会出现明显的温度分层，所以顶水法和落水法一开始都可以取到热水。顶水法与落水法相比，其优点是热水在压力下的喷淋可提高使用者的舒适度，而不必考虑向储水箱补水的问题；缺点也是从储水箱底部进入的冷水会与储水箱内的热水混合。落水法的优点是没有冷热水的混合，但缺点是热水靠重力落下而影响使用者的舒适度，而且必须考虑适时向储水箱补水的问题。

强制循环太阳能热水系统可适用于大、中、小型各种规模的太阳能热水系统。

## 2.5.3 直流式太阳能热水系统

直流式太阳能热水系统由集热器、储热水箱、补给水箱（可以用自来水代替）和管道等组成，如图 2-40 所示。安装时，补给水箱的水位略高于集热器出口热水管顶部。装置运行时，由于补给水箱的水位与热水管顶部存在高差，于是水就不断地从补给水箱流入集热器，经集热器加热后汇集到储热水箱中，这种系统并不循环，所以称为直流式。为使从集热器出来的水具有足够大的温升，水的流量应较小。通过冷水补给管上的阀门可调节其流量。

补给水箱可用自来水直接通过阀门流入集热器代替。

直流式太阳能热水系统具有以下优点：①储水箱不必高于集热器，它可以置于室内，水箱保温容易；②储水箱的热水已具有足够的温度，箱中热水可随时取用。如果用户是连续取水，则储水箱可做得很小，热损失也能进一步减少。

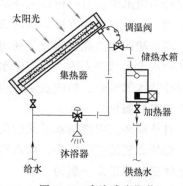

图 2-40　直流式太阳能热水系统示意图

### 2.5.4　整体式太阳能热水系统

整体式太阳能热水系统是人类最早使用的一种太阳能热水器，如图 2-41 所示，其特点是集热器与储水箱合二为一，实际上就是一个外壁涂黑、充当吸热体的容器。依靠容器壁吸收太阳辐射能加热，水在容器中以自然对流方式流动，经过一整天，容器中的水被加热到一定温度，然后便可取用。所以，整体式太阳能热水系统通常也称为闷晒式太阳能热水器。

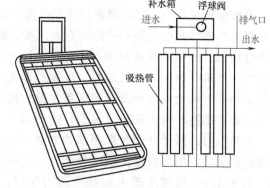

图 2-41　闷晒式太阳能热水器示意图

闷晒式太阳能热水器的优点是结构简单，成本低廉；缺点是保温性能差，热水必须在当天夜晚及时用完，所以应用范围受到很大限制。

### 2.5.5　太阳能热水系统的性能分析

#### 1. 热水器内水温随时间上升的特性

假设集热器及其所属水箱和连接管内的水量为 $G$（kg），利用太阳辐射和热损耗的热量之差来加热水。设 $\mathrm{d}t$ 时间内水的温度上升为 $\mathrm{d}T$（℃），则有如下关系成立：

$$\tau\alpha IA_1\mathrm{d}t - K(T-T_a)A_2\mathrm{d}t = GC_p\mathrm{d}T \tag{2-68}$$

或

$$\frac{\mathrm{d}T}{\mathrm{d}t} = \tau\alpha IF_1/GC_p - \frac{KF_2(T-T_a)}{GC_p} \tag{2-69}$$

式中，$I$ 为受热面的太阳辐射量（W/m²）；$\tau$ 为覆盖集热器的透明盖板的透过率；$\alpha$ 为集热器表面的吸收率；$T$ 为热水器内水的平均温度（℃）；$T_a$ 为环境温度（℃）；$K$ 为集热器内水与环境之间的总传热系数［W/（m²·K）］；$A_1$ 为集热器的日照受热面积（m²）；$A_2$ 为包括水箱及连接管在内的热水器的四周表面积（m²）；$C_p$ 为水的比热容［J/（kg·K）］。

式（2-68）和式（2-69）中，$A_1$ 和 $A_2$ 为常数，$K$、$\tau$、$\alpha$、$T_a$、$G$ 在一天的加热时间内为常数，随着时间 $t$ 变化的量只有太阳辐射量 $I$ 和水温 $T$。因此，若将 $I$ 写成 $I(t)$，则式（2-69）变成标准线性一阶微分方程，即

$$\frac{\mathrm{d}T}{\mathrm{d}t} + p(T-T_a) = Q(t) \tag{2-70}$$

其中

$$p = \frac{KA_2}{GC_p} \tag{2-71}$$

$$Q(t) = \frac{\tau\alpha A_1}{GC_p}I(t) \tag{2-72}$$

式（2-72）的通解可以写为

$$T - T_a = e^{-p}\left[\int e^p Q(t)\,dt + C\right] \tag{2-73}$$

如果已知 $I(t)$，将它代入式（2-73）积分，可求出 $T$ 随时间 $t$ 的特性。

2. 热水器的日集热量及平均集热效率

假设热水器每小时收集的净集热量为 $Q$，集热器内 $G$（kg）水的温升为 $\Delta T$，则有

$$Q = GC_p\Delta T \tag{2-74}$$

假设集热器单位面积的集热功率为 $q$，则有

$$q = GC_p\Delta T/A_1 \tag{2-75}$$

若取式（2-68）左边各量在单位时间（h）内不变，且取 $dt = 1h$，式（2-68）变为

$$\tau\alpha I A_1 - K(T - T_a)A_2 = GC_p dT \tag{2-76}$$

将式（2-74）代入式（2-76）中，有

$$q = \tau\alpha I - K(T - T_a)A_2/A_1 \tag{2-77}$$

假定该集热器在一天之内仅工作 $t$（h），并取该时间的集热量为 $q_d$，则根据式（2-77）有

$$q_d = \tau\alpha\varphi I_d - Kt(T_m - T_{am})A_2/A_1 \tag{2-78}$$

式中，$I_d$ 为每天受热面的太阳辐射量（W/m²）；$\varphi$ 为有效太阳辐射量比（定义为集热时间区间的太阳辐射量与全天太阳辐射量之比）；$T_m$ 为在集热时间内集热器中的水温平均值（℃）；$T_{am}$ 为环境温度平均值（℃）。

式（2-78）表示热水器一天的单位面积上的集热量 $q_d$。它是热水器的一个重要特性值。

热水器内的水温 $T_m$ 随时间的变化如图 2-42 所示，日本学者石桥等提出了近似 $T_m$ 的计算方法，即

$$T_m = (T_1 + 2T_2)/3 + \Delta T_m \tag{2-79}$$

式中，$T_1$ 为开始集热时热水器内的水温（℃）；$T_2$ 为集热结束时热水器内的水温（℃）；$\Delta T_m$ 为集热板的温度和集热器内水温的平均值之差在集热时间内的平均值（℃）。对于闷晒式太阳能热水器取 $\Delta T_m = 0$，对自然循环太阳能热水器可由试验决定。

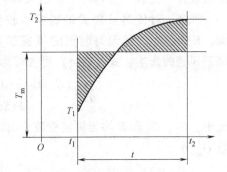

图 2-42 集热时间区间内温度的变化

同式（2-75），$q_d$ 可表示为

$$q_d = GC_p(T_2 - T_1)/A_1 \tag{2-80}$$

由式（2-78）~式（2-80）消去 $T_2$ 和 $T_m$，整理得

$$q_d = \frac{1}{1 + \frac{2}{3}\frac{KtA_2/A_1}{GC_p/A_1}}\left[\tau\alpha\varphi I_d - (KtA_2/A_1)(T_1 + \Delta T_m - T_{am})\right] \tag{2-81}$$

集热量与每天的受热面太阳辐射量 $I_d$ 之比为集热时间内的平均集热效率，即

$$\eta_d = \frac{\tau\alpha\varphi}{1+\dfrac{2}{3}\dfrac{KtA_2/A_1}{GC_p/A_1}} - \frac{KtA_2/A_1}{1+\dfrac{2}{3}\dfrac{KtA_2/A_1}{GC_p/A_1}} \frac{T_1+\Delta T_m - T_{am}}{I_d} \qquad (2\text{-}82)$$

若设

$$S = \frac{2}{3}\frac{KtA_2/A_1}{GC_p/A_1} \qquad (2\text{-}83)$$

则式 (2-82) 变为

$$\eta_d = \frac{\tau\alpha\varphi}{1+St} - \frac{KtA_2/A_1}{1+St}\frac{T_1+\Delta T_m - T_{am}}{I_d} \qquad (2\text{-}84)$$

式中，$K$ 值必须通过试验确定。令

$$a = \frac{\tau\alpha\varphi}{1+St} \qquad (2\text{-}85)$$

$$b = \frac{tA_2/A_1}{1+St}\frac{T_1+\Delta T_m - T_{am}}{I_d} \qquad (2\text{-}86)$$

式 (2-84) 可写为

$$\eta_d = a - bK \qquad (2\text{-}87)$$

确定 $K$ 值的方法：先假定一个 $K$ 值，并就不同情况计算 $a$ 值和 $b$ 值。图 2-43 所示为不同风速 $v$ 下的 $\eta_d$ 曲线。在图 2-43 中找出此时（风速 $v=$ 0m/s）的 $\eta_d$ 曲线，得出这条曲线的倾角 $\theta$，由 $\tan\theta = K$ 便可确定 $K$ 值，该直线与纵坐标交点的坐标应与 $a$ 值相等。如果用这种方法求得的 $K$ 值与开始假定的 $K$ 值不同，则应重新假定 $K$ 值，并多次重复这一过程，直到两个 $K$ 值大体上一致。

风速 $v$ 对传热系数 $K$ 的影响也较大，风速越大，$K$ 值越小。每天每时刻的风速都在变化，考虑到风速的影响，式 (2-84) 可改写为

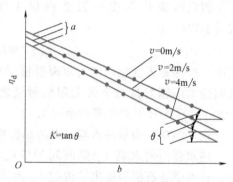

图 2-43　确定 $K$ 值的方法

$$\eta_d = \frac{(C_1-C_2v)(1+R)\tau\alpha\varphi}{1+St} - \frac{KtA_2/A_1}{1+St}\frac{T_1+\Delta T_m - T_{am}}{I_d} \qquad (2\text{-}88)$$

式中，$C_1$、$C_2$ 和 $R$ 均为待定系数。确定平均集热效率后，不难求出每台集热器一天的集热量 $Q_d$ 为

$$Q_d = \eta_d I_d A_1 = q_d A_1 \qquad (2\text{-}89)$$

## 2.5.6　太阳能热水系统的防冻措施

我国北方冬季夜间的最低温度可达 $-10 \sim -40℃$，在这样低的气温下，平板型热水器中的存水会很快冻结，导致集热板胀裂破损。因此，入冬后，不得不将集热器中的水排空，停止使用太阳能热水器，不但降低了太阳能热水器的利用率，而且由于水排空后集热器和水箱

的内表面接触空气，加速了材料的腐蚀，缩短了集热器的使用寿命。因此，如何能使集热器在冬季继续使用，为用户提供热水，就成了发展太阳能热水器的重要问题。下面介绍几种常见的热水器防冻措施。

（1）自动补热

在平板型集热器的下联箱内，装一根绝缘良好的电阻丝，并设置温度敏感元件。当水温降到0℃时，敏感元件发出信号，通过放大器闭合电阻丝电路上的开关，使它对水加热。这根电阻丝的功率可很小，只要能保证集热器中的水不结冰即可。对于$1m^2$的集热器，在-15℃的环境温度下保持不结冰，所需功率仅为1.2W。当水温超过1℃或2℃时，温控装置便发出信号，切断电源。这种方法需要消耗少量电能，一般适于气温不太低的地区。

（2）落水式强制循环系统

这种系统将集热器放在储水箱上方，储水箱有通大气的开口，系统最高点设有通气阀。由温度差起动器控制系统中的循环水泵运行及通气阀动作。当水箱底部和集热板间的温差超过规定的上限位时，通气阀闭合，水泵起动，当温差低于规定的下限值时，水泵停止，通气阀打开，集热器中的水靠重力作用全部迅速返回水箱。一般的大型太阳能热水器系统常常采用落水式强制循环系统防冻。

（3）采用防冻液的复合回路系统

这种系统有两个回路，一个回路由集热器和换热器所组成，此回路中使用不冻结的传热介质，它可将集热器收集到的太阳能通过换热器传递给水箱中的水。这一回路一般采用强制循环，对于一些小型系统，也可采用自然循环方式。另一个回路是供热水回路。常用的防冻传热介质的种类很多，如乙醇、乙二醇、丙三醇溶液等醇类水溶液；硅油、芳香族和烃油等有机油类等。选用防冻液时，除了考虑冻结温度外，还应考虑防冻介质与集热器、换热器材料不发生腐蚀、无毒、成本低以及防冻介质的热物性等。换热器可采用列管式、盘管式和板框式等。在自然循环的防冻介质回路中，换热器、集热器及循环管内的阻力与热容大小要适当，换热器的面积以等于集热器采光面积的一半为最佳。

## 2.6 太阳能热能系统

热能具有品位，集热器与热能品位相对应。根据集热器的工作温度不同可以分为低温集热器、中温集热器和高温集热器，其工作温度区间分别为100℃以下、100～250℃和250℃以上。各类太阳能集热器的工作温度已在2.3节讨论。近似地，根据不同的温度区间，太阳能热能系统可分为低温、中温和高温三种类型。低温太阳能的工作范围为80℃以下，多用于制备生活热水、低温采暖和工业预热；中温太阳能的工作范围为80～250℃，多用于太阳能空调制冷及工业生产；高温太阳能的工作范围为250℃以上，多用于太阳热发电。

我国工业能耗占全社会能耗的70%，其中热能约占53%。调查表明，工业用热能多在80～250℃，集中于造纸、食品、烟草、木材、化工、医药、纺织、塑料等领域。如果整个工业用热能10%被太阳能替代，则$CO_2$减排量可达3.4亿t；单以锅炉而言，如果全国40多万台燃煤锅炉都能与太阳能结合，按10%的节能水平计算，一年可节约原煤约4000万t。因此，将太阳能系统应用于工业生产具有重要意义。

### 2.6.1 太阳能工业热水系统

目前，太阳能热水系统在太阳能工业应用中占较大的比重，具有较高的经济效益。除2.5节介绍的直接应用系统外，太阳能热水系统还可以用于工业预热。一种典型的太阳能预热系统原理图如图2-44所示。该系统将太阳能热水系统与传统的锅炉系统结合，利用太阳能集热器对水进行预热，以提高锅炉的给水温度，降低锅炉的能耗。系统所产生的蒸汽可用于推动汽轮机做功或其他工业过程。该系统可有效降低传统锅炉系统的能源消耗，减少 $CO_2$ 及其他有害气体的排放，并充分利用了原有设备，保证了系统的可靠性。

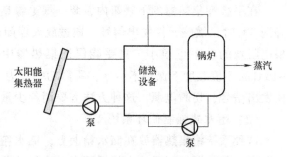

图 2-44　太阳能工业预热系统原理图

山东力诺瑞特新能源有限公司于2011年将CPC中温集热器与锅炉系统结合，设计了一套CPC中温太阳能工业热力系统。该系统采用经过特殊处理后的高效太阳能集热器，在集热器内将15℃左右的冷水加热至95℃，再通过锅炉将95℃热水加热成150℃蒸汽以供工业生产。该系统总安装面积8400m²，采光面积5200m²，CPC中温集热器95℃时平均效率约为60%，日均提供95℃热水138t，所提供热量约占锅炉所需热量的10%。整个系统每年可节约标煤1156t，减排 $CO_2$ 3005t，具有极高的经济效益和社会效益。

### 2.6.2 太阳能蒸汽系统

中高温蒸汽广泛应用于各类工业生产过程，具体应用领域见表2-9。由于需要获取相对较高的温度，太阳能蒸汽系统通常采用抛物槽式太阳能集热器（PTC）。

表 2-9　中高温蒸汽工业生产应用领域

| 应用领域 | 用途 | 热能形式 | 温度/℃ |
|---|---|---|---|
| 合成橡胶 | 胶合板制备 | 蒸汽 | 120～180 |
| 木材加工 | 热压纤维板 | 蒸汽 | 200 |
| 公路建设 | 融化沥青 | 蒸汽 | 120～180 |
| 化学工业 | 化学处理 | 蒸汽 | 120～180 |
| 造纸工业 | 牛皮纸漂白 | 蒸汽 | 120～180 |
| | 干燥 | 蒸汽 | 150 |
| 食品工业 | 消毒 | 蒸汽 | 140～150 |
| | 浓缩 | 蒸汽 | 130～190 |
| | 干燥 | 蒸汽(空气) | 130～240 |
| 烟草行业 | 制丝 | 蒸汽 | 150～200 |
| 纺织工业 | 染色 | 蒸汽 | 100～160 |

太阳能蒸汽系统通常可以分为以下三类：

1）闪蒸蒸汽系统。加压水在集热器中加热，然后使其降压，产生闪蒸蒸汽，如图2-45a所示。

2）直接蒸发系统。在集热器内允许两相流动，通过集热器加热直接产生蒸汽，如图 2-45b 所示。

3）导热油系统。利用太阳能加热导热油使之温度升高，之后将热量传递给换热器内的水以产生蒸汽，如图 2-45c 所示。

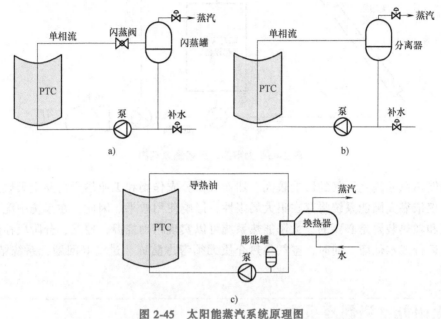

**图 2-45　太阳能蒸汽系统原理图**
a）闪蒸蒸汽系统　b）直接蒸发系统　c）导热油系统

闪蒸蒸汽系统与直接蒸发系统在设备成本上大致相当，但相较而言直接蒸发系统具有一定的优势。由于闪蒸蒸汽系统要求在加热过程中不发生相变，故集热器两端流体温升较大，平均温度较高，导致集热器的效率比直接蒸发系统低。同时，为了防止水在加热过程中沸腾，整个系统需要承压，这对集热器及系统设计提出了更高的要求，并导致水泵的能耗增加。直接蒸发系统的缺点是存在一定的稳定性问题。即便系统设置了水处理装置，但结垢仍是不可避免的。同时，当流经多个集热器阵列时，两相流动的不稳定性可能导致流量剧烈变化，如果流量过低可能使集热器的温度过高，损坏涂层。

导热油系统的导热油应满足无腐蚀性和不冻结的要求。该系统压力较低、控制简单，在很大程度上克服了水系统的缺点。因此，目前的太阳能蒸汽系统以导热油系统应用最广。该系统的主要缺点来自导热油的性质，大部分导热油是昂贵、易燃且有污染的。因此导热油系统在卫生要求高的场合，如食品领域的使用受到了较大限制。同时，与水相比，大部分导热油的黏度大、密度低、比热容小、导热系数低，因此传热性能较差。这意味着和水系统相比，导热油系统需要更高的流速和更大的传热温差，从而导致泵功增加，集热器效率下降。实际应用中，需对上述因素综合考虑以选择合适的系统。

## 2.6.3　太阳能热风系统

在工业生产中，很多领域，如纺织、木材和食品等都需要对产品进行干燥。实践证明，太阳能热风系统可以满足干燥负荷的要求，是一种行之有效的方法，对节约常规能源、避免环境污染、提高产品质量等方面均能起到积极作用。典型的太阳能热风系统原理图如图2-46所示。空气流经太阳能集热器获得热量，温度升高，可用于干燥或其他工业过程。

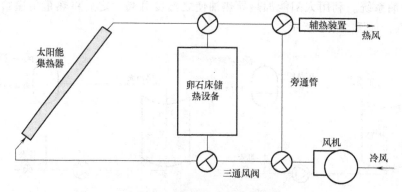

图 2-46　太阳能热风系统原理图

太阳能热风系统受天气的影响较大，然而大部分农作物和工业烘干需要全天候连续不断地进行，仅依靠太阳能系统将存在很大局限性，影响使用效果。因此，在系统中配置适当的储热装置和辅热装置是必要的。太阳能热系统可以实现精确控温、控湿、分阶段控制、全天候运行且运行成本低廉。同时，空气集热介质无须考虑防冻、过温等问题，系统结构简单，维护方便。

## 2.7　太阳能空调制冷系统

太阳能制冷是一种直接利用热能驱动制冷机的制冷方式。常用的太阳能制冷系统有：太阳能吸收式制冷系统、太阳能吸附式制冷系统和太阳能除湿制冷系统。本节将对这三种太阳能制冷系统的工作原理和特性进行简要分析。

太阳能空调制冷的最大优点在于季节适应性好：一方面，夏季天气炎热、太阳辐射强度大，人们对空调的需求大；另一方面，由于夏季太阳辐射强度大，依靠太阳能驱动的空调系统可以产生更多的冷量。也就是说，太阳能空调制冷系统的制冷能力是随着太阳辐射能量的增加而增大的，这正好与夏季人们对空调的迫切需求相匹配。除了季节适应性好这个最大优点以外，太阳能空调制冷还具有以下几个主要优点：

1）采用非氟氯烃化合物为工质，对大气层无破坏作用，有利于环境保护。

2）系统基本上无运动部件，运转安静，噪声很低。

3）可以将夏季制冷、冬季采暖和其他季节提供热水三种功能结合起来，做到一机多用，四季常用，从而可以显著地提高太阳能系统的利用率和经济性。

不同的太阳能制冷系统对热源的要求不同，需要根据热源的品质匹配合理的制冷系统。常见的几种太阳能制冷系统的特性见表2-10。

表 2-10　常见太阳能制冷系统的特性

| 制冷系统类型 | 工质对 | 驱动温度/℃ | 蒸发温度/℃ |
|---|---|---|---|
| 模块化吸附式冷水机组 | 硅胶-水 | 55~90 | 5~10 |
| 单/双效吸收式冷水机组 | 溴化锂-水 | 85~95/135~150 | 5~10 |

（续）

| 制冷系统类型 | 工质对 | 驱动温度/℃ | 蒸发温度/℃ |
|---|---|---|---|
| 吸附式制冷机 | 氯化钙/活性炭-氨 | $100 \sim 140$ | $-20 \sim -5$ |
| 变效吸收式冷水机组 | 溴化锂-水 | $90 \sim 135$ | $5 \sim 10$ |
| 吸收式制冰机 | 水-氨 | $140 \sim 170$ | $-10 \sim 30$ |

## 2.7.1　太阳能吸收式制冷系统

所谓太阳能吸收式制冷是利用太阳能集热器提供吸收式制冷循环所需要的热源，保证吸收式制冷机正常运行达到制冷的目的。太阳能吸收式制冷系统包括两大部分，即太阳能热利用系统及吸收式制冷系统。整个太阳能吸收式制冷系统主要由太阳能集热器、吸收式制冷剂、辅助加热器、水箱和自动控制系统等组成，如图 2-47 所示。该系统可提供夏季制冷、冬季采暖以及生活热水。

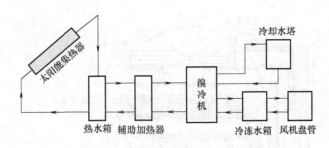

图 2-47　太阳能吸收式制冷系统示意图

吸收式制冷是利用两种物质所组成的二元溶液作为工质来运行的。这两种物质在同一压强下有不同的沸点，其中高沸点的组分称为吸收剂，低沸点的组分称为制冷剂。吸收式制冷就是利用溶液的浓度随其温度和压力变化而变化的物理性质，将制冷剂与溶液分离，通过制冷剂的蒸发而制冷，并通过溶液实现对制冷剂的吸收。由于这种制冷方式利用吸收剂的质量分数变化来完成制冷剂循环，所以被称为吸收式制冷。常用的吸收剂-制冷剂组合有溴化锂-水和水-氨组合。

太阳能吸收式制冷系统的制冷性能系数（COP，也称热力系数 $\zeta$）可表示为

$$COP = \frac{Q_e}{Q_g} \qquad (2-90)$$

式中，$Q_e$ 为循环制冷量（W）；$Q_g$ 为系统接收的太阳辐射能（W）。

根据热力学第二定律可知，理想吸收式制冷循环制冷的热力系数 $\zeta_{max}$ 为

$$\zeta_{max} = \frac{T_g - T_c}{T_g} \frac{T_e}{T_c - T_e} = \eta \varepsilon \qquad (2-91)$$

式中，$\eta$ 为工作在高温热源温度 $T_g$ 和环境温度 $T_c$ 间正卡诺循环的热效率，$\eta = \frac{T_g - T_c}{T_g}$；$\varepsilon$ 为工作在低温热源温度 $T_e$ 和环境温度 $T_c$ 间逆卡诺循环的制冷系数，$\varepsilon = \frac{T_e}{T_c - T_e}$。

理想吸收式制冷循环的热力系数 $\zeta_{max}$ 是吸收式制冷循环在理论上所能达到的热力系数

的最大值，其值只取决于高、低温热源温度和环境温度。在实际吸收式制冷循环过程中，由于各种不可逆损失，其热力系数 $\zeta$ 低于相同热源温度下理想吸收式制冷循环的热力系数 $\zeta_{max}$。定义实际吸收式制冷循环的热力系数 $\zeta$ 与理想吸收式制冷循环的热力系数 $\zeta_{max}$ 的比值为热力完善度 $\beta$，即

$$\beta = \frac{\zeta}{\zeta_{max}} \tag{2-92}$$

热力完善度 $\beta$ 表示实际吸收式制冷循环接近理想循环的程度，一个实际吸收式制冷循环的热力完善度越大，表明其不可逆损失越少，系统越接近理想循环。

1. 太阳能驱动的溴化锂吸收式制冷系统

在溴化锂吸收式制冷中，水作为制冷剂，溴化锂作为吸收剂。单筒单效蒸汽型溴化锂冷水机组主要由发生器、冷凝器、蒸发器、吸收器、溶液热交换器（换热器）、溶液泵（循环泵）等几部分组成，如图2-48所示。

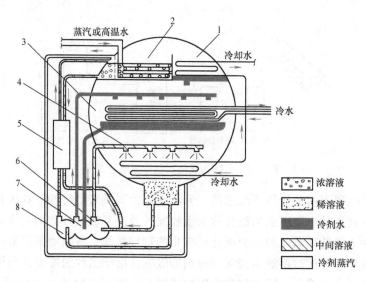

图2-48 单筒单效蒸汽型溴化锂冷水机组
1—冷凝器 2—发生器 3—蒸发器 4—吸收器 5—溶液热交换器 6—溶液泵I 7—冷剂泵 8—溶液泵II

在发生器内受到热媒水的加热后，溶液中的水不断汽化；随之，发生器内的溴化锂水溶液浓度逐步升高，进入吸收器；与此同时，水蒸气进入冷凝器，被冷凝器内的冷却水降温后凝结，成为高压低温的液态水；当冷凝器内的水通过节流阀进入蒸发器时，急速膨胀而汽化，并在汽化过程中大量吸收蒸发器内的溴化锂浓溶液，溶液浓度逐步降低，再由循环泵送回发生器，完成整个循环。如此循环不息，连续制取冷量。由于溴化锂稀溶液在吸收器内已被冷却，温度较低，为了提高整个装置的热效率，在系统中增加了一个换热器，让发生器流出的高温浓溶液与吸收器流出的低温稀溶液进行热交换，提高稀溶液进入发生器的温度。

（1）太阳能驱动的单效溴化锂吸收式制冷系统

单效溴化锂吸收式制冷机的热力系数（COP）为0.6~0.7，其驱动能源可以采用0.03~0.15MPa的蒸汽，也可以采用85~150℃的热水。适用于这一系统的太阳能集热器类型有平板型集热器，CPC集热器以及在国内占据较大市场的真空管型集热器。在国际上，由于真

空管集热器造价昂贵，为降低系统成本，应用较多的主要还是各种形式的平板型集热器；而在国内，由于真空管集热器价格已经较为低廉，平板型集热器的高温集热效率太低，真空管集热器已经占据越来越多的市场。太阳能驱动的单效溴化锂吸收式制冷系统如图 2-49 所示。

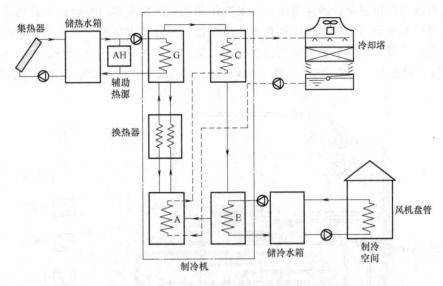

图 2-49　太阳能驱动的单效溴化锂吸收式制冷系统

除单效溴化锂吸收式制冷循环外，溴化锂吸收式制冷循环还可以分为多级循环和多效循环。

（2）太阳能驱动的两级溴化锂吸收式制冷空调系统

多级循环采用的是简单复叠方式，具有各自的发生器、吸收器、冷凝器和蒸发器的一个吸收式制冷系统叠置于处于不同压力或浓度下的另一个或多个吸收式制冷系统上，这种布置方式可使系统所需的高温热源温度降低（如 70～100℃热源）。图 2-50 为一典型的两级溴化锂吸收式制冷系统，与单效溴化锂吸收式制冷系统相比，其热力系数较低，冷却水耗量是单效机的 2 倍，而且设备成本大大增加。

两级溴化锂吸收式制冷系统对热源温度的要求比单效系统的要求更低，使用 70～80℃的热水即可驱动，报道称有的两级机组热源温度在 65℃左右时也能有效工作。因此，两级系统比单效系统更适合于利用低品位能源，对太阳能集

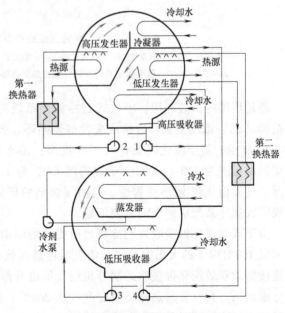

图 2-50　两级溴化锂吸收式制冷系统
1～4—溶液泵

热器的要求更低，采用平板型集热器就可以完全满足要求。但是，两级溴化锂吸收式制冷系统的 COP 值更低，只有 0.3~0.4，因此其实用性较差。

（3）太阳能驱动的双效溴化锂吸收式制冷空调系统

多效循环是对高温热源的热量予以多次利用，使得系统 COP 有明显的提高。图 2-51 所示为双筒双效蒸汽型溴化锂冷水机组，高温热源驱动高压发生器后所解析出的高压制冷剂气体在冷凝器中释放出的冷凝热用于驱动低压发生器，因而热能被有效地利用了两次。在实际系统中，高压冷凝器可以布置在低压发生器内，系统实际上只有 1 个冷凝器、1 个蒸发器和 2 个发生器（温度和压力不同）。市场上的双效溴化锂-水吸收式制冷机大多采用这种形式。

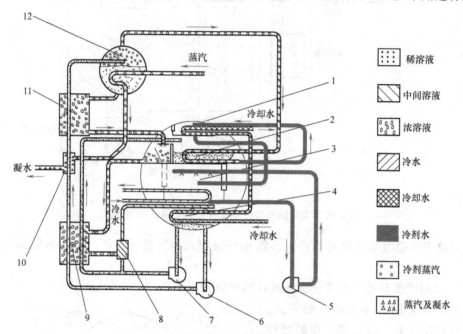

图 2-51　双筒双效蒸汽型溴化锂冷水机组

1—冷凝器　2—低压发生器　3—蒸发器　4—吸收器　5—冷剂泵　6—溶液泵Ⅰ　7—溶液泵Ⅱ
8—引射器　9—低温热交换器　10—凝水热交换器　11—高温热交换器　12—高压发生器

通过热能的多效利用，吸收式制冷循环系统的 COP 可以得到较显著地提高。通过压力复叠和（或）浓度复叠可以构成多种多效循环。多效溴化锂-水吸收式制冷机组性能曲线如图 2-52 所示，对于溴化锂吸收式制冷机组，出水温度为 7℃时，双效机组 COP 为 1~1.2，热源温度范围为 150~180℃；三效机组 COP 为 1.67~1.72，热源温度范围为 200~230℃。因此，高温溴化锂-水溶液物性、高温缓蚀剂的研究，以及机组的轻量化均是开发多效溴化锂吸收式制冷系统应解决的主要问题。

由于双效溴化锂吸收式制冷机组所要求的驱动热源温度在 150℃以上，平板型集热器只能提供 100℃以下的太阳能热水，而且温度越高效率降低越多。因此平板型集热器不适合用来直接驱动双效溴化锂吸收式制冷机组，但也有部分系统可以用它作为双效机低压发生器的部分驱动源。真空管集热器集热温度可达 200℃，效率也优于平板型集热器，因此双效溴化锂吸收式制冷机可以采用真空管集热器。

在太阳能驱动的双效溴化锂制冷机系统中，使用较多的还有聚焦型集热器，因为它们通

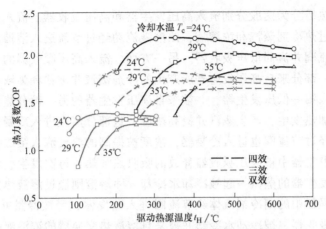

图 2-52　多效溴化锂-水吸收式制冷机组性能曲线

过对太阳光线进行聚焦，可以比非聚光集热器更容易达到高温，满足双效机对驱动热源的要求。由于真空管集热器与聚光集热器成本高昂，而且太阳能集热系统的费用占据太阳能驱动溴化锂吸收式制冷系统的主要部分，系统初投资的费用很高，因此在国际上，太阳能驱动的双效吸收式制冷系统的研究不如单效式系统，实验研究不如理论研究。

（4）太阳能驱动的变效溴化锂-水吸收式制冷系统

太阳能集热器和传统溴冷机间存在一定的不匹配问题：中温集热器和单效溴冷机的匹配存在能量品位浪费的问题，单效溴冷机只需 80～100℃的热源，即便中温集热器提供的热源高于此温度，溴冷机的效率也不会提高，只能降低能源品位加以利用；中温集热器和双效溴冷机的匹配则存在工作时长短的问题，双效溴冷机需要 140℃的热源，而中温集热器可能只在正午时能够提供这个温度的热源，其他时间还需要依靠辅助热源。变效循环作为一种新型吸收式制冷循环，可以在 80～140℃之间的热源工作，并得到单效到双效平滑变动的制冷效率，可以实现对中温集热器提供热源的高效连续利用。

如图 2-53 所示，该循环由三个压力等级下的九个组件组成，即高压发生器（HG）、高压吸收器（HA）、高压冷凝器（HC）、第一低压发生器（LG1）、第二低压发生器（LG2）、冷凝器（C）、低压吸收器（LA）、蒸发器（E）和溶液热交换器（SHX）。此外，循环中还需要溶液泵和若干节流阀以维持循环的流动运转。稀溶液从低压吸收器流出，经过泵进入溶

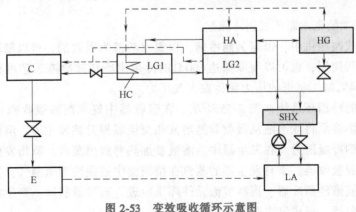

图 2-53　变效吸收循环示意图

液热交换器，被预热后分为两股分别流入高压发生器和高压吸收器。流入高压发生器的稀溶液被热源加热产生过热冷剂蒸汽和浓溶液，浓溶液流动经过节流进入溶液热交换器，预热稀溶液后再次经过节流阀并流回低压吸收器。另一方面，流入高压吸收器的稀溶液被第二低压发生器冷却，吸收一部分来自高压发生器所产生的冷剂蒸汽并被稀释为浓度更低的溶液。该溶液经过节流阀进入第一低压发生器，并被来自高压发生器的另一部分蒸汽在高压冷凝器中冷凝所释放的热量加热发生，产生蒸汽并提高浓度。这部分蒸汽进入冷凝器，高压冷凝器中产生的液体制冷剂经过节流阀也进入冷凝器，浓度被提高的溶液流入第二低压发生器。这部分溶液在第二低压发生器中被高压吸收器释放的吸收热加热，再次发生，产生蒸汽进入冷凝器和来自第一低压发生器的蒸汽一起被冷却水冷却，而溶液则经过溶液热回收器后节流并流回低压吸收器。冷凝器中的制冷剂液体经节流阀进入蒸发器，释放冷量并蒸发为冷剂蒸汽，冷剂蒸汽进入低压吸收器，被冷却水冷却并被来自溶液热交换器的浓溶液吸收，重新变为稀溶液，完成整个循环。

图2-54为 P-T-x 图表示的变效循环在不同发生温度下的工作模式。当发生温度较低，只够单效吸收制冷运行工况时，可以停止循环中高压吸收器、高压冷凝器、第一低压发生器和第二低压发生器的工作，将高压发生器和冷凝器之间的节流装置打通，按传统的单效制冷循环的模式工作。当热源温度较高，足够驱动双效吸收制冷运行工况时，停止高压吸收器和第二低压发生器之间的换热，仍然保持高压冷凝器和第一低压发生器的工作，按传统双效制冷循环的模式工作。当热源温度介于二者之间时，高压吸收器、高压冷凝器、第一低压发生器和第二低压发生器都工作，循环以变效制冷模式工作。

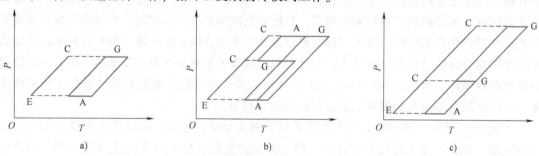

图2-54　P-T-x 图表示的变效循环在不同发生温度下工作模式
a）低发生温度　b）中间发生温度　c）高发生温度
E—蒸发器　C—冷凝器　G—发生器　A—吸收器

### 2. 太阳能驱动的氨水吸收式制冷系统

在氨水吸收式制冷机中，以氨为制冷剂，以氨水溶液为吸收剂，可以制取冷水供冷却工艺或空气调节过程使用，也可以制取低达-60℃的冷量供冷却或冷冻工艺过程使用。当氨的蒸发温度大于-34℃时，机组的压力保持在大气压力之上。

氨水吸收式制冷循环系统如图2-55所示。在吸收器中氨水溶液吸收来自蒸发器的氨蒸气成为浓溶液。溶液泵将浓溶液从吸收器经溶液热交换器提升到发生器，溶液的压力从蒸发压力相应地提高到冷凝压力。在发生器中，溶液被加热释放出蒸汽。流出发生器的稀溶液经溶液热交换器回到吸收器。来自发生器的蒸汽在精馏器中被提纯为氨蒸气。氨蒸气在冷凝器中冷凝成氨液。氨液经预冷器、再经节流元件降压后进入蒸发器制冷，产生氨蒸气。氨蒸气经预冷器进入吸收器，完成氨水吸收式制冷循环。

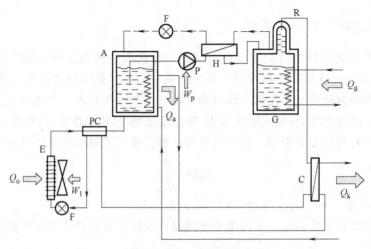

图 2-55　氨水吸收式制冷循环系统

A—吸收器　C—冷凝器　E—蒸发器　F—节流阀　G—发生器　H—溶液热交换器
P—溶液泵　PC—预冷器　R—精馏器　$Q_o$、$Q_a$、$Q_g$、$Q_k$—热量　$W_1$、$W_p$—功率

同太阳能驱动的溴化锂-水吸收式空调系统一样，太阳能驱动的氨水吸收式制冷系统也是利用太阳能作为驱动制冷机运行的热源来达到制冷的目的。典型的氨水吸收式制冷系统的 COP 在 0.4~0.6 之间。虽然氨水吸收式制冷系统的 COP 较低，热源温度要求较高，但是使用氨作为制冷剂可以使蒸发温度降低到零摄氏度以下，因此，太阳能驱动的氨水吸收式制冷系统大多被用来制冰和冷藏。

图 2-56 所示为一套典型的太阳能驱动的单级氨水吸收式制冷系统，制冷机的效率在 0.4~0.6 之间，如果采用国内市场上的真空管/热管集热器，系统的集热效率在 0.3~0.4 之间，COP 大概在 0.12~0.24 之间。

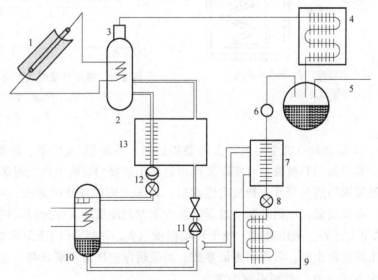

图 2-56　太阳能驱动的单级氨水吸收式制冷系统

1—太阳能集热器　2—发生器　3—精馏器　4—冷凝器　5—补液管　6—观察窗　7—过冷器
8—膨胀阀　9—蒸发器　10—吸收器　11—溶液泵　12—过滤器　13—溶液热交换器

### 2.7.2 太阳能吸附式制冷系统

吸附式制冷利用固体吸收剂在低温时吸附制冷剂和在高温时解吸制冷剂的原理进行工作。吸附剂-吸附质（在制冷中称为制冷剂）工质对的选择是吸附式制冷中最重要的因素之一。常用的吸附剂有硅胶、氯化钙、沸石和活性炭；制冷剂有水、甲醇和氨，与吸附剂配对使用。常用的工质对有沸石-水、活性炭-甲醇、氯化钙-氨和活性炭-乙醇等。太阳能吸附式制冷系统的集热器可以是平板型，也可以是真空管。吸附式制冷系统的制冷性能系数为

$$COP = \frac{Q_r}{Q_{eff}} \qquad (2-93)$$

式中，$Q_r$ 为制冷量（W）；$Q_{eff}$ 为吸附床的有效加热量（W）。

对太阳能吸附式制冷系统，也可用太阳能制冷性能系数来描述系统的整体性能，即

$$COP = \frac{Q_r}{Q_s} \qquad (2-94)$$

式中，$Q_s$ 为吸附集热器吸收的太阳总辐射能（W）。

下面介绍常用的吸附式制冷循环。

**1. 基本型吸附式制冷循环**

最简单的基本型吸附式制冷系统及相应的循环热力图分别如图 2-57 和图 2-58 所示。

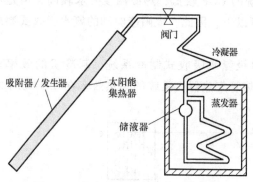

图 2-57 基本型吸附式制冷循环系统
（太阳能制冷机）

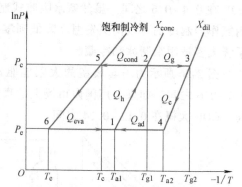

图 2-58 基本型吸附式制冷循环热力图
$Q_{eva}$、$Q_{ad}$、$Q_{cond}$、$Q_g$—热量
$P_c$、$P_e$—压力 $X_{conc}$、$X_{dil}$—吸附率

图 2-57 中，太阳能制冷机主要包括太阳能集热器、吸附器/发生器、冷凝器、蒸发器、阀门、储液器，其中阀门和储液器对实际系统来说是不必要的。晚上当吸附床被冷却时，蒸发器内制冷剂被吸附而蒸发制冷，待吸附饱和后，白天太阳能加热吸附床，使吸附床解吸，然后冷却吸附，如此反复完成循环制冷过程。该太阳能制冷机的工作过程简述如下：

1）循环从早上开始。关闭阀门，处于环境温度（$T_{a2}=30℃$）的吸附床被太阳能加热，此时只有少量工质脱附出来，吸附率近似常数，而吸附床内压力不断升高，直至制冷工质在冷凝温度下的饱和压力 $P_c$，此时温度为 $T_{g1}$。

2）打开阀门，在恒压条件下制冷工质气体不断脱附出来，并在冷凝器中冷凝，冷凝下来的液体进入蒸发器，与此同时，吸附床温度继续升高至最大值 $T_{g2}$。

3）关闭阀门，此时已是傍晚，吸附床被冷却，内部压力下降直至相当于蒸发温度下工质的饱和压力 $P_e$，该过程中吸附率也近似不变，最终温度为 $T_{a1}$。

4）打开阀门，蒸发器中液体因压强骤减而沸腾，从而开始蒸发制冷的过程，同时蒸发出来的气体进入吸附床被吸附。该过程一直进行到第二天早晨。吸附过程要放出大量的热量，它们由冷却水或外界空气带走，吸附床最终温度为 $T_{a2}$。

**2．连续回热型吸附式制冷循环**

基本型吸附式制冷循环效率较低，因为在循环过程中，没有采用回热措施，吸附床的冷却放热以及吸附放热白白流失了，且循环中制冷过程是不连续的。典型连续回热型吸附式制冷循环系统如图 2-59 所示，图 2-60 为其热力图。

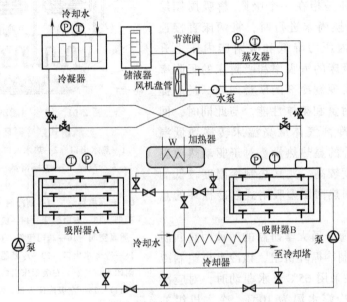

图 2-59　典型连续回热型吸附式制冷循环系统

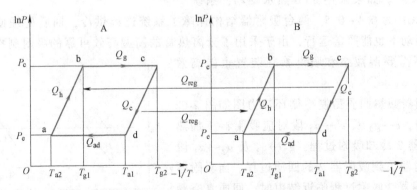

图 2-60　连续回热型吸附式制冷循环热力图

图 2-59 中，假设对吸附器 A 加热、对吸附器 B 冷却，当吸附器 A 充分解吸、吸附器 B 吸附饱和后，使吸附器 A 冷却、吸附器 B 加热，吸附器 A、B 交替运行组成一个完整的连续回热型吸附式制冷循环。同时，为了提高能量的利用率，在两个过程切换中，利用高温吸附器冷却时放出的显热和吸附热来加热另一个吸附器，即进行回热，可减少系统的能量输入，

提高 COP。

### 3. 回热回质型吸附式制冷循环

在实际应用中，吸附式制冷系统通常需要两个或两个以上的吸附床进行加热/冷却切换，进而实现连续制冷的目的。由于吸附床需要强化传热工质的设计（通常是扩展换热面积），所以吸附床的金属热容和吸附剂热容较大。吸附床加热/冷却切换的过程会造成非常大的热量损失，使得连续吸附式制冷系统的 COP 较低。采用回热回质循环可以有效提升两床吸附式制冷系统的性能。回热回质循环是指在一个吸附/解吸周期结束且加热/冷却切换尚未进行时，将两床直接连通，使得解吸床内压力降低和吸附床内压力升高，进而导致解吸床的解吸率和吸附床的吸附率大大提高，从而实现制冷剂的质量回收，最后提高系统的循环吸附量和整体性能。与此同时，回质过程中高温制冷剂气体从高温床转移到低温床，可以回收部分的显热热量。对于驱动热源温度较低、冷凝温度较高，尤其是制冷温度较低的应用场景，采用回热回质型吸附式制冷循环的意义显著。

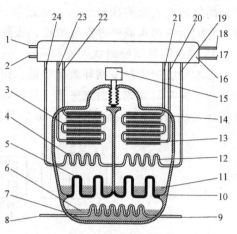

**图 2-61　回热回质型硅胶-水吸附式制冷循环机组**

1—热水出口　2—热水入口　3—左吸附床
4—左冷凝器　5—左隔离器　6—甲醇　7—蒸发器　8—冷冻水入口　9—冷冻水出口
10—右隔离器　11—制冷剂（水）　12—右冷凝器　13—右吸附床　14—机组外壳　15—回质真空阀　16—阀门组件　17—冷却水入口
18—冷却水出口　19—冷凝器入口　20—右吸附床入口　21—右吸附床出口　22—左吸附床出口　23—左吸附床入口　24—冷凝器出口

图 2-61 为上海交通大学研制的一种回热回质型硅胶-水吸附式制冷循环机组，该冷水机组制冷量为 5~50kW。在采用 65℃热水驱动时，对应冷却水温为 32℃，冷媒水温为 10℃，冷水机组的 COP 约为 0.35。如果采用 85℃热水驱动，系统可以获得 COP 为 0.4~0.5。两台吸附器结构保障了系统连续供冷，回质处理使得系统在 65℃热源驱动下也能照常运行，由于采用了分离热管的新型高效可靠的吸附制冷机专利设计，系统不需要溶液泵和喷淋换热装置也能高效运行。

双吸附器回热回质型制冷循环热力图如图 2-62 所示。图中，$e \rightarrow g_2$ 及 $e' \rightarrow a_2$ 段对应吸附器 1 加热解吸/吸附器 2 冷却吸附过程，$g_2 \rightarrow g_3$ 及 $a_2 \rightarrow a_3$ 段对应从吸附器 1 到吸附器 2 的回质过程。当吸附器 1 解吸/吸附器 2 吸附过程临近结束时，回质真空阀打开，吸附器 1 内的制冷剂蒸汽就会在较大的压差作用下迅速进入吸附器 2，实现二次解吸和吸附，以提高系统制冷性能。当两吸附器内的压力接近平衡时，关闭回质真空阀，打开相应阀门进行两个吸附器之间的回热。吸附器 1 内的热水进入吸附器 2 中，将其管路中的冷水排出并对其进行预热，以提高太阳能热水的利用率。上述过

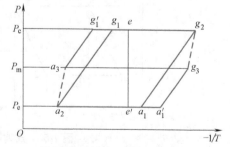

**图 2-62　双吸附器回热回质型吸附制冷循环热力图**

程对应图中 $g_3 \rightarrow a_1' \rightarrow a_1 \rightarrow e'$ 及 $a_3 \rightarrow g_1' \rightarrow g_1 \rightarrow e$ 段。吸附器 1 吸附/吸附器 2 解吸的过程与上述相似。通过两个吸附器的交替吸附和解吸，可实现连续制冷。

### 2.7.3　太阳能除湿制冷

太阳能除湿制冷系统利用除湿剂吸收空气中的水蒸气以降低空气的温度，然后利用空气加湿来产生制冷效果。

太阳能除湿制冷系统结构简单，是一种节能环保型制冷技术。但是它的制冷效率低，制冷量较小，且受到环境空气初始湿度和能达到的湿度的限制，一般只适用于空气干燥的地方。

太阳能除湿制冷系统可分为两大类：固体除湿制冷系统和溶液除湿制冷系统。

#### 1. 太阳能固体除湿制冷系统

太阳能固体除湿制冷采用的固体除湿剂有硅胶、分子筛、氯化锂晶体、活性炭和氧化铝凝胶。

太阳能固体转轮式除湿制冷系统如图 2-63 所示。该系统主要由太阳能集热器、转轮除湿器、转轮换热器、蒸发冷却器和再生器组成。蜂窝结构的转轮由波纹板卷绕而成。细小的颗粒状固体除湿剂均匀地粘结在波纹板面上，使气流通道中空气和固体除湿剂之间有巨大的接触面积。转轮的迎风面分成相互密封的工作区和再生区，分别和被处理空气（湿空气）和再生空气（干热空气）相接触。随着转轮不停地缓慢转动，工作区与再生器依次交换，使除湿和再生过程周而复始地进行。

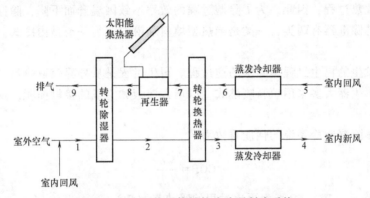

图 2-63　太阳能固体转轮式除湿制冷系统

太阳能固体除湿制冷系统工作时，待处理的室外空气和部分室内回风在状态 1 进入转轮工作区，被除湿剂绝热除湿。除湿剂除湿过程是一个放热过程，它使通过转轮的空气变成干热空气（状态 2）。干燥的热空气再经转轮换热器冷却至状态 3，然后经过蒸发冷却器加湿减温到所要求的室内新风状态 4 后进入室内。另一路室内排出的空气（回风）以状态 5 进入蒸发冷却器，被冷却到状态 6，再进入转轮换热器冷却被第一回路干热空气所加热的转轮，被加热到状态 7 后进入再生器，在再生器中再次被加热到状态 8 后进入除湿转轮再生区，使已经吸湿的除湿剂获得再生，最后的湿热空气被排回大气中。太阳能集热器为再生器提供热源。

太阳能固体转轮式除湿制冷系统的 COP 约为 0.8~1.0，再生温度为 80~100℃，经冷却后进入室内的新风温度约为 14~16℃，室内回风温度在 26℃左右。转轮的转速为 5~10r/

h。

### 2. 太阳能液体除湿制冷系统

液体除湿制冷采用的液体除湿剂通常为金属卤盐溶液。常用的有溴化锂、氯化钙和氯化锂等，也可以用氯化钙和氯化锂的混合溶液。

太阳能液体除湿制冷系统如图 2-64 所示。该系统由太阳能集热器、再生器、除湿器、蒸发冷却器、换热器和溶液泵组成。环境空气或室内回风进入除湿器与除湿溶液相接触，除去部分水后变成干燥的热风，然后进入蒸发冷却器，加湿到所需要的新风状态后送入室内。被水分稀释的除湿溶液进入再生器加热脱水后再回到除湿器继续工作。上述过程循环进行。

太阳能液体除湿制冷系统中，除湿器是最为关键的部件。在除湿器中，进入除湿器的被处理空气中的水蒸气分压力 $p_1$ 大于除湿溶液表面水蒸气压力 $p_2$，压差（$p_1-p_2$）就是水分由空气向除湿溶液迁移的推动力。除湿过程中，溶液吸

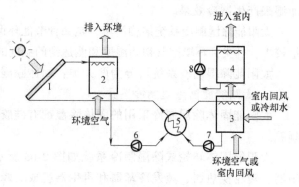

**图 2-64 太阳能液体除湿制冷系统**
1—太阳能集热器 2—再生器 3—除湿器 4—直接
蒸发冷却器 5—换热器 6~8—溶液泵

收水分是一个放热过程，因此，为了除湿过程的效率不致因温升而下降，除湿器必须进行冷却。目前常用的除湿器有两类，一类是绝热型填料喷淋式，另一类是内冷式。后者的除湿效果较好。

再生器中发生的再生过程是除湿的逆过程。再生过程是从外界获取热量，使溶液中水分蒸发的过程。再生器大多采用填料喷淋式，以增大溶液和空气的接触面积，从而增大水分的蒸发量。

太阳能液体除湿制冷系统的性能系数为

$$COP = \frac{Q_r}{Q_{reg}} \tag{2-95}$$

式中，$Q_r$ 为制冷量（W）；$Q_{reg}$ 为再生过程的吸热量（W）。

## 2.8 太阳能热发电技术

太阳能热发电是指利用工质将太阳辐射能先转变为热能，然后再将热能转变为电能的一种发电方式。太阳能热发电有多种类型，下面介绍各种太阳能热发电的基本工作原理。

### 2.8.1 太阳能蒸汽热动力发电

太阳能蒸汽热动力发电是利用聚光器将太阳能聚焦后加热某种工质使之成为蒸汽，蒸汽再推动汽轮机发电机组进行发电。根据聚光太阳能集热器的类型，可以将太阳能蒸汽热动力发电系统大致分为三大类型：

1）槽式系统。利用槽形抛物面反射镜将太阳辐射聚焦到真空管集热器，对传热工质进

行加热，然后在换热器内产生蒸汽，推动蒸汽轮机，带动发电机发电。

2）塔式系统。利用多台平面反射镜将太阳辐射反射集中到一个高塔顶部的接收器上，转换成热能后传给工质，经过储热装置，再输入热动力机，带动发电机发电。

3）碟式系统。利用盘状抛物面反射镜将太阳能聚焦到位于焦点处的接收器，直接驱动装设在该处的斯特林发动机，带动发电机发电。

在上述三种类型的太阳能蒸汽热动力发电系统中，目前只有槽式系统已进入商业化阶段，塔式系统和碟式系统分别处于示范和样机实验阶段，但其商业化前景看好。这三种类型的太阳能热发电系统主要性能参数见表2-11。

表 2-11　三种类型太阳能热发电系统的主要性能参数

| 参数 | | 槽式系统 | 塔式系统 | 碟式系统 |
|---|---|---|---|---|
| 规模 | | 30~320MW | 10~20MW | 5~25kW |
| 运行温度/℃ | | 390 | 565 | 750 |
| 年容量因子(%) | | 23~50 | 20~77 | 25 |
| 峰值效率(%) | | 20 | 23 | 24 |
| 年净效率(%) | | 11~16 | 7~20 | 12~25 |
| 成本 | 美元/m² | 630~275 | 475~200 | 3100~320 |
| | 美元/W | 4.0~2.7 | 4.4~2.5 | 12.6~1.3 |

1. 槽式太阳能热发电系统

（1）工作原理

槽式太阳能热发电系统是利用槽形抛物面反射镜将太阳辐射聚焦到真空管集热器，对传热工质进行加热，然后在换热器内产生蒸汽，推动蒸汽轮机带动发电机发电。其特点是聚光集热器由许多分散布置的槽形抛物面反射镜集热器串、并联组成。

槽式太阳能热发电系统有单回路系统和双回路系统两种，如图2-65所示。单回路系统是传热工质在单个分散的聚光集热器中被加热并形成蒸汽直接汇集到汽轮机；双回路系统是传热工质在聚光集热器中被加热形成的蒸汽汇集到热交换器，然后把热量传递给汽轮机回路中的工质。

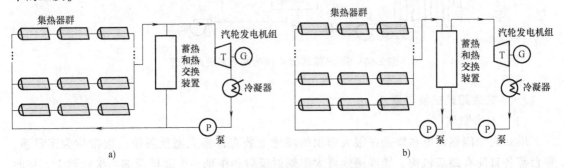

图 2-65　槽式太阳能热发电系统
a）单回路系统　b）双回路系统

槽形抛物面反射镜是一种线聚焦集热器，其聚光能力较塔式系统低，接收器的散热面积也较大，因而集热器所能达到的介质工作温度一般不超过400℃。

槽式太阳能热发电系统的优点是：容量可大可小，不像塔式系统只有大容量才有较好的经济效益；集热器等装置都布置于地面上，安装和维护比较方便；特别是各聚光集热器可同步跟踪，使控制成本大为降低。主要缺点是能量集中过程依赖于管道和循环泵，致使输热管路比塔式系统复杂，输热损失和阻力也较大。

（2）典型实例

美国与以色列联合的鲁兹（LUZ）公司于1980年开始研制开发槽式太阳能热发电系统，并于1985年实现了产品化，可生产14~80MW的系列化发电装置。该公司于1985~1991年间先后在美国加利福尼亚南部的莫哈韦（Mojave）沙漠地区建成9座大型商用太阳能热发电系统（SEGS Ⅰ ~SEGS Ⅸ），是槽式抛物面线聚焦太阳能热发电系统的典型。

图2-66是SEGS槽式太阳能热发电系统的原理图。它是利用线聚焦的抛物面槽技术，由太阳辐射能作为一次能源的中压、朗肯循环蒸汽发电系统。系统中的太阳能集热器场装有相当数量的太阳能集热器组合单元，每个组合单元长50~96m，由许多槽式抛物面镜线聚焦集热器组成。例如，80MW的SEGS Ⅷ太阳能集热器场，包括852个长96m的太阳能集热器组合单元，排列成142个回路。由一台计算机分别控制这些组合单元跟踪太阳，使其全天都能将太阳辐射准确地反射到真空集热管的吸热管上。吸热管内装有传热流体，先由反射的太阳辐射加热到391℃，然后被输送到动力装置，在传统的热交换系统中将热量传递给水，再将水加热成过热蒸汽，驱动汽轮发电机组发电。

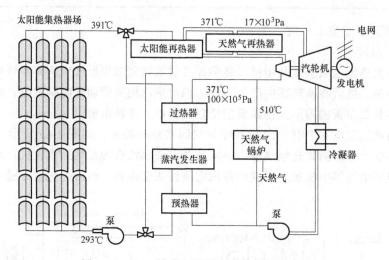

图2-66　SEGS槽式太阳能热发电系统原理图

## 2. 塔式太阳能热发电系统

（1）工作原理

塔式太阳能热发电系统是在很大面积的场地上装有许多大型反射镜，通常称为定日镜，每台都各自配有跟踪机构，能准确地将太阳辐射反射集中到一个高塔顶部的接收器上，接收器上的聚光比可超过1000倍。在这里，把吸收的太阳辐射能转换成热能，再将热能传给工质，经过储热环节，再输入热动力机，膨胀做功，带动发电机，最后以电能的形式输出。塔式太阳能热发电系统主要由聚光子系统、集热子系统、蓄热子系统和发电子系统等部分组成，如图2-67所示。

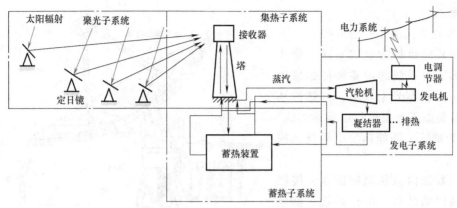

图 2-67 塔式太阳能热发电系统原理图

（2）典型实例

美国于 1982 年在加利福尼亚南部巴斯托（Barstow）附近的沙漠地区建成一座称为"太阳能 1 号"的塔式太阳能热发电系统。该系统的反射镜阵列由 1818 面反射镜排列组成，包围着包括接收器在内总高达 85.5m 的高塔，如图 2-68 所示。起初，采用水蒸气系统，发电功率为 10MW。1992 年装置经过改装，用于示范熔盐接收器和蓄热装置。由于增加了蓄热装置，使系统输送电的负荷因子高达 65%。熔盐在接收器内由 288℃ 加热到 565℃，用于发电。

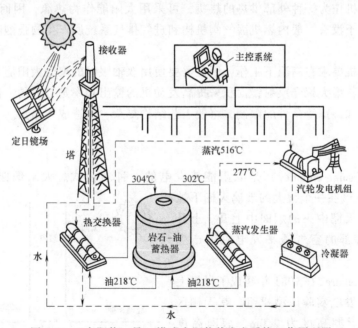

图 2-68 "太阳能 1 号"塔式太阳能热发电系统工作原理图

1994 年，美国又完成了"太阳能 2 号"电站的设计，并于 1996 年投入并网发电。"太阳能 2 号"去掉了"太阳能 1 号"的全部水蒸气热传输系统（包括接收器、管道和热交换器）以及岩石-油蓄热系统，安装了新的熔化硝酸盐系统（包括接收器、两个箱式蓄热系统和蒸汽发生器系统），增添了部分反射镜，并改进了主控系统。该电站在运行三年之后进行了评估，其发电实践不仅证明了熔盐技术的正确性，而且促进了 30～200MW 塔式系统的商业化进程。

### 3. 碟式太阳能热发电系统

碟式系统也称为盘式系统。碟式太阳能热发电系统的主要特征是采用盘状抛物面镜聚光集热器，其结构从外形上看类似于大型抛物面雷达天线。图 2-69 为碟式太阳能热发电系统结构示意图。

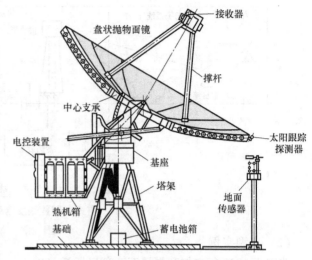

图 2-69　碟式太阳能热发电系统结构示意图

碟式系统由盘状抛物面镜、接收器、机械传动装置、电控装置、基座和塔架等部分组成。由于盘状抛物面镜是一种点聚焦集热器，其聚光比可高达数百到数千倍，因而可产生非常高的温度。这种系统可以独立运行，作为无电边远地区的小型电源，一般功率为 5~25kW，聚光镜直径约 10~15m。

在碟式系统的接收器位置上，通常可直接装备斯特林发动机。其优点很多：由于循环是在定温下供热和放热，所以理论上斯特林循环的热效率与具有热机最大效率的卡诺循环相同；斯特林发动机作为一种外部供热的热机，可采用太阳能作为热源，因而没有排气污染；斯特林发动机由于没有一般内燃机因气阀机构和进气排气系统所产生的强烈噪声，所以具有低噪声特点。

斯特林发动机要求在高温下工作，因此需要使用双轴跟踪的聚光太阳能集热器。考虑到太阳能的分散性，增大聚光反射镜面积来提高发动机的输出功率是有效的，但过于庞大的聚光反射镜因抗风和跟踪等条件的限制，将使工艺结构复杂，制造成本昂贵。

## 2.8.2　太阳烟囱

太阳烟囱（solar chimney）是太阳能热发电的一种新模式。太阳烟囱的工作原理如图 2-70 所示。空气在一个很大的玻璃天棚下被加热，热空气在天棚中央的烟囱中上升。上升气流带动烟囱底部的空气透平发电机组产生电能。

西班牙 Manzanares 在 1981 年建成了世界上第一座太阳烟囱发电实验原型机组。其天棚区直径为 240m，天棚高度为 2.0m，烟囱高度 195m，直径 10m。空气涡轮机发电量为 50kW。天棚入口空气温度为 298K，烟囱内空气温度为 318K，流速为 10m/s，流量为 800kg/s，总热效率为 0.33%。

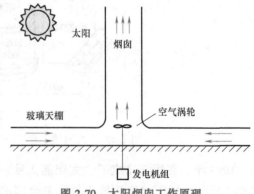

图 2-70　太阳烟囱工作原理

太阳烟囱的优点是不需要太阳跟踪和聚焦系统，集热器天棚结构简单，不需要高科技制造技术，不需要冷却水，一经建成，运行维护成本很低，且天棚温室可用于农业目的。缺点是占地面积巨大。由于加热空气温度低（温升<35℃），发电的热效率很低（<1.5%）。显然，在人烟荒芜、太阳能资源充沛的沙漠地区，建造太阳能烟囱有其现实意义。目前世界上一些发展中国家，如印度、斯里兰卡和南非都在考虑发展这种太阳能电站。

### 2.8.3 太阳池发电

太阳池是一种盐水池，盐水沿池深具有一定的浓度梯度。池表面的水是清水，向下盐的浓度逐渐增大，池底接近于饱和溶液。由于盐水自下而上的浓度梯度，下层较浓的盐水比较重，因此可阻止或削弱由于池中温度梯度引发的池内液体自然对流，从而使池水稳定分层。在太阳辐射下池底的水温升高，形成温度高达90℃左右的热水层，而上层清水层则成为一层有效的绝热层。同时，由于盐溶液和池周围土壤的热容量大，所以太阳池具有很大的储热能力。这就是太阳池蓄热的基本原理。

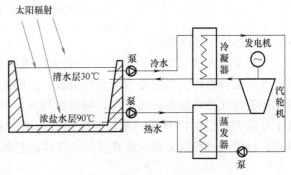

图 2-71　太阳池工作原理

太阳池工作原理如图 2-71 所示。它的工作过程是将池底的热水通过泵送到蒸发器，在蒸发器中加热低沸点工质产生蒸汽，蒸汽推动汽轮机做功发电后返回到冷凝器。在冷凝器中，采用池面较冷的水作为冷源。冷凝后的液体再回到蒸发器循环工作。

太阳池发电由于热水温度低，所以循环热效率较低，一般小于 2%。但是由于系统简单，运行费用低，发电成本低于其他太阳能发电方法，所以在有太阳能资源丰富的地区仍有发展前景。太阳池除了发电外，还有供暖、制冷等用途。

## 2.9 太阳能空气取水与海水淡化

### 2.9.1 太阳能空气取水

水资源短缺仍然是 21 世纪亟须解决的全球性问题之一。当前人们优先关注的地表水（江河湖）、地下水及雨水等常规水源的取用通常受限于地理位置及气候类型。而空气中蕴含着丰富的水资源（云、雾、水蒸气），且基本不受地理环境制约（干旱的沙漠地区的空气中仍然含有可观的水蒸气）。但是空气取水技术却因成本高一直未得到足够重视。随着近年来相关的材料、器件及系统的重大创新，太阳能驱动的吸附式空气取水方法再次引起了广泛关注。

太阳能驱动的吸附式空气取水系统如图 2-72 所示，其工作原理主要分成两部分：吸附过程主要在夜间进行，将潮湿的空气通入取水装置，空气中的水蒸气被吸附床内的吸附剂吸附，并将吸附热释放到环境中，随后将干燥空气排出系统；解吸过程主要在白天进行，设备中循环的空气被太阳能集热器加热，通入吸附床解吸吸附剂，从而释放出大量的水蒸气，高湿空气通入冷凝器进行冷凝，达到露点，淡水被冷凝并收集。随后从冷凝器排出的饱和湿空

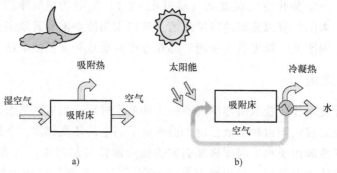

图 2-72　太阳能驱动的吸附式空气取水系统

a）吸附过程　b）解吸过程

气在闭式系统中不断循环。

　　上海交通大学在 2018 年提出了一套太阳能驱动的吸附式空气取水系统方案。该系统采用半开式运行循环，机组由四个部件组成：太阳能空气集热器，吸附床，风扇和冷凝器。利用太阳能空气集热器提供热空气以解吸吸附床。该系统可以实现每天约 10kg 的取水量。系统工作原理如图 2-73 所示。系统在吸附过程中引入外界湿空气，经吸附床后排出，是开式循环；而解吸过程则采用封闭式循环，工作流程如下：

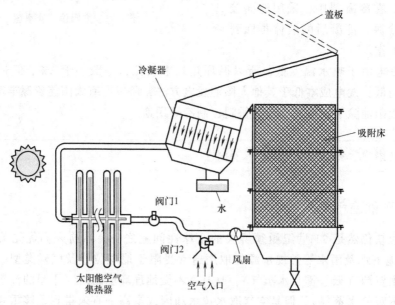

图 2-73　太阳能驱动的吸附式空气取水系统工作原理

（1）吸附过程

　　机组顶部盖板打开，阀门 1 关闭，阀门 2 打开。打开风机，将夜间大气中的湿空气通入吸附床底，流经吸附剂，空气中的水蒸气被吸附剂吸附，然后相对干燥的气体由盖板排出。

（2）解吸过程

　　盖板关闭，将阀门 1 打开，阀门 2 关闭。来自冷凝器的空气在太阳能空气集热器中被加热，流到吸附床。吸附床被热空气加热再生，水蒸气被解吸。高湿空气流入冷凝器，冷凝析出液态水，液态水由重力作用汇聚至冷凝器底部，然后冷凝后的饱和空气在风机作用下再次循环。

### 2.9.2 太阳能海水淡化

海洋面积占据地球表面积的 70.8%，海水量占据地球上总水量的 97% 以上，但由于其含盐度太高而不能直接供人类饮用或灌溉。为了增大淡水的供应，一条现实的途径是就近进行海水（或苦咸水）的淡化。利用太阳能产生热能以驱动海水相变过程的海水淡化系统，通常称为太阳能蒸馏系统，有时也称为太阳能蒸馏器。

太阳能蒸馏器可分为被动式太阳能蒸馏器和主动式太阳能蒸馏器两大类。

被动式太阳能蒸馏器是指系统中不存在任何利用电能驱动的动力元件（如水泵和风机等），也不存在利用太阳能集热器等部件进行加热的太阳能蒸馏系统。系统的运行完全是在太阳辐射能的作用下被动完成的。在这类系统中，盘式太阳能蒸馏器最为典型。

主动式太阳能蒸馏器是指系统中配备有电能驱动的动力元件和太阳能集热器等部件进行主动加热的太阳能蒸馏系统。由于这类系统配备有其他的附属设备，使其运行温度得以大幅度提高，因而产淡水量也大幅度增加。

下面介绍各种类型的太阳能蒸馏器。

#### 1. 盘式太阳能蒸馏器

盘式太阳能蒸馏器是最简单的太阳能蒸馏器，也称为温室型蒸馏器。其性能虽比不上结构复杂、效率更高的主动式太阳能蒸馏器，但因其结构简单，制作、运行和维护都比较容易，以生产同等数量淡水的成本计，这种蒸馏器仍优于其他类型的蒸馏器，因而具有较大的应用价值，至今仍被大量使用。盘式太阳能蒸馏器是一个密闭的温室，如图 2-74 所示。

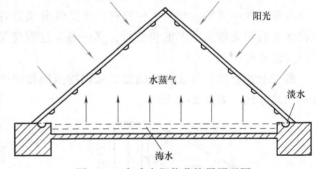

图 2-74 盘式太阳能蒸馏器原理图

涂黑的浅盘中装了薄薄的一层海水，整个盘用透明的顶盖层密封。透明顶盖多用玻璃制作，也可用透明塑料制作。到达装置上部的太阳辐射，大部分透过透明的玻璃盖板，小部分被玻璃盖板反射或吸收。透过玻璃盖板的太阳辐射，除了小部分从水面反射外，其余大部分通过盛水盘中的黑色衬里被水体吸收，使海水温度升高，并使部分水蒸发。因顶盖吸收的太阳辐射能很少，且直接向大气散热，故顶盖的温度低于盘中的水温。因而，在水面和玻璃盖板之间将会通过蒸发、对流和辐射进行热交换。于是，由浅盘中水蒸发形成的水蒸气会在顶盖的下表面凝结而放出汽化潜热，只要顶盖有一个合适的倾角，凝结水就会在重力的作用下顺顶盖流下，汇集在集水槽中。再通过装置的泄水孔从蒸馏器中流出，成为成品淡水。

#### 2. 其他类型的被动式太阳能蒸馏器

##### （1）多级盘式太阳能蒸馏器

在分析单级盘式太阳能蒸馏器的传热过程中已经发现，未能充分利用装置内水蒸气在盖板处凝结所释放出来的潜热，是造成这类装置单位面积产水量低的重要原因。

为了充分利用水蒸气的凝结潜热，研究人员设计了许多种多级盘式太阳能蒸馏器，如图 2-75 所示。

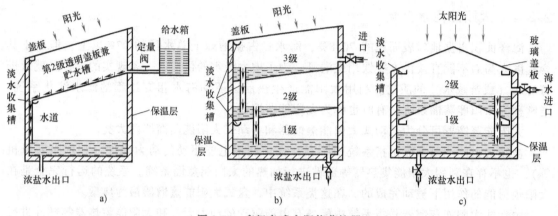

图 2-75　多级盘式太阳能蒸馏器

a）单斜面两级　b）单斜面三级　c）双斜面两级

由于重复利用了水蒸气的凝结潜热，多级盘式太阳能蒸馏器均比单级盘式太阳能蒸馏器取得更高的单位面积产水率。理论分析表明，当盘的级数增加到三级以上时，日总产水量随级数的增加已经很少，这是由于装置内的温差减小，减弱了在装置内传热传质的动力。一般来说，这类装置只取两级，最多不超过三级。

（2）有外凝结器的盘式太阳能蒸馏器

水在空气中蒸发，与空气中原有的水蒸气分压差有关。如果原有空气中水蒸气分压低于现在水表面附近的水蒸气饱和分压，那么蒸发过程能够发生。原有空气中水蒸气分压越低，则蒸发过程越剧烈。

鉴于上述原因，可在传统的盘式太阳能蒸馏器中外加凝结器。设计时，外加凝结器可以有不同的方法，如图 2-76 所示。

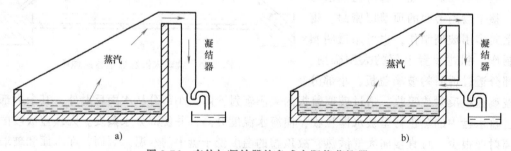

图 2-76　有外加凝结器的盘式太阳能蒸馏器

理论与实验研究表明，当外凝结器的冷凝面积足够大（与玻璃盖板采光面积相近）时，增加外凝结器可明显提高产水量。同没有外凝结器的装置相比，图 2-76a 所示装置可以提高产水量 30%，图 2-76b 所示装置可提高产水量近 50%。

（3）倾斜式太阳能蒸馏器

盘式太阳能蒸馏器存在的一个缺点是作为一个太阳能集热装置，当吸热面（在蒸馏器中就是水面）水平放置时，其全年截取的太阳辐照总量总是少于面积相同、适当地倾斜放置的吸热面所能得到的太阳辐照总量。倾斜式太阳能蒸馏器就是根据这个思路设计的。当然，要布置一个倾斜的水面是困难的，但可以用不同的方法来实现这个目的。图 2-77 所示为倾斜式太阳能蒸馏器一个较好的设计方案。

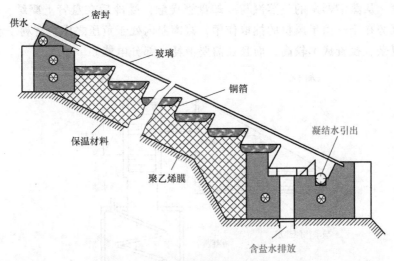

图 2-77　倾斜式太阳能蒸馏器设计方案

将蒸馏器的水盘做成阶梯状，海水均匀分配在不同的阶梯中，盘内的水深仅 1.27cm，因此在日出后，盘中水的温度迅速升高。当全天太阳辐照量为 2300kJ/$m^2$ 时，日产水量可达 4.8kg/$m^2$，明显高于一般的盘式太阳能蒸馏器。

### 3. 主动式太阳能蒸馏器

被动式太阳能蒸馏器由于装置内的传热传质过程主要为自然对流，因而效率不高。在主动式太阳能蒸馏系统中，由于配备有其他的附属设备，使其运行温度得以大幅度提高，内部的传热传质过程得以改善，因而这类系统能够得到比传统盘式太阳能蒸馏系统高一倍甚至数倍的产水量。

（1）集热器辅助加热的盘式太阳能蒸馏器

图 2-78 所示为平板型集热器与盘式太阳能蒸馏器相结合的装置。由于采用了太阳能集热器，大幅度提高了蒸馏器的运行温度，从而较大幅度地提高了单位采光面积的产水量。

蒸馏器主要起蒸发与冷凝作用，受热海水产生蒸发，然后在冷凝盖板上凝结产生淡水，这一过程与传统盘式太阳能蒸馏器无异，当然它也能接收部分太阳辐射能。平板型集热器主要起收集和储存太阳辐射能的作用，它将收集到的太阳辐射能，通过泵和置于蒸馏器内的盘管换热器送入蒸馏器中，使海水温度升高。

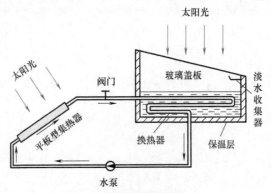

图 2-78　平板型集热器辅助加热的盘式太阳能蒸馏器

（2）有主动外凝结器的盘式太阳能蒸馏器

图 2-79 所示为有主动外凝结器的盘式太

阳能蒸馏器。由于采用了外带凝结器，强化了水蒸气的蒸发与凝结过程，因而较大幅度地提高了产水率。运行时，蒸馏器收集太阳辐射能，并让海水蒸发，但受热后的蒸汽并不完全在玻璃盖板上凝结，而是一部分由电动风机抽取送入位于蒸馏器以外的冷凝器中。在冷凝器中通有冷却盘管，从蒸馏器来的热蒸汽与冷却盘管接触，受冷后在盘管上凝结，产生蒸馏水。这一设计的优势在于，由于风机的抽取作用，蒸馏器内处于负压之中，有利于水的蒸发；缺点是设备较复杂，投资成本较高，而且还需要消耗一部分电能。

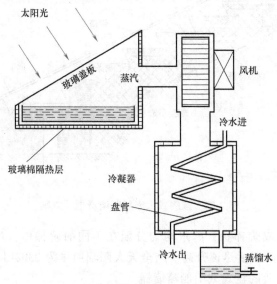

图 2-79　有主动外凝结器的盘式太阳能蒸馏器

# 第3章

# 太阳能光伏利用

第2章介绍了太阳能光热转换的基本原理，以及如何利用光热转换进行制热和发电等。本章将介绍太阳能利用的另一重要方面——太阳能光伏发电，即利用光伏效应将太阳能转化为电能。首先介绍太阳能光伏发电的基础，然后介绍太阳能电池的分类及其制造工艺，以及离网和并网两种光伏发电系统，最后介绍光伏发电系统设计、运行评估与优化，以及光伏发电的典型应用。

## 3.1 太阳能光伏发电

### 3.1.1 太阳能光伏发电的意义

如今，伴随着全球变暖和气候变化问题越来越严峻，太阳能作为一种分布广泛、不需运输、取之不尽、用之不竭的清洁可再生能源，备受社会关注。太阳能是各种可再生能源中最重要的基本能源，生物质能、风能、海洋能、水能等都来自太阳能。广义地说，太阳能包含以上各种可再生能源。直接转化和利用太阳能的技术中，通过光电转换装置把太阳能转换成电能利用的技术都属于太阳能光发电技术，光电转换装置通常利用半导体器件的光伏效应原理进行光电转换，因此又称为太阳能光伏发电技术。

相比其他可再生能源利用技术，太阳能光伏发电技术具有以下优点：

1）普遍。太阳光普照大地，无论陆地或海洋，高山或岛屿，处处皆有阳光，可直接开发和利用，且无须开采和运输。

2）无害。开发利用太阳能不会污染环境，它是最清洁的能源之一，在环境污染越来越严重的今天，这一点是极其宝贵的。

3）巨大。每年到达地球表面的太阳辐射能约相当于130万亿 t 标准煤，其中我国陆地面积每年接收的太阳辐射能相当于2.41亿 t 标准煤，太阳辐射能总量属于现今世界上可以开发的最大能源。

4）长久。根据目前太阳产生核能的速率估算，氢的储量足够维持上百亿年，相对于人类发展历史的有限年代而言，可以说太阳的能量是用之不竭的。

太阳能光伏发电技术并不是十全十美的，它同时具有以下缺点：

1）分散性。到达地球表面的太阳辐射能总量尽管很大，但是能流密度很低。在利用太阳能时，想要得到一定的转换功率，往往需要面积相当大的一套收集和转换设备，造价较高。

2）不稳定性。由于受到昼夜、季节、地理纬度和海拔等自然条件的限制，以及晴、阴、云、雨等随机因素的影响，到达某一地面的太阳辐照度既是间断的又是极不稳定的，所以必须很好地解决蓄能问题。目前蓄能是太阳能利用中较为薄弱的环节之一。

3）效率低和成本高。目前太阳能发电的效率偏低，成本较高，总的来说，经济性还不能与常规能源相竞争。在今后相当一段时期内，太阳能利用的进一步发展主要受到经济性的制约。

所以说，太阳能光伏发电技术还有很长的路要走，需要更多的科研投入去研究、发展更多、更好的太阳能光伏发电新技术，不断提高太阳能光伏发电技术的效率，降低其成本，才能使太阳能技术更好地为人类服务。

## 3.1.2 太阳能光伏发电的历史、现状和前景

从 1954 年第一块实用太阳能电池问世至今，太阳能光伏发电取得了长足的发展，但与计算机和光纤通信的发展相比要慢得多，原因可能是人们对信息的追求特别强烈，而常规能源还能满足人类对能源的需求。1973 年的石油危机和 20 世纪 90 年代的环境污染问题大大促进了太阳光伏发电的发展。

全球太阳能电池产业在 1994~2004 年里增长了 17 倍，近 5 年平均年增长率超过 50%。目前，太阳能电池市场竞争激烈，欧洲和日本领先的格局已被打破。尽管太阳能电池主要的销售市场在欧洲，但其主要生产地已经转移到亚洲。自 2007 年起，中国大陆和中国台湾分别成为太阳能电池世界第一和第四大生产地。现阶段，中国大陆和中国台湾太阳能电池产业已经占据全球产量的 60% 左右。近年来，随着系统成本不断降低，太阳能光伏发电在全球范围内得到了迅速发展和广泛应用。如图 3-1 所示，全球光伏累计装机容量从 2009 年的

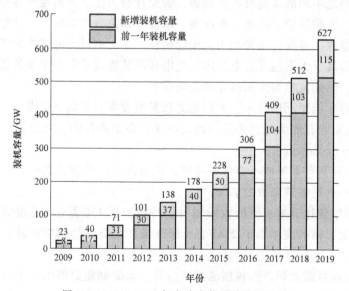

图 3-1 2009~2019 年全球光伏累计装机容量

23GW 增长到 2019 年的 627GW，年复合增长率为 39.17%，2019 年的累计装机容量为 2009 年的 27 倍。2019 年全球光伏装机容量较 2018 年增长 22.46%。

全球光伏累计装机容量最大的 10 个国家的占比如图 3-2 所示。

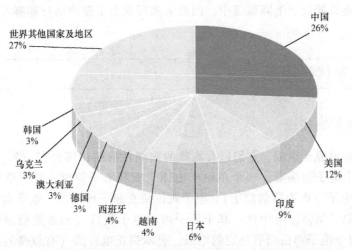

图 3-2　全球光伏累计装机容量最大的 10 个国家的占比

2005 年以前，日本光伏产业发展较为突出；2005 年以后，随着欧盟国家开始对光伏产业实施补贴政策，欧盟光伏产业得到快速发展，其中以德国和西班牙发展为迅速；2009 年西班牙开始实行补贴上限政策，自此以后，德国逐渐成为全球光伏市场发展的重要国家；全球光伏市场自 2009 年开始需求放量主要来自于德国和意大利光伏市场。随着光伏技术的不断提高，光伏发电成本逐渐下降，在政策补贴的支持下光伏发电投资收益逐步上升，进一步推动了光伏产业的快速发展。2011 年，德国和意大利市场光伏发电新增装机容量分别达到 7.5GW 和 9GW，合计占比接近全球光伏发电新增装机容量的 60%，成为光伏发电行业增长的重要动力。2012 年以前，以德国、意大利、西班牙三个国家为代表的欧盟地区成为全球光伏发电的核心区域。2013 年以后，中国、美国、日本和印度光伏发展异军突起，逐渐成为光伏产业发展的重要增长区域。其中，中国、美国、印度、日本四个市场的光伏装机容量分别占全球光伏装机容量的 26%、12%、9%、6%。

我国光伏需求市场的高速发展主要得益于国家政策对光伏行业的扶持。2013 年我国新增光伏装机容量达 10GW，同比增长 122%，居全球首位。2014 年，国家陆续出台了一系列推进光伏应用、促进光伏产业发展的政策措施。2015 年 3 月 16 日，国家能源局发布《关于下达 2015 年光伏发电建设实施方案的通知》，进一步促进了国内光伏产业的发展。2015 年中国已经超越德国成为全球光伏累计装机容量第一大国。到目前为止，我国已经连续多年光伏装机容量、新增装机容量全球第一。其中 2019 年光伏新增装机容量为 30.1GW，累计装机容量超过 200GW。

近年来，随着太阳能消费占比的逐步提升，国内光伏产量过剩，国家补贴缺口越来越大。2018 年"光伏 531 新政"发布，光伏产业将引发新一轮行业大洗牌。技术先进、发展质量高、成本控制能力强的光伏企业，有望觅得发展机遇，而技术含量低、抗风险能力较差的控制企业，则不得不竭力求存。因此，我国光伏产业将进入一段动荡期，但考虑到当前我国处于经济结构调整和能源消费结构转型的关键时期，无论在未来用户直接消费方面还是在电网运营商采购方面，光伏发电都将成为下游行业的优先消费选择之一。特别是在当前东部沿海地区分布式光伏电站不断得到普及的背景下，未来市场对于分布式太阳能发电的需求将保持稳定增长的态势。同时，经过近几年上游晶体硅原料粗加工产能的充分释放及合理整合，上游的成本将长期处于下降通道中，因此未来行业上下游的运行都将有利于光伏产业的长期、稳定发展。

## 3.2 太阳能光伏发电基础

### 3.2.1 半导体基础知识

半导体由许多单原子组成，它们以有规律的周期性的结构键合在一起，然后排列成型，每个原子都被 8 个电子包围着。一个单原子由原子核和电子构成，原子核包括质子（带正电荷的粒子）和中子（电中性的粒子），电子则围绕在原子核周围。电子和质子拥有相同的数量，因此一个原子整体显电中性。基于原子内的电子数目（元素周期表中每种元素的电子数目不同），每个电子都占据着特定的能级。显示带正电性质（有较高的空穴浓度）的半导体材料称为 p 型半导体，显示带负电性质（有较高的电子浓度）的半导体材料称为 n 型半导体。

用于太阳能电池的半导体材料有单晶体、多晶体和非晶体三种形式。

（1）单晶体

整块晶片只有一个晶粒，晶粒内的原子有序排列，不存在晶粒边界，单晶体的制备要求严格的精制技术。

（2）多晶体

多晶体的制备不要求那么严格的精制技术。一块晶片含有许多晶粒，晶粒之间存在边界。由于边界存在很大电阻，晶粒边界会阻止电流流动，或电流流经 p-n 结时有旁路分流，并在禁带内有多余能级把光产生的一些带电粒子复合掉。

（3）非晶体

原子结构没有长序，材料含有未饱和的或悬浮的键。非晶体材料不能用扩散（加入杂质）方法改变材料导电类型。但加入氢原子会使非晶体中的一部分悬浮键饱和，从而改善了材料的质量。

### 3.2.2 p-n 结及其工作原理

太阳能电池实质上就是半导体 p-n 结二极管。p-n 结不仅是太阳能电池，也是发光二极管、半导体激光器、光电探测器等的核心和本质。p-n 结把太阳能电池内部产生的电子-空穴对分离开来向外供电，又把这些带电粒子的产生、复合、扩散和飘移等物理过程结合在一起形成单一器件功能。

图 3-3 所示为半导体 p-n 结的工作原理。图中 $q(V_{bi}-V)$ 为光照下热平衡态下的自建电势垒；$qV_{bi}$ 为无光照下热平衡态下的自建电势垒；$E_c$ 为导带能量；$E_v$ 为价带能量；$E_g$ 为带隙宽度；$E_F$ 为费米能级；$E_i$ 为理想半导体费米能级；$q\psi_p$ 为 p 型半导体电动势；$q\psi_n$ 为 n 型半导体电动势；$N_D$ 为施主浓度；$N_A$ 为受主浓度；$W$ 为耗尽区长度。p-n 结是把 p 型和 n 型

半导体材料结合在一起，通常用扩散或注入的方法加入不同性能的杂质制成。p 型区有较高的空穴浓度，n 型区有较高的电子浓度，在 p 型区和 n 型区的交界处，空穴从浓度高的 p 型区扩散到 n 型区而留下带负电的离子中心；同样，电子从浓度高的 n 型区扩散到 p 型区而留下带正电的离子中心。这些带电的不动的离子中心在交界处形成了从 n 型区（正电离子）指向 p 型区（负电离子）的电场，称为自建电场 $E_{bi}$。自建电场形成了自建电势垒 $V_{bi}$ 阻挡带电粒子的扩散。这个交界处称为 p-n 结的耗尽区或耗尽层，也称为阻挡层。

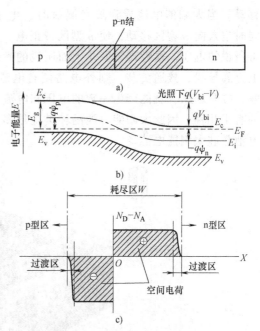

图 3-3　半导体 p-n 结的工作原理

a）p-n 结　b）平衡态下无光照射的半导体 p-n 结能带结构　c）耗尽区 $W$

　　p-n 结的自建电场 $E_{bi}$ 的正方向由 n 型区指向 p 型区。外加电压会产生另一个电场与它相互作用。

　　1）无外加电场：外接断路（或不接外路）时的状态。p-n 结无外加电场，只有自建电场 $E_{bi}$，p-n 结处于平衡状态，带电粒子的飘移电流正好等于带电粒子的扩散电流。外电路没有电流。

　　2）外加正向电压：p 型区一侧外接正极的状态。外加电场与自建电场的方向相反，p-n 结的电场减小。由于耗尽区内的电阻率大大高于耗尽区外，外加电压几乎全部落在耗尽区。理想情况下，耗尽区的自建电场总是大于外加电场。正向偏压下，电子从 n 型区注入 p-n 结耗尽区，流经 p 型区，通过外接电路再流入 n 型区与空穴复合；空穴从 p 型区注入 p-n 结耗尽区，流经 n 型区跟电子复合。外电路有电流，电流大小随着外加正向电压大小改变。

　　3）外加反向电压：p 型区一侧外接负极的状态。外加电场与自建电场的方向相同，p-n 结的电场增大。p 型区产生的电子会加速飘移过 p-n 结耗尽区到 n 型区；n 型区产生的空穴会加速飘移过 p-n 结耗尽区到 p 型区。外电路没有电流，但电压很高。

### 3.2.3　光电效应的基本原理

　　太阳能电池是利用光电转换原理使太阳的辐射光通过半导体物质转变为电能的一种器件，这种光电转换过程通常称为光生伏特效应，因此太阳能电池又称为光伏电池。常见的太阳能电池结构与工作原理如图 3-4 所示。用于太阳能电池的半导体材料硅原子的外层有 4 个电子，按固定轨道围绕原子核转动。当受到外来能量的作用时，这些电子就会脱离轨道而成为自由电子，并在原来的位置上留下一个空穴，在纯净的硅晶体中，自由电子和空穴的数目是相等的。如果在硅晶体中掺入硼、镓等元素，由于这些元素能够俘获电子，它就成了空穴型半导体，通常用符号 p 表示；如果掺入能够释放电子的磷、砷等元素，它就成了电子型半导体，通常用符号 n 表示。若把这两种半导体结合，交界面便形成一个 p-n 结。太阳能电池的奥妙就在这个"结"上，p-n 结就像一堵墙，阻碍着电子和空穴的移动。当太阳能电池受到阳光照射时，电子接收光能，向 n 型区移动，使 n 型区带负电，同时空穴向 p 型区移动，使 p 型区带正电。这样，在 p-n 结两端便产生了电动势，也就是通常所说的电压。这种现象就是上面所说的光生伏特效应。如果这时分别在 p 型层和 n 型层焊上金属导线，接通负载，则外电路便有电流通过，如此形成的一个个电池元件，把它们串联、并联起来，就能产生一定的电压和电流，输出功率。制造太阳能电池的半导体材料已知的有十几种，因此太阳能电池的种类也很多。目前，技术最成熟，并具有商业价值的太阳能电池是硅太阳能电池。

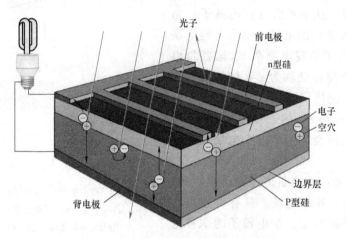

图 3-4  太阳能电池的结构与工作原理

迄今为止，光伏发电技术的主流依然是以硅基太阳能电池为代表的半导体发电技术，其主要工作原理是照射到半导体上的光子激发半导体价带中的电子至导带，在 p-n 结自建电场作用力的驱动下，电子-空穴自动分开，从而形成可以为外部负载利用的高能热电子。

目前太阳能电池的光电转换效率仍然比较低，不能很好地满足商业化要求。就硅太阳能电池而言，致使其光电转换效率低的原因主要来自三方面：①光伏电池的半导体材料的禁带宽度一般由材料种类决定，而太阳光谱具有广泛的频率（波长）分布，能量低（小于 $E_g$）的光子不可能激发价带电子到达导带，只能被散射或者穿过体材，这部分光子对光电转换效率是没有贡献的；②高能光子（远大于 $E_g$）虽然能够激发产生热电子，但根据能量守恒定律，必然还有 $\Delta E = h\omega - E_g$ 的能量以声子的形式传递给了晶格，最终以热能的形式耗散掉，虽然这部分高能光子的能量对光电转换效率有贡献，但也远远达不到 100%；③纵使价带电子已经被激发至导带，倘若没有其他负离子或者电子及时补充给价带中留下空穴，那么价带中的热电子也会由于电子-空穴间的库仑作用力很容易跃迁回价带，从而大大降低电池的电流 $I$，又因发电功率 $P = IV$，发电效率 $\eta = P/G$，$G$ 为太阳辐照度，从而对光电转换效率产生了很大的消极影响。

无论是在大气层外还是经过大气层散射、吸收、反射之后到达地表的太阳光谱能量都主要集中在可见光区域（波长为 400~800nm），从整体能量分布来看，主要分布在波长 400~1500nm 范围内，经过简单计算（$E = hc/\lambda$），可得其对应的能量范围为 0.83~3.11eV，考虑到更多的能量是分布在短波区域，因此从光电转换效率而言，对单结太阳能电池，半导体材料的最佳禁带宽度应该取 1.4~1.6eV。

## 3.2.4　太阳能电池的光伏特性

太阳能电池的光伏特性或简称 $I$-$V$ 特性，可表示为

$$I = I_p - I_o \left[ \exp\left(\frac{qV}{nkT}\right) - 1 \right] \quad (3\text{-}1)$$

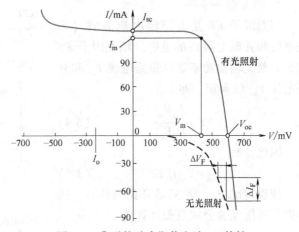

图 3-5 所示为典型的硅太阳能电池 $I$-$V$ 特性。开路电压 $V_{oc}$ 由 $I$-$V$ 曲线与 $V$ 轴的交点（$I=0$）给出。很明显，虽然 $V_{oc}$ 也由光强决定，但它的值在硅太阳能电池中通常位于 $0.4 \sim 0.7$V 的范围。短路时的电流就是光电流 $I_p$ 和短路电流 $I_{sc}$。

**图 3-5　典型的硅太阳能电池 $I$-$V$ 特性**

**1. 短路电流 $I_{sc}$**

对于给定的光强（光照度）、工作温度和受光面积，太阳能电池的输出特性受短路电流 $I_{sc}$ 和开路电压 $V_{oc}$ 两个主要参数的限制。

短路电流 $I_{sc}$ 就是电压为 0 时的最大电流。理想情况下，$V=0$，$I_{sc}=I_p$。实际上，短路电流 $I_{sc}$ 与得到的光强 $Z$ 成正比，如图 3-6 所示。

**2. 开路电压 $V_{oc}$**

开路电压 $V_{oc}$ 就是电流为 0 时的最大电压。$V_{oc}$ 与受到的光强成对数增大，如图 3-6 所示。这个特性使太阳能电池非常适合用于普通电池的充电。在 $I$-$V$ 特性曲线中，当电流 $I=0$ 时，$V_{oc}$ 可表示为

$$V_{oc} = \frac{nkT}{q}\ln\left(\frac{I_p}{I_o} + 1\right) \quad (3\text{-}2)$$

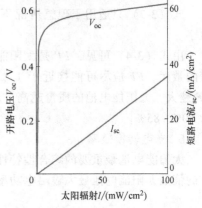

**图 3-6　硅太阳能电池的短路电流 $I_{sc}$、开路电压 $V_{oc}$ 与太阳辐射 $I$ 的关系**

由式（3-2）可知，开路电压 $V_{oc}$ 随着温度 $T$ 的升高而增大。但事实上，随着温度 $T$ 的升高开路电压 $V_{oc}$ 反而下降，这是因为温度 $T$ 的升高使 $I_o$ 大大增加，从而导致 $V_{oc}$ 降低。

**3. 最大输出功率 $P_m$ 和峰值功率 $W_p$**

$I$-$V$ 特性曲线上的每一点的 $I$ 和 $V$ 的乘积表示在该工作条件下的功率输出。太阳能电池的特性可由最大输出功率点 $P_m$ 表示，如图 3-7 所示，$P_m = I_m V_m$ 就是太阳能电池的最大输出功率。太阳能电池的最大输出功率 $P$ 可在 $I$-$V$ 特性曲线下作出最大矩形求得，即由 $\dfrac{\mathrm{d}(IV)}{\mathrm{d}V} = 0$ 可得

$$V_m = V_{oc} - \frac{nkT}{q}\ln\left(\frac{V_m}{nkT/q} + 1\right) \quad (3\text{-}3)$$

### 4. 填充因子 FF

填充因子 FF 是太阳能电池品质（串联电阻和并联电阻）的量度。填充因子 FF 定义为最大输出功率除以短路电流 $I_{sc}$ 和开路电压 $V_{oc}$ 的乘积，即

$$FF = \frac{I_m V_m}{I_{sc} V_{oc}} \qquad (3\text{-}4)$$

因此，有

$$P_m = V_{oc} I_{sc} FF \qquad (3\text{-}5)$$

理想情况下，FF 只是开路电压 $V_{oc}$ 的函数，可用经验公式近似计算为

$$FF = \frac{v_{oc} - \ln(v_{oc} + 0.72)}{v_{oc} + 1} \qquad (3\text{-}6)$$

式中，$v_{oc}$ 定义为归一化开路电压，即

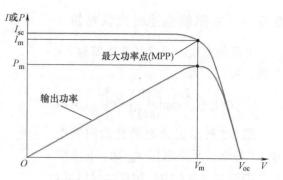

图 3-7　典型的硅太阳能电池的 *I-V* 特性曲线和输出功率特性曲线

*I*—电流　$I_{sc}$—短路电流　$I_m$—最大工作电流　*V*—电压
$V_{oc}$—开路电压　$V_m$—最大工作电压　$P_m$—最大输出功率

$$v_{oc} = \frac{q}{nkT} V_{oc} \qquad (3\text{-}7)$$

式（3-7）只适用于理想情况下，即没有寄生电阻损失的情况，其数值可精确到四位数字。

由式（3-4）可见，FF 是太阳能电池 *I-V* 特性曲线所含面积与矩形面积（理想形状）比较的量度。FF 应尽可能接近于 1（即 100%），但指数函数的 p-n 结特性会阻止它达到 1。FF 越大，太阳能电池的质量越高。FF 由太阳能电池的材料和器件结构决定，其典型值通常为 60% ~ 85%。

### 5. 光电转换效率 η

太阳能电池最重要的综合性特性参数是光电转换效率，常简称为效率，用符号 η 表示，它的值是太阳能电池最大输出电功率与入射光功率之比，即

$$\eta = \frac{P_m}{P_{in}} = \frac{I_m V_m}{P_{in}} = \frac{I_{sc} V_{oc} FF}{P_{in}} \qquad (3\text{-}8)$$

式中，$P_{in}$ 为整个太阳能电池正面光入射面积的总入射光功率；$P_m$ 为太阳能电池最大输出功率，$P_m = I_m V_m$；$I_m$、$V_m$ 为对应于 $P_m$ 时的电流和电压；$I_{sc}$ 为短路电流；$V_{oc}$ 为开路电压；FF 为填充因子。

对于地面上的应用，标准测试条件是光谱 AM1.5G，入射光功率 1000W/$m^2$，温度 25℃。

由式（3-8）可知，$I_{sc}$、$V_{oc}$ 和 FF 决定着太阳能电池的效率 η。为了使太阳能电池获得高效率，这三个参数应尽可能高。这就意味着要获得较高的短路电流 $I_{sc}$，太阳能电池有源材料和太阳能电池结构应在紫外光、可见光和近红外光的光谱范围上，有较高、较宽和较平坦的光谱响应，内量子效率应接近于 1；要获得较高的开路电压 $V_{oc}$，太阳能电池内部必须正向暗电流 $I_o$ 较低而并联电阻 $R_{sh}$ 较高；要获得较高的填充因子 FF，太阳能电池必须正向暗电流 $I_o$ 较低，理想因子 n 接近于 1，串联电阻 $R_s$ 必须较低（1$cm^2$ 的太阳能电池面积应 $R_s < 1\Omega$），而并联电阻 $R_{sh}$ 必须较高（$> 10^4 \Omega/cm^2$）。

### 3.2.5　太阳辐射和光照方式的影响

太阳光有可能以各种方式对太阳能电池起作用，为了使太阳能电池有最大功率输出，必须获得最大的有效光吸收。光照在太阳能电池上有下列几种反应：

1）在正面电极接触的表面上，光被电极反射或被吸收。

2）在材料内部，光被吸收。

3）在背面，光被反射。

4）在背面被反射后，光被吸收。

5）在背面电极接触面上，光被吸收。

一般来说，光照下电子-空穴对产生的位置越靠近 p-n 结，就越有机会被 p-n 结收集。如果电子-空穴对的产生位置位于距 p-n 结的少数载流子扩散长度范围内，则它们被有效收集的机会特别大。

由上已知太阳辐射强度对短路电流 $I_{sc}$ 和开路电压 $V_{oc}$ 的影响，即 $I_{sc}$ 与光强成正比，而 $V_{oc}$ 与光强成对数关系增大。太阳光强大小及光谱分布随气候、环境、地域和光照入射方式的不同而变化，并对太阳能电池的输出特性产生很大影响，需要根据具体情况对其输出特性进行分析研究。

### 3.2.6　太阳能电池的光谱响应

太阳能电池的光谱响应由每瓦入射光功率产生出多少安培电流来定义，即

$$A/W = \frac{q\Phi_e}{E_p\Phi_p} = \frac{q\Phi_e}{(hc/\lambda)\Phi_p} = \frac{q\lambda}{hc}QE \tag{3-9}$$

式中，$q$ 为电子电荷；$E_p$ 为光子能量；$\Phi_e$ 为电子通量；$\Phi_p$ 为光子通量；$QE$ 为量子效率；$h$ 为普朗克常数，$h = 6.625\times10^{-34}\text{J/s}$；$c$ 为光速，$c = 3\times10^8\text{m/s}$；$\lambda$ 为光波长。

式（3-9）表明，当 $\lambda$ 趋于 0 时，$A$ 趋于 0，因为光波长靠近 0 时，每瓦入射光的光子数目很少，所以光电流趋于 0，光谱响应为 0。

理想情况下，光谱响应随着光波长 $\lambda$ 的增长而增大。但是，对于短波长光，太阳能电池不能利用其光子的全部能量；而对于长波长光，材料对光的弱吸收意味着大部分光子要走很长的路程，距离 p-n 结很远才能产生载流子，这些载流子只有有限的扩散长度，不一定能被 p-n 结收集而对电流做出贡献。从而限制了太阳能电池的光谱响应。

### 3.2.7　温度的影响

太阳能电池的工作温度由周围的气温、封装的太阳能电池组件的特性、落在太阳能电池组件上的光强以及风速、季节气候等的变化决定。温度上升会使太阳能电池的 $I$-$V$ 特性变差。

（1）短路电流 $I_{sc}$ 随温度升高而增大

因为材料能级带隙 $E_g$ 随温度升高而缩小，这意味着会有更多光子有足够能量产生电子-空穴对跨过带隙而贡献给光生电流。对硅太阳能电池可表示为

$$\frac{1}{I_{sc}}\frac{\mathrm{d}I_{sc}}{\mathrm{d}T} \approx 0.06\%\,\text{℃}^{-1} \tag{3-10}$$

这种影响相对来说不大。

（2）开路电压 $V_{oc}$ 随温度升高而减小

温度升高的主要影响是使开路电压 $V_{oc}$ 减小，填充因子 $FF$ 和输出功率也都减小。对硅太阳能电池可表示为

$$\frac{1}{V_{oc}}\frac{dV_{oc}}{dT} \approx -0.3\% \, \text{℃}^{-1} \tag{3-11}$$

$$\frac{dV_{oc}}{dT} = -\frac{V_{go}-V_{oc}+\gamma(kT/q)}{T} \approx -2\text{mV}/\text{℃} \tag{3-12}$$

式中，负号表示降低，即温度每升高 1℃，开路电压 $V_{oc}$ 会降低约 2mV。对于硅太阳能电池，$V_{oc}=1.2$V，$\gamma=3$。注意：$V_{oc}$ 越高，温度对 $V_{oc}$ 的影响越小。由于太阳能电池的输出电压和效率随着温度的降低而增大，因此太阳能电池最好是工作在比较低的温度下。

（3）填充因子 $FF$ 随温度升高而减小

填充因子 $FF$ 随着温度升高而减小。对硅太阳能电池可表示为

$$\frac{1}{FF}\frac{dFF}{dT} \approx \left(\frac{1}{V_{oc}}\frac{dV_{oc}}{dT}-\frac{1}{T}\right)/6 \approx -0.15\% \, \text{℃}^{-1} \tag{3-13}$$

即温度每升高 1℃，填充因子 $FF$ 的值会降低 $0.0015FF$。

（4）最大输出功率 $P_m$ 随温度升高而减少

最大输出功率 $P_m$ 随着温度升高而减少，可表示为

$$P_{mvar} = \frac{1}{P_m}\frac{dP_m}{dT} = \frac{1}{V_{oc}}\frac{dV_{oc}}{dT}+\frac{1}{FF}\frac{dFF}{dT}+\frac{1}{I_{sc}}\frac{dI_{sc}}{dT} \tag{3-14}$$

对硅（Si）太阳能电池可表示为

$$\frac{1}{P_m}\frac{dP_m}{dT} \approx -(0.4 \sim 0.5)\% \, \text{℃}^{-1} \tag{3-15}$$

即温度每升高 1℃，最大输出功率 $P_m$ 的值会降低 $(0.4\% \sim 0.5\%)$ $P_m$。

### 3.2.8 寄生电阻的影响

寄生电阻根据性质可分为寄生串联电阻和寄生并联电阻。太阳能电池总是有寄生串联电阻（$R_s$）和寄生并联电阻（$R_{sh}$），这两种电阻都会降低填充因子 $FF$ 和输出功率，也就是降低太阳能电池的效率。图 3-8 所示为随寄生串联电阻 $R_s$ 变化的太阳能电池 $I$-$V$ 特性曲线。

（1）寄生串联电阻

寄生串联电阻 $R_s$ 主要由半导体内部的体电阻、电极用的金属与半导体表面层之间的接触电阻、电极用的金属本身的电阻和器件内部和外部线路互相连接的引线接触电阻组成。

（2）寄生并联电阻

寄生并联电阻 $R_{sh}$ 主要来自非理想的 p-n 结和 p-n 结附近的杂质，这些都能导致 p-n 结部分出现短路，特别是在太阳能电池边缘部分出现漏电现象，会使 $R_{sh}$ 值减小。

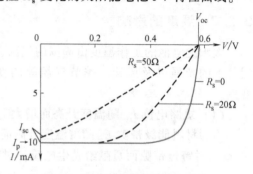

图 3-8 随寄生串联电阻 $R_s$ 变化的太阳能电池 $I$-$V$ 特性曲线

（3）寄生电阻影响下的 *I-V* 特性曲线

由于太阳能电池出现寄生串联电阻 $R_s$ 和寄生并联电阻 $R_{sh}$，太阳能电池的 *I-V* 特性曲线可表示为

$$I = I_p - I_o \exp\left[\frac{q(V+IR_s)}{nkT}\right] - \frac{V+IR_s}{R_{sh}} \tag{3-16}$$

（4）等效电路

实际的太阳能电池与理想 p-n 结太阳能电池的 *I-V* 特性有很大差别，其中的原因有很多。考虑一个被光照射的 p-n 结太阳能电池驱动一个负载电阻 $R_L$，且光生电子-空穴发生在耗尽区，如图 3-9 所示。

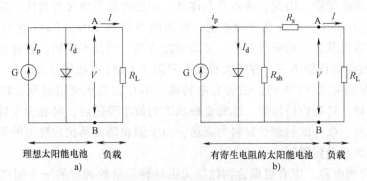

图 3-9　太阳能电池的等效电路

a）理想 p-n 结太阳能电池　b）有寄生电阻的 p-n 结太阳能电池

图 3-9 太阳能电池等效电路中，寄生串联电阻 $R_s$ 会产生一个电压降，降低了 A、B 点之间输出点电压 $V$。另外，光生载流子中有一小部分流过材料边界（通过器件边缘）或通过多晶体的晶粒界面而不流经外电路负载 $R_L$。光生载流子流经外电路的这些效应可用有效内部漏电或寄生并联电阻 $R_{sh}$ 表示，使光电流离开负载 $R_L$。

一般单晶太阳能电池情况下，在器件的总特性中，$R_{sh}$ 没有 $R_s$ 那么重要，但在多晶太阳能电池中，$R_{sh}$ 也很重要，流经晶粒界面的电流成分不可忽视。

寄生串联电阻 $R_s = 0$ 的太阳能电池是最好、理想的太阳能电池。随着寄生串联电阻 $R_s$ 的减小，可得到的最大输出功率增加，因此，寄生串联电阻 $R_s$ 的增大会降低太阳能电池的效率，同时，当 $R_s$ 足够大时，还会限制短路电流；与此类似，由于材料缺陷引起的低寄生并联电阻 $R_{sh}$ 也会降低太阳能电池的效率。$R_s$ 和 $R_{sh}$ 对太阳能电池性能影响的差别在于 $R_s$ 不会影响开路电压 $V_{oc}$，而 $R_{sh}$ 的减少会使 $V_{oc}$ 变小。

## 3.3　太阳能电池的分类及其制造工艺

### 3.3.1　太阳能电池的分类

根据所用材料的不同，太阳能电池可分为硅太阳能电池、多元化合物薄膜太阳能电池、聚合物多层修饰电极型太阳能电池、纳米晶太阳能电池、有机太阳能电池等，其中硅太阳能电池发展最成熟，在应用中居主导地位。

1）硅太阳能电池。硅太阳能电池又可分为单晶硅太阳能电池、多晶硅太阳能电池和非晶硅薄膜太阳能电池。单晶硅太阳能电池转换效率最高，其中实验室最高转换效率为26.1%，规模生产时的转换效率约为18%～20%，在大规模应用和工业生产中占据主导地位。由于硅材料占太阳能电池成本的绝大部分，因此降低硅材料的成本是光伏应用的关键。浇铸多晶硅技术是降低成本的重要途径之一，该技术省去了昂贵的单晶拉制过程，用较低纯度的硅作为投炉料，节省了材料及电能消耗。多晶硅太阳能电池效率略低于单晶硅太阳能电池，但实验室最高转化效率仍能够达到22.3%，市场份额仅次于单晶硅太阳能电池。

2）多元化合物薄膜电池。硫化镉、碲化镉多晶薄膜电池（$C_dT_e$）的效率较非晶硅薄膜太阳能电池效率高，成本较单晶硅太阳能电池低，并且易于大规模生产，但由于镉有剧毒，会对环境造成严重的污染，因此，并不是晶体硅太阳能电池最理想的替代产品。

3）砷化镓（GaAs）。Ⅲ-Ⅴ化合物电池，转换效率可达28%，GaAs化合物材料具有十分理想的光学带隙以及较高的吸收效率，抗辐照能力强，对热不敏感，适合制造高效单结电池。但是GaAs材料的价格不菲，在很大程度上限制了GaAs电池的普及。

4）铜铟硒薄膜电池（CIGS）。适合光电转换，不存在光致衰退问题，转换效率和多晶硅太阳能电池一样，具有价格低廉、性能良好和工艺简单等优点，将成为今后发展太阳能电池的一个重要方向。唯一的问题是材料的来源，由于铟和硒都是比较稀有的元素，因此，这类电池的发展又必然受到限制。

5）有机聚合物电池。以有机聚合物代替无机材料是最近兴起的一个制造太阳能电池的研究方向。由于有机材料具有柔性好、制作容易、材料来源广泛、成本低等优势，从而对大规模利用太阳能、提供廉价电能具有重要意义。但用有机材料制备太阳能电池的研究仅仅刚开始，不论是使用寿命，还是电池效率都不能和无机材料特别是硅太阳能电池相比。能否发展成为具有实用意义的产品，还有待于进一步研究探索。

6）有机薄膜电池。有机薄膜太阳能电池就是由有机材料构成核心部分的太阳能电池。如今量产的太阳能电池里，95%以上是硅太阳能电池，剩下不到5%由其他无机材料制成。有机薄膜电池尚未被人们熟悉。

7）染料敏化太阳能电池（DSSC）。染料敏化太阳能电池是将一种色素附着在 $TiO_2$ 粒子上，然后浸泡在一种电解液中。色素受到光的照射，生成自由电子和空穴。自由电子被 $TiO_2$ 吸收，从电极流出进入外电路，再经过用电器，流入电解液，最后回到色素。染料敏化太阳能电池相对其他薄膜太阳能电池的制造成本低，这使它具有很强的竞争力。目前已报道的染料敏化太阳能电池转换效率高达12%以上。近年来，由于钙钛矿太阳能电池的出现，染料敏化太阳能电池遇到了新的挑战。

8）钙钛矿太阳能电池（PSC）。该电池从2009年出现到现在，光电转换效率有很大的提升，目前已达22.7%。钙钛矿太阳能电池引起了国内外研究机构的广泛关注。关于该电池的应用开发前景，需要着重考虑以下三个方面：

① 电池效率。短短几年，钙钛矿太阳能电池就获得了22.7%的光电转换效率。然而这个值并不是该电池效率的终点。通过国内外研究机构的探索，超过这个效率值得期待。

② 成本。无论是硅太阳能电池，还是薄膜太阳能电池，成本始终是需要重点考虑的一个方面。从钙钛矿太阳能电池的关键材料 $CH_3NH_3PbI_3$ 来分析，相比其他薄膜太阳能电池，如 CdTe、CuInGaSn，该电池没有使用稀有或贵重元素，如 Te、In、Ga 等。其关键吸收层材

料 $CH_3NH_3PbI_3$ 中的 Pb，一度被认为是该电池最终实用的瓶颈和不可逾越的障碍。近年来，美国科学家已经通过用金属 Sn 替换 Pb 并取得了较高的光电转换效率。此外，由于钙钛矿太阳能电池低温运行，不需要昂贵的设备，相比其他薄膜太阳能电池具有非常大的优势。

③ 稳定性。电池的稳定性是一个很重要的参数，直接关系到投资者对该电池的投资回报期望。研究表明，超过 500h，钙钛矿太阳能电池的效率衰减不超过 20%。随着研究的不断深入，有理由相信该电池在不远的将来将从实验室走向市场。

表 3-1 列出了目前各种太阳能电池及其相应研究机构所取得的太阳能电池最高效率。可以看出，我国目前尽管是太阳电池生产大国，但在高效太阳能电池开发上还没有获得一席之地，未来还有较长的一段路要走。

表 3-1 各种太阳能电池的性能对比

| 种类 | 晶硅 | 薄膜 | 其他 |
|---|---|---|---|
| 效率(%) | 单晶硅：26.1<br>多晶硅：22.3 | 非晶硅：14.0<br>CIGS：22.6<br>CdTe：22.1 | DSSC：11.9<br>PSC：22.7<br>有机电池：11.5 |
| 优点及生产现状 | 技术成熟，但效率提升空间不大，能耗大，成本偏高，有晶科、英利、无锡尚德、天合光能等组件生产厂家 | 价格低廉，能耗低，技术简单，对弱光有较好的适应性，但效率偏低，稳定性不高，有汉能、龙焱等生产厂家 | 目前处于实验室研究阶段，但具有较好的发展前景 |

## 3.3.2 太阳能电池制造

自 1953 年研制出具有一定光电转换效率的硅太阳能电池后，太阳能电池便被主要应用于空间飞行器的能源系统。最早在"尖兵一号"卫星上装备了太阳能电池，从此，太阳能电池的空间应用不断扩大并相应地研制出了生产满足空间电池的标准电池工艺流程。该工艺在 20 世纪六七十年代初期一直被沿用。

到 20 世纪 70 年代中期，由于石油危机，人们将注意力转到新能源上。一些企业开始生产专门用于地面的太阳能电池，生产太阳能电池的工艺有了某些重大的改变。其基本工艺可以归纳为以下步骤：

1）将砂子还原成冶金级硅。

2）冶金级硅提纯为半导体级硅。

3）半导体级硅转变为硅片。

4）硅片制成太阳能电池。

硅是地球外壳第二位最丰富的元素，提炼硅的原料是 $SiO_2$。在目前工业提炼工艺中，一般采用 $SiO_2$ 的结晶态，即石英砂，在电弧炉中用碳还原的方法冶炼的反应方程为

$$SiO_2 + 2C = Si + 2CO \tag{3-17}$$

工业硅的纯度一般为 95%~99%，所含的杂质主要为 Fe、Al、Ga、Mg 等。由工业硅制成硅的卤化物（如三氯硅烷，四氯化硅）通过还原剂还原成为元素硅，最后长成棒状或针状、块状多晶硅。习惯上把这种还原沉积出的高纯硅棒称为多晶硅。

多晶硅经过区熔法（FZ）和坩埚直拉法（CZ）制成单晶硅棒。

获取硅棒后，将硅棒通过切片机切成一定厚度的硅片，用于制造太阳能电池。

硅太阳能电池的主要制造工艺主要包括表面制绒、扩散制结、制作电极和减反射膜等多道工序。

### 1. 硅片的表面制绒

太阳能电池主要应用绒面硅片，绒面状的硅表面是利用硅的各向异性腐蚀，在硅表面形成无数的四面方锥体。图 3-10 所示为扫描电子显微镜观察到的绒面硅表面。

高 10μm 的峰是四面方锥体的顶。这些方锥体的侧面是硅晶体结构中相交的面，由于入射光在表面的多次反射和折射，增加了光的吸收，其反射率很低，故绒面电池也称为黑电池或无反射电池。

图 3-10　扫描电子显微镜下观察到的绒面硅表面

### 2. 扩散制结

制结过程是在一块基体材料上生成导电类型不同的扩散层，它和制结前的表面处理均是电池制造过程中的关键工序。制结方法有热扩散、离子注入、外延、激光及高频电注入法等。

### 3. 去边

扩散过程中，在硅片的周边表面也形成了扩散层。周边扩散层会使电池的上下电极形成短路环，必须将它除去。周边上存在任何微小的局部短路都会使电池并联电阻下降，以致成为废品。

去边的方法有腐蚀法和挤压法。腐蚀法是将硅片两面掩好，在硝酸、氢氟酸组成的腐蚀液中腐蚀 30s 左右。挤压法是用大小与硅片相同、略带弹性的耐酸橡胶或塑料，与硅片相间整齐隔开，施加一定压力后，阻止腐蚀液渗入缝隙取得掩蔽。目前，工业化生产用等离子干法腐蚀，即在辉光放电条件下通过氟和氧交替对硅作用，去除含有扩散层的周边。

### 4. 去除背结

一般晶硅电池采用 p 型硅片，在磷扩散工艺中，硅片的两面和边缘都会被磷掺杂。光入射的那一面一般约定为正面，普通 p 型电池最终使用的是正面的 p-n 结，而背面的 p-n 则称为背结。在后续的金属化工艺中，负正电极需要分别与正反两面的 n 型硅和 p 型硅接触。如果将扩散后的硅片直接金属化，相当于低电阻的高掺杂 n 型硅连通了正反两面的金属，太阳能电池本身被短路。为了解决这一问题，需要在扩散后将这一短路通路切断。常用三种方法去除背结，即化学腐蚀法、磨砂法和蒸铝烧结、丝网印刷铝烧结法。

### 5. 制作减反射膜

光照射到平面的硅片上，其中一部分被反射，即使对绒面的硅表面，由于入射光产生多次反射而增加了吸收，但仍有约 11% 的反射损失。在其上覆盖一层减反射膜层，可大大降低光的反射，从第二个界面返回到第一个界面的反射光与第一个界面的反射光相位差 180℃，由于光的干涉效应，所以前者在一定程度上抵消了后者。

### 6. 制作上下电极

电极就是与 p-n 结两端形成紧密欧姆接触的导电材料。习惯上把制作在电池光照面上的电极称为上电极，把制作在电池背面的电极称为下电极或背电极。制造电极的方法主要有真空蒸镀、化学镀镍、铝浆印刷烧结等。

上电极设计的一个重要方面是上电极金属栅线的设计。当单体电池的尺寸增加时，上电极金属栅线的设计就变得越加重要。对于普通的电极设计，设计原则是使电池的输出最大，即电池的寄生串联电阻尽可能小和电池的光照作用面积尽可能大。

## 3.4 太阳能电池组件的设计、封装

前面介绍的太阳能电池，在太阳能电池的结构术语中，称为太阳能电池单体或太阳能电池片，是将光能转换为电能的最小单元。

实际使用时按负载要求，将若干单体电池按电池性能分类进行串并联，经封装后组合成可以独立作为电源使用的最小单元，这个独立的最小单元称为太阳能电池组件。电池组件功率一般为几瓦、几十瓦甚至数百瓦。电池组件不论功率大小，一般都是由36片、48片、54片、60片和72片单体电池串联组成。常见的排布方法有4片×9片、6片×8片、6片×9片、6片×10片和6片×12片等，如图3-11所示。

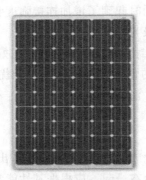

图 3-11 太阳能电池组件的板型

### 3.4.1 太阳能电池组件的封装

1. 封装材料

1）低铁钢化绒面玻璃。又称白玻璃，厚度为（3.2±0.2）mm，钢化性能符合国家标准。用作光伏组件封装材料的钢化玻璃，对其抗机械冲击强度、表面透光性、弯曲度、外观有较高要求。

2）EVA。EVA 是乙烯与醋酸乙烯酯的共聚物，是一种热融胶黏剂，常温下无黏性而具抗黏性，以便操作，经过一定条件热压便发生熔融粘结与交联固化，并变得完全透明，用作晶体硅太阳能电池封粘材料。长期的实践证明：EVA 在太阳能电池封装与户外使用均获得了相当满意的效果。固化后的 EVA 能承受大气变化且具有弹性，它将晶体硅片组"上盖下垫"，将硅晶片组包封，并与上层保护材料玻璃、下层保护材料 TPT（聚氟乙烯复合膜）利用真空层压技术粘合为一体。另外，EVA 和玻璃粘合后能提高玻璃的透光率，起到增透的作用，并对太阳电池组件的输出有增益作用。

3）TPT（聚氟乙烯复合膜）。用在组件背面，作为背面保护封装材料。用于封装的 TPT 至少应该有三层结构：外层保护层 PVF 具有良好的抗环境侵蚀能力；中间层聚酯薄膜具有良好的绝缘性能；内层 PVF 需经表面处理和 EVA 具有良好的粘结性能。封装用 Tedlar 必须

保持清洁，不得沾污或受潮，特别是内层不得用手指直接接触，以免影响 EVA 的粘结强度。

4）互连条与汇流条。互连条与汇流条即涂锡铜合金带，简称涂锡铜带或涂锡带，分含铅和无铅两种。其中无铅涂锡带因其良好的焊接性能和无毒性，是涂锡带发展的方向。无铅涂锡带由导电优良、加工延展性优良的专用铜及锡合金涂层复合而成。

5）助焊剂。帮助焊接，去除互连条上的氧化层，减小焊锡表面张力。助焊剂的选用原则是不影响电池性能，不影响 EVA 性能。晶体硅太阳能电池电极性能退化是造成组件性能退化或失效的根本原因之一。助焊剂的助焊效果及可靠性又是影响电极焊接效果的重要因素。因此，太阳能电池电极的焊接不能选用一般助焊剂，普通有机酸助焊剂会腐蚀未封装的太阳电池片。

6）铝合金边框。其主要作用是保护玻璃边缘，铝合金结合硅胶打边加强了组件的密封性能，大大提高了组件整体的机械强度，便于组件的安装、运输。

7）接线盒。接线盒的作用：①电极引出后一般仅为两条镀锡条，不方便与负载之间进行电气连接，需要将电极焊接在成型的便于使用的电接口上；②引出电极时密封性能被破坏，这时需涂硅胶弥补，接线盒同时起到了增加连接强度和美观的作用。通过接线盒内的电导线引出电源正负极，避免了电极与外界直接接触老化。

8）硅胶。主要用来粘接、密封。粘接铝合金和层压好的玻璃组件并起到密封作用，粘接接线盒与 TPT，起固定接线盒的作用。要求硅胶符合优异的耐候、抗紫外线、振动、潮湿、臭氧、极端温度、空气污染、清洁剂以及许多溶剂，不垂流，可用于竖直以及架空接口等场合。

2. 组装工艺

1）电池分选。由于电池片制作条件的随机性，生产出来的电池性能不尽相同。为了有效地将性能一致或相近的电池组合在一起，应根据其性能参数进行分类。可通过测试电池的输出参数（电流和电压）的大小对其进行分类，以提高电池的利用率，做出质量合格的电池组件。

2）单焊。将汇流带焊接到电池正面（负极）的主栅线上，汇流带为镀锡的铜带，焊带的长度约为电池边长的两倍。多出的焊带在背面焊接时与后面电池片的背面电极相连。

3）串焊。背面焊接是将 N 片电池串接在一起形成一个组件串，电池的定位主要靠一个模具板，操作者使用电烙铁和焊锡丝将单片焊接好的电池的正面电极（负极）焊接到后面电池的背面电极（正极）上，然依次将 N 片电池串接在一起，并在组件串的正负极焊接出引线。

4）叠层。背面串接好且经过检验合格后，将电池串、玻璃和切割好的 EVA、背板按照一定的层次敷设好，准备层压。敷设时保证电池串与玻璃等材料的相对位置，调整好电池间的距离，为层压打好基础。敷设层次由下向上为玻璃、EVA、电池、EVA、背板。

5）组件层压。将敷设好的电池放入层压机内，通过抽真空装置将组件内的空气抽出，然后加热使 EVA 熔化，将电池、玻璃和背板粘结在一起，最后冷却取出组件。层压工艺是组件生产的关键一步，层压温度、层压时间根据 EVA 的性质决定。

6）修边。层压时 EVA 熔化后在压力作用下会向外延伸固化形成毛边，所以在层压完毕后应将其切除。

7）装框。类似给玻璃装一个镜框。给玻璃组件装铝框，增加组件的强度，进一步密封电池组件，延长电池的使用寿命。边框和玻璃组件的缝隙用硅酮树脂填充，各框边间用角键连接。

8）粘结接线盒。在组件背面引线处粘结一个盒子，以利于电池与其他设备或电池间的连接。

9）组件测试。测试的目的是对电池的输出功率进行标定，测试其输出特性，确定组件的质量等级。

10）高压测试。高压测试是指在组件边框和电极引线间施加一定的电压，测试组件的耐压性和绝缘强度，以保证组件在恶劣的自然条件（雷击等）下不被损坏。

3. 组件的技术要求和检验测试

（1）技术要求

合格的太阳能电池组件应该达到一定的技术要求，相关部门也制定了电池组件的国家标准和行业标准，如 IEC 61215—2005（GB/T 9535—2005）等。

层压封装型硅太阳能电池组件的一些基本技术要求如下：

1）光伏组件在规定工作环境下，使用寿命应大于 20 年（使用 20 年后，效率仍大于标定效率的 80%）。

2）组件的电池上表面颜色应均匀一致，无机械损伤，焊点及互连条表面无氧化斑。

3）组件的每片电池与互连条应排列整齐，组件的框架应整洁无腐蚀斑点。

4）组件的封装层中不允许气泡或脱层在某一片电池与组件边缘形成一个通路，气泡或脱层的几何尺寸和个数应符合相应的产品详细规范规定。

5）组件的功率面积比大于 $65W/m^2$，功率质量比大于 $4.5W/kg$，填充因子 $FF$ 大于 $0.65$。

6）组件在正常条件下的绝缘电阻不得低于 $200M\Omega$。

7）组件 EVA 的交联度应大于 65%，EVA 与玻璃的剥离强度大于 30N/cm，EVA 与组件背板材料的剥离强度大于 15N/cm。

8）每块组件都要有包括以下内容的标签：①产品名称与型号；②主要性能参数；③制造厂名、生产日期及品牌商标等。

（2）太阳能电池组件的检验测试

测试标准：GB/T 9535—2006《地面用晶体硅光伏组件 设计鉴定和定型》。

1）电性能测试。测试标准条件：光谱 AM1.5，光强辐照度 $1000W/m^2$，环境温度 25℃。主要测试项目：短路电流、开路电压、峰值电流、峰值电压、峰值功率、填充因子、转换效率等。

2）电绝缘性能测试。以 1kV 绝缘电阻表的直流电压通过组件边框与组件引出线测量绝缘电阻，绝缘电阻要求大于 $2000M\Omega$，以确保在应用过程中组件边框无漏电现象发生。

3）热循环实验。将组件放置于有自动温度控制、内部空气循环的气候室内，使组件在 -40~85℃ 之间循环规定次数，并在极端温度下保持规定时间，监测实验过程中可能产生的短路和断路、外观缺陷、电性能衰减率、绝缘电阻等，以确定组件由于温度重复变化引起的热应变能力。

4）湿热-湿冷实验。将组件放置于有自动温度控制、内部空气循环的气候室内，使组件在一定温度和湿度条件下往复循环，保持一定恢复时间，监测实验过程中可能产生的短路和断路、外观缺陷、电性能衰减率、绝缘电阻等，以确定组件承受高温高湿和低温低湿的能力。

5）机械载荷实验。在组件表面逐渐加载，监测实验过程中可能产生的短路和断路、外观缺陷、电性能衰减率、绝缘电阻等，以确定组件承受风雪、冰雹等静态载荷的能力。

6）冰雹实验。以钢球代替冰雹从不同角度以一定动量撞击组件，检测组件产生的外观缺陷、电性能衰减率，以确定组件抗冰雹撞击的能力。

7）老化实验。老化实验用于检测太阳能电池组件暴露在高湿和高紫外线辐照场地时具有有效抗衰减能力。将组件样品放在 65℃、光谱约 6.5 的紫外太阳下辐照，最后检测光电特性，看其下降损失。

### 3.4.2　太阳能电池方阵

为了满足高电压、大功率的发电要求，实际使用时需按负载要求，将若干太阳能电池组件通过串、并联连接，并用一定的机械方式固定组合在一起，配以防反充（防逆流）二极管、旁路二极管、电缆等元件构成太阳能电池阵列。太阳能电池阵列通常需要牢固地安装在支架基础上。太阳能电池单体、组件、阵列示意图如图 3-12 所示。

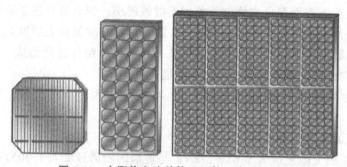

图 3-12　太阳能电池单体、组件、阵列示意图

太阳能电池方阵的连接方式有串联、并联和串、并联混合，如图 3-13 所示。

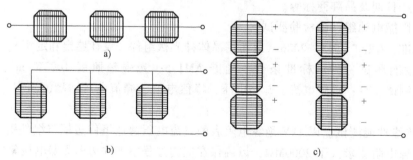

图 3-13　太阳能电池方阵的连接方式

a）串联方式　b）并联方式　c）串、并联混合方式

当每个单体的电池组件性能一致时，多个电池组件的串联连接，可在不改变输出电流的情况下使方阵输出电压成比例增加；并联连接时，可在不改变输出电压的情况下使方阵的输出电流成比例增加；串、并联混合连接时，既可增加方阵的输出电压，又可增加方阵的输出电流。

太阳能电池组件的串、并联组合需要遵循下列几条原则：

1）串联时需要工作电流相同的组件，并为每个组件并接旁路二极管。

2）并联时需要工作电压相同的组件，并在每一条并联线路中串联防反充（防逆流）二极管。

3）尽量考虑组件连接线路最短，并用较粗的导线减小串联电阻。

4）严格防止个别性能变坏的电池组件混入电池方阵。

太阳能电池方阵如发生有阴影落在某单体电池或一组电池上，或当组件中的某单体电池被损坏时，方阵的其余部分仍处于阳光暴晒之下正常工作，这样局部被遮挡的太阳能电池（或组件）就要由未被遮挡的那部分太阳能电池（或组件）来提供负载所需的功率，从而使该部分太阳能电池如同一个工作于反向偏置下的二极管，其电阻和电压降很大，导致消耗功率而发热。由于出现高温，称之为热斑。

高电压大功率方阵阴影电池上的电压降所产生的热效应甚至能造成封装材料损伤、焊点脱焊、电池破裂或在电池上产生热斑，从而引起组件和方阵失效。电池裂纹或不匹配、内部连接失效、局部被遮光或弄脏均会引起这种热斑效应。

为了避免热斑效应，常采用如下措施：如果是串联回路，需要在太阳能电池组件的正负极间并联一个旁路二极管（$VD_b$），以避免串联回路中光照组件所产生的能量被遮蔽的组件所消耗；如果是并联支路，需要串联一个二极管（$VD_s$），以避免并联回路中光照组件所产生的能量被遮蔽的组件所吸收。串联二极管在独立光伏发电系统中可同时起到防止蓄电池在夜间反充电的功能。

# 3.5　光伏发电系统的设计

太阳能光伏发电系统的设计分为软件设计和硬件设计，且软件设计先于硬件设计。

软件设计包括：负载的功率和用电量的统计和计算，太阳能电池方阵面辐射量的计算，太阳能电池组件、蓄电池用量的计算和二者之间相互匹配的优化设计，太阳能电池方阵安装倾角的确定，系统运行情况的预测以及系统经济效益的分析等。

硬件设计包括：负载类型的确定和限制，太阳能电池组件和蓄电池的选型，太阳能电池方阵支架的设计，逆变器的选型和设计，以及控制、测量系统的选型和设计。

软件设计由于涉及复杂的辐射量、安装倾角以及系统优化的设计计算，一般由计算机完成；在要求不太高的情况下，也可以采用估算的方法。

## 3.5.1　离网型光伏发电系统

### 1. 离网型光伏发电系统的构成

独立光伏发电系统主要由太阳能电池组件、控制器、蓄电池组成，如图3-14所示。独立光伏发电系统的工作原理是在太阳光的照射下，将太阳能电池组件产生的电能通过控制器的控制给蓄电池充电，或者在满足负载需求的情况下直接给负载供电，如果日照不足或者夜间则由蓄电池在控制器的控制下给直流负载供电。对于含有交流负载的光伏系统，还需要增加逆变器将直流电转换成交流电。

1）组件方阵。由太阳能电池组件（或称光伏电池组件）按照系统需求串、并联而成，

图 3-14  独立光伏发电系统

在太阳光照射下将太阳能转换成电能输出。它是太阳能光伏系统的核心部件。

2）蓄电池。蓄电池的作用是将太阳能电池组件产生的电能储存起来，当光照不足或者晚上或者负载需求大于太阳能电池组件所发的电量时，将储存的电能释放以满足负载的能量需求。它是太阳能光伏系统的储能器件。目前太阳能光伏系统常用的储能器件是铅酸蓄电池，对于要求较高的系统，通常采用深放电阀控式密封铅酸蓄电池、深放电吸液式铅酸蓄电池等。

3）控制器。控制器对蓄电池的充、放电条件加以规定和控制，并按照负载的电源需求控制太阳能电池组件和蓄电池对负载的电能输出。它是整个系统的核心控制部分。随着太阳能光伏产业的发展，控制器的功能越来越强大，有将传统的控制部分、逆变器以及监测系统集成起来的趋势，如 AES 公司的 SPP 和 SMD 系列控制器就集成了上述三种功能。

4）逆变器。在光伏发电系统中，如果有交流负载，就要使用逆变器设备，将太阳能电池组件产生的直流电或者蓄电池释放的直流电转换为负载所需要的交流电。

另外，独立光伏发电系统根据用电负载的特点，可以分为以下几种形式：

1）无蓄电池的直流光伏发电系统。其特点是用电负载是直流负载，对负载使用时间没有要求，负载主要在白天使用。太阳能电池与用电负载直接连接，有阳光时就发电供负载工作，无阳光时就停止工作。系统不需要使用控制器，也没有蓄电池储能装置。无蓄电池的直流光伏发电系统的优点是省去了能量通过控制器以及在蓄电池中存储和释放过程中造成的损失，提高了太阳能的利用效率。这种系统最典型的应用是太阳能光伏水泵。

2）有蓄电池的直流光伏发电系统。该系统由太阳能电池、充放电控制器、蓄电池以及直流负载等组成。有阳光时，太阳能电池将光能转换为电能供负载使用，并同时向蓄电池存储电能。夜间或阴雨天时，则由蓄电池向负载供电。有蓄电池的直流光伏发电系统应用广泛，小到太阳能草坪灯、庭院灯，大到远离电网的移动通信基站、微波中转站、边远地区农村供电等。当系统容量和负载功率较大时，需配备太阳能电池方阵和蓄电池组。

3）交流及交、直流混合光伏发电系统。交流及交、直流混合光伏发电系统与直流光伏发电系统相比多了一个交流逆变器，用以把直流电转换成交流电，为交流负载提供电能。交、直流混合光伏发电系统既能为直流负载供电，也能为交流负载供电。

4）市电互补型光伏发电系统。市电互补型光伏发电系统是在独立光伏发电系统中以太阳能光伏发电为主，以普通 220V 交流电补充电能为辅。这样光伏发电系统中太阳能电池和蓄电池的容量都可以设计得小一些，基本上是当天有阳光，当天就用太阳能发的电，遇到阴雨天时就用市电能量进行补充。我国大部分地区多年都有 2/3 以上的晴好天气，这样形式既减小了太阳能光伏发电系统的一次性投资，又有显著的节能减排效果，是太阳能光伏发电在推广和普及阶段的一个过渡性办法。

电能的储存有多种方式，主要包括电容储存、电感储存以及化学能储存等。

2. 典型离网型光伏发电系统的设计

光伏发电系统总的设计原则是在保证满足负载用电需求的前提下，确定最少的太阳电池组件和蓄电池容量，以尽量减少投资，即同时考虑可靠性及经济性。

决定太阳能电池方阵发电量的因素主要有：

1）光照条件。太阳照在地面太阳能电池方阵上的辐射光的光谱、光强受到大气质量、地理位置、当地气候、气象、地形等多方面因素的影响，其能量在一日、一月和一年间都有很大的变化。

2）太阳能电池方阵的光电转换效率。由于转换效率受到电池本身的温度和太阳光强、蓄电池电压浮动等因素的影响，因而太阳能电池方阵的输出功率也会随着这些因素的改变而出现一些波动。

3）负载用电情况。由于用途不同，耗电功率、用电时间、对电源可靠性的要求等各不相同。有的用电设备有固定的用电规律，如中继站、航标灯等；有些负载用电则没有规律，如水泵。

上述因素相当复杂，原则上需要对每个光伏发电系统单独进行计算，对一些无法确定数量的影响因素，只能采用一些系数来进行估量。由于考虑的因素及其复杂程度不同，采取的计算方法也不同。下面介绍一种比较简单而又实用的设计方法，这种方法不仅能说明所涉及的概念，而且对一般使用来说足够精确。

太阳能电池发电系统的设计步骤如下：

（1）列出基本数据

1）所有负载的名称、额定工作电压、耗电功率、用电时间、有无特殊要求等。

2）当地的地理位置，包括地名、经度、纬度、海拔等。

3）当地的气象资料，主要有逐月平均太阳总辐射量、直接辐射及散射量、年平均气温及极端气温、最长连续阴雨天数、最大风速及冰雹等特殊气候情况。这些气象数据需取积累几年或几十年的平均值。

（2）确定负荷大小

计算出所有负载的工作电流（$\sum I$）与平均每天工作小时数（$H$）乘积之和。即

$$Q = \sum IH \qquad (3-18)$$

（3）选择蓄电池容量

蓄电池储备容量的大小主要取决于负载的耗电情况，此外还要考虑现场的气候条件、环境温度、系统控制的规律性及系统失效的后果等因素，通常储备 10~20 天的容量比较适宜。

蓄电池在太阳能电池系统中处于浮充状态，充电电流远小于蓄电池要求的正常充电电流。尤其在冬天，太阳辐射量小，蓄电池常处于欠充状态，长期深放电会影响蓄电池的寿命，故必须考虑留有一定余量，常以放电深度来表示为

$$d = \frac{C - C_R}{C} \tag{3-19}$$

式中，$d$ 为放电深度；$C$ 为蓄电池标称容量；$C_R$ 为蓄电池储备容量。

过大的放电深度会缩短蓄电池的寿命；过小的放电深度又会增加太阳能电池方阵的规模，加大总的投资成本，放电深度最大到 80% 较为合适。当然，随着太阳能电池组件价格的下降，可以允许设计较浅的放电深度。

确定蓄电池的储备容量 $C_R$ 和放电深度 $d$ 后，即可初步选定蓄电池的标称容量为

$$C = (10 \sim 20)\frac{Q}{d} \tag{3-20}$$

式中，$Q$ 为负载每天的平均总耗电量。

(4) 决定方阵倾角

光伏组件方阵的运行方式有简单的固定式、倾角季度调节式和自动跟踪式三种类型。自动跟踪式又可分为单轴跟踪、双轴跟踪两种类型。

固定式光伏组件方阵固定安装在支架上，一般朝正南方向放置，并且有一定的倾角。倾角可根据当地辐射和地理位置进行优化选择。

固定式要求光伏组件方阵在最佳倾角时，冬天和夏天辐射量的差异尽可能小，而全年总辐射量尽可能大，二者应当兼顾。这对于高纬度地区尤为重要。目前最佳倾斜角推荐值往往等于或稍小于当地的纬度。

目前国内光伏发电系统大多采用固定式。单轴跟踪、双轴跟踪的技术已经较为成熟，但是价格较贵，一般来说，发电量的提高比例低于成本的增加比例，性价比较差；而国内专业生产单轴跟踪、双轴跟踪支架的厂家虽然目前报价较低，但由于缺乏大规模商业化生产和运行经验，存在一定的商业和技术风险。

(5) 计算日辐射量

从气象站得到的资料一般只有水平面上的太阳辐射总量 $H$，直接辐射量 $H_B$ 及散射辐射量 $H_d$ 需换算成倾斜面上的太阳辐射量。

1) 直接辐射分量 $H_{BT}$。计算式为

$$H_{BT} = H_B R_B \tag{3-21}$$

式中，$R_B$ 为倾斜面上的直接辐射分量与水平面上直接辐射分量的比值。对于朝向赤道的倾斜面，有

$$R_B = \frac{\cos(\phi - \beta)\cos\delta\sin\omega_{ST} + \frac{\pi}{180}\omega_{ST}\sin(\phi - \beta)\sin\delta}{\cos\phi\cos\delta\sin\omega_S + \frac{\pi}{180}\omega_S\sin\phi\sin\delta} \tag{3-22}$$

式中，$\phi$ 为当地纬度；$\beta$ 为太阳能电池方阵倾角；$\delta$ 为太阳赤纬；$\omega_S$ 为水平面上的日落时角；$\omega_{ST}$ 为倾斜面上的日落时角。

$$\delta = 23.45° \sin\left[\frac{360}{365}(284 + n)\right] \tag{3-23}$$

$$\omega_S = \arccos(-\tan\phi\tan\delta) \tag{3-24}$$

$$\omega_{ST} = \min\{\omega_S, \arccos[\tan(\phi - \beta)\tan\delta]\} \tag{3-25}$$

2）天空散射辐射分量 $H_{dT}$。在各向同性时，其大小为

$$H_{dT} = \frac{H_d}{2}(1+\cos\beta) \tag{3-26}$$

3）地面反射辐射分量 $H_{rT}$。通常可将地面的反射辐射看成是各向同性的，其大小为

$$H_{rT} = \frac{\rho}{2}H(1-\cos\beta) \tag{3-27}$$

式中，$\rho$ 为地面反射率，其数值取决于地面状态。各种地面的反射率见表 3-2。

表 3-2　各种地面的反射率

| 地面状态 | 反射率 | 地面状态 | 反射率 | 地面状态 | 反射率 |
|---|---|---|---|---|---|
| 沙漠 | 0.24~0.28 | 干湿土 | 0.14 | 湿草地 | 0.14~0.26 |
| 干燥裸地 | 0.1~0.2 | 湿黑土 | 0.08 | 新雪 | 0.81 |
| 湿裸地 | 0.08~0.09 | 干草地 | 0.15~0.25 | 冰面 | 0.69 |

一般计算时，可取 $\rho = 0.2$。

故斜面上的太阳辐射量为

$$H_T = H_B R_B + \frac{H_d}{2}(1+\cos\beta) + \frac{\rho}{2}H(1-\cos\beta) \tag{3-28}$$

通常计算时用式（3-28）即可满足要求。如果考虑天空散射的各向不同性，则计算公式为

$$H_T = H_B R_B + H_d\left[\frac{H_B}{H_0}R_B + \frac{1}{2}\left(1-\frac{H_B}{H_0}\right)(1+\cos\beta)\right] + \frac{\rho}{2}H(1-\cos\beta) \tag{3-29}$$

式中，$H_0$ 为大气层外水平面上的辐射量。

（6）估算方阵电流

将历年逐月水平面上的平均太阳直接辐射量及散射辐射量代入以上式（3-21）~式（3-29），即可算出逐月辐射总量，然后求出全年平均日太阳辐射总量 $\overline{H}_T$（$mW \cdot h/cm^2$），除以标准日光强即可求出平均日照时数为

$$T_m = \frac{\overline{H}_T}{100mW/cm^2} \tag{3-30}$$

则太阳能电池方阵应输出的最小电流为

$$I_{min} = \frac{Q}{T_m \eta_1 \eta_2} \tag{3-31}$$

式中，$Q$ 为负载每天的总耗电量；$\eta_1$ 为蓄电池充电效率；$\eta_2$ 为方阵表面灰尘遮蔽损失。

同时，由倾斜面上各月中最小的太阳总辐射量可计算出各月中最少的峰值日照数 $T_{min}$。太阳能电池方阵应输出的最大电流为

$$I_{max} = \frac{Q}{T_{min} \eta_1 \eta_2} \tag{3-32}$$

（7）确定最佳电流

太阳能电池方阵的最佳额定电流介于 $I_{min}$ 和 $I_{max}$ 这两个极限值之间，具体数值可用尝试

法确定。先选定一电流值 $I$，然后对蓄电池全年荷电状态进行检验，方法是按月求出方阵输出的发电量，即

$$Q_{out} = INH_T\eta_1\eta_2/100\text{mW}/\text{cm}^2 \tag{3-33}$$

式中，$N$ 为当月天数。

各月负载耗电量为

$$Q_{load} = NQ \tag{3-34}$$

两者相减，即 $\Delta Q = Q_{out} - Q_{load}$ 为正，表示该月方阵发电量大于耗电量，能给蓄电池充电；若 $\Delta Q$ 为负，表示该月方阵发电量小于耗电量，要用蓄电池储存的能量来补足。

如果蓄电池全年荷电状态低于原定的放电深度，就应增加方阵输出电流；如果荷电状态始终大大高于放电深度允许的值，则可减少方阵电流。当然也可相应地增加或减少蓄电池容量。若有必要，还可修改方阵倾角，以求得最佳的方阵输出电流 $I_m$。

（8）决定方阵电压

1）太阳能电池组件串联数 $N_s$。太阳能电池组件按一定数目串联起来，就可以获得所需要的工作电压，但是，太阳能电池组件的串联数必须适当。串联数太少，串联电压低于蓄电池浮充电压，方阵就不能对蓄电池充电；串联数太多，使输出电压远高于浮充电压时，充电电流也不会有明显的增加。因此，只有当太阳能电池组件的串联电压等于合适的浮充电压时，才能达到最佳的充电状态。

太阳能电池组件串联数 $N_s$ 计算公式为

$$N_s = \frac{V_R}{V_{oc}} = \frac{V_f + V_D + V_C}{V_{oc}}$$

式中，$V_R$ 为太阳能电池方阵输出的最小电压；$V_{oc}$ 为太阳能电池组件的最佳工作电压；$V_f$ 为蓄电池浮充电压；$V_D$ 为二极管电压降，一般取 0.7V；$V_C$ 为其他因数引起的电压降。

蓄电池的浮充电压和所选的蓄电池参数有关，其大小应等于在最低温度下所选蓄电池单体的最大工作电压乘以串联的电池数。

2）太阳能电池组件并联数 $N_p$。

① 将太阳能电池方阵安装地点的太阳能日辐射量 $H_t$，转换成在标准光强下的平均日辐射时数 $H$，即

$$H = H_t \times 2.778/10000 \tag{3-35}$$

式中，2.778/10000（$\text{h}\cdot\text{m}^2/\text{kJ}$）为将日辐射量 $H_t$ 换算为标准光强（$1000\text{W}/\text{m}^2$）下的平均日辐射时数 $H$ 时的系数。

② 太阳能电池组件日发电量 $Q_p$ 的计算公式为

$$Q_p = I_{oc}HK_{op}C_z \tag{3-36}$$

式中，$I_{oc}$ 为太阳能电池组件的最佳工作电流；$K_{op}$ 为斜面修正系数；$C_z$ 为修正系数，主要为组合、衰减、灰尘、充电效率等的损失，一般取 0.8。

③ 两组最长连续阴雨天之间的最短间隔天数为 $n_w$，在这段时间内将亏损的蓄电池电量补充起来，需补充的蓄电池容量 $B_{cb}$ 为

$$B_{cb} = AQ_Ln_L \tag{3-37}$$

式中，$A$ 为安全系数，取 1.1~1.4；$Q_L$ 为负载日平均耗电量（工作电流乘以工作小时数）；$n_L$ 为最长连续阴雨天数。

④ 太阳能电池组件并联数 $N_p$ 的计算公式为

$$N_p = (B_{cb} + n_w Q_L) / (Q_p n_w) \tag{3-38}$$

式中，$Q_p$ 为太阳能电池组件的日发电量；$n_w$ 为两组连续阴雨天之间的最短间隔天数。

并联的太阳能电池组在两组连续阴雨天之间的最短间隔天数内所发电量，不仅供负载使用，还需补足蓄电池在最长连续阴雨天内的亏损电量。

3）太阳能电池方阵的功率计算。根据太阳能电池组件的串并联数，即可得出所需太阳能电池方阵的功率 $P$（W）为

$$P = P_o N_s N_p \tag{3-39}$$

式中，$P_o$ 为太阳能电池组件的额定功率。

（9）太阳能电池方阵的功率

由于温度升高时，太阳能电池的输出功率将下降，因此要求系统即使在最高温度下也能确保正常运行，所以在标准测试温度下（25℃）太阳能电池方阵的输出功率应为

$$P = \frac{I_m}{1 - \alpha (t_{max} - 25)} \tag{3-40}$$

式中，$\alpha$ 为太阳能电池方阵功率的温度系数，对一般的硅太阳能电池，$\alpha = 0.5\%$；$t_{max}$ 为太阳能电池方阵的最高工作温度。

只要根据计算出的蓄电池容量，以及太阳能电池方阵的电压及功率，参照生产厂家提供的蓄电池和太阳能电池组件的性能参数，选取合适的型号即可。

3. 设计案例

为西安地区设计一座全自动无人指导 3W 彩色电视差转站所用的太阳能电源。工作条件如下：电压为 24V，每天发射时间为 15h，功耗 20W，其余 9h 为接收等候时间，功耗为 5W。

（1）列出基本数据

1）负载耗电情况见表 3-3。

表 3-3  负载耗电情况

| 工作条件 | 功耗/W | 电压/V | 每天工作时间/h |
| --- | --- | --- | --- |
| 发射期间 | 5 | 24 | 15 |
| 等候期间 | 20 | 24 | 9 |

2）西安纬度：北纬 34°18′，东经 108°56′，海拔 396.9m。

3）有关气象资料见表 3-4。

（2）确定负载大小

每天耗电量：$Q = \sum Ih = (20 \times 15/24 + 9 \times 5/24) \text{A} \cdot \text{h} \approx 14.4 \text{A} \cdot \text{h}$

（3）选择蓄电池容量

选择蓄电池容量为 10 天，放电深度 $d = 75\%$，则

$C = 10 \times Q/d = 10 \times 14.4/75\% \text{A} \cdot \text{h} = 192 \text{A} \cdot \text{h}$

根据蓄电池的规格，取 $C = 200 \text{A} \cdot \text{h}$。

（4）决定方倾角

因当地纬度 $\phi = 34°18′$，取 $\beta = \phi + 10° \approx 45°$。

（5）计算倾斜面上各月太阳辐射总量

由气象资料查得水平面上 20 年各月平均太阳辐射量 $H$、$H_B$ 及 $H_d$，计算出倾斜面上各月太阳辐射总量，结果见表 3-4。表中，$n$ 为从一年开头算起的天数；$H_T$ 为倾斜 45° 平面上的太阳辐射量。

表 3-4 倾斜面上各月太阳辐射总量

| 月份 | $n/d$ | $\delta/(°)$ | $R_B$ | $H$ | $H_B$ | $H_d$ | $H_{BT}$ | $H_{dT}$ | $H_{rT}$ | $H_T$ |
|---|---|---|---|---|---|---|---|---|---|---|
| | | | | mW · h/cm² | | | | | | |
| 1 | 16 | -21.10 | 2.033 | 219.0 | 91.6 | 127.4 | 186.2 | 108.7 | 6.4 | 301.3 |
| 2 | 46 | -18.29 | 1.899 | 264.2 | 106.2 | 158.0 | 201.7 | 134.9 | 7.7 | 344.3 |
| 3 | 75 | -2.42 | 1.261 | 327.6 | 123.7 | 203.9 | 156.0 | 174.0 | 9.6 | 339.6 |
| 4 | 105 | 9.41 | 0.956 | 398.9 | 156.0 | 242.9 | 149.1 | 207.3 | 11.7 | 368.1 |
| 5 | 136 | 19.03 | 0.766 | 465.4 | 215.1 | 250.3 | 164.8 | 213.7 | 13.6 | 392.1 |
| 6 | 167 | 23.35 | 0.690 | 537.9 | 279.1 | 258.8 | 192.6 | 220.9 | 15.8 | 429.3 |
| 7 | 197 | 21.35 | 0.726 | 506.5 | 268.3 | 238.2 | 194.8 | 203.3 | 14.8 | 412.9 |
| 8 | 228 | 13.45 | 0.871 | 505.9 | 294.2 | 211.7 | 256.2 | 180.7 | 14.7 | 451.7 |
| 9 | 258 | 2.22 | 1.129 | 328.2 | 157.9 | 170.3 | 178.3 | 145.4 | 9.6 | 333.3 |
| 10 | 289 | -9.97 | 1.514 | 272.8 | 129.0 | 143.8 | 195.3 | 122.7 | 8.0 | 326.0 |
| 11 | 319 | -19.15 | 1.922 | 224.3 | 98.6 | 125.7 | 189.5 | 107.3 | 6.6 | 303.4 |
| 12 | 350 | -23.37 | 2.173 | 200.4 | 83.9 | 116.5 | 182.3 | 99.4 | 5.9 | 287.6 |

（6）估算方阵电流

由表 3-4 可知，倾斜面上全年平均日辐射量为 357.5mW · h/cm²，故全年平均峰值日照时数为

$$T_m = \frac{357.5mW · h/cm^2}{100mW/cm^2} \approx 3.58h$$

取蓄电池充电效率为 $\eta_1 = 0.9$；方阵表面的灰尘遮挡损失为 $\eta_2 = 0.9$，计算出方阵应输出的最小电流为

$$I_{min} = \frac{Q}{T_m \eta_1 \eta_2} = \frac{14.4}{3.58 \times 0.9 \times 0.9}A \approx 4.97A$$

由表 3-4 查得 12 月份倾斜面上的平均日辐射量最小，为 287.6mW · h/cm²，相应的峰值日照数最少，只有 2.88h。则方阵输出的最大电流为

$$I_{max} = \frac{Q}{T_{min} \eta_1 \eta_2} = \frac{14.4}{2.88 \times 0.9 \times 0.9}A \approx 6.17A$$

（7）确定最佳电流

根据 $I_{min} = 4.97A$ 和 $I_{max} = 6.17A$，选取 $I = 5.4A$，并计算出这一年系统中的蓄电池放电深度最大只有 62.9%，未超过 75%。如果计算结果放电深度远小于规定的 75%，则可减少太阳能方阵的输出电流或蓄电池容量，重新进行计算。

（8）决定方阵电压

单只铅酸蓄电池工作电压为 2V，故需 12 只单体电池串联才可满足系统的工作电压

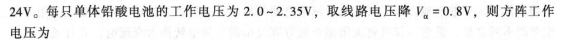

24V。每只单体铅酸电池的工作电压为 $2.0 \sim 2.35V$，取线路电压降 $V_\alpha = 0.8V$，则方阵工作电压为

$$V = V_f + V_\alpha = (12 \times 2.35 + 0.8)V = 29V$$

（9）确定最后功率

设太阳能电池的最高温度为 60℃，可计算出需要的太阳能电池方阵的输出功率为

$$P = I_m V / [1 - \alpha(t_{max} - 25)] = 5.4 \times 29 / [1 - 0.5\%(60 - 25)]W = 189.8W$$

式中，$\alpha$ 为电池片功率温度系数，取 0.5%。最后取太阳能电池方阵的输出功率为 192W，可用 6 块 32W 的组件（每块电压约为 16V）2 串 3 并而成。蓄电池容量为 24V，$200A \cdot h$，只要用 4 只 6Q-100 型铅酸蓄电池以 2 串 2 并的方式连接即可满足需要。

### 3.5.2 并网型光伏发电系统

#### 1. 并网型光伏发电系统的结构与分类

并网型光伏发电系统由光伏电池方阵和并网逆变器组成，不经过蓄电池储能，通过并网逆变器直接将电能输入公共电网。并网型光伏发电系统相比离网型光伏发电系统省掉了蓄电池储能和释放的过程，减少了其中的能量消耗，节约了占地空间，降低了配置成本。并网型光伏发电系统很大一部分用于政府电网和发达国家的节能案例中。并网型发电是光伏发电的发展方向，是 21 世纪极具潜力的能源利用技术。并网型光伏发电系统有集中式大型并网光伏电站，一般都是国家级电站，主要特点是将所发电能直接输送到电网，由电网统一调配向用户供电。但这种电站投资大、建设周期长、占地面积大，发展难度相对较大。

并网型光伏发电系统由太阳能组件、逆变器、交流配电柜组成，可以分为以下几种类型：

1）有逆流并网光伏发电系统。当光伏发电系统发出的电能充裕时，可将剩余电能馈入公共电网，向电网供电（卖电）；当光伏发电系统提供的电力不足时，由电网向负载供电（买电）。由于向电网供电时与电网供电的方向相反，所以称为有逆流光伏发电系统。

2）无逆流并网光伏发电系统。光伏发电系统即使发电充裕也不向公共电网供电，但当光伏发电系统供电不足时，则由公共电网向负载供电。

3）切换型并网光伏发电系统。切换型并网光伏发电系统实际上是具有自动运行双向切换功能的系统。当光伏发电系统因多云、阴雨天及自身故障等导致发电量不足时，切换器能自动切换到电网供电一侧，由电网向负载供电；当电网因为某种原因突然停电时，光伏系统可以自动切换使电网与光伏系统分离，成为独立光伏发电系统工作状态。有些切换型光伏发电系统还可以在需要时断开为一般负载的供电，接通对应急负载的供电。一般切换型并网发电系统都带有储能装置。

4）有储能装置的并网光伏发电系统。在上述几类光伏发电系统中根据需要配置储能装置。即构成有储能装置的并网光伏发电系统。带有储能装置的光伏发电系统主动性较强，当电网出现停电、限电及故障时，可独立运行，正常向负载供电。因此带有储能装置的并网光伏发电系统可以作为紧急通信电源、医疗设备、加油站、避难场所指示及照明等重要或应急负载的供电系统。

#### 2. 并网型光伏逆变器

并网型光伏电力设备作为公共电力系统的一部分，逆变器是与电网连接的必要设备，其功能是作为太阳能电池方阵与公共电力网络之间的界面。并网型光伏逆变器与独立使用的逆变器的不同之处，是它不仅可将太阳能电池方阵发出的直流电转换为交流电，并且还可对转换的交流电的频率、电压、电流、相位、有功与无功、同步、电能品质（电压波动、高次谐波）等进行控制。同时，逆变器还要有一套控制整个光伏电力系统的方法，包括感应有效的方阵功率；当有阳光照射时，自动闭合交流侧的开关，接通电路系统开始工作；在夜间，逆变器应能够自动切断开关。逆变器的逻辑控制中应包括一个保护系统，以便可以检测到不正常的操作。

并网型光伏逆变器具有以下功能：

1）自动开关。根据从日出到日落的日照条件，尽量发挥太阳能电池方阵输出功率的潜力，在此范围内实现自动开始和停止。

2）最大功率点跟踪（MPPT）控制。对跟随太阳能电池方阵表面温度变化和太阳辐照度变化而产生的输出电压与电流的变化进行跟踪控制，使方阵经常保持在最大输出的工作状态，以获得最大的功率输出。逆变器通常会配置最大功率点追踪器，不断改变逆变器的输入电压，直到方阵 *I-V* 特性曲线上的最大功率点被找到为止，应保证至少每 1~3min 寻找一次新的最大功率点。

3）防止孤岛效应。孤岛效应就是当电力公司的供电系统因故障事故或停电维修等原因而停止工作时，安装在各个用户端的并网型光伏发电系统未能即时检测出停电状态，没有迅速将自身切离市电网络，因而形成了一个由并网型光伏发电系统向周围负载供电的一个电力公司无法掌握的自给供电孤岛现象。

4）自动电压调整。在剩余电力逆流入电网时，因电力逆向输送而导致送电点电压上升，有可能超过商用电网的运行范围，为保持系统的电压正常，运转过程中要能够自动防止电压上升。

5）断路保护。逆变器应具有自动断路保护的功能。

6）异常情况排解与停止运行。当系统所在地电网或逆变器发生故障（线路电压、频率、单相损失）时，应及时查出异常，安全加以排解，并控制逆变器停止运转。

3. 典型并网型光伏发电系统的设计

（1）光伏组件

根据需要选择合适的太阳能电池板由于太阳能电池板具有负的电压温度系数，所以电池方阵设计要考虑到冬季低温条件下，方阵的开路电压不应超过并网逆变器允许的最大输入电压，则最大组件串联数为

$$N_{s,\max} \leqslant \frac{V_{\mathrm{MPPT,max}}}{V_{oc}\left[1+(T_c-25)\beta_v\right]} \tag{3-41}$$

式中，$V_{\mathrm{MPPT,max}}$ 为并网逆变器允许的最大输入电压；$T_c$ 为电池片温度；$V_{oc}$ 为电池片开路电压；$\beta_v$ 为电池片电压温度系数。

在夏季，太阳能电池板节温很高时，方阵应仍可维持足够高的逆变器工作电压，则最小组件串联数为

$$N_{s,\min} \geqslant \frac{V_{\mathrm{MPPT,min}}}{V_{\mathrm{MPP}}\left[1+(T_c-25)\beta_v\right]} \tag{3-42}$$

式中，$V_{\mathrm{MPP}}$ 为电池片最大功率点电压；$V_{\mathrm{MPPT,min}}$ 为逆变器的最小工作电压。

另外，组件串联后再并联的数量（组串数）取决于逆变器的最大输入电流，因此最大组串并联数为

$$N_{\mathrm{p,max}} \leqslant \frac{I_{\max}}{I_{\mathrm{sc}}} \tag{3-43}$$

（2）光伏方阵前后排间距设计

光伏方阵前后排间距示意图如图 3-15 所示。

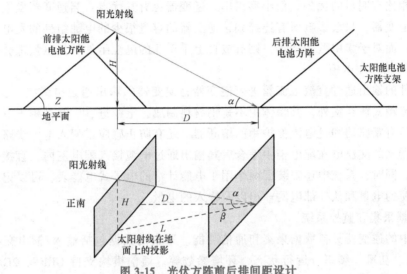

图 3-15　光伏方阵前后排间距设计

光伏方阵的行间距离与日照和阴影有关，在光伏方阵附近有高的建筑物或树木的情况下，需要计算建筑物或树木的阴影，以确定方阵与建筑物的距离。

一般确定原则：保证冬至日当天上午 9:00 至下午 3:00 光伏方阵不应被遮挡。其计算公式为

太阳高度角

$$\sin\alpha = \sin\phi\sin\delta + \cos\phi\cos\delta\cos\omega \tag{3-44}$$

太阳方位角

$$\sin\beta = \cos\delta\sin\omega / \cos\alpha \tag{3-45}$$

$$D = L\cos\beta, L = H/\tan\alpha \tag{3-46}$$

式中，$\phi$ 为当地纬度；$\delta$ 为太阳赤纬，冬至日的太阳赤纬为 $-23.5°$；$\omega$ 为时角，上午 9:00 的时角为 45°。

（3）光伏系统的布置

在实际光伏系统安装时，有时会将太阳能电池板抬离地面。太阳能电池板最低点距地面距离的选取主要考虑以下因素：

1）高于当地最大积雪深度。

2）当地的洪水水位。

3）防止动物破坏。

4）防止泥沙溅上太阳能电池板。

5）距地高度增加会增加光伏方阵的土建成本。

综合考虑以上因素，并结合国内外的经验，太阳能电池板最低点距地面距离可选择为 0.5m。

（4）逆变器选型

光伏并网逆变器可以分为大功率集中型逆变器和小型组串式逆变器两种。小型组串式逆变器又可细分为有隔离变压器和无隔离变压器两种，其中有隔离变压器的小型组串式逆变器效率略低。大功率集中型逆变器的效率要高于小型组串式逆变器，且单位千瓦造价与小型组串式逆变器相比有明显的优势。但小型组串式逆变器也有其优点：当逆变器发生故障时，对于小型组串逆变器，只会影响所有连接到该逆变器的容量很少的电池组件的发电量，其余组件不受影响；而对于集中型逆变器，则有成百上千千瓦的电池组件的发电量都会受到影响。

（5）汇流箱与配电柜

光伏组件的输出通过直流汇流箱进入逆变器，逆变器的输出通过电缆接入交流配电柜。由于直流汇流箱安放在室外，其箱体由不锈钢材料制成，电线进、出都在柜子下方。汇流箱和配电柜中装有断路器和过电流保护用的熔断器，还有防止感应雷侵入电力线路的浪涌保护器。从逆变器来的交流电在配电柜中整合后其输出通过电缆接入配电室内，直接供给负荷或者输入电网。同时，系统中还安装了两个用于电能计量的电子式电能表，可以记录光伏系统直接供给负荷的电量和从外部电网输出以及输入的电量。

（6）数据采集和监控系统

本系统中的逆变器具备数据采集和通信功能。采集的数据包括输入/输出交/直流电压、交/直流电流、功率、频率、运行状态、环境参数等。通信模块支持 GPRS，2G/3G 等多种通信方式，可实现对电站的远程监控。

4. 典型案例分析

（1）项目背景介绍

本项目在福建泉州某工厂，厂房屋顶上安装光伏组件。第一期先行设计和安装一个 30kW 的小型系统，运行正常后再考虑在厂房的全部屋顶上安装光伏组件，屋顶总面积达 5000m²，预计总共可安装 600kW 系统，年发电量 70 万 kW·h，可以为工厂提供足够的生产用电，同时多余的电量可以输入电网创造收益。

本项目位于福建泉州市水头镇（东经 24°42′，北纬 118°25′）。厂房为钢结构，屋顶为彩钢瓦，屋顶坡度为 7°左右，南北朝向偏西 60°。厂房屋顶设计方案如图 3-16 所示。

图 3-16　厂房屋顶设计方案（实拍图）

（2）设计方案概述

本项目中厂房为普通的钢结构，屋顶为彩钢瓦，屋顶宽敞，无任何遮挡和其他设备占用，非常适合安装太阳能。为了保持原有的屋顶结构，节约安装成本，减少安装难度，太阳能光伏组件通过连接件可直接贴合在彩钢瓦上，即安装倾角为7°，方位角为60°，可以采取竖向安装或横向安装，每方阵之间留一定距离方便后续维护和更换。

本项目系统设计方案如图3-17所示。系统主要由太阳能电池组件方阵和并网逆变器组成，配之以汇流箱、配电柜、电缆和电能表等辅助器材，没有蓄电池等储能设备。太阳能光伏发电系统通过光伏组件所产生的直流电，经光伏并网逆变器逆变成50Hz、380V的交流电，再经交流配电箱与用户侧并网，可以直接向负载供电，多余的电量可以输入公共电网。此分布式光伏系统采用自发自用、余电上网的方案，采用三相380V低压并网。整个系统还配置相应的数据采集和数据通信等设备，并可以选配数字显示设备。

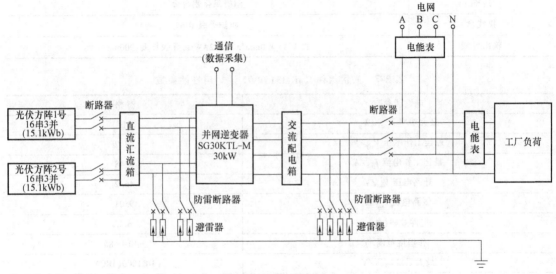

图 3-17　系统设计方案

（3）系统主要设备选型及参数

系统整体配置方案见表3-5。

表 3-5　系统整体配置方案

| 序号 | 主要部件 | 型号 | 数量 |
| --- | --- | --- | --- |
| 1 | 光伏组件 | JKM315P-72 | 96 片 |
| 2 | 并网逆变器 | SG30KTL-M | 1 台 |
| 3 | 直流汇流箱 | — | 1 台 |
| 4 | 交流配电箱 | — | 1 台 |
| 5 | 电能表 | — | 2 台 |
| 6 | 断路保护器 | — | 多台 |
| 7 | 光伏电缆 | — | 500m |
| 8 | 逆变器输出电缆 | — | 200m |
| 9 | 安装支架 | — | — |

本项目中，光伏组件选择晶科能源公司生产的 JKM315P-72 型多晶硅太阳能组件，转换效率高达 16.23%，是目前市场上具有高性价比的主流光伏组件。光伏组件的结构参数和电性能参数见表 3-6、表 3-7。

表 3-6　光伏组件结构参数

| 结构参数 | 规格 |
|---|---|
| 电池片类型 | 多晶硅 156mm×156mm |
| 电池片数目 | 72 片(6×12) |
| 组件尺寸 | 1956mm×992mm×40mm |
| 组件质量/kg | 26.5 |
| 前盖玻璃 | 4.0mm,高透光率、低铁、钢化玻璃 |
| 边框 | 阳极氧化铝合金 |
| 接线盒 | 防护等级 IP67 |
| 输出导线 | TÜV 1×4.0mm²/UL 12AWG,导线长度:900mm |

表 3-7　光伏组件（JKM315P-72 型）电性能参数

| 电性能参数 | 规格 |
|---|---|
| 最大功率 $P_{max}$/$W_p$ | 315 |
| 最佳工作电压 $V_{mp}$/V | 37.2 |
| 最佳工作电流 $I_{mp}$/A | 8.48 |
| 开路电压 $V_{oc}$/V | 46.2 |
| 短路电流 $I_{sc}$/A | 9.01 |
| 组件效率(%) | 16.23 |
| 工作温度范围/℃ | −40~+85 |
| 最大系统电压/V | DC1000(IEC) |
| 最大额定熔丝电流/A | 15 |
| 输出功率公差(%) | 0~+3 |
| 最大功率($P_{max}$)的温度系数(%) | −0.41 |
| 开路电压($V_{oc}$)的温度系数(%) | −0.31 |
| 短路电流($I_{sc}$)的温度系数/(%/℃) | 0.06 |
| 名义电池工作温度(NOCT)/℃ | 45±2 |

由于太阳能电池板具有负的电压温度系数，所以电池方阵设计要考虑到冬季低温条件下，方阵的开路电压不应超过并网逆变器允许的最大输入电压。假设福建地区冬季早上极端最低气温为−10℃，光伏并网逆变器最大输入电压为 100V，则最大组件串联数为

$$N_{s,max} \leqslant \frac{V_{MPPT,max}}{V_{oc}[1+(t-25)\beta_v]} = 19.3 \tag{3-47}$$

在夏季，太阳能电池板节温很高时，方阵应仍可维持足够高的逆变器工作电压。假设福建地区夏季光伏组件工作温度达 60℃，光伏并网逆变器最低工作电压为 280V，则最小组件串联数为

$$N_{s,min} \geqslant \frac{V_{MPPT,min}}{V_{MPP}[1+(t-25)\beta_v]} = 8.3 \tag{3-48}$$

由式（3-47）和式（3-48）可知，组件串联数量介于 9 和 19 之间。另外，组件串联后再并联的数量（组串数）取决于逆变器的最大输入电流 66A（每组 33A），因此最大组串最大并联数为

$$N_p \leqslant \frac{I_{max}}{I_{sc}} = 3.6 \tag{3-49}$$

由式（3-49）可以得出，每组 MPPT 组串的最大并联数为 3 组。本项目中选用的逆变器含有两组 MPPT 组串，因此一共最大并联数量为 6 串。

为了适应屋顶尺寸和形状，最大化利用屋顶的有效面积，尽量避开遮挡和尽可能多安装光伏电池板，本项目中组件安装采取竖排形式，每排 12 片组件，8 排共 96 片组件，每两排之间预留 0.5m 的间距便于安装和后期维护。具体安装形式如图 3-18、图 3-19 所示。考虑到系统的可扩展性，整个光伏组件安装在南面屋顶的左上角，总装机容量为：$315W_p \times 12 \times 8 = 30.24kW_p$，预计整个光伏系统年发电量为 3.22 万 kW·h。

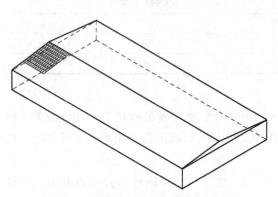

图 3-18 组件在厂房安装位置示意图

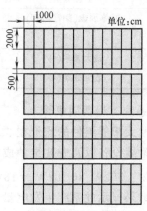

图 3-19 光伏组件屋顶安装布局图

逆变器是系统控制的主要设备，能将光伏组件发出的直流电转换为适合用户使用的交流电。同时，逆变器一般自带数据采集和通信功能，能将系统的运行数据，如发电量、组件温度、太阳辐射强度等，实时传送到用户手中。本项目选择阳光电源生产的 SG30KTL-M 型逆变器，具体参数见表 3-8。

表 3-8 逆变器主要技术参数

| 技术参数 | 规格 |
| --- | --- |
| 输入（直流） | |
| 最大输入电压/V | 1000 |
| 启动电压/V | 300 |
| 额定输入电压/V | 620 |
| MPPT 电压范围/V | 280~950 |
| 满载 MPPT 电压范围/V | 480~800 |
| MPPT 数量 | 2.00 |
| 每路 MPPT 最大输入组 | 4 |

（续）

| 技术参数 | 规格 |
|---|---|
| 输入（直流） | |
| 最大输入电流/A | 66（33/33） |
| 输入端子最大允许电流/A | 12 |
| 输出（交流） | |
| 额定输出功率/W | 30000 |
| 最大输出功率/V·A | 33120 |
| 最大输出电流/A | 48 |
| 额定电网电压/V | 3/N/PE，AC 230/400 |
| 电网电压范围/V | AC 310~480 |
| 额定电网频率/Hz | 50/60 |
| 电网频率范围/Hz | 45~55/55~65 |
| 总电流波形畸变率（%） | <3（额定功率） |
| 直流分量 | <0.5%$I_n$ |
| 功率因数（额定功率） | >0.99@满功率 |
| 效率 | |
| 最大效率（%） | 98.3 |
| 欧洲效率（%） | 98.0 |

（4）系统工程费用概算

现阶段太阳能组件的均价在 3.1~3.2 元/W，阳光电源逆变器的报价为 0.58 元/W，加上其他的附属设备以及安装维护成本，整个太阳能光伏发电系统工程费用约为 6 元/$W_p$，总投资估算为：$30kW_p×6$ 元/$W_p=18×10^4$ 元。

模拟结果显示此系统年发电量为 3.22 万 kW·h。根据泉州市物价局公布的电价，一般工商业的基准电价是 0.7473 元/kW·h（平时段），在电网峰时段和谷时段电价分别在平时段电价的基础上上浮和下浮 50%（福建省峰时段的时间段为 8：30~11：30，14：30~17：30，19：00~21：00，谷时段为 23：00~7：00，其余为平时段）。另外国家对分布式光伏电站的补贴为 0.42 元/kW·h。本系统采取自发自用、余电上网的原则，如果不考虑峰谷阶梯电价，则整个系统每年的收益为：$32.2×10^3×(0.7473+0.42)$ 元 ≈ $3.76×10^4$ 元，由此计算得到系统的投资回收期为：18 万元/年÷3.76 万元≈4.8 年。以 25 年使用期为例，则整个系统生命周期内的静态电费收益为 76.0 万元。如果考虑利率、阶梯电价、未来电价上涨以及与耗电量相关的税收等因素，整个系统的投资收益将会大大增加，系统投资回收期也会大大缩短。

### 3.5.3 光伏发电系统相关软件介绍

#### 1. 光伏发电系统仿真工具

1）TRNSYS 瞬时系统模拟程序。TRNSYS 是由美国威斯康星大学建筑技术与太阳能利用研究所的研究人员开发的一款以模块化分析方式为最大特色的软件。该软件系统复杂、功能强大，适用于系统仿真研究。

2）INSEL 综合模拟环境语言。INSEL 的首个版本由德国奥丁伯格大学物理系全体教职员工组成的可持续能源组完成，该系统能为建立应用模型提供综合环境和图形程序语言，系统复杂、功能强大，适用于系统仿真研究。

3）HOMER。HOMER 是一个小型电力系统优化模型软件，可应用在各种离网和并网的电力系统评估设计任务中。其中含有光伏电力模块，主要侧重于系统优化和敏感性分析。具体包括以下功能：

① 模拟：演示用户关心的每种系统的能量平衡计算。

② 优化：模拟完成后，会显示一个通过净现值排序的配置方案列表，以便用户选择。

③ 敏感性分析：当用户在输入参数中定义了敏感变量后，软件能够重现每个敏感变量的最优化过程。

2. 光伏发电系统分析和设计工具

1）PVsyst。PVsyst 可以对光伏发电系统进行较完善的研究、设计和数据分析，可以设计并网、离网、抽水系统 DC-网络（公共传输）光伏系统。同时它还囊括了 Meteonorm 和 NASA 两大气象数据库和光伏系统组件数据库。

PVsyst 软件提供了初步设计、项目设计、详细数据分析三种水平的光伏系统研究，基本可以应对实际项目不同的发展阶段。该软件功能全面，模型数据库可扩充性强，比较适合于光伏发电系统的设计应用。

2）PV * SOL。PV * SOL 从不同的技术和经济角度评估光伏发电系统，另外每个系统的生态效益都可以通过污染排放计算得到。它最大的优点是提供了大量的用户可扩充接口，气象数据库包括了欧美许多国家和地区的详细数据，并可由用户自定义扩展。

3）RETScreen。RETScreen 是一款清洁能源项目分析软件，常被用来进行光伏发电系统倾角和发电量计算，有时也用以评估各种能效、可再生能源技术的能源生产量、节能效益、寿命周期成本、减排量和财务风险，包括产品、成本和气候数据，可帮助决策者快速而轻松地确定清洁能源、可再生能源项目的技术和财务的可行性。

该软件功能比较强大，具有中文界面，操作方便，但不太适用于专业的光伏发电系统设计。该软件的全球气候数据库来自美国航空航天局，其地面数据与中国的气象站提供的地面数据有较大差别，在使用时应予以注意。

4）SAM。系统顾问模型（SAM）是一个性能和经济模型，旨在促进可再生能源行业人员的决策，包括项目经理、工程师、激励计划设计者、技术开发人员和研究人员。SAM 由国家可再生能源实验室（NREL）与桑迪亚国家实验室合作，并与美国能源部（DOE）太阳能技术项目（SETP）合作开发。SETP 在 2004 年开始开发 SAM，用于支持 SETP 系统驱动方法的实现。发展至今，SAM 已经成为一系列可再生能源技术的性能和经济模型，并在全球范围内被用于规划和评估研究和开发项目、开发项目成本和性能评估以及学术研究。

除此之外还有很多光伏设计类软件，如 Solar Pro、上海电力设计学院软件、PV designer，此处不再一一介绍，有兴趣的读者可以查阅相关网页或书籍。

3. 气象数据库

1）Meteonorm。它是一款商业收费软件，其数据来源广泛且权威，拥有太阳能及应用气象学的全球气象数据库。此外，该软件还提供其他无气象辐射观测资料的任意地点的通过插值方法获得的多年平均各月的太阳辐射量。因此，可通过 Meteonorm 软件查到几乎地球上任何地方在任何时刻的相关气象数据。

2）NASA。NASA 数据因为其免费、快捷深受用户青睐。通过该软件可以查询全球任何地方的气象、辐射数据，它是 NASA 通过对卫星观测数据反演得到的分辨率在 3～110km 的太阳辐射数据。

NASA 首先通过卫星等手段得到大气层顶的辐射，然后通过云层分布图、臭氧层分布图、悬浮颗粒分布图等数据，通过复杂的建模、运算得到地表水平面总辐射数据，其数据准确度受到很大的制约。

通过与我国多年气象数据对比，NASA 数据偏高，Meteonorm 数据更接近我国的实际统计数据。

## 3.6 光伏发电系统运行评估与优化

### 3.6.1 光伏发电系统运行评价

光伏发电系统的系统效率由两个因素决定：一是光伏方阵本身的转换效率；二是能效比（PR）。PR 是一个光伏发电系统重要的性能指标，其定义是光伏发电系统输出给电网的电能与方阵接收到的太阳能量之比。它与光伏发电系统的容量、安装地点的太阳辐射情况及方阵的倾角和朝向等条件无关。计算公式为

$$PR = Y_f/Y_r \tag{3-50}$$

式中，$Y_f$ 为光伏发电系统单位功率的发电量，且

$$Y_f = E_{PV}/P_0 \tag{3-51}$$

式中，$E_{PV}$ 为光伏发电系统平均每年（或每月）的发电量（kW·h）；$P_0$ 为光伏系统的装机容量（kW）；$Y_r$ 为当地方阵面上的峰值日照时数（h），即光伏方阵面上接收到的太阳总辐照量，折算成辐照度 1kW/m² 下的小时数为

$$Y_r = H/G \tag{3-52}$$

式中，$H$ 为当地方阵面上平均每年（或每月）的太阳总辐射量；$G$ 为标准测试条件下的地面太阳辐照度，$G = 1000W/m^2$。

并网型光伏发电系统中 PR 的大小与系统设计、施工安装、设备及零部件质量的好坏、平衡部件（包括逆变器、控制设备等）的效率和连接线路等造成的损失，以及运行维护情况等很多因素有关，大致可以分为以下几个方面。

1）组件失配损失。并网发电的光伏方阵由大量光伏组件组成，各个组件的最佳工作电压和电流也不一定完全相同，原则上应该事先经过分类，将工作电流基本相同的组件串联在一起，再将组件串中工作电压相同的并联在一起。但实际安装时，往往由于组件数量很多，来不及进行挑选，只好随意搭配，造成组件不匹配，从而整个方阵的总功率会小于各个组件的功率之和。

2）电缆线损。电缆线损有直流线损和交流线损两部分。组件之间或组件到汇流箱、逆变器等都需要用电缆连接，但电缆都有电阻。有的电缆线太细加上有大量的连接点，安装时稍有不慎，就会造成接触不良，这些都会造成线路损耗。

3）遮挡损失。在运行过程中，方阵表面会沉积灰尘，由于并网型光伏发电系统的光伏

方阵倾角比较小，往往不能仅仅依靠雨水冲刷来清洁方阵表面。如果没有及时清洗，会影响光伏发电系统的发电量。此外，有些光伏方阵前面有树木或建筑物等物体遮挡，还有些系统由于设计不当，使得前、后排方阵间的距离太小，也都会造成遮挡损失。

4）温度影响。光伏组件的额定功率都是在标准测试条件下测定，如果在运行时，太阳能电池的温度高于25℃，则其输出功率将会比额定功率少。

5）平衡系统（BOS）的效率。在光伏发电系统中，除了光伏方阵以外，还有控制器、逆变器、汇流箱、变压器等平衡部件，这些部件的效率越低，损失的能量也越多。

6）停机故障。设备发生故障或操作失误等原因造成光伏发电系统部分或全部停止运行，也会降低系统的能效比。

### 3.6.2　光伏发电系统经济性分析

#### 1. 发电成本

发电成本（LCOE）是指生产单位电能（通常为 1kW·h）所需要的费用，此参数用于比较各种发电方式的经济效益，计算公式为

$$LCOE = \frac{C_{total}}{E_{total}} \tag{3-53}$$

式中，$C_{total}$ 为投入费用的总和；$E_{total}$ 为实际生产电能的总量。

（1）发电成本的计算

1）计算发电成本的方法。一般都按照美国可再生能源实验室在 1995 年提出的公式，计算发电成本，即

$$LCOE = \frac{TLCC}{\sum_{n=1}^{N} \frac{E_n}{(1+d)^n}} \tag{3-54}$$

式中，$E_n$ 为在第 $n$ 年的能量输出；$d$ 为年贴现率；$N$ 为分析周期；TLCC 为寿命周期总成本的现值，且

$$TLCC = \sum_{n=0}^{N} \frac{C_n}{(1+d)^n} \tag{3-55}$$

式中，$C_n$ 为在周期第 $n$ 年的投资成本，包括视情况而定的财务费用、期望残值、非燃料的运行和维护费用、更换费用及消耗能源的费用等。

为了适应不同可再生能源技术的需要，RETScreen 的财务分析模型引用了很多标准金融术语，并做出以下假设：

① 开始投资年是第 0 年。

② 计算成本和贷款从第 0 年开始，而通货膨胀率从第 1 年起计算。

③ 现金流的时间发生在每一年末。

基于避免净现值为零的观念来确定能源生产的成本，由此极端情况可得

$$NPV = \sum_{n=0}^{N} \frac{C_n}{(1+r)^n} = 0 \tag{3-56}$$

式中，NPV 为净现值；$r$ 为贴现率；$C_n$ 为第 $n$ 年的税后现金流。

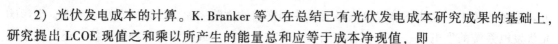

2）光伏发电成本的计算。K. Branker 等人在总结已有光伏发电成本研究成果的基础上，研究提出 LCOE 现值之和乘以所产生的能量总和应等于成本净现值，即

$$\sum_{t=0}^{T}\left[\frac{\mathrm{LCOE}_t}{(1+r)^t}E_t\right]=\sum_{t=0}^{T}\frac{C_t}{(1+r)^t} \tag{3-57}$$

因此有

$$\mathrm{LCOE}=\frac{\displaystyle\sum_{t=0}^{T}\frac{C_t}{(1+r)^t}}{\displaystyle\sum_{t=0}^{T}\frac{E_t}{(1+r)^t}} \tag{3-58}$$

净成本应包括现金流出，如初始投资（通过股本或债务融资），如果是债务融资，则需要支付利息、运营和维护费用（太阳能光伏发电没有燃料成本）。若有政府的激励措施，应计入现金流入。

因此，计算净成本还应考虑融资、税收和激励机制，对于初始定义进行扩展修改，如果 LCOE 要与电网价格比较，它必须包括所有的费用（包括运输和连接费用等），所以未来的项目必须进行动态的敏感性分析。在没有考虑激励措施时，光伏系统的发电成本可表示为

$$\mathrm{LCOE}=\frac{\displaystyle\sum_{t=0}^{T}\frac{I_t+O_t+M_t+F_t}{(1+r)^t}}{\displaystyle\sum_{t=0}^{T}\frac{E_t}{(1+r)^t}}=\frac{\displaystyle\sum_{t=0}^{T}\frac{I_t+O_t+M_t+F_t}{(1+r)^t}}{\displaystyle\sum_{t=0}^{T}\frac{S_t(1-d)^t}{(1+r)^t}} \tag{3-59}$$

式中，$T$ 为项目寿命周期（年）；$t$ 为年份；$E_t$ 为 $t$ 年的发电量；$I_t$ 为系统 $t$ 年的投资成本；$O_t$ 为 $t$ 年的维护成本；$M_t$ 为 $t$ 年的更换部件成本；$F_t$ 为 $t$ 年的利息支出；$r$ 为 $t$ 年的贴现率；$S_t$ 为 $t$ 年的发电量；$d$ 为衰减率。

（2）具体影响因素

实际进行发电成本粗略估算时，可做些简化。若不考虑通货膨胀等因素，大体分为以下两大部分：

1）投入部分。主要包括以下几个方面：

$$\sum C_{\mathrm{total}}=\sum C_{\mathrm{ini}}+\sum C_{\mathrm{O\&M}}+\sum C_{\mathrm{rep}}+\sum C_{\mathrm{int}}-\sum C_{\mathrm{CDM}}-\sum C_{\mathrm{sub}} \tag{3-60}$$

式中，$\sum C_{\mathrm{total}}$ 为在寿命周期内项目的总投资费用，目前可将光伏电站的寿命定为 25 年，随着技术的进步，光伏电站的寿命将会逐步延长；$\sum C_{\mathrm{ini}}$ 为初始投资费用，包括建造光伏电站过程中，所有的设备、配套元器件、土地购置（或租赁）、建造配套设施、土建（基础、配电房、中控室、宿舍、道路等）、运输、施工与安装及入网、设计、管理等其他相关费用；$\sum C_{\mathrm{O\&M}}$ 为运行、维护费用，包括材料消耗、运行维护费、修理费、管理人员工资福利及其他费用；$\sum C_{\mathrm{rep}}$ 为更换设备及零部件费用，系统中有些设备和零部件的工作寿命不到 25 年，因此在系统工作寿命结束前，需要进行更换，此外还要考虑在寿命周期结束后，拆除、清理等善后工作；$\sum C_{\mathrm{int}}$ 为信贷费用，建造大型光伏电站需要很大的投资，一般需要向银行贷款，这就需要逐年向银行支付利息，严格来说，还要考虑贷款利率的变动以及通货膨胀等因素；$\sum C_{\mathrm{CDM}}$ 为进行 CDM 指标交易所获得的收入；$\sum C_{\mathrm{sub}}$ 为获得的政府补贴和税收抵扣或减免。

2）产出部分。并网光伏电站的产出主要是按上网电价出售光伏电能所得的收益。这在很大程度上取决于光伏电站的发电量，显然这与当地的太阳辐照条件和系统的能效比有关。光伏电站的发电量可表示为

$$E = H_t P_0 PR \tag{3-61}$$

若考虑太阳电池存在衰减，在寿命周期内的总发电量计算公式为

$$E_{\text{total}} = H_t P_0 PR \sum_{t=0}^{T} (1-d)^t \tag{3-62}$$

式中，$d$ 为组件衰减率。

投入与产出相除，即可得到发电成本 LCOE，但这只是在工作寿命周期内能够达到收支平衡、收回投资的极限状况，并不是上网电价。光伏电站正式投产、获取利润时，需要按规定交纳各项税收，所以，确定上网电价时除了考虑发电成本以外，还需要加上利润和税收。

由于化石燃料的储量有限，常规能源发电的价格必然会逐渐上涨，而随着光伏发电市场的迅速扩大，太阳能组件和平衡系统由于大规模商业化生产，其价格也将逐渐降低，加上科技的进步和发展，相关产品的性能和质量也将不断提高，又会促使光伏发电的成本进一步降低。光伏发电的价格下降速度非常迅速，2016 年光伏电站建设招标要求在 2017~2018 年投产竞标中，阿联酋项目最低竞标出价为 0.058 美元/kW·h，秘鲁项目为 0.048 美元/kW·h，墨西哥项目中间价为 0.045 美元/kW·h。2016 年 5 月，迪拜 800MW 光伏电站项目最低报价为 0.0299 美元/kW·h，智利 120MW 光伏电站招标中，西班牙有家公司以 0.0291 美元/kW·h 的价格中标。最近阿联酋阿布扎比 Sweihan 项目报价更是低至 0.0242 美元/kW·h，而美国在 2015 年平均电价大约为 0.10 美元/kW·h（AEO 2016），可见在很多地区光伏发电已经完全能够与常规发电相竞争，光伏发电价格的下降往往要比预期更快。

**2. 经济回收期**

目前，我国各地已有少量居民在住宅屋顶安装了光伏发电系统，而决定是否会有更多的居民投资安装光伏发电系统的一个关键性因素就是安装光伏发电系统的投资回收期，即安装一个光伏发电系统到底需要多长时间可以收回成本。光伏发电系统经济回收期（PBP）计算公式为

$$\sum C_{\text{ini}} = \sum_{t=1}^{\text{PBP}} \frac{P_t E_t - \mu \sum C_{\text{ini}} - \eta \sum C_{\text{ini}}}{(1+i)^t} + S_0 \tag{3-63}$$

式中，$\sum C_{\text{ini}}$ 为系统初始总投资；$t$ 为系统运行年数；$P_t$ 为第 $t$ 年当地光伏电站标杆上网电价或燃煤发电企业标杆上网电价；$E_t$ 为系统第 $t$ 年的发电量；$\mu$ 和 $\eta$ 分别为年维护费用系数和年保险费用系数，以初始投资的百分比计；$i$ 为资本折现率；$S_0$ 为地方投资补贴。

我国的光伏系统回收周期一般在 10 年左右。

## 3.6.3 光伏发电系统的环境影响分析

能量偿还时间（EPBT）是衡量一种能源系统是否有效的指标之一，其定义为周期内输入的总能量与系统运行时每年产生的能量之比，两者使用同样的单位，都用等效的一次能源或者电能来表示。

$$\text{EPBT} = E_{\text{in}}/E_g = (E_{\text{mat}} + E_{\text{manuf}} + E_{\text{trans}} + E_{\text{inst}} + E_{\text{EOL}})/[(E_{\text{agen}}/\eta_G) - E_{\text{aoper}}] \tag{3-64}$$

式中，$E_{in}$ 为系统寿命周期内输入的总能量，包括制造、安装、运行及最后寿命周期结束后处理废物所需要外部输入的全部能量；$E_g$ 为能源系统运行时每年输出的能量；$E_{mat}$ 为生产能源材料所消耗的一次能源；$E_{manuf}$ 为制造能源系统所消耗的一次能源；$E_{trans}$ 为能源系统寿命周期内运输材料所消耗的一次能源；$E_{inst}$ 为安装能源系统所消耗的一次能源；$E_{EOL}$ 为能源系统寿命周期终结进行善后处理所消耗的一次能源；$E_{agen}$ 为能源系统年发电量；$E_{aoper}$ 为能源系统年运行和维护消耗的一次能源；$\eta_G$ 为消费端一次能源转换成电能的平均转换效率。一次能源定义为呈现在自然资源中的未经任何人为转换的能源，如煤炭、原油、天然气、铀，需要通过转化和输送成为可用的能源。由于各个国家使用的燃料和技术等条件不同，一次能源转换成等效年发电量的平均转换效率也不一样，美国取 0.29，西欧取 0.31。

EPBT 的单位为年。显然能量偿还时间越短越好。

光伏减排 $CO_2$ 潜力（PM）是衡量光伏发电系统减少 $CO_2$ 排放量的又一个重要指标。其定义是给定的单位功率光伏发电系统输出的电能能够减少 $CO_2$ 的排放数量，也就是安装单位功率（通常用 1kW）的光伏发电系统，在其寿命周期内，所输出电能可相当于减少排放的 $CO_2$ 数量，单位为 g/kW。

显然，光伏减排 $CO_2$ 潜力除了与当地 $CO_2$ 排放因子有关以外，还取决于光伏系统在当地的发电量。为了简化计算，通常不考虑电池本身效率的衰减，其计算方法是单位功率（1kW）的光伏发电系统在其寿命周期内所输出的电能（kW·h）乘以 $CO_2$ 排放因子（g/kW·h），则光伏减排 $CO_2$ 潜力的计算公式为

$$PM = H_t P_0 PRNEI \tag{3-65}$$

式中，$N$ 为寿命周期年数；$EI$ 为 $CO_2$ 排放因子。

表 3-9 为我国部分城市的并网光伏减排 $CO_2$ 潜力。

表 3-9　我国部分城市的并网光伏减排 $CO_2$ 潜力　　　　（单位：$t$/kW）

| 城市 | 最佳倾角安装 | 竖直安装 | 城市 | 最佳倾角安装 | 竖直安装 |
|---|---|---|---|---|---|
| 海口 | 20.05 | 9.91 | 南京 | 17.17 | 9.93 |
| 广州 | 15.65 | 8.58 | 西安 | 16.84 | 9.48 |
| 昆明 | 23.02 | 13.37 | 郑州 | 19.99 | 13.67 |
| 福州 | 17.18 | 8.91 | 兰州 | 21.09 | 12.54 |
| 贵阳 | 13.12 | 6.52 | 济南 | 19.42 | 12.14 |
| 长沙 | 15.44 | 8.78 | 西宁 | 23.78 | 15.21 |
| 南昌 | 15.44 | 8.78 | 太原 | 21.75 | 13.78 |
| 重庆 | 12.00 | 5.75 | 银川 | 26.80 | 17.49 |
| 拉萨 | 31.08 | 18.95 | 天津 | 21.06 | 13.66 |
| 杭州 | 16.09 | 8.83 | 北京 | 21.93 | 14.59 |
| 武汉 | 15.88 | 8.65 | 沈阳 | 21.12 | 14.31 |
| 成都 | 12.01 | 6.04 | 乌鲁木齐 | 21.82 | 13.85 |
| 上海 | 18.42 | 10.46 | 长春 | 23.28 | 16.53 |
| 合肥 | 16.98 | 9.66 | 哈尔滨 | 21.94 | 15.48 |

## 3.7　光伏发电典型应用

### 3.7.1　分布式光伏发电

分布式光伏发电是指建在用户需求侧，通过光伏组件将太阳能转化为电能的发电方式。有别于集中式光伏发电，分布式光伏发电当地发电、当地并网、当地转换和当地使用，有效解决了光伏发电的并网问题，以及长距离输电的损耗问题。但大多数分布式光伏发电项目也需要公共电网的支撑，否则就无法保证供电可靠性和电能质量。分布式光伏发电按安装位置及其用途分类如图3-20所示。

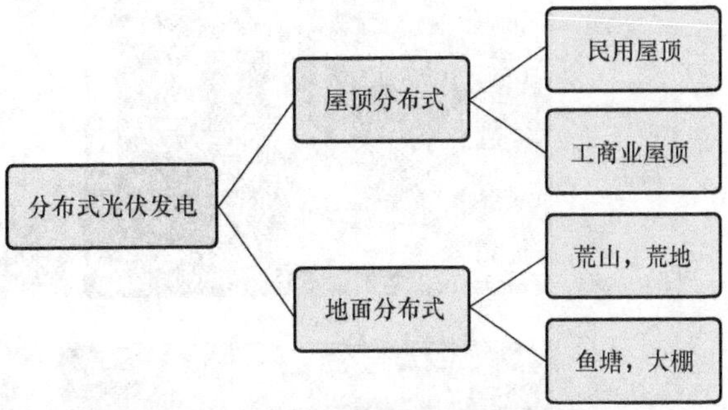

图 3-20　分布式光伏发电按安装位置及其用途分类

作为一种新型的发电方式，分布式光伏发电具备以下特点：

1）较小的输出功率。光伏发电的模块化特点，决定了光伏电站的规模可以根据需要进行灵活调整，同时项目经济性却不受影响。相对于动辄几十万千瓦乃至几百万千瓦的集中式光伏项目，分布式光伏发电项目大都控制在数千千瓦以内，但投资收益率并不会低于集中式项目。

2）较轻的环境污染。除了需要考虑分布式光伏与周边环境和景观的协调，分布式光伏发电项目在发电过程中不产生噪声，也不会对周边生态环境造成影响。

3）可部分缓解供电紧张。分布式光伏发电在用电需求最高的白天出力最高，但是由于分布式光伏发电的装机规模较小，因此分布式光伏发电仅能在一定程度上缓解当地的供电紧张状况。

4）可实现发电用电并存。集中式发电是升压接入输电网，仅作为发电电站运行；而分布式光伏发电是接入配电网，发电用电并存，且要求尽可能地就地消纳。

### 3.7.2　光伏建筑一体化

光伏建筑一体化系统（BIPV）是指将太阳能光伏电池或组件与建筑物围护结构（如屋顶、幕墙、天窗等）相结合，从而构成建筑结构的一部分并取代原有建筑材料。

光伏发电系统与建筑结合的早期形式主要是"屋顶计划"，这是德国率先提出的方案，并具体予以实施。德国和我国的有关统计表明，建筑耗能占总能耗的1/3，光伏发电系统最核心的部件就是太阳能电池组件，太阳能电池组件通常是一个平板状结构，经过特殊设计和加工，完全可以满足建筑材料的基本要求。因此，光伏发电系统与一般的建筑结合，即通常简称的光伏建筑一体化应该是太阳能利用的最佳形式。常见的BIPV应用形式如图3-21所示。

绿色建筑很重要的一个特征就是建筑节能和利用可再生能源发电，其中光伏建筑一体化系统是其中最重要的系统之一。光伏发电本身具有很多独特的优点，如清洁、无污染、无噪声、无须消耗燃料等。与普通光伏系统相比，BIPV自身也具有以下优点：

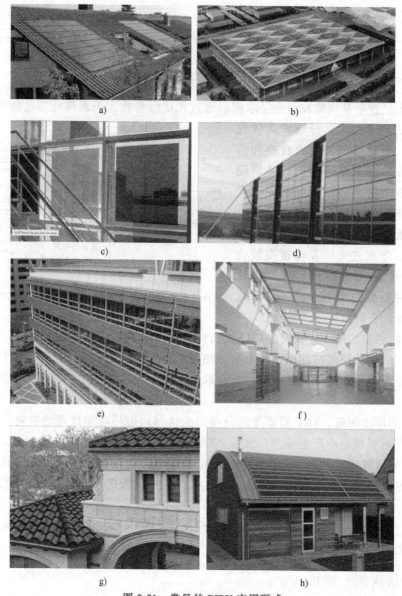

图 3-21　常见的 BIPV 应用形式

a）屋顶　b）水平屋顶　c）半透明玻璃　d）竖直墙面　e）遮光系统　f）天窗　g）太阳瓦片　h）柔性表面屋顶

1）我国建筑能耗约占社会总能耗的 30%，而我国香港的建筑能耗则是社会总能耗的 50%。如果把太阳能光伏发电技术与城市建筑相结合，实现光伏建筑一体化，可有效地减少城市建筑物的常规能源消耗。

2）可就地发电、就近使用，一定范围内减少了电力运输和配电过程产生的能量损失。

3）有效利用建筑物的外表面积，不需要占用额外地面空间，节省了土地资源。特别适合于在建筑物密集、土地资源紧缺的城市中应用。

4）利用建筑物的围护结构作为支撑，或直接代替围护结构，不需要为光伏组件提供额外的支撑结构，减少了部分建筑材料费用。

5）由于光伏方阵一般安装在屋顶或朝南的外墙上，直接吸收太阳能，避免了屋顶温度和墙面温度过高，降低了空调负荷，改善了室内环境。

6）白天是城市用电高峰期，利用此时充足的太阳辐射，光伏系统除提供自身建筑内用电外，还可以向电网供电，缓解高峰电力需求，解决电网峰谷供需矛盾，具有极大的社会效益和经济效益。

7）使用光伏组件作为新型建筑围护材料，给建材选择带来全新体验，增添了建筑物的美观，令人赏心悦目。

光伏建筑一体化系统的上述优点，将促使 BIPV 在未来具有广大的市场应用前景。

### 3.7.3 光伏农业

光伏农业就是将太阳能发电广泛应用到现代农业种植、养殖、灌溉、病虫害防治以及农业机械动力提供等领域的一种新型农业。

光伏农业符合生物链关系和生物最佳生产原料能量系统要求，遵循农产品生产规律并创新物质和能量转换技术，以达到智能补光、补水及调温的目的，而其产出的农产品将比现有方式生产的产品更安全、更营养、更多产。

光伏农业的光伏技术主要有 Solartech 光伏提水技术（光伏扬水系统）、光伏水泵、滴灌、喷灌、微灌等。相较于传统农业而言，光伏农业是一场实现农场变工厂、田间变车间的生产方式变革。光伏水泵如图 3-22 所示。

在现代农业中，光伏农业有着广泛的国内应用前景和重大的现实意义：

图 3-22 光伏水泵

1）有利于种植、养殖环节的环境综合保护。如太阳能杀虫灯等设备的应用可有效解决传统农业中因大量使用化肥和农药而带来的土壤肥力下降、（蔬果）农药兽药残留严重、农业废弃物大量增加的问题，从而达到保护农村生态环境、减少食品安全事故的目的。

2）可为种植、养殖基地提供能源供给。如建立光伏温室大棚能给蔬菜、花卉、苗木、牲畜等种植养殖场所提供热量和电力，以确保其顺利过冬。

3）可改善农民生活。现在国家正在大力推进文明村镇建设，其中一个重要内容便是加快农村基础设施建设，如能将太阳能照明、太阳能取暖等在农村逐步推广，无疑将会为农民生活提供便利。

4）光伏农业也可应用在林业生产或水利建设上，如太阳能水情监测报告系统、林业监测报告系统、水利灌溉系统等都需要利用光伏科技和太阳能。

光伏农业将成为我国现代农业长期发展的发动机，是进一步发展农村经济、改善农民生活的必然选择，也是农业生产方式变革时势所趋。从长远来看，发展光伏农业对于我国的农业转型具有重要意义，而从短期来看，光伏农业是解决目前光伏产业困境的有效措施。

### 3.7.4 离网海岛供能系统

在我国 300 多万平方公里的管辖海域中分布着数以万计的岛礁，其中面积大于 $500m^2$ 的海岛有 6500 多个，400 多个岛上有常驻居民。海岛及其周围海域蕴藏着丰富的渔业、石油、旅游、港口、矿产资源，因此具有非常重要的经济和战略意义。由于与陆地隔离，海岛的开发深受电力、饮用水紧缺和交通困难等制约。已经建立的海岛系统往往采用柴油发电机作为主电源，但是柴油的供应给交通运输增加了压力，带来成本的上升。在重视旅游业的海岛地区，柴油发电机会产生大量的污染和噪声，严重破坏了海岛脆弱的生态环境。海岛地区的风能、太阳能、海洋能等可再生能源十分丰富，有效开发可再生能源可弥补海岛电力不足，对海岛持续发展具有重大意义。

离网海岛供能系统应具有以下特点：

1）孤网运行，具备良好的负荷响应能力。海岛负荷波动大，对供能系统的安全性要求更严格。风能、太阳能、海洋能等可再生能源的开发也给海岛供能系统的运行带来许多难题。

2）多种能源并供，满足实时需求。海岛分布式供能系统应提供海岛居民生活所需的各类能源，如供冷、生活热水、电力除湿、海水淡化等。

3）设备成熟、安全可靠、自动化程度高。海岛分布式供能系统必须具备安全可靠、操作简单、自动化程度高、仅需少量运行人员甚至无人值守等特点。

4）热能梯级利用。在应用柴油或分布式能源进行供能时，应能实现能量的梯级利用，提高能源的利用效率。

5）充分利用可再生能源。海岛地区风能、太阳能、海洋能等资源丰富，根据海岛的实际资源情况，充分利用可以利用的分布式能源，形成综合能源系统。

图 3-23 所示为龟龄岛供能系统。在该供能系统中，光伏方阵发电，满足负荷侧的用电需求，多余的电则会被蓄电池储存起来。考虑到光伏发电的不稳定性，该系统配置有发电机组，满足在光伏发电不足时系统多余的用电需求。

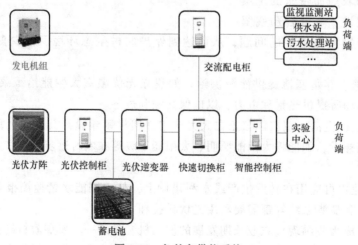

图 3-23  龟龄岛供能系统

龟龄岛供能系统存在许多问题值得关注，如系统工作模式的无缝切换，可再生能源的随机性，储能的配合协调，恶劣工作环境下的自愈等。所以，离网海岛供能系统还有待进一步研究。

### 3.7.5  光储一体化系统

　　光储，顾名思义就是"光伏+储能+充电"，基于技术进步的新能源产业背景，现如今光储市场逐渐成为我国储能领域新的行业焦点。

　　光储一体化系统为分布式光伏、储能系统、相关负荷、监控和保护装置汇集而成的发配电系统。它能够按照预定目标实现自我控制、保护和管理。图 3-24 为光储一体化系统示意图。

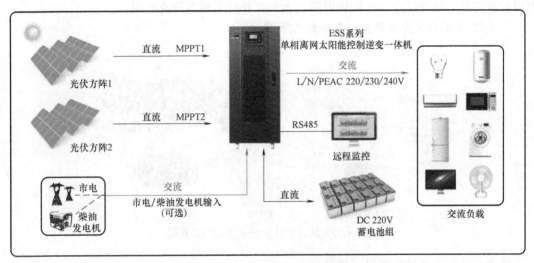

图 3-24  光储一体化系统示意图

　　在"十三五"规划中，储能技术被编入《国家应对气候变化规划》中，在重点发展的低碳技术方面，太阳能、风能发电及大规模可再生能源储能和并网技术也被列入其中。可见，储能政策的实施大大推动了光储市场的快速发展。众所周知，我国已经成为全球最大的电动汽车市场，电动汽车充电方式成为电动汽车大规模推广和充电基础设施快速发展的一大瓶颈。而光储一体化充电站的诞生，将有效改善电动汽车充电方式，这与光储一体化系统自身的优势密不可分。光储一体化系统解决方案，能够解决在有限的土地资源里配电网的问题，通过能量存储和优化配置实现本地能源生产与用能负荷基本平衡，可根据需要与公共电网灵活互动且相对独立运行，尽可能地使用新能源，缓解了充电桩用电对电网的冲击；在能耗方面，直接使用储能电池给动力电池充电，提高了能源转换效率。

　　面对前景广阔的光储市场，国网电动汽车有限公司前不久出台了高速公路服务区"光储充"一体化示范项目，该项目位于京津塘高速公路徐官屯服务区北侧，以现有屋顶、空地为依托，接入低压配电系统，光伏装机容量 292.1kW，储能系统 78kW/282kW·h，充电桩 4×60kW。目前，该项目已荣获 2017 储能应用创新典范 TOP10，充分表明"光储充"试点示范项目未来推广前景十分可观。国家电网已在高速公路服务区建成快充站 1200 余座，到 2020 年，高速公路服务区快充站数量可达到 3000 座，城市公共区域的地面集中式快充站数量还将超过这一规模。高速公路服务区"光储充"一体化示范项目建成后，将大大改善电动汽车远距离出行难、城际交通"里程焦虑"的问题。

随着全球能源危机的日益严峻，我国作为能源消耗大国，通过发展储能产业来节约能源消耗刻不容缓。

### 3.7.6 风光互补系统

风能、太阳能都是"取之不尽用之不竭"的无污染可再生能源。"六五""七五"期间，小型风电和太阳能光电系统在我国已得到初步应用。这两种发电方式各有其优点，但风能、太阳能都是不稳定、不连续的能源，用于无电网地区时，需要配备相当大的储能设备，或者采取多能互补的办法，以保证基本稳定的供电。我国属季风气候区，一般冬季风大，太阳辐射强度小；夏季风小，太阳辐射强度大，正好可以相互补充利用。

图 3-25 所示为风光互补发电系统结构示意图。

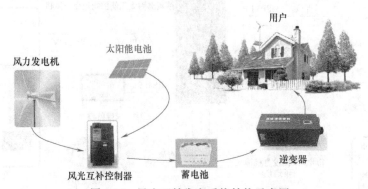

图 3-25 风光互补发电系统结构示意图

风光互补发电系统具有以下优点：

1）利用太阳能、风能的互补特性，可以获得比较稳定的总输出，提高系统供电的稳定性和可靠性。

2）在保证同样供电的情况下，可大大减少储能蓄电池的容量。

3）对混合发电系统进行合理的设计和匹配，可以实现基本上由风/光系统供电，很少启动备用电源，如柴油发电机等，并可获得较好的社会经济效益。

综合开发利用风能、太阳能，发展风光互补发电系统有着广阔的前景，受到了很多国家的重视。但蓄电池的使用寿命、系统管理和控制问题，小型风力发电机的可靠性等都会制约风光互补发电系统的发展。

为保证风光互补产业的健康发展，以下几点需尽快完善：

1）建立完善的产品质量监督体系。目前，我国小型风力发电机产业受产品质量影响较大，只有健全产品质量监督体系才能杜绝劣质产品充斥市场，才能给产业一个公平竞争、健康发展的环境。

2）政府项目为小型风力发电机产品提供一个推广的机会。"送电到乡"工程采用了太阳能发电系统，小型风力发电机失去了一个推广和发展的机会，希望"送电到村"工程能充分考虑采用风光互补发电系统，为我国的中小型风力发电产业及风光互补新能源提供一个推广和发展的机会。

3）关注小型风力发电机产业的技术进步。在我国的新能源行业中，中小型风力发电及风光互补新能源产业是为数不多的与国外技术水平差距不大的产业，如果能把这个产业做大，就能成为极具国际市场竞争力的产品，为我国出口创汇做出贡献。

## 3.7.7 光伏空调系统

以太阳能为驱动热源的空调制冷系统，既节约了能源，又不使用破坏大气层的氟利昂等有害物质，是名副其实的绿色空调。就我国的空调行业而言，空调器的市场正处于发展和完善阶段，目前，大中城市家庭的空调器普及仅在20%以下，市场潜力十分巨大。图3-26所示为常用的光伏空调系统。

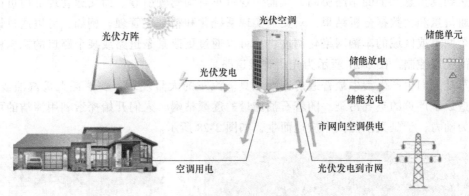

图3-26 光伏空调系统

光伏空调系统具有很多优点。在夏季，太阳能电池的发电功率和建筑物的负荷有很好的瞬时匹配关系，空调可最大限度地利用太阳能为室内供冷；冬季夜间室内热负荷比白天大，独立系统中配置的蓄电池可将白天的多余电量储存下来用于夜间室内供热。在我国南方地区冬季无集体供暖，空调是全年调节室内温湿度的最主要工具，空调负荷也成了夏季和冬季用电高峰期的主要负荷。光伏空调系统的大规模使用可在用电高峰时段减小电网的压力。

光伏空调系统同时存在以下问题：

1）因受太阳能集热器的影响，光伏空调普遍存在着效率低、价格高的问题。但是光伏空调是建立在太阳能热水应用基础上的，光伏空调中的太阳能集热器可以与太阳能热水器相通用，随着太阳能热水器的发展，太阳能集热器的效率也会提高。

2）从集热器、制冷机等相应的成本分配来看，集热温度、冷水温度及冷却水温度应各为多少，才能建立一个最为经济合理的光伏空调系统，也是尚待解决的课题。

3）由于太阳能的收集存在着时效问题，因此必须很好地解决蓄热技术。现有的蓄热方法主要采用增加热水容量来增强保温效果，随着蓄热技术和蓄热载体的研究开发，光伏空调系统的不可靠性和间断性也会有所改善。

4）对于居住相对集中的楼房来说，集热器的安装受到很大的限制。这主要是因为光伏空调的安装不普遍，楼房的设计没有考虑到光伏空调。

5）没有光伏空调系统的计算机设计软件、控制芯片、技术标准、统一的配套设备和零部件，这是科技与市场结合的问题，需要光伏空调形成一定的规模，占领一定的市场，还需要一定的时间和政府、科技部门的支持。

经过几十年的发展，光伏空调技术已经开始迈入实用化阶段，并逐渐走入了市场；科技的进步和经济的发展对能源与环境也提出了更高的要求，相信在政府和社会的大力支持下，紧紧依托太阳能热水器这个成熟的大市场，光伏空调一定会有很大的发展。

### 3.7.8 其他光伏利用新技术

光伏智能道路通过路面结冰检测系统，可实时感知道路结冰情况，从而自动开启电力加热系统，及时除去道路冰雪，保障出行安全。除此之外，它可以通过与信息技术和大数据的衔接，实现道路与车辆的信息交互，为无人驾驶提供前置性技术支持。例如，通过接入光伏智能道路信息网络系统、道路内置的车辆定位系统，可以实现车辆之间以及车路之间的信息交互，达到真正意义上的车路协同，从而实现汽车自动驾驶引导。而交通管理部门可以根据实时交通信息和大数据分析结果，对交通实现系统化和精细化管理。例如，可以通过该系统进行整个城市或区域的车辆网络化调度；也可以通过更改某条道路或某个路口的标志标识实现局部的交通控制。图 3-27 所示为光伏智能道路。

汽车是人们生产生活中最普遍的交通工具。汽车的大量使用，要消耗大量汽油或柴油，同时还造成了严重的空气污染。随着石油储量的逐渐枯竭，人们开始探索利用清洁的可再生能源作为动力，于是太阳能汽车应运而生，如图 3-28 所示。

图 3-27　光伏智能道路

图 3-28　太阳能汽车

一般的汽车配备的是内燃式发动机，利用汽油产生动力，驱动发动机运转后带动汽车快速行驶。太阳能汽车则有很大不同，它利用车顶上的太阳电池板，将吸收的阳光转换为电能，驱动电动机带动车轮前进。太阳能汽车在构造上与传统的汽车有很大的差别，太阳能汽车没有发动机、驱动、变速器等机械构件。太阳能汽车的行驶只要控制流入电动机的电流就可以解决，全车主要有三个技术环节：①将太阳光转化为电能；②将电能储存起来；③将电能最大限度地发挥到动力上。所以太阳能汽车的主体由电池板、储电器和电动机系统组成。由于太阳能提供的动力有限，所以太阳能汽车需要采用高效率的太阳能电池，应用特殊的轻型材料，车体结构等也要进行专门的设计制造。

由于汽车顶部的面积不大，而且方向会不断改变，太阳能电池只能平铺安装，即使在白天，也经常有部分太阳能电池照不到阳光。目前太阳能电池的效率还不高，一般商品电池效率最高不超过 20%，因此提供的电力有限，而且高效太阳能电池价格十分昂贵，所以有的太阳能汽车造价高达百万美元，一般人很难承受。另外，汽车本来是一种方便的交通工具，而太阳能汽车的使用与天气有关，如果长期遇到阴雨天，就会影响使用。所以太阳能汽车要真正进入实际使用阶段，还有相当长的路要走。

除此之外，太阳能在光伏瓦片、太阳能飞船等生活的各个方面都得到了广泛应用。

# 第4章

# 风能利用

地球表面各处由于受太阳辐照后的气温变化不同和空气中水蒸气的含量不同，因而引起各地气压的差异，在水平方向高压空气向低压地区流动，这种空气的水平运动，即形成风。

风能作为人类开发出的第一种非动物源的能源已有数千年的历史。在蒸汽机发明以前，风能就作为重要的动力用于船舶航行、提水引用、灌溉、排水造田、磨面等。我国是最早利用风能的国家之一，至少在 3000 年前的商代就出现了帆船。宋朝是我国应用风车的全盛时代，当时流行的垂直轴风车一直沿用至今。方以智著《物理小识》记载有："用风帆六幅，车水灌田，淮阳海皆为之"，描述利用风车驱动水车灌溉的场景。我国沿海沿江地区的风帆船和用风力提水灌溉或制盐的做法一直延续到 20 世纪 50 年代。在国外公元前 2 世纪，古波斯人就利用垂直轴风车碾米，10 世纪伊斯兰人用风车提水，11 世纪风车在中东已获得广泛的应用，13 世纪风车传至欧洲，14 世纪风车已成为欧洲不可缺少的原动机。

作为现代风能最主要的利用方式，风能发电的发展十分迅速。风能可以在大范围内无污染地发电，提供给独立用户或输送到中央电网。人们从 19 世纪末就开始尝试利用风能发电，并且取得了不同程度的成功。但直到 20 世纪 80 年代，风力发电技术才发展得比较成熟，可以在工业上大规模应用。与此同时，限制风能大规模商业开发利用的主要因素——风力发电成本有了大幅下降。相对于较低成本的化石燃料发电，风力发电技术还在不断发展中，未来将变得更加经济、更加可靠、更具有竞争力。

受地理环境、季节、昼夜等因素的影响，要充分、有效地利用风能比较困难，需要综合利用高新技术。就学科而言，它涉及空气动力学、电机学、结构力学、材料学、气象学和控制论等。本章主要介绍风能发电方面的应用，首先介绍风能的基本特征，讨论风能的计算并分析我国风能资源的特点，然后介绍风力机的空气动力学知识，讨论如何设计和建造风力发电系统，最后讨论风力机的选址原则和其输出功率的计算。

## 4.1　风能的基本特征

### 4.1.1　风能的计算

风能就是空气流动所产生的动能。各地风能资源的多少，主要取决于该地每年刮风时间的长短以及风的强度。因此,在谈及如何评估风能资源并计算风能的问题之前需要了解一些关于风能的基本知识,如风速、风向、风频、风力等级、风能密度等。

1. 风的描述

(1) 风速

风的大小常用风的速度来衡量,它指的是单位时间内空气在水平方向上移动的距离,也称为风功率密度。用来专门测量风速的仪器有旋转式风速计、散热式风速计和声学风速计等。风速计用来计算单位时间内风的行程,常用 m/s、km/h、mile/h 等单位表示。由于风的不稳定性,风速也是经常变化的,甚至瞬息万变。风速是风速仪在一个极短的时间内测得的瞬时风速。在给定时间段内测得多次瞬时风速,求平均值,即可得到平均风速,如日平均风速、月平均风速、年平均风速等。风速仪设置高度不同时,测得的风速也不同,它随着高度升高而增加,通常测风高度为10m。根据风的气候特点,一般选取10年风速资料中年平均风速最大、中间和最小的三个年份作为代表年份,然后分别计算这三个年份的风速并加以平均,取其结果作为当地常年风速平均值。

风速的随机性很大,必须通过一定长度时间的观测计算出平均风功率密度。风速会随着高度的增加而变大。气象观测表明,风速随高度的变化量因地而异。风速随高度变化的经验公式有很多,通常采用指数公式

$$v = v_1 \left( \frac{h}{h_1} \right)^n \tag{4-1}$$

式中,$v$ 为距地面高度 $h$ 处的风速 (m/s);$v_1$ 为距地面高度 $h_1$ 处的风速 (m/s);$h$ 为距地面高度 (m);$h_1$ 为参考高度 (m);$n$ 为经验指数,取决于大气稳定度和地面粗糙度,其值大约为 $1/8 \sim 1/2$。

对于离地面100m以下的区域,风速随高度的变化主要取决于地面的粗糙程度。不同地面情况的粗糙度 $\alpha$ 见表4-1。此时,在计算风速时依然采用式 (4-1),只是用 $\alpha$ 代替 $n$ 即可。

表 4-1  不同地面情况的粗糙度 $\alpha$

| 地面情况 | 粗糙度 $\alpha$ |
| --- | --- |
| 光滑地面,硬地面,海洋 | 0.10 |
| 草地 | 0.14 |
| 城市平地,有较高草地,树木极少 | 0.16 |
| 高的农作物,篱笆,树木少 | 0.20 |
| 树木多,建筑物极少 | 0.22 ~ 0.24 |
| 森林,村庄 | 0.28 ~ 0.30 |
| 城市有高层建筑 | 0.40 |

(2) 风向

从理论上讲,风是从高压区吹向低压区。但是,在中高纬度地区,风向也会受地区自转的影响,导致风向与等压线平行而非垂直。在北半球,风以逆时针方向环绕低压区,而以顺时针方向环绕高压区。在南半球,情况则刚好相反。

风向就是风吹来的方向。如风从南边吹来则称为南风。风玫瑰图是给定地点在一段

时间内的风向分布图，可以指示当地的主导风向。最常见的风玫瑰图是一个圆，圆上引出 16 条放射线，代表 16 个不同的方向，每条直线的长度与这个方向上的风的频率成正比。静风的频率放在中间。有些风玫瑰图上还指示出了各风向的风速范围。图 4-1 为某地的风玫瑰图。

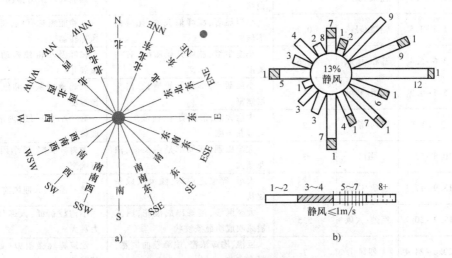

图 4-1 某地的风玫瑰图

a) 风向的 16 个方位 b) 风玫瑰示意图

（3）风频

如果将某地多年内连续观测到的风速、风向进行分类统计和整理，就会发现在一年内或特定的时间段内，风速和风向的变化趋势及幅值大致上相同，如哪几个月盛行什么方向的风，哪几个月的平均风速高等。掌握了风速和风向的变化规律，对风力机的参数选择、风力场的选址等都具有参考意义。

风频分为风速频率和风向频率。

风速频率是指各种速度的风出现的频率。它是指在一个月或一年内发生相同风速的时数占该时间段内各种风速总时数的百分数。对于风力发电而言，为了确保风力发电机运行平稳，便于控制，希望平均风速高而风速的大小变化小。

风向频率是指各种风向出现的频率。风向时刻都在发生着变化，如果对某地的风向进行长期的测定，将风向的次数按照方位进行统计，然后将每一风向的观测次数除以一段时间内总的观测次数，即可得到每一风向的发生频率。对于风力发电而言，希望某一风向的频率尽可能大。

（4）风力等级

风力等级是根据风对地面或海面物体的影响而引起的各种现象，按风力的强度等级来估计风力的大小。英国人 F. Beaufort 在 1805 年拟定了风速的等级，国际上称之为蒲福风级（Beaufort scale 或 Beaufort wind scale）。而自 1946 来，由于测风仪器的不断进步，度量到自然界的风实际上可以大大地超出 12 级，因此风力等级由 13 个扩展到 18 个。但实际上应用的还是 0~12 等级，所以人们常称最大的风速为 12 级台风。表 4-2 为蒲福风级的具体表现形式。在没有风速计时，可参考表 4-2 粗略估计风速。

表 4-2　蒲福风级的具体表现形式

| 风级 | 风速/(m/s) | 风力术语 | 浪高/m | 海上情况 | 陆上情况 |
|---|---|---|---|---|---|
| 0 | 0~0.2 | 无风/静止 | 0 | 平静如镜 | 静烟直上 |
| 1 | 0.3~1.5 | 轻微/软风 | 0.1 | 无浪,波纹柔和如鳞,波峰不起白沫 | 烟能表示风向,风标不转动 |
| 2 | 1.6~3.5 | 轻微/轻风 | 0.2 | 小浪显著,波峰似玻璃,光滑而不破碎 | 人脸感觉有风,树叶微响,风标转动 |
| 3 | 3.6~5.4 | 温和/微风 | 0.6 | 小至中浪,波峰开始破碎,有白头浪 | 树叶及小树枝摇动不息,旌旗展开 |
| 4 | 5.5~7.9 | 和缓/和风 | 1 | 小波渐高,形状开始拖长,白头浪颇密 | 吹起地面灰尘和纸张,小树枝摇动 |
| 5 | 8~10.7 | 清劲/清风 | 2 | 中至大浪,浪延明显,白浪更多,有浪花飞溅 | 有叶小树摇摆,内陆水面有波纹 |
| 6 | 10.8~13.8 | 强风 | 3 | 大浪出现,四周都是白头浪,浪花颇大 | 大树枝摇摆,持伞困难,电线有响声 |
| 7 | 13.9~17.1 | 强劲/疾风 | 4 | 大浪,碎浪之白沫,随风吹成条纹状 | 整树摇动,人迎风前行不便 |
| 8 | 17.2~20.7 | 疾劲/大风 | 5.5 | 大至巨浪,浪峰碎成浪花,白沫被风吹成明显条纹状 | 小树枝折断,人迎风前行阻力甚大 |
| 9 | 20.8~24.4 | 烈风 | 7 | 巨浪,泡沫浓密,浪峰卷曲倒悬,颇多白沫 | 建筑物轻微损毁(如烟囱顶部移动) |
| 10 | 24.5~28.4 | 狂风 | 9 | 非常巨浪,海面变成白茫茫,波涛冲击,能见度下降 | 大树连根拔起,建筑物严重损毁 |
| 11 | 28.5~32.6 | 暴风 | 11.5 | 波涛澎湃,浪高可以遮掩中型船只,白沫被风吹成长片、遍及海面,视线受阻 | 陆上少见,建筑物普遍损毁 |
| 12 | >32.6 | 飓风 | 14以上 | 海面空气中充满浪花及白沫,巨浪如江倾河泻,影响视线 | 陆上少见,建筑物普遍严重损毁 |

（5）风能密度

风能密度是用来衡量一个地方风能的大小,评价其风能潜力的重要参数。通常把单位时间内通过单位面积的风所含的能量称为风能密度,单位为 $W/m^2$。风能密度和空气的密度有直接关系,而空气密度取决于气压和温度。因此,不同地点、不同条件下的风能密度不同。一般来讲,海边地势低,气压高,空气密度大,因此风能密度也比较大。而高山地区气压低,空气密度小,风能密度相对较小,但若有较高的风速和低气温,依然具备相当的风能潜力。因此,风能密度大,风速也大,风能潜力也就大。

2. 风能的优点和局限性

风能与其他能源相比,既有明显的优点,也有其突出的局限性。

（1）风能的优点

1）蕴藏量巨大。风能是太阳能的一种转换形式,是一种取之不尽、用之不竭的可再生新能源。

2）可再生。风能是由于空气的流动所产生的、依赖于太阳的存在。只要太阳存在,就能不断地、有规律地形成气流,周而复始地产生风能。

3）分布广泛、就地取材、无须运输。在边远地区,如高原、山区、岛屿、草原等,由于缺乏煤、石油和天然气等资源,给生活在这一地区的居民带来诸多不便。而且由于交通不便，从外界运输燃料也十分困难。因此，利用风能发电可就地取材、无须运输，具有很大的优越性。

4）无污染。在风能转化为电能的过程中，不会产生任何有害气体或废料，不会对环境造成污染。

5）适应性强、发展潜力大。我国可利用风力资源的区域占全国国土面积的76%，潜力巨大、前景广阔。

（2）风能的局限性

1）能量密度低。由于风能依赖于空气的流动，而空气的密度很小，所以风力的能量密度也很低。表4-3为常见各种能源的能量密度，可以看出，风能的能量密度很低，这给其利用带来了一定的困难。

表4-3　常见各种能源的能量密度

| 能源种类 | 风能（风速3m/s） | 水能 | 波浪能 | 潮汐能 | 太阳能 | |
|---|---|---|---|---|---|---|
| 能量密度/（kW/m²） | 0.02 | 20 | 30 | 100 | 晴天平均 | 昼夜平均 |
| | | | | | 1.0 | 0.16 |

2）不稳定性。由于气流的瞬息万变，风也时有时无，或大或小，风的日、月、季变化都十分明显，非常不稳定。

3）地区差异大。由于地形变化，风力的地区差异也很明显。两个邻近区域，由于地形的不同，其风力可能相差几倍甚至几十倍。

3. 风能的计算

（1）风能储量的估算

风能是空气运动产生的能量，是太阳能的一种转化形式。从太阳到地球的辐射能虽然大约只有2%会转化为风能，它却相当于全球目前每年耗煤能量的1000倍以上。地球上的风能资源十分丰富，据世界气象组织估计，全球风能总储量约为$2.74×10^9$MW，其中可利用的风能为$2×10^7$MW，约为地球上可利用水能总量的10倍。在地球$1.07×10^8$km²陆地面积中，有27%的地区年平均风速高于5m/s（距地面10m处）。如果将地面平均风速高于5.1m/s的陆地用作风力发电厂，则每平方公里的发电能力为8MW，据此推算，上述陆地面积的总装机容量可达$2.4×10^{14}$W。

风能资源储量的估算值是指离地10m高度层上的风能资源量，而非整个大气层或整个近地层内的风能资源量。估算方法是先在该地区年平均风功率密度分布图上划出10W/m²、25W/m²、50W/m²、100W/m²、200W/m²这5条等值线，再由该地区的平均风功率密度和风轮扫掠面积求出该地区的风能资源储量。现假设风能转换装置的风轮扫掠面积为1m²，风吹过后必须前后左右各经过10m距离后方能恢复到原来的速度。因此在1km²范围内可以安装具有1m²风轮扫掠面积的风能转换装置共计1万台，也就是说有1万m²截面积内的风能可以利用。全国的风能储量估算是使用求积仪逐省量取<10W/m²、20~25W/m²、25~50W/m²、50~100W/m²、100~200W/m²、>200W/m²各等级风功率密度区域的面积后，乘以各等级风功率密度，然后求各区间之和，由此计算出我国10m高度层的风能储量为32.26亿kW，该储量称为理论可开发总量。实际可开发量按上述总量的1/10计算，并考虑风能转换装置的实际风轮扫掠面积，需乘以面积系数 0.785（1m 直径的圆面积是边长 1m 的正方形面积的 0.785），最终求得我国 10m 高度层可开发利用的风能储量是 2.53 亿 kW（不包括海面上的风能资源量）。

（2）风能大小的计算

某地区的风能资源状况由该地区的地理位置、季节、地形等特点决定。目前，常采用的评价风能资源开发利用潜力的主要指标是有效风能密度和年有效风速时数。有效风速指 3～20m/s，有效风能密度是根据有效风速计算出的风能密度。

1）风能公式。风能的利用主要是将它的动能转化成其他形式的能量，因此，计算风能的大小也就是计算气流所具有的动能。假定气流不可压缩（在风能利用的风速范围内，该假设精确成立），由力学原理可得气流的动能 $E_k$（J）为

$$E_k = \frac{1}{2}mv^2 \tag{4-2}$$

式中，$m$ 为气体的质量（kg）；$v$ 为气流速度（m/s）。

假设气流以速度垂直流过截面积为 $A$ 的假想面，如图 4-2 所示，则在时间 $t$（s）内流过该截面的气流体积和质量分别为

$$V = Avt \tag{4-3}$$

$$m = \rho V = \rho Avt \tag{4-4}$$

故在单时间 $t$ 内流过该截面的气流所具有的能量为

$$E_k = \frac{1}{2}\rho v^3 At \tag{4-5}$$

式中，$\rho$ 为气流密度（kg/m³）。

在单位时间内流过该截面的风能为

$$P = \frac{1}{2}\rho v^3 A \tag{4-6}$$

式（4-6）即为常用的计算风功率的公式，又称风能公式。

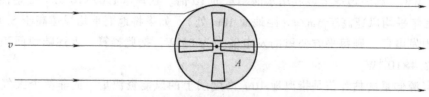

图 4-2　单位时间内通过假想面的风能

实际上，风力机真正获得的功率远小于式（4-6）计算出的最大功率，由于各种因素，如轴承摩擦，发电机、齿轮和其他传动机械会损失一部分能量。风力机械的整体系统效率 $\eta$ 等于真正提供给负载或储能装置的功率（输出功率）占风自身所具有的功率的比例，即

$$\eta = \frac{输出功率}{风自身所具有的功率} \tag{4-7}$$

由此可得风力机械所获得的功率为

$$输出功率 = \frac{1}{2}\rho v^3 A\eta \tag{4-8}$$

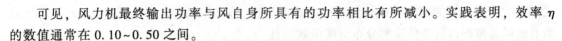

可见，风力机最终输出功率与风自身所具有的功率相比有所减小。实践表明，效率 $\eta$ 的数值通常在 $0.10\sim0.50$ 之间。

2）平均风能密度。设风速为 $v$，则单位体积空气的动能为

$$E = \frac{1}{2}\rho v^2 \tag{4-9}$$

设单位面积上与空气流速相互垂直的截面上流过的空气量 $q$ 为 $v$，则风能密度为

$$\omega = Eq = \frac{1}{2}\rho v^3 \tag{4-10}$$

由于风速时刻在变化，需要通过一定时间的观测来获得其平均值。所以，为求得一段时间内的平均风能密度，可将式（4-10）对时间积分后取平均值，即

$$\overline{\omega} = \frac{1}{T}\int_0^T \frac{1}{2}\rho v^3 \mathrm{d}t \tag{4-11}$$

式中，$\overline{\omega}$ 为一段时间内的平均风能密度（$\mathrm{W/m^2}$）；$v$ 为对应时刻的风速（$\mathrm{m/s}$）；$T$ 为总时长（s）；$\rho$ 为空气密度（$\mathrm{kg/m^3}$）。一般情况下，空气密度的变化可以忽略，式（4-11）可简化为

$$\overline{\omega} = \frac{\rho}{2T}\int_0^T v^3 \mathrm{d}t \tag{4-12}$$

事实上，风速随时间的变化规律是随机的，通常无法用函数形式表达出其随时间的变化关系，因此，很难用式（4-12）求出平均风能密度。不过，可以采用观测到的离散值近似求解，即

$$\overline{\omega}' = \frac{\rho}{2N}\sum v_i^3 \tag{4-13}$$

式中，$N$ 为时间 $T$ 内的观测次数；$v_i$ 为每次观测到的风速值（$\mathrm{m/s}$）。若已知时间 $T$ 内风速的概率分布，可用下式来简化求解：

$$\overline{\omega} = \int_0^\infty \frac{1}{2}\rho v^3 p(v) \mathrm{d}v \tag{4-14}$$

式中，$p(v)$ 为时间 $T$ 内风速的概率分布密度函数。

3）有效风能密度。风力机需要依据一个确定的风速来进行设计，该风速称为设计风速，在此风速下，风力机的输出功率最理想。把风力机开始运行时的风速称为启动风速。当风速达到某一确定值时，风机限速装置将限制风轮转速不再改变，该风速称为额定风速。而当风速进一步大到某一极限风速时，风力机械可能会损坏，必须停止运行，该风速称为停机风速或截止风速。通常将启动风速至停机风速之间的风力称为有效风力，该范围内的风能称为有效风能。为此，引入有效风能密度这一概念，即有效风力范围内的风力平均密度，计算公式为

$$\overline{\omega}'_e = \int_{v_1}^{v_2} \frac{1}{2}\rho v^3 p'(v) \mathrm{d}v \tag{4-15}$$

式中，$\varpi_e'$ 为有效风能密度（W/m²）；$v_1$ 为启动风速（m/s）；$v_2$ 为停机风速（m/s）；$p'(v)$ 为有效风速范围内的条件概率分布密度函数，且

$$p'(v)=\frac{p(v)}{p(v_1\leqslant v\leqslant v_2)}=\frac{p(v)}{p(v\leqslant v_2)-p(v\leqslant v_1)}\tag{4-16}$$

式（4-9）表明，要计算一个地点的风能密度，仅需要知道所计算时间段内的空气密度和风速分布即可。在近地层中，空气密度（$\rho$）的量级为 $10^0$，风速三次方（$v^3$）的量级为 $10^2\sim10^3$。可以看出，风速对于风能密度的计算具有决定性作用。此外，考虑到复杂地形的影响，空气密度的变化也必须考虑在内。

4. 我国的风能资源区划

（1）风能资源总量

2014 年，中国气象局风能太阳能资源中心发布的全国风能资源评估成果（2014）表明，我国陆地 70m 高度风能密度达到 150W/m² 以上的风能资源技术可开发量为 72 亿 kW，风能密度达到 200W/m² 以上的风能资源技术可开发量为 50 亿 kW，风功率密度大于或等于 300W/m² 的陆上风能资源技术可开发量为 26 亿 kW。80m 高度风能密度达到 150W/m² 以上的风能资源技术可开发量为 102 亿 kW，风能密度达到 200W/m² 以上的风能资源技术可开发量为 75 亿 kW。在近海 100m 高度内，水深 5~25m 内的风电技术可开发量高达约 1.9 亿 kW，水深 25~50m 内的风电技术可开发量约为 3.2 亿 kW。2015 年，中国气象局对我国中东南部 18 个省市的低风速区风能资源潜力又进行了一次评估。结果表明，我国中东南部 18 个省市低风速区开发以后，风能资源开发量将增加了 6 亿 kW。

（2）风能资源的分布

我国幅员辽阔，海岸线长，岛屿多，风能资源丰富。尤其是东南沿海及其附近岛屿，不仅风能密度大，年平均风速也高，风能利用的潜力很大。而在内陆地区，从东北、内蒙古到甘肃河西走廊及新疆一带的广阔地区，风能资源也比较丰富。在华北和青藏高原的一些地方也有可利用的风能。表 4-4 列出了我国风能资源分布比较丰富的省区的风能储量。

表 4-4  我国风能资源分布比较丰富的省区的风能储量

| 省区 | 风能储量/万 kW | 省区 | 风能储量/万 kW |
|---|---|---|---|
| 内蒙古 | 6178 | 山东 | 394 |
| 新疆 | 3433 | 江西 | 293 |
| 黑龙江 | 1723 | 江苏 | 238 |
| 甘肃 | 1143 | 广东 | 195 |
| 吉林 | 638 | 浙江 | 164 |
| 河北 | 612 | 福建 | 137 |
| 辽宁 | 606 | 海南 | 64 |

（3）风能资源的区划

为了了解我国各地风能资源的差异，以便充分利用风能资源，需要进行风能资源区划。区划的标准应该采用能反映风能资源多寡的指标，根据年有效风能密度和年风速≥3m/s 的年累计小时数的多少，我国风能源资可划分为 4 个区，即丰富区、较丰富区、可利用区和欠

缺区，具体区划标准见表4-5。

表4-5　我国风能资源的区划标准

| 指标 | 丰富区 | 较丰富区 | 可利用区 | 欠缺区 |
|---|---|---|---|---|
| 年有效风能密度/（W/m²） | >200 | 150~200 | 50~150 | <50 |
| 风速≥3m/s的年累计小时数/h | >5000 | 4000~5000 | 2000~4000 | <2000 |
| 占全国面积（%） | 8 | 18 | 50 | 24 |

1）风能丰富区。东南沿海、山东半岛及江东半岛沿海区。由于面临海洋，风力较大，越往内陆，风力越小。该区的年有效风能密度为200W/m²以上，其中海岛上可达300W/m²以上，平潭最高可达749.1W/m²。风速≥3m/s的年累计、小时数超过6000h，风速≥6m/s的年累计小时数则在3500h以上。

三北部区是内陆中风能资源最好的区域，年有效风能密度在200W/m²以上，个别地区甚至可达300W/m²以上。风速≥3m/s的年累计小时数大约为5000~6000h，风速≥6m/s的年累计小时数则在3000h以上。

松花江下游区的年有效风能密度在200W/m²以上，风速≥3m/s的年累计小时数达5000h，每年风速≥6~20m/s的时间在3000h以上。该区的大风多数是由东北低压造成的，春季风力最大，秋季次之。

2）风能较丰富区。东南沿海内陆区和渤海沿海区，从汕头沿海岸向北，沿东南沿海经江苏、山东、辽宁沿海到东北丹东。该区实际上可以看作是丰富区向内陆的扩展。该区年有效风能密度为150~200W/m²，每年风速≥3m/s的时间有4000~5000h，风速≥6m/s的时间为2000~3500h。

三北的南部区，从东北图们江口区向西，沿燕山北麓经河套穿河西走廊，过天山到新疆阿拉山口南，横穿三北中北部。这一区的年有效风能密度为150~200W/m²，每年风速≥3m/s的时间为4000~4500h。另外，该区的东部也是丰富区往南向和东向的进一步扩展。

青藏高原区的年有效风能密度在150W/m²以上，个别地区可以达到180W/m²。每年3~20m/s的风速出现时间都比较多，一般在5000h以上。然而，由于这里海拔在3000~5000m以上，空气密度比较小。因此，在风速相同的情况下，这里的风能要低于低海拔地区的风能。

3）风能可利用区。两广沿海区，在南岭以南，包括福建海岸向内陆50~100km的地带。该区年有效风能密度为50~100W/m²，每年风速≥3m/s的时间为2000~4000h，整体上从东向西逐渐减小。冬季风力最大，而秋季因受台风影响，次之。

大、小兴安岭地区的年有效风能密度在100W/m²左右，每年风速≥3m/s的时间为3000~4000h。春、秋季风力比较大。

中部地区，从东北长白山开始向西过华北平原，经西北到我国最西端，贯穿我国东西的大部分地区，约占全国面积50%。该区年有效风能密度为100~150W/m²，一年内风速≥3m/s的时间约为4000h。

4）风能欠缺区。川云贵和南岭山地区，以四川为中心，西为青藏高原，北为秦岭，南为大娄山，东面为巫山和武陵山等。该区是全国的最小风能区，年有效风能密度在50W/m²以下。风速≥3m/s的时间低于2000h，成都仅有400h。

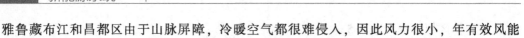

雅鲁藏布江和昌都区由于山脉屏障，冷暖空气都很难侵入，因此风力很小，年有效风能密度在 50W/m² 以下，风速≥3m/s 的年累计小时数在 2000h 以下。

塔里木盆地西部区四面高山环抱，风力很小。而塔里木盆地的东部由于是一马蹄形"C"的开口，冷空气可以从这里灌入，因此风力较大，使得盆地东部属于可利用区。

### 4.1.2 风力机的空气动力学基础

#### 1. 叶片的几何特性

#### （1）阻力和升力

风力机是在不受控制的流体即空气中运行的。风力机的叶片也被称为机翼，不同的风力机叶片的设计也不同。要了解风力机是如何工作的，首先应了解空气动力学中的两个概念——阻力和升力，以及一些与之相关的基本概念，如升力阻力比、攻角等。

叶片在气流中受到的力来自于空气的作用，如图 4-3 所示。将合力 $F$ 等价地分解到两个互相垂直的方向上，即沿风向方向和与风向垂直的方向，便得到阻力 $D$ 和升力 $L$。只要风向确定，升力和阻力的方向也就确定了。阻力和升力的大小与物体的形状、气流的方向以及气流速度有关。$c$ 为叶片；翼型弦长 $\alpha$ 为攻角，升力和阻力随攻角的改变而变化。

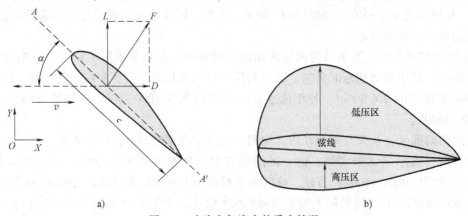

**图 4-3　叶片在气流中的受力情况**

a）叶片在气流中受到的力　b）叶片上下两侧的压强分布

1）阻力。阻力 $D$ 与气流在同一水平线上，平行于风向。当叶片在空中旋转时，阻力阻碍叶片，试图使其停转。通常情况下，风力机叶片用于计算阻力的部分是叶片前缘，因为前缘正对风向。在设计时，若设计出阻力最小的叶片，叶片将会更好地将风能转化为电能。阻力增加则会导致叶片效率下降。

2）升力。升力 $L$ 与气流方向垂直。升力是风力机产生动力的作用力，被定义为当空气流过叶片时，在其上方产生了一个低压区，从而使得叶片上升的作用力。当平板面与气流方向平行时，升力最小。当平板面与气流方向形成小角度时，即所谓小攻角，由于气流的速度变化，在下游或下风的方向会形成一个低压区。在这种情况下，空气的速度和压力有一个直接的关系，流速越快，压力越低，这种现象就是伯努利效应。升力在垂直的方向上，对物体起到了"吸气"或"向上推进"的作用，如图 4-3b 所示。

3）叶片升力阻力比。升力阻力比是升力值与阻力值之比。升力阻力比越大，则叶片把风能转化为机械能的效率就越高，发电机就能产生更多的电能。大部分风力机的最高升力阻力比位于接近叶顶处。叶片的升力和阻力不是固定的，当风速增大时，升力和阻力都以风速二次方的速度增大。当空气变得稠密时，产生的阻力也将增加。当风力机安装在空气稀薄的高海拔地区时，叶片的阻力要低于位于低纬度地区的叶片。此外，当湿度增加或下雨、下雪时，叶片的阻力也会增加。这也意味着即使叶片设计不会造成阻力损失，但阻力大小依旧会不断改变。

4）攻角 $\alpha$。风向与叶片截面弦线形成的角度称为攻角。如图 4-4a 所示，当风直接流过叶片时，攻角为 0；当叶片的前缘向上转动时，攻角增加，升力也随之增加，如图 4-4b 所示；当叶片旋转到能产生最大升力时，攻角也达到最大值，这个角度称为临界攻角，如图 4-4c 所示。攻角达到临界攻角时，也就意味着风力机的叶片开始失去转换风能的能力。

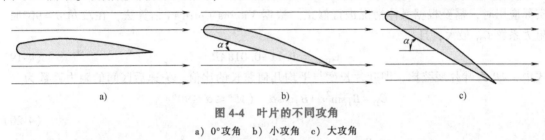

图 4-4 叶片的不同攻角

a) 0°攻角 b) 小攻角 c) 大攻角

（2）叶片翼型理论

为了准确分析风力机的气动特性，必须根据叶片的结构形状进行深入的气动分析。叶片的气动分析可以从考虑流过叶片翼型的二维流动入手。基于此，必须将叶片的长度进行无限拉伸。对于实际叶片来说，从轮毂到叶尖，叶片横截面沿翼展向的形状、扭角和翼型都在变化。不过由于叶片比较细长，顺着翼展方向的速度分量，往往小于流向方向上的分量，因此二维翼型理论对风力机叶片仍然具有重要的实用价值。

由二维翼形理论，当叶片上由于流动产生合力 $F$ 时，根据作用在翼型上的升力 $L$ 和阻力 $D$，可分别定义升力系数 $C_L$ 和阻力系数 $C_D$ 为

$$C_L = \frac{L}{\frac{1}{2}\rho v^2 c} \tag{4-17}$$

$$C_D = \frac{D}{\frac{1}{2}\rho v^2 c} \tag{4-18}$$

式中，$c$ 为翼型弦长（m）。

图 4-5 所示为翼型升力和阻力系数随攻角 $\alpha$ 的变化曲线，$C_L$、$C_D$ 同时还与翼型形状及雷诺数 $Re$ 相关。影响翼型气动性能的主要形状参数有厚度、弯度、表面光滑度、前缘曲率、粗糙灵敏度和后缘厚度。

图 4-5 中间区域为失速区。当攻角达到某个临界值 $\alpha_{max}$ 时，流动的附面性和升力都显著下降的现象即为失速现象，失速角 $\alpha_{max}$ 有一定的

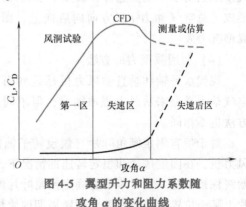

图 4-5 翼型升力和阻力系数随攻角 $\alpha$ 的变化曲线

任意性。当 $\alpha<\alpha_{max}$ 时，升力系数 $C_L$ 随着 $\alpha$ 的增大而增加；当 $\alpha>\alpha_{max}$ 时，$C_L$ 先随着 $\alpha$ 的增大而增大，到达最大值后，再随着 $\alpha$ 的增大而减小。当 $\alpha$ 较小时，阻力系数 $C_D$ 基本上不随 $\alpha$ 的增大而变化，当 $\alpha>\alpha_{max}$，随着 $\alpha$ 的增大，$C_D$ 急剧增大。失速现象与边界层在翼型吸力面的分离密切相关，因此，翼型失速的模式依赖于翼型的几何形状。相比于厚翼型，带有大曲率前沿的薄翼型更容易发生突然的失速现象。这主要是因为两者的边界层分离模式不同。

图 4-5 所示为 $C_L$、$C_D$ 随攻角 $\alpha$ 变化的一个具体实例。在失速出现之前的第一区，其系数值可以通过二维风洞测量得到。至于中间的失速区，则可以采用具有三维流效应修正的计算流体方法模拟得到。失速后的区间，可以通过测量来确定相应系数，或者采用 Viterna-Corrigan 方法来估算。该估算方法是在假定风轮叶片扭转角为 0° 的基础上展开的，因此，在实际应用时，需要根据具体情况进行修正。根据 Viterna-Corrigan 估算法，在攻角 $\alpha=90°$ 时，阻力系数 $C_D$ 最大，且

$$C_{Dmax} = 1.11+0.018AR \qquad (4-19)$$

式中，$AR$ 为叶片展弦比，即叶片长度与平均几何弦长的比值。失速后区间的阻力系数为

$$C_D = B_1 \sin^2\alpha+B_2 \cos\alpha \quad (15°\leqslant\alpha\leqslant90°)$$
$$B_1 = C_{Dmax} \qquad (4-20)$$
$$B_2 = (1/\cos\alpha_s)(C_{Ds}-C_{Dmax}\sin^2\alpha_s)$$

升力系数为

$$C_L = A_1 \sin^2\alpha+A_2(\cos^2\alpha/\sin\alpha) \quad (15°\leqslant\alpha\leqslant90°)$$
$$A_1 = B_1/2 \qquad (4-21)$$
$$A_2 = (C_{Ls}-C_{Dmax}\sin\alpha_s\cos\alpha_s)(\sin\alpha_s/\cos^2\alpha_s)$$

式中，$\alpha_s$ 为开始失速时的攻角；$C_{Ds}$ 为开始失速时的阻力系数；$C_{Ls}$ 为开始失速时的升力系数。

（3）翼型升力效应

气流流过翼型时，由于翼型的上表面凸一些，这里的流线变密，流管变细，相反翼型的下表面平坦些，这里的流线变化不大（与远前方流线相比）。根据连续性定理和伯努利定理可知，在翼型的上表面，由于流管变细，即流管截面面积减小，气流速度增大，故压强减小；而翼型的下表面，由于流管变化不大使压强基本不变。这样，翼型上下表面产生了压强差，形成了总空气动力 $F$，方向向后向上。图 4-6 所示即为翼型升力效应。

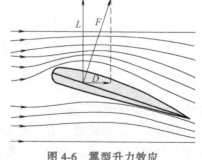

图 4-6 翼型升力效应

（4）利用翼型力的方法

现代水平轴和垂直轴风力机都是利用由翼型产生的空气动力学力来从风中提取能量，但不同风力机利用的方法也不相同。

对于带有固定倾角叶片（假设转子轴始终与未受干扰的风向在同一条线上）的水平轴风力机，在固定风速和恒定转速的情况下，在转子叶片上某一位置的攻角在整个旋转周期内始终保持不变。而对于带有固定倾角叶片的垂直轴风力机来说，在同样的条件下，在转子叶片上某一位置的攻角在整个旋转周期内始终在变化。

水平轴转子正常工作时，从叶片上向来风的方向"看去"，攻角始终为正。而垂直轴转子工作时其攻角在每一个旋转周期先从正变到负，然后再变为正。这就意味着叶片的"吸入侧"随着每一次的循环而不断反向。因此，必须采用对称翼型来保证无论是在攻角为正还是负的情况下，风力机都可以输出功率。

2. 风力机的理想能量输出公式

风力机的第一个气动理论是德国的 A. Betz（贝兹）于 1926 年提出的。贝兹假定风轮是理想的，即没有轮毂且具有无限多的叶片，气流在通过风轮时也没有阻力；假定气流经过整个扫掠面时是均匀的；假定气流通过风轮前后的速度方向为轴向方向。

图 4-7 所示为理想风轮在流动大气中的情况，规定：$v_1$ 为距离风力机一定距离的上游风速；$v$ 为通过风轮机的实际风速；$v_2$ 为距离风轮机远处的下游风速。假设通过风轮机的气流的上游截面积为 $A_1$，$A$ 为风轮的扫掠面积，下游截面积为 $A_2$。因为风轮所获得的机械能仅来自于气流降低的动能，所以 $v_2$ 肯定低于 $v_1$。因此，为了保证通过气流流动截面每处的质量流量相等，通过风轮的气流的截面积从上游到下游有所增加，即 $A_2$ 大于 $A_1$。

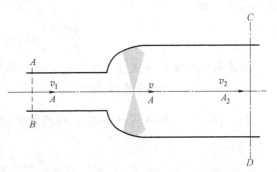

图 4-7 理想风轮在流动大气中的情况

（1）动量定理

假设空气不可压缩，根据连续性条件得

$$A_1 v_1 = A v = A_2 v_2 \tag{4-22}$$

风轮上的力（动量定理）为

$$F = \rho A v (v_1 - v_2) \tag{4-23}$$

风轮吸收的功率（力学原理）为

$$P = F v = \rho A v^2 (v_1 - v_2) \tag{4-24}$$

此功率由动能转化而来，从上游到下游动能的变化率为

$$\frac{1}{2}\rho A v (v_1^2 - v_2^2) \tag{4-25}$$

联立式（4-24）和式（4-25），可得实际风速 $v$ 为

$$v = \frac{v_1 + v_2}{2} \tag{4-26}$$

代入式（4-23）和式（4-24），可得作用在风轮上的力和风轮吸收的功率分别为

$$F = \frac{1}{2}\rho A (v_1^2 - v_2^2) \tag{4-27}$$

$$P = \frac{1}{4}\rho A (v_1^2 - v_2^2)(v_1 + v_2) \tag{4-28}$$

（2）风能利用系数 $C_P$

风力机无法从风中获得全部能量，当风流过风力机时，一部分能量传递给叶片，而另一

部分能量则会被风力机的气流所带走，叶轮能够产生的实际功率取决于能量转换过程中风与叶片相互作用的效率。其物理意义可理解为：风力机的风轮能够从自然风中获取的能量与风轮扫掠面积内的未受扰动的气流具有的风能的比值，即

$$C_P = \frac{P}{\frac{1}{2}\rho A v_1^3} \tag{4-29}$$

（3）贝兹理论极限值

由式（4-2a）求导，可以得到对于给定上游速度 $v_1$ 时，以下游速度 $v_2$ 为函数的功率变化关系式，即

$$\frac{dP}{dv_2} = \frac{1}{4}\rho A(v_1^2 - 2v_1 v_2 - 3v_2^2) \tag{4-30}$$

为求最大功率，令式（4-30）等于零，解为

1）$v_1 = -v_2$，该解无物理意义。

2）$v_2 = \frac{1}{3}v_1$，代入式（4-28），可得最大功率为

$$P_{max} = \frac{8}{27}\rho A v_1^3 \tag{4-31}$$

再将上式除以气流通过扫掠面时风具有的动能，可推得风力机的理论最大效率（最大风能利用系数）为

$$\eta_{max} = \frac{P_{max}}{\frac{1}{2}A\rho v_1^3} = \frac{\frac{8}{27}A\rho v_1^3}{\frac{1}{2}A\rho v_1^3} = \frac{16}{27} \approx 0.593 \tag{4-32}$$

式（4-32）即为著名的风力机风能利用的贝兹理论极限值，说明风力机从自然风中所能获取的能量值是有限的，其功率损失部分可以解释为留在尾流中的旋转动能。能量的转换会导致功率的下降，具体下降值则因采用的风力机和发电机的形式不同而有所不同。一般情况下，能量损失大约为最大输出功率的 1/3，因此，风力机的实际功率利用系数 $C_P < 0.593$。风力机的实际有用功输出为

$$P = \frac{1}{2}\rho v_1^3 A C_P \tag{4-33}$$

单位扫掠面积的实际功率输出为

$$P = \frac{1}{2}\rho v_1^3 C_P \tag{4-34}$$

3. 风轮叶片理论——叶素动量理论

叶素动量理论起源于 19 世纪后期的圆盘理论，也被称为片条理论（Strip Theory）。在三维流动中，叶片的后缘产生连续的切向旋涡，且风轮后的尾流是旋转的。为简化处理，叶素动量理论提出了三个主要假设：

1）通过风轮扫掠面的流动可以划分为大量的同心的环形单元，这些单元被假定是彼此独立的，没有径向的相互作用。

2）风速在各环形单元上均匀分布，叶片对环形单元流动的作用力是不变的，就像有无

数均匀分布的叶片一样。在非均匀风场中，每个环形单元也被分成许多小段，这些小段也被假定为互不影响。

3）沿径向的流动分量可以忽略，因此，也可以采用二维翼型理论的气动数据进行分析。

基于这些假设，可以把流场分为许多流片。

假定环形单元的半径为 $r$，厚度为 $dr$，根据动量原理，可得作用在这个环单元上的推力为

$$dT = 2\pi r \rho u(v_0 - u_1)dr \qquad (4\text{-}35)$$

式中，$v_0$ 为风轮前方的风速（m/s）；$u_1$ 为风轮后面的尾流风速（m/s）；$u = 1/2(v_0 + u_1)$ 为穿过风轮平面的风速（m/s）。根据角动量原理，环形单元上的扭矩为

$$dQ = 2\pi r^2 \rho u u_w dr \qquad (4\text{-}36)$$

式中，$u_w$ 为风轮叶片当地半径为 $r$ 处的切向诱导速度，且，$u_w = \Omega r$，$\Omega$ 为风轮叶片当地半径为 $r$ 处的切向诱导角速度，引入轴向速度诱导因子 $a = 1 - u/v_0$ 和切向速度诱导因子 $a' = u_w/(2\omega r)$，$\omega$ 为风轮旋转角速度。推力和扭矩表达式（4-35）和式（4-36）可改写为

$$dT = 4\pi r \rho v_0^2 a(1-a)dr \qquad (4\text{-}37)$$

$$dQ = 4\pi r^3 \rho v_0 \omega (1-a)a'dr \qquad (4\text{-}38)$$

图 4-8 所示为截面上定义的速度、升力和阻力。定义风轮旋转平面与旋转叶片上的相对风速之间的夹角为入流角 $\varphi$。由于风轮对气流的诱导，旋转面内气流轴向速度为 $(1-a)v_0$，气流旋转角速度为 $a'\omega$ 且与风轮转动方向相反，则入流角为

$$\tan\varphi = \frac{(1-a)v_0}{(1+a')\omega r} \qquad (4\text{-}39)$$

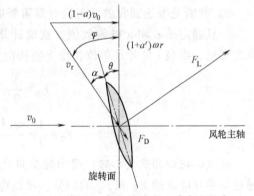

图 4-8 中，定义叶片截面的桨距角 $\theta$ 为截面翼型弦线相对于风轮平面的夹角，则局部攻角为

图 4-8 截面上定义的速度、升力和阻力

$$\alpha = \varphi - \theta \qquad (4\text{-}40)$$

通过查表可确定叶片升力和阻力系数 $C_L$ 和 $C_D$ 的值。它们是 $\alpha$ 和翼型相对厚度（翼型厚度与弦长之比）的函数。为方便表达，通过下式将这些系数转换为法向和切向系数 $C_N$ 和 $C_T$：

$$C_N = C_L \cos\varphi + C_D \sin\varphi \qquad (4\text{-}41)$$

$$C_T = C_L \sin\varphi - C_D \cos\varphi \qquad (4\text{-}42)$$

定义实度 $\sigma$ 为叶片投影面积与风轮扫掠面积的比，则半径 $r$ 处环形单元的实度为

$$\sigma(r) = \frac{c(r)B}{2\pi r} \qquad (4\text{-}43)$$

式中，$B$ 为叶片数；$c(r)$ 为叶片剖面弦长。

根据翼型理论，作用在环形单元上的推力和扭矩应为

$$dT = 0.5\rho v_r^2 C_N c(r)B dr \qquad (4\text{-}44)$$

$$dQ = 0.5r\rho v_r^2 \omega C_T c(r)B dr \tag{4-45}$$

式中，$v_r$ 为合成气流速度。

从式（4-37）、式（4-38）、式（4-43）~式（4-45）可导出诱导因子 $a$ 和 $a'$ 的计算公式为

$$a = \frac{1}{\dfrac{4\sin^2\varphi}{\sigma C_N} + 1} \tag{4-46}$$

$$a' = \frac{1}{\dfrac{4\sin\varphi\cos\varphi}{\sigma C_T} - 1} \tag{4-47}$$

计算过程采用迭代法，计算步骤如下：

1）首先选定 $a$ 和 $a'$ 的初值，建议假定 $a$ 和 $a'$ 初值为 $a = a' = 0$。

2）根据式（4-39）求入流角 $\varphi$。

3）根据式（4-40）求攻角 $\alpha$。

4）由攻角 $\alpha$ 查表得出升力和阻力系数 $C_L$ 和 $C_D$，并由式（4-41）和式（4-42）转换为法向和切向系数 $C_N$ 和 $C_T$。

5）根据式（4-46）和式（4-47）求诱导因子 $a$ 和 $a'$。

6）判断是否达到收敛，若没有则重新进入步骤2）。

一旦确定了 $a$ 和 $a'$ 的收敛值，就能计算叶片单位长度上切向力和法向力的分布。根据翼型理论，半径 $r$ 处叶片单位长度上的法向力和切向力分别为

$$F_N = \frac{1}{2}\rho \frac{v_0^2(1-a)^2}{\sin^2\varphi} c C_N \tag{4-48}$$

$$F_T = \frac{1}{2}\rho \frac{v_0(1-a)\omega r(1+a')}{\sin\varphi\cos\varphi} c C_T \tag{4-49}$$

式（4-48）和式（4-49）得出的法向力和切向力分布是计算叶片截面上载荷的基础。如通过对单片叶片的 $F_N$ 和 $F_T$ 的积分，可以得出叶根处挥舞和摆振方向的受力大小。

上述过程即叶素动量理论体系的基础，在应用中还必须根据具体情况对模型进行一些必要的修正。

4. 风轮圆盘理论

将吸收的风能转化为可用能量的方式取决于风力机的设计。大部分风力机采用带有许多叶片的旋翼，叶片绕垂直于旋翼面绕平行于风向的轴线旋转。叶片扫过时会形成一个圆盘，即风轮的扫掠面积，如图 4-9 所示的阴影部分。依靠叶片的空气动力学设计在圆盘前后形成压力差，该压力差会造成尾流轴向的动量损失。而连接在风轮轴的发电机收集起来的能量，就像风轮受到推力一样，在旋转方向的转矩可以被收集起来。发电机受旋转速度恒定的气流施加一个大小相等、方向相反的转矩，该转矩会对发电机做功，然后转化为电能。

（1）旋转尾流

气流通过风轮圆盘时，圆盘所受转距与作用在空气上的转矩大小相等、方向相反。这个相反的转矩会导致空气逆着风轮转向旋转，从而获得角动量，从而使风轮圆盘尾流的气流在旋转面的切线方向和轴向上都获得速度分量，如图 4-10 所示。切线方向获得的速度分量意

味着气流自身动能的增加，增加的动能弥补了在尾流中空气的静压的降低。

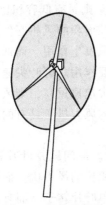

图 4-9　风轮的圆盘

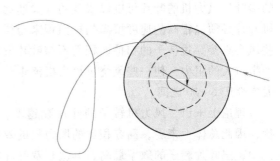

图 4-10　空气经过风轮圆盘的运动轨迹

进入圆盘的气流无任何转动，而离开圆盘的气流是旋转的，并且气流在尾流中一直保持着恒速旋转状态。转动的传递发生在整个圆盘的厚度处。实际上切向速度的获得是逐渐产生的，气流在叶片之间被挤压，在切线方向产生了加速。叶片之间的间距会削弱该影响，但是气流越接近叶片根部，叶片对气流的阻塞作用就越大，这就会使叶片根部处出现大的切向速度。

（2）角动量定理

切向速度在所有的各个径向位置上是不一样的。同样地，轴向诱导速度也会不一样。环形圆盘上转矩的增量，会导致切向速度分量向空气传递，作用在圆环上的轴向力将使轴向速度降低。整个圆盘由多个圆环组成，假设每个圆环的作用力相互独立，那么，实际传递给每个圆环的动量也会只传递给空气。

5. 叶片数量的影响

风力机的旋转速度通常以每分钟的转数（r/min）或每秒钟的弧度（rad/s）来度量，分别记为转速 $N$（r/min）和角速度 $\omega$（rad/s）。两者的关系为

$$\omega = \frac{2\pi N}{60} \tag{4-50}$$

风力机的另一个度量是叶尖速 $U$，它是转子在叶片尖端的切向速度（m/s），是转子的角速度与叶尖半径 $R$ 的乘积，即 $U=\omega R$。$U$ 可以定义为

$$U = \frac{2\pi RN}{60} \tag{4-51}$$

叶尖速比 $\lambda$ 可定义为叶尖速 $U$ 和转子上游未受干扰的风速的比值，即

$$\lambda = \frac{U}{v_0} = \frac{\omega R}{v_0} \tag{4-52}$$

叶尖速比反映了在一定风速下风轮转速的高低，可以作为对比不同风力机特性的参量。具有特定设计的风力机可以在较广泛的叶尖速比范围内工作，但只有当叶尖速比处于特定的数值时，也就是叶尖速为风速的某一倍数时，风力机才能在最大效率下运转。对于一个给定的风力机转子，最佳叶尖速比取决于叶片数量以及每个叶片的宽度。

容积比（solidity）表示扫掠面积中实体所占的百分数。多叶片风力机具有很高的容积

比，也被称为高容积比风力机，具有少量的窄叶片的风力机则被称为低容积比风力机。多叶片的风泵具有高容积比的转子，而风力发电机（1~3 个叶片）则具有低容积比的转子。

为了更有效地吸收风能，叶片应尽可能地与穿过转子扫掠面积的风相互作用。高容积比的多叶片风力机的叶片可以以很低的叶尖速比与几乎所有的风发生作用，而低容积比的风力机叶片必须以很高的速度填满扫掠面积来与所有穿过的风相互作用。若叶尖速比太低，则有些风会直接穿过转子的扫掠面积而不与叶片发生作用；若叶尖速比过高，则风力机对风又会产生过大的阻力，使一些风绕过风力机流走。现在低容积比的风力机所具有的最佳叶尖速比通常介于 6~20 之间。

理论上来讲，风力机转子的叶片数越多，转换效率越大。但问题是叶片过多会相互干扰，因此总体上来看，高容积比的风力机的效率要低于低容积比的风力机。而低容积比风力机中，三叶片转子的效率最高，其次是双叶片转子，最后是单叶片转子。而且多叶片风力机的空气动力学噪声一般要低于少叶片的风力机。

由风能转化的风力机的机械能等于风力机的角速度与风产生的力矩（N·m）之积。该力矩是风作用在转子叶片上关于转动中心的力矩。当风能一定时，角速度减小，则力矩增大，反之则力矩减小。传统的发电机的转速比大多数风力机高很多倍，所以当与风力机连接时，需要某种类型的变速。而低容积比的风力机由于叶尖速比大，不需要很大的变速比来使其转子与发电机转子相匹配，所以更适用于发电。

## 4.2　风力发电机的结构与设计

把风能转化为电能是风能利用中最基本的一种方式。风力发电机是先将风能转换为机械能，再将机械能转换为电能的电力设备。广义地说，它是一种以太阳为热源，以大气为工作介质的热能利用发动机，其工作过程如图 4-11 所示。

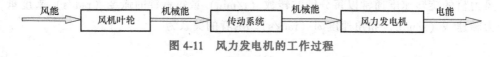

图 4-11　风力发电机的工作过程

### 4.2.1　风力发电机的类型

作为风能转换装置的风力发电机有许多种应用形式。按照不同的分类标准，可以将风力发电机分为不同的类别。

1. 按照风力机的旋转主轴方向分类

（1）水平轴风力发电机

水平轴风力发电机是风轮轴线的安装位置与水平面平行的风力发电机。绝大多数水平轴风力机有 2 个或 3 个叶片，少数具有三个以上叶片。多叶片结构被称为高容积比装置。图 4-12a 所示为一种三叶片水平轴风力发电机。

大多数水平轴风力发电机具有对风装置，小型风力发电机一般采用尾舵，而大型风力发电机则采用对风敏感元件。水平轴风力发电机依据风轮与塔架相对位置的不同，又可分为上风向与下风向两类，如图 4-12b 和图 4-12c 所示。若风轮安装在塔架的前面迎风旋转，称为

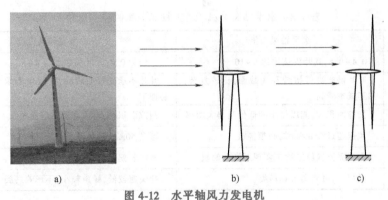

图 4-12　水平轴风力发电机

a) 水平轴风力发电机　b) 上风向风力发电机　c) 下风向风力发电机

上风向风力发电机；若风轮安装在塔架后面，则称为下风向风力发电机。上风向风力发电机的优点是塔架的影响比较小，效率高，叶片上的动载荷及间歇噪声影响较小。但是必须安装调向装置来保持风轮迎风，导致结构复杂、成本增大，且叶片与塔架有相撞的危险。下风向风力机的优点是能够自动对风，不需要偏航系统，成本较低，无须担心叶片与塔架相撞。但不足之处是存在塔影效应，即在塔架后面的风力严重不足。这是由于一部分空气先通过塔架后再吹向风轮，塔架干扰了流过叶片的气流，使风能利用效率降低。此外，塔架处产生的湍流导致风速波动，使塔架后的叶片处于风向风速混乱的环境中，叶片容易因疲劳而损坏。

（2）垂直轴风力发电机

垂直轴风力发电机是风轮轴线的安装位置与水平面垂直的风力发电机。现代垂直轴风力发电机来源于法国工程师 G. Darrieus（达里厄）的构思，这种风力机看起来像是一个巨大的打蛋器，如图 4-13 所示，两只叶片弯曲成弓形，两端分别与垂直轴的顶部和底部相连，叶片的断面形状为对称翼型。

垂直轴风力机的优点是可以接收来自任何方向的风，因而当风向改变时，不需要对风。垂直轴风力发电因具有安全、高效、噪声低、成本低等优势，在风电领域占有一席地位，但垂直轴风力发电机功率小成为阻碍其应用的最大问题。影响其功率的关键因素仍然在垂直轴上：①垂直轴既作为支撑固定轴又作为传动轴，负担太重，如果能减轻垂直轴的负担，其功率就会提高；②垂直轴在转动状态下的固定稳定问题很难解决，特别是大型垂直风力发电机的轴加长加粗后，该问题更加突出，垂直风力发电机难以大规模化；③垂直轴占用垂直空间，换句话说，占用了叶轮的空间，影响叶轮向上向下的延展，从而影响发

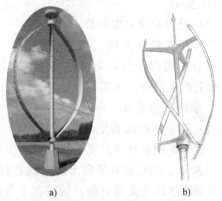

图 4-13　垂直轴风力发电机

a) 达里厄风力机　b) 垂直轴风力发电机

电机的大规模化；④垂直轴风力机的轴比较长，在加工和制作工艺上也存在一定的困难。相对水平轴风力机而言，垂直轴风力机的转速和功率控制也更难实现。而且，垂直轴风力机叶轮离地面较近，受剪切风的影响也比较大。表 4-6 对水平轴风力机和垂直轴风力机的特点进行了简单比较。

表 4-6　水平轴风力机与垂直轴风力机的特点比较

| 特点 | 水平轴风力机 | 垂直轴风力机 |
|---|---|---|
| 风能利用效率 | 0.4~0.5,其叶尖速比达 6~10 | 大约为 0.4,其叶尖速比为 4~5 |
| 叶片结构 | 叶片需要进行扭转和变截面,比较复杂,加工成本较高 | 叶片不承受弯曲载荷,对强度要求低,形状简单,容易加工 |
| 功率 | 扫掠面积大,能以较小的低价获得大功率 | 扫掠面积小,对大功率适应性差 |
| 运行条件 | 风速超过 25m/s 时,必须停机 | 可在 50m/s 的风速条件下运行 |
| 偏航结构 | 大多需要偏航结构来实现对风和偏航 | 不需要偏航机构 |
| 环保问题 | 噪声大,可能伤害到鸟类 | 叶尖速较低,噪声较小,不影响鸟类 |

**2. 按照风力发电机的功率分类**

1) 微型风力发电机:额定功率为 50~1000W。

2) 小型风力发电机:额定功率为 1.0~10kW。

3) 中型风力发电机:额定功率为 10.0~100kW。

4) 大型风力发电机:额定功率为 100kW 以上。

5) 兆型风力发电机:额定功率为 1000kW 以上。

**3. 按照风能转换原理分类**

(1) 阻力型风力发电机

在逆风方向装有一个阻力装置,当风吹向阻力装置时,推动阻力装置旋转,机械能转化为电能。该类风力发电机依靠与空气流动方向垂直流面上的空气阻力驱动,如图 4-12a 和图 4-14a 所示。

(2) 升力型风力发电机

空气在流经叶片时,在来流方向产生阻力的同时,会在与来流方向垂直的面上产生升力,如图 4-14b 所示。

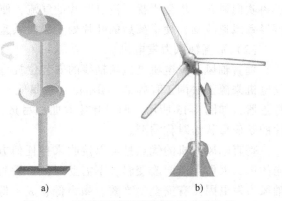

a)　　　　　　b)

图 4-14　风能转换原理不同的风力发电机

a) 阻力型　b) 升力型

**4. 按照风力发电机的供电方式分类**

(1) 独立运行风力发电机

也称为离网运行风力发电机,风力发电机输出的电能经蓄电池蓄能,再供用户使用,如图 4-15 所示。控制器对所发出的电能进行调节和控制,一方面把调整后的电能送往直流负载或经逆变器送往交流负载,同时把多余的能量送往储能装置,当发出的电能不足以满足负载需要时,再将储能装置的电能送往负载。独立运行的风力发电机主要安装在远离电网的偏远地区,如交通不便的海岛、偏远的村落、边远的牧区等。这种运行方式比较简单,但由于风力发电输出功率的不稳定性,为了保证稳定的供电能力,需要根据负载要求采取相应的措施,达到供需平衡。

(2) 并网运行风力发电机

在风力资源丰富地区,按一定的排列方式安装风力发电机组,称为风力发电场。产生的电能全部经变电设备送到电网。这种方式是目前风力发电的主要运行方式。由于风能是一种

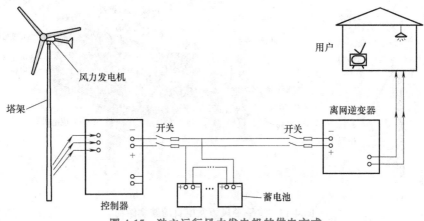

图 4-15 独立运行风力发电机的供电方式

不稳定能源，中小型风力发电机一般采用储能装置或与其他发电装置联合运行来解决稳定供电的问题，目前大型风力发电机主要采用并网运行。图 4-16 所示为一种典型的并网运行风力发电机的供电方式。

（3）联合发电系统

联合发电系统除了风力发电外，还结合有他种类的发电机组，如柴油发电机组、光伏发电系统等，目的是在风力发电不能提供足够的电力时，用来提供备用电力。采用联合发电系统是为了向电网无法覆盖的地区（如海岛）提供稳定的不间断的电能。

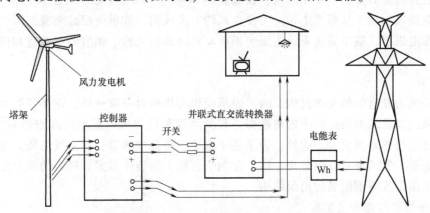

图 4-16 并网运行风力发电机的供电方式

## 4.2.2 风力发电机的基本结构

以水平轴风力发电机为例，如图 4-17 所示，风力发电机一般由风轮（转子）、发电机、调向装置、调速机构或限速安全机构、塔架及基础和储能装置等部件组成。

1. 风轮

风轮是集风装置，作用是将流动空气所具有的动能转变为风轮旋转的机械能。通常风力发电机的风轮由 1~4 个叶片（大部分是 2 个或 3 个叶片）和轮毂构成。在风的作用下，叶片产生升力和阻力，设计优良的叶片可以获得大的升力和小的阻力。风轮叶片的材料根据发电机的型号和功率大小来确定，有尼龙、玻璃等。

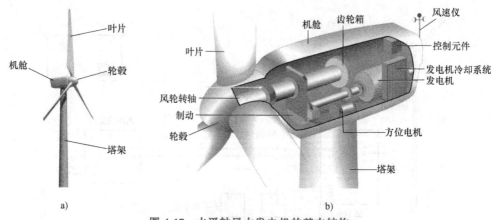

图 4-17　水平轴风力发电机的基本结构

a）外部结构　b）内部结构

**2. 调向装置**

调向装置的功能是尽量使风力发电机的风轮随时都迎着风向，从而获得最大限度的风能。风力发电机一般分为顺风向式和逆风向式，大多为逆风向式。顺风向式的风力发电机的风轮自然地对准风向，因此通常不需要调向控制。而逆风向的风力发电机必须采用调向装置，常用的调向方式可分为：①尾舵调向，主要用于小型风力发电装置，它可以自然地对准风向，不需要特殊控制，该装置比较笨重，很少用于中型以上的风力发电机；②侧风轮调向，即在机舱的侧面安装一个小风轮，使其旋转轴垂直于风轮主轴，若主风轮未对准风向，侧风轮就会被风吹动，从而产生偏向力使主风轮对准风向；③风向跟踪装置调向，主要用于大型风力发电机组，整个偏航系统主要包括电动机及减速机构、偏航调节系统和扭缆保护装置等。

**3. 塔架**

塔架是风力发电机的支撑机构，除了要承受风力机的自身重量外，还要承受吹向风力机和塔架的风压以及风力机运行中的动载荷。它的刚度和风力机的振动特性密切相关，对大、中型风力发电机的影响更大。此外，为了便于搬迁、降低成本等，百瓦级的风力发电机通常采用管式塔架。管式塔架以钢管为主体，在四个方向上安装张紧索。稍大的风力发电机的塔架一般采用角钢或圆钢组成的桁架结构。

**4. 调速器和限速安全机构**

限速安全机构的作用是保证风力发电机的安全运行。风轮的转速和功率与风速的大小密切相关，会随着风速的增加而增加。风速过高会导致风轮转速过高和发电机超负荷，从而危及风力发电机的运行安全。限速安全机构的设置则可以使风轮的转速在一定的风速范围内保持基本不变。除此之外，风力发电机还会设有专门的制动装置，当风速过高时会使风轮停止运转，从而保证风力发电机在超高风速下的运行安全。

**5. 储能装置**

由于风能的间歇性和不稳定性，如果用电器直接由风力发电机来供电，会出现供电时有时无、忽高忽低现象，而这种电能是无法使用的。为建立一个能够全天候提供均衡供电的电源系统，就必须在风力发电机和用电器之间设置储能装置，把风力发电机发出的电能储存起来，稳定地向用电器供电。

　　理想的电能储存装置应当具有大的储存密度和容量，储存和供电之间具有良好的可逆性，有高的转换效率和低的转换损耗，运行时要便于控制和维护，使用安全、无污染，有良好的经济性和长的使用寿命。从目前小型风力发电机的实际应用看，最方便、经济和有效的储能方式是采用蓄电池储能。蓄电池能够把电能转变为化学能储存起来，使用时再把化学能转变为电能，变换过程是可逆的，充电和放电过程可以重复循环、反复使用，因此蓄电池又称为二次电池。

　　蓄电池虽然外形有大有小、形状不一，但从电解液的性质来区分，主要分为酸性蓄电池和碱性蓄电池两大类。酸性蓄电池也称为铅蓄电池，它是二次电池中使用最多的一种。由于铅的资源丰富，铅蓄电池的造价较低，因而应用非常广泛。

　　作为风力发电系统中的储能设备，无论是酸性蓄电池还是碱性蓄电池，只有用户了解其性能和使用操作方法，才能延长蓄电池的使用寿命。早期的铅蓄电池的充放电循环次数只有200~300次，使用寿命只有1~2年。随着工艺及结构的不断改进，其性能不断提高，目前充放电次数已超过500次，使用寿命可达3~4年。不过蓄电池的实际使用寿命与能否正确使用和维护有很大关系。若能正确操作使用、按时维护，有的铅蓄电池可使用5年以上。

　　6. 风速计和风向仪

　　风速计通常安装在机舱顶部靠近后面的位置，用来测定风速信息。由于风速计和叶片在同一水平高度上，所以它可以观测任意时刻叶片获得的风速大小。当风速计与风力机的计算机控制器相连时，它可以以秒为单位对风速进行数次采样，每分钟做一次平均，或者以更高的频率采样。一种简单的风速计是由轴上安装有几个杯状螺旋桨的简单永磁直流发电机构成。当风吹过时，这些杯状螺旋桨就会旋转，并通过轴带动直流发电机转动，风速越快，杯状螺旋桨和直流发电机的转速就越快。当直流发电机旋转时，就会产生很小的直流电压，一般为0~12V。图4-18为一种半球形杯风速表，测量部分是旋转部件，容易磨损，测量精度不高，使用条件受制约。

图4-18　半球形杯风速表

## 4.2.3　风力发电机的设计

### 1. 叶片设计

　　风轮是风力机最关键的部件，它承受风力载荷，又在地球引力场中运动，重力变化相当复杂。一台转速为60r/min的风轮，在它的20年的生命周期内要转动3亿~5亿次，叶片由于自重而产生相同频次的弯矩变化，每种叶片材料都存在疲劳问题，当载荷超过材料的固有疲劳特性，零件就会出现疲劳断裂。疲劳断裂常从材料表面开始出现裂纹，然后深入到截面内部，最后零件彻底断裂。

　　动态部件的结构强度设计要充分考虑所用材料的疲劳特性，要了解叶片上产生的力和力矩，以及在运行条件下的载荷情况。对其他受高载荷的部件也是一样，在受力的集中处最危险。在这些力的集中处，载荷很容易达到材料承受能力的极限。

　　作为风轮的核心部件，叶片设计的好坏决定了风能利用效率，进而影响整体造价和发电成本。设计性能好的叶片必须满足多项技术指标，具体可归结为：特定风速分布下的年发电量最大；对失速型叶片进行最大输出功率限制；抗极端载荷和疲劳载荷；限制叶片挠度以免与塔架相碰（对于上风向机组而言）；避免共振；质量最小，成本最低。

（1）叶片数量 $B$

叶片数应该根据风力机的用途设计。为避免风力发电机的齿轮箱过大，希望风轮有尽可能高的转速，叶片宽度、叶片数与转速成反比。选择叶片数时可以从以下三个方面进行考虑：

1）叶片数量与转速和实度的理想关系。提高叶片转速就要减少叶片数，可以使齿轮箱速比减小，齿轮箱的费用减小。叶片的最佳设计公式为

$$\sigma(r)\lambda C_{\mathrm{L}}=\frac{Bc(r)}{2\pi r}\lambda C_{\mathrm{L}}=\frac{8/9}{\lambda\mu} \tag{4-53}$$

式中，$\mu$ 为 $r$ 与 $R$ 的比值。可以看出，若叶片的数目由 3 个减少为 2 个，在特定的风速下，为了保持最佳工作状态，只能选择将弦长增加 50% 或将转速提高 22.5%。

2）性能和成本的比较。减少叶片数可以减少风轮的成本。现代高速风力发电机一般采用 1~3 个叶片。最普遍的是三叶片，因为有利于控制转速相对稳定，否则输出电压的摆幅和频率变化范围太大，不利于风能利用，这是受限于电子技术。

此外，叶片设计还受限于制造成本及维护成本。从动平衡角度分析，叶片越多，越不利于叶片制造。两叶片的优点是叶片宽度小、转速高，最利于动平衡。但如果两个叶片和风向一致，要依赖于惯性才能保证同向旋转，一个周期内的转速也不稳定，输出的就不是正弦波。单叶片将会产生更强的摆动和偏航运动，而且是在整个运行范围内。虽然单叶片节省了材料，齿轮箱的费用更低，但为了解决上述问题需要付出的代价更大。此外，由于其转速更高，噪声更大，因此应用更少。

如果用 4 片以上叶片，不光增加了成本，还需要考虑受力平面调整的问题。3 个点确定一个平面，若将每个叶片受的风力作用等效为一个点，则 3 个叶片相当于 3 个作用点，这样就组成一个平面，这个平面自动与风向平行，叶片就能正常工作，只有风向变化，该平面才需要跟踪变化。而如果是 4 片叶片，一个周期内，随着叶片的受力变化，受力平面就有 4 次以上的变化，如果不调整整个叶轮，将增大磨损。若跟踪受力平面的变化来调整叶轮角度，则又会增大调整部分的损耗。

表 4-7 简单总结了单叶片、双叶片和三叶片风力机的优缺点。

表 4-7　单叶片、双叶片和三叶片风力机的优缺点

| 风力机类型 | 优点 | 缺点 |
| --- | --- | --- |
| 三叶片风力机 | 1）噪声最小<br>2）振动最小<br>3）叶片通过节距角控制可以进行最大风能追踪<br>4）塔架高度更高，可以捕获更多的风能<br>5）美观<br>6）最小的能量损耗 | 1）重于其他两种风力机<br>2）价格高于其他两种风力机<br>3）需要主动偏航控制才能使叶片对风<br>4）需要最大型的起重机进行安装<br>5）需要最大和最重的塔架<br>6）叶片过大、难于运输 |
| 双叶片风力机 | 1）可随风速变化进行自动偏航控制<br>2）相比单叶片风力机，能够产生更多能量 | 1）噪声大于三叶片风力机<br>2）产生的能量小于三叶片风力机 |

（续）

| 风力机类型 | 优点 | 缺点 |
|---|---|---|
| 单叶片风力机 | 1) 最经济<br>2) 最轻<br>3) 最容易安装, 因为重量轻并且叶片能在地上安装<br>4) 塔架最小并且最轻 | 1) 噪声大于三叶片风力机<br>2) 必须最大转速运行以保证产生相同的电能<br>3) 叶片振动最大<br>4) 不美观 |

3）视觉效果。尽管视觉效果是非常主观的一个评价指标，但多数人认为三叶片风力机比两叶片风力机看起来更平静。可能原因是三叶片风力机随时间看起来变化不大，而两叶片风力机旋转时看起来更像一条直线。也可能是因为两叶片风力机旋转更快，会让人感到心烦。

（2）叶片材质

选择叶片材质时，必须考虑以下几个方面：

1）是否能够承受足够载荷。这里不仅指强度，还包括强度质量比、刚度和耐久性。

2）材料来源和加工性。有的材料虽然从强度角度来看比较理想，但由于不易得到或加工困难，也不宜使用。

3）生产数量问题。在制作风力机时，虽然要求的性能指标相同，但由于产量不同，使用的材质和叶片结构就有差异。小型风力机一般采用木制和纤维增强塑料（FRP），中型以上风力机采用 FRP，如玻璃纤维增强塑料（GFRP）、碳纤维增强塑料（CFRP）等，以及金属。

为降低转动载荷，风力机叶片常采用轻质材料制成。风轮叶片一般可以分为以下部分：外部面板，形成气动外形并承受部分弯曲载荷；内部翼梁，承受剪切载荷和部分弯曲载荷，防止截面变形和面板变形；埋入式衬套，将面板和翼梁的载荷传递到轮毂；雷电保护，导出叶片上的雷电；气动制动，定桨距风力机保护系统的一部分，典型的气动制动是可转动的一部分叶尖。

外部面板、内部翼梁和气动制动轴通常采用 FRP。FRP 中的纤维起承受载荷的作用，其中的聚合树脂用来分布纤维间的载荷并约束纤维的局部相对位移。FRP 表面的胶衣树脂可以保护 FRP，使其抗磨损、紫外线辐射和盐雾腐蚀，并且可以显示合适的颜色。

叶片面板和翼梁也可以用木材替代 FRP。纤维可以是玻璃纤维或碳纤维，而气动制动轴一般只使用碳纤维。玻璃纤维和碳纤维可分为不同的种类，其构成的化学组分也不同。不同种类的纤维的弹性模量和抗拉强度等力学性能差异巨大，即使同类纤维的力学性能也有相当大的差异。选择合格的纤维是叶片设计工作的组成部分。应当认识到，FRP 板层的最终特性不只依赖于纤维的特性，纤维铺层和纤维所占体积份额也是十分重要的因素。纤维表面涂料的作用是增加纤维和树脂结合的强度。在叶片生产中，涂料能够使纤维更容易控制且不会产生缺陷。为一种应用类型或者一种树脂类型所开发的涂料，不一定满足另一种应用和树脂的要求。如碳纤维会对接触到的金属部件产生电腐蚀，因而这些金属部件必须采用不锈钢。

聚酯、乙烯树脂和环氧树脂是风力机叶片常用的树脂，其中以聚酯最为常用，而环氧树脂则用于对结构要求较高的场合。在树脂构成的基质中添加硬化剂和催化剂即可引发成形过程。另外，还可以添加加速剂和抑制剂来调整胶化时间和硬化时间，以达到特定工作温度和特定操作特性的要求。聚酯的胶化时间和硬化时间有相对较大的可调整区间，而环氧树脂的调整区间较小，因为这些参数的变化将会对硬化后的树脂特性产生影响。在聚酯中，可添加石蜡来控制污浊物的蒸发和在硬化过程中的氧化。此外，为了某些特殊目的，可加入一些其他的化合物，如低成本的填充物，在竖直面能够稳定树脂的涂料和耐热介质等。但添加剂对树脂特性的影响显著，应该评估后再决定。

木材也可用来制造风力机叶片，常用的是胶合板和层压板，目的是消除木节等对部位结构强度的影响。使用木材要特别注意木材的含水量。含水量高的木材会导致低力学性能、腐烂和生菌。因此，在木材储存和加工过程中，要注意湿度控制；设计上要重视涂料和密封，以控制木材中的长期水含量。

黏接剂用于粘结生产出的叶片部件，粘结叶根部钢质衬套一类的金属预埋件。在粘合部位，要保证表面的清洁，绝对不能有蜡、灰尘和油脂的存在。衬套粘结必要时可采用喷砂和溶剂清洁。因为粘合层厚度对强度有影响，要注意控制粘合厚度。

（3）叶片雷电保护

由于风力发电机一般安装在旷野，容易受到雷击，雷击可能对叶片造成损害，严重时会造成叶片后缘脱落。全世界每年约有 $1\% \sim 2\%$ 的风力机遭受雷击，而大部分只损坏叶尖部分。从原理上，风轮叶片的雷电保护可采用两种设计，即表面导电带保护（在叶片表面安装导电带引出电流，防止雷电电流穿透叶片）和防雷电缆保护（叶片雷击点电流被叶片内部的电缆引出）。防雷电缆保护是最常用的方法。采用这种方法时，在叶片的尖部安置雷电接收导体，接收导体接收的雷电电流被叶片内的导线传送到接地的叶片根部，保护效果与叶片的尺寸大小和叶片中的金属及碳纤维量密切相关，有可能出现失效的情况，因为一个叶片在其设计寿命内可能经历多次雷击，若导电电缆熔断，就会发生保护失效。对于长度超过 20m 的大型叶片，还必须考虑到除叶尖外的其他部位可能遭受雷击的情况。叶尖制动轴是导电线路的一部分，其采用的碳纤维材料的导电率也必须考虑在内。在航空工业中，已有一些玻璃纤维和碳素纤维材料雷电保护的方法。如通过加入金属薄片、金属网或线，使这些材料本身成为导体，而不必在材料表面安装额外的金属导体。图 4-19 所示是常见的叶片防雷电缆保护措施。

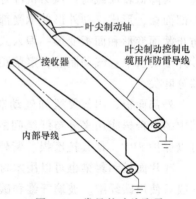

叶尖制动轴

叶尖制动控制电缆用作防雷导线

接收器

内部导线

图 4-19　常见的叶片防雷电缆保护措施

（4）叶片根部的固定

将叶片根部固定在轮毂上是叶片设计中最为关键的部分，因为钢轮毂和叶片制作通常采用 GFRP 或者木材，它们之间的刚度相差了几个数量级，这会妨碍载荷的平滑传递。叶片根部的固定通常采用螺栓连接，通过将螺栓沿轴向嵌入叶片的材料中或沿半径方向穿过叶片壳体进行固定。缺点是这两种方式都不可避免地会造成应力集中。

2. 轮毂设计

风力机叶片都装在轮毂上，轮毂是风轮的枢纽，也是叶片根部与主轴的连接件。轮毂用于将风轮的力和力矩传递到后面的机构中，可采用特殊的叶片结构或叶根弹性连接，如铰链联轴节，或者直接传递到机舱。

(1) 轮毂强度分析

在轮毂设计中，叶片与轮毂连接处的载荷取叶根载荷，这些载荷包括：挥舞力矩、挥舞方向剪切力（即叶片上的推力）、摆振力矩（由叶片功率扭矩和重力确定）、摆振方向剪切力、离心力和叶片变桨距扭矩。这些设计载荷都可以从叶片载荷中计算得出。轮毂应能调整叶尖角度并保持紧密的螺栓连接。

铸件应该平滑过渡以降低几何形状引起的应力集中。铸铁部件的特性强度取测试结果的95%。在设计极限状态下的结构强度由弹性理论来分析，允许应力为特征强度除以安全系数。疲劳设计采用疲劳测试和累计损害分析方法，允许疲劳应取疲劳强度除以安全系数。疲劳强度定义为给定循环次数下，满足95%的不损坏概率的应力。特性强度应根据尺寸效应、表面条件和平均应力加以修正。特性强度数据来源于多次实验测试的统计结果，应该保证有95%的置信区间。风力机轮毂的布局比较复杂，通常难以确定哪个截面是结构上的最关键截面。因此，有限元方法（FEM）是最适合轮毂强度分析的工具，并且还可以和最新的疲劳分析技术结合起来确定疲劳寿命，根据强度和费用来优化轮毂的设计。FEM 分析中采用的载荷建议取测量值。

(2) 轮毂材料

球墨铸铁是最适合制作轮毂的材料，轮毂铸件通常采用无损检测（NDT）技术进行检测，目的是验证轮毂的力学性能，并发现内部可能存在的缺陷。常用的 NDT 方法有超声波检测和电磁检测。超声波检测可以对单点进行，也可以对整个铸件进行断面扫描。轮毂不同部位对应的检测标准是不同的，应力越大的地方，检测标准越严格。考虑到结构材料应具有必要的韧性，低温对铸造轮毂是很关键的。因此，轮毂材料的选择还应该考虑环境温度。此外，不允许采用焊接的方法来修复铸造的轮毂。

(3) 轮毂结构

主要可参考以下四种轮毂结构进行设计：

1）固定式轮毂。一般用于三叶片风轮，因为其制造成本低、维护少、无磨损。不过要承受所有来自风轮的力和力矩，承受的风轮载荷大，后面的机械承载大。

2）铰链式轮毂。常用于两叶片风轮，是一种半固定式轮毂，铰链轴与叶片长度方向及风轮轴垂直，类似半个方向联轴节。铰链式轮毂首先在 20 世纪 50 年代提出，通过计算，可以得出高速运转的叶片的临界运行状态。在高速区超过临界运行状态直到切出，铰链被拉出。

3）受力铰链式轮毂。叶轮上每个叶片都独立地通过一种称为受力铰链的装置安装在轮毂上，且与风轮轴方向垂直。每个叶片互不相关，在外力作用时可自由活动。理论上，采用受力铰链机构的风轮可保持恒速运行，叶片可单独地运动。叶片在离心力和轴向推力的作用下，沿受力方向产生弯矩。由于受力铰链可自由活动，离心力和转动力矩必然平衡。另一种受力铰链式轮毂是单个叶片通过一个铰链相互连接，产生同时的扭曲运动，具有相同的扭曲角度。此时，每个叶片不能自由受力变化，而是与它的角度及不同的受力状态有关。与固定式轮毂相比，受力铰链式轮毂所受力及力矩较小，而且所有的叶片产生一个平均的变动角度，铰链及传动机构的计算彼此相关。

上述两种铰链式轮毂，带连杆机构的相对较好。因为它可以传递不同的扭矩，相对设计，只产生很小的弯矩。优点是高速运转中的离心部件很少，叶片可互相支撑，且不在受力位置。不带连杆的机构在运转中的优点是在受力变化中叶片的重力始终位于轴上。而单独受力的叶片所受外力随时变化，受力位置也不同，叶轮质量沿叶轮轴向变化很大，会产生周期性质量不平衡问题。受力铰链机构的缺点是制造成本高，且维护费用高。

4) 受力活动铰链式轮毂。活动铰链的作用是避免叶轮自重产生的叶片合力矩。活动铰链必须在风轮轴外，否则就不会产生旋转力矩作用。叶片自重力矩比相应减少的离心力矩要大，表现为很大的偏移，从而提高了叶轮轴向质量重心的变化。对于弹性塔架，由于地面廓线的影响，可能会导致风力机破坏。

3. 齿轮箱设计

风轮将风的动能转换成风轮轴上的机械能，然后由高速旋转的发电机来完成电能转换。由于叶尖速度的限制，风轮旋转速度一般都很慢。通常情况下，大风力机（直径大于100m）转速为 15r/min 或者更低。风轮直径在 8m 以下的风力机，转速可达 200r/min 或更高。为了使发电机不至于太重且极对数少，发电机转速要求高达 1500~3000/min，那么就必须要在风轮与发电机之间安装一个增速齿轮箱，把转速提高，以满足发电机对转速的需求。由于环境和载荷特性的变化，风力发电机中所采用的齿轮箱具有其特殊性。

（1）齿轮箱的分类

按照内部传动链的结构，可以将齿轮箱分为平行轴齿轮箱、行星齿轮箱以及平行轴与行星混合结构齿轮箱。

在风力发电机中，齿轮箱前端低速轴由风轮驱动，输出端与发电机高速轴连接。平行轴齿轮箱的输入轴和输出轴相互平行，但不在同一条直线上。其特点是每级的传动比较小，多级时可以获得大的传动比，相应的体积也会比较大。行星齿轮箱由一圈安装在行星架上的行星轮和内侧的太阳轮及外侧的齿圈共同组成，其输入轴和输出轴在同一条直线上。行星齿轮箱的优点是：由于载荷被行星轮平均分担而减小了每一个齿轮接口上的载荷，因此其体积和质量有所减小；由于减少了内齿圈和行星轮之间的滑动，传动效率也更高，但结构较为复杂。

（2）制动载荷的影响

大部分的风力机在高速轴上都安装有机械制动，而制动载荷要通过齿轮箱来传递。通常，如果机械制动属于两个必需的独立制动系统之一，在电网掉电后，它必须使风轮从超速运转变为停机，标准上需要 3 倍于额定转矩的制动转矩。

机械制动只在紧急停机的情况下才需要，一般较为少见。在正常停机时，风轮通过空气制动降到一个很低的速度，所以机械制动的持续时间很短。但是其制动转矩却相同，除非提供两种不同的制动转矩等级。尽管制动载荷不经常出现且持续时间较短，但其大小对疲劳损伤起着决定性作用。美国风能协会（AGMA）/美国齿轮制造商协会（AWEA）文献研究（1996）建议，制动和其他暂时事件的时间记录借助于传动系统的动态模型模拟，可以得到齿轮极限载荷设计所需的输入和疲劳载荷谱模拟的输入。

（3）齿轮箱噪声

齿轮箱的噪声主要是由于某些齿之间的啮合造成的。齿受力时会发生一定的形变，若不对其轮廓进行修整，那么处于空载条件下的齿在接触时会难以协调，由此导致啮合频率上一系列的撞击。所谓轮廓修整，通常是从两个齿轮的顶端去掉一些材料，被称为"修齿顶"，即使空载的齿恢复到额定载荷下的排列中。在风力发电机组运行时，齿轮载荷是会改变的，所以有必要搞清楚在特定载荷水平下如何通过齿端修整来提供正确的补偿。如果齿端修整太多，则在低功率下齿轮顶端附近将会有过多的齿接触损耗；但如果修整过少，在额定功率下的噪声又会太大。当齿轮箱的噪声在低风速时较高且不能被空气动力噪声掩盖时，就需要进行低载荷水平下的补偿。

螺旋状齿轮的噪声通常要低于直齿轮（齿平行于齿轮轴）的噪声，因为啮合的齿的宽度在有限的时间区间内并不是一次全部都能啮合上。通常，螺旋状齿轮最大的齿变比直齿轮的要小，这是由于至少有两个齿相互接触，而且在齿宽范围内弯曲力矩在发生变化，意味着齿上载荷较轻的部分可以限制载荷较重的部分。因此，在特定载荷水平下，由于齿端修整不足或过度所造成的齿的变形程度会有所减小。

此外，行星式齿轮箱的噪声通常小于平行轴齿轮箱的噪声。不过，如果为了避免行星轮对准问题而使用直齿轮时，这种优势也就丧失了。典型的保持螺旋小齿轮对准的方法是在太阳轮和齿圈上安装止推环。

行星齿轮箱上的齿圈一般是固定的，可以比较方便地将其集成在齿轮箱的机壳上。然而，这样会使齿圈和齿轮的啮合噪声从机壳上直接传出来，所以更好的方法是把齿圈齿轮做成一个独立的组件，并采用弹性支撑。此外，也可以利用齿轮箱弹性支撑来减小从齿轮箱传递到机舱和塔架的噪声。

齿轮齿啮合产生的噪声可以通过多种途径从风力发电机组传到周围的环境中，例如：①从轴上直接传到叶片，这种方式的辐射效率很高；②从齿轮箱的弹性支座传到支撑机构，并由此传到塔架上，这种方式在一些环境下的辐射效率也会很高；③从齿轮箱的弹性支座传到支撑机构，并且由此传到机舱内，这种方式也会辐射；④通过机舱壁传到机舱内，然后通过机舱入口、排风通道或机舱结构辐射到环境中。

要解决齿轮箱的噪声问题，首要方法是减小噪声源的声级，可以通过改进齿端修整来达到，或者通过修改主要路径来减小噪声的传导。

（4）齿轮箱装配

齿轮箱的装配必须足够牢固，目的是在传递风轮载荷到机舱结构的过程中不至于削弱齿轮箱的功能。此外，考虑到壳体结构的复杂性，依赖于每个载荷矢量的应力分布通常采用有限元分析方法来确定。而过载分析需要对来自于同一时间的风轮推力进行线性叠加，应将不同风速下的模拟偏航力矩和倾斜力矩包括在内。

（5）润滑和冷却

润滑的目的是使轮齿和轴承的转动部位上覆盖一层油膜，从而使表面点蚀和磨损最小（磨损、粘连和咬合）。由油膜的厚度可以辨识出由油膜提供的弹性流体动力学的润滑水平高低，包括从完全流体力学上的润滑油到边界润滑油，前者存在于金属表面被比较厚的油膜隔离开的地方，后者则存在于粗糙的金属表面，也可能被润滑剂膜隔离开，但是在这个范围内的厚度仅仅只有分子级别。咬合是一种涉及局部焊接和把微粒从一个齿轮传送到另一个齿轮的严重胶合磨损，它发生在边界润滑条件下，由大负载和低节线速度及油的黏性所造成。

润滑方法可以采用飞溅润滑和压力馈油。飞溅润滑是向低速齿轮上不断滴油，同时油也会淋到装置内从而流到轴承上。压力馈油是通过一个杆状的油泵传递油，在压力的作用下，油被过滤并传到齿轮和轴承上。飞溅润滑的优点是简单、可靠。不过，在一些场合中应优先考虑采用压力馈油润滑，如油可以正面地射到喷嘴要求的地方；磨损颗粒可以通过过滤去除；避免损失效率的搅油；通过安装在机舱外部的冷却装置，油循环系统能够将流过齿轮箱的油更加有效地用于冷却齿轮箱；若系统安装有待机电泵，当机组待机时，必须允许间歇式润滑。对于压力馈油系统，当温度过高或压力不足时，一般通过调节滤波器后面的温度和压力开关达到停机目的。

（6）齿轮箱效率

通常，齿轮箱的效率会在95%~98%之间变化，这取决于行星式和平行轴的级数以及所采用的润滑方式。

（7）设计原则

齿轮箱以某种形式固定在机舱中时，螺栓连接不要太紧，以便在静载或振动时齿轮箱可以滑动。特别是当风力机安装在昼夜温差大的地方时，齿轮箱中有可能积水为避免对润滑油和齿轮箱的影响，可以加深齿轮箱，或在排油螺栓上安装橡皮塞，使积水在必要时能够被排掉。最后，浸油润滑齿轮箱的联合缝不要低于油面，以免因漏油而污染机舱。

4. 制动系统设计

制动系统是风力发电机安全控制的关键环节，可以在出现不可控的意外情况时，尽可能保护系统，使损失降到最低。制动系统主要包括制动器、驱动装置、动力装置和控制装置。其工作原理是：利用与机架相连的非旋转元件和与传动轴相连的旋转元件之间的相互摩擦来阻止转动或者转动趋势，一般常采用机械、电气或空气动力制动形式。制动系统必须有很高的可靠性，使风轮能够快速停转。

（1）机械制动机构设计

通常有两种制动机构：运行制动机构和紧急制动机构。运行制动机构指的是在正常情况下反复地制动，如失速机在切出时，风轮从运行状态到静止，需要一个机械制动。紧急制动机构一般只用在运行故障时。两种制动机构常用于维护时的风轮制动。

失速机常用机械制动机构。考虑到安全性，制动机构通常安装在低速轴上。变距机可装在高速轴上，用于变距之后的紧急情况。

制动设计应该遵循保证故障安全的原则。液压、空气动力或电气制动都要消耗电能，机械制动机构的散热以及定期维护也会损失电能。制动片在制动之前必须由传感器测量其厚度，以保证风力机的安全性。

（2）空气动力制动机构设计

空气动力制动机构安装在叶片上，主要起限制功率的作用，常用于失速机的超速保护。由于此时机械制动不能或不足以制动，属于机械制动的补充系统。

与机械制动不同，空气动力制动不是使叶片完全静止下来，而是使其转速被限定在允许的范围内。它通过改变叶片形状，使气流受阻，如使叶片部分旋转90°以产生阻力。或者采用降落伞，或在叶片的上面或下面加装扰流板，达到空气动力制动的目的。空气动力制动系统作为第二个安全系统，常通过超速时的离心来发挥作用。

空气动力制动可以是可逆转或不可逆转的。在转速下降时，空气动力制动能自动返回，可在某一运行范围内来回作用。空气动力制动在并网运行风力发电机中作为二次安全系统，它的先期投入会使得机械制动不起作用。在这种情况下，制动是不可逆转的。

（3）停机和空转

当风力发电机需要进行维护时，要采用机械制动使风力发电机组处于停机状态。不过，许多风力发电机厂家提供的风轮允许其在低风速下空转。空转既减少了机组齿轮箱上的制动载荷的频率，又使齿轮箱与轴承的润滑能够保持通畅。

5. 偏航系统设计

偏航系统是水平轴风力发电机组必不可少的组成系统之一，指的是使机舱相对塔架旋转的机械装置。偏航系统的作用主要有两个：一是与风力发电机组的控制系统相互配合，使风力发电机组始终处于正向迎风状态，充分利用风能，提高风力发电机组的发电效率；二是提供必要的力矩，以保障风力发电机组的安全运行。风力发电机组的偏航系统一般分为主动偏航系统和被动偏航系统。主动偏航指的是采用电力或液压驱动来完成对风动作的偏航方式。并网型风力发电机组通常都采用主动偏航形式。被动偏航系统是依靠风力通过相关机构完成机组风轮对风动作的偏航方式，常见的有尾舵、舵轮和下风向三种。

（1）偏航系统设计

偏航系统设计主要包括以下几个方面：

1）环境条件。包括温度、湿度、冰雹、降雪等气候条件。

2）解缆保护。解缆保护是风力发电机组的偏航系统必须具有的主要功能。因此都设有偏航计数器，用来记录偏航系统所运转的圈数，当系统的偏航圈数达到计数器的设定条件时，则触发自动解缆动作。

3）偏航制动器。为避免风向的振荡变化引起偏航轮齿产生交变载荷，应该采用偏航制动器来吸收微小振荡，以防偏航齿轮的交变应力造成轮齿的过早损伤。

4）偏航转速。正常运行时的风力发电机组偏航时不可避免地会产生陀螺力矩，该力矩会对风力发电机组的寿命和安全造成一定的影响。

（2）偏航策略设计

为了应付由于湍流而在刚性轮毂上产生的循环偏航力矩，可采用以下策略来进行设计：

1）固定偏航。通过安装一个偏航制动系统，使其作用在环形制动盘上，提供一个或多个夹钳，用来阻止在各种情况下的不期望的偏航运动。一个直径为60m的风力机上需要6个夹钳。在偏航过程中，偏航电动机驱动夹钳制动，而制动夹钳逐步释放，所以运动是平滑的。

2）摩擦阻尼偏航。摩擦力通过以下三种方式进行阻尼偏航：首先机舱依赖于摩擦力衬垫，该衬垫安放在塔顶的水平环形表面，偏航驱动要克服摩擦衬垫的摩擦力，也就是在极限偏航载荷下允许机舱滑动；其次，机舱被安装在常规的滚动回转轴承上，摩擦力由一个制动装置提供，使用与固定偏航同样的装置，当风力机由于风速太大而被切出时，摩擦衬垫上的压力就会增加；最后，机舱被一个三列滚子回转轴承所支撑。

3）软偏航。该方案属于液压阻尼式的固定偏航，每一条连接到液压偏航电动机的输油线路都通过一个节流阀门连接到一个蓄能器上，提供限制往复运动的阻尼，并减轻突然的偏航载荷。

4）阻尼自由偏航。类似于以前使用的液压偏航电动机，但是到电动机每一侧的油管被通过节流阀门连在一起构成一个循环路，而不是被连在一个液压站上。这种方法避免了阵风带来的突然的偏航运动，但其取决于风速全范围之内的偏航稳定性。在大风情况下，阻尼自由偏航的稳定性很差。

5）可控自由偏航。类似于阻尼自由偏航，不同的是在必要的情况下会采取一些偏航校正措施。

上述方案中，摩擦阻尼偏航是最为常用的偏航策略。

6. 发电系统设计

用于风力发电的发电机包括同步发电机、异步发电机、双工异步发电机和超同步电流串联发电机。应该根据具体情况，设计合适的发电系统。

（1）同步发电机

同步发电机组可以用于单独的电网，不需要新的励磁，发电机没有集电环，维护少。同步电机直接与给定频率电网连接，其转速有-90°（电动机运行）和+90°（发电机运行）相角两种运行方式。同步电机变转速运行时，其频率、电压也会随之改变，在额定转速下，频率和电压达到额定值。

多台同步风力发电机组成的系统联合发电，可能产生功率波动。为避免这种情况，就要将每台风力发电机变成直流连接，共同提供直流，再由逆变器用静态的（电子的）方式产生电网的频率和交流谐波电流。由于是电网提供控制信号，可能会因谐波干扰电力系统运行，应在并网前滤掉这些谐波。

（2）异步发电机

异步发电是简单又便宜的发电方式。市场上异步发电机种类较多，与电网的同步比较简单，它可以自己达到同步转速，功率随旋转磁场与转子之间的负转差的提高而增大，额定转率提高，额定转差变小，并网时比同步电机的特性要硬。当转差为正时，发电机要从电网吸收功率，额定转差在0.5%~8%之间，特殊结构可以提高转差。

（3）双工异步发电机

双工异步机的目的是限制运行转速的变化，以达到在阵风时的小转速变化，合理的转速变化范围应为±20%的额定转速。并入网的功率通过转子部分的电流很小，这部分电流的回流由发生器提供。由一个调节器控制产生50Hz的电网电流，与转子电流的频率差为$\Delta f = f - f_0$，频率差$\Delta f$的电流存在于转子的集电环上。在阵风时，超过允许转速偏差，风力机风轮就必须通过变桨使其恢复到允许范围。转子的电流越大，频率差$\Delta f$越大。

（4）超同步电流串联发电机

同步发电机内由一个超同步电流串联器提供励磁，有点像双工异步发电机。在某一限定范围内，其转速可以变化，运行范围在额定转速以上约30%，有和双工异步发电机相同的转速差。

7. 塔架设计

塔架支撑着机舱及风力机零部件，承受来自风力机各部位的所有载荷。因此，塔架不仅要有一定的高度，使风力机处在比较理想的位置上运转，还应该具有一定的强度和刚度，来确保风力机不会在极端风况条件下倾倒。此外，塔架的造价占了整个风力机造价的很大一部分，而且塔架的设计相对简单，易于优化。所以，塔架的设计可以从尽可能降低成本的思路出发。

（1）塔架高度的选择

确定风力机的塔架高度要综合考虑技术与成本两方面的因素。此外，风力机安装位置的地形也会影响塔架高度。塔架高度一般被限制在一定范围内，最低高度$H_{min}$计算公式为

$$H_{min} = h + C + R \tag{4-54}$$

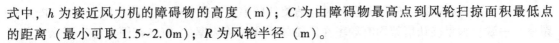

式中，$h$ 为接近风力机的障碍物的高度（m）；$C$ 为由障碍物最高点到风轮扫掠面积最低点的距离（最小可取 1.5~2.0m）；$R$ 为风轮半径（m）。

（2）塔架结构

大部分大型风力机采用圆筒形钢塔架，由 20~30m 长的、两端带有法兰盘的钢管段制成。塔架呈锥形，由上至下截面半径逐渐增大，到基础处达到最大，这是由于风载荷对最下端的弯矩作用最大。由于对抵抗同样大的弯矩而言，随着直径的增大，钢管的管壁厚度可以减小，因而锥形塔筒可以节省材料。对于陆上风力机，钢管段的最大长度和外径主要是由运输的许可条件决定。与其他类型的塔架相比，筒形塔架最大的优点是更安全，便于维护人员进入机舱。

桁架形塔架由角钢制成。与具有相同刚度的圆筒形塔架相比，桁架形塔架大约可节省一半的材料，所以桁架形塔架的主要优点是节约成本。另外，桁架形塔架造成的塔影效应也比较小。桁架形塔架的主要缺点是它的外观较差，对于现代大型风力机，常常考虑审美要求，桁架形塔架已经几乎不再使用。

很多小型风力机在制造时就已经附带了小型的柱子作为塔架，这根柱子通过拉索来固定。拉索塔架的优点是重量轻、节约成本，缺点是造成了塔架周围通行的不便、安全性差。

（3）塔架基础设计

塔架的基础应该具有一定的强度来承受设计所要求的动、静载荷。基础不应该发生明显的或不均匀的下沉。基础要用混凝土浇筑，水泥、砂子和碎石的比例要根据具体情况合理设置。基础的浇筑要与接地网、地脚螺栓以及地锚的预理同时进行。塔架基础的重量除了能保证风力机稳定运转外，还要考虑到土壤所承受的压力不能太大，基础的面积不能过小。此外，考虑到极端风况条件下风力机可能发生的倾倒情况，还应该考虑 1 倍的安全系数。

（4）塔架载荷分析

塔架的设计载荷包括重力、气动载荷、运行载荷及其他载荷。进行塔架载荷分析时，要全面考虑到静强度计算、动强度和疲劳分析。

1）设计载荷。塔架的设计载荷来自风力机气动弹性分析计算的结果，因为气动弹性分析本身与塔架的特性密切相关。因此，首先要建立一个反映塔架的几何、材料、刚度等特性的塔架模型，然后由这个模型计算塔架的设计载荷。从初步设计到最终设计需要一个反复的过程，直到取得满足要求的刚度为止。

塔架的设计疲劳载荷由计算得出，并通过原型风力机的实测数据进行校验。由于实测数据只有在风力机设计并制造完成后才能得到。所以，建议在原型设计中乘以 1.2 的安全系数，目的是为了在设计载荷增加的情况下避免大量的重新设计。

塔架的设计极限载荷只能通过计算来确定，由于极限载荷情况再现了周期的不确定性，因此，极限载荷不能被测量。

在定转速风力机设计中，风轮的旋转频率是至关重要的，这个频率通常称为 1P 频率。由于风轮的不平衡性、风剪及塔影效应，1P 频率会引起动态载荷的增加。另外，1P 频率的倍频，如 2P 频率和 3P 频率，也很重要。因为 2P 频率和 3P 频率分别对应二叶片和三叶片风力机的桨叶扫过塔架的频率，所以也可以称为过桨频率。当设计变转速风力机时，必须保证风轮转速避开塔架的一阶固有频率。

2）动态响应和共振。原型风力机安装后必须测定塔架的一阶固有频率。设计中应该校核塔架的一阶固有频率，确保不会与风轮的旋转频率或过桨频率（三叶片风力机的1P和3P频率）一致。如果确认塔架固有频率在风轮频率和过桨频率的±10%范围之外，那么由共振引起的附加载荷而导致的问题通常不会发生。对于变转速风力机，其运行时的频率应避开塔架特征频率的±10%范围。

当风力机运行于1P频率大于塔架的一阶固有频率的模式下时，必须对风力机的起停进行精确地分析，即要考虑到风力机起动和停机过程中，风轮的旋转频率经过塔架的一阶固有频率时，动态载荷的增加。

3）塔架基础强度的计算。计算塔架基础强度时，应该计算塔架基础的阻力矩和基础的最大压力。设计时，应该保证塔架基础的阻力矩能够抵抗风力机的倾倒力矩，同时应该确保土壤的允许压力大于基础的最大压力。

## 4.3 风力发电系统

### 4.3.1 风力机的控制

#### 1. 风力机负载条件控制

##### （1）有负载时的运转

以在某一风速下风力机带动发电机的负载运行为例。作用在风力机叶片上的负载主要有阻力和离心力，如图4-20所示。可以看出，离心力使叶片受到拉力，而阻力使叶片发生弯曲变形。一旦叶片稍微发生弯曲变形，离心力产生的拉力就会偏离叶片的旋转面。所谓旋转面，是指叶片旋转时所形成的一个假想的圆盘面。离心力引起的拉力会使叶片恢复到原来的旋转面，这样，离心力就与阻力相互抵消。由此可以说明，在设计叶片时，风力机在负载运行条件下，离心力是主要负载。

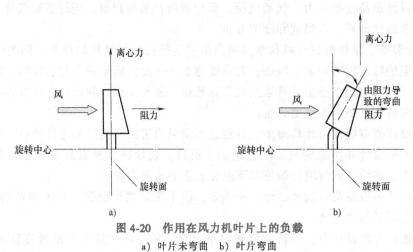

图4-20 作用在风力机叶片上的负载

a）叶片未弯曲 b）叶片弯曲

##### （2）无负载时的运转

当风力机以某一风速无负载运行时，离心力仍为主要负载。与负载运行所不同的是，离心力的数值非常大。此时，由叶尖速比 λ 计算出的离心力比有负载时增加了50%。通常，该条件下的负载应该以风力机所在位置的最大风速计算的离心力为依据。若由此计算出的离

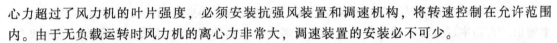

心力超过了风力机的叶片强度，必须安装抗强风装置和调速机构，将转速控制在允许范围内。由于无负载运转时风力机的离心力非常大，调速装置的安装必不可少。

（3）风力机静止时

考虑到强风出现时风力机停转的情况，此时阻力为主要负载。当出现强风时，力图使风力机的塔架倾倒的阻力对叶片产生的作用就是使其向后弯曲，如图4-20b所示，设计时应考虑风轮被固定时的弯曲负载。一般来说，能够在无负载下经受住高速产生的离心力的风力机，在不转动的时候也具有足够的强度应对弯曲负载。而这一弯曲负载，可利用静止时叶片上的阻力来复核。

2. 风力机转速控制

风力机是将风的动能转化为机械能的装置，而风速和风向时刻都在发生着变化，因此风力机的转速和输出功率也会随着风速和风向的改变而改变。当风速超过额定风速时，过高的风轮转速会威胁到风力机的强度，必须使用安全装置。一般对于具有相同叶形的风力机来讲，风轮的转速大致与风速成正比，与直径成反比。

对于小型风力机，强风会使转速过高，因此产生极大的离心力，所以要特别注意防止超速旋转。小型风力机的控制转速和安全装置在机构上相互关联。不少小型风力机的调速装置会同时具有抗强风的功能。比较典型的控速方式包括侧叶式、偏向式、圆锥式、百叶窗式、阻流板式等。不管采用哪种方法，必须确保风轮上各个叶片以及叶片控制装置连接的安全性，确保所有叶片都能同时工作。在风力机高速运转时，一旦某个叶片发生变形或者未执行调速动作，就会出现剧烈振动现象，导致风力机寿命缩短，甚至会使风力机毁坏。

所有水平轴风力机在高、低速运转时都必须进行转速控制，高速控制是为了避免转速过快损伤叶片。在高速运转时，叶片会在风力产生的力矩和叶尖的巨大离心力作用下受到损伤。对于大型风力机，高风速运转时可以通过改变机舱的偏航位置来实现转速控制，即将机舱正面略微地移出风向。当偏航控制使风轮直接迎向风向时，叶片将以最大转速运转；而当偏航控制使风轮不直接迎向来风时，叶片则不会达到最大转速。一些大型风力机在控制器中嵌入了能使叶片在阵风时承受更高风速的程序。通过使叶片短时间高速运行，来转换阵风时的能量。此时，多余的风能将被转化为电能并在短时间内由发电机输出，从而避免损伤叶片、主轴及齿轮箱。

3. 风力机功率控制

风力机的功率控制包括对其在低于额定风速时的功率优化和高于额定风速时的功率限制。控制方法主要有三种：失速控制、变桨距控制和主动失速控制。

（1）失速控制

失速控制是将风力机的风轮叶片以固定角度安装在轮毂上，即定桨距控制。该控制用于风速超过额定风速时，目的是限制功率输出。方法是通过对风轮叶片的几何设计来确定叶片翼型的扭角分布，使风力机的功率达到额定值后，继续增大风速，升力减小而阻力增加，在叶片表面产生流动分离，从而达到限制功率输出的目的。风力机的失速控制要求对风轮叶片的精确加工以及对叶片安装角的精确控制。该方法的优点是结构简单、成本低且运行维护方便；不足之处是起动性差，在低风速条件下的输出功率较低，机组承受的动态负载大，额定功率会受空气密度的影响而改变，在空气密度较低时很难达到额定功率。

（2）变桨距控制

采用变桨距控制可以改变叶片桨距，通过特定机构达到准确的变桨距控制，实现优化功率输出。当功率过大时，通过将每个叶片的部分或全部相对于叶片轴方向旋转以减小攻角，从而减小翼型的升力，实现减小功率输出的目的；反之则增大攻角以达到增加功率输出的目的。变桨距控制时，叶片的攻角可以连续地改变，从而使风机功率输出在期望的范围内。该方法的优点是起动性好，额定功率点之前的功率输出饱满，额定功率点之后的输出功率平滑，风轮承受的载荷小；缺点是变桨距机构会增加额外的复杂性，使可靠性设计的要求更高，成本和维护费用也更高。

（3）主动失速控制

主动失速控制也具有可以改变桨距的叶片，又称为负变桨距控制。在额定功率点之前，叶片的桨距角固定不变，达到额定功率之后，调节叶片桨距角使攻角增大，叶片进入失速状态，以减小功率输出。当叶片失速导致功率下降，直到低于额定功率时，再反向调节桨距角，从而提高功率输出。该方法的优点是可以精确地控制功率输出，有可能使风力机在高于额定风速时仍可以达到额定功率，有利于补偿由空气密度变化所导致的功率变化。

（4）偏航控制

大多数水平轴风力机都采用偏航驱动机构来使风力发电机组正对风向来增加功率输出，而采用偏航机构将风力发电机组偏向风向来限制功率输出。但是，有两个因素限制了这种功率限制系统的快速响应，即机舱和叶轮对偏航轴承的大转动惯量，以及风速垂直于风轮圆盘的分量和偏航角的余弦关系。后者意味着在偏航角改变比较小时，只会减少很小一部分的输出功率，而相同大小的桨距角的改变则可以使输出功率减半。所以，主动偏航控制只适用于变速机组，其中阵风的能量可以储存为叶轮的动能直到偏航驱动做出必要的修正为止。

4. 风力机方位控制

自然风不仅风速经常改变，其风向也不断变化。垂直轴风力机不受风向的影响，可以利用来自各个方向的风，因此无须方向控制。然而，对于应用最广泛的水平轴风力机来说，为了高效地利用风能，应使其旋转面尽可能地正对风向，因此，大多数水平轴风力机都采用了转向机构。图 4-21 所示为几种最常用的风力机转向机构。图 4-21a 所示为最常见的尾航转向

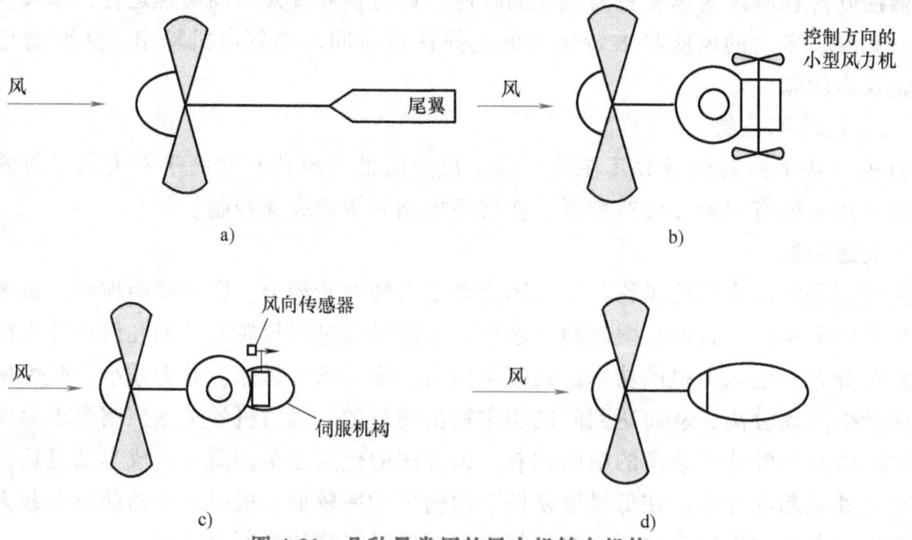

图 4-21　几种最常用的风力机转向机构

a）尾航转向机构　b）中型风力机转向机构　c）大型风力机转向机构　d）独立设置式转向机构

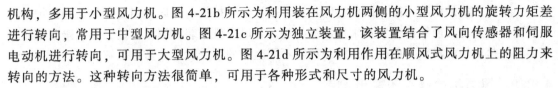

机构，多用于小型风力机。图 4-21b 所示为利用装在风力机两侧的小型风力机的旋转力矩差进行转向，常用于中型风力机。图 4-21c 所示为独立装置，该装置结合了风向传感器和伺服电动机进行转向，可用于大型风力机。图 4-21d 所示为利用作用在顺风式风力机上的阻力来转向的方法。这种转向方法很简单，可用于各种形式和尺寸的风力机。

5. 风力机的安全措施

风力机装置包括螺旋桨式等类型的水平轴风力机和 D 形等类型的垂直轴风力机，以下仅考虑水平轴风力机。

从小型风力机的事故调查结果来看，很多风力机是被台风或狂风连同塔架一起毁坏的，有的是受自然风变动的影响，陷入共振状态而毁坏，也有因运转条件的变化，导致叶片发生振动而毁坏。因此，解决风力机振动问题的防振措施是最重要的安全措施。

防振首先必须避免叶片的共振，因此必须考虑使叶片弯曲（平面方向和棱边方向）和扭转的固有振动频率及振动波形、使叶片弯曲的一次波的固有振动频率以及远离额定转速时风轮的旋转频率和高次频率；又由于自然风的速度时刻变化，风力机不可能永远在非共振区下运转，因此，最好的办法是在风力机的风轮和塔架之间安装吸振装置。

此外，若叶片的扭曲刚性比较低，叶片的拍动和顺桨运动会发生相互干涉，导致叶片剧烈振动。因此，必须提高叶片的扭曲刚度，并确保扭曲中心线在顺桨轴上。

为了避免风力机发生失速振动，可损失一部分功率以使叶片的输出功率系数 $C_p$ 避开失速区域，而且也要避免使用易失速及输出功率系数急剧下降的叶形。

考虑到性能和经济等因素，通常不得不将风力机的塔架设计成具有一定的柔性。但如果塔架缺乏足够的刚度，可能会由于整个风轮的共振或在悬臂旋转轴上做圆周运动的风轮产生摇晃的脉振现象而发生大事故。为此，可采取的防振措施有：提高塔架的刚性，提高拉索，并使塔架上部的重物集中，以防圆形塔架产生周期性的卡门旋涡，应使圆筒表面粗糙化，从而有效抑制有规律的大涡流。

6. 风力机的防护措施

为了确保风力机能长期、安全、高效地工作，同时尽量减少维修保养工作，可采取以下防护措施：

（1）防止疲劳

小型风力机的正常转速为 300r/min。假设风力机每转一圈振动一次，当风力机以正常转速连续运转一年，则振动可能达到 $15×10^{17}$ 次。虽然可以通过增加叶片数量来减少振动峰值，但不可避免地会增加峰值出现的频率。所以，风力机除了采用疲劳强度较高的材料外，也应该降低应力，避免风轮与轮毂的结合部位出现应力集中的现象。

（2）防止冰雪

若风力机的叶片积雪，会导致叶片的质量不平衡。这不仅会引起叶片振动，还可能引发叶片破裂飞溅的事故。因此，风力机必须安装相应的防冰雪机构。不过对于小型风力机来说，由于输出功率较低，防冰有一定的困难。

（3）抗强风

当风速过高超过某一极限或者转速过高时，可利用顺桨来控制风速，使风力机免受强风袭击。

（4）防磨损、防腐蚀

小型风力机的塔架不高，因此，叶片容易被沙尘等损伤。可以采用复合材料来保护叶片的表面，特别是其前缘部分大都采用浸渍处理。若风力机安装在海滩附近，必须避免使用镁等容易被盐腐蚀的材料。此外，还应该注意不同金属的结合状况以防止电解腐蚀。

## 4.3.2 风力机的选址和输出功率

### 1. 风力机的选址

风电场选址需要综合考虑多方面的因素，包括风能资源的评估、风电场与电网的连接、风电机组设备的运输与安装、地形地貌和社会经济发展等。为了获得更好的风电场经济效益，避免因选址不当而造成损失，应重视风电场的场址选择。

（1）风能资源评估

风况是影响风力发电经济性的重要因素之一。对风能资源的正确评估是选择风力机场址的首要条件。为保证风力发电机组高效而稳定地运行，达到预期目的，风电场场址必须具备丰富的风能资源。在进行风能资源评估时，应该考虑以下几个主要指标及因素：

1）平均风速。平均风速是最能反映当地风能资源的重要参数。评估时，一般按照年平均风速来计算。年平均风速越大，则该地的风能资源越丰富。一般情况下，只有年平均风速大于 $6\mathrm{m/s}$ 的地区才适合建设风电场。风能资源的统计分析及年平均风速的计算要依据该地区多年的气象站数据和当地测风设备的实际测量数据进行。

2）风功率密度。风功率密度与空气密度及风速有关。风功率密度越高，则该地区的风能资源越丰富，风能利用率也越高。风功率密度的计算可依据该地区多年的气象站数据和当地测风设备的实际测量数据进行；也可利用 WAsP 软件对风速、风向等相关数据做精确分析处理后进行计算。

3）主要风向分布。风向及其变化范围决定着风力发电机组在风电场中的排列方式，从而决定了发电场的发电效率。风电场应具有比较稳定的盛行风向，稳定的风向不仅可以提高风能的利用效率，还可以延长风力机的使用寿命。利用 WAsP 软件可对风向及其变化范围进行精确的计算。

4）年风能可利用时间。年风能可利用时间是指一年中风力发电机组在有效风速范围内（可取 $3\sim25\mathrm{m/s}$）内的运行时间。一般来说，年风能可利用小时数大于 2000h 的地区为风能可利用区。

（2）风电场选址的技术标准

风力发电机场址的选择如果不合理，风力机即使性能很好，也难以很好地工作。同样地，若厂址选择合理，即使性能稍差，风力机也可以很好地工作。因此，风力发电机选址的好坏对风力发电能否达到预期发电量至关重要。

在选择风力发电机的安装场址时，应首先考虑当地能源市场的供求情况、负荷的性质以及负荷每昼夜的动态变化。然后，根据风力资源的情况选择有利的场地，以便获得尽可能多的发电量。同时，应考虑风力发电机的安装和运输，尽可能地降低风力发电的成本。

理想的风力发电机场址应该满足以下条件：

1）具有丰富的风能资源。反映风能资源是否丰富的三个主要指标是年平均风速、年平均有效风能密度和年有效风速时数。这三个指标越大，则风能资源越丰富。根据我国气象部门的有关规定，当某地区的年有效风速时数为 $2000\sim4000\mathrm{h}$、年 $6\sim20\mathrm{m/s}$ 风速时数为 $500\sim$

1500h 时，该地即具有安装风力发电机的资源条件。

2）具有稳定的风向。可以利用风玫瑰图表示风向的稳定，其主导风向频率在30%以上的地区可以认为是风向稳定区。

3）风速风向变化小，季节变化小。稳定的风向既可以提高风能利用效率，还可以延长风轮的使用寿命。风速的年、月、日变化小，连续无有效风速时数少，场地风速变化小、有效风速持续时间长，会降低对风力发电机蓄能装置的要求，从而减少蓄电池投资。

4）湍流强度小。风吹过非常粗糙的表面或绕过建筑物时，风速的大小和方向都会发生很快的变化，这种变化即为湍流。湍流不但会减小风力发电机的功率输出，而且会使整个风力发电装置发生机械振动。湍流剧烈时，机械振动甚至会导致风力发电机毁坏。因此，在建风力发电厂时，要避开上风方向地形有起伏和障碍物较大的地区。

5）自然灾害小。风力发电机的选址应该尽可能地避开强风、冰雪、盐雾等严重的地区。强风对风力发电机的破坏力非常大，风力发电机应具有良好的抗强风性能和牢固基础。若风力发电机的叶片结冰或着雪，其质量分布和翼型将会发生显著改变，从而导致风轮和风力机发生振动甚至破坏。当气流中含有大量盐分时，会腐蚀金属，造成风力发电机内部的绝缘破坏和塔架腐蚀。

6）地理位置。并网型风力发电机组需要与电网相连接，场址选择时应尽量靠近电网，不但可以降低电缆铺设成本，而且可以减少线路损耗，满足电压降要求。此外，风能资源丰富的地区一般都在比较偏远的地区，选址时应考虑交通方便，便于运输，同时减少道路投资。风电场的交通方便与否，将影响风电场的建设。

7）对环境的不利影响。风电场对动物特别是对飞禽及鸟类有伤害，对草原和树林也会造成损害。为了保护生态，在选址时应尽量避开鸟类飞行路线、候鸟及动物停留地带及动物筑集区，并尽量减少占用植被面积。

（3）风力机位置选择的一般原则

风力机位置的选择可参考以下一般原则：

1）风力机安装位置1km半径内应无障碍物。尤其是在最多风向的上侧，不应有障碍物。

2）如有障碍物，塔架高度应在障碍物高度3倍以上，如图4-22所示。对于小型风力机，影响范围按400m半径以内考虑。

3）开阔平原和海岸线比较好。如沙漠和海滩，风力大且不占用良田。

4）坡度平滑的小山且周围是平原，抑或湖泊或海洋中的小岛上，风速大。

5）若要安装在没有山的平原上，应增加塔架高度来提高风力机的输出功率。

6）海岸边的坡度平滑的小山。此时，若风是由海上吹来，则可获得比较满意的效果。

7）不应安装在独立的山峰上。因为当气流遇到独立的山峰时，在某些情况下，气流会绕过山峰而不从山顶上吹过。

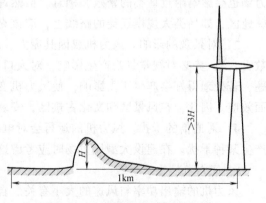

图4-22 风力机塔架的安装高度要求

8）能形成渐缩型通道的山口或峡谷口风速会大大增加，是比较理想的安装位置。

9）如果选择安装在内陆小山上，且周围很近的距离内环绕着相同高度的山或高地时，则具有低的名义风速和湍流气流。

10）应避免安装在大面积的高地或非常峻峭的悬崖上。这些地点往往会形成速度不大的漩涡气流，造成不利影响。

（4）风电机组的排列及尾流影响

风力发电机组的排列方式主要与风向及风力发电机组的数量、场地实际情况有关。由于风通过风轮后速度下降而且产生湍流，要经过一定的距离后才能恢复。理想情况下，在主风向上尽量使风电机组布置得远，以削弱风电机组相互间的影响。但是，缩短机组之间的距离可以减少电缆长度，从而降低联网费用。另外充分利用土地等因素也要求把风电机组布置得尽量近。风电机组布置时应考虑这些因素，根据实际地形情况，因地制宜、优化布置。作为一条指导原则，风电场布置风电机组时，在盛行风向上要求机组间相隔5~9倍的风轮直径距离，在垂直于盛行风向上要求机组间相隔3~5倍的风轮直径距离。

风电机组具体布置时应根据风向玫瑰图和风能玫瑰图确定风电场的主导风向。对平坦、开阔的场址，可以按照以上原则，单排或多排布置风电机组。在多排布置时应呈梅花形排列，以尽量减少风电机组之间尾流的影响。在复杂地形条件下，可利用WAsP软件等工具对场址风能资源进行分析，寻找风能资源丰富、具有开发价值的布机点，并结合以上布机原则进行风电机组布置。

（5）风力机对环境的影响

倘若不考虑风能利用中所采用材料（如钢铁、水泥等）在生产过程中对环境的影响，通常可以认为风能利用对环境是无污染的。随着人们对环境的要求越来越高，以及环境保护的含义越来越广，在风能利用中也必须考虑风力机对环境的影响，这种影响包括以下几方面：

1）风力机的噪声。风力机产生的噪声包括机械噪声和气动噪声。研究表明，当风轮直径小于20m时，机械噪声是最主要的噪声。当风轮直径更大时，气动噪声就成为主要的噪声。噪声会对风力机附近的居民产生一定的影响，尤其是在人口稠密地区，噪声问题更加突出。

2）对鸟类的伤害。风力机的运行会对鸟类造成一定的伤害，如鸟被叶片击落。大型风力场也会影响附近鸟类的繁殖和栖息。虽然许多研究表明上述影响并不大，然而对于一些特殊地区，如鸟类大规模迁徙的路线上，应该充分考虑对鸟类的影响，在选址上予以避开。

3）对景观的影响。风力机或因其庞大，或因其数量多（大型风力电场的风力机可多达数百台），势必对视觉景观产生影响，对人口稠密区和风景秀丽区域更是如此。对待这一问题，若处理得好会产生正面影响，使风力机变为一个景观，而处理不好，则会产生严重的负面效应。因此，在风景区和文化古迹区，安装风力机时应该尤其慎重。

4）对通信的干扰。风力机的运行会对电磁波产生反射、散射和衍射，从而对无线通信产生某种干扰。在建设大型风力场时应考虑这一因素。

2. 风力机的输出功率

风力机的输出功率与风速的大小有关。自然界的风速并不稳定，所以风力机的输出功率也不稳定。由此，风力发电机发出的电能一般不能直接用于电器，需要先储存在蓄电池内，再通过蓄电池向直流电器供电,或者通过逆变器将蓄电池的直流电转变为交流电后向交流电器供电。由于成本问题,目前大多数的风力发电机采用铅酸蓄电池。

任何种类的风力发电机的输出功率可表示为

$$P = \frac{1}{2}\rho v^3 A C_P \eta_m \eta_e \qquad (4\text{-}55)$$

式中,$P$ 为风力发电机的输出功率(额定工况下,W);$\rho$ 为空气密度(kg/m³);$v$ 为场地风速(m/s);$A$ 为风轮扫掠面积(m²),且 $A = \frac{1}{4}\pi D^2$,$D$ 为风轮直径(m);$C_P$ 为风轮的功率系数,一般在 0.2~0.5 之间,最大为 0.593;$\eta_m$ 为风力发电机的传动效率;$\eta_e$ 为发电机的机械效率。

风力发电机的制造厂家一般都会提供产品的输出功率曲线,图 4-23 所示为某风力发电机制造厂家提供的风力发电机的输出功率曲线。可以看出,输出功率随风速而改变。注意:不同的风力发电机机型和运行条件下,曲线的具体形式也会有所不同。

结合风力发电机的输出功率曲线和场地的风力分布,还可以估算出风力发电机的年发电量,方法如下:

1)根据场地资料,计算风机的起动风速、停机风速,以及全年各级风速累计小时数。

2)根据风力发电机的功率输出曲线,计算不同风速下的输出功率。

3)利用以下公式估算:

$$Q = \sum_{v_0}^{v_1} P_v T_v \qquad (4\text{-}56)$$

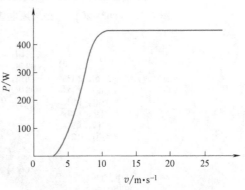

图 4-23 某风力发电机的输出功率曲线

式中,$Q$ 为风力发电机的发电量(kW·h);$P_v$ 为在风速 $v$ 下,风力发电机的输出功率(kW);$T_v$ 为场地风速 $v$ 的年累计小时数(h);$v_0$ 为风力发电机的起动风速(m/s);$v_1$ 为风力发电机的停机风速(m/s)。

### 3. 我国风力发电的发展现状

#### (1)风电市场规模持续增长

大中型并网型风力发电机组已成为世界风能利用的主要形式。我国已建立了一大批大型风力发电场。一般可将风电场分为三类:年平均风速为 6m/s 时的为较好;年平均风速为 7m/s 时为好;年平均风速为 8m/s 以上为很好。我国现有风电场场址的年平均风速均达到了 6m/s 以上。

2010 年以来,随着我国对风电产业的持续不断扶持及大量投入,我国的风力发电得到快速发展,我国已经成为全球风力发电市场上发展最快且最具市场潜力的国家。根据我国可再生能源学会风能专业委员会(CWEA)的调研统计,2017 年我国风电新增装机容量为 1966 万 kW,占全球风电新增装机容量的 37%;截至 2017 年底,全国累计装机超过 11.4 万台,风电累计装机容量为 1.88 亿 kW,占全球风电累计装机容量的 35%,继续驱动着全球的风电发展。图 4-24 所示为我国 2008~2017 年全国风电新增和累计装机容量。图 4-25 所示为截至 2017 年底我国各地风电累计装机容量及占比情况。全国六大区域在 2017 年的风电新增装机容量所占比例分别为华北 25%、中南 23%、华东 23%、西北 17%、西南 9%、东北 3%。三北地区新增装机容量占比为 45%，中东南部地区新增装机容量占比为 55%，首次超过三北地区。

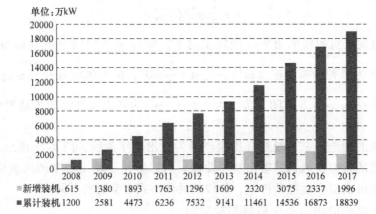

图 4-24　2008～2017 年全国风电新增和累计装机容量（图片来源：CWEA）

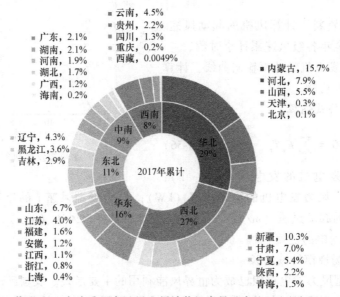

图 4-25　截至 2017 年底我国各地风电累计装机容量及占比（图片来源：CWEA）

**(2) 风力发电市场展望**

尽管我国的风电发展存在着一些制约因素，例如：由于并网瓶颈问题导致的弃风限电；补贴资金缺口日益扩大；风电开发成本下降空间有限等，但是我国的风力发电保障措施也在逐步完善，以确保风电产业的持续健康发展。

1) 实现产业转型升级。在风电发展前期，制造业一直是我国风电产业的中坚力量。风电投资商更多地依赖于主机设备制造商的服务，由于风电服务体系建设的相对滞后，制约着质保期过后的运维服务。

2) 不断提升技术自主创新能力。我国的风能技术经历了技术引进、消化吸收、联合开

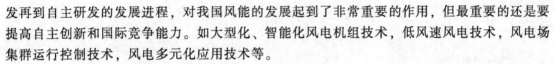

发再到自主研发的发展进程，对我国风能的发展起到了非常重要的作用，但最重要的还是要提高自主创新和国际竞争能力。如大型化、智能化风电机组技术，低风速风电技术，风电场集群运行控制技术，风电多元化应用技术等。

3）进一步优化政策环境。通过完善配额制度政策和绿证交易制度等，在一定程度上弥补现有补贴制度的不足，推动风电产业逐步实现市场化。

# 第 5 章

# 生物质能利用

## 5.1 概述

生物质（biomass）是指通过光合作用直接或间接形成的各种有机体，包括生物圈中所有的动植物及其代谢产物。生物质能（biomass energy）是太阳能以化学能形式储存在生物质中的能量形式，其本质是有机物化学键中储存的化学能。生物质能转化和利用途径非常丰富，基本原理是通过各种物理化学手段，打断大分子有机物中的化学键，将生物质转化为常规的固态、液态和气态燃料。

生物质能的根本来源是太阳能，而其直接来源是地球的生物圈。35 亿年前，前寒武纪的地球海洋还是一片混沌，最原始的藻类就已经通过光合作用固定太阳能、合成有机物。经过长期的演化，现在地球的生物圈包含着极为丰富的物种，其中进行着十分复杂的物质循环与能量传递过程。从生态学的角度来讲，食物链中的生产者（主要是绿色植物）通过光合作用固定太阳能，其后各级消费者摄入前一级生物、分解者分解动植物残渣与粪便。参与这整个过程的所有有机物都可以归为生物质，而其中所蕴含的能量就是生物质能。

从蛮荒的原始社会到工业革命爆发之前，生物质能一直是人类社会的能源支柱。远古时期人类就掌握了火的利用，将自然界中的薪柴等植物材料作为能源，点亮了文明最初的火光。无论是篝火还是柴灶，直接燃烧都是生物质最简单便捷的利用方式，满足了日常生活的能源需求。在大约公元前 3000 年，古人发明了热解技术，通过将木柴在 400℃ 左右的无氧条件下加热以制备木炭，其燃烧产生的高温可以用于冶炼金属，是原始工业的重要能源。人类在公元前 4000 年就掌握了发酵技术，利用粮食与水果等酿造美酒，但是不足以提供能源。

随着工业革命的进行，人类的能源消耗急速上升，化石能源成为工业生产的支柱，取代了生物质能的地位。化石能源是古代生物的残骸在地层下经过长时间演变形成的，因此化石能源是由生物质能转化而来，从根源上来讲也是太阳能的储存形式。直接燃烧也是以煤为代表的化石能源最主要的利用方式，然而为满足能源与化工领域多方面的需要，工程上开发了多种化石能源的热转化技术。固体的煤炭可以通过煤气化技术转化为以 CO、$H_2$ 为主的合成气，且工艺分为固定（移动）床、流化床和气流床三大类，适宜不同的规模和煤种。此外，通过干馏技术用低阶煤（如褐煤）生产煤半焦与煤焦油等，可以实现清洁利用、增加产品附加值。虽然化石能源采储集中、转化方便，但其形成需要较长的周期，相对于人类的开采利用而言是不可持续的。此外，大量化石能源的消耗造成的碳排放带来了气候变化风险，产生的污染物排放也造成了雾霾、酸雨等严重的环境问题。

生物质能的利用过程中，能源均是直接取自碳循环过程，理想情况下利用生物质的过程中不会产生比自然过程更多的 $CO_2$，因此生物质能是碳中性（carbon neutral）的可再生能源，在能源结构中具有十分独特的地位。太阳能和风能等可再生能源的总量也十分可观，但是其共同缺点是只能即时取用，且受限于地域和气候条件。生物质能是天然的太阳能的储存形式，可以在现有化石能源转化方法的基础上，开发适合生物质的新技术来制备固体、液体与气体燃料，既便于储存与运输，又能与现有的基于化石能源的工业体系（锅炉、内燃机等）良好匹配。此外，生物质能的开发利用也与废弃物处理的需求密切相关。生物质原料有很大一部分为剩余物和垃圾，包括农作物秸秆与加工剩余物、林业生产与木材加工剩余物、城市生活垃圾与城市污水、工业有机废渣与有机污水等。采用先进的技术处理废弃物类生物质原料，可以避免废弃物带来的环境污染问题，并实现废弃物的资源化利用。

## 5.1.1　生物质的形成与来源

地球上的生物按照营养方式可以分为异养生物和自养生物，其中异养生物只能利用现成的有机物作为营养，而自养生物可以通过碳素同化作用（carbon assimilation）吸收 $CO_2$ 制造有机物。碳素同化作用包括化能合成作用、细菌光合作用与植物光合作用，其中植物光合作用（photosynthesis）是绝大多数生物的直接或间接能量来源。

植物的光合作用是指绿色植物通过叶绿体吸收光能，同化 $CO_2$ 和水，制造有机物并释放氧气的过程，其总反应方程式可表示为

$$6CO_2 + 6H_2O \xrightarrow{\text{光照、酶和叶绿体}} C_6H_{12}O_6 + 6O_2 \qquad (5-1)$$

光合作用发生在植物的叶绿体中，包括光反应和暗反应两个阶段，图 5-1 是光合作用原理示意图。光反应阶段发生在叶绿体内基粒的囊状结构上，其中的光合色素分子吸收光能后处于激发态，发生氧化还原反应分解水分子。该反应生成的电子通过电子传递链，一方面还原 NADP+生成 NADPH，为后续的暗反应提供还原态 [H]；另一方面启动光合磷酸化生成 ATP，将光能转化为活泼的化学能储存在 ATP 分子的高能磷酸键中。暗反应发生在叶绿体基质中，不需要光照也能进行。暗反

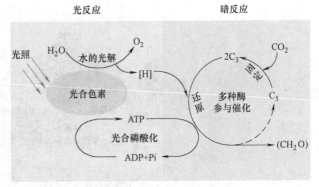

图 5-1　光合作用原理示意图

应通过消耗 ATP 提供能量和 NADPH 提供还原态 [H]，来固定 $CO_2$ 形成糖类，是一个循环反应。总之，光合作用先将太阳能转化为 ATP 中活泼的化学能，再转化为稳定的化学能，以糖类的形式储存在植物体内。仅陆生植物每年固定的太阳能总量可达 $2.2 \times 10^{21}$ J，其中在

农业、林业与畜牧业中可以直接利用的总能量约为 $1.9×10^{20}$J，相当于人类当前能源需求量的 35%。

生物质的来源也十分广泛。农业、林业和畜牧业等生产活动中产生了大量有机废弃物，包括各类秸秆、果壳、木料、树皮和禽畜粪便等。此外，生活垃圾的化学组成和性质与生物质原料类似，也可以采用生物质的清洁转化技术来实现生活垃圾的资源化利用。据统计，我国年均各类农林废物的总产量约为 15 亿 t，其中林业与木材加工的废弃物折合约 3 亿 t 标准煤，农作物秸秆资源量相当于 1.5 亿 t 标准煤。此外，2015 年全国禽畜粪便总量达 22 亿 t，且产量在逐年增长，若处置不恰当，对环境的污染十分严重。与此同时，我国 2015 年度城市生活垃圾的总量已达 2.5 亿 t，造成了许多地方"垃圾围城"的局面。所以，生物质能的开发利用很大程度上是资源环境问题的客观需要。

除了各类废弃物资源，专门的能源作物也是一大生物质来源。按照化学成分，可以将其分为富含碳水化合物、富含油脂和富含类似石油成分的能源植物。在气候与土地资源充裕的条件下，开发种植生长迅速、能量富集度高的能源作物品种是一种可行的方案。除了传统的能源作物，微藻也是一种极具前景的生物质资源。微藻是一大类形态微小的藻类群体，其生长过程中会在细胞内积蓄油脂，通过基因工程制造出的"工程藻"产油量可达 60%。培育出生长迅速、产油量高的微藻也是目前的研究热点，可以实现较少占地面积的生物质能源工业化生产。

## 5.1.2　生物质原料的组成与利用方式

木料、秸秆等农林废弃物统称为木质纤维素类生物质（lignocellulosic biomass），是最主要的生物质原料。木质纤维素类生物质的形成过程决定了其组成与结构，进而影响了其后续的利用方法与加工途径。光合作用的直接产物是小分子糖类等有机物，这些有机物一部分经由呼吸作用氧化供能，另一部分以有机物大分子的形式构成了植物组织。如图 5-2 所示，细胞壁是植物细胞外的支撑结构，也是稻草、木料等生物质材料干燥后主要的可利用组织，主

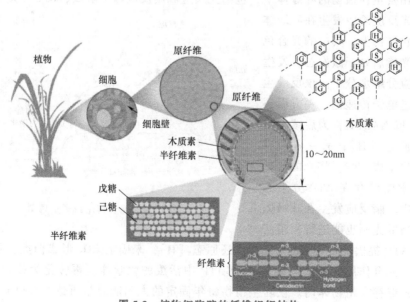

图 5-2　植物细胞壁的纤维组织结构

要由纤维素（cellulose）、半纤维素（hemicellulose）与木质素（lignin）三组分交织构成。

纤维素是植物纤维的骨架，是葡萄糖分子通过β-1，4-糖苷键聚合而成的长链高分子结构。纤维素的化学式通常表示为$(C_6H_{10}O_5)_n$，$n$为聚合度，一般可达9000~10000。木料中通常含有约45%的纤维素成分，棉花、亚麻等纤维素含量高达80%~95%。纤维素的葡萄糖分子间结合并不紧密，其糖苷键在酸性或高温条件下容易断裂，使得纤维素分解为小分子产物。

半纤维素是短链的杂多糖结构，通常由多种己糖和戊糖共聚而成，其聚合度约为200。半纤维素的含量取决于植物的品种与部位等，通常在10%~25%之间。组成不同的半纤维素，其己糖、戊糖的比例不同，聚合度相差也较大，因此其化学性质相差较大。

木质素化学结构十分复杂，由愈创木基丙烷（G）、紫丁香基丙烷（S）和对-羟基-苯基丙烷（H）三种单体通过多种不同的键合方式交联在一起，是无定形的芳香性高聚物。木质素在木本植物中含量通常为25%左右，其在细胞壁中作为一种填充和粘结的物质，使纤维素之间的交联更为紧密，增加了其机械强度与耐腐蚀能力。

纤维素、半纤维素与木质素并非独立存在于植物纤维中，而是紧密堆叠、相互交织的，各组分单独的化学性质与组分间的相互作用共同决定了生物质原料的性质。生物质原料的转化利用途径主要包括燃烧、热化学转化、生物化学转化等，如图5-3所示。虽然生物质原料的转化利用途径多种多样，但是原理都是基于生物质原料的化学特性。

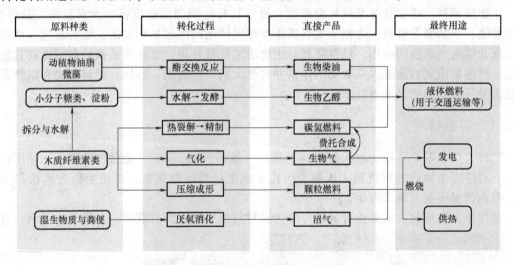

图5-3 生物质原料的转化利用途径

木料、秸秆等木质纤维素类生物质原料的利用途径十分广泛。其基本结构是高分子有机物，在空气中可以稳定燃烧，因而长期作为生活燃料使用。这些原料的密度通常较低，而通过压缩成形技术制备成颗粒燃料，可以增加其能量密度、提高燃烧温度，便于运输和储存。

除了燃烧，还可以通过热化学转化方法制得气体或液体燃料。通过热裂解技术，以较快的升温速率打断生物质的大分子结构，并将生成的有机分子碎片快速冷凝收集，便可以获得生物油（bio-oil）。生物油的含氧量与含水量通常较高，化学性质不稳定，可以采用催化加氢等精制过程得到高品质的碳氢燃料。通过气化技术，将生物质原料经过热解后在高温下与气化剂（$H_2O$、$CO_2$和$O_2$等）作用，可以获得生物质合成气。生物质合成气的主要成分是

CO、$H_2$ 和 $CH_4$ 等可燃气体和 $CO_2$，既可以用于燃烧供热供电，也可以通过费托合成技术制备液体碳氢燃料。

生物化学转化技术也是生物质的重要利用途径。许多粮食作物（高粱、玉米等）的主要成分是小分子糖类与淀粉，可以在酵母菌的作用下发酵为乙醇，其基本反应方程式为

$$C_6H_{12}O_6(葡萄糖) \xrightarrow{\text{酶,厌氧条件}} 2C_2H_5OH+2CO_2 \tag{5-2}$$

然而，由于粮食安全问题，通过粮食作物制备燃料用乙醇存在一定的社会争议。采用纤维素类原料，通过纤维素酶降解技术将纤维素、半纤维素分解为小分子糖类，用以发酵制备非粮燃料乙醇是目前的研究热点。此外，在许多农村地区，农林废弃物及禽畜粪便的混合物可以通过厌氧消化（anaerobic digestion）的方式制备沼气。厌氧消化是十分复杂的生化过程，通过多种微生物的分阶段作用，将大分子有机物最终分解为 $CH_4$、$CO_2$、$N_2$ 等气体。沼气中 $CH_4$ 含量通常在 50%~80%，因此可以作为可燃气体供能。

除了高分子结构，动植物体内还有一定量的油脂，结构通式为甘油脂肪酸三酯。通过与甲醇发生酯交换反应，可以获得高纯度的脂肪酸甲酯，即生物柴油。生物柴油在作为交通运输液体燃料方面具有较大的潜力，也是未来微藻生物质类原料的主要产品。

## 5.2 生物质预处理技术

生物质原料，特别是各类农林废弃物，通常具有体积能量密度低、含水量高、易腐烂、亲水性强、不易磨等特点。为便于生物质作为燃料使用时的收集和储运，更容易进入商业化的体系并实现大规模的应用，经常需要对生物质进行预处理。生物质的预处理可提高其能量密度，使生物质更容易进入商业化的体系并实现大规模的应用。打捆、燃料成型和烘焙是目前较为常见的生物质预处理技术。

### 5.2.1 打捆技术

秸秆、芦苇等草本植物堆积密度（干基）一般低于 $50kg/m^3$，能量密度较低。使用打捆机械，对这类生物质进行捡拾、压捆、捆扎等操作将其压缩成捆，可使生物质形状初步规整、提高能量密度，易于搬运。

按照成捆的形状，常见的打捆机可分为圆形打捆机和方形打捆机，如图 5-4 所示，可将

a)                                        b)

**图 5-4　常见的生物质打捆机**
a) 圆形打捆机　b) 方形打捆机

生物质压缩成不同尺寸的捆，成捆后的密度（干基）一般可在100kg/m³以上。方形打捆机的技术和结构相对复杂，经过捡拾、切碎、预压、活塞压缩和打结等一系列操作后，所得到的料捆密度高且捆型整齐。圆捆打捆机作业效率高，但操作后的料捆密度低，捆型一般。

## 5.2.2 生物质燃料成型技术

固体生物质的成型技术是指将各类生物质原料经粉碎、干燥、高压成型等加工环节，使原来松散、无定型的原料压缩成具有一定形状、密度较大的固体成型燃料。成型燃料体积可缩小为原来的1/8~1/6。按照成型之后的密度，可分为高密度成型燃料（1100kg/m³以上）、低密度成型燃料（700kg/m³以下）和中密度成型燃料（介于上述两者之间）；按照成型后产品的形状，可分为颗粒状、块状和棒状，如图5-5所示。成型后的生物质燃料还具有强度大、性质均一、燃料操作控制方便等优点。

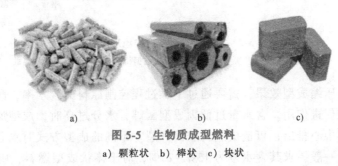

图 5-5 生物质成型燃料
a）颗粒状 b）棒状 c）块状

生物质的固体成型主要利用两种原理：一种是在一定温度和压力作用下，依靠生物质颗粒相互间的作用力，主要是利用木质素充当黏接剂，在200℃左右的温度下，使木质素中的胶性物质释放出来，起到黏结剂的作用，同时通过高压将粉碎的生物质材料挤压成颗粒；另一种是通过外加黏结剂使松散的生物质颗粒黏结在一起，这种方式可用于木质素含量较低的原料，可供选择的黏结剂包括黏土、淀粉、糖蜜、植物油等。

目前生物质成型燃料工艺主要利用第一种原理，即在一定的温度和压力下，利用木质素在生物质成型过程中的黏结剂作用。为使该作用更加突出，现代成型工艺往往采取加热的方法使生物质具有一定的温度，使木质素软化产生黏性，一定的温度还可以使原料本身变软，变得更加容易压缩。加热生物质的方法有两种：一种是外部热源加热，可通过电加热、热气加热等方式对燃料加热，称为热压成型；另一种是通过成型磨具与原料间摩擦产生的热量来加热生物质原料，称为常温成型。不

图 5-6 生物质成型燃料的生产工艺流程

同种类的生物质原料，其木质素、半纤维素、纤维素含量不同，原料所处状态不同，要求产品的尺寸不同，成型所需的温度和压力也是有差异的，加热温度一般为150~300℃，成型时使用的压力为50~400MPa。

一般生物质燃料的固化成型工艺的主要流程为粉碎→干燥→成型→冷却，如图5-6所示，之后便可筛分、包装。加压成型机是生物质燃料成型的核心设备，技术较成熟、应用较多的加压技术有辊模挤压式、活塞冲压式、螺旋挤压式三种，图5-7是三种加压成型机的工作原理示意图。辊模挤压式适合颗粒燃料的加工，活塞式和螺旋挤压则适合棒状燃料的加工。

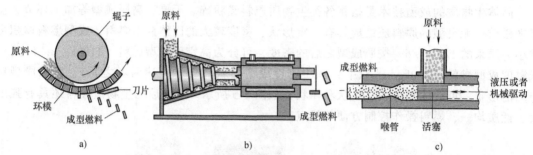

**图 5-7 加压成型机的工作原理示意图**

a）辊模挤压式成型机　b）螺旋挤压式成型机　c）活塞冲压式成型机

为实现较好的压缩成型效果，需要通过干燥过程控制原料的含水率，微量的水分对木质素的软化、塑化有促进作用。含水量过低则成型困难，水分过高时，成型加热过程产生的蒸汽不易顺利从燃料中心排出，可造成燃料表面开裂。不同的成型方式对水分的要求有别，对于颗粒成型燃料，一般要求其含水率为15%~25%，对于棒状成型燃料，则要求原料的含水率不大于10%。

## 5.2.3　生物质烘焙技术

生物质的烘焙是一种较高级的预处理方式，它是将生物质在惰性气氛下加热至200~300℃并维持一定时间，以获得高品质固体生物质燃料的技术。烘焙技术有效改善了影响生物质燃料质量的几个重要参数：

1）烘焙过程中减少的主要是生物质中的羰基和羧基基团，这些基团所含能量少，O/C比例高，从而使得生物质质量减少30%的同时，保留约90%的能量，提高了燃料的能量密度、降低了固相产物的O/C比。

2）烘焙的加热过程不仅除去了生物质所含的水分，并脱去了亲水性基团（如羟基），使生物质由较强的亲水性变为较强的疏水性，降低了燃料储运难度。

3）烘焙过程破坏了生物质的韧性和纤维结构，使其可磨性得到了大幅提高，这对利用现有大型电站煤粉锅炉进行规模化混烧应用提供了极高的可行性。

图5-8为利用烘焙与颗粒成型技术，在电站煤粉锅炉中进行生物质与煤混烧的生物质预处理流程。

对生物质进行烘焙时加热的烘焙设备，按照加热的方式，可分为直接加热型和间接加热型。在直接加热型设备中，生物质原料同加热介质直接接触加热，除了气体外，无反应性的固体以及热流体（如蒸汽和废油等）也可以作为加热介质用。对流型设备是最为常见的直接加热型设备，图5-9所示的多膛炉就是其中一种，炉床在中轴旋转带动下绕轴心运动，与刮刀相对运动，待烘焙的生物质原料由炉上口进入上层炉床，在刮刀的作用下逐层向下翻

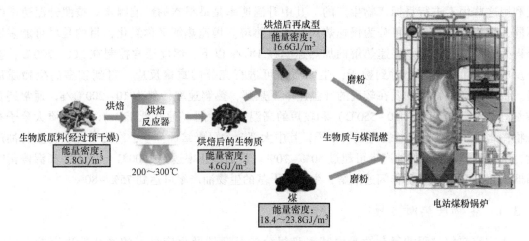

图 5-8　生物质烘焙流程及其在电站煤粉锅炉混烧中的应用

落，被加热的气体则自下而上逆向流动，气体温度逐渐降低，并携带物料烘焙产生的气体产物，在炉顶出气口排出，原料温度逐渐升高，烘焙产物由炉膛底部出料口排出。在间接加热型反应器中，生物质不与加热介质直接接触，热量由设备的器壁传递，可保证生物质烘焙时的惰性气氛，避免烘焙过程中出现不必要的燃烧，间接加热型设备还有两个优点：一是加热介质可以为任何高温物质；二是烘焙过程中释放的挥发性物质不会被加热介质稀释，方便将挥发物隔离开

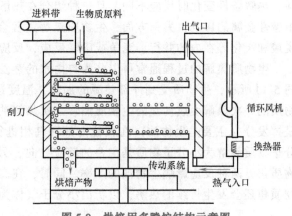

图 5-9　烘焙用多膛炉结构示意图

来单独燃烧，用于为反应器提供热量。间接加热型设备有转筒型、螺杆型以及微波反应器等多种形式。

## 5.3　生物质热解技术

　　生物质热解指的是生物质中的有机物质在非氧化性气氛下的受热分解，在生物质燃烧和气化过程中都要经过热解阶段。生物质热解的产物为生物油、生物质焦炭和不可凝性气体，这些热解产物具有广泛的用途。利用木材生物质热解生产木炭已有上千年的历史，产生的木炭属于生物质焦，具有热值高、燃烧无黑烟的特点；生物质焦经过活化得到的活性炭，有巨大的比表面积（可达 $1000m^2/g$ 以上），因而具有强大的吸附能力，是常用的吸附剂；生物油可用作液体燃料，或可作为化工原料；非可凝性气体可用作合成液体燃料，或直接用作燃料，如常作为生物质热解的能量来源。从能量利用的角度看，生物质热解并未直接消耗生物质能，而是作为能量转化的中间平台。

　　生物质热解各类产物的产率和特性受到生物质种类和热解条件的影响，各种热解工艺便是利用这些因素进行目标产物生产的，其中升温速率是最根本的影响因素。按照升温速率的不同，生物质热解工艺可分为慢速热解和快速热解。慢速热解又称炭化，目的是尽可能多地获得生物质焦炭产物。慢速热解的加热速率在 1℃/s 以下，温度通常控制在 300~700℃，整个反应时间可长达数小时到数天，生物质内可进行充分的重聚反应，得到较多的生物质焦炭。快速热解是将生物质在较高的升温速率下热解，热解速率一般为 10~200℃/s，通常还要控制适当的反应温度（450~550℃）和较短的高温停留时间（通常低于 2s）。生物质大分子有机物在此条件下可迅速断裂为短链分子，其中大部分为可凝结性分子，冷凝后即获得生物油产物，生物质干基的生物油产率可超过 50%~70%。当加热速率达到 1000℃/s 以上、高温停留时间低于 0.5s 时，又被称作闪速热解，生物质干基的生物油产率可达到 75%~80%。

## 5.3.1  生物质热解过程

生物质热解过程的复杂性是由其本身组分的复杂性及反应种类的复杂性决定的。一方面，生物质主要由纤维素、半纤维素、木质素三种组分组成，这三种组分热解特性各不相同，热解条件变化时反应不同，且三种组分在热解过程中还会发生交互作用，并受到生物质中碱性金属的影响；另一方面，生物质热解过程会发生包括脱水、解聚、异构化、芳香化、脱羧和炭化等在内的并行、竞争或串联反应，反应种类庞杂。

生物质热解的过程通常可以分为自由水的蒸发、一次热解和二次反应三个主要阶段。如图 5-10 所示，生物质受到外部热源的加热，温度达到 150℃ 前，通常为水分的蒸发过程；生物质的一次热解生成初级的生物质焦、一次热解油和不可凝气体构成的挥发分，二次反应则是挥发分（主要是生物油）在颗粒内部和气相进行的反应，以裂解反应为主，挥发分由大分子物质裂解为小分子物质是主要的反应方向，另外还有通过聚合/缩聚反应生成的二级生物质焦，两种反应影响生物油的产率。同时，在高温环境中，生成的初级生物质焦与二级生物质焦还会发生持续的热解，以析出小分子气体为主。

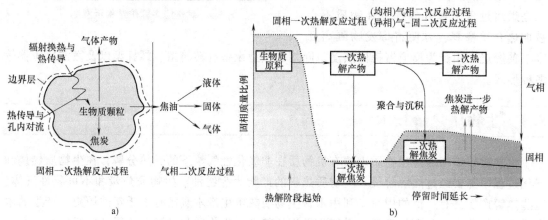

图 5-10  生物质颗粒的热解过程示意图

a）单个生物质颗粒的热解过程  b）生物质热解过程的产物分配

生物质一次热解过程造成生物质固相质量的减少，质量减少所对应的主要温度段为 200~400℃，这一温度段与生物质三组分的热分解机理密切相关。纤维素和半纤维素的热分解产生的失重比例大，纤维素的热分解主要发生在 325~400℃；半纤维素的热分解主要发生在 250~350℃；木质素结构较为稳定，热分解产生的生物质焦比例较大，其热分解虽发生在 200~500℃ 的较宽范围，但分解速率较快的区段主要在 310~420℃。对于生物质颗粒，其内外的热解过程受到传热条件的影响，温度不同步将产生热解的不同步。

### 5.3.2　生物质热解产物的基本特性

#### 1. 生物油

生物油是深棕色有机液体混合物，通常包含一定量的水和上百种有机物（如酸类、醇类、酮类、醛类、酚类、醚类、酯类、糖类、呋喃类、烯烃类、含氮物质及含氧杂环化合物）。此外，生物油中还含有少量的固体颗粒，主要是热解过程中产生的炭黑以及矿物质形成的灰分。

生物油中的含水量与生物质原料中的含水量以及热解过程中生成的水有关，一般为 15%~35%。水分的存在降低了生物油的热值，生物油中含有非水溶性物质，因此水分的存在可导致生物油的分层，但水降低可以增加生物油的黏度，有助于生物油燃烧时的雾化，同时还能提高生物油的稳定性。

生物油含有大量的有机羧酸（如甲酸和乙酸），使得生物油的 pH 值较低，通常为 2~3。强酸性使生物油的腐蚀性很强，高温下腐蚀性更强，因此对于储存强酸性生物油的容器的抗腐蚀性要求很高。此外，生物油作为燃料时也要通过精制，以降低其 pH 值，防止对设备造成腐蚀。

干燥无灰基的生物质含有的氧元素约为 40%，在热解后，生物质焦中实现了碳元素的集中，生物油中的含氧量则进一步提高，较高的含氧量降低了生物油的热值，同时也是生物油稳定性差的主要原因。

生物油具有较高的反应性，非常容易老化，生物油中固体颗粒含有的碱金属与碱土金属又起到明显的催化作用，老化实际上是生物油发生的缓慢的二次反应，生成相对分子质量较大的物质，使生物油的黏度提高，生物油的老化可通过过滤固体颗粒和加入甲醇、乙醇等溶剂的方法进行控制。

生物油的高位热值通常在 15~20MJ/kg 范围内，传统石油燃料的高位热值为 42~45MJ/kg，也就是说生物油的高位热值约为传统石油的 40%~50%。生物油的密度为 1200kg/m³，高于轻燃料油约 850kg/m³ 的密度。生物油的黏度受到生物质种类、含水量及老化程度的影响，在 25~1000m²/s 的范围内（40℃ 测得），且由于其热稳定性差，温度超过 80℃ 后性质发生变化，黏度随温度升高而增大。生物油被加热到 100℃ 或更高温度时，在水分和部分轻质组分析出的同时，剩余的生物油会发生快速的聚合反应，生成固体、可挥发性物质和水，固体的质量占到原生物油质量的一半左右。

生物油具有的上述性质使其在用作锅炉燃料时具有的技术障碍较低；在用作内燃机或燃气轮机燃料时，还需要解决燃料与燃烧设备的适应性问题。为了进一步提升热解产生的生物油的品质，扩展其应用范围，提出了一些生物油精制提质的方法，目前多数方法是将生物油转化为与石油基燃料特性相当的烃类化合物，常见的方法包括：

（1）催化加氢

催化加氢是在 7~20MPa 压力和小于 400℃ 温度条件下，应用催化剂对生物质进行加氢处理。催化加氢可以将大部分氧元素以水或 $CO_2$ 的形式脱除，同时提高了生物油的热值，并使其转化为稳定的油品。

（2）催化裂解

催化裂解是在常压下将生物油裂解成较小分子的过程。该工艺的优势在于反应在常压下进行，且不使用氢气，提高了操作过程的安全性，但精制油产率比催化加氢低。

（3）加氢裂解

加氢裂解是在加热、氢气氛围和催化剂存在的条件下，使生物油发生加氢、裂解和异构化反应，转化为轻质油的过程。加氢裂解具有轻质油产率高、产品质量好的突出特点。

2. 生物质焦

生物质热解焦炭，简称为生物质焦，是热解过程的主要固体产物，其中含有未转化的有机物、吸附的焦油和少量矿物成分。生物质焦所具有的特性也随其内部组分分子结构的变化而变化。在热解过程中，纤维素和半纤维素产生大量挥发分，而木质素结构相对稳定，在一定温度下依然保持接近原有的形态，使生物质焦具有发达的孔隙结构。

生物质焦的物理、化学和机械性质取决于原料类型和热解条件。慢速热解下，热解温度为 $300\sim700℃$，有利于生物质焦生成，典型产量为生物质焦 35wt.%，生物油 30wt.%，气体 35wt.%。生物质焦中的碳元素含量增高，木质生物质热解得到的生物质焦的热值可在 27MJ/kg 以上。

生物质焦可作为优良的燃料和化工原料使用，如在冶金工业、晶体硅生产中作为还原剂使用，制作渗碳剂和二硫化碳的原料等。

木质生物质热解焦的孔隙率可为 $74\%\sim77\%$，形成的生物质焦微观表面结构使其具有吸收过滤有机和无机污染物的特性，特别是在经过物理活化或化学活化后，可作为吸附剂使用。

生物质焦包含植物生长所需营养，除氮比其他营养物质更易受热挥发、浓度可能发生变化外，在较高温度下得到的生物质焦的营养物质浓度较高，同时生物质焦孔隙结构发达、吸附性好，能够疏松通气，因而生物质焦还可作为土壤改良剂。

3. 不可凝性气体

生物质热解产生的不可凝性气体包括二氧化碳（$CO_2$）、一氧化碳（CO）、氢气（$H_2$）、小分子烃类（如 $CH_4$、$C_2H_6$ 和 $C_2H_4$）和少量其他气体，如氨（$NH_3$）、氮氧化物（$NO_x$）、硫氧化物（$SO_x$）和小分子醇类。热解生成的小分子气体低位热值在 $10\sim20MJ/m^3$ 之间。

作为生物质热解的主要产品，$CO_2$ 和 CO 主要来源于分解和重整的羰基（C=O）和羧基（—COO）组。小分子烃类（主要是 $CH_4$）主要来源于甲氧基（—$OCH_3$）和亚甲基（—$CH_2$）的断键和重整，以及其他含氧物质的二次分解。$H_2$ 来源于高温条件下芳香环 C=C 和 C-H 的分解和重整。

在高温、较长的停留时间和生物质中含有的碱金属等催化物催化的条件下，生物质热解时向有利于不可凝性气体生成的方向发展。但是与生物质气化工艺相比，仅通过生物质热解过程难以获得高质量、高产率的气体产物。因此，热解过程的小分子气体通常作为制取生物油或焦炭的副产物。

### 5.3.3 生物质热解过程的影响因素

为实现生物质的热解，得到目标产物，需要从生物质的燃料选择、热解工艺出发调整影响生物质组分产率和产物性质的因素。影响热解过程的主要影响因素为生物质燃料特性、热解温度、升温速率、气相停留时间、反应气氛等。

### 1. 生物质燃料特性

生物质种类决定了生物质的形态、各组分的比例，纤维素、半纤维素和木质素三组分的热解过程不同，这三种组分的含量不同，自然会影响生物质的热解过程与产物，如草本植物中木质素含量为 15%～25%，木本植物中木质素含量为 20%～40%，木本植物热解生成的生物质焦的比例一般较高。

除三种组分之外，生物质还含有部分可萃取物和灰。生物质中的可萃取物指可由溶剂（如水、乙醇、丙酮、苯和甲苯等）萃取的非结构性物质，如脂肪酸、单糖、蜡和甾醇。利用玉米秸秆和麦草作为热解原料进行的研究发现，可萃取物提高了生物油产量，抑制了生物质焦和生物质气的生成，萃取物热解生成的生物油也比原始样品的氧含量高，烷烃含量低。草本类生物质中通常含有较高的灰成分。有研究表明，灰的存在，有利于生物质热解过程的一次反应的进行，并对生物油的裂解有促进作用。

生物质粒径大小对热解作用的影响，体现在对升温速率和二次反应的影响两个方面。生物质导热性与密度有相关性，一般生物质结构疏松、孔隙发达，导热性差，生物质颗粒较大时，内部热解的热量靠导热获得，热解实际的升温速率低，同样质量的生物质，粒径越小，比表面积越大，受热面积越大，实际升温速率快，热解时间短；颗粒内部析出的大分子挥发分在大颗粒焦炭的孔隙内扩散析出时，会同焦炭发生聚合反应，重新返回到固相的可能性增加，生物质粒径越大，内部析出的挥发分在颗粒内的停留时间越长。

### 2. 热解温度

热解温度是影响生物质热解过程的重要因素，热解温度对热解产物分布及产物的成分都有较大影响。在热解工艺中，热解温度常指反应器内的控制温度。热解温度较低时热解速率较慢，热解过程主要受反应速率的控制；而在高温条件下，热解过程与颗粒内部传热传质过程密切相关，既受到热量由颗粒表面向颗粒内部传输速率的影响，又受到挥发分离开颗粒的传质速率的影响，在高温条件下促进二次反应的进行。

由各组分的机理可知，在不同的热解温度下各组分中占据主导的反应不同。三组分的脱水反应通常发生在较低的温度下，脱水反应有利于生物质焦的产生。解聚反应和碎裂则要在更高的温度下进行，450～550℃的热解温度下对应着生物油产率的峰值，这时一次反应的解聚与碎裂较为充分地进行而二次反应进行的程度较低；当温度进一步升高后，生物质焦进一步热解，析出的产物以 $CH_4$、$H_2$ 等气体为主，同时热解生物油也受到二次反应的作用，转化为不可凝气体，产率随之下降。

一次热解产生的生物油氧含量高，热值低，当热解温度由 300～500℃提高到超过 600℃后，极性分子、芳香结构化合物（超过 700℃后出现多环芳香烃）在生物油中的比例提高，生物油中氧含量降低、热值增加。

### 3. 升温速率

升温速率是决定生物质热解类型的一个基本参数。低升温速率下，最弱的化学键有充分的反应时间在低温下断裂，发生反应以脱水为主，使生物质内化学键重新排列，而其他化学键仍保持稳定，聚合物的结构仅受到了轻微的影响，并形成更稳定的结构，从而有利于生物质焦的生成、抑制挥发分的析出；高升温速率下，生物质中原有的多种化学键迅速进入高温环境，它们同时断裂，使大量挥发分析出，有利于生物质的快速分解，生成较少的焦炭。

结合温度对热解的影响，慢速热解并采用较低的温度（300～700℃），可增加生物质焦的产量；快速热解并采用中等反应温度（450～550℃），可增加生物油的产量；快速热解并采用较高的反应温度，有利于不可凝气体的生成。升温速率的要求较高时，颗粒内的传热能力可能成为实现颗粒内部较高升温速率的制约，需要从反应器形式、物料尺寸和含水量等入手控制。

**4. 气相停留时间**

减少气相停留时间可限制二次反应的进行，有利于生物油的生成。气相停留时间一般不影响一次热解反应过程，只影响热解油的二次反应。一次热解产生的热解油在颗粒内部和气相中都会发生二次反应，气相停留时间越长，二次反应越显著，减少生物油的产率，增加不可凝气体的生成。如果要获得最大的热解油产量，则应缩短气相滞留时间。

**5. 反应气氛**

生物质热解一般在惰性气氛下进行，还可以引入其他气体来改变热解过程。例如，蒸汽可以和生物质发生弱的氧化反应和部分气化反应。应用水蒸气作为载气进行热解，可以抑制气相中的含氧有机物的二次裂解，从而提高生物油的产率。

有研究表明，$CH_4$气氛下生物油产量最高（58.7%），CO气氛下产量最低（49.6%）；使用CO和$CO_2$作为热解气氛时，生物油中含甲氧基物质含量降低，含单官能团的酚类含量增高；在$H_2$气氛下，产生的生物油的高位热值可以达到24.4MJ/kg，生物质中更多的氧元素转化到水中。

## 5.3.4 生物质热解的主要技术

**1. 生物质慢速热解技术**

以得到生物质焦为主要目的时，通常采用慢速热解技术。理想条件下，生物质焦的产率可达到35%以上。

慢速热解通常经历四个反应阶段：

1）干燥阶段：120～150℃。生物质中的化学成分几乎不发生变化，这个阶段发生的主要过程是生物质燃料内水的蒸发。

2）预炭化阶段：150～275℃。比较不稳定的组分（如纤维素）开始吸热分解，生成CO、$CO_2$和少量乙酸等物质。

3）炭化阶段：275～450℃。这个阶段热解急剧进行并放出大量的热，液体产物中含有大量的乙酸、甲醇和木焦油；气体产物中的$CO_2$和CO逐渐减少，而烃类化合物如$CH_4$、$C_2H_2$等逐渐增多。

4）煅烧阶段：450℃以上。这个阶段残余的木炭吸收环境中的热，缓慢析出剩余的挥发分，木炭中氢、氧元素的比例降低，碳含量升高。

影响生物质慢速热解的主要因素包括热解终温、升温速率、原料含水率等。随着热解温度的提高，生物质持续发生热解的一次反应，生物质焦产率下降，碳元素在有机质中的比例提高；炭化时的升温速率较慢且温度控制较低，热解反应速率慢，完成反应所需的时间为数小时到数天；生物质中的原料含水率过高时，在热解过程中水分迅速蒸发，木炭容易形成裂缝，机械强度降低且水分含量高时，干燥所需要的时间增长，干燥耗能增大，不利于慢速热解的过程。

慢速热解所要求的温度低、升温速率低，经过漫长的发展历程，目前有多种形式的慢速热解装置。这些装置有的较为原始，如间歇性生产的炉窑，有的适于工业化生产，如连续生产的自动化炭化炉。

炭化窑历史悠久，具有结构简单、易于建造、成本较低的特点，至今还在国内外广泛应用于木炭的生产。炭化窑属于自热型装置，热解所需的热量来源于原料本身。图5-11 所示为一种烧制木炭的土窑，木柴堆积好后，点燃部分木柴，并用土将其外表面覆盖以保温，留有若干个进气口，点燃的木柴产生的高温气体由外及里逐渐对堆内的木柴加热，使其炭化，产生的挥发性气体从烟孔中排出，通过观察烟孔排出气体的颜色，控制进气口的大小，同时烟孔排出气体的颜色变化也作为靠近烟道口木柴炭化完毕的标志。炭化完毕后将所有与外界相通的进气口封死，防止空气进入窑内，让窑体自然冷却。炭化窑适用于尺寸较大的燃料，可处理的燃料量也比较大，为间歇性生产，可在需用木炭的场地附近临时搭建炭化窑制作木炭，但通常不对排烟孔排出的气体进行专门处理，故环境污染较大。

连续运行炭化炉克服了老式炭化窑间歇性生产、人工工作量大和污染环境的缺点，适合工业规模的木炭和活性炭生产。炭化反应在移动床中连续进行，炭化原料依靠重力向下移动或由机械移动，在移动过程中依次完成炭化的各个阶段。原料加热能量来自于炭化过程中析出的挥发分，大大提高了装置的能量转换效率。连续运行炭化炉适用于流动性较好的颗粒状燃料，不适

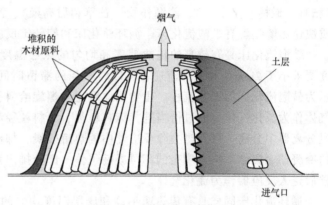

图 5-11 一种自热型炭化土窑

用于棒状燃料和粉状燃料。图 5-12 所示为一种连续运行的慢速热解炭化炉，通过螺旋装置实现自动给料与运行，以生物质热解后的焦炭作为目标产品，热解产气进行颗粒脱除后进行燃烧，供给燃料热解所需的热量，热量由反应器壁面间接地传导给燃料。

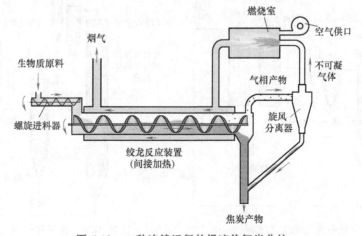

图 5-12 一种连续运行的慢速热解炭化炉

## 2. 生物质快速热解技术

生物质快速热解的目的是生产生物质热解油。为提高生物质热解油的产率，需要在以下几个方面满足生物质快速热解制油的要求：

1）较高的升温速率以及颗粒内部较快的热量传递。要求反应器具有快速传热的能力，同时还要控制燃料的水分与粒径，一般认为含水量在 5%~10% 时具有较好的经济性、安全性，粒径通常控制在 3mm 以下。

2）温度控制在合理的范围。对于几乎所有的生物质，热解温度控制在 450~550℃ 时，可实现生物油产率的最大化。

3）缩小气相停留时间，可减少生物油在高温下的二次反应，缩小生物油在高温气相的停留时间，在控制反应器容积的同时，还需要对生物油进行快速冷却。

4）生物质焦与挥发分的快速分离，生物质焦中的灰成分会促进生物油的二次裂解，将二者分离可控制二次反应的发生。

已有超过上百种不同的生物质经过实验测试可以采用快速热解技术，如农业废弃物（秸秆、橄榄和坚果壳）、能源作物（芒草和甜高粱）、污泥和皮革固体废物等。常见的生物质快速热解装置有鼓泡流化床、循环流化床和旋转锥反应器等，其中流化床技术最为成熟。

鼓泡流化床具有较高的传热速率和均匀的床层温度，选择适当粒度的燃料（通常颗粒度要求小于 2mm）和气体流速，可以将气相的滞留时间控制在 0.5~2.0s 之间。图 5-13 所示为鼓泡流化床的工艺流程。生物质原料通过螺旋给料机送入反应器内，热解中的不可凝性气体作为流化气体，通过恰当选择床料粒径、原料粒径和流化速率，热解残炭随气流进入旋风分离器中分离，可及时去除反应器中的热解残炭，抑制生物油的二次反应。生物油在串联的冷凝器中凝结下来，剩余的不可凝性气体一部分排出系统外，另一部分进入循环燃气加热器后送入反应器作为流化气体。

循环流化床同样具有传热速率高和床层温度均匀的特点，如图 5-14 所示。它包括两个流化床，一个用作生物质原料的热解器，另一个用作生物质焦炭的燃烧器。生物质原料（颗粒度要求在 6mm 以下）在热解器中热解后，产物在分离器中分离，分离出的砂砾与生物质焦在燃烧器中燃烧发热，砂砾被加热后返送会热解器，作为热解器内生物质热解的能量

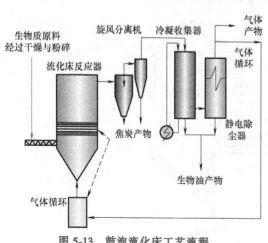

图 5-13　鼓泡流化床工艺流程

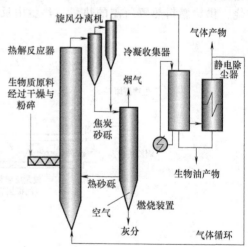

图 5-14　循环流化床工艺流程

源。双流化床的重要优点在于其利用了生物质焦的能量，燃烧器中燃烧控制要求较高，因生物质焦中碱金属含量高，需防止温度过高发生砂子的结渣结块。

图 5-15 所示为旋转锥热解器的结构示意图及工艺流程。旋转锥反应器具有结构紧凑、不使用载气的特点。在旋转锥反应器内外都有加热装置，运行温度为 600℃，颗粒状生物质原料和高温砂砾分别加入反应器中，加热装置高速旋转，使生物质颗粒与砂砾在离心力作用下旋转，生物质滑过高温表面或与高温砂砾混合时被加热热解。热解出的挥发分流出反应器，经旋风分离器分离固体颗粒后进入冷凝系统进行生物油的冷凝和收集。与循环流化床反应器类似，热解产生的生物质焦与砂砾被分离出热解反应器后，进入燃烧反应器，生物质焦在其中燃烧将砂砾加热，高温砂砾返送回热解反应器作为热解所需热量的部分来源。

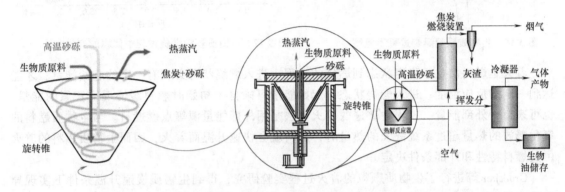

图 5-15　旋转锥热解器结构示意图及工艺流程

## 5.4　生物质燃烧技术

### 5.4.1　生物质的燃烧过程

燃烧是燃料与氧化剂发生的剧烈放热反应的过程，常伴随着发光、发热的现象。理想的燃烧应能实现燃料的完全氧化。燃烧是目前实现生物质能利用的最为成熟和常见的方式。生物质的主要有机成分通常表示为 $CH_{1.4}O_{0.6}$，其燃烧过程可以表示为

$$CH_{1.4}O_{0.6}+1.05O_2 \rightarrow CO_2+0.7H_2O-Q\# \tag{5-3}$$

其中，Q 为反应放热。

生物质能直接或间接地来自于植物的光合作用，生物质燃烧时所释放的 $CO_2$ 与光合作用所吸收的 $CO_2$ 大体相当，因此生物质直燃也被认为是"$CO_2$ 零排放"的能源利用形式。生物质作为固体燃料，其燃烧过程较为复杂，整个过程发生在多相介质中。

生物质的燃烧过程包含了干燥、热解（或气化）、气相氧化与气固反应等多个过程，还伴随着传质、传热等多种现象。图 5-16 和图 5-17 描述了生物质颗粒燃烧的主要过程：生物质燃料吸收热量，温度逐渐升高，含有的水分首先蒸发到气相中，之后发生热解反应，析出挥发分并产生固相的焦炭，此过程由生物质颗粒的表面向中心进行，挥发分含有的 CO、$H_2$ 以及碳氢化合物（$C_nH_m$）等可燃物同 $O_2$ 等氧化剂混合发生均相氧化反应，并产生火焰，焦炭具有多孔隙结构，可燃成分以碳元素为主，同扩散到其表面的 $O_2$ 发生异相氧化反应，

生成 CO 及 $CO_2$ 释放到气相。生物质的热反应性较强，热解在较低的温度下开始且反应速率较快，相比而言，焦炭同 $O_2$ 的气固反应速率则较慢，其氧化燃尽所需的时间则较长。

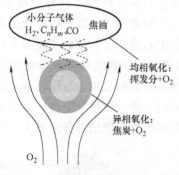

图 5-16　生物质颗粒燃烧过程示意图

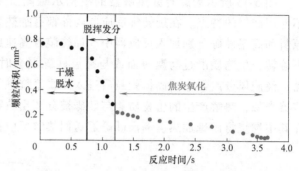

图 5-17　生物质颗粒燃烧过程中体积的变化曲线

着火是燃料由化学稳定状态到燃烧的过程，进入燃烧状态必须有一定的起始能量，才能达到一定的反应温度、进入燃烧状态。起始能量可来自于初始时燃料缓慢反应积累的能量，也可来自于外部能量，工程中普遍的着火方法是用外部能量源等点燃燃料。当生物质燃料的氧化释放的热量超过系统散失的热量时，燃料就会快速升温而着火，因而生物质燃料的着火由其燃料特性和外部条件决定。

Grotkjær 等进行了生物质颗粒的着火过程实验研究，得到生物质慢速升温条件下实现异相着火的机理如下：

1）如图 5-18a 所示，某一因素的热源使颗粒温度上升，挥发分开始析出，当仍处于温度较低的情况时，热解速率较低，向外释放的热解气流较小，此时并不发生着火现象。

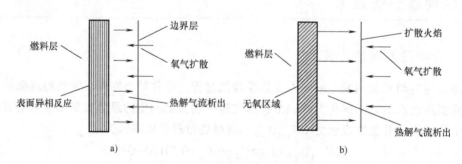

图 5-18　生物质异相着火机理

a）着火初始温度较低情况　b）着火后温度较高情况

2）随着挥发分析出，颗粒表面活性位增加，氧气可扩散至颗粒表面与活性位结合形成络合物，继而解析出气体，实现异相着火并释放能量。

3）异相着火使颗粒表面温度迅速提高，挥发分析出速率加快，热解气与氧气在颗粒表面会合，并发生均相反应，实现均相着火，形成扩散火焰边界，如图 5-18b 所示。

4）燃烧温度继续升高，热解气流增大，使得氧气气膜向远离颗粒方向移动，扩散火焰边界离颗粒较远。

5）随着热解过程快要结束，析出的挥发分逐渐减少，扩散火焰边界渐渐往颗粒方向移动。

当燃烧不完全时，燃烧产物中有未燃尽碳和炭黑等固体可燃物、CO 等气体可燃物产生；除碳、氢、氧三种主要元素外，各种生物质中还不同程度含有氮、硫、氯等元素以及无机物，在燃烧中可同时产生 $NO_x$、$SO_x$ 以及无机颗粒物等有害物质，因此，通过燃烧的方式进行生物质能利用的技术设备，需要在有效利用生物质能的同时，降低燃烧产物对环境的危害，并能应对设备中积灰、腐蚀等设备安全问题。

## 5.4.2 生物质燃烧的主要技术

固体燃料的燃烧技术通常包括固定床、流化床和悬浮燃烧三种方式，这三种方式都可用于生物质的燃烧。进行燃烧的设备通常称为生物质锅炉。

采用固定床燃烧方式最常见的是层燃锅炉，燃料的固相在床层上进行燃烧，床层同时供给燃烧所需的部分或全部氧化剂（一般为空气）。一般以中小型的层燃锅炉较为多见；流化床锅炉可分为鼓泡流化床和循环流化床，空气由炉的下部供给，使燃料与床料实现流态化，燃料与床料混合燃烧；悬浮燃烧适用于小颗粒的燃料燃烧（颗粒平均直径 2mm 以下），燃料被一次空气携带喷入炉膛，在炉中处于悬浮状态，通过二次风补给燃尽所需的空气。固定床和流化床对生物质燃料质量要求较低，可用于生物质的直接燃烧。悬浮床对生物质燃料品质要求较高，因此生物质燃料采用悬浮燃烧时，多作为与煤粉锅炉混合燃烧的辅助燃料。

### 1. 层燃锅炉

层燃是指燃料在炉排上堆积形成一定厚度的料层，料层在炉排上进行分层的燃烧方式，层燃锅炉又称为炉排锅炉。层燃锅炉对生物质的适应性较强，对燃料的水分、灰分比例限制不大，且便于工业生产中的连续运行，是目前最常用的生物质燃烧方法。按炉排形式，层燃锅炉可以分为链条炉排锅炉、往复炉排锅炉、振动炉排锅炉以及静止倾斜炉排锅炉。

图 5-19 所示为一种典型的生物质往复炉排锅炉床层燃烧过程，生物质燃料层通过炉排的运动由前向后运动，料层表面被炉膛内高温环境的辐射能量点燃后，火焰锋面向下传播，在此过程中单个生物质经过干燥、热解、焦炭燃烧过程，热解及燃烧释放的可燃气体则在气相空间燃烧，并形成火焰，焦炭中的可燃质被氧化至气相后，炉排上剩余的灰渣被排除炉膛。正常情况下可实现连续稳定工作。

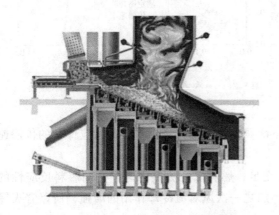
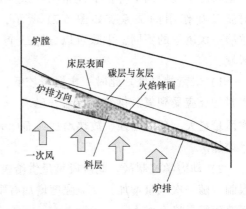

**图 5-19 生物质往复炉排锅炉的床层燃烧过程**

进入炉排上燃烧的生物质，其每一堆的燃烧过程基本相同，从而可以通过单元体和炉排床层空间对应的时序关系来研究理解床层的燃烧过程。Porteiro 等研究了生物质层燃过程中反应锋面的传播过程，生物质单元体的上层表面被点燃后，其上层燃料的燃烧放出大量的热量，向下传播的热量在克服床层底部的空气产生的对流冷却作用后，逐渐点燃下层的燃料，形成向下传播的火焰锋面，传播过程中竖直方向上出现非常大的差异，呈现出分层明显的反应区。图 5-20 为生物质燃料的床层燃烧分层示意图，料层由下至上可划分为原料层、干燥层、挥发分析出层、焦炭反应层和灰及累积焦炭层，在反应锋面向下传播过程中，下层燃料依次经过上述各层的转化。

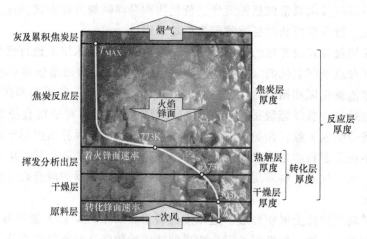

图 5-20　生物质燃料的床层燃烧分层示意图

火焰锋面及上部料层的氧化反应所发出的热量以辐射和导热的方式传递给下部料层，使其发生热解和干燥，同时火焰锋面向下传播；但炉排向上流动的供风（即一次风），对料层起到对流冷却作用。所以，床层内反应锋面的传播速率取决于上层燃料燃烧放热向下传播的能量与一次风对流冷却作用的关系。如图 5-21 所示，按照一次风量的不同，大致可以分为三个区域：

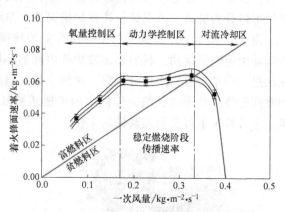

图 5-21　一次风量和着火锋面速率关系示意图

1）氧量控制区。此时一次风量较低，燃料的反应受到氧量供给的限制，随着一次风量增大，反应增强、放热增加，而此时一次风对流冷却作用小，因此反应锋面的传播速率增加。

2）动力学控制区。此阶段氧量供给较为充足，燃料反应放热的速率受到燃料反应性的限制，随一次风量增加，反应强度增加有限，加之一次风对流冷却作用的增强，所以着火锋面速度只是略有增大。

3）对流冷却区。随着一次风量进一步加大，一次风对流冷却作用逐渐占主导作用，着火锋面速度开始下降，风量足够高时，将造成熄火。

生物质在层燃炉中燃烧时，沿炉排长度方向上，燃烧层各段所释放的气体成分是不同

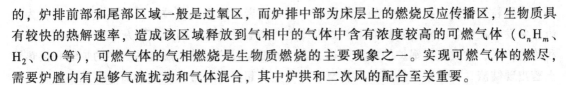

的，炉排前部和尾部区域一般是过氧区，而炉排中部为床层上的燃烧反应传播区，生物质具有较快的热解速率，造成该区域释放到气相中的气体中含有浓度较高的可燃气体（$C_nH_m$、$H_2$、CO 等），可燃气体的气相燃烧是生物质燃烧的主要现象之一。实现可燃气体的燃尽，需要炉膛内有足够气流扰动和气体混合，其中炉拱和二次风的配合至关重要。

2. 流化床锅炉

流化床锅炉中，生物质原料与蓄热的固体颗粒被一定速度的气化介质携带处于悬空状态，即流化状态。生物质原料从顶部或侧面进入炉膛，很快和流态化的整个床体物料混合。新加入的固体燃料颗粒与灼热的固体床料接触，在极高的升温速率下迅速加热到床层温度，使这些固体燃料颗粒快速经历各个燃烧阶段。流化床燃烧通常可分为鼓泡流化床燃烧和循环流化床燃烧，如图 5-22 所示。循环流化床中床料流速更快、混合更均匀、燃烧更充分，因而最常用于生物质燃烧。循环流化床燃烧是一种在炉内使高速运行的烟气与其所携带的湍流扰动极强的固体颗粒密切接触，并具有大量颗粒返混的流态化燃烧反应过程；同时，在炉外收集绝大部分高温的固体颗粒，并将其送回炉内再次参与燃烧过程，反复循环地组织燃烧。

生物质在循环流化床中的燃烧可概括为以下几个特点：

1）炉内低温燃烧。炉内的温度普遍低于燃料的灰熔点，从而有效改善了炉内的结渣问题，同时低温条件下氮氧化物的生成量较低。

2）循环流化床燃烧所需的空气一般采用分段给入的方法，如此形成的分段燃烧对控制燃料 $NO_x$ 的排放十分有效，不仅可以抑制燃料 $NO_x$ 的形成，还可以通过分段燃烧的组织使已生成的 $NO_x$ 得到还原。

3）炉内的焦炭浓度较高，可对已生成的 $NO_x$ 进行异相还原。

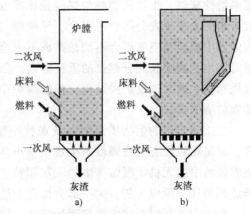

图 5-22 鼓泡流化床和循环流化床示意图
a）鼓泡流化床 b）循环流化床

流化床用作生物质燃烧同时存在一些缺点，例如：为实现燃料的流态化，对燃料的粒径要求较高，通常要求均一的燃料尺寸；流化床内气流速度较大，耗费电能，且较大的流速会加速炉内设备受热面和炉墙的磨损；碱金属与氯元素含量高的生物质易造成流化床内床料的结块。

## 5.4.3 燃烧过程中污染物的形成与控制

燃烧是剧烈的化学反应过程，该过程除 $CO_2$ 和 $H_2O$ 作为燃烧主要的产物外，生物质中含量较少的元素也经历复杂的反应过程，生成多种污染物，或发生灰化学相关的灰尘积、结渣现象。与燃煤相比，生物质的硫含量普遍较低，燃烧过程中 $SO_x$ 排放不显著。但是，生物质原料普遍含有一定程度的氮元素和氯元素，在燃烧过程中会造成氮氧化物（$NO_x$）和二噁英的生成。本节以颗粒物和氮氧化物为例，介绍生物质燃烧过程中污染物的生成机制与控制方法。

1. 颗粒物及结渣的形成与控制

生物质燃烧过程中会产生一定量的颗粒物。一部分排放入大气的颗粒物，尤其是细颗粒（PM2.5）和超细颗粒（PM1.0），会对人体健康造成威胁，也是产生雾霾的重要原因；另一部分颗粒物则沉积在了炉膛的受热面上。熔融或者半熔融的灰粒在受热面上的沉积称为结渣，常发生在锅炉的辐射受热面上，如水冷壁、高温过热器；而未熔融灰粒在受热面上的沉积称为积灰，常发生在锅炉的对流受热面上，如低温过热器等。燃烧系统中的炉墙和换热管上若出现结渣，则会影响换热效率甚至导致受热面超温，且常伴随受热面的腐蚀。生物质燃烧过程中产生的颗粒物主要来源于两方面：由不完全燃烧产生的炭黑颗粒及无机盐析出产生的飞灰。

炭黑颗粒是主要由非晶质碳及有机物组成的混合物，通常在富燃料区域的火焰内部经历复杂的反应机制形成。生物质进行脱挥发分并开始着火燃烧时，碳氢化合物从生物质颗粒析出并分解成更小的碎片，这些碎片与周围环境的气氛反应生成多环芳烃。多环芳烃分子经过化学反应、聚团等作用增加至相对原子质量为3000~10000时，便成为凝结基核，并将再次经历一个明显的增大过程。此后，多环芳烃颗粒可以通过不同的机制经历二次凝结，成为炭黑颗粒。

炭黑颗粒的形成受生物质性质、燃烧条件等因素影响，在燃烧不完全时更容易产生。从燃料特性来讲，生物质燃料与煤炭相比挥发分含量较高，使用燃煤锅炉燃烧生物质势必会造成析出的大量挥发分燃烧不完全，导致烟气中含有大量炭黑颗粒。从燃烧条件来看，在料床与炉膛中燃料与空气混合不均是造成不完全燃烧的主要原因；同时，燃料在炉膛中充足的停留时间也是影响其充分燃烧的重要因素。因此，可以针对生物质的燃料特性，采用先进的二次风布置系统并改良炉排结构，保证锅炉中燃料的均相与异相燃烧都充分进行，以降低炭黑类颗粒物的排放。

在工业应用的生物质锅炉以及现代小型生物质燃烧设备中，由于炉内燃烧状况组织良好，炭黑颗粒及有机物颗粒的生成量很小甚至可以忽略，颗粒物最主要的来源是几乎完全燃烧时燃料中的无机物凝结产生的飞灰颗粒。在燃烧过程中，生物质燃料中的无机物组分部分释放到烟气中形成飞灰，另一部分留在炉渣中。

烟气中飞灰的形成主要有两种模式：第一种模式是易挥发的碱金属盐以及部分重金属元素在气相中成核并逐渐凝结，形成$0.1~0.2\mu m$的悬浮微粒；第二种模式是不易挥发的盐类形成的灰分从床层上逸出，并在气相中与易挥发盐类相互碰撞发生沉积，最终形成粒径较大（$10\mu m$左右）的飞灰颗粒。多数生物质燃烧过程产生的飞灰中含量最高的无机成分元素为K、S、Cl和Na，并以$K_2SO_4$、$KCl$等金属盐的形式存在。这些飞灰会在锅炉的炉壁与换热器上进一步发生沉积、结渣与腐蚀。

氯元素含量对上述结渣过程的影响比较大，氯元素有助于碱金属元素从燃料颗粒的内部迁移到颗粒表面与其他物质发生化学反应，并形成稳定的气态氯化物，一定程度上氯元素决定了烟气中气态碱金属析出的总量。

由灰渣的形成机理可知，结渣受包括温度场和速度场以及燃料的成分和灰熔特性等因素影响。由于炉内结渣过程中，一次沉积层对炉内管壁结渣具有关键的影响，因此破坏一次沉积层，或抑制KCl等黏结性较高的物质生成，可抑制或减缓结渣；另一方面，减少烟气中的飞灰浓度，避免其在一次沉积层上沉积和富集，也能有效地削弱结渣程度。

常见的结渣控制方法有如下四种：

（1）生物质与煤混烧

当生物质中K、Na等碱金属含量较高时，对应的碱金属化合物会使生物质灰在高温条件下具有很大的黏结性，从而容易沉积在受热面上形成结渣，采用生物质与煤混烧控制结渣，一方面是由于煤中碱金属含量较少，另一方面由于煤中的 S、$SiO_2$ 等物质可以与碱金属化合物发生化学反应，使碱金属转化到黏结性较低的物质中去，进而降低飞灰的黏结性，同时也减少了直接沉积于受热面表面的物质量，抑制了一次沉积层的形成。

（2）添加剂

在生物质燃料中加入特定成分的添加剂，在燃料燃烧期间，这些添加剂会与燃料中其他化合物发生化学反应，通过改变碱金属以及氯元素的析出方式，或提高碱金属化合物的熔点，或减少积灰中含氯化合物的含量，最终达到有效缓解灰沉积和腐蚀的目的。目前常用的添加剂主要是 $Al_2O_3$ 和 CaO，$Al_2O_3$ 有固定碱金属的作用，如对 K，当燃料中混入一定比例的 $Al_2O_3$ 时，可以和 K 金属氯化物生成高熔点的 $KAlSiO_4$ 和 $KAlSi_2O_6$。

（3）燃料的洗涤

洗涤可以有效移除生物质内在的无机成分，特别是 K、Na、S 和 Cl 这些影响灰沉积的元素。生物质中的无机成分大致可以分成三种类型：水溶性部分（包括碱金属氯化物，碱金属硫酸盐等）、稀酸可滤取部分（不溶于水但可溶于酸）、酸不溶性矿物质（以硅酸盐、$SiO_2$ 为主）。固体燃料洗涤方法主要为水洗和酸洗，100% 的 Cl 和 90% 的碱金属是水溶性的，因此针对结渣时，水洗方法应用较为广泛。

（4）燃烧的合理组织

通过合理的燃烧组织，可避免换热面处在易于结渣的环境中，以层燃锅炉为例，如果一次风量过大，一方面会导致大量灰颗粒从床层析出，造成渣体的逐渐沉积，另一方面火焰上升过高，甚至直射壁面，则会导致进一步严重的结渣。

2. $NO_x$ 的生成机理与排放控制

由于生物质燃料普遍含有较高的氮元素，这些氮元素在燃烧过程中会转化为各类含氮小分子气体，包括 $NH_3$、HCN、$N_2$ 和 $NO_x$。其中 $NO_x$ 又称氮氧化物，包括 $N_2O$、NO、$NO_2$、$N_2O_3$、$N_2O_4$ 和 $N_2O_5$ 等，是主要的大气污染物，也是光化学烟雾的罪魁祸首。大气中最常见的氮氧化物是 NO 和 $NO_2$，生物质燃烧产生的氮氧化物约 90% 是 NO。

燃烧过程中 $NO_x$ 的生成与反应温度的关系如图 5-23 所示，它们的生成途径有以下三类：

1）热力型 $NO_x$（thermal $NO_x$）。空气中的氮气和氧气在高温下氧化生成 $NO_x$，温度超过 1300℃ 时生成速率较高。

2）快速型 $NO_x$（prompt $NO_x$）。燃烧时空气中的氮和燃料中的碳氢离子基团，如 CH 等，反应生成 HCN，进而生成 $NO_x$。

3）燃料型 $NO_x$（fuel $NO_x$）。燃料中的含氮化合物在燃烧过程中被最终氧化生成 $NO_x$，$NO_x$ 中的氮元素来自于原料中。

由于生物质燃烧过程中温度较低，因而产生的 $NO_x$ 以燃料型 $NO_x$ 为主。

生物质含有的氮元素的迁移与转化过程同其主要燃烧过程密切相关。燃料 N 的释放

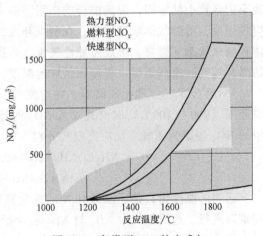

图 5-23　各类型 $NO_x$ 的生成与反应温度的关系

过程分为三个连续或者相互重叠的阶段：

1）第一阶段主要是挥发分 N 在热解过程中随大部分挥发分一起析出，主要含氮产物为 $NH_3$、HCN 和 HNCO 等小分子气体氮，$NH_3$、HCN、HNCO 的质量比由生物质燃料种类决定。

2）第二阶段主要是焦油的热裂解和燃烧，产生了 HCN 和 $NH_3$。

3）第三阶段主要是焦炭被氧化过程中，剩下的焦炭 N 被氧化转化为 NO。

在热解过程中，大部分的燃料 N 以 $NH_3$、HCN、HNCO 的形式释放出，同时也有少量的 NO 生成；$NH_3$、HCN、HNCO 和焦炭 N 在氧气气氛下进一步被氧化成 NO；形成的 NO 可以与 $C_xH_y$（主要是 $CH_4$ 和 $C_2H_6$）反应重新生成 HCN，也可以与焦炭、$NH_3$、HCN、$H_2$、CO 发生还原反应生成 $N_2$。

一般来讲，可以从燃烧过程中减少 $NO_x$ 生成和烟气脱硝两方面降低 $NO_x$ 排放。通过改进燃烧方式可以减少燃烧过程中 $NO_x$ 的生成，并将生物质燃烧过程中已经生产但是尚未排放的 $NO_x$ 通过均相或异相反应尽可能地转化为 $N_2$，主要技术包括空气分级技术和再燃技术。烟气脱硝方式主要有选择性催化还原（selective catalytic reaction，SCR）和选择性非催化还原（selective non-catalytic reaction，SNCR），其基本思想是通过向烟气中加入 $NH_3$ 等将 $NO_x$ 在烟气排放前转化为 $N_2$，二者的主要区别是反应条件及是否使用催化剂。下面以空气分级与 SNCR 技术为例进行简要介绍。

空气分级指的是将燃料燃烧所需的空气分阶段、分区域地送入炉膛及床层，其基本理念是先将理论空气量的一部分通过一次风（primary air，PA）送入主燃烧区域，形成缺氧富燃料燃烧区，燃料 N 一部分被氧化为 $NO_x$ 后，又被燃料中的另一部分小分子气体氮（如 $NH_3$）还原，使最终燃料 N 向 $NO_x$ 的转化率降低。燃烧后期将送入满足燃料燃尽需要的二次风（secondary air，SA），从而使得燃料充分燃尽，并实现抑制 $NO_x$ 生成的效果。一次风的空气过量系数保持在缺氧的合理范围内（一般在 0.6~0.8 之间）时，生物质燃料燃烧生成的 $NO_x$ 可控制在较低的范围。图 5-24 为一种典型的生物质层燃锅炉炉内的空气分级燃烧示意图。前拱通过对入口燃料层的覆盖，提高了燃料层表面的着火特性；后拱覆盖炉排后段的焦炭燃尽段，对该区域起到保温促燃的作用；前后拱共同作用，将分布不均的床层反应气氛聚拢至中部狭小的空间，起到混合的作用。前、后拱上各布置了二次风，前拱区覆盖主要的反应传播段，可燃气体浓度较高，在前拱补入二次风，可供给空气、加强气相混合，并通过气体在缺氧状态下燃烧，形成还原性气氛。后拱补入二次风，在炉排后段上形成回流区，中间的高温烟气回流到尾部，提高该区域的温度，进一步强化燃尽。

SNCR 技术的原理比较简单：在炉膛气相燃烧过程基本结束后，在烟气处于适当温度窗口范围（900~1100℃）时对其喷入 $NO_x$ 的还原剂（尿素或氨），它们可以选择性地将烟气中的 $NO_x$ 还原为氮气，反应方程式分别为

$$NH_2CONH_2+2NO+0.5O_2 \rightarrow 2N_2+CO_2+2H_2O \qquad (5-4)$$
$$4NH_3+4NO+O_2 \rightarrow 4N_2+6H_2O \qquad (5-5)$$

适当的温度窗口是还原剂对 $NO_x$ 发生高效的选择性还原的关键。在温度窗口以下，反应难以进行，造成烟气中 $NO_x$ 与 $NH_3$ 的含量均较高；在温度窗口以上，喷入的还原剂反而更容易被氧化为 $NO_x$。此外，在锅炉负荷变化时，炉膛内的温度分布会发生变化。所以在实际应用中，沿炉膛高度会布置多层 SNCR 喷枪，随温度变化做相应的调整，如图 5-25 所示

为 SNCR 在层燃炉中的布置方式。

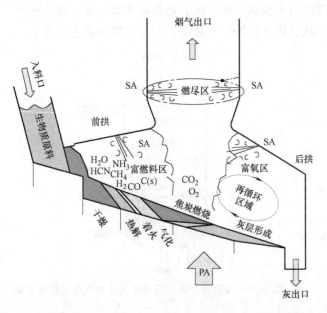

图 5-24　典型的生物质层燃锅炉炉内的空气分级燃烧示意图

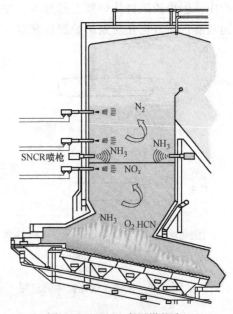

图 5-25　SNCR 在层燃炉中
的布置方式

## 5.5　生物质气化技术

　　生物质气化是指在 $O_2$、$H_2O$ 和 $CO_2$ 等气化介质的作用下，固体生物质原料向可燃气体的转化过程。这些气体产物包括 CO、$H_2$ 和 $CH_4$ 等，可进一步通过燃烧释放热量、制备运输燃料或生产高附加值的化工产品。相对于固体燃料，气化产生的可燃气体在保留了原料中化学能的同时，还具有易于管道运输、燃烧效率高等优点。

　　气化和燃烧、热解等热化学过程紧密相关，但又有很大的不同。燃烧过程将燃料完全氧化、释放大量能量，并获得稳定的最终产物（如 $H_2O$ 和 $CO_2$）；而气化过程则是在气化介质的作用下将燃料部分氧化、获得可燃气体，并视气化介质的种类呈现整体吸热或放热特性。热解本质上是受热条件下的固体燃料中原有化学键的断裂与重组，生成固体、液体与气体产物的过程，也是气化过程的主要阶段；而气化是为了将固体原料尽可能地转化为气体，在热解的基础上还需要使用 $O_2$、$H_2O$ 和 $CO_2$ 等气化介质与固体原料进一步反应。

　　生物质气化技术已有较长的发展历史，第二次世界大战时期就已经开发出用于民用公交汽车的固定床生物质气化炉。在现代社会，生物质气化技术广泛应用于供热、供电、制备运输燃料、化工制品等许多领域，如图 5-26 所示。其中，通过清洁燃烧技术，气化气可以直接用于供热供电；通过费托合成（Fischer-Tropsch synthesis），可以将富含 CO 和 $H_2$ 的气化气转化为柴油等烃类产物；气化气还可以作为包括合成甲醇、合成氨等化工过程的原料。

### 5.5.1　生物质气化原理

　　生物质气化是一个复杂的综合反应过程，一般包括干燥、热解、还原和氧化四个反应过程，其中氧化过程为整个气化过程提供热量。如图 5-27 所示，在典型的上吸式固定床气化炉中，生物质原料从炉膛上部加入，先后经历干燥区、热解区、还原区和氧化区，最终转化为灰渣；而气化介质则从炉膛底部进入，从氧化区开始向上流动，与生物质原料逆向流动。

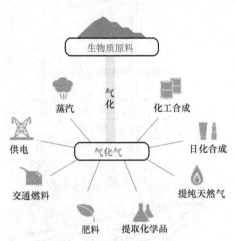

图 5-26  生物质气化技术的应用

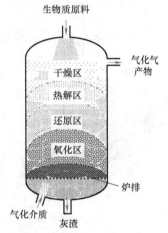

图 5-27  典型的上吸式固定床气化炉气化过程示意图

生物质原料从顶部进入气化炉膛后，与上升的高温气流接触并换热，升温至 100℃ 时进入干燥区。干燥脱水是一个物理过程，一般不会改变原料的化学组成。一般木质生物质的水分含量大约为 30%～60%。生物质中每千克水分在蒸发为水蒸气时，从气化炉至少带走 2260kJ 的汽化潜热，造成能量损失。所以，在生物质进入气化炉前，应当尽可能地经过风干、预热等操作，脱除尽量多的水分。为了保证燃气的热值和气化炉的稳定运行，大多数气化系统采用含水率 10%～20% 的干生物质原料。

脱除水分后的生物质原料通过与向上流动高温气体的换热继续升温，升温至 200℃ 以上时进入热解段。热解是指生物质原料中的大分子（如纤维素）受热断键、裂解为较小的分子进入气相，析出后进入气流向上流动。析出的小分子产物既有不可冷凝的气体，也有可冷凝的小分子有机物，统称为挥发分。挥发分析出通常会导致 70% 左右的失重，固相残留部分则转化为焦炭，进入下一个区域反应。热解过程产生的可冷凝小分子有机物称为焦油，其冷凝后成为具有较高黏性、毒性与腐蚀性的液体，给气化装置的运行与气化产品的应用带来了困难。

热解段形成的焦炭在下方氧化区的强烈换热下，温度升高至 500℃ 后进入还原区。还原反应是气化过程中极其重要的反应步骤，完成了固体燃料向气体燃料的转化。在还原区，焦炭与氧化区生成的 $CO_2$ 和 $H_2O$ 等发生反应，生成 $H_2$ 和 $CO$，反应方程式分别为：

$$C+CO_2 \rightarrow 2CO, \quad \Delta H = 172 kJ/mol \tag{5-6}$$
$$C+H_2O \rightarrow CO+H_2, \quad \Delta H = 131 kJ/mol \tag{5-7}$$

热解形成的生物质焦炭通常具有发达的孔隙，且含有碱性金属等催化剂，因而拥有较高的反应性。$CO_2$ 的还原反应是较强的吸热反应，对温度较为敏感。低温下该反应速率很小，随着温度升高，还原反应的速率逐渐增大，$CO$ 产率升高。焦炭和 $H_2O$ 的反应速率比焦炭和 $CO_2$ 的反应速率快 2～5 倍，且吸热量较低、对温度的需求也更低。$CO_2$ 还原反应生成的 $CO$ 也可以通过与 $H_2O$ 反应变换为 $H_2$，即

$$CO + H_2O \rightarrow CO_2 + H_2, \quad \Delta H = -41 \text{kJ/mol} \tag{5-8}$$

因此气相中的 $H_2O$ 可以与焦炭及 CO 反应，增加气化气产物中 $H_2$ 的比例，提升了气化气产物的品质。因此，要综合考虑气化炉中的 $H_2O$ 带来的热量损耗与气化气品质提升，合理控制原料中的水分。

还原区剩余的焦炭继续下降进入氧化区，与气化介质中的 $O_2$ 直接发生氧化反应并放出大量热量。氧化区的温度可达 1000℃，维持上部干燥、热解和还原区所需的温度。氧化区主要发生焦炭与 $O_2$ 的氧化反应，反应方程式为

$$C + O_2 \rightarrow CO_2, \quad \Delta H = -394 \text{kJ/mol} \tag{5-9}$$

$$C + 1/2O_2 \rightarrow CO, \quad \Delta H = -111 \text{kJ/mol} \tag{5-10}$$

生成 $CO_2$ 的反应是放热量最多的反应，生成 CO 也会释放热量，但只有 111kJ/mol，且反应速率相对较慢，焦炭的孔隙结构也会在很大程度上影响氧化反应速率。焦炭还含有一定量的氢，因此除了碳以外，氢也会在氧化反应中转化为 $H_2O$。最终，焦炭被充分氧化后，仅剩余由无机物组成的灰渣。

总之，从底部进入的气化介质中的 $O_2$ 在氧化区消耗殆尽，生成由 $CO_2$ 和 $H_2O$ 等氧化产物组成的高温烟气。高温烟气上升并依次通过还原区、热解区和干燥区，给还原区提供原料并将热量携带给各层固相燃料，气体产物逐层降温，最后排出气化炉。对于其他类型的固定床气化工艺，上述四个区域的位置会发生互换，但各区域反应机制相同；对于流化床反应器，内部没有显著的反应分区，但是单个燃料颗粒仍然会经历上述四个阶段，最终转化为气体产物与灰渣。

气化介质的选择直接影响了气化炉整体的热效率与气化产物组成。空气是最易获取的一种含氧的气化介质，空气气化是所有气化过程中最简单、最经济、也是最现实的形式。但由于空气中含 79% 的 $N_2$，它不参加反应，会稀释燃气中可燃组分的含量，因而降低了燃气的热值。气化介质选用纯氧时与空气气化过程相似，但没有惰性气体 $N_2$ 稀释，相同当量比下，反应温度提高、反应速率加快、整体气化效率提高、气体热值也提高。但是纯氧气化的成本相对较高，且要严格控制当量比、降低原料中的能量损失。水蒸气也是一种重要的气化介质，根据前文中的讨论，$H_2O$ 对于提升焦炭的还原反应效率、提高产物中 $H_2$ 比例都非常有利。但是，$H_2O$ 参与的主要反应大都为吸热反应，需要外部热源维持气化炉运行。

## 5.5.2 气化装置的类型

针对气化反应过程的特点，研发人员根据不同用途和规模，先后开发了固定床、流化床和气流床等多种气化工艺。

固定床气化炉是指炉内反应颗粒处于堆积状态，气体或液体物料通过颗粒间隙流过静止固定床层的同时，发生一系列均相与异相反应过程。固定床气化炉可以根据气体流动的方向进一步分类，最常见的是上吸式气化炉与下吸式气化炉，如图 5-28 所示。

上吸式气化炉是发展最久、也是最简单的设计之一，其反应过程在前文中已介绍。上吸式气化可以适应高灰分、高水分的生物质原料，同样可以适应低挥发分的原料。上吸式气化炉气相和固相的逆向流动形式，保障了高气化效率以及热量利用率。另一方面，上吸式气化产物中的焦油含量非常高，标准状态下达到 $30 \sim 150 \text{g/m}^3$；若用于内燃机等，气化气需经过净化处理，因而一般用于锅炉的直接燃烧。

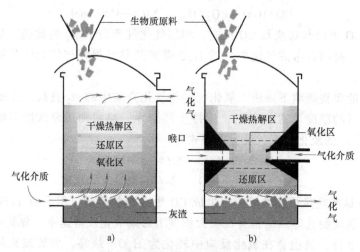

图 5-28　固定床气化炉炉型对比

a）上吸式气化炉　b）下吸式气化炉

下吸式气化炉中气体和固相产物都由上向下输运。传统下吸式气化炉中，生物质原料靠自重下降，经干燥层脱水后升温加快，在热解层产生焦炭、气体、焦油等。这些可燃物在喉口处遇空气发生氧化反应，提供气化系统所需热量。剩余焦炭在气化层与 $CO_2$、水蒸气等发生还原反应形成气化气。高温气化气向下流动，经过还原层及高温灰渣后离开气化炉。

下吸式气化炉的热解气态产物生成后与氧接触发生氧化反应并流经高温炭层，为焦油的裂解提供了良好的反应条件。因此，下吸式气化炉通常被认为是焦油含量最少的气化炉型，最适合应用于内燃机等。但另一方面，也因为产气最后流经高温灰渣，使得产气中飞灰颗粒物的含量较高，同时离开气化炉的产气温度较高，因此，需注意能量回收和产气净化。

总体来说，固定床气化炉设备结构简单紧凑、运行模式灵活、原料不用预处理，但其最大缺点是不便于放大，比较适合小型气化发电或供热系统。

流化床反应器中生物质原料与蓄热的固体颗粒被一定速度的气化介质携带处于悬空状态，即流化状态，因而流化床要求生物质粒径在 10mm 以下。生物质原料从顶部或侧面进入气化炉，很快和流态化的整个床体物料混合。新加入的固体燃料颗粒与灼热的固体床料接触，在极高的升温速率下迅速加热到床层温度，使这些固体燃料颗粒快速经历干燥和热解，产生焦炭和气体产物。流化床气化炉具有气固混合均匀、内部传热效率高等优点，对于燃料的品质并不敏感。炉内整体恒定温度下反应，反应温度为 700 ~ 850℃，有利于减少结渣的风险。流化床的焦油含量介于上吸式气化炉和下吸式气化炉之间，标准状态下约为 $10g/m^3$。根据炉内气化介质的流速及床料的流化状态，流化床气化炉可以分为鼓泡床气化炉和循环流化床气化炉，如图 5-29 所示。

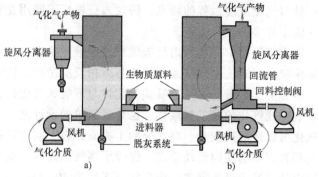

图 5-29　流化床气化炉炉型对比

a）鼓泡流化床　b）循环流化床

在鼓泡流化床气化炉中，向上流动的气化介质速度较低，一般为 0.5~1.0m/s，床料和焦炭不会从气化炉中流出。生物质燃料进入气化炉后，升温并先后经历干燥与热解过程，燃料转化为气体、焦油及焦炭。由于气化介质由底部流入，一般底部区域为富氧区域，上部则为贫氧区域。在富氧区域，焦炭会发生氧化反应释放热量，而焦油也会被氧化裂解；而在贫氧区域，焦炭则更多地参与还原反应。反应生成可燃气体，携带部分细尘进入旋风分离器。为了避免结渣与团聚，需要严格控制床料温度，对于生物质一般不能高于 900℃。

虽然上升气泡促进固体床料整体混合良好，使床温均匀，但气泡内的气体和固体颗粒隔离，不参与气化反应，其结果是促进了气泡相的燃烧，阻止了气泡内氧气向床料固相的扩散，降低了气化效率，同时一些未完全气化的焦炭离开床层，导致损失，因而鼓泡流化床适宜中等容量（小于 25MW$_{th}$）的应用。

循环流化床中，流体速度达到 3.5~5.5m/s，远高于鼓泡床，固体颗粒分散在上升段的整个空间内，为气体和细颗粒提供了较长的停留时间。大量的颗粒被携带离开气化反应器，被捕集后送回气化反应器底部。循环流化床中反应物停留时间较长，因而特别适合高挥发分的原料。总的来说，流化床气化炉运行稳定、便于大型化，但是对原料具有更高的预处理要求，且燃气中飞灰含量较高，不便于后续的燃气净化处理。

气流床一般用于大规模化的生物质气化。粉状生物质原料（通常要求粒径小于 75μm）和气化介质一同从侧部或炉膛顶部进入气化炉，如图 5-30 所示。气化炉内的气体流速极高，能够快速携带原料粉末，达到良好的气固混合效果。气体进入气流床气化炉后立即升温至反应器温度，固体粉末在炉内极强的传热条件下也快速升高至反应温度，气化介质中的 O$_2$ 与挥发分、焦炭快速反应，释放大量热量。气流床中的高升温速率与高反应温度有利于充分裂解焦油、实现高碳转化率，并提高了气化速率，减小了炉膛容积。然而，较高

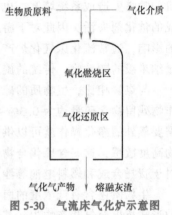

图 5-30 气流床气化炉示意图

的气化气温度也需要额外增加换热表面来回收产气的显热，否则会造成较大的热损失，而换热器表面容易被高温气流中的熔融灰粒粘结。

## 5.5.3 气化气中的杂质及其脱除方法

### 1. 气化气中杂质的种类与危害

由于生物质结构复杂、组分多样，在气化过程中不可避免地产生各类杂质及污染物，如焦油、颗粒物、NH$_3$、H$_2$S、HCl 和 SO$_2$ 等。若不采用相应的脱除技术将这些物质去除，一方面会对气化装置本身造成堵塞、结渣与腐蚀等问题，另一方面也会影响气化气的下游应用，如内燃机、燃料电池等装置和费托合成二次转化等过程。因此，气化气中杂质的脱除是其投入应用前的重要步骤。

焦油（tar）是生物质热转化过程中不可避免的副产物，其高效脱除也是生物质气化技术的主要瓶颈。焦油是复杂的可凝结有机物的混合物，包括了单环到 5 环及以上的芳香组分、含氧烃及复杂的多环芳烃（PAHs）。焦油对生物质气化过程的主要危害体现在以下方面：

1）焦油在气化气降温过程中会冷凝，继而堵塞气体通路，腐蚀下游设备。

2）焦油也是未完全转化的有机物，如不能进一步转化成可燃气体，将降低气化效率、造成能量损失。

3）凝结为细小液滴的焦油难以燃尽，在后续气化气燃烧过程中产生炭黑颗粒，对内燃机、燃气轮机等燃气利用设备损害严重，降低了气化燃气的利用价值。

生物质原料的氮含量相差较大（通常为 $0.1wt.\% \sim 1wt.\%$），对于高含氮量的生物质原料，在气化过程中氮元素会转化为 $NH_3$、$N_2$、$HCN$、$HNCO$ 以及 $NO_x$。由于气化过程的当量比较低，总体呈现还原性气氛，因而气化气中的 $NH_3$ 与 $HCN$ 的含量较高。$NH_3$ 与 $HCN$ 对内燃机等装置的运行过程没有显著影响，但是会造成这些装置中 $NO_x$ 排放量增加，间接造成环境影响。此外，$NH_3$ 也会对某些下游应用产生影响，如造成费托合成及燃料电池中的催化剂失活。通常费托合成要求气化气中焦油含量低于 $0.1mg/m^3$，$NH_3$ 含量低于 $10\times10^{-6}$。

生物质气化过程中也会产生一定量的颗粒物（PM），这些颗粒物主要来源于生物质原料中的一些矿物质形成的灰分以及一些未完全转化的炭黑。气化气中的颗粒物会沉积在内燃机的喷嘴上造成系统堵塞，也会磨损燃气轮机的涡轮叶片，造成运行不稳定，还会使费托合成的催化剂失活，因此对下游应用设施影响较大。气化气中的颗粒物含量很大程度上受炉型的影响，通常流化床气化炉产生的颗粒物含量比固定床气化炉更高。由于气化过程会产生大量纳米级的颗粒物，传统的旋风分离机难以实现高效脱除。

与煤炭相比，生物质的硫含量通常较低：大多数木质生物质含硫量低于 0.1%，而草本作物残留物含硫量约为 $0.3\% \sim 0.4\%$。由于气化气中的含硫化合物（$SO_x$）的浓度极低，不需要额外的净化操作就可以供内燃机或燃气轮机的运行。然而，某些金属催化剂对含硫化合物高度敏感，这些含硫化合物可永久吸附在催化剂的活性位点上，造成催化剂中毒。因此，对于费托合成和燃料电池等涉及催化剂的工艺，气化气中的含硫化合物需要彻底去除。

生物质还含有低浓度的卤化物，特别是氯化物。在气化过程中，这些氯化物容易以 HCl 的形式析出至气相产物中，其含量通常为 $50\times10^{-6} \sim 150\times10^{-6}$，很容易造成下游设备的腐蚀，引起设备运行不稳定，因此原则上应当除去气化气中的 HCl。此外，对于生活垃圾等含氯量较高的原料，在气化过程中还会生成危害极大的二噁英。二噁英是一类毒性很强的芳香族有机化合物的统称，其共性特征是包含 C-Cl 键，包括多氯代二苯并二噁英（PCDDs）和多氯代二苯并呋喃（PCDFs），有些学者把多氯联苯（PCBs）也归入其中。二噁英具有极强的毒性、致畸性和致癌性，因此气化气中的二噁英需要被完全脱除才能投入使用。

2. 气化气中的杂质的脱除方法

对于气化气中的含氮化合物、含硫化合物、HCl 以及颗粒物，物理方法是最直接有效的脱除手段。常见的物理方法有旋风除尘法、过滤除尘法和水洗清洁法，代表性装置的结构如图 5-31 所示。旋风除尘法的原理是使含尘气流做旋转运动，借助于离心力将尘粒从气流中分离并捕集于器壁，再借助重力作用使尘粒落入灰斗。过滤式除尘器是使含尘气体通过一定的过滤材料来达到分离气体中固体粉尘的一种高效除尘设备，可分为利用纤维编织物作为过滤介质的袋式除尘器和采用砂、砾、焦炭等颗粒物作为过滤介质的颗粒层除尘器。气化气中的小分子气体杂质，如 $NH_3$、$HCl$、$H_2S$ 和 $SO_2$ 等高度溶于水，因此适合使用湿式洗涤器进行处理。当气体混合物逆流流过洗涤器时，这些小分子气体杂质可以很容易地溶解在水（或洗涤液）中。

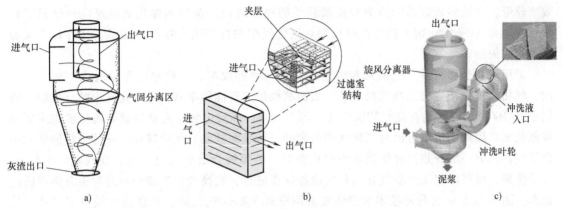

**图 5-31 物理方法净化气化气的代表性装置结构**
a) 旋风分离器 b) 过滤式除尘器 c) 湿式洗涤器

通常需要结合多种净化装置才能获得杂质含量较低的气化气。根据净化时气化气的温度可以将净化工艺分为热气体净化与冷气体净化，前者适用于直接燃烧供热供电、减少热值损失，后者适用于燃料电池等下游装置或进一步净化用于费托合成等化工过程。

气化气中焦油产物的脱除一直是生物质气化的技术瓶颈。上述物理方法对焦油的脱除效率较为有限。焦油的冷凝性会造成旋风分离器堵塞，也会快速粘附在过滤器的滤网或滤料上，降低清洁效率。湿式洗涤器可以洗脱一部分极性焦油，但是部分不溶于水的非极性焦油会在洗涤过程中发生相分离，影响工作效率。此外，被分离或洗涤的焦油中含有大量有毒有害的多环芳烃类物质，本身是难以处理的危险废弃物。虽然在当前的生物质气化工艺中，物理方法依然是脱除焦油的主要手段，但是为了提升脱除效率、降低运行成本，需要更高效的焦油脱除工艺。

除了物理方法，根据反应体系的不同，常用的焦油脱除工艺可以分为均相脱除法与异相脱除法。均相脱除法包括热裂解法、部分氧化法与等离子体裂解法，异相脱除法通常指催化裂解法和焦炭脱除法。

热裂解法是指在高温条件下（通常为 $1000 \sim 1500℃$）将焦油分子裂解成小分子气体的方法。虽然热裂解法流程简单，但是为了裂解 PAHs 类焦油需要极高的温度（$>1500℃$），对反应器要求较高，运行成本较大。部分氧化法是在热裂解法的基础上，在体系中额外加入 $O_2$，利用氧化反应放出的热量与产生的大量自由基，在相对较低的运行温度下实现高效的焦油脱除。相对于热裂解法，部分氧化法的效果更好、成本更低，炉内 $O_2$ 与焦油产物的高效混合决定了部分氧化的效率。等离子体裂解法通过等离子体发生装置，气化气中的焦油在高温等离子流的作用下发生剧烈的裂解反应，可以达到极高的焦油脱除效率（$>95\%$）。但是等离子法的成本极高，对反应器的要求严格，难以在中小型气化炉上投入使用。

催化法是脱除焦油的一种重要手段。根据反应类型，催化脱除焦油过程可分为催化重整、催化裂化、催化加氢和催化氧化；根据反应位置，催化法可分为炉内原位脱除和采用二级反应器炉外重整。常用的催化剂有白云石、橄榄石、沸石和 Ni 基/$Al_2O_3$ 复合催化剂等，这些物质会强化反应器内的水煤气变换、蒸汽重整等反应，可以降低焦油含量并增加 $H_2$ 的含量。催化法还可以与物理方法相结合，在装置外层滤网除去颗粒物的同时，在内层催化剂的作用下将焦油脱除。通常矿物类催化剂的成本较低、催化活性持续时间长，但是总体催化效率较低，为达到较好的脱除效果需要较长的停留时间。金属基催化剂的反应活性通常较高，特别是 Ni 基催化剂，但这些催化剂对气化气中的含硫化合物较为敏感，且容易因表面碳沉积而失活。

采用气化过程自身产生的焦炭脱除焦油是一种低成本、高效率的异相脱除方法。一方面，气化过程中产生的焦炭疏松多孔、表面活性位与官能团丰富，对气化气中的有机物，特别是 PAHs 类焦油，具有良好的吸附性；另一方面，焦炭中含有大量的碱金属与矿物质等天然催化剂。因此，焦炭可以对气化气中的焦油进行吸附捕集、催化转化，一部分焦油形成小分子气体，另一部分焦油在焦炭表面形成积炭。若维持合适的反应温度并在气氛中添加 $O_2$ 等活化剂，则可以实现焦炭气化与焦油脱除同步进行，在高效脱除焦油的同时提升焦炭的转化率。图 5-32 所示为丹麦技术大学研发的两段式 Viking 气化炉，其创造性地将下吸式气化炉的原料热解段与焦炭气化段分开，在炉内实现焦油的均相部分氧化、异相焦炭催化相结合。

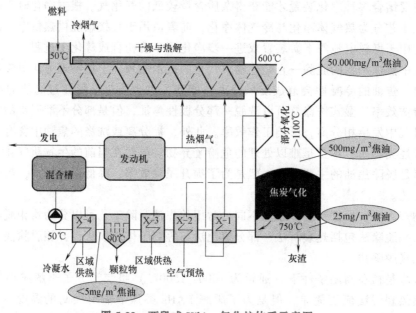

**图 5-32　两段式 Viking 气化炉体系示意图**

对于气化气中的各类杂质，除了采用上述各类方法脱除外，控制合适的反应条件、选择适宜的反应器，可以从源头上减少污染物的生成。对于高灰分含量的生物质原料，避免采用流化床反应器，以减少气化气中的颗粒物含量。此外，通过改变温度、气氛和停留时间，对气化炉各阶段的产物进行调控，可以实现更高的气化效率与更低的污染物含量。二噁英可以看作是一种特殊的焦油，其生成过程的关键是气相中有机 C-Cl 键的形成。在热解段，采用较高的温度与升温速率，使大部分 Cl 以 HCl、$Cl_2$ 和 C-Cl 等形式进入气相；在均相转化阶段，借助气化气中本身含有的 $H_2$，将有机氯定向转化为稳定的 HCl 分子。

## 5.6　生物乙醇技术

乙醇（$CH_3CH_2OH$）是非常重要的化工产物，在工业生产、医疗卫生和食品加工等领域都有十分广泛的应用。乙醇也是一种十分优质的燃料，它不含氮、硫等元素，燃烧过程中也不会产生灰分。在经过改造的内燃机内，乙醇可以直接投入或与汽油混合使用，降低城市汽车尾气带来的碳排放和 CO、$NO_x$、VOC 等污染物排放。因此，就能源领域而言，乙醇是最直接有效、社会认可度最高的内燃机清洁燃料。

人类很早就注意到自然界的发酵现象，并加以利用来制造乙醇，即酿酒的过程。20 世纪 30 年代左右，由于石油工业的迅速发展，以及医药化工领域对乙醇的巨大需求，乙醇的化学合成方法得到了较大的发展。至 20 世纪 70 年代石油危机后，生物发酵法又重新成为工业生产乙醇的中流砥柱。

目前大部分的生物乙醇都是以粮基原料生产的（美国主要是玉米，巴西主要是甘蔗），在大部分发展中国家存在社会争议，一定程度上限制了生物乙醇的产量和应用范围。因此，生物乙醇的发展空间在于更广泛的原料适应性，这既包括原料的培育与改性，也包括发酵菌种的筛选以及生产工艺的优化。本节主要介绍生物乙醇制造的基本原理、对应不同原料的生产工艺，以及未来生物乙醇的发展方向。

## 5.6.1　生物乙醇生产的基本原理

生产生物乙醇的核心步骤是发酵（fermentation）。发酵现象在自然界广泛存在，是以酵母菌为代表的微生物在缺氧的条件下摄取并代谢糖类（主要是六碳糖和五碳糖），生成乙醇及其他副产物的过程。最常见的六碳糖是葡萄糖和果糖，酵母菌通过 EMP 代谢途径分解六碳糖，其反应通式为

$$C_6H_{12}O_6 \xrightarrow{\text{微生物发酵}} 2C_2H_5OH + 2CO_2 \tag{5-11}$$

五碳糖和其他糖类的发酵过程十分复杂且会产生其他副产物。理论上葡萄糖发酵生产乙醇的转化率为 0.51g/g（乙醇/葡萄糖），而 1mol 葡萄糖完全燃烧放出的热量为 2.816MJ，1mol 乙醇燃烧可放热 1.371MJ，因此理论上可通过发酵回收葡萄糖中 97% 的能量。

工程上，乙醇发酵过程可以分为前发酵期、主发酵期和后发酵期三个主要阶段。在前发酵期，乙醇酵母和发酵醪液加入发酵罐后，醪液中的酵母细胞主要利用液相中的溶解氧和营养成分进行细胞增殖，该过程可由适量供氧来控制，通常维持 10h。酵母繁殖到一定数量后，醪液中的 $O_2$ 消耗殆尽，此时进入主发酵期。在主发酵期酵母菌大量代谢糖类生成乙醇和 $CO_2$，反应器内温度上升较快，通常持续 12h。随着醪液中的糖类浓度降低和乙醇浓度的升高，酵母菌的活性降低，进入后发酵期。此时发酵罐内还在进行着缓慢的发酵过程，一般需要 40h 左右完成。整个发酵过程的时长通常受到酵母菌性能、接种量和发酵温度等因素影响，一般控制在 60~72h。

发酵过程中，微生物不可能把糖类全部转化为乙醇，该过程受到诸多因素的限制。一方面，发酵产物乙醇本身就是发酵过程的抑制剂，大部分发酵器中乙醇能达到的最高浓度约为 11wt.%~12wt.%，此时酵母菌停止发酵；另一方面，微生物自身生长繁殖消耗的能量、$CO_2$ 逸出时带走的乙醇和发酵罐中杂菌的生长等因素，都导致乙醇产率的降低。

理想的发酵菌种应当具备的条件有：
1）较高的糖类利用率和乙醇产率。
2）较低的自身生物量产出。

3）较高的乙醇耐受能力（>16vol.%）。

4）易于进行基因工程改造。

除了发酵，生产生物乙醇还有许多预处理和后处理步骤。由于用于生产乙醇的原料特性差异较大，因此预处理的主要目的是针对原料，把其中的糖类通过物理和化学方法转化为可以被酵母菌利用的形式。由于发酵液中乙醇含量较低，后处理的主要目的是乙醇的蒸馏与脱水。

### 5.6.2　用于乙醇生产的主要原料

通常按糖类的储存形式，生产生物乙醇的原料可以分为糖质原料、淀粉类原料与纤维素类原料。

糖质原料指小分子糖分含量较高的原料，用于生物乙醇生产的主要是甘蔗和甜高粱。糖质原料的优点是可以只通过简单的压榨、稀释等预处理，让微生物直接利用其中的小分子糖类发酵制得乙醇。能源甘蔗是目前应用最广泛的糖质原料，主要的利用区域在巴西，构成了庞大的燃料乙醇产业，对世界生物质液体燃料发展具有巨大的影响。用于生产乙醇的能源甘蔗品种经过特殊选育，产量比糖料甘蔗通常高出一倍。此外，甜高粱的茎秆中含有大量的蔗糖与葡萄糖，也是适于生产乙醇的原料。甜高粱在我国具有悠久的栽培历史，它具有高光效、生产力高和抗逆性强的特性，是目前世界上生物学产量最高的作物，具有极大的发展潜力。

淀粉类原料种类繁多，主要特点是含有丰富的淀粉，水解后生成小分子糖类，进而供微生物发酵。淀粉类原料大部分是粮食类原料，包括玉米、小麦等谷物，以及木薯等薯类作物。美国地广人稀，玉米产量大、余粮多，大量使用玉米生产燃料乙醇有效降低了其对进口原油的依赖性。然而，美国作为最大的粮食出口国，玉米等粮食作物的能源化利用对其他粮食进口国的粮价稳定和粮食安全都有一定的负面影响。木薯是全球三大薯类作物之一，在热带地区种植广泛，全球有 6 亿多人以木薯作为主食。木薯具有极高的光、水利用率，能够迅速生长在贫瘠的土壤中，且块根中优质淀粉含量高，是理想的淀粉类乙醇生产原料。

纤维素类原料则是发展非粮燃料乙醇的研究热点，主要包括农作物秸秆、薪柴等各类农林废弃物。发展基于纤维素类原料的生物乙醇克服了使用粮食类原料带来的社会问题，也能解决废弃物的处理利用问题。然而，纤维素和半纤维素是大分子材料，性质稳定、难以水解，且生物质原料中的纤维素与半纤维素、木质素紧密缠绕、相互交联。因此，纤维素类原料无法直接用于乙醇生产，需要经过复杂的预处理工序来拆分生物质三组分、降解纤维素与半纤维素。据统计，2014 年全世界纤维素乙醇产量已达 40 万 t，且仍然具有很大的发展潜力。

### 5.6.3　乙醇生产的工艺类型

乙醇生产的工艺类型与使用的原材料密切相关，图 5-33 给出了不同原料生产生物乙醇的基本工艺路径。生物乙醇的原材料分为糖质原料、淀粉类原料和纤维素类原料，相关的处理过程包括原料的预处理、糖化、发酵和乙醇提取。不同的原料对应的工艺既有一定的共性，也有显著的区别，表 5-1 列出了三种类型原料制备生物乙醇的基本工艺特征对比。

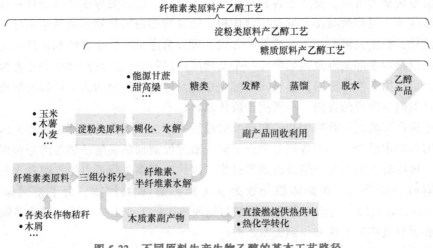

图 5-33　不同原料生产生物乙醇的基本工艺路径

表 5-1　三种类型原料制备生物乙醇的基本工艺特征对比

| 原料类型 | 糖质原料 | 淀粉类原料 | 纤维素类原料 |
|---|---|---|---|
| 预处理 | 压榨、调节 | 粉碎、蒸煮糊化 | 粉碎或其他物理化学处理 |
| 水解/糖化 | 无须水解,无发酵抑制物 | 酸或酶糖化,易于水解、产物单一,无发酵抑制物 | 酸或纤维素酶水解,水解过程较慢,产物复杂,有发酵抑制物 |
| 发酵 | 耐乙醇酵母,发酵六碳糖 | 产淀粉酶酵母,发酵六碳糖 | 专用酵母或细菌,发酵六碳糖和五碳糖 |
| 乙醇提取 | 蒸馏、精馏、纯化 | | |

　　甜高粱和能源甘蔗等属于糖质原料,通过简单压榨后即可获得富含糖分的汁液,因而其预处理过程相对较为简单。糖汁中所含的糖分主要是蔗糖,酵母菌利用蔗糖水解酶将蔗糖水解为葡萄糖和果糖,再在无氧条件下发酵生产乙醇。通常,在发酵前汁液需要进行稀释、调节 pH 值、灭菌等操作,并调配发酵所需的无机盐。

　　玉米、木薯等属于淀粉类原料,其处理工艺较为复杂,主要目的是将淀粉大分子水解为可供发酵的小分子糖。预处理的第一步是原料的蒸煮与糊化,蒸煮使得淀粉类原料整体软化,再进行糊化使得淀粉具有足够的表面积和水分。随后在体系中加入淀粉酶,将充分糊化的淀粉大分子迅速水解为葡萄糖,获得发酵醪液。

　　纤维素类原料的预处理工艺最为复杂,主要目的是将纤维素、半纤维素和木质素三组分拆分,并将纤维素和半纤维素降解为小分子糖类。三组分的拆分方法包括多种物理、化学和生物方法,目前最为成熟的是高温液态水法和稀酸处理法。完成拆分后,除去体系中不能用于发酵的木质素,剩余的纤维素和半纤维素需要进一步水解来获得小分子糖类。目前常用的水解方法包括酸水解和酶水解。纤维素类原料的发酵过程也较为复杂,因为水解产物中的五碳糖利用率较低,且糖液中还存在糠醛类木质素降解组分,对微生物乙醇发酵的影响较大。

　　发酵是生产生物乙醇最重要的步骤,不同的发酵工艺可以适应不同的反应器规模和原料特性。例如,根据物料状态,发酵方式可分为液体发酵法、半固体发酵法和固体发酵法。其中，液体发酵法最为常用，适用于各种原料类型，但是一般需要较多的预处理；固体发酵法的预处理步骤少、可有效减小发酵反应器体积，但发酵器内的传热传质效果不好、反应器难以放大。此外，根据发酵醪注入反应器的方式，可分为序批式、半连续和连续式发酵。序批式发酵是指投料后全部发酵过程始终在一个发酵罐内进行，固态发酵和半固态发酵通常采取这种模式，也适用于液体原料；连续式发酵则是将发酵过程拆分为多个连续的阶段，每个发酵罐内进行着同一阶段的反应，一般用于液体原料。

乙醇的提取与精制是获得生物乙醇产品的最后工序，主要分为蒸馏过程和无水乙醇制备过程。蒸馏是利用混合液体中各组分沸点不同，通过控制加热温度控制各组分按照沸点高低顺序蒸发，再冷凝以分离整个组分的操作过程。因此，蒸馏过程可以使乙醇和水分及混合液中其他的有机杂质分离，获得体积分数为 95% 的乙醇-水共沸物。为了得到体积分数为 99.5% 以上的无水乙醇，还需要进行更精细的提纯操作。工业上主要采取恒沸精馏、萃取精馏、吸附和膜分离四种方法来得到无水乙醇。

在生产乙醇的过程中还会产生许多副产物，包括基本副产物 $CO_2$，蒸馏后的乙醇糟液和废渣等。$CO_2$ 的产量较为可观，每生产 1L 乙醇大约可以获得 0.4 ~ 0.5kg $CO_2$，可以液化后直接作为工业产品。乙醇糟液中含有大量有机物，其可生化性好，经过物理化学和生物化学的综合处理后，可以用于生产饲料蛋白、沼气和肥料等副产品。此外，纤维素乙醇工艺的重要副产品是木质素，可以用于后续的热化学转化工艺或作为燃料。

## 5.7 沼气发酵工艺

沼气发酵过程又称厌氧消化（anaerobic digestion），是指在没有溶解氧存在的情况下，多种微生物将各类有机质分解转化为 $CH_4$ 和 $CO_2$ 等物质的过程。厌氧消化的产物称为沼气，也称为生物气（biogas）。通常沼气中的 $CH_4$ 含量为 50%~70%，$CO_2$ 含量为 30%~40%，此外还含有极少量的 $H_2$、$NH_3$、$CO$ 和 $H_2S$。沼气的热值约为 22.7MJ/$m^3$，相当于煤气的 1.5 倍，是十分理想的户用燃气，提纯后也可以用于工业生产。

自然界中广泛存在厌氧消化现象，在江、河、湖、海的底层，沼泽、池塘乃至污水沟中，经常可以看到有气泡从水底的淤泥中冒出，如果将这些气泡中的气收集起来便可以点燃。沼气发酵的重要特征是反应过程有多种古菌、细菌与真菌分阶段参与，这与酵母菌主导的乙醇发酵有显著的区别。因此，沼气发酵的生物化学过程更为复杂，但可以在简单的预处理或无须预处理的条件下消纳多种复杂的原料。

世界上第一个人工沼气池是在 19 世纪中期发明的，此后便在世界各地得到广泛应用。沼气发酵系统能有效回收各类有机废弃物能源，是农村地区废弃物无害化与资源化处理的重要方式，具有一定的经济效益。本节主要介绍沼气发酵的基本原理、所使用的原料以及常见的沼气发酵工艺。

### 5.7.1 沼气发酵的基本原理与反应条件

沼气发酵是一个多种微生物参与的多阶段生物化学转化过程，图 5-34 为沼气发酵各阶段示意图。目前使用最广泛的是四阶段理论，通常把厌氧消化反应分为水解阶段、产酸阶段、产氢产乙酸阶段和产甲烷阶段。一般认为，从各类有机质开始分解到最后生成沼气，有发酵性细菌、产氢产乙酸菌、耗氢产乙酸菌、食乙酸产甲烷菌和食氢产甲烷菌五大类菌群参与。

在水解阶段，各类复杂原料中的高分子有机物被转化为小分子有机物，也称为液化阶段。这些大分子物质的相对分子质量巨大、不能透过细胞膜，不能被微生物直接利用。因此，多种细菌和真菌在该阶段分泌大量胞外酶，各类高分子有机物被这些细菌胞外酶分解为小分子物质。例如，纤维素被纤维素酶水解为二糖与葡萄糖，淀粉被淀粉酶分解为麦芽糖和葡萄糖，蛋白质被蛋白酶水解为短肽与氨基酸等。这些小分子的水解产物能够溶解于水并透过细胞膜，在后面的阶段被其他微生物利用。

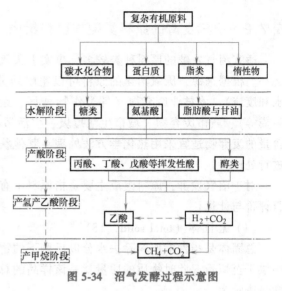

图 5-34　沼气发酵过程示意图

在产酸阶段，水解阶段产生的小分子化合物在发酵性细菌的细胞内，转化为更为简单的化合物并分泌到细胞外。这一阶段的主要产物是挥发性脂肪酸（VFA），包括丙酸、丁酸和戊酸等，还有一部分醇类、乳酸、$CO_2$、$H_2$、$NH_3$ 和 $H_2S$ 等产物生成。与此同时，酸化菌也利用部分物质合成新的细胞物质，所以未充分酸化的废水，在厌氧处理时反而会产生更多的剩余污泥。

在产氢产乙酸阶段，产氢产乙酸菌进一步分解产酸阶段生成的小分子有机酸，生成乙酸、$H_2$ 和 $CO_2$。但是 $H_2$ 的负反馈作用会抑制产氢产乙酸菌的活性，因此只有与能够消耗体系内 $H_2$ 的产甲烷菌联合作用，该过程才能稳定进行。耗氢产乙酸菌则可以利用体系中的 $H_2$ 与 $CO_2$ 来合成乙酸，但是这些微生物生成的乙酸通常少于总产量的5%，目前针对该菌群的研究还在初步阶段。

在产甲烷阶段，产甲烷菌群可以分解乙酸形成 $CH_4$ 和 $CO_2$、利用氢还原 $CO_2$ 形成 $CH_4$，或转化甲酸、甲醇等形成 $CH_4$。在形成的 $CH_4$ 中，约70%来自食乙酸产甲烷菌主导的乙酸分解，30%来自食氢产甲烷菌主导的氢还原 $CO_2$。因此，乙酸降解在甲烷形成过程中具有重要作用，是主要的代谢途径。

在上述四阶段中，水解阶段是沼气发酵速度的限速步骤，因为水解反应大多是吸热反应，需要消耗能量而不能直接向微生物提供能量。固体物质水解液化的快慢直接影响沼气生成的速度，而且水解的程度也直接影响沼气的产量。因此，针对不同的原料，必要时也应采用预处理技术，保证产甲烷阶段的效率。

厌氧消化对反应条件的要求较高，多种因素都会对产气效果产生影响。厌氧消化稳定、高效运行的主要条件是有严格的厌氧环境、适宜的温度条件、原料的营养物质含量、发酵池中的酸碱度（pH）和干物质浓度。此外，发酵的效果还与接种物浓度、池中抑制物的存在及搅拌情况有关。只有控制沼气池各个影响因素处于最优状态，才能保证产气的效率与品质。

### 5.7.2 沼气发酵的原料类型与原料组成

适宜沼气发酵的原料种类较多，事实上厌氧消化是适用对象最广的有机废弃物处理方式之一。根据来源，厌氧消化的原料可以粗略地分为工业废弃物（主要是高有机物含量的废水和废渣）、农林业废弃物（各类作物秸秆、杂草、树叶等）、畜禽养殖业废弃物（鸡粪、牛粪等）、城市废弃物（城市生活垃圾、生活污水和污泥）等。通常，除了高固体、高木质含量的废弃物适宜采用热化学方法处理，其他状态的原料都适宜选用不同工艺的厌氧消化法进行处理。

对于沼气发酵，原料组成主要是指原料中有机质的含量。通常采用以下指标来对原料进行评价与计量：

（1）总固体（total solid，TS）

总固体是指发酵原料除去水分以后剩下的物质。测定方法为：把样品放在105℃的烘箱中烘干至恒重，此时物质的质量就是该样品的总固体质量。固体原料的总固体含量采用百分含量表示为

$$TS(\%) = \frac{烘干后样品质量}{烘干前样品质量} \times 100\% \tag{5-12}$$

液体原料的总固体通常用 mg/L 或者 g/L 来表示，即

$$TS(\%) = \frac{烘干后样品质量\ W_{干}}{烘干前样品体积\ V_{样}} \times 100\% \tag{5-13}$$

（2）挥发性固体（volatile solid，VS）

挥发性固体是指原料总固体中除去灰分以后剩下的物质。挥发性固体的测定方法为：将原料总固体样品在500～550℃温度下灼烧1h，其减轻的质量就是该样品的挥发性固体含量，余下的物质是样品灰分的质量。挥发性固体也常用百分含量表示为

$$VS(\%) = \frac{样品固体总质量\ W_{干} - 灰分质量\ W_{灰}}{样品固体总质量\ W_{干}} \times 100\% \tag{5-14}$$

在沼气发酵中，沼气微生物只能利用原料的挥发性固体，而灰分是不能利用的，因此用挥发性固体质量可以更准确地表示样品中可利用的物质含量。

（3）化学需氧量（chemical oxygen demand，COD）和生化需氧量（biochemical oxygen demand，BOD）

化学需氧量指的是样品与强氧化剂（高锰酸钾或重铬酸钾）完全反应消耗的氧化剂折算成氧气的量；生化需氧量指的是有氧条件下由于微生物代谢将水中有机物氧化分解消耗的氧量（常采用20℃培养5天，记为$BOD_5$），单位一般为 mg/L。两个指标都能在一定程度上反应试样中有机物的浓度，而 $BOD_5/COD$ 则可以反映试样的可生化降解性。

### 5.7.3 沼气发酵的工艺类型

经过多年的研究与实践，沼气发酵工艺类型十分丰富。对于各类不同的原料，可以选用

不同的厌氧消化反应器进行沼气发酵，以适应不同的有机物负荷、有机质去除率和产气率。厌氧发酵反应器的分类与水力停留时间（hydraulic retention time，HRT）、污泥停留时间（sludge retention time，SRT）和微生物停留时间（microorganism retention time，MRT）三个参数密切相关。

HRT指待处理污水在反应器内的平均停留时间，也就是污水与生物反应器内微生物作用的平均反应时间。对于一个特定的工程，确定了HRT即可确定厌氧消化器的体积。SRT是指体系中污泥等悬浮固体物质在消化器里被置换的时间，也称为污泥龄。厌氧消化器在较长的SRT下运行时，固体有机物分解得更为彻底，且衰亡微生物的分解使新生长的微生物得到更多的营养物质，甲烷化整体活性提高。MRT是指微生物细胞从生成到被排出厌氧消化器的时间。若MRT小于微生物增代时间，微生物将会从消化器里被冲洗干净，厌氧消化将被终止。在一定条件下，消化器的效率与MRT呈正相关。根据不同厌氧消化器的HRT、SRT和MRT，厌氧消化的工艺类型主要分为三大类。

第一类消化器为常规型消化器，其特征是发酵料中的液体、固体和微生物简单混合或靠搅拌作用均匀混合在一起。在出水的同时，固体和微生物一起被淘汰，因此消化器内HRT、SRT和MRT完全相等。由于消化器内没有足够的微生物，因而固体物质得不到充分的消化，整体效率较低。常规性消化器的结构简单、成本较低，常见于早期的沼气工程及小型户用沼气池。此类消化器包括常规消化器、完全混合式消化器（CSTR）和塞流式消化器（PFR）等。图5-35是完全混合式消化器的结构示意图。

第二类消化器为污泥滞留型消化器，其特征为通过各种固液分离方式，在发酵液排出时反应器内的微生物和固体物质所构成的污泥得到保留。因此，污泥滞留型消化器

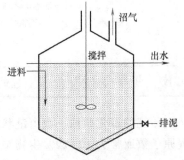

**图5-35 完全混合式消化器结构示意图**

（原料从进料口装入反应器后，由搅拌装置混和均匀）

可以在较短的HRT的情况下获得较长MRT和SRT，即MRT、SRT>HRT。相比常规型消化器，污泥滞留型消化器提高了产气量，并缩小了厌氧消化器的体积。由于建造成本和运行成本较高，污泥滞留型消化器常用于大型沼气工程，主要类型包括厌氧接触工艺（ACR）、升流式厌氧污泥床（UASB）、膨胀颗粒污泥床（EGSB）和内循环厌氧反应器（IC）等。图5-36是升流式厌氧污泥床的结构示意图。

第三类消化器为附着膜型消化器，其特征为在消化器内安放有惰性介质供微生物附着生长，使微生物呈膜状固着于支持物表面。在进料过程中，液体和固体流经固着有微生物膜的反应器内，整体上MRT>HRT、SRT，可以做到相当短的HRT条件下保持较大的MRT，从而使消化器保持较高的效率。然而，附着膜型消化器难以处理高有机物负荷的原料，且由于内部填料较多、容易堵塞，因此通常用于低浓度、低悬浮固体的废水。常见的附着膜型消化器有厌氧滤器（AF）、厌氧流化床（FBR）和厌氧膨胀床（EBR）。图5-37是厌氧滤器的结构示意图。

总之，厌氧消化器的各类工艺都相对较为成熟，不同工艺类型的消化器适宜不同的投资、规模、原料类型与工程需求。总体而言，在一定HRT条件下，设法延长SRT和MRT，并使微生物与原料充分混合，是厌氧消化器技术水平提高的主要方向。

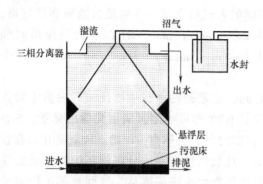

图 5-36　升流式厌氧污泥床结构示意图

（自下而上流动的污水穿流过膨胀的颗粒状污
泥床被处理，顶部的三相分离器使固体污泥
回到底层，处理后的水溢流回反应
器并排出，气体产物则被收集）

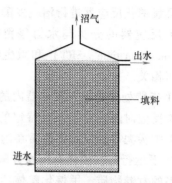

图 5-37　厌氧滤器结构示意图

（自上而下流动的污水穿流过附着有
微生物膜的填料并被处理，排出
净化后的水并在顶部收集沼气）

## 5.8　生物柴油技术

传统的石化柴油一般由链状烷烃、环烷烃及芳香烃等多种不同的碳氢化合物混合组成，碳原子数通常为 10～22。生物柴油（biodiesel）是一大类脂肪酸的单烷基酯，碳原子数通常为 16～22，可通过油脂（包括动物脂肪、植物油和微生物油脂）与短链醇（甲醇、乙醇等）发生酯化反应而生产。与植物油相比，生物柴油的分子更小、黏度更低，且闪点更低，接近柴油的物理性状。生物柴油能够以任意比例与石化柴油混合使用，并且无需对柴油发动机进行任何改动，是重要的石化柴油替代燃料。

与石化柴油相比，生物柴油在可再生性与可降解性方面具有明显的优势。另外，在燃料特性上，生物柴油还具有以下诸多优点：

1）生物柴油具有较高的十六烷值，含氧量较高，燃烧性能更好。

2）生物柴油的闪点高于石化柴油，运输、储存和使用过程更为安全。

3）生物柴油的硫含量远远低于石化柴油，也不含芳香族化合物，尾气中硫氧化物、CO、烃类、颗粒物等排放显著减少，对环境污染小。此外，生物柴油工程还与以微藻为代表的能源微生物工程产业的发展相契合，是能源产业跨领域研究的重要突破点。

基于可再生油脂的生物柴油作为性能优良、环境友好的石化柴油替代品，从生产到使用全过程的技术、运营和管理都已有国际国内成熟的经验，对缓解我国的能源短缺、减轻城市空气污染、促进节能减排具有重要意义。本节主要介绍生产生物柴油的原料来源、基本原理与工艺流程，并分析了生物柴油的发展现状与前景。

### 5.8.1　生产生物柴油的原料

原料成本占目前生物柴油产品总成本的 50%～85%，是决定生物柴油价格的最主要因素。生物柴油的原料可分为传统的动植物油脂和新型的微生物油脂。在传统的动植物油脂方面，各国在生产生物柴油时立足于基本国情、结合自身资源，发展了不同的优势原料。目前欧盟生物柴油的原料以菜籽油为主，美国、巴西、阿根廷等生产大豆国家主要采用大豆油，而马来西亚、印尼、泰国等因棕榈油资源丰富，都是主要的棕榈油生物柴油生产国。

我国是食用油消费大国，需要大量进口食用油料，依赖食用油脂制备生物柴油将会大大加剧与人争食油的局面，引发粮油危机。出于这些考虑，我国生物柴油多采用潲水油、地沟油等餐饮废弃油脂及酸化油等食用油脂加工下脚料，也有个别企业采用非食用的木本油脂原料。餐饮废弃油脂常年产生，而且量也很大，将其用于生产生物柴油，是杜绝地沟油回流餐桌的最好解决办法。但是餐饮废油原料组成随季节、地域变化较大，原料高度分散，收集储运成本较高，难以保证持续供应，限制了基于餐饮废油生产生物柴油的企业规模。我国也有丰富的木本油料植物资源，如麻疯树、黄连木、乌桕、油桐等植物含油量可达20%，这些野生油料木本植物种子也是重要的生物柴油原料来源。

微生物油脂则是生物柴油原料的另一个重要来源。在适宜条件下可产生并储存的油脂占其生物总量20%以上的微生物被称为产油微生物。用于微生物油脂生产的微生物主要为酵母、霉菌、微藻和细菌等，而细菌主要合成特殊脂类和多不饱和脂肪酸，产油率低，所以目前能源领域的工程微生物研究主要集中在酵母、霉菌和微藻上。在已有菌株的基础上利用细胞融合、诱变育种、基因工程等手段可以选育出更适用于工业化的菌株，这些菌株需具备以下条件：

1）油脂积累量大，含油量应达50%以上，且油脂转化率不低于15%。

2）生长速度快，不易污染杂菌、不易产生虫害。

3）能适应工业化的大规模简单培养，培养条件不宜苛刻。

在各类产油微生物中，尤以微藻最具发展前景。微藻是一大类只能在显微镜下才能被观察到的藻类的统称，并不是一个生物分类学的概念。微藻通常呈单细胞、丝状体或片状体，结构简单，整个生物体都能进行光合作用，所以光合作用效率高，生长周期短、速度快。图5-38所示为显微镜下的微藻细胞。

利用微生物发酵技术，可在光反应器中高密度、高速率培养微藻。在适宜温度条件下，微藻细胞生长加倍时间通常在24h内，对数生长期内细胞物质加倍时间缩短至3.5h。从海洋和湖泊中分离到真核的硅藻、绿藻和褐藻等藻种，经过驯化可以达到更高的光合作用效率，其油脂组成与一般油料植物相似，以C16、C18系脂肪酸为主。高等植物种子的脂肪酸含量仅为干重的15%~20%，而相比之下，藻类的脂肪酸含量在氮元素缺乏时可达细胞干重的60%~80%。微藻易养殖、易收集，脂

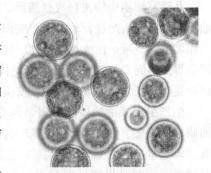

图5-38 显微镜下的微藻细胞

肪酸含量高，在基因工程、细胞工程等生物技术日渐成熟的背景下，有更高的产能提升空间。因此，微藻培育技术是未来生物柴油和其他生物能源（如生物质气化）原料的发展趋势之一。

## 5.8.2 生产生物柴油的原理与工艺流程

生物柴油的生产过程可以概括为原料预处理→油脂提取与精炼→酯交换反应。对于传统的植物类油料，已有十分成熟的压榨法或浸出法进行油脂的提取。对于微藻类的产油微生

物，预处理过程相对较为复杂。图 5-39 所示为以微藻为原料的生物柴油生产流程。

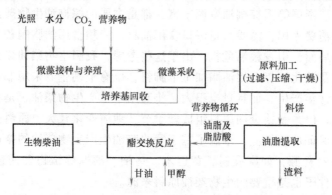

图 5-39　以微藻为原料的生物柴油生成流程

微藻是一种自养型生物，其培养过程相对于异养型微生物更为简单、成本更低。培养过程中必须保证光照的时间与光质，以达到最高的光合作用效率。此外，合适的培养温度、充足的 $CO_2$ 供应以及无机盐等营养物也是保障微藻高效生长的重要条件。

微藻原料在采收后，经过过滤、压缩和干燥，可以获得较为致密的料饼，以备油脂的提取。对于产油微生物，油脂的提取分为细胞破壁和油脂的分离提纯两步。生物油脂多包含在微生物细胞内，有的甚至与细胞蛋白或糖物质结合。由于细胞壁坚韧，在提取油脂之前要对菌体细胞进行破壁预处理，因此寻找适于工业化的高效破壁技术是当前降低生物柴油原料成本的关键之一。常见的破壁方法有研磨法、酸热法、超声波破碎法和酶解法等。研磨法操作简单、实用性强，易于工业放大，但料液损失较严重，且研磨时间过长容易使胞内物质变性。由于成本过高或难以放大反应器，目前其他方法都还处于实验室应用阶段。

从微藻细胞中快速释放油脂后，还需要采用低成本、快速的油水分离技术获得纯度较高的油脂用于后续生产过程。在工业应用中，常用有机溶剂萃取法进行油脂提取，该方法成本低、操作简单，但溶剂往往具有毒性、容易污染环境。超临界 $CO_2$ 萃取法是新型的萃取方法，利用临界点附近 $CO_2$ 对油脂溶解度随体系温度和压力连续变化，从菌体中提取油脂，该方法可以避免产物氧化、提取速度快，安全无污染，但需要专门的仪器设备，操作费用昂贵。

生产生物柴油的核心步骤是酯交换反应，其反应如图 5-40 所示。油脂的化学成分是甘油脂肪酸三酯，相对分子质量较大，因此植物油具有较高的黏度，而动物油在常温下则呈固态，难以直接作为燃料。制备生物柴油的过程中，酯交换反应是指甘油脂肪酸酯（油脂）与醇类（一般是甲醇）在酸或碱的催化下生成新的脂肪酸酯和甘油的反应。通过酯交换反应，相对分子质量较大的甘油脂肪酸三酯转化为了相对分子质量较小的脂肪酸酯，改良了其燃料特性，能够直接投入柴油内燃机使用。由于酯交换反应是一个可逆反应，为了保证反应速率通常需要加入催化剂。常见的催化工艺包括酸催化酯交换法、碱催化酯交换法和酶催化酯交换法。

图 5-40　油脂与醇类的酯交换反应示意图

目前工业上主要采用酸碱催化法制造生物柴油，但该方法对油脂原料品质要求苛刻，工艺复杂、效率低且污染环境。近年来，利用超临界甲醇制备生物柴油的研究受到关注。超临界甲醇法不使用催化剂，对油脂原料要求低，可将回收的废弃食用油用于制备生物柴油。此外，超临界酯交换法还有无须预处理、反应时间短、工艺简单、无污染排放等优势，具有明显的经济效益和社会效益。然而，超临界酯交换法反应条件苛刻，反应温度达 300~400℃，压力 10~15MPa，设备投资大，目前还难以投入大规模工业化生产。

# 第6章

# 海洋能、地热能及核能利用

## 6.1 海洋能

海洋能是一种蕴藏在海洋中的重要的可再生清洁能源，主要包括潮汐能、波浪能、海流能（潮流能）、海洋温差能和海洋盐差能。从成因来看，潮汐能和海流能来源于太阳和月球对地球的引力变化，其他基本上源于太阳辐射。按照能源储存形式，海洋能又可分为机械能、热能和化学能。海洋能源的分类如图6-1所示。

联合国政府间气候变化专门委员会（IPCC）发布的一项研究报告表明，全球海洋能资源潜力为20000~80000TW·h/年。潮汐能全球资源潜力为300TW·h/年，波浪能全球资源潜力为8000~20000TW·h/年，海流能全球潜力超过800TW·h/年，海洋温差能全球潜力超过10000TW·h/年，海洋盐差能全球潜力为2000TW·h/年。海洋能每年可发电2000万亿kW·h，约为2008年全球电力供应量的100多倍。同时，海洋能资源的能量密度不高、分布不均匀，使其开发利用难度较大。

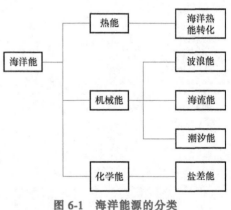

图6-1 海洋能源的分类

总体来看，我国海洋能资源十分丰富，可开发利用量达10亿kW的量级。其中，我国沿岸的潮汐能资源容量为1.1亿kW；沿岸波浪能理论平均功率为1 285万kW；潮流能130个水道的理论平均功率为1394万kW；近海及毗邻海域温差能资源可供开发的总装机容量约为17.47亿~218.65亿kW；沿岸盐差能资源理论功率约为1.14亿kW。

从全球来看，大部分海洋能的商业应用还处于初级阶段。潮汐能的应用最为成熟，其商业化应用可追溯到20世纪60年代。目前潮流能已有多个发电样机原型示范，但联网的示范尚未出现，波浪能已有多个不同技术的样机原型示范在进行中，海洋热发电的工业化样机实验已经运行，但还没有实现长期运行。盐度梯度利用已进行了一些基础研究及小规模系统运行。

### 6.1.1　潮汐能

潮汐现象是指海水在天体（主要是月球和太阳）引潮力作用下所产生的周期性运动。一般把海面铅直方向的涨落称为潮汐，而海水在水平方向的流动称为潮流。海平面每昼夜有两次涨落。潮汐作为一种自然现象，为人类的航海、捕捞和晒盐提供了方便，更值得指出的是，它还可以转变成电能，给人带来光明和动力。

潮汐能是海水周期性自然涨落运动中所具有的能量，是人类认识和利用最早的一种海洋能，是一种可再生能源。在各种海洋能的利用中，潮汐能的利用是最成熟的。在月球和太阳引潮力作用下，海水做周期性的运动，包括海面周期性的竖直升降和海水周期性的水平流动。竖直升降部分为潮汐的势能，称为潮差能，其富集点出现在可以使潮汐波发生放大的、长30km以上的河口或海湾的端部；水平流动部分为潮汐的动能，称为潮流（tidal stream）能，其富集点多出现在群岛地区的海峡、水道及海湾的狭窄入口处，由于海岸形态和海底地形等因素的影响较大，伴随的能量也巨大。潮汐能的功率密度与流速的三次方和海水的密度成正比。与其他可再生能源相比，潮汐能具有以下优点：①具有较强的规律性和可预测性，可有计划纳入电网；②功率密度大，能量稳定，易于电网的发、配电管理，是一种优秀的可再生能源；③潮流能的利用形式通常是开放式的，不会对海洋环境造成大的影响。综合利用潮汐的电站建于沿海的海湾或河口，可进行水产养殖，并且可以结合海涂围垦增加农田，没有河川水电站的水库淹没及迁移人口等问题。

潮汐发电是通过建设水坝，利用海水潮涨潮落时水库内水位与海面水位间的水位差势能，使海水流经水坝内安装的水轮机组发电。潮汐的能量与潮量和潮差成正比，实践中，利用潮汐发电必须具备两个条件：①潮汐的幅度必须大，潮涨、潮落的最大潮位差应在5m以上（平均潮位差≥3m）才能获得经济效益，否则难以实用化；②海岸的地形必须能储蓄大量海水，需要有地质优良的海湾或河口，在海湾或河口入口可建设堤坝形成水库。

潮汐发电的工作原理与常规水力发电的原理类似，差别在于潮汐发电站蓄积的海水落差不大，但流量较大，并且呈间歇性，从而潮汐发电的水轮机的结构要适合低水头、大流量的特点。具体地说，就是在有条件的海湾或入海河口建筑堤坝、闸门和厂房，将海湾或河口与外海隔开围成水库，并在闸坝内或发电站厂房内安装水轮发电机组。海洋潮位周期性的涨落过程曲线类似于正弦波。一定的高度差（即工作水头）驱动水轮发电机组发电。从能量角度来看，潮汐发电就是将海水的势能和动能通过水轮发电机组转化为电能。

潮汐电站的出力虽然在年内和年际之间变化比较均匀，但由于电站是利用潮汐在一日内的涨落形成的水头来发电，因此电站在一日内的出力变化就很不均匀，而且难以调节。在上下游落差小时，电站出力还会发生中断。一般单向潮汐电站每昼夜发电约10h，其中停电2次，双向潮汐电站每昼夜发电约15h，期间停电4次。潮汐的日周期变化为24h50min，即每天推迟50min与电力系统日负荷变化会出现不一致情况。因此，电力系统使用潮汐电站的出力会出现不便，需要进行合理调配及利用。

理论上，潮汐能利用可有两种形式：一是利用潮汐的动能，直接利用潮流前进力量来推动水车、水泵或水轮发电机；二是利用潮汐的势能，在电站上下游有落差时引水发电。由于利用潮汐的动能比较困难，效率又低，所以潮汐发电多采用后一种形式，即利用潮汐的势能。按照不同情况，利用潮汐势能发电的电站主要有三种类型：单库单向电站、单库双向电站及双库连续发电电站。

1. 单库单向电站

在海湾出口或河口处，建造堤坝、发电厂房，安装水轮机和水闸，将海湾（河口）与外海分隔，形成水库。在涨潮时开启闸门将潮水充满水库。落潮时外海潮位下降，控制水库水位与潮位保持一定落差，利用该落差水流流经坝体中厂房时推动水轮机发电。这种电站只建造一个水库，只在落潮时发电，因此称为单库单向电站。

单库单向电站采用单向水轮发电机组，电站运行由以下四种工况组成：

1）充水工况：开启水闸，机组停电，上涨的潮水经水闸进入水库，至库内外水位齐平为止。

2）等候工况：水闸关闭，机组停电，水库内水位保持不变，库外水位因落潮逐步下降。待库内外水位差达到一定水头时，起动水轮机发电。

3）发电工况：机组发电，库内水流外泄，库水位下降，直至与外海潮位的水位差小于机组发电需要的最小水头为止。

4）等候工况：机组停电，库水位保持不变，待库内外水位齐平后，转入下一循环。

单库单向潮汐电站也可采用在涨潮时发电充水、落潮时泄水的形式。电站的工况也由等候工况、发电工况、等候工况、泄水工况等四种工况组成一个循环。由于涨潮发电电站利用的库容在水库的较下部，库容量没有落潮发电利用的库容量大，因而大多数情况下单库单向电站采用落潮发电形式。

单库单向电站每昼夜发电 2 次，停电 2 次，平均日发电小时数约为 9~11h。由于采用单向机组，机组结构比较简单，发电水头较大，机组效率较高。我国多数小型潮汐电站采用单向水轮发电形式。大中型电站有时也宜采用单向发电形式。

2. 单库双向电站

单库单向潮汐电站只能在落潮（或涨潮）时发电，不能在涨落潮时都发电。为了使涨落潮都能发电，必须建造单库双向潮汐电站。这种电站一般有两种方式：一种是设置双向发电的水轮发电机组；一种是仍采用单向水轮发电机组，但从水工建筑物布置上使流道在涨潮或落潮时，都能使水流按同一方向进入和流出水轮机，从而使涨落潮两向均能发电。

贯流式机组的水轮机转轮可以正反向运转，机组过流量大，效率高，运转灵活，适宜双向发电的潮汐电站采用。对于水工建筑物布置上满足双向发电的情况，可使用立式轴流式机组或单向贯流式机组。当采用立式轴流式机组时，每台机组有两个进水口和尾水管，开启或关闭上下进水口和尾水管的闸门控制水流进出的方向，实现双向发电。我国广东省东莞市的镇口潮汐电站的布置就属于这种形式。当采用单向贯流式机组时，将发电厂房布置在进水池与尾水池之间，进水池和尾水池各设一对闸门控制水流方向，实现涨落潮双向发电。

单库双向潮汐电站每昼夜发电 4 次，平均日发电小时数约为 14~16h。与单库单向电站相比，发电小时数约增长 1/3，发电量约增加 1/5。由于兼顾正反两向发电，发电平均水头较单向发电小，相应机组单位千瓦造价比单向发电机组高。单向潮汐电站适宜建造于涨落潮历时基本相近的半日潮和潮差较大的海湾、河口；而由于双向机组结构复杂，设备制造和操作运行技术上要求较高，适宜在大、中型电站中采用。

### 3. 双库连续发电电站

单库单向和单库双向潮汐电站都会出现停电情况，给用户或电力系统带来很大不便。为了保证连续供电，可建造双库连续发电的潮汐电站。其工作原理是在海湾或河口处建造相邻的两个水库，分别与外海用一个水闸相通，一个水库用于进水（高位水库），一个水库用于出水（低位水库），在两个水库之间设置发电厂房安装水轮机，在潮汐涨落过程中，控制进水闸和出水闸，使高位水库与低位水库之间始终保持一定落差，从而使水流持续由高位水库流向低位水库，实现连续发电。双库连续发电电站的优点十分明显，缺点是工程量大、投资高。由于把海湾或河口分隔成两个水库，使原来由一个大水库与外海交换变成两个水库之间的水量交换，因此发电利用的水量约减少了一半，发电量减少较多。双库连续发电潮汐电站宜建设在地形条件十分优越的地方，如可利用天然地形不增建中间堤坝，布置厂房、水闸均较方便等。

由于常规电站廉价电费的竞争，建成投产的商业用潮汐电站不多。然而，由于潮汐能蕴藏量的巨大和潮汐发电的许多优点，潮汐发电的研究和试验得到了研究人员的高度重视。据海洋学家计算，世界上潮汐能发电的资源量在 10 亿 kW 以上。潮汐能普查计算的方法是首先选定适于建潮汐电站的站址，再计算这些地点可开发的发电装机容量，叠加起来即为估算的资源量。

20 世纪初，欧、美一些国家开始研究潮汐发电。第一座具有商业实用价值的潮汐电站是 1967 年建成的法国郎斯电站。该电站位于法国圣马洛湾郎斯河口。郎斯河口最大潮差 13.4m，平均潮差 8m。一道 750m 长的大坝横跨郎斯河，坝上是可通行车辆的公路桥，坝下设置船闸、泄水闸和发电机房。郎斯潮汐电站机房中安装有 24 台双向涡轮发电机，涨潮、落潮都能发电，总装机容量 24 万 kW，年发电量 5 亿多 kW·h，输入国家电网。

1968 年，苏联在其北方摩尔曼斯克附近的基斯拉雅湾建成了一座 800kW 的试验潮汐电站。1980 年，加拿大在芬地湾兴建了一座 2 万 kW 的中间试验潮汐电站。试验电站、中试电站都是为了兴建更大的实用电站做论证和准备用的。世界上适于建设潮汐电站的 20 多处地方都在研究、设计建设潮汐电站，其中包括美国阿拉斯加州的库克湾、加拿大芬地湾、英国塞文河口、阿根廷圣约瑟湾、澳大利亚达尔文范迪门湾、印度坎贝河口、俄罗斯远东鄂霍茨克海品仁湾、韩国仁川湾等。随着技术的进步，潮汐发电成本不断降低，进入 21 世纪，将不断会有大型现代潮汐电站建成使用。

我国潮汐能资源蕴藏量十分可观，潮汐能的理论蕴藏量达 1.1 亿 kW，在我国沿海，特别是东南沿海，有很多海湾或河潮汐能能量密度较高，平均潮差 4~5m，最大潮差 7~8m。我国潮汐能资源主要有以下特点：

1）我国潮汐能资源的地理分布十分不均匀。沿海潮差以东海为最大，黄海次之，渤海南部和南海最小。河口潮汐能资源以钱塘江口为最丰富，其次为长江口，以下依次为珠江、晋江、闽江和瓯江等河口。以地区而言，潮汐能资源主要集中在华东沿海，其中以福建、浙江、上海长江北支为最多，占我国可开发潮汐能的 88%。

2）地形地质方面，我国沿海主要为平原型和港湾型两类，以杭州湾为界，杭州湾以北，大部分为平原海岸，海岸线平直，地形平坦，并由沙或淤泥组成，潮差较小，且缺乏较优越的港湾坝址；杭州湾以南，港湾海岸较多，地势险峻，岸线岬湾曲折，坡陡水深，海湾、海岸潮差较大，且有较优越的发电坝址。但浙、闽两省沿岸为淤泥质港湾，虽有丰富的潮汐能资源，但开发存在较大的困难，需着重研究解决水库的泥沙淤积问题。

我国早在 20 世纪 50 年代就已开始利用潮汐能，在潮汐能利用方面是世界上起步较早的国家。1956 年建成的福建省浚边潮汐水轮泵站就是以潮汐作为动力来扬水灌田。到了 1958 年，潮汐电站便在全国遍地开花。据 1958 年 10 月份召开的全国第一次潮力发电会议统计，已建成的潮汐电站就有 41 座，在建的还有 88 座。装机容量为 5~144kW 不等，主要用于照明和带动小型农用设施。如 1959 年建成的浙江省温岭县沙山潮汐动力站，1961 年进一步建为电站，装机容量仅 40kW，每年可发电 10 万 kW·h，原建和改建总投资仅 4 万元（人民币，下同）。据 1986 年统计，其发电累计收入已超过投资的 10 多倍。我国尚在运行的潮汐电站还有近 10 座，其中浙江省乐清湾的江厦潮汐电站，造价与 600kW 以下的小水电站相当，第一台机组于 1980 年开始发电，1985 年底全面建成，年发电量可达 1070 万 kW·h，每 kW·h 电价只要 0.067 元。该潮汐电站每年的自身经济效益包括发电 67 万元，水产养殖 74 万元和农垦收入 190 万元，共计可达 330 万元；社会效益以 1kW·h 电可创社会产值 5 元计，可达 5000 万元。它是中国也是亚洲最大的潮汐电站，仅次于法国朗斯潮汐电站和加拿大安纳波利斯潮汐电站，居世界第三位。

### 6.1.2 波浪能

太阳对空气的不均匀加热会导致风吹过海洋表面产生包含大量能量的大范围波浪，因此，波浪能可以被认为是太阳能的间接形式。波浪是由于风、气压和水的重力共同作用形成的起伏运动，它具有一定的动能和势能，而风来自于太阳导致的热不平衡，所以波浪能归根结底仍来自于太阳。波浪能的大小与波高和周期有关，是一种密度低、不稳定、无污染、可再生、储量大、分布广、利用难的能源。波浪能在海洋中传递的效率极高，在深海中，几乎不损耗，大部分波浪能损耗在海岸。大量利用波浪能会改变波浪能分布，降低海岸的能量消耗，降低海岸破坏，减少泥沙搬运量，且不会明显降低波浪能储量。波浪能储量巨大，全球理论潜力达到 29500TW·h/年。

波浪能占海洋能的 80%，是最有前途的一种海洋能源。全球波浪能年平均功率密度分布如图 6-2 所示。世界上许多地区波浪能丰富，波浪能资源最丰富的近岸地区包括南美洲西海岸、澳大利亚南海岸、欧洲西海岸和北美西海岸。以欧洲为例，欧洲西海岸可利用的波浪能为 290GW，地中海欧洲海岸可利用的波浪能为 30GW；加那利群岛附近的波浪能通量约为

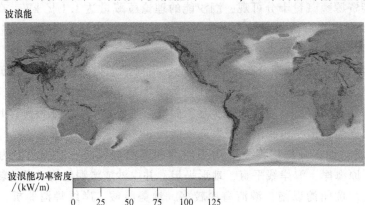

图 6-2　全球波浪能年平均功率密度分布

25kW/m，爱尔兰和苏格兰海岸为 75kW/m，挪威海岸为 30kW/m，北海为 10~21kW/m。地中海为 4~11kW/m。

当海浪在海洋中传播时，波浪能量的损失非常小。波浪能具有高功率密度，通常为 30kW/m。先进的预报技术可以提前 10h 到几天预报海浪。波能通量（传输率）可定义为

$$P = \frac{\rho g^2 T_e H_{m0}^2}{64\pi}$$

式中，$\rho$ 为海水的密度；$T_e$ 为波浪能周期，$H_{m0}$ 为有效波高。

波浪能转换技术以其低排放、低可用性、高功率密度等特点，受到了世界各国学术界和工业界的广泛关注。在欧洲，自 20 世纪 70 年代以来，有许多国家在政府的支持下对波浪能进行了研究。目前研究的波能利用技术大都源于以下几种基本原理：利用物体在波浪作用下的升沉和摇摆运动将波浪能转换为机械能；利用波浪的爬升将波浪能转换成水的势能等。绝大多数波浪能转换系统由三级能量转换机构组成。其中，一级能量转换机构（波能俘获装置）将波浪能转换成某个载体的机械能；二级能量转换机构将一级能量转换所得到的能量转换成旋转机械（如水力透平、空气透平、液压马达、齿轮增速机构等）的机械能；三级能量转换通过发电机将旋转机械的机械能转换成电能。有些采用某种特殊发电机的波浪能转换系统，可以实现波能俘获装置对发电机的直接驱动，这些系统没有二级能量转换环节。

根据一级能量转换系统的转换原理，可以将目前世界上的波能利用技术大致划分为振荡水柱（oscillation water column，OWC）技术、摆式技术、筏式技术、收缩波道技术、点吸收（振荡浮子）技术、鸭式技术、波流转子技术、虎鲸技术、波整流技术、波浪旋流技术等。

图 6-3 所示为振荡水柱波浪能转换系统。该系统的一级能量转换机构为气室，其下部开口在水下，与海水连通，上部也开口（喷嘴），与大气连通；在波浪力的作用下，气室下部的水柱在气室内做上下振荡，压缩气室的空气往复通过喷嘴，将波浪能转换成空气的压能和动能。该系统的二级能量转换机构为空气透平，安装在气室的喷嘴上，空气的压能和动能可驱动空气透平转动，再通过转轴驱动发电机发电。OWC 波浪能装置的优点是转动机构不与海水接触，防腐性能好，安全可靠，维护方便；缺点是二级能量转换效率较低。

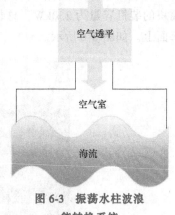

图 6-3　振荡水柱波浪能转换系统

近年来建成的 OWC 波浪能装置有英国的 500kW 岸式波能装置 LIMPET（land installed marine powered energy transformer）、葡萄牙的 400kW 固定式电站、我国的 100kW 固定式电站、澳大利亚的 500kW 漂浮式装置。

漫顶波浪能转换装置利用波浪转换为势能，如图 6-4 所示。它们从海平面以上的高水位水库收集波浪，当水库中的水被释放到海中时，驱动透平及发电机发电。

图 6-5 为筏式波浪能装置示意图，它由铰接的筏体和液压系统组成。筏式装置顺浪向布置，筏体随波运动，将波浪能转换为筏体运动的机械能（一级能量转换）；然后驱动液压泵，将机械能转换为液压能，驱动液压马达转动，将机械能转换为旋转机械能（二级能量转换）；通过轴驱动发电机发电，将旋转机械能转换为电能（三级能量转换）。筏式技术的

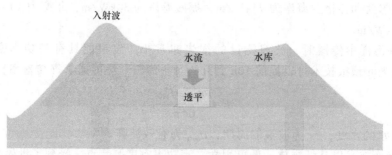

图 6-4　漫顶波浪能转换装置

优点是筏体之间仅有角位移，即使在大浪下，该位移也不会过大，故抗浪性能较好；缺点是装置顺浪向布置，单位功率下材料的用量比垂直于浪向布置的装置大，导致装置成本增加。采用筏式波浪能利用技术的有英国 Cork 大学和女王大学研究的 McCabe 波浪泵波力装置和苏格兰 Ocean Power Delivery 公司的 Pelamis 海蛇波浪能装置。

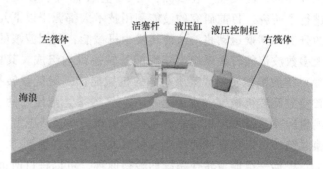

图 6-5　筏式波浪能装置示意图

　　海蛇波浪能转换装置为改良的筏式装置。该装置不仅允许浮体纵摇，也允许艏摇，因而减小了斜浪对浮体及铰接结构的载荷。装置的能量采集系统为端部相铰接、直径 3.5m 的浮筒，利用相邻浮筒的角位移驱动活塞，将波浪能转换成液压能。装置由多个模块组成，每个模块的装机容量为 250kW，总装机容量为 750kW，总长为 150m，放置在水深为 50~60m 的海面上。如图 6-6 所示。

图 6-6　海蛇波浪能转换装置

　　波浪能转换装置应用中遇到的主要困难是波浪能功率变化范围大。温和的海洋中波浪能功率大约为 50kW/m，而大风暴情况下波浪能功率可能达到 10MW/m。这个 200：1 范围对于波浪能转换装置来说非常难以适应。能够在 50kW/m 波浪条件下经济实用的装置往往在大风暴条件下可能轻易被损坏。

我国的海岸线较长，我国海岸线的波浪能功率估计为 $12.85×10^3 MW$，年发电潜力可达 1000TW·h。我国正在测试不同类型的波浪能转换装置，包括振荡水柱（OWC）式、摆锤式、水鸭式和筏式装置。广州能源研究所建设了三个振荡水柱式实验装置，容量分别为 3kW、20kW 和 100kW。实验结果表明，这些装置可以获得较高的能量转换效率。我国部署了两台摆锤式能量转换装置，容量分别为 8kW 和 30kW。2009 年在我国部署了一台容量为 10kW 的水鸭式波浪能装置。2017 年沪东中华造船（集团）有限公司为中国华能集团公司建造的国内首台 200kW 筏式波浪能发电装置"波能 01"号顺利交付，该发电设备主体总长 87m，由 7 节直径 4m 的圆筒体以单双耳铰链结构连接组成，相邻两节长短浮筒间设计有 4 根液压油缸发电系统。

## 6.1.3 海流能

海洋中由于海水温度、盐度分布的不均匀而产生的海水密度和压力梯度，或由于海面上风的作用等原因产生的海水大规模的方向基本稳定的流动，称为海流。海流所具有的动能称为海流能（潮流能）。海流的能量与流速的二次方和流量成正比，因流量为流速和过流面积的乘积，故也可以说海流的能量与流速的三次方成正比。一般来说，最大流速在 2m/s 以上的水道，其海流能均有实际开发的价值。

海流形成的原因大致有两种，其中最主要的原因是风。盛行风吹拂海面，推动海水随风飘动，并且上层海水会带动下层海水流动，这样形成的海流被称为风海流或者漂流。但是这种海流会随着海水深度的增大而加速减弱，直至小到可以忽略。第二种海流是因为不同海域海水温度和盐度的不同而导致的海水的流动，这种海流称为密度流。譬如在直布罗陀海峡处，地中海的盐度比大西洋高，于是在水深 500m 的地方，地中海的海水经直布罗陀海峡流向大西洋，而在大洋表层，大西洋的海水则冲向地中海，补充了地中海海水的缺失。

海流能的主要特点是：

1）较强的规律性和可预测性。

2）功率密度大，能量稳定。

3）海流能的利用形式通常是开放式的，不会对海洋环境造成大的影响。

海流能发电是利用海流流动推动水轮机发电，和风力发电有类似的原理。因海水有相当于 1000 倍空气的密度，且装置必须放在水下，所以海流发电存在安装维护、防腐、海洋环境中的载荷与安全性能、电力输送等一系列的关键技术问题。

新型潮流能发电装置作为一种开放式的海洋能量捕获装置，无需巨额的前期投资；利用该装置发电时，由于叶轮转速慢，不产生大的噪声，不影响人们的视觉环境，各种海洋生物仍可以在叶轮附近游动，因此可保持良好的地域生态环境。潮流能发电装置根据其透平机械的轴线与水流方向的空间关系可分成水平轴式和垂直轴式两种结构。垂直轴式发电装置研究起步较早，目前国外主要的设备样机有加拿大 Blue Energy 公司的 Davis 四叶片垂直轴涡轮机、意大利 Ponte di ArchimedeInternational SpA 公司和 Naples 大学航空工程系合作研发的 Kobold 涡轮垂直轴水轮机（130kW）、美国 GCK Technology 公司的螺旋形叶片垂直轴水轮机和日本 Nihon 大学的垂直轴式 Darrieus 型水轮机。水平轴式发电装置是近十多年才兴起的，与垂直轴式结构相比，水平轴式潮流能发电装置具有效率高、自起动性能好的特点。目前国外主要的设备样机有英国 Marine Current Turbine 公司的 1.2MW 双叶轮结构的"Seagen"样机、挪威 Hammerfest Strom 公司的 300kW 并网型潮流能发电原型样机。

1982 年，我国开始海流能发电研究。1984 年，哈尔滨工程大学成功研制了 60W 水轮机，又在 1989 年，成功研制了 1kW 河流能发电装置，并在水库里进行了两个月的发电试验。2000 年，哈尔滨工程大学设计建成了 70kW 潮流能试验电站，并在浙江省舟山市的官山水道进行了海上发电试验，这是世界上第一个漂浮式潮流能试验电站。从研究水平看，我国研建的 70kW 潮流能试验电站居世界领先地位，不过还存在一系列的技术问题。

### 6.1.4 海洋温差能

热带区域的海洋表层与几百至上千米海洋深处存在着基本恒定的 20~25℃的温差，这就提供了一个总量巨大且比较稳定的海洋温差能。海洋温差能资源广泛分布于世界各地，至少有 98 个国家和地区被确定可以获得海洋热资源。在印度和非洲海岸线、美洲热带海岸和许多太平洋岛屿上都有可用的海洋热资源。这些地区的水面与深处的温差在 25~30℃之间。如果在海岸线 10~20km 区域内有可接受的温差范围，此类区域就可以进行海洋温差能应用。全球海洋温差能潜力可达 300 EJ/年。当开采量在一定范围时，海洋温差能转换技术（OTEC）对海洋的热结构没有大的影响，按功率测算，OTEC 的总可用资源高达 30TW，当利用资源低于 7TW 时，对海洋温度场没有显著影响。

海洋温差能转换技术的基本原理是利用海洋表面的温海水（26~28℃）加热某些工质并使之汽化，驱动汽轮机获取动力；同时，利用从海底提取的冷海水（4~6℃）将做功后的乏气冷凝，使之重新变为液体。按照工质及流程的不同，海洋温差能转换技术可分为开式循环、闭式循环、混合式循环。

#### 1. 开式循环

开式循环采用表层温海水作为工质，其工作原理如图 6-7 所示。当温海水进入真空室后，低压使之发生闪蒸，产生约 2.4kPa 绝对压力的蒸汽。该蒸汽膨胀，驱动低压汽轮机转动，产生动力。该动力驱动发电机产生电力。做功后的蒸汽经冷海水降温而冷凝，减小了汽轮机背后的压力（这是保证汽轮机工作的条件），同时生成淡水。

开式循环过程中要消耗大量的能量。在温海水进入真空室前，需要开动真空泵除去温海水中的气体，造成真空室真空；在淡水生成之后，需要用泵将淡水排出系统。开式循环系统内的绝对压力小于 2.4kPa，而系统外的绝对压力不小于 98kPa，因此排出 1m³ 淡水需要的能量大于 95.6kJ；冷却的冷海水需要从深海抽取。这些都需要从系统产生的动力中扣除。当系统存在如效率不高、损耗过大、密封性不好等问题时，就会造成产能下降或耗能增

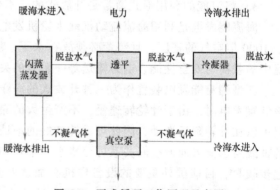

图 6-7 开式循环工作原理示意图

加，系统扣除耗能之后产生的净能量就会下降，甚至为负值。因此，降低流动中的损耗，提高密封性，提高每个泵的工作效率及换热器的效率，就成为开式循环系统成败的关键。

开式循环的优点在于产生电力的同时还产生淡水；缺点是用海水作为工质，沸点高，汽

轮机工作压力低，导致汽轮机尺寸大（直径约5m），机械能损耗大，单位功率的材料占用大，施工困难等。目前世界上净输出最大的开式循环温差能发电系统是1993年5月在美国夏威夷建造的系统，净输出功率达50kW，打破了日本在1982年建造的40kW净输出功率的开式循环温差能发电记录。

### 2. 闭式循环

在闭式循环中，温海水通过热交换器（蒸发器）加热氨等低沸点工质，使之蒸发。工质蒸发产生的不饱和蒸气膨胀，驱动汽轮机产生动力。该动力驱动发电机产生电力。做功后的蒸气进入另一个热交换器，由冷海水降温而冷凝，减小了汽轮机背后的压力（这是保证汽轮机工作的条件）。冷凝后的工质被泵送至蒸发器开始下一循环。闭式循环系统流程如图6-8所示。

闭式循环的优点在于工质的沸点低，故在温海水的温度下可以在较高的压力下蒸发，又可以在比较低的压力下冷凝，提高了汽轮机的压差，减小了汽轮机的尺寸，降低了机械损耗，提高了系统转换效率；缺点是不能在发电的同时获得淡水。从耗能来看，闭式循环与开式循环相比，在冷海水和温海水流动上所需的能耗是一致的，不一致的是工质流动

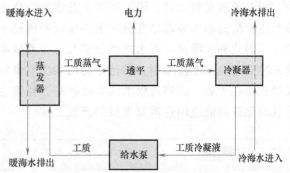

图6-8　闭式循环系统流程示意图

的能耗以及汽轮机的机械能耗，闭式循环在这两部分的能耗低于开式循环。2007～2008年国家海洋局第一海洋研究所重点开展了海洋温差能利用的研究，并设计出了250W小型温差能发电利用装置。2008年，在十一五期间重点开展了"15kW闭式循环海洋温差能系统的研究，并在2012年5月成功运行。

### 3. 混合式循环

混合式循环的系统原理如图6-9所示。系统中同时含有开式循环和闭式循环。其中开式循环系统在温海水闪蒸产生不饱和水蒸气。水蒸气穿过一个换热器后冷凝，生成淡水。换热器的另一侧是闭式循环系统的液态工质，该工质在水蒸气冷凝释放出来的潜热加热下发生气化，产生不饱和蒸气，驱动汽轮机产生动力。该动力驱动发电机产生电力。做功后的蒸气进入另一个热交换器，由冷海水降温而冷凝，减小了汽轮机背后的压力。冷凝后的工质被泵送至蒸发器开始下一循环。

混合式循环系统综合了开式循环和闭式循环的优点。它保留了开式循环获取淡水的优点，让水蒸气通过换热器而不是大尺度的汽轮机，避免了大尺度汽轮机的机械损耗和高昂造价；采用闭式循环获取动力，效率高，机械损耗小。2005年，天津大学完成了对混合式海洋温差能利用系统的理论研究，并就小型化

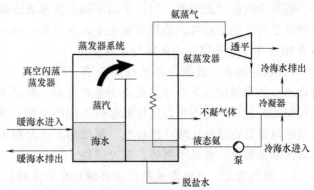

图6-9　混合式循环的系统原理示意图

试验用 200W 氨饱和蒸气透平进行了开发。

### 6.1.5  海洋盐差能

盐差能的利用是将盐浓度不一样的海水间的化学能转换成电能。盐差能发电方法主要有三种，分别是渗透压能法、反电渗析法与蒸汽压能法。渗透压能法的基本原理是用半透膜将淡水和海水隔开，由于含盐浓度不同的淡水和海水之间存在着渗透压，在渗透压的作用下，含盐较低的淡水会渗入到另一侧含盐较高的海水中，海水一侧的势能会逐渐增大，从而推动水轮机旋转，实现盐差能向电能的转换。反电渗析法的基本原理是使用阴、阳离子交换膜将海水和淡水隔开，其中阴离子交换膜只能通过阴离子，阳离子交换膜只能通过阳离子，将阴、阳离子膜交替放置，阴、阳离子在溶液中会定向流动，连接上负载之后即有电流产生。蒸汽压能法的基本原理是在温度条件相同的情况下，含盐较高海水的蒸汽压比含盐较少淡水的小，因此利用淡水与海水之间的蒸汽压力差推动风扇旋转，实现盐差能向电能的转换。在这三种盐差能发电技术中，渗透压能法和反电渗析法的发展前景更好，但由于这两种方法的关键技术在于膜，而当前膜的成本还较高，性能也远不能满足高效率的盐差能发电要求，因此规模化盐差能应用还需要大量的研发工作。

## 6.2  地热能

地热能就是地下热能，即以热量形式储存于地下的能源。它是来自于地球内部的能量，具体说来源于地球的熔融岩浆和放射性元素衰变时发出的热量，可以分为浅层地热能和深层地热能。地热能可以引致火山爆发，甚至可以引发地震，可见其蕴含的能量是十分巨大的。地热能是可再生能源，不会排放污染大气的气体，对环境十分友好。

按照储存形式，可以把地热资源分成四类：第一类是储存在地下 100~4500m，也就是地球浅处的、可以肉眼直接看见的热水或者水蒸气，称为热水型；第二类是储存在地下 3~6km，也就是处在某些大型沉积盆地深处的高温、高压流体，称为地压地热能，通常会含有大量的甲烷气体；第三类是以干热岩体形式存在的能源，称为干热岩地热能，这类地热能源是由于特殊地质构造条件造成的，虽然温度很高，但是水分很少，甚至无水；第四类是储存在高温熔融岩浆体中的大量热能，称为岩浆热能。

地热资源及其获取和利用的方式差别很大。地热资源中的热能存在于不同的地下环境中，需要依据温度及深度不同，采用不同的技术来获取及利用，单一的地下环境也可能支持多种类型的地热能转换。地热资源主要分为三类：浅层地热、水热资源和增强性地热系统。图 6-10 介绍了地热资源的多样性及其应用。

1）浅层地热。普遍存在的浅层土壤、地表水、岩石和/或含水层的热容量很大，温度波动小，冬季浅层地下温度显著高于地表气温，而夏季浅层地下温度显著低于地表气温。地表浅层的这种蓄热能力可以用作低品位热能的交换介质，使其成为巨大而重要的地热资源。浅层地球资源在陆地区域广泛存在，地源热泵技术利用这种浅层热能存储可以提高住宅和商业建筑能量效率，并减少采暖、制冷能耗。

2）水热资源。自然形成的水热资源含有丰富的热量，包括地下水和岩石特征（即允许流体流动的开放裂缝），通常通过产出的热水或蒸汽来回收热能。水热资源的温度范围可以

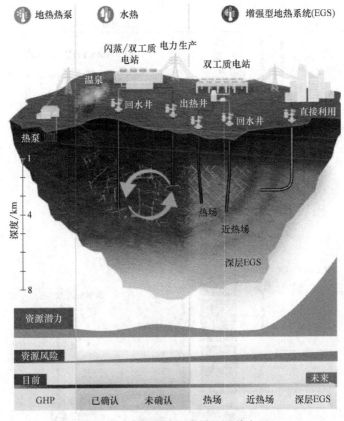

图 6-10 地热资源的多样性及其应用

从高于环境条件几度到高于 375℃。在更高的温度范围以上，就需要用新的地下及地表生产技术将地热资源转化为有益的用途。

3）增强型地热系统（enhanced geothermal systems，EGS）。EGS 旨在开发和利用地底深层 3～10km、以干热岩（hot dry rock，HDR）热能为主的热能。EGS 产热温度通常可达 150～350℃，用于发电具有高能量转换效率，而且干热岩的地热资源储量也非常巨大。

我国按照地热水的温度将地热能分为三类：温度低于 90℃ 称为低温型；温度介于 90～150℃ 称为中温型；温度高于 150℃ 称为高温型，此类地热能源主要用于地热发电。低温型和中温型地热能源可直接利用，用于居民供暖、工农业生产加温、水产养殖、洗浴、旅游和医疗等。因此地热资源的应用可以分为两大类，即直接利用及发电，具体的利用温区如图 6-11 所示。

全球地热能源集中分布在火山和地震多发区，也就是构造板块边缘一带，所以在全球很多地区分布很广，应用也很广泛。我国的地热能源储量相对比较丰富，总储量大约占全球地热能源储量的 7.9%，其中可以开采利用的地热能源储量相当于 4626.5 亿 t 标准煤。

## 6.2.1 浅层地热利用

热泵是浅层地热能的主要利用形式，且效率较高。根据冷热源的不同划分为地表水源热泵、地下水源热泵、地埋管地源热泵等，近几年随着经济和技术的发展，城市污水源热泵、

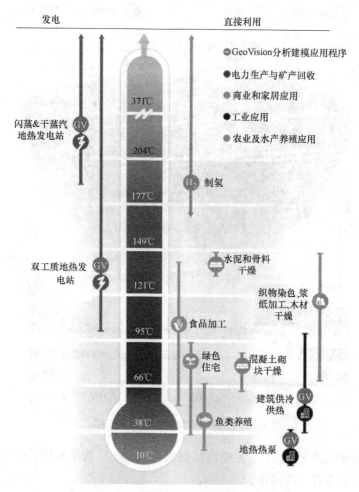

**图 6-11 不同温度的地热资源及其应用**

油田低温余热、煤矿井下地热能以及其他工业余热与热泵相结合的热泵系统也越来越受到人们的关注。

1. 地表水源热泵系统

地表水源系统是采用地球表面的水源作为冷热源。地表水源包括海水、江水、湖水、工业废水、达到排放标准的污水等。

地表水源热泵系统按照水源环路的闭合状态一般可以分为开式地表水源热泵系统和闭式地表水源热泵系统。开式地表水源热泵系统可直接抽取地表水在热泵的换热器内进行热量交换，换热后的地表水送回湖内或河内，因此需要设计专门的取水构筑物，并且开式地表水源热泵系统需考虑取水口和排水口的位置，防止短路。在寒冷地区，不宜采用开式系统。闭式地表水源热泵系统则是采用间接换热的方式，将换热盘管放入地表水中，传热介质通过盘管与地表水进行热交换，但须保证换热器位于最低水位 1.5m 以下。

地表水水体温度随空气温度变化较大，需考虑最不利工况进行机组选型。按照地表水环境质量标准（GB 3838—2002）规定，人为造成的环境水温变化应限制在：周平均最大温升≤1℃，周平均最大温降≤2℃，但江水等径流量较大的地表水与外界换热量大，地表水源热泵在运行过程中造成的地表水温度变化基本不会超过上值，因此可以消除冬夏吸释热量不平衡对水体温度的影响。地表水相对地下水矿化度低，但含泥沙等固体颗粒物、胶质悬浮物及藻类等有机物较多，较浑浊，需要进行必要的过滤、除藻等水质处理后采用。若是海水作为低位热源，则换热设备和管道应具有防腐、防微生物附着能力。

地表水源热泵系统具有初投资低、水泵能耗低、可靠性高、维护方便、运行费用低等优点。但是地表水源热泵系统受自然条件的限制较为明显，只适用于地表水资源丰富的地区，并且地表水资源受气候影响较大，气温低时地表水的温度也低，热泵的供热效率和性能系数就会降低。在公用湖泊河流中，换热盘管易受到损害。另外换热器结垢和地表水的热污染也是应该考虑的问题。在北方地区，地表水源热泵冬季还需进行防冻处理。

我国河流湖泊等水域分布广泛，尤其是长江流域和珠江流域，水资源丰富，径流量大，水温变化不大，且经济发达、人口密集的城市相对集中，十分适合江水源热泵和湖水源热泵的使用。2010年上海世博会就曾使用黄浦江水作为冷热源的江水源热泵系统，园区内约有60万 m$^2$ 建筑的冷源来自江水，如世博轴、世博中心、演艺中心和城市未来馆等都采用了江水源热泵技术，其中世博轴在国内首次最大规模地应用地源热泵以及江水源热泵技术的空调冷热源集成技术，也是世博园区内唯一全部使用该技术的项目。运用江水源热泵系统技术为主、地埋管地源热泵技术为辅的世博轴绿色空调系统，夏季制冷工况设计的取水温度为30℃，排水温度为35℃；冬季制热工况设计的取水温度为7℃，排水温度为4℃，世博轴江水源热泵系统的最大设计用量为 6000m$^3$/h，实现了100%的再生能源利用。

南京鼓楼软件园区域能源中心采用长江水作为冷热源的江水源热泵系统，是一个规模较大的区域供冷供热项目。该项目设计总供冷、供热规模达到155MW，总供冷、供热面积265万 m$^2$，利用江水源热泵、冰蓄冷技术，为园区统一集中提供夏季的空调冷水、冬季的空调热水，实现整个园区的区域供冷供热，每年减少 $CO_2$ 排放25000余 t，全年节约标煤8327.7t。2016年底，实际供热供冷面积已达50万 m$^2$。

根据已有的地表水源热泵系统的运行情况，地表水源热泵也存在一定的技术问题：

（1）进水温度过低时机组自动停机保护

这种情况主要发生在冬季，尤其是北方地区。冬季地表水的温度降低，所以冬季供暖时会出现大流量、小温差的问题，降低机组的效率，影响供暖效果。如果冬季地表水温度过低，换热温差过大，还会导致换热器冰冻堵塞、管道胀裂等，因此为了避免这种情况的发生，热泵系统一般会设置进水温度保护装置，当进口水温低于设定值时，机组自动停机保护，当进口水温达到设定值以上时，机组重新起动。但由于地表水温度受气温影响较大，温度波动较明显，因此可能会导致机组频繁停机起动，严重影响机组寿命。针对这种情况，一般采取的措施是增加辅助热源，但辅助热源会降低地表水源热泵的经济性。为了解决这一问题，研发了一种可用于哈尔滨等严寒地区的冰源热泵系统，该系统在冬季可以利用水与冰之间的相变热为建筑物供暖，实现了地表水源热泵在极寒地区应用的技术突破。

（2）结垢和腐蚀

地表水的水质受环境影响较大，有的水质不好，水中泥沙、微生物等含量较高，如果不对地表水做预处理，很容易导致管道结垢、堵塞、腐蚀等问题，尤其是海水源热泵系统，除了微生物和泥沙等可过滤的污物外，海水中还含有各种粒径比较小的污物和溶解性化合物，更容易加重管道和设备的腐蚀。

（3）排水对水环境的影响

地表水源热泵的排水与取水存在水温和水质上的差异，当这种差异保持在环境允许的范围内时，对排水水域的影响不大，但如果超过了环境允许的范围，则会影响排水区域的生态环境。研究表明，地表水源热泵的尾排水会引起局部水温变化，进而会影响水生生物的生长繁殖，加快水体富营养化进程。尾排水对水环境的具体影响还有待进一步研究，应在排水时增加热回收装置，形成尾排水的梯级利用，尽量避免水体污染。

2. 地下水源热泵系统

地下水源热泵系统抽取地下水作为冷热源，地下水可以直接进入热泵机组进行换热，或者通过中间换热系统进行能量交换，进行换热后的水需回灌到同一含水层中。地下水源热泵系统也分为开式系统和闭式系统，适合于地下水资源丰富且当地部门允许开采的地区。

使用地下水源热泵系统必须考虑地下水的回灌。常见的回灌形式有同井回灌和异井回灌，如图 6-12 所示。同井回灌是将同一口井分成吸水区和回灌区，这种回灌方式可以节省水井数目和占地面积，节省初投资，但容易在吸水区和回灌区之间形成热短路，降低热泵系统的性能。异井回灌是将抽水井和回灌井分开，系统从抽水井中抽取地下水进行换热，换热之后的尾水排放到一定距离之外的回灌井中，回灌井与抽水井的深度位于同一含水层。目前常用的是一抽二灌或者两抽三灌、两抽四灌技术。尾水回灌技术对地热资源保护、减少环境污染、延长生产井寿命、减少资源浪费等具有重要作用，是地下水源热泵系统研究的重点。

地下水源热泵需要对抽取的地下水进行回灌，否则会造成地下水位下降，严重的还会导致地面沉降与塌陷。回灌方式有无压自流、无压真空和有压回灌等。无压自流回灌适用于含水层渗透性好、井中有回灌水位和静止水位差；无压真空回灌适用于地下水位埋藏深（静水位埋深在 10m 以下），含水层渗透性好；有压回灌适用于地下水位高、含水层透水性差的地层。

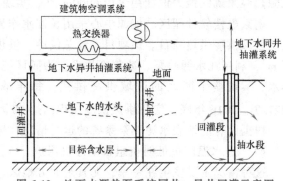

图 6-12　地下水源热泵系统同井、异井回灌示意图

理论上地下水的抽灌比应该为 100%，但实际上由于回灌技术的限制，地下水往往不能 100%回灌到同一含水层。对于砂砾较细的含水层，孔隙较小，回灌井容易被堵，回灌速度大大低于抽水速度，而对于砂砾较粗的含水层，孔隙较大，回灌会比较容易。国内对不同含水层的典型灌抽比和井的配置见表 6-1。

表 6-1　典型灌抽比和井的配置

| 含水层情况 | 回灌水量/抽水量（%） | 井的配置 |
| --- | --- | --- |
| 砾石 | >80 | 一抽一灌 |
| 中粗砂 | 50~70 | 一抽二灌 |
| 细砂 | 30~50 | 一抽三罐 |

由于各地水文条件、成井工艺、回灌方法不尽相同，渗透性较好的含水层，回灌井应布置在抽水井的上游位置，渗透性不好的含水层，回灌井应均匀分布，井间距要密集些，以达

到补给的作用。井间距的合理性对地下水源热泵非常重要，间距不能过小，否则会使抽、回灌井之间发生串水。目前，地下水源热泵的实际工程应用不够普遍，经验不足。对渗透性好的砂土层，井间距不应小于20m，且回灌井应设置在抽水井的下游位置；对渗透性较差的黏土层，井间距应在10m左右，不能小于10m。

单井循环地下换热系统目前共有三种形式：循环单井、抽灌同井和填砾抽灌同井。单井循环地下换热系统虽然在国内外获得了广泛的应用，但相关基础理论研究开展不够深入，设计、运行带有很大的盲目性，经常出现运行问题。

图6-13所示为单井循环地下换热系统的热源井结构。它们都是从含水层下部取水，换热后的地下水再回灌到含水层的上部。从水井构造上来说，循环单井采用的是基岩中的裸井；抽灌同井采用的是过滤器井（井孔直径和井管直径相同）；填砾抽灌同井采用的是填砾井（井孔直径较井管直径大，其孔隙采用分选性较好的砾石回填）。抽灌同井与循环单井相比，抽灌同井有井壁，井内设有隔板。

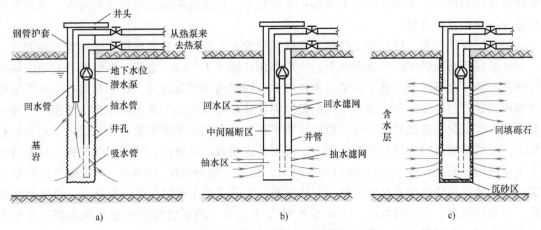

**图6-13 单井循环地下换热系统形式**

a) 循环单井  b) 抽灌同井  c) 填砾抽灌同井

对于单井循环地下换热系统而言，十分容易出现热贯通现象。由于地下水压力的差异，抽灌同井上部回水通过含水层或填砾区渗流到抽水区不可避免，这样抽水温度就会随着热泵的运行而发生变化；循环单井大部分地下水在井孔内循环，其抽水温度的变化更为迅速和剧烈。缩短井的抽回水过滤器间距可以显著影响井的出水温度，回水过滤器长度的缩短会显著增大抽水温度降，尤其对具有较短的回水过滤器的抽灌同井的影响更为显著。在抽水和回灌允许的条件下应尽量增大抽回水过滤器间距，采用更长的回水过滤器长度。

地下水源热泵的优点是初投资少、占地面积小、效率高；缺点是水处理的要求高，否则会腐蚀或者阻塞管道及换热器，尾水必须全部回灌且回灌到同一含水层，否则会破坏含水层的结构，严重的情况会导致地面下陷，另外，还需保证地下水不受污染。

地下水源热泵系统适用于地下水源丰富且水质良好的地区。我国的华北、松辽、苏北、江汉等盆地东南沿海、胶辽半岛等山地丘陵地区地下水资源丰富，可大力发展地下水源热泵系统。

北京友谊宾馆专家楼及附属楼群总建筑面积21734m$^2$，夏季空调负荷为2573kW，冬季热负荷为 3277.4kW，采用水源热泵系统为建筑提供制冷、供暖和生活热水需求。该项目的地热井共有 4 口，包括 3 口抽灌两用井和 1 口回灌井，单井最大出水量为 200t/h，冬夏季的设计温差均为 7℃，可充分满足建筑的供暖、制冷及热水需求。

国家大剧院总建筑面积 22 万 $m^2$，室外设置露天水池，水池面积 35000$m^2$。为防止冬季池水冻结和夏季微生物滋生，需要对池水冬季加热夏季冷却。经分析计算，采用地下水源热泵相对于燃气锅炉、城市热力等经济优势明显。景观水池采用地下水源热泵加热，池水循环处理涉及四个站房，结合四个站房的循环流量设置单井抽灌井。夏季通过换热器将从池水获得的太阳辐射热储存到水井中，冬季再将井水热量提出，为池水加热，形成冬储夏用、夏储冬用的生态冷却加热循环系统。

### 3. 地埋管地源热泵系统

地埋管地源热泵系统是将换热器埋于地下，与地下岩土进行换热的热泵系统。循环液在换热器管道内流动时通过管壁和回填材料等与土壤进行换热，夏季系统吸收的室内热量通过换热器输送到地下，冬季循环液则从地下吸收热量，再通过系统把热量送到室内，达到夏季制冷、冬季供暖的目的。

根据埋管的方式，地埋管地源热泵系统又分为水平埋管、竖直埋管和桩埋管三种方式。

水平埋管是将管网水平埋于地下，一般埋深在地下 1.5~3m 之间，换热器与表层土壤进行热量交换。水平埋管的施工简单、初投资少，而且由于埋深较浅，热泵在运行一个季节后地温可以通过与地面的传热逐渐得到恢复。但埋管需要较大的土地面积，且土壤温度会随季节、雨水等变化，造成系统运行不稳定，效率较低，因此水平埋管的方式只适用于地表面积较大，土壤温度及热物性受季节、雨水、埋深等影响较小的情况。竖直埋管是将管网竖直埋于土壤内部，钻孔深度一般在 20~150m 之间，孔径一般为 100~150mm。埋管的形式有 U 形管式和套管式，U 形管式安装方便、不易渗漏，套管式与土壤的换热面积更大、换热效果更好，但结构复杂，有渗漏风险，埋管不如 U 形管式深。地下埋管的管材一般选用化学性质稳定且耐腐蚀的塑料管，常用的是聚乙烯（PE）管材和聚丁烯（PB）管材。在我国北方地区，供暖季远远长于供冷季，每年冬季从土壤中获取的热量要多于夏季输送到土壤中的热量，因此需要采取措施补充热量的不足，否则会使土壤温度逐年降低；而在南方地区，供冷季一般长于供暖季，因此需要移除多余的热量，防止土壤温度逐年上升。桩埋管是将换热器管道埋入建筑的桩基中，通过桩基与周围土壤进行换热。这种方式不需要占用大量的土地面积，适用于建筑物比较密集的地区，但是安装桩埋管的技术要求比较高，因此实际工程中应用较少。

地埋管地源热泵通过介质与地下土壤的换热来进行制冷或供暖，因此，岩土的热物性测试是十分重要的一环。目前的常用的岩土热物性测试方法为恒定热流法，普遍采用的数据分析模型为无限长线热源模型、有限长线热源模型和柱热源模型。在此基础上，国内很多学者又提出了改进的数据模型。

地下埋管工程主要是钻孔、埋管材料选择和回填材料选择。钻孔施工时，如果施工区的地层土质较好，可以采用裸孔钻进，如果施工区的土质是砂层，孔壁容易坍塌，则在钻孔的同时可沿孔壁灌注少量泥浆，形成泥浆护壁，或者下套管。钻孔时应保证水平偏差在 1% 范围内，竖直偏差在 0.5% 范围内。在实际工程中，由于钻井单位的专业水平和施工水平不同，导致孔斜、坍塌等问题，不仅会破坏埋管、钻头，增加成本，还会影响实际的换热效果和运行效率。在目前的经济技术条件下，地埋管的材料为塑料，常用的塑料有 PVC、PP-R、PE-X、PE-RT、HDPE 等，它们之间的比较见表 6-2。其中 HDPE 管的导热系数最高，相对价格最低，是目前最常用的埋管材料。回填材料主要利用钻孔时排出的泥浆+钻屑混合浆液，为达到最佳的换热效果，应尽可能选择均匀的中粗砂（岩屑）和 0.8% 左右的膨润土。

表 6-2　几种地埋管塑料管材的比较

| 材料 | PVC | PP-R | PE-X | PE-RT | HDPE |
|---|---|---|---|---|---|
| 导热系数/[W/(m·K)] | 0.14 | 0.24 | 0.4 | 0.45 | 0.48 |
| 相对价格 | 高 | 较高 | 低 | 较高 | 最低 |

虽然相比于水源热泵系统，地埋管地源热泵系统的钻孔打井等初投资较高，但地下土壤受季节温度等的影响较小，系统运行稳定、效率较高，而且系统不受地下水量的影响，不会对地下水造成污染，是目前应用最广泛的地源热泵系统技术。

地埋管地源热泵系统的适用范围广泛，我国大部分地区都适合地埋管地源热泵系统的开发利用，北京、天津、河北、山东、河南、辽宁、上海、湖北、湖南、江苏、浙江、江西、安徽等省市是最适宜地埋管地源热泵开发利用的地区，全国适宜和较适宜开发利用地埋管地源热泵的地区达到 80% 以上。

全国浅层地热能开发利用示范项目之一——长春理工大学浅层地热能集中供冷供热项目一期是目前东北地区体量最大的浅层地热能应用项目，如图 6-14 所示，也是在极寒地区运用浅层地热能进行集中供冷供热的代表项目。该项目位于吉林省长春市，于 2015 年 10 月 23 日正式投入使用。项目的供能建筑区域包含长春理工大学多个教学大楼和各种场馆，总面积为 159235$m^2$，地埋管数量为 2989 口，地埋管设计孔间距为 5m，单口竖直井有效深度为 100m，夏季空调水温度为 7/12℃，冬季空调水温度为 45/40℃。该系统年平均节省约 2090t 标准煤，减少 $CO_2$ 排放约 5226t，节能环保效果显著。

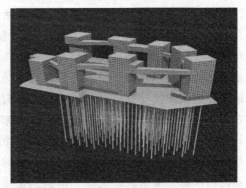

图 6-14　长春理工大学地埋管地源热泵项目

北京万国城二期总建筑面积 22 万 $m^2$，位于寸土寸金的东直门。因为没有绿地可供埋设土壤换热器，所以采用了建筑底板下埋置土壤换热器的方法，在国内尚属首例。该项目成功解决了土壤换热器穿底板的防水问题、换热孔对建筑基底的扰动等诸多技术难题。该项目的成功标志着在工作环境复杂、建筑要求高的领域实现了地源热泵与建筑的无缝对接。

### 4. 污水源热泵系统

污水源热泵主要是以城市污水作为提取和储存能量的冷热源，借助热泵机组系统内部制冷剂的物态循环变化，消耗少量的电能，从而达到制冷制暖效果的一种创新技术。污水源热泵系统由水源系统、热泵系统、末端系统等部分组成，各部分之间由污水管路和冷（热）水循环管网相连接。

城市污水产量大，几乎全年保持恒定的流量。污水水温与处理水量、所处地域、污水来源及季节等有关。华北地区一般冬季水温不低于10℃，夏季不超过30℃，在整个供暖季和供冷季，水温波动不大。并且城市污水中含有大量的热能，据估计，城市社区产生的废热40%含在污水中。

污水源热泵系统分为开式（直接式）与闭式（间接式）两类，区别在于有没有中介水二次换热系统。若进入热泵机组的载热水体是闭式循环，即为闭式污水源热泵系统，反之则为开式污水源热泵系统。开式系统对污水水质有较高的要求，因为污水经过防阻机后，直接进入了热泵机组，容易造成管路或设备的阻塞与腐蚀。闭式系统比开式系统增加了一个污水-中介水换热器，污水先与中介水换热，再进入热泵机组的是中介水，因此对水源水质的处理要求大大降低。

与以空气为冷热源的传统热泵相比，城市污水源热泵冬季工况取水侧蒸发器不与环境空气接触，不会结霜，且城市污水的水温波动不像室外环境空气温度变化那么大，热泵性能相对稳定，一般来说，热泵冬季工况下的性能系数（COP）及夏季工况下的能效比（EER）约为3.5~4.5。污水源热泵系统比燃煤锅炉和空气源热泵的运行费用要低25%以上，更远低于其他供热方式的运行费用。

与采用地下水为冷热源的热泵系统相比，污水源热泵无须打井作业，不仅节省了打井投资费用，而且节省了由于抽水引起的水泵运行能耗，避免了地下水回灌堵塞问题。污水源热泵系统的机房占地面积仅有燃煤锅炉房的1/3~1/2，不需要贮煤和堆渣的场地等，优点十分突出。不论冬夏使用都不产生任何污染，且调控灵活。

污水源热泵系统的关键技术主要包括取水、除污和换热。北欧和日本最早发展污水源热泵。北欧的污水源热泵取水方式主要是直接提取，采用机械过滤（或筛分器）和沉淀除污，近几年格栅式传送带和四通换向反冲洗技术在大型污水源热泵中得到了应用，主导大型壳管式污水换热器。日本开发了闭式污水自动清污过滤器和开式自动旋筛过滤器，开发了内置滑动毛刷、能够实现换热管内污水流向自动换向的自动清洗污水换热器，解决了因污水中的污杂物在换热管内沉积而带来的换热器换热效率降低的问题，提高了污水换热器的换热效率。

我国的污水源热泵技术起步较晚。城市污水热能资源化工艺与技术采用旋转反冲洗装置，很好地解决了原生污水无堵塞连续取水的难题。针对污水厂二级污水，采用基于淋激式换热器的污水源热泵系统，完成了淋激式换热器的结构设计和淋激式换热器污垢热阻变化对热泵系统性能影响的仿真分析；开发了旋转板式自动除污取水装置和旋转筒式自动除污取水装置，避免了吸、排水管口处的低位冷热源短路问题。

北京奥运村再生水热泵冷热源项目是我国污水源热泵应用的代表项目，也是我国首个大型再生水热泵工程。奥运村赛时主要为运动员居住地，赛后为高档住宅小区，总建筑面积约为51.7万 m²，供暖制冷面积为43万 m²，包括42栋运动员公寓（分别为6层、9层），建筑面积38万 m²；两栋公共建筑的建筑面积为3.05万 m²（另赛后增加公共建筑面积

$2750m^2$）。图 6-15 为奥运村再生水热泵冷热源系统的水输送管线图，主要包括：在清河岸边的取水、退水、换热和换热水输送系统；在奥运村内的冷热水制备和输送系统。$2009 \sim 2013$ 年连续 5 年的供冷、供热季实测数据表明，该项目夏季平均电耗为 $6.2kW \cdot h/m^2$，冬季平均电耗为 $15.3kW \cdot h/m^2$，全年供暖能耗指标为 $4.71kg/m^2$，全年总电耗为 $21.5kW \cdot h/m^2$，总体电耗水平较低。该项目每年可减少用煤约 1500t，减排 $CO_2$ 约 3600t，$SO_2$ 和氮氧化物约 60t，具有良好的环境效益。

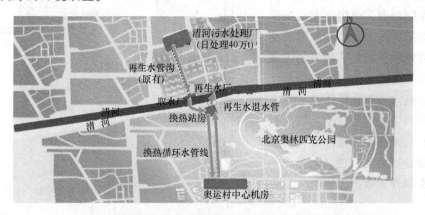

图 6-15　奥运村再生水热泵冷热源系统的水输送管线图

污水源热泵系统虽然应用前景广阔，但其使用还存在一些问题。城市污水是排入污水管网中的工业污水、生活污水以及城市降雨径流的混合水体，不仅含有颗粒较大的污物，也含有溶解性化合物与悬浮固体等，经常致使实际工程中污水源热泵系统管路尤其是换热设备堵塞，且换热器表面容易出现结垢现象，污水在换热管表面结垢，会使过流面积减少，沿程阻力增大，降低了水泵流量，反过来又促进污垢生长，从而造成恶性循环，使热泵系统不易维持正常运行。

## 6.2.2　水热地热利用

蒸汽闪蒸发电可分为单级、双级甚至三级闪蒸发电。在现有商业电厂中，单级、双级闪蒸发电占主导地位，比例接近 2/3，多级闪蒸，如四级甚至五级闪蒸的可行性正在研究中。闪蒸发电的基本原理是将高温高压的地热流体减压，转为蒸汽及液体，然后将蒸汽引入汽轮机发电，将分离的液体水注入地热井内，确保地热井的可持续性利用。

### 1. 单级闪蒸发电

单级闪蒸发电是地热发电最常用的一种方式，主要应用于液体主导的地热田。截至 2011 年，全球单级闪蒸地热发电占地热发电机组的 29%，占全球地热发电容量的 43%。单级闪蒸发电的原理如图 6-16 所示。地热流体以状态 1 进入膨胀阀（EV），经过一个等焓降压过程（降压过程中流体的焓不变），降压后的地热流体进入分离处理闪蒸室。分离过程被认为是等压过程，气液两相将由于密度差别被分离，蒸汽以状态 3 离开闪蒸室，并进入涡轮机膨胀做功发电。膨胀后的蒸汽将进入冷凝器冷凝为液体，然后注入回地热井。而从闪蒸室分离出来的液体则以状态 7 被注回地热井。依据各状态点参数，可以对循环的能量转化进行分析。

## 2. 双级闪蒸发电

双级闪蒸发电的原理如图 6-17 所示。在地热水以状态 7 离开第一闪蒸室后，进入另一个闪蒸室，进一步实现相变，进一步产出低压蒸汽。这部分蒸汽流将进入一个低压汽轮机，以产生额外的动力。由闪蒸室出来的液体都将返回到注入井。在双级闪蒸蒸汽动力装置中，增加了额外的闪蒸工艺，增加了蒸汽产量，但要降低压力，增加的蒸汽可以在低压汽轮机中运行，从而产生更多的功率。因为双级闪蒸发电装置需要增加部件，提高了动力装置设计的复杂性，而且成本较高，需要额外的维护工作。

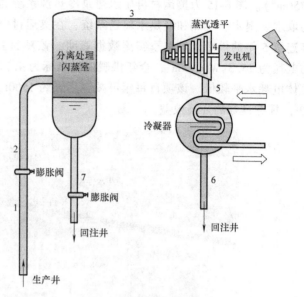

图 6-16　单级闪蒸发电原理

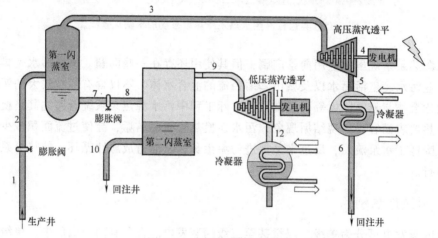

图 6-17　双级闪蒸发电原理

## 3. 干蒸汽发电

干蒸汽发电的历史可追溯到一百年前意大利的拉德雷罗（Larderello），当地人利用一个小型的蒸汽引擎来发电，点亮了工厂中的五个照明灯泡。此外，采用干蒸汽发电的地热发电厂率先实现了商业化。与闪蒸发电厂相比较，由于没有其他盐水的影响，干蒸汽发电站更加简单、经济。目前已有 71 座干蒸汽发电厂位于世界各地，总发电功率为 3000MW，占总发电量的 27%，占全球安装总地热发电厂的 12%，平均每个干蒸汽发电厂的发电功率为 42MW。

干蒸汽设备从地热储层中提取高压的饱和或过热蒸汽，所产生的蒸汽含有少量其他气体，如 $CO_2$、HS 等。直接从生产井传输至蒸汽轮机发电，然后直接排放至大气，这种类型被称为直接非冷凝循环，在这种循环中，汽轮机出口不连接冷凝器。这是因为如果不凝结气体占到蒸汽重量的 15%，将这些气体从冷凝器中清除将需要更多的能量并降低效率，因此最好采用直接非冷凝循环。但是，在大多数情况下干蒸汽发电仍然是凝汽式地热发电厂，需要在汽轮机的出口加上冷凝器以冷凝蒸汽。冷凝器工作温度范围为 35~45℃。通常情况下，该冷凝器都配备有去除不凝结气体 $CO_2$ 的装置，然后再排放到大气中。有毒物质如 HS，必须采用化学净化装置去除。该冷凝装置的驱动装置效率更高，而且去除了直接非冷凝排气产生的环境噪声。但该装置的维护成本高，另外系统设计复杂，并且会增加设施建设的费用。

干蒸汽发电原理如图 6-18 所示。

### 4. 热电联产双元循环

热电联产双元循环原理如图 6-19 所示。相比其他种类的地热发电厂，由于双元循环发电能够充分利用中温及高温地热资源，应用增长极快。双元循环发电一般采用有机朗肯循环（ORC）或卡琳娜循环，它是将地热水通过换热器使低沸点的有机工质蒸发，如异丁烷和戊烷，降温后的地热水再用于取暖。最低蒸发温度低至 74℃，过热有机工质气体仍然可以驱动汽轮机发电。

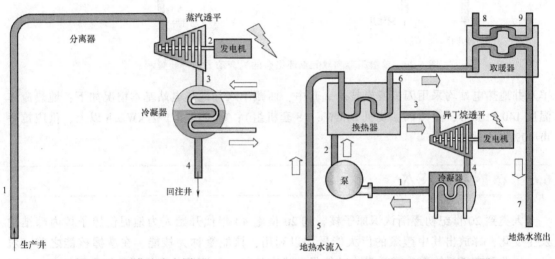

图 6-18　干蒸汽发电原理　　　　图 6-19　热电联产双元循环原理

### 5. 混合动力循环

不同地热资源有着不同的压力、温度和质流量，地热发电厂的方案需要根据储集层的具体条件详细分析研究。因为一些资源可能需要一个以上的能源转换系统才能正常运行可以通过集成或者组合两种不同类型的地热发电厂来实现。例如，由于单级闪蒸地热发电厂设计简单，施工费用较低，常常被优先采用。然而，单级闪蒸地热发电系统的能量效率比双级闪蒸发电低，电能需求的增加或者地热水产量的增加将需要安装额外的电力装置。特别是在闪蒸室流出的液体温度达到 150℃ 的情况下，可以利用其来产生更多的电能，而不是将直接其注入回地热井中。采用双元循环结合单级闪蒸循环将有效地提高发电厂总容量及其能量效率。图 6-20 所示为单级闪蒸和双元循环结合的混合动力循环装置示意图。液态地热流体以状态 6 离开分离器/闪蒸室，直接进入一个换热器。热量从液态地热流体转移到双元循环工作流体，如异丁烷，地热水将被排放到注入井中。系统所产生的功率增加，从而使相同的生产得到满足。利用原有的单级闪蒸装置，无须增加额外生产井，便可以获得更好的经济性及能量效率。

我国建成投运的首座地热电站——广东丰顺地热电站，以及我国最具有示范意义的西藏

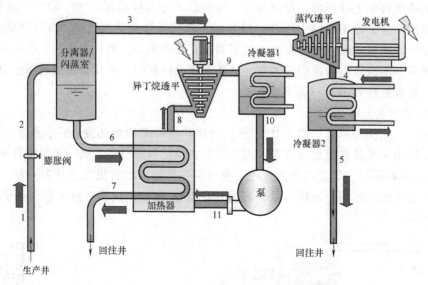

图 6-20　单级闪蒸和双元循环结合的混合动力循环装置示意图

羊八井地热电站均采用闪蒸发电技术。其中，西藏羊八井地热电站基本情况如下：地热流体温度 140~160℃，湿蒸汽，装机 24MWe（8 套机组）；年发电量 1 亿 kW·h 以上，供应拉萨市 40% 以上的电力。

# 6.3　核能利用技术

　　人类到 20 世纪初逐渐认识原子核，到 20 世纪 40 年代开始人为地促使原子核内部结构发生变化，释放出其中蕴藏的巨大能量加以利用，该能量称为核能。在掌握核能之前，农业、工业和交通运输等人类活动中的能量转换和传输，只涉及分子或原子的重新组合，未涉及原子核内部结构的变化。尽管如此，人类利用的几乎一切能源，从畜力到水力和风力，从木柴到煤炭、石油和天然气，归根结底都来自太阳的辐射，来源于太阳上持续不断进行的原子核反应。

## 6.3.1　核能简介

### 1. 核能的发现

　　1896 年，法国的贝克勒尔发现某些物质能自发地发射出某种看不见的射线，即放射性。射线是从原子核中放出的带电粒子或光子流。1919 年，英国的卢瑟福用天然放射性元素放出的高速带电粒子轰击原子核，实现了人为的核反应，使得一种元素的原子核转变为另一种元素的原子核。1932 年，英国的查德威克在核反应实验中发现了中子，建立了原子核是由质子和中子组成的学说。1938 年底，德国的哈恩和斯特拉斯曼在用中子轰击铀原子核的实验中发现了异常现象，经在瑞典的奥地利人迈特纳从理论上阐释确定为核裂变。该实验也证明了核裂变能释放出巨大的能量。1939 年，法国的里约奥-居里和在美国定居的意大利人费米先后证明，铀核在裂变过程中释放出 2~3 个中子，具有自行持续地进行链式反应的可能性，人们立即转向核能应用的研究。1942 年，费米在芝加哥建成了世界上第一座核反应堆，实现了受控裂变链式反应。此后，核能的利用发展进入了快速发展阶段，如今形成了大规模的核工业。

### 2. 核能的释放

原子核内存在很强的核子间作用力，即核力。核力将核子保持在原子核中，能克服质子之间的静电斥力，把各核子凝聚在一起。当质子和中子组合成原子核时，像在化学反应中一样，也会放出能量。原子核的能量总是低于组成它的所有质子和中子各自的能量之和。爱因斯坦揭示出物质的能量 $E$（J）与质量 $m$（kg）相互联系的规律，即

$$E = mc^2$$

式中，$c = 3 \times 10^8 \text{m/s}$ 为真空中的光速。

由于原子核的质量总是小于它所有质子和中子的质量之和，因此可从质量亏损算出各原子核的结合能。核力比原子核同外围电子的相互作用力强大得多，核反应中释放的能量，就参与反应的同等质量的物质而言，要比化学反应中释放的化学能大几百万倍。如 1kg 煤燃烧释放的能量约为 $8 \text{kW} \cdot \text{h}$，而 1kg $U^{235}$ 裂变消耗释放的能量达 $19500000 \text{kW} \cdot \text{h}$。

各种原子核结合的紧密程度存在差异，用结合能除以核子数 $A$ 得出的核子平均结合能来表示。如图 6-21 所示，中等质量的原子核结合得最紧，平均结合能最大，较重和较轻的原子核的平均结合能都略为减小。如果一个重核，如质量数为 235 的铀原子核分裂为两部分，那么生成的两个较轻核的结合能之和就会大于原来铀核的结合能。将前后平均结合能之差乘以两个较轻核的核子总数，即得出原子核裂变释放的能量。另一方面，两个轻核合成一个较重核的聚合过程，也会释放出能量。因此，核能的释放有核裂变与核聚变两种方法。

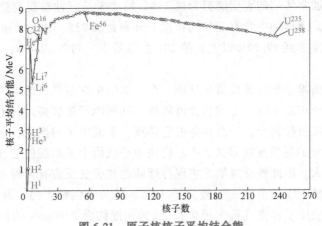

图 6-21 原子核核子平均结合能

$U^{235}$ 核裂变反应方程式为

$$^{235}_{92}\text{U} + ^{1}_{0}\text{n} \rightarrow ^{A1}_{Z1}\text{X1} + ^{A2}_{Z2}\text{X2} + v^{1}_{0}\text{n} + E$$

核聚变反应方程式为

$$^{2}_{1}\text{H} + ^{3}_{1}\text{H} \rightarrow ^{4}_{2}\text{He} + ^{1}_{0}\text{n} + E$$

## 6.3.2 核能发电技术

核能发电比常规火电相比具有显著的优点：

1）能量高度集中，燃料费用低廉，使核电具有经济竞争力。在每 $\text{kW} \cdot \text{h}$ 的发电成本

中，核电的燃料费仅占不到25%，煤电的燃料费占40%~60%，气电的燃料费占60%~75%，因此核电的经济性不像火电那样易受燃料价格（波动）的影响。

2）因燃料数量小而不受运输或储存的限制。在一些幅员广袤而煤炭分布不均匀的国家中远离煤田的地区，如俄罗斯西部和我国东南沿海，燃煤电厂的发展受到铁路运输容量的严重限制，而核电厂不存在燃料运输的限制问题。对于一些靠外部供应化石燃料的国家，如日本等，核燃料的易于储存有助于避免或缓解燃料供应危机。

3）污染环境较轻。核电厂不向外排放$CO$、$SO_2$、$NO_x$等有害气体和固体尘粒，也不排放$CO_2$等温室气体，有利于缓解全球气候变暖的压力。核电厂日常运行的放射性废气与废液的排放量很小，且处于严密的监督与控制之下，周围居民由此受到的辐射剂量小于来自天然本底的1%。

核裂变发电的原理是用中子轰击重原子核，使其分裂成两块中等质量的裂变碎片，同时释放出大量的能量和新生中子。新生中子在适当的条件下被其余重核吸收，再引起裂变。如此连续进行下去，形成自持的链式裂变反应，利用该过程释放的核能即可进行发电。目前的核能发电技术均基于核裂变技术。

### 1. 核裂变燃料

核裂变燃料包括裂变燃料和转换原料。裂变燃料主要有三种易裂变核素：铀235、铀233和钚239。易裂变核素是指能够被不同能量的中子所裂变、并能发生链式反应的核素。转换原料主要有两种可转换核素，即铀238和钍232。可转换核素不易裂变，能在中子辐照后转变为易裂变核素。铀238和钍239经中子辐照后可分别转变为铀233和钚239。

商用核反应堆通常使用的裂变燃料为铀235。铀235是三种易裂变核素中唯一自然界中存在的易裂变核素。天然铀中含有三种同位素，分别是铀235、铀238和铀234。其中铀238含量最高，相对丰度达到99.27%以上；铀234含量最少，约0.0054%；铀235的含量不高，仅0.72%。

直接使用天然铀难以维持链式裂变反应。在天然铀中含量最高的同位素铀238是不易分裂的，它仅在快中子作用下有一定的裂变可能性。在同原子核碰撞过程中减慢下来的中子碰到铀238核，虽不能引起裂变，却很容易被它俘获，造成中子的损失，不利于链式反应的维持。含量只有0.72%的易裂变核素铀235不论快中子或慢中子都能使它分裂，而且慢中子引起裂变的概率特别大。因此核反应堆为实现持续的链式裂变反应有两种方法，一种方法是通过浓缩提高同位素铀235的丰度（一般大于3%），成为富集铀；另一种方法是快速降低裂变时产生的新一代快中子速度（称为慢化），成为速度约为2200m/s的慢中子，此时它引起铀235核裂变的概率已大大超过被铀238核俘获的概率，链式反应便有可能自行持续下去。常用的慢化剂有水和石墨。

核裂变燃料资源较为贫乏。铀存在于地壳和海水中，但储量并不丰富。其地壳中的铀含量约为$3.5 \times 10^{-4}$%。在海水中的含量约为2.0mg/t，约为地壳中铀含量的1/2000。目前核工业用的铀基本上取自陆上矿石。陆上大量矿床的铀含量过低，低于可开采品位，高品位富矿很少。

### 2. 压水堆核电厂

目前全世界绝大多数在运行的核电机组是轻水堆（LWR）。轻水堆以净化的普通水（轻水）作为慢化剂和冷却剂。轻水堆包括压水堆（PWR）和沸水堆（BWR）两种类型，在压水堆中作为冷却剂的水始终保持在整体过冷状态，在沸水堆中，作为冷却剂的水在进入堆芯时是过冷的，流出堆芯的是水与饱和蒸汽的两相混合物。轻水堆中大约75%为压水堆，我国投入运行并将建造的绝大多数核电站都是压水堆型的。压水堆核电厂主要由核岛、常规岛和电厂配套设施组成。核岛是压水堆核电厂的核心，其作用是生产蒸汽，它包括反应堆厂房（安全壳）和反应堆辅助厂房，以及设置在它们内部的系统设备。核岛的系统设备主要有反应堆一回路系统和支持一回路系统，以及确保系统正常运行和反应堆安全而设置的辅助系统。这些辅助系统主要包括化学和容积控制系统、余热排出系统、放射性废物处理系统和燃料装卸储存系统。压水堆核电厂的常规岛主要包括二回路系统、汽轮发电机组，与常规火电厂类似。核电厂中除核岛和常规岛外的其他建筑物和构筑物以及系统称为电厂配套设施。

图 6-22 所示为压水堆核电厂系统示意图。一回路系统由反应堆、主冷却剂泵（简称主泵）、稳压器、蒸汽发生器以及相应的管道等组成。

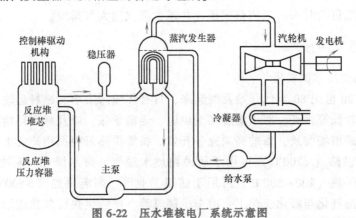

图 6-22　压水堆核电厂系统示意图

反应堆本体通常将数十至数百盒燃料组件组成的堆芯放置于压力容器内。燃料组件由燃料棒、定位格架和组件骨架等组成。燃料棒内装有二氧化铀陶瓷芯块，燃料芯块放置于封闭锆合金管内。锆合金管称为燃料棒包壳，将放射性物质包容在包壳内，构成核电厂第一道安全屏障。此外，压水堆压力容器顶部安装有控制棒和控制棒驱动机构，是反应堆重要的装置，其目的是控制链式裂变反应速率，调节反应堆输出功率或在紧急情况快速关闭核反应，保障反应堆的安全。控制棒中心为吸收中子能力较强的材料，如铪或银铟镉合金，外包不锈钢包壳制成。一般多根控制棒连接成一束控制棒组件。控制棒驱动结构设有钩爪组件和带沟槽的驱动杆，驱动杆通过可拆接头与控制棒组件连接。驱动机构一般装有电磁线圈，采用磁力提升方式，驱动控制组件做上下运动，实现棒插入堆芯长度的调节控制。当反应堆启动或提升功率时，驱动结构将控制棒逐步提升，此时堆内中子数目增多，铀核裂变随之增加，裂变能释放增多，冷却水的温度升高，输出热功率上升。达到一定功率后，将控制棒适当插入堆芯，使堆芯的中子数目保持一定，反应堆就会稳定在某一功率下运行。当要降低反应堆功率或停堆时，只要将控制棒往下插，被控制棒吸收的中子增加，堆芯内中子数目立刻减少，直至核反应停止。如果在运行过程中发生某种紧急情况，控制棒将会断电，在重力的作用下快速落入堆芯，在约 2s 内将反应堆关闭，确保反应堆安全。

燃料组件内放置的核燃料通过裂变释放能量传递至一回路冷却剂中，在主泵的驱动下反应堆本体的冷却剂升温后流出压力容器，将热量带至蒸汽发生器，热量从蒸汽发生器的一次侧传递至二回路系统,一回路冷却剂被冷却后经主泵回到反应堆本体内,由此构成冷却剂一回路。大功率压水堆核电站的一回路系统一般有 2~4 条并联环路。每条环路由一台(或两台,其中一台备用)冷却剂泵和一台蒸汽发生器与相应管道连接而成。各条环路共同与一个反应堆本体相连。一回路系统设置一台带有安全阀和泄压阀的稳压器,以控制系统压力并提供超压保护。压力容器和其他一回路边界构成核电厂第二道安全屏障。为了确保系统安全,将整个一回路系统的主要设备集中安装在反应堆厂房(安全壳)内。安全壳为核电厂的第三道安全屏障。

二回路系统由蒸汽发生器二次侧、汽轮机、发电机、冷凝器凝结水泵、给水泵等设备组成。蒸汽发生器把热量传递给二回路给水产生高干度蒸汽(干度大于 99.75%),然后进入汽轮机做功,带动发电机发电。二回路汽轮机系统与火力发电厂汽轮机发电机组系统相似。但在核电厂中汽轮机多为饱和蒸汽汽轮机,并且设置有 40%~85% 排放能力的蒸汽旁路系统,以避免电厂甩负荷时一、二回路超压,并减少蒸汽向大气排放。

### 6.3.3 核能热利用技术

#### 1. 核能热利用技术的前景

核能供热在 20 世纪 80 年代开始发展起来,具有环境污染小、燃料运输量小和一定条件下供热成本相对较低等优点,对于缓解煤炭供应、运输紧张,以及减少环境污染等具有重要意义,具有良好的市场前景,目前尚未充分开发。核能供热可根据用户需求提供不同品味的热能。核能低温供热(<200℃)可用于居民用热水暖气、海水淡化、制冷、造纸、制糖、水产业等;中温供热(200~500℃)可用于纺织工业等;高温供热(>500℃)可用于石油开采与炼制、煤的气化与液化、化工、冶金、制氢等。核能供热可单独应用于上述领域,也可综合利用,如核能热电联供、热电冷联供等。

自 20 世纪 70 年代以来,苏联、加拿大、俄罗斯、德国、法国、瑞典、瑞士和捷克等国先后开展了核能供热技术的研究,开发用于供热的游泳池式堆和承压壳式堆。苏联在今哈萨克斯坦境内建立了 BN-350 快中子堆核电厂,该核电厂发电功率为 150MW,同时为日产 12 万 t 淡水的海水淡化装置提供低温蒸汽热能。苏联还在西伯利亚边远地区比里宾诺建设了 4×12MW 发电供热两用装置,容量虽然小,却解决了用以供暖的柴油难以运到当地的困难。清华大学核能与新能源技术研究院在国家"八五"攻关期间完成了 200MW 商用堆关键技术攻关和以热电联供、制冷空调、海水淡化等实验为代表的供热堆综合利用技术研究与开发,以及商用示范堆工程可行性研究、初步设计和工程前期准备;九五期间,完成了与核供热堆技术推广应用相关的工程验证实验,在初步设计基础上编制了大庆 200MW 核供热堆初步安全分析报告和环境影响评价报告等许可证申请文件,并通过了国家核安全局、国家环保局的审查,国家核安全局于 1996 年 12 月颁发了建造许可证;此外,以核供热堆为热源的摩洛哥 10MW 核能海水淡化工程可行性研究于 1998 年 10 月通过了国际原子能机构(IAEA)的审评。我国 200MW 低温核供热堆已形成拥有完全自主知识产权的技术体系,处于商用示范堆建设并进而实现产业化的阶段。我国在核供热领域已跨入世界先进水平。

#### 2. 低温供热堆技术

核能供热的技术主要有两种:第一种方式是低温供热堆技术,建造单纯核供热反应堆,即核反应堆只产生低压蒸汽和热水而不用于发电;第二种是在核能发电的同时采用汽轮机抽气供热,类似于常规燃煤电站的热电联产。两种方法各有优势。汽轮机抽气供热具有能量梯级利用、热经济性好的优势;而低温供热堆技术中反应堆冷却剂运行在 1.5~2.0MPa,远低于核能发电反应堆压力,因此低温供热堆的一回路系统设备管道压力等级要求降低,从而降低了设备制造、安装成本,且由于低温低压,安全可靠更高,可以建造在热负荷中心附近,降低了热管网投资,可以直接向城市居民区供热。近年的研究将两者结合起来,采用低温供热堆技术实现发电、供热、海水淡化等多用途。

图 6-23 所示为清华大学提出的多用途低温核供热堆系统。整套系统由低温核供热堆为发电、海水淡化和城市供暖三大用途提供能量。低温核供热堆可采用一体化自然循环并具有固有安全性的先进反应堆。反应堆堆芯核燃料裂变后产生的能量传递给一回路冷却剂,在主泵的驱动下,一回路冷却剂循环流动,将从堆芯中吸收的热量经蒸汽发生器传递给二回路水并产生饱和蒸汽。二回路饱和蒸汽首先用于推动汽轮发电机组发电,同时抽取部分蒸汽用于海水淡化、供热和工业蒸汽应用。

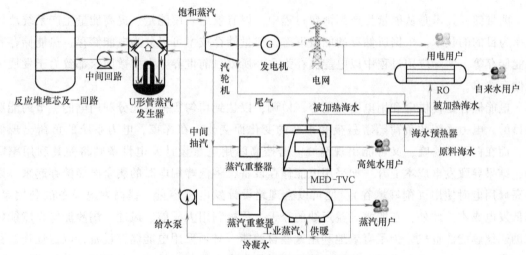

图 6-23 多用途低温核供热堆系统

不同于以往的核电厂运行方式,多用途低温核供热堆由于其负荷复杂多变,必须采用负荷跟踪的运行方式,即需要根据不同用户的需求,在保证反应堆安全的前提下,跟踪负荷变化并调整高品质蒸汽的分配方案要使得经济效益最大,同时可优选低温发电技术提高低温热源的发电效率,如采用有机朗肯循环发电系统,具有效率高、环境友好、结构简单等优点。

# 第 7 章

# 电 能 储 存

能量储存技术是从能量生产到消费过程中，以有效地利用能量、提高能量生产系统总体效率为目的的技术。依据所储存的能量形态，能量储存技术可以分为电能储存、热能储存和光能储存等。实际应用过程中以电能储存为主，所以目前世界上大多数国家都致力于发展电能储存技术。

电能储存是使供电和用电密切配合、协调，以达到均匀负荷、充分利用电能、节约能源的目的。电力系统的负荷随着昼夜和季节的变化而变化，在深夜，电力系统的负荷出现低谷，而在白天或傍晚，又可能出现高峰。若按高峰用电量设计发电设备则将使其利用率降低，结果导致发电成本上升。如采用电能储存设备，将低峰用电时的剩余电能储存起来，以备高峰用电时使用（削峰填谷），便可以合理地设计发电机容量，提高发电设备的利用率，降低发电成本。此外，在能源日益短缺的今天，积极利用太阳能、风能、潮汐能等自然能将有助于缓解能源危机。为了有效地利用这些自然能，必须采用电能储存设备，以保证连续稳定地供电。由此可见，发展电能储存技术，对提高发电设备的效率、降低成本、保证供电质量、节约能源非常必要。

## 7.1  电能储存技术的分类

电能储存技术就是利用能量可以相互转换的原理，将电力系统剩余的电能转换为其他可储存的能量保存起来，在电力系统需要电能时，再将保存的各种能量重新转换为电能释放出来的技术。按照其能量形式，电能储存可分为物理形式和化学形式，其中物理形式又可以分为机械储能和电磁场储能，化学形式又可分为法拉第准电容、蓄电池储能和氢储能等。如图 7-1 所示。

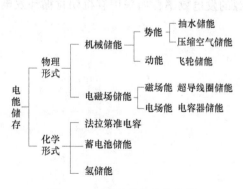

图 7-1  电能储存技术的分类

## 7.2　各种电能储存技术的原理和现状

### 7.2.1　抽水储能发电

抽水蓄能发电原理如图 7-2 所示，主要由上下两座水库、压力阀和可逆式水力发电机组组成。它是利用夜间电力系统负荷低谷时的剩余电能，把水从下池（下库）由抽水蓄能机组泵到高水位的上池（上库）中，将多余的电能转换成水的势能储存起来。待白天电力系统负荷尖峰出现并超出总的可发电容量时，再起动水轮发电机组将储存于高位的水用于发电向电网补充电能，实现白天削峰、深夜填谷。抽水蓄能在电网中的削峰填谷、紧急事故备用、调频、调相等方面都起着非常重要的作用。抽水蓄能发电是已经实用化了的电能储存技术，其能源综合效率（=输出电能/输入电能）可达 67%~75%。由于抽水蓄能发电成本低，供电质量高并且基本不需要消耗水量等明显优点，它在电能储存中占有举足轻重的地位。

### 7.2.2　压缩空气储能

压缩空气储能发电原理如图 7-3 所示，它是利用深夜时的剩余电力通过空气压缩机将空气压缩后储存在很深的地下洞穴或密闭容器中，使电能转换成压力能储存，白天电力使用高峰时释放压缩空气通过汽轮机膨胀做功，带动发电机进行发电。压缩空气储能是一项很有前途的技术，其能源综合效率可达 85%~90%，几乎可与超导储能相媲美。

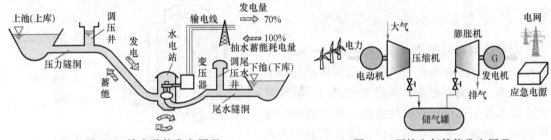

图 7-2　抽水蓄能发电原理　　　　图 7-3　压缩空气储能发电原理

利用压缩空气储能发电，关键问题是需要有巨大的储气装置。小规模储存可以利用钢罐，对于大规模储存，人们一直寻求利用天然或人工开凿的地下洞穴作为地下储气库。从目前压缩空气储能电站的设计来看，储气洞室的结构主要有三种，即硬岩层地下空洞、岩盐层地下空洞、滞水层地下空洞。此外，如何保持储气洞室的严密性，也是压气储能电站建设中有待解决的问题。早在 20 世纪 70 年代，许多国家已开始试验研究和建设压缩空气储能电站。德国是世界上最先建设压缩空气储能电站的国家，于 1978 年建成了世界上最早的一座 29 万 kW 压缩空气储能电站，其储气室利用岩盐层的空洞改造而成，两个洞室的容积各为 15 万 $m^3$，储气压力最高达 70 个大气压。目前该电站仍在运行，性能十分可靠。

### 7.2.3　飞轮储能

飞轮储能系统是一种机电能量转换的储能装置，它用物理方法实现储能。典型的飞轮储能系统由飞轮本体、轴承、电动/发电机、电力转换器和真空室五个主要组件构成，如

图 7-4 所示。它的基本工作原理是：通过电动/发电互逆式双向电机，实现电能与高速运转飞轮的机械动能之间的相互转换与储存，并通过调频、整流、恒压与不同类型的负荷接口。储能时，电能通过电力转换器变换后驱动电机运行，电机带动飞轮加速转动，飞轮以动能的形式把能量储存起来，完成电能到机械动能的储存过程，能量储存在高速旋转的飞轮体中，之后，电机维持一个恒定的转速，直到接收到一个能量释放的控制信号；释能时，高速旋转的飞轮拖动电机发电，经电力转换器输出适用于负荷的电流与电压，完成机械能到电能的转换过程。整个飞轮储能系统实现了电能的输入、储存和输出过程。飞轮储能系统具有高效率（80%~90%）、无污染、合理的功率密度及充能迅速等优点，极具发展潜力，目前应用最多的是汽车动能的储存或电能的储存。

飞轮本体是飞轮储能系统中的核心部件。当转动惯量为 $J$ 的物体以角速度旋转时，该物体就储存了能量为 $E=J\omega^2/2$ 的动能，转子的极限角速度越大，材料的单位重量能量密度越高（重量轻，强度高），储存的能量就越多。目前飞轮本体多采用碳素纤维材料制作。

轴承系统的性能直接影响飞轮储能系统的可靠性、效率和寿命。目前应用的飞轮储能系统多采用磁悬浮系统，以减少电机转子旋转时的摩擦，降低机械损耗，提高储能效率。

飞轮储能系统的机械能与电能之间的转换是以电动/发电机及其控制为核心实现的，低损耗、高效率的电动/发电机是能量高效传递的关键。

电力转换装置是为了提高飞轮储能系统的灵活性和可控性，并将输出电能变换（调频、整流或恒压等）为满足负荷供电要求的电能。

真空室的主要作用是提供真空环境，降低电机运行时的风阻损耗。

## 7.2.4 超导线圈储能（磁场储能）

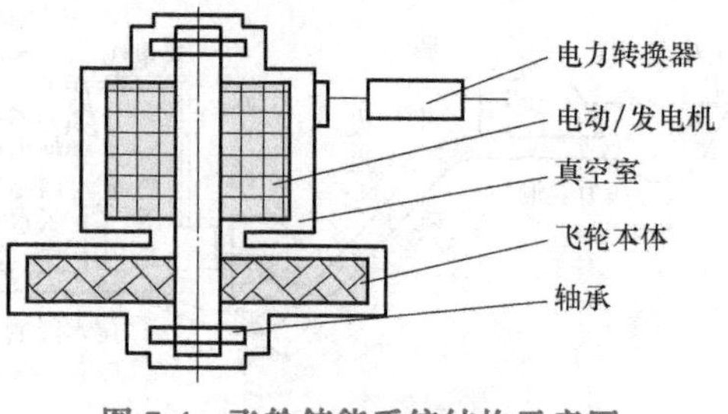


**图 7-4 飞轮储能系统结构示意图**

超导线圈储能系统（superconducting magnetic energy storage system，SMES）是利用超导线圈将电磁能直接储存起来，满足 $E=LI^2/2$，需要时再将电磁能回馈电网或其他负载，并对电网的电压凹陷、谐波等进行灵活治理，或提供瞬态大功率有功支撑的一种电力设施。其工作原理是：正常运行时，将电网电流整流成直流向超导电感充电，然后保持恒流运行（由于采用超导线圈储能，所储存的能量几乎可以无损耗地永久储存下去，直到需要释放时为止）；当电网发生瞬态电压跌落或骤升、瞬态有功不平衡时，可从超导电感提取能量，经逆变器转换为交流，并向电网输出，可灵活地调节有功或无功，从而保障电网的瞬态电压稳定和有功平衡。

SMES 主要包括四部分，即电感很大的超导储能线圈、功率变换系统、低温制冷系统和快速测量控制系统，如图 7-5 所示。其中超导储能线圈和功率变换系统为 SMES 的核心关键部件。超导储能线圈需要维持在超低温状态，是 SMES 的能量存储单元，由于在恒定温度下运行，其寿命可达 30 年以上；功率变换系统是电网与 SMES 进行能量交换

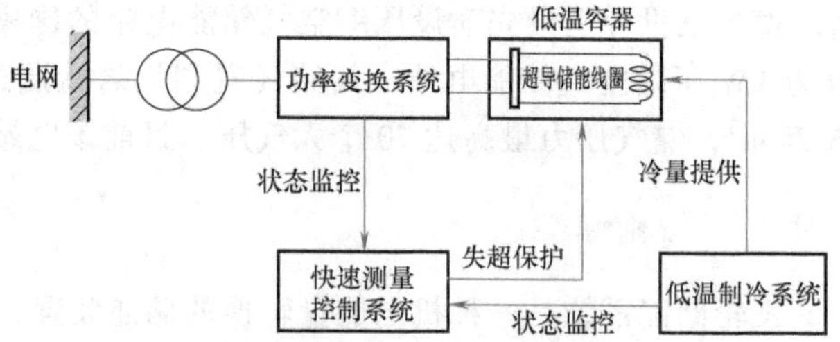


**图 7-5 超导线圈储能结构示意图**

的装置，它主要将电网的能量缓存到超导储能线圈中，并在需要时加以释放，同时还可发出电网所需的无功功率，实现与电网的四象限功率交换，进而达到提高电网的稳定性或改善电能质量的作用；低温制冷系统包括制冷机及相关配套设施，为 SMES 的正常运行提供所需冷量；快速测量控制系统用来检测电网的主要运行参数，对电网当前的电能质量进行分析，进而对 SMES 提出运行控制目标，同时还具有自检和保护功能，保障 SMES 的安全运行。

超导线圈储能系统的储能效率比其他储能系统要高很多，总效率可达 90% 以上。虽然 SMES 在提高电力系统稳定性和改善供电质量方面具有明显优势，但是受限于其高昂的费用，SMES 还未能大规模进入市场，技术的可行性和经济价值将是 SMES 未来发展面临的重大挑战。今后 SMES 的研究重点将集中在如何降低成本、优化高温超导线材的工艺和性能、开拓新的变流器技术和控制策略、降低超导储能线圈交流存耗和提高储能线圈稳定性、加强失超保护等方面。

### 7.2.5 超级电容器储能（电场储能）

电场储能就是利用电容器储存电荷的能力来储存电能，满足 $E = CV^2/2$。过去由于电容器的电容量太小，电容储能只能在弱电方面或高压脉冲技术方面得到应用。随着超级电容器的出现，电容储能开始向能源领域进军。所谓超级电容器，就是有超大电容量的电容器，它的电介质具有极高的介电常数，因此可以在较小体积内制成以法拉为单位的电容器，比一般电容量大了几个数量级。电容器储能同样具有快速充放电能的优点，甚至比超导线圈更快，且不需要复杂的制冷设备。但超级电容器的电介质耐压很低，制成的电容器一般耐压仅有几伏。如果能把电压提高，则储能将以二次方的关系增长，这正是目前超级电容的研究方向。另外，由于超级电容的工作电压低，在实际使用中必须将多个电容器串联使用，这就要求增加充放电的控制回路，使每个电容器能工作在最佳条件下。这也是超级电容需要研究的问题之一。尽管如此，超级电容储必将在交通和能源领域中得到广泛的应用，目前国内已有产品供应。

### 7.2.6 蓄电池储能

蓄电池又称可充电二次电池（secondary battery），蓄电池储能是一种通过电化学反应来存储及释放能量的电化学装置。储能蓄电池一般包括正极、负极、隔膜及电解液等基本组成部分，如图 7-6 所示。化学能转变成电能（放电）以及电能转变为化学能（充电）都是通过电池内部两个电极上的氧化还原等化学反应完成的。放电时，由于两电极间存在电势差，电解质中的带电粒子开始向两极移动产生电流，此时电池中的化学能转换为电能。由于电解质中不存在自由电子，因此，电荷在电解质中的传递由带电离子的迁移来完成，电池内部电荷的移动必然伴随两极活性物质与电解质界面的氧化或还原反应。充电时，电池内部的电荷传递和物质迁移过程的方向恰与放电相反。电极反应必须可逆，才能保证反方向传质与电荷传递过程的正常进行。因此，电极反应可逆是构成蓄电池的必要条件。

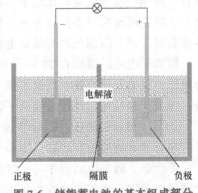

图 7-6 储能蓄电池的基本组成部分

除了以上主要的电能储存方式外，还有蓄热储能、蓄冰储能和氢储能等。蓄热储能是利用富余的电生产蒸汽导入蓄热器储存，电量短缺时，再将蓄热器中的蒸汽送给汽轮机组发电。还有的发电厂以高压热水的形式储存热能。蓄冰储能是利用夜间电网用电低谷的电能制冷（或制冰），白天将储存的冷量放出作为空调用。在夏季非空调使用时间或用电低谷时段内，使空调机处于制冰状态，把冷量以冰的形式储存起来，再于空调使用时间内把冰块融化，将冷量释放出来，从而做到电能"储蓄"之效。氢储能是利用电网低谷电制氢，氢是燃料电池的主要燃料，当高峰缺电时，氢通过燃料电池发电补充到电网。

储能电池是电能储存技术研发和应用最活跃的领域。目前储能电池技术发展很快，对新能源发展、电网运行控制、终端用能方式等已经产生重大影响。未来储能电池技术将在新一代电力系统中实现广泛应用。下面主要介绍储能电池技术的原理、发展及应用。

## 7.3 储能电池

### 7.3.1 储能电池的发展

早在 1859 年，科学家就发明了铅酸电池，作为研究较早和应用广泛的二次电池，其主要是由金属铅和铅氧化物以及含有约 37% 的硫酸的电解液构成。相应的电化学反应方程式为

负极反应
$$Pb+SO_4^{2-} \longleftrightarrow PbSO_4+2e^-$$

正极反应
$$PbO_2+SO_4^{2-}+4H^++2e^- \longleftrightarrow PbSO_4+2H_2O$$

铅酸电池具有成本低（$ 300~600/kW \cdot h$）、可靠性高以及效率高（70%~90%）等优势，但是较低的循环寿命（500~1000 次）、较低的能量密度（30~50W \cdot h/kg）以及低温性能差等缺点限制了铅酸电池的使用范围。

1899 年科学家又发明了镍镉电池（Ni-Cd batteries），相应的电化学反应方程式为
$$2Ni(OH)+Cd+2H_2O \longleftrightarrow 2Ni(OH)_2+Cd(OH)_2$$

镍镉电池具有相对较高的能量密度（50~75W \cdot h/kg）、稳定性好等优点；主要缺点是成本相对较高（1000 美元/kW \cdot h）、污染程度较高、记忆效应高、循环寿命相比铅酸电池明显提高但是仍然较低（2000~2500 次）。因此，在此基础上出现了镍氢电池（Ni-MH batteries）。镍氢电池主要采用碱性电解液，Ni（OH）$_2$ 为正极，储氢合金为负极，因此该电池具有比镍镉电池等更高的比能量。镍氢电池作为动力型蓄电池具有更大的优势，目前在电动汽车上的应用研究已经广泛开展。但是，其在低温时容量减小、高温时的充电耐受性以及成本较高等方面的限制制约着镍氢电池的发展。

锂离子电池的研究自 20 世纪 60 年代开始，一直到 1990 年，贝尔实验室开发出了替代金属锂负极的石墨负极，缓解了锂电池的安全性问题，锂离子电池才开始步入商业化实用阶段。锂离子电池可以视作为锂离子浓差电池，相应的正负极材料为锂离子可逆脱嵌的活性材料，正极一般以钴酸锂、磷酸铁锂、锰酸锂为代表，负极则主要是以石墨为代表的碳基材料。与上述其他电池相比较，锂离子电池具有工作电压高、能量密度大、环境友好、无记忆效应等优势。随着电动汽车与大规模储能技术的快速发展，将对锂离子电池的功率密度、能量密度以及安全性等技术参数提出更高的要求，其中锂硫电池和锂空气电池，由于具有更高

的能量密度，被视为有望代替传统锂离子电池的新一代电池而受到广泛的关注和研究。

超级电容器技术则是建立在 1879 年 Helmholtz 提出的双电层理论基础之上，利用多孔材料/电解质之间的双电层或在电极界面上发生快速、可逆的氧化还原反应来储存能量。超级电容器具有比功率高、瞬间可以释放大电流、循环寿命长等优点。

除此之外，钠硫电池与全钒液流电池则主要应用于大规模储能方面，具有很大的应用潜力，在此不做赘述。

## 7.3.2 储能电池的工作原理

储能电池（batteries of energy）是一种通过电化学反应来存储及释放能量的电化学装置，一般都包括正极、负极、隔膜及电解液等基本组成部分（见图 7-6）。化学能转变成电能（放电）以及电能转变为化学能（充电）都是通过电池内部两个电极上的氧化、还原等化学反应完成的。储能电池的负极材料一般是由电位较负并在电解质中稳定的还原性物质组成，如锌、镉、铅和锂等；正极材料则由电位较正并在电解质中稳定的氧化性物质组成，如 $MnO_2$、$PbO_2$、$NiO$ 等金属氧化物，$O_2$ 或空气，卤素及其盐类，含氧酸盐等。电解质则是具有良好离子导电性的材料，如酸、碱、盐的水溶液，有机溶液、熔融盐或固体电解质等。当储能电池与外电路断开时，两电极间有电位差即开路电压，但没有电流流过，此时电池中的化学能并不转换为电能。

储能电池通常由多个单体电池按照串联或并联的方式组成电池组来提供所需要的电压和容量。储能电池主要包括铅酸电池、镍镉电池、镍氢电池、锌锰电池、锂离子电池、钠硫电池以及全钒液流电池等。此外还有一些新型储能电池，如锂硫电池、锂空气电池、钠离子电池和锌空气电池等，这些储能电池尚处于实验研发阶段。

不同储能电池的能量存储能力如图 7-7 所示。

### 1. 铅酸电池的工作原理

铅酸电池的负极活性物质为铅粉，正极活性物质为导电性良好的 $PbO_2$，电解液为一定浓度的硫酸溶液。硫酸溶液中 $H_2SO_4$ 电离形成 $H^+$ 和 $SO_4^-$，并参与电极反应，相应的电极反应方程式如下：

负极反应　　$Pb+SO_4^{2-} \leftrightarrow PbSO_4+2e^-$

负极的放电反应从左向右进行，可以分两步进行：

$$Pb \rightarrow Pb^{2+}+2e^-$$
$$Pb^{2+} + SO_4^{2-} \rightarrow PbSO_4$$

铅负极首先发生电化学溶解生成溶液中的 $Pb^{2+}$，然后与附近电解液中的 $SO_4^{2-}$ 离子反应生成不溶性的 $PbSO_4$。充电时，反应为上述反应的逆过程。由于 $Pb$-$SO_4$ 是绝缘体，显然电子不能通过 $PbSO_4$ 传递，因此充电过程中，$PbSO_4$ 首先在 $Pb$ 表面附近的溶液中溶解生成游离的 $Pb^{2+}$ 离子，然后再得到两个电子被还原成单质 $Pb$。

正极反应　　　　　　　$PbO_2+SO_4^{2-}+4H^++2e^- \leftrightarrow PbSO_4+2H_2O$

铅酸电池的正极反应过程也是通过溶解结晶机理进行的，正极活性物质 $PbO_2$ 的导电性

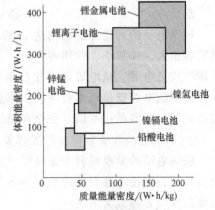

图 7-7　不同储能电池的
能量存储能力

很好，放电反应也分两步进行：

$$PbO_2+4H^++2e^-\rightarrow Pb^{2+}+2H_2O$$
$$Pb^{2+}+SO_4^{2-}\rightarrow PbSO_4$$

反应的第一步为 $PbO_2$ 通过电化学反应生成游离的 $Pb^{2+}$ 离子，然后再与电解液中的 $SO_4^{2-}$ 离子反应生成不溶性的 $PbSO_4$。正极的充电反应则正好相反，$PbSO_4$ 首先在 Pb 溶解生成游离的 $Pb^{2+}$ 离子，然后在电极上电化学氧化生成 $PbO_2$。

总反应 $$Pb+2H_2SO_4+PbO_2\leftrightarrow 2PbSO_4+2H_2O$$

通过以上分析可知，铅酸电池的正极和负极在放电时都是按照电化学溶解—化学结晶的方式进行，而在充电时都是按照化学溶解—电化学结晶的方式进行，这就是铅酸电池可以大电流放电而很难大电流充电的原因。另外，由正负极反应可知，正负极都生成了 $PbSO_4$；如果电池长期深度放电或者充电不足，甚至搁置不用，都会使正负极硫酸铅化，导致电池的容量和循环寿命衰减。因此要及时地给电池定期充电，保证电池的最佳工作状态。

2. 钠硫电池的工作原理

钠硫电池（sodium sulfur battery，NAS）是世界上使用最多的大型储能电池，以钠（Na）和硫（S）分别作为电池的负极和正极，采用固体电解质陶瓷隔膜，一般在较高的温度（300℃）条件下工作，此时正负极都呈熔融状态。电解质是电子绝缘体，但能允许离子导通。在放电过程中，从负极产生的 $Na^+$ 透过电解质隔膜，在正极与 S 发生反应，同时电子经过外电路实现能量释放；充电时则正好相反，完成能量的存储。钠硫电池的正负极反应及总反应方程式为

负极反应 $$2Na\leftrightarrow 2Na^++2e^-$$

正极反应 $$2Na^++xS+2e^-\leftrightarrow Na_2S_x$$

总反应 $$2Na+xS\leftrightarrow Na_2S_x \quad 3<x<5$$

钠硫电池的理论比能量高达 $760W\cdot h/kg$，并且不存在自放电，充放电效率接近 100%，具有容量大、体积小、使用寿命长、原材料广泛以及易于维护等特点，这使得钠硫电池广泛应用于应急电源、风电等可再生能源的稳定供应，在提高电能质量稳定性方面起着重要作用。但钠硫电池造价成本较高、工作温度较高，安全性有待提高，一般需要有防爆和防腐的安全设置。开发低成本以及安全可靠的钠硫电池技术一直都是储能领域研究的热点。

3. 镍镉电池和镍氢电池的工作原理

镍镉电池的负极材料为金属镉，正极材料为氧化氢氧化镍（NiOOH）与石墨粉的混合物，其中石墨粉不参与反应只起导电作用，电解液通常为 20% 的 NaOH 或 KOH 溶液。镍镉电池的反应方程式为

负极反应 $$Cd+2OH^-\leftrightarrow Cd(OH)_2+2e^-$$

正极反应 $$2NiOOH+2e^-+2H_2O\leftrightarrow Ni(OH)_2+OH^-$$

总反应 $$Cd+2NiOOH+2H_2O\leftrightarrow 2Ni(OH)_2+Cd(OH)_2$$

放电过程中，负极材料 Cd 失去两个电子变成 $Cd^{2+}$，然后与电解液中的 $OH^-$ 作用，生成 $Cd(OH)_2$；同时正极材料 NiOOH 中的 $Ni^{3+}$ 得到 2 个电子变成 $Ni^{2+}$，并与水电离出的 2 个 $OH^-$ 结合生成 $Ni(OH)_2$，充电过程则正好相反。镍镉电池能量密度高、稳定性好，但是镉对环境污染较大，限制了镍镉电池的应用。

镍氢电池在镍镉电池的基础上发展起来的绿色环保储能电池。镍氢电池只是将原来污染较大的镉负极换成了储氢合金（MH），其他组成并无太大变化。因此工作原理相似与镍镉电池，反应方程式为

负极反应 $$MH+OH^-\leftrightarrow M+H_2O+e^-$$

正极反应 $$NiOOH+e^-+H_2O\leftrightarrow Ni(OH)_2+OH^-$$

总反应式 $$MH+NiOOH\leftrightarrow Ni(OH)_2+M$$

镍氢电池是按照负极过量来设计的，因此正极材料氢氧化镍是制约镍氢电池性能的主要因素。从电化学角度来看，镍氢电池的能量密度、倍率、功率以及循环寿命取决于正极氢氧化镍的特性和镍电极内部及表面与电解液中电子、物质的交换速度。

针对 $Ni(OH)_2$ 正极的反应机理，科学家提出了中间态机理、质子扩散机理和氢氧根离子嵌入机理来解释。虽然 $Ni(OH)_2$ 正极的反应机理依然存在争议，但现在趋向于认同质子扩散理论。Lukovtsev 和 Slaidin 最早提出了 $Ni(OH)_2$ 电极的充放电反应受到质子扩散控制的概念，之后 R. Barbard 和 C. F. Randeli 对以上理论进行了系统性研究，认为 $Ni(OH)_2$ 在碱性溶液中的电化学反应可以分为两个过程：首先质子从溶液中转化到 $Ni(OH)_2$ 粒子的表面，然后随着电荷的转移，质子从 $Ni(OH)_2$ 粒子的表面扩散到本体中；氧化过程刚好相反，整个过程的速率取决于质子在 $Ni(OH)_2$ 中的扩散速度。充电态为 $NiOOH$，放电态为 $Ni(OH)_2$，由于 $Ni(OH)_2$ 是不导电物质，$NiOOH$ 具有半导体特性，氢氧化镍电极为 p 型半导体，通过电子和空穴进行导电。故此，推测 $Ni(OH)_2$ 材料的结构特征决定 Ni/MH 电池的整体性能。

### 4. 全钒液流电池的工作原理

全钒液流电池（vanadium redox flow battery，VFB）作为大型电化学储能技术，自问世以来，在可再生能源发电领域备受关注。将全钒液流电池储能技术应用于可再生能源发电，可有效解决可再生能源发电存在的间歇性和并网困难等问题。全钒液流电池采用水系电解液，安全性高，而且正负极之间是完全分开的，因此不存在元素的交叉污染。全钒液流电池不同于通常使用固体材料电极或气体电极的储能电池，其活性物质是流动的电解质溶液，电池的循环寿命一般不低于 10 年。

全钒液流电池的电能以化学能的方式存储在不同价态钒离子的硫酸电解液中。其中活性物质电解液存储在储罐中，通过磁力泵输送到电池堆中，进行电化学反应后再输送回储罐中。负极电解液由 $V^{3+}$ 和 $V^{2+}$ 的离子溶液组成；正极电解液由 $V^{5+}$ 和 $V^{4+}$ 离子溶液组成，隔膜为质子交换膜。电池充电后，正极物质为 $V^{5+}$ 离子溶液，负极物质为 $V^{2+}$ 离子溶液；放电后，正、负极物质分别为 $V^{4+}$ 和 $V^{3+}$ 离子溶液，电池内部通过质子（$H^+$）导电。$V^{5+}$ 和 $V^{4+}$ 离子在酸性溶液中分别以 $VO_2^+$ 和 $VO^{2+}$ 形式存在。全钒液流电池的功率和容量相互独立，因此可以通过增加电解液的量来增大储电容量，这是全钒液流电池的独特优势。钒电池的正负极及总反应方程式为

负极反应 $$V^{2+}\leftrightarrow V^{3+}+e^-$$

正极反应 $$VO_2^++2H^++e^-\leftrightarrow VO^{2+}+H_2O$$

总反应 $$VO_2^++2H^++V^{2+}\leftrightarrow VO^{2+}+H_2O+V^{3+}$$

由于全钒液流电池正、负极活性物质都是流动的电解质溶液，更容易实现规模化蓄电，但电池能量密度较低（<40W·h/kg），而且占地面积较大，离大规模应用还有较长的路

要走。

### 5. 锂离子电池的工作原理

锂离子电池是用两种能够可逆脱嵌锂离子的化合物作为电池正负极的二次电池体系。当电池充电时，部分锂离子从正极脱嵌，进入电解质，随之，等量的锂离子从电解质中嵌入负极；放电过程则刚好相反，充放电的过程中发生氧化还原反应。以石墨为负极，层状 $LiCoO_2$ 为正极的锂离子二次电池为例，充电时，$Li^+$ 从正极 $LiCoO_2$ 脱出经过电解质嵌入石墨负极，充电结束时，负极处于富锂态，正极处于贫锂态，同时电子作为补偿电荷从外电路到达石墨负极，以保证负极的电荷平衡。放电则相反，$Li^+$ 从石墨负极脱出，经过电解质进入 $LiCoO_2$ 正极，放电结束时，正极处于富锂态，负极处于贫锂态。在正常充放电下，锂离子在层状结构的石墨和层状结构的 $LiCoO_2$ 层间来回嵌入与脱出，一般只引起层间距的变化，不破坏晶体结构。所以，从充放电反应的可逆性来看，锂离子电池的反应是一种理想的可逆反应，其电极与电池的总反应方程式为

正极反应 
$$LiCoO_2 \underset{\text{放电}}{\overset{\text{充电}}{\rightleftharpoons}} Li_{1-x}CoO_2 + xLi^+ + xe^-$$

负极反应 
$$nC + xLi^+ + xe^- \underset{\text{放电}}{\overset{\text{充电}}{\rightleftharpoons}} Li_xC_n$$

总反应 
$$LiCoO_2 + nC \underset{\text{放电}}{\overset{\text{充电}}{\rightleftharpoons}} Li_{1-x}CoO_2 + Li_xC_n$$

### 6. 锂-空气电池的工作原理

锂-空气电池按电解液可分为四种体系，即有机体系、水系、固态体系和混合电解液体系。区别于锂离子电池的封闭系统，锂-空气电池是开放系统，是目前已知具有最高理论质量比容量的二次电池，以氧化 1kg 的金属锂来计算，锂-空气电池的理论能量密度为 $11400W \cdot h/kg$，已接近汽油的理论比能量 $13000W \cdot h/kg$。远远高于传统的如铅酸电池、镍氢电池和锂离子电池为代表的二次电池，也远高于其他金属-空气电池，如 Al-空气电池和 Mg-空气电池。

锂-空气电池的充放电过程是一个表面电化学过程。电池放电时，负极的金属锂被氧化为 $Li^+$，同时金属锂失去的电子由外电路传递到负极。而氧气接收由外电路传来的电子，在正极发生氧还原反应（oxygen reduction reaction，ORR）还原为 $O_2^{2-}$，$O_2^{2-}$ 与电解液中的 $Li^+$ 结合，生成 $Li_2O_2$ 并沉积在电极表面。充电时，锂-空气电池正极表面沉积的 $Li_2O_2$ 发生氧析出反应（oxygen evolution reaction，OER），生成 $O_2$ 和 $Li^+$，$Li^+$ 在负极表面得到电子被还原为金属锂。

锂-空气电池的电极与电池总反应方程式为

负极反应 
$$2Li \leftrightarrow 2(Li^+ + e^-)$$

正极反应 
$$Li^+ + e^- + O_2 \leftrightarrow LiO_2^*$$
$$Li^+ + e^- + LiO_2^* \leftrightarrow Li_2O_2^*$$
$$LiO_2^* + LiO_2^* \leftrightarrow Li_2O_2^* + O_2$$

总反应 
$$Li + O_2 \leftrightarrow Li_2O_2$$

## 7.3.3　储能电池的性能评价

总体来看，评价储能电池的性能通常需要综合考虑如下参数：

1）安全性能。电池在使用过程中，主要安全问题为热分解、电池过充与内部短路。热分解问题是电池在运行过程中，由于温度上升，导致电池正极、负极或者电解液分解，从而使电池失效甚至引发爆炸。电池过充将会造成电压迅速上升，进而导致温度升高，造成电极活性材料的不可逆变化以及电解液的分解，导致电池失效甚至会引发爆炸。内部短路一般是由于隔膜过薄或者隔膜破损与其他装配问题，导致正负极直接连接，造成电池短路，温度剧烈上升，有发生爆炸的危险。

2）比能量。比能量是单位质量（或单位体积）能够释放的能量，是衡量电池容量的重要指标。

3）比功率。比功率是单位质量（或单位体积）在单位时间内能够释放的能量，是衡量电池充放电能力的重要指标。

4）电池寿命。电池寿命包括储存寿命与循环寿命。储存寿命是指电池在没有负载的条件下，性能衰减到规定指标时的时间；循环寿命是指电池在反复充放电条件下，性能衰减到规定指标时的时间。电池寿命主要用于衡量电池可用时间。

5）能量转化效率。能量转化效率指的是在一定条件下，电池放出的能量与充入的能量的比值。该指标用于衡量电池的能量利用效率。

6）库仑效率。库仑效率也称充放电效率，指的是在一定条件下，电池放出的电荷量与储存的电荷量的比值。该指标用于衡量电池的能量利用效率。

7）循环性能。循环特性是指电池在反复充放电循环中，电池比容量或者其他参数的变化特性。该指标用于衡量电池的稳定时间性与循环寿命。

8）充放电速度。电池在一定充放电条件下，达到某一标准（一般为电量）充电或放电所需的时间。该指标用于衡量电池的充放电性能。

9）可持续输出功率。电池在一定充放电条件下，能够保持稳定输出的功率大小。该指标用于衡量电池的充放电性能。

10）储能成本。电池储存单位能量所需要的成本。该指标用于衡量电池的生产成本。

电池储能过程中储能电池大多为电池组串的形式。在单体电池组成电池组串进行工作时，不仅需要考虑各个电池的工作情况，还要考虑电池组串的整体工作情况。具体需要考虑的运行参数如下：

1）电池电压极差。同一电池组串内，在一定的运行条件下，最高的电池电压与最低的电池电压之差。该参数用于评价电池的工作情况，能够反应单体电池的性能衰退。

2）电池温度极差。同一电池组串内，在一定的运行条件下，最高的电池温度与最低的电池温度之差。该参数能够反应单体电池的工作情况，为检测单体电池的性能变化提供参考。

3）电池电压标准差系数。结合正态分布规律，定量评价电池组串的一致性情况。

4）SOE极差。同一储能单元中电池组串最大SOE与最小SOE之差。该参数用于衡量电池组串的能量平衡程度。

5）电池运行荷电状态（state of charge，SOC）。剩余电量与完全充满电时的储电量的比值，代表相对剩余电量。该参数能够反应电池组的当前工作状态，为电池的评价提供参考。

电池组串的相关评价参数见表7-1。

表 7-1　电池组串的相关评价参数

| 评价参数 | 电池性能 | 关联程度 | 评价内容 |
|---|---|---|---|
| 电池电压极差 | 单体性能 | 强关联 | 反映单体电池的性能衰退 |
| 电池电压标准差系数 | 电池组串一致性 | 强关联 | 定量判断电池组串一致性劣化程度 |
| 电池温度极差 | 单体性能 | 弱关联 | 辅助分析电池性能变化 |
| SOE 极差 | 电池组串能量平衡程度 | 强关联 | 判断电池组串能量的不平衡程度 |
| 电池运行荷电状态 | 电池组串当前工作状态 | 强关联 | 判断电池组串相对剩余电量 |

　　在考虑电池的工作情况的同时，电池在生产与使用性能的评价上，还应该参考诸多客观伦理。如电池生产的环境成本，电池的使用条件等。当下的电池生产，需要参考电池的环境友好指标进一步进行评价，包括无毒、低污染等相关指标。对于电池使用条件，在选用具体某种材料进行电池制作时，包括匹配、合理使用电压、电流区间时，不能仅仅参考比功率、比能量等参数，还应该考虑电池使用的合理条件。

　　锂离子电池是当前最受关注的储能技术。据美国能源部统计，至 2016 年年底，美国、日本、欧盟和中国储能装机占全球总装机的 94%，其中电化学储能示范项目近百项，占比为 53%。在电化学储能示范项目中，锂离子电池所占比重最高，达到 48%，在电池储能中位列最高。未来，新一代锂离子电池技术将对电池的安全性、能量密度、充电时间等指标带来根本性的改变，在电网调峰调频、电动汽车、商用/家用储能系统等领域具有广阔的应用前景。

## 7.4　锂离子电池及其材料

### 7.4.1　锂离子电池概述

　　锂离子电池的研究最早始于 20 世纪 60 年代，直到 70 年代 Whittingham 等人以 $TiS_2$ 为正极材料、锂金属为负极材料、成功组装了工作电压低于 2.5V 的锂金属二次电池。但是，由于金属锂的化学性质非常活泼，在充放电循环过程中，锂的不均匀沉积形成锂枝晶，导致电池的寿命急剧降低。1980 年，Goodenough 等人提出采用 $Li_xMO_2$（M 主要为 Co、Ni 或 Mn 等元素）作为正极材料，揭开了锂离子二次电池的雏形，之后锂离子电池的研究取得了突破性的进展。1981 年，贝尔实验室将石墨用于锂离子电池的负极材料中；1983 年，Goodenough 课题组制成正极材料 $LiMn_2O_4$；1989 年，Manthiram 和 Goodenough 提出聚阴离子（如 $SO_4^{2-}$）的诱导效应能够改善金属氧化物的工作电压；1990 年，Sony 公司的商品化锂离子二次电池 $C/LiCoO_2$ 成为真正意义上的锂离子电池，实现了以石墨化碳材料为负极的锂二次电池，其组成为锂与过渡金属复合氧化物、电解质、石墨化碳材料。1994 年，Tarascon 和 Guyomard 制成了基于碳酸乙烯酯和碳酸二甲酯的电解液体系；1997 年，Goodenough 报道了一种正极材料 $LiFePO_4$。至此，锂离子电池已完全成型。

　　现在锂离子电池的性能与诞生之初相比，有了明显的提高，主要具备以下特点：

　　1）电压高。单体电池的工作电压高达 3.6~3.7V（磷酸铁锂电池的工作电压为 3.2V），是 Ni-Cd、Ni-MH 电池的 3 倍。

2）能量密度高。UR 18650 型锂离子的体积能量密度和质量能量密度分别超过 620 W·h/L 和 250W·h/kg，随着技术的发展还在不断提高。

3）循环寿命长。一般均可达到 500 次以上，甚至 1000 次以上，磷酸铁锂的循环寿命可以达到 2000 次以上。对于小电流放电的电器，电池的使用期限将倍增电器的竞争力。

4）安全性能好，无记忆效应。作为锂离子电池前身的锂电池，因金属锂易形成枝晶发生短路，缩小了其应用领域。锂离子电池中不含镉、铅、汞等对环境有污染的元素；部分工艺（如烧结式）的 Ni-Cd 电池存在记忆效应，严重束缚了电池的使用，但锂离子电池无记忆效应，不存在这方面的问题。

5）自放电小。室温下充满电的锂离子电池储存 1 个月后的自放电率为 2%左右，大大低于 Ni-Cd 的 25%~30%、Ni-MH 的 30%~35%自放电率。

6）可快速充放电。1C 充电 30 分钟容量可以达到标称容量的 80%以上，现在以磷酸铁锂做正极的锂离子电池充电 10 分钟可以达到标准容量的 90%。

7）工作温度范围宽。工作温度为-25~45℃，随着电解液和正极材料的改进，期望能扩宽到-40~70℃。

因此，设计研究高比容量、高倍率性能、循环性能优异的锂离子电池对于发展可持续性的能量传输系统，降低对传统化石燃料的依赖性，创造一个清洁而又安全的能源的未来具有重要的意义。

## 7.4.2 锂离子电池的组成及其材料

锂离子电池主要由正极、负极、电解液、隔膜和集流体等部分组成。在锂离子电池的研究领域中，寻找开发新型电解质和高性能电极材料一直是人们重点关注的研究的热点。

### 1. 锂离子电池的正极材料

锂离子电池的正极材料应满足以下条件：

1）在大的固液界面上发生锂离子可逆的嵌入/脱嵌反应。可充电电池要求化学反应具有良好的可逆性，大的固液界面有利于材料与电解液的充分接触，是保证电池高比容量的前提。

2）正极材料和电解液有良好的热力学和电化学稳定性。电池良好的储存寿命要求在充电状态下电解液有良好的热力学和电化学稳定性，以保证电解液在高电压条件下不被分解；同时，在放电时嵌入反应的主体材料应保持良好的结构。

3）与锂反应具有高的电能。对应每个过渡金属原子有多于一个的锂原子反应，单位质量和单位体积的物质中有大的能量储存密度。

4）正极材料主体有高的锂离子电导率（$\sigma_{Li^+}$）和电子电导率（$\sigma_{e^-}$）。材料有高的锂离子电导率和电子电导率可以降低电池的内阻，因而可以降低电池在大电流工作下的电压降，从而降低电池在大电流工作下的不可逆容量损失。

5）对电子传导和离子传导的界面阻抗低。在固液两相界面的阻抗是引起电压-电流极化曲线上早期电压降的主要原因。

6）从实用角度而言，要求嵌入化合物价格低廉、对环境无污染、质量轻。

7）材料的工艺性能好，容易制成晶体和无定型小颗粒。大多数能作为正极材料的物质是过渡金属化合物，而且以氧化物为主。目前研究最多的有钴系、镍系、锰系、钒系材料，以及具有橄榄石结构的磷酸亚铁锂，许多新型的无机化合物和有机化合物也逐渐受到了人们的关注。

目前，锂离子电池的正极材料主要可分为钴系、镍系、锰系、铁系、钒系及硅酸盐正极材料六大类。

（1）钴系正极材料

钴系正极材料以层状的钴酸锂为代表。钴酸锂是最早商品化的锂离子电池正极材料，也是目前应用最广泛的正极材料，用于 4V 电池。对于 $Li_xCoO_2$，当锂离子的脱嵌量大于 50% 时，正极材料的电化学性能会有所退化，这是因为电解质自身的氧化和 $Li_xCoO_2$（$x<0.5$）结构的不稳定性导致电池极化增加，从而降低了正极的有效容量；当 $x>0.5$ 时，理论容量为 156mA·h/g，在此范围内电压表现为 4V 左右的平台。层状钴酸锂的制备方法一般为固相反应，为了克服固相反应的缺点，目前也有很多研究人员采用溶胶-凝胶法、沉降法、冷冻干燥旋转蒸发法、超临界干燥法和喷雾干燥法等，这些方法的优点是锂离子和钴离子间的接触充分，基本上实现了原子级水平的反应。

（2）镍系正极材料

镍系正极材料主要以镍酸锂（$LiNiO_2$）为代表，$LiNiO_2$ 具有容量高、功率大、价格适中等优点，但也存在合成困难、热稳定性能差等问题，其实用化进程一直较慢。目前，$LiNiO_2$ 主要通过固相反应合成，$LiNiO_2$ 的合成存在两个难点：首先是较难得到化学计量比的 $LiNiO_2$；其次是制得的 $LiNiO_2$ 因 Li、Ni 原子层内原子位置的互换而不具备电化学活性；第三，当电池发生过充现象后，过量的锂脱出致使 $LiNiO_2$ 层状结构扭曲转变为单斜晶系，除循环寿命减少外，还会因生成大量具有很高活性的四价镍氧化物，它与有机电解质发生反应导致电解液分解，严重影响电池的安全性能。

（3）锰系正极材料

$LiMn_2O_4$ 的突出优点是成本低廉、无污染、工作电压高，但 $LiMn_2O_4$ 的比容量低，$LiMn_2O_4$ 的理论容量为 148mA·h/g，实际容量只有 110~130mA·h/g，且容量在多次循环过程中衰减严重。$LiMn_2O_4$ 采用固相法合成时流程较为简单，容易操作。一般以 $Li_2CO_3$ 和电解 $MnO_2$ 为原料，将两者混合，均匀研磨，在 380~840℃ 下烧结并保温 1 天后，降至室温后取出。也有采用分段灼烧的办法，但效果并不理想。固相反应所得的 $LiMn_2O_4$ 正极材料的比容量一般都不太高。液相合成方法较多，有溶胶-凝胶法、乳液-干燥法、Pe-chini 法等。Pe-chini 法采用 $LiNO_3$ 和 $Mn(NO_3)_2$ 再与柠檬酸混合成黏液，发生酯化反应，经真空干燥、氧化焙烧、球磨粉碎等工艺可得到符合要求的产品。

（4）铁系正极材料

近期研究的含多元酸根 $(XO_n)^{n-}$ 的铁化合物，如 $Li_3Fe_2(PO_4)_3$、$Fe_4(P_2O_7)_3$ 和 $LiFePO_4$ 等铁的磷酸盐，它们作为正极材料表现出了较好的放电电压和容量，尤其是橄榄石形结构的 $LiFePO_4$ 还具有较稳定的循环性能。$LiFePO_4$ 的理论容量为 170mA·h/g，实际容量为 140~160mA·h/g。由于 $LiFePO_4$ 和完全脱离状态下的 $FeO_4$ 结构类似，所以其循环性能稳定。

目前，制备 $LiFePO_4$ 粉体主要的合成方法是烧结法和球磨法，此外，还有水热法、溶胶-凝胶法和微波合成法等。$LiFePO_4$ 具有高的能量密度和理论容量、放电电压稳定、循环性能好等特点。目前，$LiFePO_4$ 研究中遇到的主要困难之一是它在室温下的电导率低，电化学过程受扩散控制，使之在高倍率放电时容量衰减较大。从比容量和电流密度来看，可通过合成 $LiFePO_4$ 与导电体的复合材料制备出细小、分散性好的颗粒，或者利用掺杂提高电导率等对 $LiFePO_4$ 进行改性研究。

（5）钒系正极材料

$Li_3V_2(PO_4)_3$ 是一类高电动势的正极材料，属于单斜晶系化合物，人们研究它不仅在于它具有 $197mA \cdot h/g$ 的理论容量，而且在于它在嵌脱锂过程中的结构变化和相变。在充电过程中，$Li_3V_2(PO_4)_3$ 明显地具有四个平台，分别对应四种结构变化和相变。Nazar 等分析了 $Li_3V_2(PO_4)_3$ 在不同锂含量时的中子衍射和 $^7Li$ 核磁共振结果，揭示了晶体中钒的电荷排布和锂的位点分布是引起相变的原因。单斜 $Li_3V_2(PO_4)_3$ 的合成主要有高温固相合成和碳热还原两种方法。

（6）硅酸盐类材料

正硅酸盐（$Li_2MSiO_4$，M＝Fe、Co、Mn 等）是一类新兴的聚阴离子型正极材料，正硅酸盐材料在形式上可以允许 2 个 $Li^+$ 的交换，具有较高理论容量，理论上可以达到 $330mA \cdot h/g$。这表明正硅酸盐有可能发展成为一种高比容量的锂离子电池正极材料。聚阴离子强的 Si-O 键使得该材料具有优异的安全性能，$Li_2MSiO_4$ 高的理论容量和优异的安全性能使其在大型锂离子动力蓄电池领域具有较大的潜在应用价值。

合成 $Li_2MSiO_4$ 材料可以采用高温固相反应法、溶胶-凝胶反应法、水热和微波合成法等。由于硅酸盐材料的制备比较困难，特别是具有电化学活性的材料比较难以制备，所以直到 2005 年 Nytén 等采用固相法首次合成 $Li_2FeSiO_4$ 材料，之后 $Li_2MSiO_4$ 材料才得到较快发展。

虽然 $Li_2MSiO_4$ 材料从理论上讲可以释放出 2 个 $Li^+$，但由于释放出第二个 $Li^+$ 的电压较高，所以比容量只有 $150mA \cdot h/g$ 左右。$Li_2CoSiO_4$ 和 $Li_2NiSiO_4$ 第二个 $Li^+$ 脱出的电压平台在 5.0V 左右，由于目前电解液体系的限制还不易实现，而且钴、镍的价格高等限制因素，因此对这两种材料的研究较少。

**2. 锂离子电池的负极材料**

锂离子电池的负极材料要求具备以下条件：

1）具有层状或隧道结构，以利于锂离子的脱嵌，并且在锂离子嵌入和脱嵌的过程中结构上无明显变化，以使电极具有良好的充电可逆性和循环寿命。

2）锂离子能够尽可能多地发生可逆嵌入和脱嵌，以得到高容量密度。

3）正负极的电化学位差大，从而可组成高功率电池。

4）氧化还原电位随锂含量的变化应尽可能少，使电池有较平稳的充放电电压。

5）应有较好的电子电导率和离子电导率，这样可以减少极化并能进行大电流充放电，同时具有较大的扩散系数，便于快速充放电。

6）主体材料具有良好的表面结构，与电解质溶剂相容性好，形成良好的 SEI 膜。

7）资源丰富、价格低廉，安全，无毒，对环境无污染。

现有的负极材料同时满足上述要求非常困难，如常存在首次充放电效率低、大电流充放电性能差等缺点，因此，研究和开发新的、电化学性能更好的负极材料，以及对已有的负极材料进行改性，成为锂离子电池研究领域的热点。

目前，锂离子电池负极材料的研究主要集中在：碳材料、硅、锡及其氧化物，过渡金属氧化物，钛酸锂以及其他材料。其中，碳材料凭借其电极电位低、循环效率高、循环寿命长和安全性能好等优点，成为锂离子电池首选的负极材料。硅、锡及其氧化物作为锂离子电池负极材料时，在锂的嵌入和脱出过程中会发生很大的体积变化，导致电极材料的机械稳定性逐渐降低，从而逐渐粉化失效，因此循环性能很差。过渡金属氧化物电极材料在充放电过程中会发生化学结构的重组，这种重组会伴随着电极材料结构上的变化，包括体积上的膨胀。更严重的是，由于其充放电过程中反应动力学的差异，会在充放电曲线之间形成很大的电压滞后，大大降低电池能量转换效率。对于钛酸锂而言，虽然其安全性以及稳定性有很大的提高，但是它的比容量很低（理论容量为 $168\mathrm{mA \cdot h/g}$），不能满足高容量锂离子电池的要求。因此，现有的大量研究仍然集中在碳基负极材料的研究，其中既包括传统碳材料的改性，也包括新型碳基材料的开发。

### 3. 锂离子电池的电解质

电解质是电池的重要组成部分，在电池的正、负极之间起到传导离子的作用，是电池获得高电压、高比能的保证。电解质分为液体电解质和固体电解质。

液体电解质（电解液）又可细分为无闪点的氟代溶剂电解液和阻燃电解液。

（1）无闪点的氟代溶剂电解液

目前锂离子电池电解液使用碳酸酯作为溶剂，其中线型碳酸酯能够提高电池的充放电容量和循环寿命，但是它们的闪点较低，在较低的温度下就会闪燃，而氟代溶剂通常具有较高的闪点甚至无闪点，因此使用氟代溶剂有利于抑制电解液的燃烧。目前研究的氟代溶剂包括氟代酯和氟代醚。

（2）阻燃电解液

阻燃电解液是一种功能电解液，这类电解液的阻燃功能通常通过在常规电解液中加入阻燃添加剂获得。阻燃电解液是目前解决锂离子电池安全性最经济、有效的措施，尤其受到产业界的重视。阻燃剂是解决目前锂离子电池电解液易燃问题最有希望的途径之一，它们对电池性能损害较小，抑制电解液燃烧的效果明显，但是氟化物的使用会大大增加锂离子电池的生产成本，难以被产业界接纳；相对廉价的烷基磷酸酯虽具有一定的阻燃效果，但是会严重恶化电池性能；而含氮化合物虽然对电池性能影响不大，但是它们的阻燃效率不高，而且毒性较大；此外，关于电解液燃烧性能的评价缺乏统一的标准，各种测试方法之间的一致性和重复性较差。

优良的锂离子电池有机液体电解质应该满足以下条件：

1）锂离子电导率高，在较宽的温度范围内电导率在 $3\times10^{-3}\sim2\times10^{-2}\mathrm{S/cm}$。

2）热稳定性好，在较宽的范围内不发生分解反应。

3）电化学窗口宽，即在较宽的电压范围内稳定，对于锂离子电池而言，要稳定到 4.5V。

4）化学稳定性高，即与电池体系的电极材料，如正极、负极、集电体、隔膜、黏接剂等基本上不发生反应。

5）在较宽的温度范围内为液体，一般希望该温度范围为$-40\sim70\mathrm{℃}$。

6）对离子具有较好的溶剂化性能。

7）没有毒性，蒸汽压低，使用安全。

8）尽量能促进电极可逆反应的进行。

9）对于商品锂离子电池，容易制备、成本低也是一个重要的考虑因素。

固体电解质包括聚合物固体电解质和无机固体电解质。

（3）聚合物固体电解质

聚合物固体电解质尤其是凝胶型聚合物电解质的研究取得很大的进展。在凝胶型聚合物电解质中，离子导电主要发生在液相增塑剂中，尽管聚合物基体与锂离子之间存在相互作用，但是比较弱，对离子导电的贡献比很小，主要是提供良好的力学性能，目前已经成功用于商品化锂离子电池中。但是凝胶型聚合物电解质其实是干态聚合物电解质和液态电解质妥协的结果，它对电池安全性的改善非常有限。聚合物的种类繁多，因此凝胶型聚合物电解质的种类也比较多。按基体来分，主要分为聚醚系、聚丙烯腈系、聚甲基丙烯酸酯系、聚偏氟乙烯系等。

用于锂离子电池的聚合物电解质必须尽可能满足以下条件：

1）聚合物膜加工性能优良。

2）室温电导率高，低温下锂离子电导率也较高。

3）高温稳定性好，不易燃烧。

4）化学稳定性好，不与电极发生反应。

5）电化学稳定性好，电化学窗口宽。

6）弯曲性能好，机械强度大。

7）价格合理。

（4）无机固体电解质

相对于聚合物固体电解质，无机固体电解质具有更好的安全性，不挥发，不燃烧，更不会存在漏液问题。此外，无机固体电解质机械强度高，耐热温度明显高于液体电解质和有机聚合物，使电池的工作温度范围扩大；将无机材料制成薄膜，更易于实现锂离子电池小型化，并且这类电池具有超长的储存寿命，能大大拓宽现有锂离子电池的应用领域。

用于锂离子电池的无机固体电解质材料，必须尽可能满足以下条件：

1）离子电导率高，尤其是在室温下具有较高的离子电导率，而其电子电导率必须很低，否则电荷迁移很不稳定，甚至会出现漏电。

2）相结构稳定性好，在使用过程中不能发生相变，对于玻璃态固体电解质，防止重新发生晶化。

3）化学稳定性要好，尤其是在充电时要保持良好的化学稳定性，与金属接触时不能发生氧化还原反应。

4）电化学稳定性好，尤其是电化学窗口宽，如高于 4.2V。

（5）离子液体

离子液体是在室温及相邻温度下完全由离子组成的有机液体物质，具有电导率高、液态范围宽、不挥发和不燃等特点，将离子液体用于锂离子电池电解液中有望解决锂离子电池的安全问题。

常规的含阻燃添加剂的电解液具有阻燃效果，但是其溶剂仍是易挥发成分，依然存在较高的蒸气压，对于密封的电池体系来说，仍有一定的安全隐患。而以完全不挥发、不燃烧的室温离子液体为溶剂，将有希望得到理想的高安全性电解液。近些年，关于离子液体应用于锂电池的研究已经引起越来越多科研工作者的关注。

### 4. 锂离子电池的发展前景

1980 年，M. Armand 等人首先提出用嵌锂化合物来代替锂电池中的金属锂负极以及"摇椅电池"的概念，1991 年月，首例用于移动电话的锂离子电池由 SONY 公司成功推出，从此开启了锂离子电池的时代，带动了锂离子电池在世界范围内的研究和开发。目前，锂离子电池的发展方向主要包括动力锂离子电池和高性能锂离子电池。其中，动力锂离子电池是指容量大于 3A·h 的锂离子电池，泛指能够通过放电给车辆、大型器械、设备等驱动的锂离子电池，主要分为高容量和高功率两种类型，高容量电池主要用于电动汽车、医疗器械、矿灯等方面；而高功率电池主要用于混合动力汽车及其他大电流放电设备。高性能锂离子电池是指在很小的储存单元内储存更多电力的高能量密度储存电池。目前，各国争相投入到高性能锂离子电池的研究和开发中，德、美、日等国家在高性能电池研究领域竞争激烈，美国西北大学、德国明斯特大学、德国卡尔鲁厄技术研究所以及美国伯克利劳伦斯国家实验室等重点研究机构近年来均在高性能锂离子电池的研究方面取得了一定进展。

随着锂离子电池向动力化和高性能化的逐渐迈进，其应用领域不断拓展，不再局限于小型的便携电子设备，而是向电动汽车、航空航天、能量储存以及军事设备等众多领域发展。锂离子电池在当前的主流应用以及未来的发展趋势主要如下。

**（1）电动汽车**

随着社会文明的进步以及人类对于能源环境危机意识的提升，燃料汽车带来的能源损耗和大气污染问题逐渐受到人们的重视，对于绿色环保型电动汽车的开发需求日益迫切。许多国家，如美国、日本、德国、加拿大、法国以及中国，都加入到了清洁电动汽车能源的研究行列中，以缓解使用传统化石能源所带来的环境污染和能源危机。

为了促进锂离子电池的研发和试验，美国早在 20 世纪 90 年代就成立了先进电池联盟（USABC），主要研究汽车、船舶驱动、工业生产中所使用的动力电池、燃料电池以及超级电容器等，该联盟投资 2.6 亿美元来研究电动汽车用动力电池（主要为锂离子电池），其中 1.18 亿美元用于法国帅福德（SAFT）公司研发锂离子电池，同时，加拿大的 Hygro Quebec 公司投资 0.85 亿美元用于开发锂离子电池和聚合物锂离子电池。日本政府投资 1 亿美元用于电动汽车的研究，在政府的支持下，日本的动力锂离子电池行业发展迅速，早在 1995 年，SONY 公司就研发出了一款锂离子电池电动汽车，其中电池以 $LiCoO_2$ 为正极材料，电池容量达 100A·h，可供总能量为 110W·h/kg，体积能量密度为 250W·h/L，每次放电可支持 200km 的运程（相当于传统铅酸电池的 3 倍），最高时速达到 120km/h，在 12s 内速度可提升到 80km/h；继 SONY 之后，日本三菱汽车公司于 1996 年开发出一款以 $LiMn_2O_4$ 为正极的锂离子电池电动汽车，单次充电运程可达 250km；之后陆续出现三菱重工、本田汽车、日产汽车以及其他汽车制造商，于 1997 年开启锂离子电池电动汽车的官方销售；此外，日本日立公司、三洋公司等均在政府支持下大力发展电动汽车用锂离子电池。我国对于电动汽车用锂离子电池的研究也投入了足够的重视，国家经济贸易委员会已将动力锂离子电池的开发列为战略性国家科技和工业发展项目。

从上述事实不难看出，随着电动汽车在全球范围内的开发和推广，高能量动力锂离子电池的研究备受瞩目，具有广阔的开发和应用前景。

**（2）航空航天**

在航空航天领域，锂离子电池结合太阳能电池供电，具有能量高、循环寿命长、自放电小、无记忆效应等性能，优于传统的 $Cd_2Ni$ 电池和 $Zn_2Ag_2O$ 电池，此外，其质量轻、尺寸小的特点十分适合于空间探测设备。1991 年美国空军和加拿大国防部获资 3 亿美元研究 $50\sim100A\cdot h$ 锂离子电池，$20A\cdot h$ 和 $50A\cdot h$ 锂离子电池分别于 1997 年和 1998 年完成。1993 年，劳伦斯利福摩尔国家实验室（Lawrence Livermore national laboratory，LLNL）对 20500 型索尼电池进行了较为全面的电池材料和性能测试，以研究其在人造卫星领域的应用。

此外，聚合物锂离子电池被用于航海水下探测设备。研究发现，传统的航海用 $Zn$-$PAg_2O$ 电池成本极高，且其循环性能和储存性能较差，而聚合物锂离子电池的循环寿命是 $ZnPAg_2O$ 电池的 10 倍左右，使其有望取代 $ZnPAg_2O$ 电池应用于航海水下探测系统中。

（3）能量储存

能量储存对于人类社会的工业生产和日常生活十分重要。如对于电力行业来说，电力需求昼夜变化很大，使得用电高峰期电力紧张，低谷期电力过剩。我国东北电网最大峰谷差已达最大负荷的 37%，华北电网峰谷差更大，达 40%，巨大的用电峰谷差使得电能的储存具有很大的实际意义。若能将谷期的电力储存下来，供峰期使用，将会极大地改善峰谷期之间的电力失衡，解决电力供需矛盾，提高电力利用率，节约资源。另外，在太阳能和风能的利用中，因其受季节和天气等因素的影响，也需要通过能量储存系统来确保其连续工作。

电能的主要储存形式是以化学能的方式储存在蓄电池中，目前，廉价、高效、能大规模储存电能的蓄电池正处于研究阶段，锂离子电池因其具有比能量大、无污染、成本低等优点在电能储存方面具有较大的应用潜力。据法国 SAFT 公司报道，其所推出的 G3 型电池（阳极为 $LiNi_{0.75}Co_{0.2}Al_{0.05}O_2$）循环 1400 天后容量损失极小，是应用于能源储存的理想电池选择。

（4）军用设备

电池在现代军事工业中发挥着举足轻重的作用，各种武器以及军用通信设备均需要电池作为动力源。传统的军用电池包括干电池、镉镍电池、锌电池等，锂离子电池因其一系列突出的优点而逐渐应用到军事设备中。目前，锂离子电池在军事上主要用于微型无人侦察机、导航定位仪（GPS）、自动武器、空间能源以及无线通信设备中，其中，聚合物锂离子电池在声呐干扰器、鱼雷等水下军用设备中的应用也正在开发和应用中。

# 7.5 超级电容器及其材料

电化学电容器也称超级电容器，是一种介于蓄电池和传统电容器之间的新型储能器件。它利用电极/电解质交界面上的双电层或在电极界面上发生快速、可逆的氧化还原反应来储存能量。超级电容器具有容量大、功率密度高、循环寿命长、充放电效率高等特点，引起了广泛关注。

## 7.5.1 电化学电容器的简介与分类

电化学电容器基于德国物理学家 Helmholtz 提出的界面双电层理论。插入电解质溶液中的电极与液面界面两侧会出现符号相反的过剩电荷，从而使其间产生电位差。如果电解液中同时插入两个电极，并在两个电极间施加一个电压（低于电解液的氧化分解电压），那么电解液中的正、负离子就会在电场的作用下向两极迅速移动，这样就在两上电极的表面都形成紧密的电荷层，即双电层。利用这一原理将大量的电能存储在物质表面，像电池一样付诸实践，是在 1957 年由 Becker 实现的，并且申请了第一个关于电化学电容器方面的专利，该专利描述将电荷存储在充满水性电解液的多孔碳电极的界面双电层中。随后，美国标准石油公司（Sohio）开始研究基于高比表面的碳材料的双层电容器，由于采用有机电解液具有更高的分解电压，非水体系的超级电容器能提供更高的工作电压，因为可存储的能量与充电电压的二次方成正比，因此提高电压有利于提高容量，1969 年该公司首先实现了碳材料电化学电容器的商业化。Conway 于 1975~1981 年间开发了另一种类型的准电容体系。该准电容与依赖于电化学吸附程度的电动势有关，这些吸附包括在 Pt 或 Au 上发生的 H 或某些金属（Pb、Bi、Cu）单分子层水平的电沉积，可作为电容器存储能量的基础。在另一种类型的体系中，准电容与固体氧化物有关，如已经在硫酸溶液中的 $RuO_2$ 膜上开发出超过 1.4V（实际工作电压为 1.2V）的体系。这种体系达到了几乎理想的电容行为，具有高度的充放电可逆性和超过 $10^5$ 次的循环寿命。近年来，将电化学电容器与二次电池混合使用作为电动汽车的动力系统，引起了全世界关于电化学电容器的研究热潮。

电化学电容器的分类有多种方法，根据存储电能的机理不同可分为双电层电容器（electric double layer capacitor，EDLC）和赝电容器（Pseudocapacitor）；根据电极材料不同可分为碳电极电容器、金属氧化物电极电容器和导电聚合物电极电容器；根据电解质类型可分为水溶液电解质型和有机电解质型电容器。

双电层电容器（EDLC）采用高比表面的碳材料制作成多孔电极，同时在相对的碳电极之间添加电解质溶液，当在两端施加电压时，两个相对的电极上就分别聚集正负离子，而电解质中的正负离子将在电场的作用下分别向两个电极移动并聚集，从而形成两个集电层。双电层电容量的大小取决于双电层上分离电荷的数量，由于高比表面积的碳材料的比表面积高达 $1000~3000m^2/g$，而且多孔电极与电解质的界面距离极小，不到 1nm，因此这种双电层电容器比传统的物理电容器要大很多，比容量可以达到 280F/g。

赝电容器又称法拉第电容器，是在电极材料表面或体相的二维或准二维空间上，电活性物质进行欠电位沉积，发生高度可逆的化学吸附/脱附或氧化还原反应，产生与电极充电电位有关的电容。该类电容的产生机制与双电层电容不同，伴随电荷传递过程的发生，通常具有更大的比电容。由于反应在整个体相中进行，因而这种体系可实现的最大电容值比较大，如吸附型准电容的比容量为 $2000×10^{-6}F/cm^2$。对氧化还原型电容器而言，可实现的最大电容值则非常大，而碳材料的比容量通常被认为是 $20×10^{-6}F/cm^2$，因而在相同的体积或质量的情况下，赝电容器的容量是双电层电容器容量的 10~100 倍。目前赝电容电极材料主要为一些金属氧化物和导电聚合物。

电化学电容器作为一种介于蓄电池和传统电容器之间的新型储能元件，既具有电容器可以快速充放电的特点，又具有电化学电池的储能机理。因此具有以下特点：

1）功率密度高。电化学电容器的内阻很小，且在电极/溶液界面和电极材料本体内部均能够实现电荷的快速存储和释放，因此功率密度可以达到数千瓦每千克，是一般蓄电池的 10 倍以上，可以在短时间内放出几百到几千安培的电流，非常适合用于短时间高功率输出的场合。

2）使用寿命长。电化学电容器的充放电过程中只有离子和电荷的传递，通常不会产生相变，导致对电极材料的结构产生影响；电化学反应具有良好的可逆性，充放电循环寿命可

达 $10^5$ 以上，远远高于蓄电池的充放电循环寿命。

3）充放电效率高。电化学电容器可以采用大电流充电，能在几分钟甚至几十秒内完成充电过程，而蓄电池通常需要几小时才能完成充电。

4）使用温度范围宽。电化学电容器可以在-40~70℃的温度范围内正常使用，相较于一般电池-20~60℃的温度范围更宽。电化学电容器电极材料的反应速率受温度影响不大，因此容量随温度的衰减非常小，而传统电池在低温下的衰减幅度可高达70%。

5）储存时间长。电化学电容器在充电后的储存过程中存在自放电，长时间放置时，电化学电容器的电压会下降，这种发生在电化学电容器内部的离子迁移运动是在电场作用下发生的，但是电极材料在电解质中相对稳定，因此再次充电可以充到原来的电位，对超级电容器的容量性能无影响。

电化学电容器因其具有优异特性在各个领域得到了广泛应用，如用作存储器、微型计算机、系统主板、汽车视频系统和钟表等的备用电源；用作电动玩具车、照相机、便携式摄像机甚至计算机的主电源；用作内燃机中启动电力、太阳能电池、铅酸、镍氢以及锂离子二次电池和燃料电池的辅助电源；还可以与太阳能电池、发光二极管结合，用作太阳能手表、太阳能灯、路标灯以及交通警示灯的替换电源；以及应用于航空航天等领域。

超级电容器是近年来电动汽车动力系统开发中的重要领域之一。美国 Maxell 科技公司开发的超级电容器已在各种类型电动汽车上都得到良好应用。日本本田汽车公司在其开发出的第三代和第四代燃料电池电动车 FCX-V3 和 FCX-V4 中分别使用了自行开发研制的超级电容器来取代二次电池，减少了汽车的重量和体积，使系统效率增加，同时可在制动时回收能量。测试结果表明，使用超级电容器时燃料效率和加速性能均得到明显提高，启动时间由原来的 10min 缩短到 10s。此外，法国 SAFT 公司、澳大利亚 Cap-XX 公司、韩国 Ness cap 公司等也都在加紧电动车用超级电容器的开发应用。国内北京有色金属研究总院、北京科技大学、北京理工大学、哈尔滨巨容公司、上海奥威公司等也在开展电动车用超级电容器的开发研究工作，"十五"国家高技术研究发展计划（863 计划）电动汽车重大专项攻关中已将电动车用超级电容器的开发列入发展计划。

## 7.5.2　超级电容器的工作原理及其组成

超级电容器根据存储电能的机理不同可分为两种电容器：双电层电容器（electric double layer capacitor，EDLC）和赝电容器（pseudocapacitor）。

### 1. 双电层电容器的工作原理

双电层电容器是通过电极与电解质之间形成的界面双电层来存储能量的器件，当电极与电解液接触时，由于库仑力、分子间力、原子间力的作用，使固液界面出现稳定的、符号相反的双层电荷，称为界面双电层。

双电层电容器理论最早由 Helmholtz 于 1887 年提出，后经过 Gouy、Chapman 和 Stern 逐步完善形成如今的 GCS 双电层模型，其工作原理为：在电极/溶液界面存在两种相互作用，一种是电极与溶液两相中的剩余电荷的静电作用；另一种是电极和溶液中各种粒子之间的短程作用，如范德华力和共价键力等。这两种作用使符号相反的电荷力图相互靠近，趋向于紧贴电极表面排列，形成紧密层。由于粒子热运动的作用，电极和溶液两相中的荷电粒子不可能完全紧贴着电极分布，而是具有一定的分散性，形成分散层。这样在静电力和粒子热运动的矛盾作用下，电极/溶液界面的双电层将由紧密层和分散层两部分组成。如图 7-8a 所示，双电层电极一侧，剩余电荷集中在电极表面；双电层的溶液一侧，剩余电荷的分布有一定的分散性。从电极表面（$x=0$）到紧贴电极表面排列的水化离子的电荷中心（$x=d$）的范围为紧密层，在这一范围内不存在剩余电荷，即 $d$ 为离子电荷能接近电极表面的最小距离。从溶液中 $x=d$ 到剩余电荷为零的双电层部分为分散层。

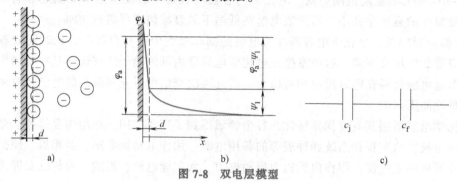

**图 7-8　双电层模型**

a）双电层电极的电荷分布　b）紧密层内的电位分布　c）双电层微分电容

如图 7-8b 所示，若假定紧密层内的介电常数为恒定值，则该层内的电位分布是线性变化的，而分散层内的电位分布是非线性变化的。假定溶液深处的电位为零，以 $\varphi_a$ 表示整个双电层的电位差，以 $\psi_1$ 表示距离电极表面 $d$ 处的平均电位，则分散层电位差为 $\psi_1$，紧密层电位差为 $\varphi_a-\psi_1$，双电层电容的计算公式为

$$\frac{1}{C}=\frac{\mathrm{d}\varphi_a}{\mathrm{d}q}=\frac{\mathrm{d}(\varphi_a-\psi_1)}{\mathrm{d}q}+\frac{\mathrm{d}\psi_1}{\mathrm{d}q}=\frac{1}{c_j}+\frac{1}{c_f} \tag{7-1}$$

即双电层的微分电容是由紧密层电容 $c_j$ 和分散层电容 $c_f$ 串联组成，如图 7-8c 所示。通常，电极表面的双电层电容为 $20\sim40\mu\mathrm{F/cm}^2$，如果电极材料具有较大的表面积，将获得较大的双电层电容。

双电层电容器的主要组成部分包括两个多孔电极、隔膜、电解质以及集流体等。充电时相对的多孔电极上分别聚集正负电子，而电解质溶液中的正负离子将由于电场作用分别聚集到与正负电极相对的界面上，从而形成双集电层，所以整个电容器等效于两个双电层电容的串联，如图 7-9 所示。

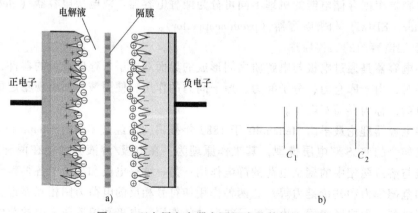

**图 7-9　双电层电容器主要组成及其等效电路**

a）主要组成　b）等效电路

双电层电容器充放电过程中正负极及总反应方程式分别为

正极反应
$$E_s + A^- \xrightarrow[\text{放电}]{\text{充电}} E_s^+ // A^- + e^-$$

负极反应
$$E_s + C^+ + e^- \xrightarrow[\text{放电}]{\text{充电}} E_s^- // C^+$$

总反应式
$$E_s + E_s + C^+ + A^- \xrightarrow[\text{放电}]{\text{充电}} E_s^- // C^+ + E_s^+ // A^-$$

其中，$E_s$ 表示活性炭电极的表面；// 表示双电层；$C^+$ 和 $A^-$ 表示电解液中的正负离子。

对于一个对称的电容器（正负极电极材料相同），由于双电层电容器可等效于两个双电层电容的串联，因此其电容值可表示为

$$\frac{1}{C_{\text{cell}}} = \frac{1}{C_1} + \frac{1}{C_2} \tag{7-2}$$

式中，$C_1$、$C_2$ 分别为两个双电层电容的电容值（见图7-9）。

单电极的电容计算公式为

$$C = \frac{\varepsilon A}{4\pi d} \tag{7-3}$$

式中，$\varepsilon$ 为双电层中的介电常数；$A$ 为电极的表面积；$d$ 为双电层的厚度。双电层的能量及功率密度计算公式为

$$E_C = \int U_C \, \mathrm{d}Q = \frac{1}{2} C U^2 \tag{7-4}$$

$$P_{\max} = \frac{U^2}{4R} \tag{7-5}$$

式中，$E_C$ 为双电层的能量，$U_C$、$U$ 为电压；$Q$ 为双电层的电量；$P_{\max}$ 为功率密度；$R$ 为等效电阻。

由式（7-4）、式（7-5）可知，电容器工作电压的增大可以显著地提高其功率密度和能量密度。

2. 赝电容器的原理

通常的双电层电容由电极电动势引起，依赖于以静电方式（即非法拉第方式）存储在电容器电极界面的表面电荷的密度。在电容器电极上，聚集的电荷是界面及其近表面区域内导带电子的剩余或缺乏，加上聚集在电极界面处双层溶液一侧的电解质阳离子或阴离子平衡电荷的总和。双电层电容器就是利用这样的两个双电层电容制成。而赝电容在电极表面的产生，利用了与双电层完全不同的电荷存储机理。赝电容的电荷存储与释放是一个类似于电池充放电的法拉第过程，电荷会穿过双电层，但是由于热力学原因导致的特殊关系而产生了电容，即电极上接收电荷的程度 $\Delta q$ 和电动势变化 $\Delta \varphi$ 的导数 $\mathrm{d}\Delta q / \mathrm{d}\Delta \varphi$ 就相当于电容。通过上述系统得到的电容都称为赝电容或者准电容，以识别与双电层电容器的不同。

赝电容器是在电极材料表面或体相的二维或准二维空间上，电活性物质进行欠电位沉积，发生高度可逆的化学吸附/脱附或氧化还原反应，产生与电极充电电位有关的电容。因此又可分为吸附赝电容和氧化还原赝电容。

（1）吸附赝电容

吸附赝电容是指在二维电化学反应过程中，电化学活性物质单分子层或类单分子层随着

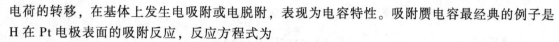

电荷的转移，在基体上发生电吸附或电脱附，表现为电容特性。吸附赝电容最经典的例子是 H 在 Pt 电极表面的吸附反应，反应方程式为

$$Pt+H_3O^+ +e^- \underset{k_{-1}}{\overset{k_1}{\longrightarrow}} Pt \cdot H_{ads} + H_2O$$

吸附在电极表面的法拉第电荷与电极电荷存在函数关系，对应有吸附电容。令 $\theta$ 为 H 在 Pt 电极的覆盖度，那么 $1-\theta$ 为 Pt 电极未吸附 H 的部分，$\varphi$ 为电极电动势，$C_{H^+}$ 为 $H^+$ 的浓度，则任意电动势下的平衡方程式为

$$\frac{\theta}{1-\theta}=\frac{k_1 C_{H^+}}{k_{-1}}\exp(-\varphi F/RT) \tag{7-6}$$

式中，$k_1$ 为正向反应速率常数；$k_{-1}$ 为逆向反应速率常数；$F$ 为法拉第常数（$F=96485$ C/mol）；$R$ 为气体常数；$T$ 为温度。

令 $K=k_1/k_{-1}$，由式（7-6）可以求出 H 在 Pt 电极的覆盖度 $\theta$ 为

$$\theta=\frac{KC_{H^+}\exp(-\varphi F/RT)}{1+KC_{H^+}\exp(-\varphi F/RT)} \tag{7-7}$$

$$1-\theta=\frac{1}{1+KC_{H^+}\exp(-\varphi F/RT)} \tag{7-8}$$

准电容 $C_\phi$ 的计算公式为

$$C_\phi=q\mathrm{d}\theta/\mathrm{d}\varphi \tag{7-9}$$

式中，$q$ 为吸附在 Pt 电极表面单氢分子层的法拉第电量，且 $q=210\mu C/cm^2$。将式（7-7）对 $\varphi$ 微分后代入式（7-9）可得

$$C_\phi=\frac{qF}{RT}\frac{KC_{H^+}\exp(-\varphi F/RT)}{\left[1+KC_{H^+}\exp(-\varphi F/RT)\right]^2} \tag{7-10}$$

由式（7-7）、式（7-8）和式（7-10）可得

$$C_\phi=\frac{qF}{RT}\theta(1-\theta) \tag{7-11}$$

显然，当 $\theta=0.5$ 时，$C_\phi$ 具有最大值 $qF/(4RT)$。当 $\theta$ 较低时，$C_\phi$ 开始随 $\exp(-\varphi F/RT)$ 增加；当 $\theta$ 较高时，$1-\theta \ll \theta$，$C_\phi$ 又随 $\exp(-\varphi F/RT)$ 降低。当 $q=210\mu C/cm^2$ 时，可以得到 $C_\phi$ 的最大值为 $2200\mu C/cm^2$，几乎是每平方厘米双电层电容的 100 倍左右。但是由于 $H^+$ 吸附反应电位范围很窄（0.3~0.4V），而且 Pt 电极以及其他贵金属的价格非常高，因而吸附赝电容的实用价值不大。

（2）氧化还原赝电容

氧化还原赝电容是指在准二维电化学反应过程中，某些电化学活性物质发生氧化还原反应，形成氧化态或还原态而表现出电容特性。氧化还原赝电容材料主要包括金属氧化物和导电聚合物。

任意的氧化还原反应可表示为

$$O_x+ne^- \longleftrightarrow Red \tag{7-12}$$

式中，$O_x$ 为氧化物种；$Red$ 为还原物种。

根据能斯特（Nernst）方程

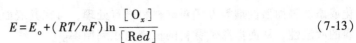

$$E = E_{o} + (RT/nF)\ln\frac{[O_x]}{[Red]} \tag{7-13}$$

式中，$E$ 为电极电动势；$E_o$ 为标准电极电动势；$[O_x]$ 表示氧化物种的浓度；$[Red]$ 为还原物种的浓度。

又因为

$$[O_x] + [Red] = q \tag{7-14}$$

将式（7-14）代入式（7-13）并整理得

$$[O_x/q]/(1 - [O_x/q]) = \text{cxp}(\Delta EF/RT) \tag{7-15}$$

对式（7-15）微分后整理可得

$$C = qd[O_x/q]/dE = \frac{qF}{RT}\frac{\exp(\Delta EF/RT)}{[1 + \exp(\Delta EF/RT)]^2} \tag{7-16}$$

式中，$\Delta E$ 为活化能；$q$ 为氧化物种和还原物种的总浓度。

式（7-16）即为氧化还原赝电容的表达式，很明显氧化还原赝电容与吸附赝电容具有相似的表达式。

### 7.5.3 超级电容器材料的研究进展及趋势

在超级电容器的研究中，许多工作都是围绕着开发具有高比能量、高比功率的电极材料进行的，材料的重要性不言而喻。碳材料由于具有成本低、比表面积大、孔隙结构可调以及内阻较小等特点，已广泛应用于双电层电容器；采用过渡金属氧化物、水合物材料和掺杂导电聚合物的法拉第电容器也逐渐得到开发应用。

1. 碳材料

碳材料作为已经商业化的超级电容器的电极材料，包括活性炭（activated carbon，AC）、碳纳米管（carbonnanotube，CNT）、炭气凝胶（carbon aerogel，CAG）等。在这些电极材料表面主要发生的是离子的吸附/脱附（adsorption/desorption），它们共同的特点是比表面积大，但是碳材料并不是比表面积越大，比电容就越大，只有有效表面积占全部碳材料表面积的比例越大，比电容才越大。

（1）活性炭

活性炭是 EDLC 使用最多的一种电极材料，它具有原料丰富、价格低廉、成型性好、电化学稳定性高等特点。活性炭的性质直接影响 EDLC 的性能，其中最关键的几个因素是活性炭的比表面积、孔径分布、表面官能团和电导率等。

一般认为活性炭的比表面积越大，其比电容就越高，所以通常可以通过使用大比表面积的活性炭来获得高比电容。但实际情况却复杂得多，大量研究表明，活性炭的比电容与其比表面积并不呈线性关系，影响因素众多。实验表明，清洁石墨表面的双电层比电容为 20 $\mu F/cm^2$ 左右，如果用比表面积为 $2860 m^2/g$ 的活性炭作为电极材料，则其理论比容量应该为 572F/g，然而实际测得的比容量仅为 130F/g，说明总比表面积中仅有 22.7% 的比表面积对比容量有贡献。EDLC 主要靠电解质离子进入活性炭的孔隙形成双电层来存储电荷，由于电解质离子难以进入对比表面积贡献较大的孔径过小的超细微孔，这些微孔对应的表面积实际上是无效表面积，所以，除了比表面积外，微孔的孔径分布也是一个非常重要的参数，而且不同电解质所要求的最小孔径是不一样的。通过电化学氧化、化学氧化、低温等离子体氧化或添加表面活性剂等方式对碳材料进行处理，可在其表面引入官能团，提高电解质对碳材料的润湿性，从而提高碳材料的比表面积利用率。

活性炭的电导率是影响 EDLC 充放电性能的重要因素。首先，由于活性炭微孔孔壁上的碳含量随表面积的增大而减少，所以活性炭的电导率随其表面积的增加而降低；其次，活性炭材料的电导率与活性炭颗粒之间的接触面积密切相关；另外，活性炭颗粒的微孔以及颗粒之间的空隙中浸渍有电解质溶液，所以电解质的电导率、电解质对活性炭的浸润性以及微孔的孔径和孔深等都对电容器的电阻具有重要影响。

总之，活性炭具有原料丰富、价格低廉和比表面积高等特点，是非常具有产业化前景的一种电极材料。比表面积和孔径分布是影响活性炭电化学电容器性能的两个最重要的因素，研制同时具有高比表面积和高中孔含量的活性炭是开发兼具高能量密度和高功率密度电化学电容器的关键。

（2）碳纳米管

碳纳米管（CNT）由于具有化学稳定性好、比表面积大、导电性好和密度小等优点，是很有前景的超级电容器电极材料。CNT 的管径一般为几纳米到几十纳米，长度一般为微米量级，由于具有较大的长径比，因此可以将其看作准一维的量子线。形成 CNT 中的碳为 sp 杂化，用三个杂化键成环连在一起，一般形成六元环，还剩一个杂化键，这个杂化键可以接上能发生法拉第反应的官能团（如羟基、羧基等）。因此 CNT 不仅能形成双电层电容，而且还是能充分利用赝电容储能原理的理想材料。

碳纳米管的比容与其结构有直接关系。江奇等研究了多壁碳纳米管（MWCNT）的结构与其容量之间的关系，结果发现比表面积较大、孔容较大和孔径尽量多的分布在 30~40nm 区域的 CNT 会具有更好的电化学容量性能；从 CNT 的外表来看，管径为 30~40nm、管长越短、石墨化程度越低的 CNT 电化学容量越大；另外，由于单壁碳纳米管（SWNT）通常成束存在，管腔开口率低，形成双电层的有效表面积低，所以，MWCNT 更适合用作双电层电容器的电极材料。E. Frackowiak 等以钴盐为催化剂、以二氧化硅为模板催化裂解乙炔制得比表面积为 $400m^2/g$ 的 MWCNT，其比容量达 135F/g，而且在高达 50Hz 的工作频率下，其比容量下降也不大。这说明 CNT 的比表面积利用率、功率特性和频率特性都远优于活性炭。

虽然 CNT 具有诸多优点，但 CNT 的比表面积较低，而且价格昂贵，批量生产的技术不成熟。单独使用 CNT 作为 EC 的电极材料时，性能还不是很好，如可逆比电容不很高、充放电效率低、自放电现象严重和易团聚等，不能很好地满足实际需要。这些缺点都限制了 CNT 作为电化学电容器电极材料的使用。

（3）炭气凝胶（CAG）

CAG 是一种新型轻质纳米多孔无定型碳素材料，是唯一具有导电性的气凝胶，由 R. W. Pekala 等首先制备成功。炭气凝胶具有质轻、比表面积大、中孔发达、导电性良好、电化学性能稳定等特点。其连续的三维网络结构可在纳米尺度控制和剪裁。它的孔隙率高达 80%~98%，典型的孔隙尺寸小于 50nm，网络胶体颗粒直径 3~20nm，比表面积高达 600~1100$m^2/g$，是制备高比容量和高比功率 EDLC 的一种理想的电极材料。

CAG 制备一般可分为三个步骤，即形成有机凝胶、超临界干燥和炭化。其中有机凝胶的形成可得到具有三维空间网络状的结构凝胶；超临界干燥可以维持凝胶的织构而把孔隙内的溶剂脱除；炭化使得凝胶织构强化，增加了力学性能，并保持有机凝胶织构。S. T. Mayer

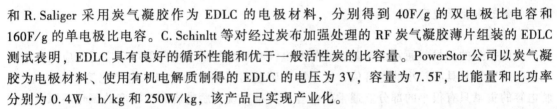

和 R. Saliger 采用炭气凝胶作为 EDLC 的电极材料，分别得到 40F/g 的双电极比电容和 160F/g 的单电极比电容。C. Schinltt 等对经过炭布加强处理的 RF 炭气凝胶薄片组装的 EDLC 测试表明，EDLC 具有良好的循环性能和优于一般活性炭的比容量。PowerStor 公司以炭气凝胶为电极材料、使用有机电解质制得的 EDLC 的电压为 3V，容量为 7.5F，比能量和比功率分别为 0.4W·h/kg 和 250W/kg，该产品已实现产业化。

炭气凝胶虽然性能优良，但制备工艺复杂，制备成本偏高。由于原材料昂贵、制备工艺复杂、生产周期长、规模化生产难度大等原因，炭气凝胶产品产量低、成本高。尽管在采用其他方法取代超临界干燥方面各国研究者做了大量的工作，但各种方法的效果都不如超临界干燥。

### 2. 金属氧化物

金属氧化物超级电容器所用的电极材料主要是一些过渡金属氧化物，如 $MnO_2$、$V_2O_5$、$RuO_2$、$IrO_2$、$NiO$、$H_3PMo_{12}O_{40}$、$WO_3$、$PbO_2$ 和 $Co_3O_4$ 等。金属氧化物作为超级电容器电极材料最为成功的是 $RuO_2$。1971 年，Trasatti 和 Buzzanca 发现 $RuO_2$ 膜的矩形循环伏安图类似于碳基超级电容器；1975 年，Conway 等人开始着手 $RuO_2$ 作为电极材料的法拉第准电容器储能原理的研究，之后关于 $RuO_2$ 作为超级电容器电极材料的研究也逐渐深入。

Zheng 等制备的无定形水合 $\alpha\text{-}RuO_2 \cdot xH_2O$，以硫酸为电解质，比电容达 768F/g，工作电位 1.4V（vs. SHE），是目前发现的较为理想的高性能超级电容器材料。Wu 等在 $RuO_2$ 中掺入 $MoO_3$、$TiO_2$、$VO_x$、$SnO_2$ 制备各种复合电极，取得了一定成果。但 $RuO_2$ 属于贵金属，资源稀少以及高昂的价格限制了它的应用。一些廉价金属氧化物，如 $Co_3O_4$、$NiO$ 和 $MnO_2$ 等也具有赝电容，研究人员希望能从中找到电化学性能优越的电极材料代替 $RuO_2$。其中 $MnO_2$ 资源丰富、电化学性良好，环境友好，作为超级电容器活性材料已成为研究热点。Toupin M 等用共沉淀法制备出纳米 $\alpha\text{-}MnO_2$，比电容为 166F/g；刘先明等人将尿素作为水解控制剂、聚乙二醇作为表面活性剂制得前驱体，通过热分解得到纳米结构海胆状的 $NiO$，然后研究其在不同煅烧温度下的电化学性能，发现在 300℃ 条件下 $NiO$ 比电容达到 290F/g，循环 500 次后，比电容依然达到 217F/g，表明 $NiO$ 作为超级电容器电极材料的良好性能。

### 3. 导电聚合物

导电聚合物问世于 1977 年，但用导电聚合物作为超级电容器的电极材料是近年来才发展起来的，主要是利用其掺杂-去掺杂电荷的能力。依据掺杂方式不同，可分为 p 型掺杂和 n 型掺杂，分别用于描述电化学氧化和还原的结果。导电聚合物借助于电化学氧化和还原反应在电子共轭聚合物链上引入正电荷和负电荷中心，正、负电荷中心的充电程度取决于电极电动势。目前仅有有限的导电聚合物可以在较高的还原电位下稳定地进行电化学掺杂，如聚乙炔、聚吡咯、聚苯胺、聚噻吩等。现阶段的研究工作主要集中在寻找具有优良的掺杂性能的导电聚合物，提高聚合物电极的充放电性能、循环寿命和热稳定性等方面。

导电聚合物电极电容器可分为三种类型：对称结构——电容器中两电极为相同的可 p 型掺杂的导电聚合物，如聚噻吩；不对称结构——两电极为不同的可进行 p 型掺杂的聚合物材料，如聚吡咯和聚噻吩；导电聚合物可以进行 p 型和 n 型掺杂，充电时电容器的一个电极是 n 型掺杂状态而另一个电极是 p 型掺杂状态，放电后都是去掺杂状态。这种导电聚合物电极电容器可提高电容电压到 3V，而两电极的聚合物分别为 n 型掺杂和 p 型掺杂时，电容器在充放电时能充分利用溶液中的阴阳离子，具有很类似蓄电池的放电特征，因此被认为是最有发展前景的电化学电容器。

4. 复合材料

上面提到的碳材料通常由于其良好的导电性和较高的比表面积而得到广泛的应用，事实上碳基电容器只具有较小的电容值，这是因为碳基材料储能通常以双电层电容机制为主体，赝电容的贡献只有很小的部分。通常就电容的贡献来说，赝电容因为深度的氧化还原反应往往具有比双电层电容更高的贡献，如一些金属氧化物：$RuO_2$、$Co_3O_4$、$MnO_2$，能通过氧化还原反应产生很高的比电容（$500 \sim 2000F/g$），但是金属氧化物自身的导电性非常差、材料结构致密，不利于电解液的浸润，这大大降低了其功率密度。因此，为了能够将金属氧化物的高电容特性和碳基材料的高导电性以及大比表面积结合起来，研究人员通过有效的方法将金属氧化物纳米颗粒与碳材料进行复合，大大提高了电极的功率密度和能量密度。

郑华均等人将 CNT 和不同的过渡金属氧化物复合，作为超级电容器的电极材料。一方面，CNT 和 $MnO_2$ 纳米片的复合解决了 $MnO_2$ 作为超级电容器电极材料导电性能差、结构致密的缺点，通过交换 CNT 和 $MnO_2$ 纳米片的排列次序得到的电极材料，显示出良好的电化学电容器性能；另一方面，CNT 和 CoOOH 纳米片的逐层自组装，当制得 ITO/MWCNT/CoOOH 排列顺序的电极材料时，比电容达到 $389F/g$，并且随着层数的增加，比电容也会随之增加。

超级电容器具有容量大、功率密度高、充放电能力强、循环寿命长、可超低温工作等许多优势，在汽车、电力、通信、国防、消费性电子产品等方面有着巨大的市场潜力。高单位质量或体积能量密度、高充放电功率密度将是超级电容未来的发展方向。今后超级电容器的研究重点仍然是通过新材料的研究开发，寻找更为理想的电极体系和电极材料，提高电化学电容器的性能，制造出性能好、价格低、易推广的新型电源，以满足市场的需求。

第 8 章

# 热 能 储 存

热能储存是实现热能回收利用和新能源开发利用的重要技术。在能量的转换和利用过程中，通常存在着能量供应和能量需求在时间和空间上的不匹配性。如太阳能白天有而晚上没有，阴雨天气没有；冬季热能需求大时往往太阳能供应不足；又如由于商业用电和工业用电的时间特性，电力负荷往往具有较大的峰谷差等。热能储存的应用价值在于在太阳能等能量充足（或者在用电低谷）时将其储存起来，并将这部分储存的能量在用户有需求时以热能的形式释放出来。热能存储主要应用于建筑，满足生活热水、夏季室内的制冷除湿和冬季室内的供暖加湿的能量需求。根据《2015 中国建筑节能年度发展报告》统计，目前我国的建筑制冷采暖和热水的能耗占全社会总能耗的 20%~30%，因此热能存储被认为是绿色建筑能源利用的一个重要方面。

## 8.1 储热原理及储热性能评价

### 8.1.1 储热原理

在能源的开发、转换、运输和利用过程中，能量的供应和需求之间，往往存在着数量、形态和时间上的差异。为了弥补这些差异，有效地利用能源，常采取储存和释放能量的人为过程或技术手段，称为储能技术。不同于一般的即输即用的能量利用方式，储热技术在能量输入和能量输出两个环节之间增加了一个能量储存环节。具体而言，储热系统在能量富余时，利用储热装置把能量储存起来；在能量不足时把能量释放出来，从而实现调控能量供需平衡。从原理上来讲，能量的储存和释放均是通过填充在储热装置中的储热介质来实现的。选用的储热介质在被输入热量后会发生温度或潜热或化学能的变化，输入的热量伴随着上述的热状态变化被储存在储热介质当中。释放热能时，储热介质会发生与热量储存过程中的逆向热状态变化，将储存的热量再释放出来。储热介质一般被填充在封闭或半封闭的容器中，热量输入源一般通过换热器向该容器内的介质输送热量，该容器所储存的热量一般通过换热器向用户提供热量。

根据储热介质的储热原理不同，储热技术一般包括显热储热（sensible heat storage）、潜热储热（latent heat storage）和热化学储热（thermochemical energy storage）三种形式。储热技术的分类和储热原理如图 8-1 所示。

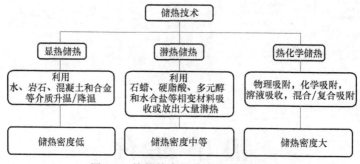

图 8-1 储热技术的分类和储热原理

（1）显热储热

利用介质的热容来实现能量储存（和释放），常用的介质包括水、岩石、土壤和合金等。这类介质在有热量输入时，自身温度会升高，热量便以显热的形式储存在介质当中。当以水作为储热介质时，水既是储热介质，也是载热介质，最常见的系统是太阳能热水器，太阳能用于加热水，最终以生活热水的形式被用户使用；当以水之外的其他物质作为储热介质时，被储存的热量一般通过换热器来加热空气或加热水。

显热储热介质的质量储热密度（$q_m$）由介质的比热容（$c_p$）和介质的温升（$\Delta T$）决定，即

$$q_m = c_p \Delta T \tag{8-1}$$

显热储热介质的体积储热密度（$q_v$）由介质的比热容（$c_p$）、介质的密度（$\rho$）和介质的温升（$\Delta T$）决定，即

$$q_v = \rho c_p \Delta T \tag{8-2}$$

（2）潜热储热

利用介质在物态变化（固-液、固-固或气-液）时，吸收或放出大量潜热实现热能存储。采用的介质被称为相变材料，属于能源材料的范畴，是指随温度变化而改变物质状态并能提供潜热的物质。相变材料发生物质状态转换的温度称为相变温度，如水-冰的相变温度是 0℃。常见的用于储热的相变材料包括石蜡、硬脂酸、多元醇和水合盐等。由于潜热储存必须在相变材料能够发生相变过程的前提下进行，故被储存热量的温度要等于或略高于相变温度。潜热储存的大致过程为：充热时，相变材料在输入热源的作用下发生状态变化（固→液、固→固或液→气），热量以潜热的形式储存在相变材料中；放热时，相变材料发生相反方向的状态变化（液→固、固→固或气→液），并将热量用于加热流体，如水或者空气。

相变材料的质量储热密度（$q_m$）即该材料的潜热为

$$q_m = \Delta H \tag{8-3}$$

相变材料的体积储热密度（$q_v$）由相变潜热（$\Delta H$）和介质的密度（$\rho$）决定，即

$$q_v = \rho \Delta H \tag{8-4}$$

（3）热化学储热

热化学储热利用储热介质相接触时发生可逆化学反应来实现热能的存储和释放，实质上

是热能和化学能相互转变的过程。相比前两种储热形式，热化学储热的机理比较复杂。热化学储热是利用反应物对反应工质的释放或吸收来实现热量的存储或释放，反应物一般为固体（或液体），反应工质一般为气体。热化学储热可以包含真正发生化学反应的化学储热，如金属卤化物-氨的化学吸附，以及发生吸附/吸收过程（物理过程）的吸附/吸收储热（如硅胶-水、沸石分子筛-水、LiCl-水、活性炭-氨和 $CaCl_2$ 水等。

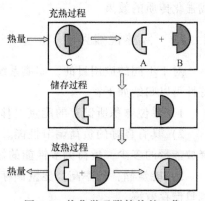

图 8-2 热化学吸附储热的工作
循环图：充热+储存+放热

对于化学吸附与物理吸附为特征的热化学储热，如图 8-2 所示，物质 A 代表反应物（吸附剂），物质 B 代表反应工质（吸附质）。热化学储热的过程可以用公式表示为

$$A \cdot (m+n)B + Heat \xrightarrow{\text{充热}} A \cdot mB + nB$$

$$A \cdot mB + nB \xrightarrow{\text{放热}} A \cdot (m+n)B + Heat \tag{8-5}$$

一个热化学吸附储热过程由充热过程、储存过程和放热过程组成。在充热过程中，由于输入热量的作用，被吸附剂（物质 A）吸收的吸附质（物质 B）逐渐脱离吸附剂，热量以化学势能的形式储存在吸附剂当中；在储存过程中，已经被分离的吸附剂和吸附质被分隔存储在不同的容器当中；当用户有热需求时启动放热反应，让吸附剂与吸附质相接触，吸附质逐渐被吸附剂吸收，并将储存的化学势能以吸附热的形式释放出来，用于加热空气或者水。

根据吸附剂和吸附质之间作用力的不同，热化学储热可以分为物理吸附储热、化学吸附储热、溶液吸收储热和复合/混合吸附储热四种形式，如图 8-3 所示。物理吸附采用的吸附剂是具有微孔（<2nm）或介孔（2~50nm）结构的多孔材料，如沸石分子筛（微孔结构）、硅胶（介孔材料）、活性炭（微孔+介孔）等。沸石分子筛和硅胶对应的吸附质是水，活性炭对应的吸附质是甲醇和氨。吸附过程中，气态吸附质和固态吸附剂通过分子间作用力结合在一起。化学吸附储热是利用吸附剂与吸附质之间的可逆化学反应来实现能量的存储和释放，常采用的吸附剂/吸附质工质对主要有水合盐-$H_2O$ 和金属氯化物-$NH_3$，它们在吸附过程中分别发生水合盐的水合反应和金属氯化物与 $NH_3$ 之间的络合反应，释放出来的热量即化学反应热。溶液吸收储热是利用溶液浓缩过程和溶液吸收气态溶解质放热来分别实现能量的存储和释放。复合吸附剂一般由物理吸附剂和化学吸附剂复合而成，对应的吸附过程也是多阶段的，通常包括物理吸附、化学吸附和溶液吸收；混合吸附剂是将吸附剂同导热增强材料（膨胀石墨和铜粉等）或传质增强材料（泡沫铜等）以一定的比例混合，达到强化传热

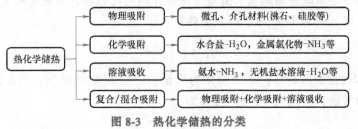

图 8-3 热化学储热的分类

或强化传质的效果。

### 8.1.2 储热性能评价

对于不同的应用目的，储能系统有各自的特点和要求，但一个良好的储能系统其共有的特性可以归纳如下：

1）单位体积所储存的能量（体积储能密度）高，即系统可储存尽可能多的能量。

2）具有良好的负荷调节性能。能量储能系统在使用时，需要根据用能方的要求调节其释放能量的多少，负荷调节性能的好坏决定着系统性能的优劣。

3）能量储存效率高。能量储存时应尽可能地降低能量储存过程中的损耗，保持较高的能量储存效率。

4）系统成本低，能长期可靠运行。如果能量储存装置在经济上不合理，就不可能得到推广应用。

## 8.2  显热储存

显热储存技术是出现最早的热量储存技术，其原理和系统最简单、技术最成熟，应用也最广泛。在旧石器时代，人类就学会利用显热储存技术来烹制食物——石烹法，即以石块（或鹅卵石）作为炊具，利用火将石块烧红来将火的热能储存在石块中，之后将石块填入食品（如牛羊内脏）中，食物受热变熟。还有烧石煮法，即取天然石坑或地面挖坑，也可用树筒之类的容器，内装水并加入原料，然后投入烧红的石块，使水沸腾来煮熟食物。当前居民普遍采用的太阳能热水器是目前应用最广泛的显热储存设备。

显热储存技术利用介质的热容来进行热量存储：当对储热介质加热而使它的温度升高时，储热介质的内能增加，从而将热量储存了起来。根据显热储存的工作原理，显热储存效果与介质的比热容和密度等物性参数密切相关。为使储热设备达到高的体积储热密度，要求所选用的储热介质有高的比热容和密度。显热储存技术的最大缺点在于储热密度低，是三种储热形式中储热密度最低的。一般的显热储存介质的储能密度都比较低，即单位体积所能储存的能量较少，所以为了能储存相当数量的热量，需要的储热介质的质量比较大，使得储能设备过于庞大。此外，显热储存时输入和输出热量时的温度范围变化较大，且热流不稳定，因此，常需要采用额外的调节和控制装置，从而增加了系统运行的复杂程度，也提高了系统的成本。总体而言，尽管显热储存系统的体积储热密度较低，但其具有结构简单，操作方便和成本低廉的优势。

显热储存介质是整个显热储存系统的最关键组成部分，直接影响到储热密度、系统成本和安全性。显热储存系统的储热量又由显热储存介质的比热容、质量和温差共同决定。当储热介质温度由温度 $t_1$ 升高到 $t_2$ 时，吸收的热量为

$$Q_s = \int_{t_1}^{t_2} c_p m \mathrm{d}t \tag{8-6}$$

式中，$c_p$ 为物体的比定压热容；$m$ 为物体的质量。$c_p$ 是温度的函数，但在温度变化不太大的范围内可视为常数，因此式（8-6）可写为

$$Q_s = c_p m (t_2 - t_1) = c_p m \Delta t \tag{8-7}$$

由式（8-7）可得增加储热量的途径有：①增加储热介质的质量；②增大储热温差；③提高储热介质的比热容。其中，增加储热介质的质量将导致成本增大，而增大温差则受到热源温度（如太阳能集热器）的限制。比热容是物质的热物理性质，显然选用比热容大的材料作为储热介质是增大储热量的合理途径。当然，在选择储热介质时还必须综合考虑密度、热稳定性、毒性、腐蚀性、黏性和经济性。密度大则储热介质容积小，有助于达到较大的体积储热密度，从而使设备紧凑并降低成本。体积储热密度直接影响到设备的紧凑性，故通常把比定容热容，即比热容和密度的乘积作为评价储热介质性能的重要参数。热稳定直接影响到设备的运行稳定性和性能衰减情况；毒性影响到使用者的身体健康；腐蚀性强的储热介质会增加对容器的加工要求，增加了加工难度和加工成本；黏度大的液体用泵输送较为困难，会使泵功率增加，管道直径也将增大。

理论上来讲，所有的物质都有热容，都具有成为显热储存介质的可能性。但考虑到系统的可行性、材料安全性和材料成本等因素，投入实际的显热储存系统中的储存介质需要经过筛选。表8-1总结了常用的显热储存介质的性能参数。最常用的显热储存介质为水、石块（以鹅卵石为主）和土壤等。

表 8-1 常用的显热储存介质的性能参数

| 形态 | 储热介质 | 比热容/<br>(kJ/kg·℃) | 密度/<br>(kg/m³) | 比定容热容/<br>(kJ/m³·℃) | 标准沸点/<br>℃ |
|------|----------|----------|----------|----------|----------|
| 液体 | 水 | 4.20 | 1000 | 4600 | 100 |
| | 乙醇 | 2.39 | 790 | 1888 | 78 |
| | 丙醇 | 2.52 | 800 | 2016 | 97 |
| | 丁醇 | 2.39 | 809 | 1933 | 118 |
| | 异丁醇 | 2.98 | 808 | 2407 | 100 |
| | 辛烷 | 2.39 | 704 | 1682 | 126 |
| 固体 | 铸铁 | 0.46 | 7600 | 3500 | |
| | 氧化铁 | 0.76 | 5200 | 4000 | |
| | 花岗岩 | 0.8 | 2700 | 2200 | |
| | 大理石 | 0.88 | 2700 | 2400 | |
| | 水泥 | 0.92 | 2470 | 2300 | |
| | 氧化铝 | 0.84 | 4000 | 3400 | |
| | 砖 | 0.84 | 1700 | 1400 | |

表8-1显热储存介质中，水的比热容最大，达到4.20kJ/kg·℃。水作为显热储存介质具有以下显著优点：

1）普遍存在，来源丰富，价格低廉。

2）水的物理、化学以及热力性质已被人们清楚了解，且使用技术最成熟。

3）可以兼作储热介质和载热介质，在储热系统内可以免除热交换器。

4）传热流体特性好。常用的液体中，水的比定容热容最大、热膨胀系数以及黏滞性都较小，适合自然对流和强制循环。

5）液-气平衡时，温度-压力关系适合平板型太阳能集热器。

然而，水作为储热介质也具有一些缺点：

1）作为一种电解腐蚀性物质，所产生的氧气易于造成锈蚀，因此易对容器和管道造成腐蚀。

2）凝固（即结冰）时体积会膨胀，易对容器和管道造成破坏。

3）高温下，水的蒸汽压随着温度的升高呈指数增大，所以用水储热时，温度和压力都不能超过其临界点（347℃，$2.2×10^7$Pa）。

水所适用的储存温度受到其沸点的限制。若需维持高温下（150~200℃）水的液体状态而不发生沸腾汽化，则容器内的压力必须维持在0.5~1.6MPa，即需要采用高压容器，这就增加了容器的加工难度和加工成本。故当需要储存的热能的温度高于水在1个大气压下的沸点时，可以选用石块或无机氧化物等材料作为储热介质。其中，石块为常用高温储热介质，具有来源广泛、成本低廉、高热稳定性和密度大的优点，且不像水那样有腐蚀等问题。但石块的总储热密度小于水，尽管石块的密度为水的2.5~3.5倍，但水的比热容大约为石块的4.8倍，因此水的体积储热密度比石块高，即储存相同容量的热量时，以水为储热介质所需容积比以石块为储热介质时要小。

## 8.3 潜热储存

潜热储存是利用相变材料在物质状态转变过程中的能量的吸收和释放来进行的。相变储热（冷）技术的基本原理是：物质在物态转变（相变）过程中等温释放的相变潜热通过盛装相变材料的元件将能量储存起来，待需要时再把热（冷）能通过一定的方式释放出来供用户使用。一般相变材料的潜热储热量为几百至几千千焦每千克，远高于显热储存的储热密度。由于相变材料的物质状态转变是在一定的温度下进行的，且温度变化范围极小，所以潜热储存可以维持较为稳定的温度输出和功率输出，不需要温度调节或控制装置，简化了系统设计并降低了成本。显然，从储热密度和输出稳定性的角度来看，潜热储存相比显热储存有显著的优势。

相变材料的相变过程一般有四种形式，即固-气、液-气、固-液和固-固相变。其中，固-固相变指从一种结晶形式转变为另一种结晶形式。液相中的分子的自由运动远大于固相中的分子运动，故液相分子具有更高的能量。气相中的分子是完全自由的，具有很高的自由度，且分子间相互吸引力几乎为零，因此比固相和液相具有非常高的能量。因而固-气、液-气、固-液的相变潜热逐渐递减。尽管固-气和液-气相变的潜热更高，但由于气体占据的体积太大，不便于实际应用。因此，适合实际应用的相变材料是固-液和固-固相变材料。固-固相变材料的潜热比固-液相变材料的潜热小，故固-液相变材料是最具应用潜力的相变材料。在潜热储存系统的充热过程中，相变材料先经历一个升温至相变温度的过程，这一过程的显热也可以被系统储存并加以利用。

潜热储能系统有四个基本组成部分：适合储热热源温度的相变材料、盛装相变材料的容器，热源向相变材料传热的换热器和相变材料向用户传热的换热器。

1. 相变热的定义

固-液相变材料的熔化过程可以利用自由能差来表示，即

$$\Delta G = \Delta H - T_m \Delta S \tag{8-8}$$

式中，$T_m$ 为相变温度，即相变材料发生物质状态转变时的温度，$S$ 为熵；$H$ 为焓。

当达到相变平衡时，$\Delta G = 0$，则可以得到相变焓差为

$$\Delta H = T_m \Delta S \tag{8-9}$$

基于上述分析，相变焓定义为：在恒定温度 $T$ 及该温度的平衡压力 $P$ 下，1mol 物质发生相变时所对应的焓变。由于相变过程不涉及流动功和非体积功，一般称相变焓为相变热。

**2. 相变材料的筛选原则**

相变材料是潜热储存系统的最关键组成部分，其相变热直接影响了整个系统的储热密度，此外，密度、过冷度和毒性等物性参数也对储热效果的实现和系统设计有着重要影响。相变材料的筛选，一般按照以下原则进行：

1）具有合适的熔点温度，即熔点温度要与应用场合所需要的温度范围相匹配。

2）有较大的体积相变潜热。

3）密度大，以缩小存储相同热量时所需的体积。

4）有较大的比热容，可以提供较多的附加显热储热量。

5）所有相（固相和液相）的导热率较高。

6）热膨胀小，相变过程的体积变化小。

7）工作温度下的蒸汽压低，以防止破坏容器。

8）凝固时无过冷现象，熔化时无过饱和现象。

9）成核率高。

10）无偏析，不分层，热稳定性好。

11）与盛装容器兼容，不发生反应。

12）可逆的熔化-凝固循环。

13）无毒，无腐蚀性，不可燃，无爆炸危险。

**3. 相变材料的分类**

根据储热的温区，可以将相变材料分为低温材料（25~80℃）、中温材料（80~220℃）和高温材料（220~420℃）。根据相变过程中的物质变化，可以将相变材料分为固-液相变材料和固-固相变材料。根据材料成分，可以将相变材料分为有机物相变材料、无机物相变材料和共熔物三类，如图 8-4 所示。

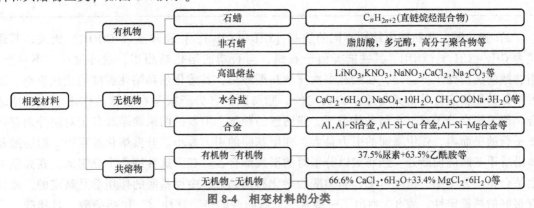

图 8-4 相变材料的分类

（1）有机物

有机物相变材料的优点：物理和化学性质一般比较稳定，固态成型性较好，基本不会出

现过冷和相分离现象，毒性小，腐蚀性小等。同时也存在一些缺点：密度小，体积储热密度小，导热率低，热膨胀率大，易燃烧，易被空气中的氧气氧化而老化等。由于熔点较低，有机相变材料不适合高温热量的储存。有机相变材料分为石蜡和非石蜡（脂肪酸、多元醇和高分子聚合物等）两类。

1）石蜡。石蜡的熔点在-5~66℃之间，广泛应用于建筑供暖和空调系统。石蜡是精制石油的副产品，主要由直链烷烃混合而成，可用通式 $C_nH_{2n+2}$ 来表示，其性质非常接近饱和碳氢化合物。石蜡族的熔点和熔解热随着碳原子数（即链长）的增加而增大。石蜡族的显著优点在于物理和化学性质可维持长期稳定，反复充放热循环多次后性能衰减很小，不会发生过冷和相分离现象。石蜡的最大缺点在于导热率很低（仅 $0.15W \cdot m^{-1} \cdot ℃^{-1}$ 左右），熔解时有较大的体积膨胀。常见石蜡族的热物理性质见表8-2。

表 8-2　常见石蜡族的热物理性质

| 名称 | 分子式 | 熔点/℃ | 熔解热/ $kJ \cdot kg^{-1}$ | 密度/ $kg \cdot m^{-3}$ | 热导率/ $W \cdot m^{-1} \cdot ℃^{-1}$ | 比热容/ $kJ \cdot kg^{-1} \cdot ℃^{-1}$ |
|---|---|---|---|---|---|---|
| 十四烷 | $C_{14}H_{30}$ | 5.5 | 225.72 | 固态 825（4℃）液态 771（10℃） | 0.149 | 2.069 |
| 十六烷 | $C_{16}H_{34}$ | 16.7 | 236.88 | 固态 835（15℃）液态 776（16.8℃） | 0.150 | 2.111 |
| 十八烷 | $C_{18}H_{38}$ | 28.0 | 242.44 | 固态 814（27℃）液态 774（32℃） | 0.150 | 2.153 |
| 二十烷 | $C_{20}H_{42}$ | 36.7 | 246.62 | 固态 856（35℃）液态 774（37℃） | 0.150 | 2.207 |

2）脂肪酸。脂肪酸由结构不同的烷基 $[CH_3(CH_2)_n-]$ 和羧基（-COOH）组成，其通式为 $CH_3(CH_2)_nCOOH$。其性能类似于石蜡，与石蜡的熔化热相当，过冷度小，不易燃。脂肪酸的热物性十分稳定，在经过多次充放热循环后，其熔化热和熔化温度均变化很小。这种很好的热稳定性是由其物质结构决定的。脂肪酸的各分子羧基在氢键的作用下成对地结合，形成缔合分子对。在结晶状态下，脂肪酸的羧基、甲基的两末端基和分子对层分别存在于平行的平面内，亚甲基间的引力最大，而甲基间的引力最小。升温熔化过程中，脂肪酸晶体沿着甲基间的面断开，脂肪酸以分子对的形式缔合在一起。这种缔合十分牢固，在高温下也缔合得十分牢固。由此可见，脂肪酸的融化和结晶过程中甲基间的作用都是确定的，故具有很好的热稳定性。表8-3列出了一些常见的脂肪酸的热物理性质，包括癸酸、月桂酸、十四烷酸、十五烷酸、正十六烷酸和硬脂酸等。这些硬脂酸的熔点分布在 36~70.7℃ 范围内，熔解热为 152~203kJ/kg。导热率也不太高，为 $0.148~0.172W/m \cdot ℃$。

表 8-3 常见脂肪酸的热物理性质

| 名称 | 分子式 | 熔点/℃ | 熔解热/kJ·kg⁻¹ | 密度/kg·m⁻³ | 热导率/W·m⁻¹·℃⁻¹ | 比热容/kJ·kg⁻¹·℃⁻¹ |
|------|--------|--------|---------------|-------------|------------------|----------------------|
| 癸酸 | $C_{10}H_{20}O_2$ | 36 | 152 | 固态 1004<br>液态 878 | 0.149<br>(40℃) | — |
| 月桂酸 | $C_{12}H_{24}O_2$ | 43 | 177 | 固态 881<br>液态 901 | 0.148<br>(20℃) | 1.6 |
| 十四烷酸 | $C_{14}H_{28}O_2$ | 53.7 | 187 | 固态 1007<br>液态 862 | — | 1.6 |
| 十五烷酸 | $C_{15}H_{30}O_2$ | 52.5 | 178 | 固态 990<br>液态 861 | — | — |
| 正十六烷酸 | $C_{16}H_{32}O_2$ | 62.3 | 186 | 固态 989<br>液态 850 | 0.165 | — |
| 硬脂酸 | $C_{18}H_{36}O_2$ | 70.7 | 203 | 固态 965<br>液态 848 | 0.172 | — |

3）多元醇。多元醇属于固-固相变材料，包括季戊四醇（PE）、2，2-二羟甲基-丙醇（PG）和新戊二醇（NPG）等，热物理性质见表 8-4，它通过晶型的有序-无序间的转变来实现可逆的吸热和放热过程。多元醇在不断升温的过程中依次经历固-固相变过程和固-液相变过程。由于熔点温度比较高，只利用其固-固相变过程。低温时，多元醇具有高对称的层状体心结构，同一层中的分子以范德华力连接，层与层之间的分子通过与-COOH形成氢键连接。升温后，当达到固-固相变温度时，将变成低对称的各向同性的面心结构，同时氢键断裂，分子由结晶态变成无定形态。当继续升温至熔点时，还会发生固-液相变过程。多元醇的固-固相变温度和固-液相变温度有一定差值（如季戊四醇的熔点比固-固相变温度高了近80℃），因此可扩大应用的温区范围，储热热源的温度高于固-固相变温度一定范围仍可避免固-液相变过程的发生。作为一种固-固相变材料，多元醇在应用时的体积变化小，对容器的要求不高。

表 8-4 常见多元醇的热物理性质

| 名称 | 分子中羟基数 | 相变温度/℃ | 相变焓/kJ·kg⁻¹ | 熔点/℃ |
|------|------------|-----------|---------------|--------|
| 季戊四醇（PE） | 4 | 188 | 323 | 260 |
| 2,2-二羟甲基-丙醇（PG） | 3 | 81 | 193 | 198 |
| 新戊二醇（NPG） | 2 | 43 | 131 | 126 |

4）高分子聚合物。这类相变材料通常是指相对分子质量大的有机聚合物，常见的有聚乙烯、聚氨酯、聚丁二醇、聚乙二醇等，过冷程度小、无相分离、相变焓大等优点，但存在可燃性、热导率低的问题。常见高分子聚合物的热物理性质见表 8-5。

表8-5  常见高分子聚合物的热物理性质

| 名称 | 相变温度/℃ | | 相变焓/kJ·kg$^{-1}$ | |
| --- | --- | --- | --- | --- |
| | 熔化 | 熔化 | 凝固 | 凝固 |
| 聚乙二醇(M:1000) | 32.4 | 30.7 | 155 | 153 |
| 聚乙二醇(M:6000) | 57.4 | 47.3 | 176 | 176 |
| 聚乙二醇(M:10000) | 59.7 | 50.1 | 184 | 179 |
| 高密度聚乙烯 | 130 | 110.5 | 151 | 143 |
| 线性低密度聚乙烯 | 124 | 108.1 | 119 | 116 |

聚乙二醇（polyethylene glycol，PEG）是一种具有 CH2-CH2-O$_n$ 结构的高分子，因链结构简单，比较容易结晶，相变潜热为187J/g。聚乙二醇作为相变材料的优点是相变温度可以通过相对分子质量来调节，因此具有较宽的应用范围。尽管聚乙二醇本身是一种固-液相变材料，但是经过各种处理后可以将其转变为固-固相变材料。一种处理方法是将相对分子质量为1000左右的聚乙二醇接枝到棉花、麻等纤维素分子链上，或者将交联聚乙二醇吸附于聚丙烯、聚酯等高分子纤维表面。接枝、交联后的聚乙二醇仍保持了原有的相变特性，但在相变温度以上失去了流动性，转变成了固-固相变材料。通过这种处理得到的纤维材料具有温度调节功能，可以制成穿着舒适的恒温服装。但现有问题是吸附在纤维表面的聚乙二醇量还太少，导致纤维材料的储热容量较低，服装的恒温时间较短。

聚乙烯（polyethylene，PE）是一种典型的结晶性材料，是聚烯烃类相变材料中的主要成员之一，可分为高密度聚乙烯（high-density polyethylene，HDPE）、低密度聚乙烯（low-density polyethylene，LDPE）、线性低密度聚乙烯（linear low-density polyethylene，LLDPE）。聚乙烯结晶熔点为135℃，黏流温度较高于结晶温度，其相变潜热高达250J/g，价格低廉，适合制备各种形态。当加热温度高于结晶温度时，聚乙烯从晶态转变成高弹态，宏观上不存在流动现象，保持固定形态。而温度高于黏流温度时，会出现流动现象，因此可以利用结晶温度到黏流温度间的相变进行储热。

现今，对相变材料温区的要求越来越宽，普通的单质相变材料已无法满足需求，人们开始通过物理、化学方法将多种材料复合制备定型相变材料，包括一些高分子交联树脂，如交联聚烯烃类、交联聚缩醛类和一些接枝共聚物（如纤维素接枝共聚物、聚酯类接枝共聚物、聚苯乙烯接枝共聚物、硅烷接枝共聚物）。其中，接枝共聚物是在一种高熔点的高分子上利用化学键接上低熔点的高分子作为支链而形成的共聚物。在加热过程中，低熔点的高分子支链首先从晶态转变为无定形态，但由于其接枝在尚未融化的高熔点主链上，无定形的流通体被限制，整体上保证固-固定形相变。该类材料的相变温度较适宜，使用寿命长、性能稳定、无过冷度和相分离现象，材料的力学性能较好，便于加工成各类形状，具有较大的实际应用价值。但目前研究出的接枝共聚物种类较少、相变焓较小、热导率小，主要应用于保温纤维中。

（2）无机物

无机物相变材料主要包括水合盐、熔盐和合金三类。无机相变材料的熔点范围较宽，涵盖了低温、中温和高温范围。无机相变材料储热密度高，高于有机相变材料。无机相变材料的导热率高，相变时室温体积变化小。但大部分无机相变材料在充热/解吸循环中的物理性质不如有机相变材料那么稳定, 有较为明显的相分离现象, 需要考虑对容器的腐蚀问题。通到添加成核剂微胶囊封装法等对纯的无机相变材料进行性能改进, 可以阻断与外界的接触。

1) 水合盐。水合盐即结晶水合盐, 是无机盐的水合物, 分子通式为 $AB \cdot nH_2O$, AB 表示一种无机盐, $n$ 为结晶水分子数。水合盐吸热后脱出结晶水, 使其本身的盐溶解, 放热时吸收结晶水发生逆过程。由于水合盐有较大的溶解热及固定的熔点, 所以成为无机相变材料中应用最广泛的一类材料。水合盐熔点范围为几摄氏度到一百多摄氏度, 主要适用于中低温储热温区。该类相变材料的优点在于溶解热大、熔点温区宽、储热密度大、热导率比有机物高、价格低廉, 一般呈中性。

水合盐存在两大问题, 其一是过冷现象, 即材料到理论凝固温度以下才会发生结晶, 同时使温度迅速上升到冷凝点。这就促使物质不能及时发生相变, 造成结晶点滞后, 成核率降低, 所有的水合盐都有过冷现象, 只是不同的结晶水合盐在不同的条件下过冷度不同罢了。由于产生过冷现象的原因是大多数结晶水合盐结晶时的成核性能差, 因此, 通常采用成核剂、冷指法改善, 即加入与盐类结晶物的微粒结构相类似的物质, 或将未融化的部分晶体作为成核剂提升实际凝固温度。其二是相分离现象, 即加热时 $AB \cdot nH_2O$ 型无机水合盐通常会转变为含有较少摩尔水的另一类型的 $AB \cdot mH_2O$ 的无机盐分合物, 而 $AB \cdot nH_2O$ 会部分或全部溶解于剩余的 $n-m$ 摩尔水中, 变成无机盐和水时, 某些盐类有部分不完全溶解于自身的结晶水, 而沉于容器底部, 随后冷却时也不和结晶水结合, 从而形成分层的现象, 导致溶解的不均匀性, 造成储能能力逐渐下降。解决相分离的方法是采用摇晃、搅拌或是将实验容器做成盘状, 以降低溶液的竖直高度, 但这大大限制了相变材料的使用, 因此大多数时候会采用增稠剂、晶体结构改变剂改善相分离情况, 常用物质如羧甲基纤维素、甲基纤维素、PCA、海藻酸钠、活性白土等。它们可以增大溶液的黏稠度, 从而防止混合物中的成分分离, 而且还不会妨碍相变过程。

上述两个问题都直接关系到了水合盐作为相变材料的使用寿命, 解决这两个问题也成为水合盐相变材料应用研究方面的关键。根据熔点及溶解热, 主储热剂主要采用醋酸盐类、硝酸盐类、硫酸盐类、磷酸盐类水合盐, 以及某些氢氧化物。常见水合盐的热物理性质见表 8-6。

表 8-6 常见水合盐的热物理性质

| 名称 | 熔点/℃ | 溶解热/$kJ \cdot kg^{-1}$ | 密度/$kg \cdot m^{-3}$ | 防过冷剂 | 防相分离剂 |
|---|---|---|---|---|---|
| 六水氯化钙<br>($CaCl_2 \cdot 6H_2O$) | 29 | 180 | 1622 | $BaS, CaHPO_4 \cdot 12H_2O$,<br>$CaSO_4, Ca(OH)_2$ 等 | 二氧化硅, 膨润土,<br>聚乙烯醇 |
| 十水硫酸钠<br>($Na_2SO_4 \cdot 10H_2O$) | 32.4 | 250.8 | 1562 | 硼砂 | 高吸水树脂,<br>十二烷基苯磺酸钠 |
| 十二水磷酸氢二钠<br>($Na_2HPO_4 \cdot 12H_2O$) | 35 | 205 | 1530 | $CaCO_3, CaCO_4$, 硼砂, 石墨 | 聚丙烯酰胺 |
| 三水醋酸钠<br>($CH_3COONa \cdot 3H_2O$) | 58.2 | 250.8 | 1450 | $Zn(OAc)_2, Pb(OAc)_2$,<br>$Na_2P_2O_7 \cdot 10H_2O, LiTiF_6$ | 明胶, 树胶, 阴离子<br>表面活性剂 |

六水氯化钙（$CaCl_2 \cdot 6H_2O$）熔点为29℃，接近室温，溶解热为180kJ/kg。该材料呈中性、无污染、无腐蚀，故广泛用于暖房、住宅、温室及工业低温废热回收等方面。氯化钙水合盐的过冷现象十分明显，有时甚至温度降到0℃，其液态熔融物仍然不能凝固，需要加入BaS、$CaHPO_4 \cdot 12H_2O$、$CaSO_4$、$Ca(OH)_2$及某些碱土金属或者过渡金属的醋酸钠盐类等。

十水硫酸钠（$Na_2SO_4 \cdot 10H_2O$）熔点为32.4℃，溶解热为250.8kJ/kg，单位容积储热量是温升为10℃的水的储热量的8倍多。它是多数化工过程的副产品，并可从天然资源中提取，价格十分低廉，同时因其适宜的熔点、溶解热大，常用于暖房、太阳能供暖系统及其他余热回收利用中。单质十水硫酸钠在多次熔化、结晶的储放热循环后会发生相分离现象，部分无水的硫酸钠析出无法进入结晶循环中，导致其储热能力大幅下降，一般可加入高吸水树脂、十二烷基苯磺酸钠防止相分离现象。另外使用过程中还需加入硼砂降低过冷度。

一般磷酸盐仅作为辅助储热剂使用，但十二水磷酸氢二钠（$Na_2HPO_4 \cdot 12H_2O$）可作为主储热剂使用，其熔点为35℃，溶解热为205kJ/kg，是一种高相变储热密度的相变材料。它一般在21℃开始凝固，即过冷度高达14℃，通常添加$CaCO_3$、$CaCO_4$、硼砂、石墨降低过冷度。因其熔点合适、溶解热大，十二水磷酸氢二钠主要应用于人体、空调及暖房的储热，并添加其他物质来调整材料的温度和性能。

三水醋酸钠（$CH_3COONa \cdot 3H_2O$）熔点为58.2℃，属于中低温储热材料，溶解热为250.8kJ/kg，适用于热水系统、某些余热回收系统中。该材料作为储热材料使用时，最大的问题是过冷现象，即一旦醋酸钠水溶液冷却到理论凝固点仍不发生结晶，将导致实际凝固温度降低。同时，随温度降低过冷液体黏度不断加大，阻碍分子进行定向排列运动，从而使得过冷度加大。为了消除过冷带来的不利影响，通常加入防过冷剂，作为结晶中心颗粒加速三水醋酸钠的结晶，常用防过冷剂有$Zn(OAc)_2$、$Pb(OAc)_2$、$Na_2P_2O_7 \cdot 10H_2O$、$LiTiF_6$。为了防止三水醋酸钠在反复融化-凝固的储放热过程中会有无水醋酸钠析出，出现相分离现象使得溶解热下降，还需加入明胶、树胶等物质或阴离子表面活性剂作为防相分离剂。三水醋酸钠的熔点对于人体及玻璃暖房或住宅等控温保暖相对较高，还需加入低熔点水合盐等熔点调节剂，如将醋酸钠、尿素与水以适当比例配合，既降低了相变温度，也维持了相对高的相变潜热。

2）高温熔盐。高温熔盐一般指硝酸盐、氯化物、碳酸盐、氟化物等无机盐及其共晶体，具有"四高三低"的优势，即使用温度高、热稳定性高、比热容高、对流传热系数高、黏度低、饱和蒸汽压低、价格低。在成本方面，一般锂盐>钾盐>钠盐>钙盐。高温熔盐具有一定的相变潜热，其传热和储热性质俱佳，通常用在小功率电站、太阳能热发电和低温热机中作为高温相变材料存储热能，但在使用过程中需要克服高温熔盐热导率低和腐蚀等问题。

常见高温熔盐的热物理性质见表8-7。

表8-7 常见高温熔盐的热物理性质

| 名称 | 熔点/℃ | 溶解热/kJ·kg$^{-1}$ | 名称 | 熔点/℃ | 溶解热/kJ·kg$^{-1}$ |
|---|---|---|---|---|---|
| $LiNO_3$ | 252 | 526.68 | LiF | 848 | 1050 |
| $Li_2CO_3$ | 726 | 604.01 | $Na_2CO_3$ | 854 | 359.48 |
| $CaCl_2$ | 782 | 254.98 | $Na_2SO_4$ | 993 | 146.3 |
| NaCl | 801 | 405.46 | NaF | 993 | 773.3 |

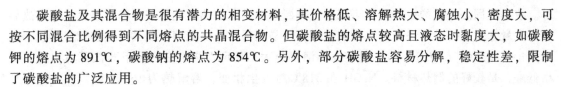

　　碳酸盐及其混合物是很有潜力的相变材料，其价格低、溶解热大、腐蚀小、密度大，可按不同混合比例得到不同熔点的共晶混合物。但碳酸盐的熔点较高且液态时黏度大，如碳酸钾的熔点为 891℃，碳酸钠的熔点为 854℃。另外，部分碳酸盐容易分解，稳定性差，限制了碳酸盐的广泛应用。

　　硝酸盐的熔点在 300℃ 左右，其价格低、腐蚀性小，并且在 500℃ 下不会分解；缺点在于热导率相对较低（仅 0.81W/m·℃），因此在使用时容易产生局部过热。但是与其他熔盐相比，硝酸盐的溶解热相对高，优势突出。

　　氟化盐是非含水盐，主要为某些碱及碱土金属氟化物、某些其他金属的难溶氟化物等，熔点高，熔融潜热大，属于高温型储热材料，其与金属容器材料的相容性较好，可用于回收工厂高温余热等。为调整其相变温度及储热量，氟化盐作为储热剂时多为几种氟化物配合。其中，氟化锂（LiF）具有最高的溶解热（1050kJ/kg），也是价格最高的储热材料。氟化盐存在两个致命的缺点：其一是由液相转变为固相时有较大的体积收缩，如 LiF 的体积收缩率高达 23%；其二是热导率低导致传热慢。这两个缺点导致氟化盐材料出现热松脱和热斑现象。

　　氯化盐种类繁多，价格一般都很低廉，可以按要求制备不同熔点的混合盐，具有广泛的使用温度，但其腐蚀性强。其中，使用较多的氯化钠（NaCl）熔点为 801℃，固体密度为 1900kg/m³，液体密度为 1550kg/m³，溶解热为 405.46kJ/kg，故其储热密度大。氯化钙（CaCl₂）熔点为 782℃，液体密度为 2000kg/m³，溶解热为 254.98kJ/kg，具有极强的腐蚀性。

　　高温熔盐虽然具有工作温度较高、蒸汽压低和热容量大的优点，但仍需要克服导热系数低和固液分层等问题。储热材料导热系数低会严重影响储热系统的充放热速率，比热容和相变潜热低会导致储热量低，可见进行相变储热材料热物理性质强化的研究是进一步开发相变储热技术的关键。为提高熔盐的导热系数，一种可行的措施是采用高温熔盐复合材料，可实现将高温熔盐的高相变潜热和添加剂材料的高导热系数很好地结合，可明显地提高材料的储热性能。泡沫金属、膨胀石墨、二氧化硅纳米颗粒等高导热物质可以作为添加剂来增强熔盐的导热系数，加快传热速率。

　　3）合金。金属合金材料的导热系数是其他相变储热材料的几十倍到几百倍，而且具有储热密度大（Al-Si 合金可高达 1160MJ/t）、热循环稳定性好等诸多优点，发展潜力巨大。核电厂中采用熔融态的金属合金作为传热流体，就是利用了金属合金的这一特点。合金材料中尤以铝基合金的相变温度合适，同时具有相对低的腐蚀性，成为金属合金相变储热材料研究的焦点，在太阳能热发电高温储热中具有较好的应用前景。表 8-8 列出了常见合金的热物理性质。

　　金属合金储热能力强，导热系数大，但高温条件下液态金属合金腐蚀性强，导致其与容器材料相容性差，这正是限制金属合金在高温相变储热领域实际应用的最大原因。虽然国内外已有大量合金与容器材料相容性方面的研究，但是多数都显得比较零散，缺乏系统性和规律性。因此应更进一步地研究材料相容性问题，进而寻求到合理的封装方式，最终实现金属合金在高温相变储热领域的广泛应用。

　　4）其他无机相变材料。除了盐类、金属类相变材料外，水、金属及其他物质也可作为储热材料。表 8-9 列出了常见相变材料的热物理性质，如熔点、溶解热、热导率、比热容等。液态或固态介质的比热容值可以用来判断该介质在显热储能过程中的蓄热量，通过热导率可衡量介质热传导的快慢。水性能稳定，极易获得，价格低廉，但其比热容低，体积膨胀率大；氢氧化锂（LiOH）的比热容高，溶解热大，稳定性强，在高温下蒸汽压力很低，价格低廉，是较好的储热材料。NaOH 在 318℃ 时发生相变，溶解热为 160kJ/kg，在美国和日本已用于采暖制冷方面，其熔点适合许多工艺过程，但价格昂贵。金属铝因其溶解热高达 400kJ/kg，导热率高，蒸汽压力低，是一种理想的储热材料。

表 8-8 常见合金的热物理性质

| 名称 | 熔点/℃ | 溶解热/kJ·kg⁻¹ | 名称 | 熔点/℃ | 溶解热/kJ·kg⁻¹ |
|---|---|---|---|---|---|
| SiMg(Si-Mg$_2$Si) | 1219 | 357 | Al-Cu-Mg | 779 | 360 |
| Al-Si | 852 | 519 | Al-Al$_2$CuMgCu | 823 | 303 |
| Al-Mg-Si | 883 | 545 | Mg-Cu-Zn | 725 | 254 |
| Al-Cu(Al-Al$_2$Cu) | 821 | 351 | Al-Mg(Al-Al$_3$Mg) | 724 | 310 |
| Al-Cu-Si | 822 | 422 | Al-Mg-Zn | 716 | 310 |
| Mg-Ca(Mg-Mg$_2$Ca) | 790 | 246 | Mg-Zn(Mg-Mg$_2$Zn) | 613 | 480 |
| Al-Zn | 381 | 138 | Al-Cu-Sb | 545 | 331 |

表 8-9 常见相变材料的热物理性质

| 名称 | 熔点/℃ | 密度/kg·m⁻³ | 熔解热/kJ·kg⁻¹ | 比热容/kJ·kg⁻¹·℃⁻¹ | 热导率/W·m⁻¹·℃⁻¹ |
|---|---|---|---|---|---|
| H$_2$O | 0 | 固态 917 液态 1000 | 335 | 固态 2.1 液态 4.2 | 2.2 |
| NaOH | 318 | 固态 2130 液态 1780 | 160 | 固态 2.01 液态 2.09 | 0.92 |
| LiOH | 471 | 固态 1425 液态 1385 | 1080 | 固态 3.3 液态 3.9 | 1.3 |
| Al | 660 | 固态 2560 液态 2370 | 400 | 固态 0.92 液态— | 200 |
| Na$_2$B$_4$O$_7$ | 740 | 固态 2300 液态 2630 | 530 | 固态 1.75 液态 1.77 | — |

（3）共熔物

两组分（或多组分）体系混合能达到最低的熔点，称为低共熔点，形成的混合物称为低共熔混合物。如果将低共熔混合物冷却，则在低共熔点全部凝固。将两种物质按不同比例混合，低共熔混合物的性质最稳定，低共熔点即为低共熔混合物的相变温度。

图 8-5 为典型二元共晶系的相图。α 表示组元 X 的固相，β 表示组元 Y 的固相。L 表示液相，α+L 和 β+L 表示固液两相区，α、β 表示固相区。在三相共存水平线所对应的温度下，成分相当于 E 点的液相（LE）同时结晶出与 C 点相对应的 αC 和 D 点所对应的 βD 两个相，形成两个固相的混合物。

根据相律可知，在发生三相平衡转变时，自由度等于零（F = 2-3+1 = 0），所以这一转变必然是在恒温下进行，而且三个相的成分为固定值，在相图上的特征是三个单相区与水平线只有一个接触点，称为共晶点，即为图中 E 点。在一定温度下，由一定成分的液相同时结晶出成分一定的两个固相的转变过程，称为共晶反应。共晶转变的产物为两个固相的混合物，称为共晶组织。

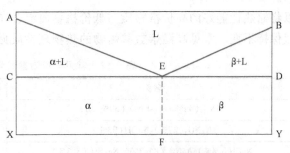

图 8-5　典型二元共晶系的相图

通过混合不同的相变储热材料可以得到任意相变温度的低共熔相变储热材料，而且以共晶点比例混合的物质性能稳定，与纯物质的性能一样，具有确定的单一熔点和熔解热，故而在实际生产中有着重要应用。

1）水合盐共熔物。特定的水合盐相变储热材料具有确定的某一相变温度，并且在相变过程中往往有过冷和相分层等常见缺陷。对于大部分常见水合盐相变储热材料，对其具有成核作用的成核剂和阻止分层的防分层剂都已基本找到，用量也能基本确定，但是当经过成百上千次熔-冻循环后还能保持原来结晶能力的相变材料却不多，大部分都会重新出现很大程度的过冷和相分层，储热性能劣化明显。但将两种水合盐材料混合制备出低共熔相变储热材料，就可以在实现相变温度可调的同时，有效解决过冷和相分层等水合盐利用过程中的常见问题，大大拓宽了水合盐的适用范围，也使水合盐材料的储热性能更加稳定，使用寿命更长。常见水合盐共熔物的热物理性质见表 8-10。

表 8-10　常见水合盐共熔物的热物理性质

| 名称 | 熔点/℃ | 溶解热/kJ·kg$^{-1}$ | 过冷度/℃ |
| --- | --- | --- | --- |
| $MgSO_4 \cdot 7H_2O(40\%)$-$Al_2(SO_4)_3 \cdot 18H_2O(60\%)$ | 46.4 | — | ~0 |
| $MgSO_4 \cdot 7H_2O(50\%)$-$KAl(SO_4)_2 \cdot 12H_2O(50\%)$ | 47.8/69.7 | 16.56/476.7 | 1.15 |
| $MgSO_4 \cdot 7H_2O(40\%)$-$KAl(SO_4)_2 \cdot 12H_2O(60\%)$ | 47.5/68.9 | 11.28/521.5 | 5.31 |
| $Na_2SO_4 \cdot 10H_2O(20\%)$-$KAl(SO_4)_2 \cdot 12H_2O(80\%)$ | 50.10 | — | 1.2 |
| $CH_3COONa \cdot 3H_2O(28\%)$-$Na_2S_2O_3 \cdot 5H_2O(72\%)$ | 40.8 | 229.9 | — |
| $CaCl_2 \cdot 6H_2O(75\%)$-$MgCl_2 \cdot 6H_2O(25\%)$ | 21.0 | 102.3 | 13.0 |

水合盐共熔物一般选取工业上常见、价格便宜的水合盐材料，同时应尽可能拉大低相变温度水合盐和高相变温度水合盐的相变温度，从而当两种水合盐以不同质量比例混合时就得到一系列相变温度变化很大的低共熔混合物，通常要求低相变温度水合盐的相变温度低于 50℃，高相变温度水合盐的相变温度高于 80℃，两种水合盐材料的相变潜热都在 200kJ/kg 以上。目前使用较多的为芒硝（$Na_2SO_4 \cdot 10H_2O$）、十水碳酸钠（$Na_2CO_3 \cdot 10H_2O$）、十二水磷酸氢二钠（$Na_2HPO_4 \cdot 12H_2O$）、五水硫代硫酸钠（$Na_2S_2O_3 \cdot 5H_2O$）、七水硫酸镁（$MgSO_4 \cdot 7H_2O$）作为低相变温度的水合盐材料，十八水硫酸铝［$Al_2(SO_4)_3 \cdot 18H_2O$］、十二水硫酸铝钾［$KAl(SO_4)_2 \cdot 12H_2O$］作为高相变温度的水合盐材料。

2）高温熔盐共熔物。高温熔盐在实际应用中很少利用单一盐，大多会将二元、三元无机盐混合共晶形成混合熔盐。混合熔盐的主要优势表现在：适当改变其组分的配比即可得到所期望的熔点，适用温度范围更广；可以满足在较低的熔化温度下获得较高的能量密度；可以将储热性能好的高价格物质与低价格物质混合在一起使用以节省成本，同时热容量可以近似保持不变。常见高温熔盐共熔物的热物理性质见表 8-11。

表 8-11　常见高温熔盐共熔物的热物理性质

| 名称 | 熔点/℃ | 溶解热/kJ · kg$^{-1}$ |
|---|---|---|
| $LiNO_3$(42%mol)-$KNO_3$(58%mol) | 120 | 151.0 |
| $NaNO_3$(27%)-NaOH(73%) | 240 | 243.28 |
| NaCl(8.4%)-$NaNO_3$(86.3%)-$Na_2SO_4$(5.3%) | 286.5 | 176.81 |
| NaCl(50.4%mol)-$NaNO_3$(49.6%mol) | 290 | 247.0 |
| LiCl(45%)-KCl(55%) | 352 | 117.8 |
| $CaCl_2$(52%)-NaCl(48%) | 510 | 313.5 |
| KF(37%)-KCl(63%) | 605 | 308.8 |
| NaF(30%)-NaCl(70%) | 680 | 489.9 |
| LiF(40%mol)-NaCl(60%mol) | 680 | 584.1 |
| KF(40%mol)-$Na_2SO_4$(40%mol) | 710 | 457.3 |
| NaF(44%mol)-KF(56%mol) | 779 | 461.1 |

3）有机共熔物。相对于无机相变材料，有机相变材料具有腐蚀性小、化学性能稳定、在相变过程中几乎没有相分离、价格低廉等优点。但有机物种类较少，利用有机烷烃、脂肪酸类、醇类固-液相变材料的相混性，拓宽其纯物质的相变温度，从而可制备出相变温度适宜室温、相变焓高、可逆性稳定、环保无毒害的二元或多元低共熔相变材料，可用于建筑、空调等领域。常见有机共熔物的热物理性质见表 8-12。

表 8-12　常见有机共熔物的热物理性质

| 名称 | 熔点/℃ | 溶解热/kJ · kg$^{-1}$ |
|---|---|---|
| 癸酸(72.8%)-十六醇(27.2%) | 30.1 | 172.56 |
| 月桂酸(76.3%)-硬脂酸(23.7%) | 38.99 | 159.9 |
| 癸酸(61.13%)-月桂酸(38.87%) | 19.63 | 114.80 |
| 月桂酸(45.4%)-肉豆蔻酸(24.6%)-癸酸(30%) | 22.15 | 132.4 |
| 十八烷(70.32%)-脂肪酸(29.68%) | 28.78 | 181.6 |

## 8.4　热化学储热

### 8.4.1　储热原理

如 8.1 节所述，吸附储热是利用吸附剂与吸附质之间的相互作用实现的。根据吸附剂与吸附质之间的作用力的本质，可以将吸附反应分为物理吸附、化学吸附、溶液吸收和复合/混合吸附四大类（见图 8-3）。

（1）物理吸附（physical adsorption）

物理吸附也称为范德华吸附，发生在固体吸附剂的表面和气体吸附质之间。分子间普遍存在范德华力（Van der walls force），固体吸附剂表面上的分子与气体吸附质分子间也存在着相互作用力，即范德华力。吸附剂表面的分子由于作用力没有平衡而保留有自由的力场来吸引吸附质，即通过范德华力吸引气体吸附质分子覆盖到固体吸附剂表面，吸附剂和吸附质的成分和物质结构并未发生改变，没有形成新的化学键。由于气体分子覆盖到固体表面上，分子运动速度降低，内能减少，故整个物理吸附过程会放出热量，即物理吸附热。物理吸附过程即为图8-2中的放热过程。图8-2中的充热过程是物理吸附剂的再生过程，在热源的驱动下，吸附质分子的内能增加，分子运动速度加快，会脱离范德华力的束缚，从固体表面上逸出。由于分子间的结合力比较弱，所以物理吸附时放出的热量比较少，吸附质也易从吸附剂上脱离。物理吸附通常是多层吸附（multi-layer sorption），即固体表面可以吸附多层吸附质。在物理吸附的初始阶段，一层吸附质分子首先覆盖在吸附剂的外表面，形成单层吸附（mono-layer sorption）。之后，该层覆盖在吸附剂表面的吸附质分子会继续吸附周围的吸附质分子，形成多层吸附。

单位质量或体积的吸附剂所吸附的气体分子量（即吸附量）直接影响到吸附热的大小，故比表面积（单位质量的材料所具有的外表面积和内表面积的总和，$m^2/g$）的大小对吸附量和吸附热有很大影响。物理吸附可以发生在任何固体表面上，但考虑到吸附过程放出的热量要达到一定的量级才可满足实际应用的需求，即对吸附量有一定的要求，储热领域所指的物理吸附剂一般是指多孔材料。非多孔材料的内表面积近乎为零，其比表面积不大，一般在$0.1 \sim 1 m^2/g$范围内。多孔材料除了外表面积，还具有巨大的内表面积。多孔材料的内部具有微孔（<2nm）或介孔（2~50nm）结构，为其提供了巨大的内表面积。巨大的内表面的存在极大地增加了多孔材料的比表面积，可达到几百至几千平方米每克，从而增加了单位质量的吸附量及吸附热。不同的多孔材料的孔隙的大小也各不相同，根据国际纯粹及应用化学联合会的推荐，根据孔径大小，可以将孔隙分为大孔（孔径>50nm）、介孔（2nm<孔径<50nm）和微孔（孔径<2nm）三类。孔径大小也会影响物理吸附过程和吸附热。大孔与外表面的作用差不多，对吸附没有特别的促进作用。微孔和介孔由于微孔的尺寸比较小，在物理吸附过程中会发生毛细凝聚现象，即可以把微孔和介孔看成许多半径不同的圆柱形毛细孔，由于半径较小的圆柱孔内凹面的液体饱和蒸汽压较低，所以在吸附过程中，蒸汽首先在微孔与介孔的孔中凝结成液体。随着压力的增大，蒸汽逐渐在半径更大的孔中发生凝聚。该毛细凝聚过程可以用描述弯曲液面的蒸汽压与临界曲率半径的开尔文方程（Kelvin equation）表示为

$$r_k = -\frac{2\sigma_1 V_{ml}}{RT\ln(p/p_o)} \tag{8-10}$$

式中，$r_k$为在指定的蒸汽分压力下可发生毛细凝聚现象的孔的临界半径（$10^3 nm$）；$p$为吸附压力（Pa），即包围吸附剂的吸附质的分压力；$T$为吸附温度（K），即发生吸附反应时的吸附剂温度；$p_o$为温度$T$下的蒸汽的饱和压力；$\sigma_1$为液体的表面张力（$J/m^2$）；$V_{ml}$为液体的摩尔体积（$cm^3/mol$）；$R$为理想气体常数，取8.314472J/（mol·K）。

根据上述的毛细凝聚的过程描述，吸附质气体在被多孔材料的孔吸附后，发生凝聚过程，由气体转变为液体，释放出液化热。根据多孔材料的吸附热的测试结果，多孔材料的物理吸附热与吸附质的冷凝热十分接近。一般情况下，多孔材料的孔越小，物理吸附过程中放出的热量越多，材料的再生所需的再生温度也越高。此外，对于同种吸附剂/吸附质工质对，物理吸附量受到吸附温度（$T$）和吸附压力（$p$）的共同影响。吸附温度越低，吸附压力越

大，则吸附量越大。通常将达到同一平衡吸附量时的压力和温度间的关系用 Clausius-Clapeyron 方程来表示，即

$$\ln p = A - \frac{C}{T} \tag{8-11}$$

式中，$A$ 和 $C$ 为常数项，与吸附剂/吸附质工质对的种类有关。

还可以注意到，多孔材料的物理吸附对于吸附质气体有选择性，这是由孔的尺寸决定的。能够被吸附的吸附质的分子粒径必须小于孔的尺寸，才能进入孔道内并被吸附。这种选择性吸附在具有微孔结构的多孔材料上表现得更为明显，如化工行业内常见的沸石分子筛，其具有单一孔径分布的微孔结构，可以对分子大小小于其孔径的气体分子进行选择性吸附。

综上所述，物理吸附发生在固体吸附剂和气体吸附质之间，固体吸附剂一般为多孔材料，吸附质气体会在多孔材料的孔隙内发生毛细凝聚现象。物理吸附剂是多层吸附，且对吸附质具有选择性。相比其他吸附反应，吸附热不太高，接近吸附质气体的液化热。

（2）化学吸附（chemical adsorption）

化学吸附是指发生在吸附质分子和吸附剂表面分子间的络合、配位、氢化、氧化等化学反应，通常吸附剂为固体，吸附质为气体，常见的化学吸附工质对包括金属氯化物-氨、水合盐-水、金属氢化物-氢和金属氧化物-氧等。在吸附过程中将发生电子转移或原子重排及化学键的断裂与形成等过程，并在吸附剂固体表面和第一层吸附质之间形成化合物。不同于物理吸附，化学吸附过程中会发生物质结构的改变，形成新的物质。如上所述，化学吸附的实质是化学反应，是固体表面与吸附质间的化学键起作用的结果，而化学键亲和力远远大于范德华力，故化学吸附放出的热量也大大超过物理吸附放出的热量。化学吸附放出的热量也就是化学反应焓。不同化学反应的化学反应焓的大小是不同的，化学吸附所放出的吸附热取决于所采用的吸附剂和吸附质所发生反应的化学反应焓。

影响化学吸附的工况参数也是吸附温度和吸附压力，但是是单变量变化过程，即达到平衡状态时的吸附压力与吸附温度之间存在一定的函数关系，即一旦确定了化学吸附平衡所对应的吸附温度，那么相应的吸附压力也就确定了。平衡吸附温度与平衡吸附压力之间的关系可以用 Clausius-Claperon 方程来描述，即

$$\ln p = \frac{\Delta H^0}{RT} - \frac{\Delta S^0}{R} \tag{8-12}$$

式中，$\Delta H^0$ 和 $\Delta S^0$ 分别为化学反应标准焓和化学反应标准熵。

（3）溶液吸收（solution absorption）

溶液吸收是浓溶液吸收气态溶质的过程，该过程可以放出溶解热，溶解热的大小接近气态吸附质的液化热。溶液吸收发生的位置与物理吸附和化学吸附不同，在溶液吸收中，吸附质分子会透过溶液表面进入到溶液内部结构中。通常采用的溶液吸收工质对有氨水-氨和无机盐水溶液-水这两种。氨水对铜具有腐蚀性，无机盐水溶液在含氧环境中对不锈钢也具有很强的腐蚀性，故溶液吸收系统对容器的耐腐蚀性提出了更高要求。无机盐水溶液的再生阶段，还要严格控制盐溶液的结晶，产生的结晶有可能堵塞传输管道。

（4）复合/混合吸附（composite sorption）

复合/混合吸附剂是由化学吸附剂同多孔介质相复合/混合形成的。当所采用的多孔介质对吸附质有吸附作用时称为复合吸附剂，当所采用的多孔介质对吸附质没有吸附作用时称为

混合吸附剂。

复合吸附剂所对应的吸附质一般为水蒸气，复合吸附剂当中所采用的化学吸附剂成分一般为无机盐，所采用的多孔介质是本身对水蒸气具有物理吸附作用的多孔材料。配置复合吸附剂的目的是利用无机盐和多孔材料作为吸附剂时的优点，同时克服它们的缺点。无机盐与水蒸气发生化学吸附反应时，尽管会放出大量的热量，但当水蒸气分压（即相对湿度）较高，超过该盐潮解的临界分压力（临界湿度）时，无机盐在水合之后会继续吸水，形成盐溶液，带来容器腐蚀等问题。故无机盐的有效适用范围只能限制在临界湿度以内。此外，无机盐在经历多次吸附/解吸循环后会有膨胀、结块等问题，增大了热量传导和水蒸气传递（即传热传质）的阻力，造成储热性能下降。多孔材料所具有的孔隙结构可以促进传热传质，且多孔材料的物性比较稳定，在多次吸附/解吸循环之后，多孔材料的储热性能几乎没有衰减。但是多孔材料的物理吸附热小于无机盐的化学吸附热。为了解决上述问题，Aristov等提出了一种制造多孔介质/无机盐复合吸附剂的方法，即将多孔基质浸渍到无机盐的水溶液当中，盐溶液会逐渐扩散并充满多孔介质的孔隙当中，之后将多孔介质烘干，孔隙内的盐溶液也会脱水形成无机盐晶体并粘附在孔隙的表面上，这样就形成了复合吸附剂。无机盐颗粒被分散在尺寸很小的孔隙当中，可以有效避免膨胀和结块问题；孔隙的存在也强化了无机盐的传热传质；此外，孔隙的存在可以扩展无机盐的可适用范围至更高的相对湿度（高于发生潮解的临界相对湿度），因为产生的盐溶液可以被容纳在孔隙中，从而增强了整个吸附剂的吸附量，增加了吸附热。

混合吸附剂利用多孔介质如膨胀石墨和活性炭等来强化化学吸附剂的传热传质。活性炭具有丰富的微孔+介孔+大孔的复合式孔结构，可以为吸附质的传递提供较多的传质通道，强化传质。膨胀石墨具有很高的导热系数，可以极大地强化吸附剂与周围传热介质间的传热，提高整个吸附储热系统的性能。

### 8.4.2 吸附剂的筛选原则

目前热化学储热系统最常采用的吸附质是 $H_2O$ 和 $NH_3$。考虑到安全性和清洁性，应用于建筑的热化学储热系统通常采用 $H_2O$ 作为吸附质。采用 $NH_3$ 做吸附质的热化学储热系统为高压系统，为了安全起见，设计时需将压力控制在 2.5MPa 以内，适宜应用在工厂等特殊场所。根据应用场合选定吸附质后，为了实现热化学储热装置的最佳储热效果，需要选择性能优越的吸附剂。

吸附剂的筛选需要遵循以下原则：

1）单位体积或单位质量的储热密度高。
2）再生温度低。
3）单位体积或单位质量的吸水量大。
4）具有较好的传热传质效果，即导热率高，且比表面积大。
5）无毒，无害，无刺激性，无腐蚀性。
6）价格低廉。
7）具有热稳定性，多次充热-放热循环后性能无衰减。

目前尚未发现满足上述所有筛选原则的吸附剂，一方面，可以根据使用场所和使用要求，优选符合上述关键性筛选原则的吸附剂；另一方面，需要不断发现或制造出新型的性能更为优越的适合热化学储热系统的吸附材料。

### 8.4.3　储热工质对

根据 8.4.1 所述的热化学吸附储热技术的分类，热化学储热系统的储热工质对可以分为物理吸附工质对、化学吸附工质对、溶液吸收工质对、复合吸附工质对和混合吸附工质对。下面对每种类别的典型的和新型的储热工质对进行介绍。

#### 1. 物理吸附工质对

**（1）硅胶-水**

硅胶的化学式为 $SiO_2$，是一种常见的大规模工业化生产的干燥剂，常用作食品干燥剂和家用干燥剂等，其外观图和结构图如图 8-6a 所示。用于热化学储热系统的硅胶通常是半透明的白色球形颗粒，粒径一般为 $1 \sim 5mm$，对应的吸附质是水蒸气。硅胶具有介孔结构，其比表面积一般为 $100 \sim 1000 m^2/g$。硅胶是由硅原子和氧原子连接构成的。根据硅胶与水分间作用力的研究，当发生单层吸附时，硅胶所吸附的水分子与硅醇基（$=Si\text{-}OH \cdots OH_2$）相连接；随着吸附过程的继续进行，新吸附的水分子与已经被吸附剂吸附的水分子间通过氢键连接。上述硅胶与水分子间连接的分子间的键能较小，故吸水后的硅胶可以在 $65 \sim 100℃$ 温度下再生，属于低温储热材料。硅胶的再生温度不能太高，当其再生温度高于 $120℃$ 时，会破坏内部的硅醇基（$=Si\text{-}OH \cdots OH_2$），导致其丧失对水分子的吸附作用。

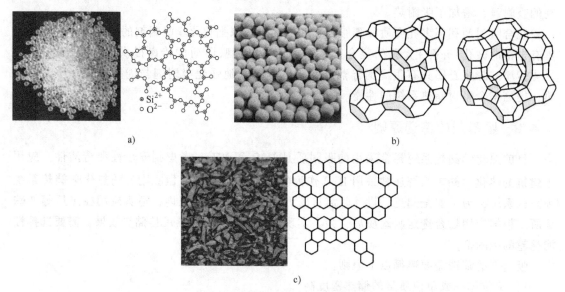

图 8-6　物理吸附剂外观图和结构图
a）硅胶　b）沸石　c）活性炭

不同种类硅胶具有不同的孔径大小。根据孔径大小，硅胶通常被分为三种类型：①A 型硅胶，孔径大小为 $2 \sim 3nm$；②B 型硅胶，孔径大小为 $5 \sim 8nm$；③C 型硅胶，孔径大小为 $8 \sim 12nm$。硅胶的主要优点是成本低（$5.6 \sim 8.5$ 元/kg），清洁无毒，但应用于热化学储热系统时，具有以下缺点：①经数次吸附-解吸循环后，硅胶颗粒会破碎成粉末，重复性和结构稳定性差；②在高水蒸气分压下才能实现较高吸水量，故在实际应用工况下，循环吸水量较小；③对应于较小的吸水量和硅胶与水分子间较小的作用力，吸附热也较低。

（2）沸石-水

沸石是一种常见的高温储热吸附剂，其再生温度为150~300℃，其外观和微观结构如图8-6b所示。沸石是碱或碱土元素（钾、钠、钙等）的结晶态硅铝酸盐，它由许多多面体形状的晶胞单元组成，常见的晶胞形状有立方体、六方柱和八面体等。这些晶胞单元由硅氧四面体和铝氧四面体组成。四面体只能以顶点相连，硅氧四面体通过共用的氧原子连接，而铝氧四面体本身不能相连，其间至少有一个硅氧四面体。目前在自然界中发现了40多种天然沸石，人工合成的沸石有150多种。工业化生产的沸石可以分为三大类，即A型沸石、X型沸石和Y型沸石。热化学储热系统中最常采用的沸石有4A型沸石、5A型沸石、10X型沸石和13X型沸石。沸石具有微孔结构，同一种沸石具有单一均匀的孔径分布。

相比硅胶，沸石的吸水量和吸附热更大，但是也需要更高的再生温度（150~300℃），一般不适合存储太阳能热能。

（3）活性炭-氨/甲醇

活性炭是一种广泛应用在气体污染物处理和污水处理的多孔材料，其大规模加工和使用可以追溯到19世纪。活性炭是将含碳物质碳化和烧结而制成，加工原材料包括焦炭、椰子壳、坚果壳和木材等。其外观图和内部结构图如图8-6c所示。活性炭一般是黑色的粉末或不规则颗粒，构成其骨架的微晶体是不规则排列的六元碳环，尺寸为0.9nm×2.3nm。由于活性炭的原材料来自天然物质，一般具有微孔+介孔或微孔+介孔+大孔结构，比表面积可以达到$500 \sim 1500 \text{m}^2/\text{g}$。活性炭内部由许多形状不规则、大小不一的相互连通的孔道形成了复杂的网状结构，一般靠近外表面的孔径较大，靠近中心的孔径较小。活性炭的亲水能力很差，适合吸附有机物，对应的吸附质主要是甲醇和氨。

（4）新型多孔材料

由上述介绍可知，当前的三种最常使用的已大规模工业化生产的多孔材料（硅胶、沸石和活性炭），在实际应用上均存在一些问题，如硅胶的低吸附热和沸石的高再生温度等。在过去几十年内，材料科学的迅速发展为热化学吸附储热系统提供了更多的新型多孔材料，包括磷酸铝沸石（AlPO）、磷酸硅铝分子筛（SAPO）、含铁沸石（FAPO）和有机金属骨架（MOF）。AlPO、SAPO和FAPO具有多种多样的骨架结构，包括不同的腔体、阳离子位点和通道。其中，三种多孔材料FAPO-5、SAPO-34、FAPO-34的热物性得到了测试，有望应用于热化学储热系统当中。MOF是一种具有骨架结构的配位聚合物，具有高孔隙率、大比表面积，以及可以根据使用需要而定制的孔结构，如图8-7所示，对于热化学储热系统有巨大的应用潜力。

上述的新型多孔材料相比传统多孔材料具有很多优势（尤其是孔结构方面），但由于目前的价格仍较为昂贵，尚未大规模推广应用。

2. 化学吸附工质对

（1）无机盐-水

热化学储热系统中最常采用的无机盐-水工质对包括：$CaCl_2\text{-}H_2O$，$LiBr\text{-}H_2O$，$LiCl\text{-}H_2O$，$SrBr_2\text{-}H_2O$，$MgSO_4\text{-}H_2O$ 和 $MgCl_2\text{-}H_2O$。热化学储热系统的充热和放热过程分别通过无机盐水合物的脱水反应和无机盐的吸水反应来实现，用化学反应式表示为

$$\begin{cases} \text{Salt-}m\text{H}_2\text{O(s)}+n\text{H}_2\text{O(g)} \xrightarrow{\text{吸附放热}} \text{Salt-}(m+n)\text{H}_2\text{O(s)}+\text{Heat} \\ \text{Salt-}(m+n)\text{H}_2\text{O(s)}+\text{Heat} \xrightarrow{\text{充热解吸}} \text{Salt-}m\text{H}_2\text{O(s)}+n\text{H}_2\text{O(g)} \end{cases} \quad (8\text{-}13)$$

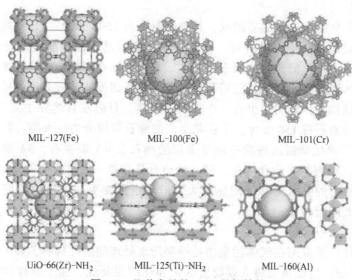

MIL-127(Fe)　　　　　MIL-100(Fe)　　　　　MIL-101(Cr)

UiO-66(Zr)-NH₂　　　MIL-125(Ti)-NH₂　　　MIL-160(Al)

**图 8-7　几种常见的 MOF 骨架结构**

无机盐-水工质对的吸水量和储热量取决于无机盐的种类和无机盐与结晶水之间作用力的大小。不同的无机盐有不同的吸水阶段，如无水氯化钙在应用工况下，一般会经历 $CaCl_2 \rightarrow$ $CaCl_2\text{-}H_2O$、$CaCl_2\text{-}H_2O \rightarrow CaCl_2\text{-}2H_2O$、$CaCl_2\text{-}2H_2O \rightarrow CaCl_2\text{-}4H_2O$ 和 $CaCl_2\text{-}4H_2O \rightarrow CaCl_2\text{-}6H_2O$ 四个吸水阶段；一水溴化锶只会经历 $SrBr_2 \cdot H_2O \rightarrow SrBr_2 \cdot 6H_2O$ 一个吸水阶段。通常不同阶段的反应焓也不相同。

由于无机盐和水蒸气之间发生的是化学反应，释放出来的是化学反应热，其吸附热大于物理吸附热。为了保证较大的吸附速率和较多的吸附热，最常采用的无机盐是强吸水性盐（$LiCl_2$、$CaCl_2$）或中等吸水性盐（$SrBr_2$、$MgSO_4$），这类盐在使用时要求严格控制水蒸气分压，当水蒸气分压超过发生水和反应的临界相对压力时，生成的水合盐会接着吸水，发生潮解反应，生成盐溶液。盐溶液的生成会导致在接下来的解吸-吸附循环中发生膨胀、结块等现象，造成储热性能的衰减。而上述无机盐的潮解的临界相对湿度较低（30℃下，LiCl 和 LiBr 的潮解临界相对湿度分别为 11.3% 和 6.2%），在应用工况下不可避免地会生成水合盐的液解现象。故当前热化学储热系统中采用的无机盐主要是 $SrBr_2$ 和 $MgSO_4$ 这两种中等吸水性盐。一些研究中为了利用强吸水性盐的高吸附热，将无机盐同多孔材料如膨胀石墨等混合，利用膨胀石墨的孔隙承载形成的盐溶液，缓解膨胀和结块等问题。总之，无机盐-水工质对在热化学储热系统中实际应用时需要严格控制水合盐的液解现象，还要考虑对容器可能造成的腐蚀问题。

（2）金属氯化物-氨

金属氯化物-氨工质对应用于高压（<2.5MPa）热化学储热系统中，利用金属氯化物与氨之间的络合反应及其可逆反应来实现能量的存储和释放，对应的过程可以用化学反应式表示为

$$\begin{cases} MCl_x\text{-}mNH_3(s) + nNH_3(g) \xrightarrow{\text{吸附放热}} MCl_x\text{-}(m+n)NH_3(s) + Heat \\ MCl_x\text{-}(m+n)NH_3(s) + Heat \xrightarrow{\text{充热解吸}} MCl_x\text{-}mNH_3(s) + nNH_3(g) \end{cases} \quad (8\text{-}14)$$

常用的金属氯化物有 $CaCl_2$、$MnCl_2$、$CoCl_2$ 和 $SrCl_2$ 等。对于以 $NH_3$ 作为吸附质的吸附式制冷。由于其制冷效率较低，无法与现有的蒸汽压缩式和吸收式制冷相竞争，极大地限制了其应用。而对于以 $NH_3$ 作为吸附质的吸附式储热，由于其具有刺激性气味，出于安全性的考虑，实验研究亦鲜有报道。但是 $NH_3$ 与金属氯化物所构建的储热系统，储热密度高，经济性好，大型系统维护保养比较有保障，整个系统更加符合氨化工装备要求，因而是一种有潜力的化学储热方式。

### 3. 溶液吸收工质对

为提高溶液吸收式热化学储热系统的储能密度和效率，要求溶液吸收工质对：①反应工质气化潜热大，以减小储存罐体积，获得更高的储能密度；②吸收溶液吸收反应热大，在制取相同热量时减少工质的循环量；③溶解度大，可利用溶液较宽范围的浓度差以提高储能密度；④用于太阳能领域时，解吸温度应尽量低，以利于提高太阳能集热器的效率。

根据上述要求，常见的吸收剂包括三种：氨水、强碱溶液以及金属卤化物盐溶液。而被吸收的反应工质则是水，其热力性能优越，尤其是气化潜热大。借助氨水吸收技术，将热能转换为氨水溶液浓度差的形式的化学能，可以实现在环境温度下低品位热能的远距离输送。强碱溶液（如 $KOH-H_2O$ 和 $NaOH-H_2O$）具有吸水能力强、成本低等优点，通常用于长周期的储能系统，如跨季节储能及移动储能。金属卤化物盐溶液可以利用相对较低温度的热源进行储热（再生），被广泛地应用于各类储能系统中。常见的金属卤化物盐溶液包括 $LiBr-H_2O$、$LiCl-H_2O$、$CaCl_2-H_2O$ 等。如 LiBr 溶液可以利用太阳能集热器产生的热水进行再生。但是，由于盐溶液的成本较高，所以通常不适合用作跨季节储能。影响溶液吸收式储热性能的因素主要有水溶液中溶质的浓度、溶液再生温度及吸收和再生过程的压力水平。

利用 NaOH 在水中溶解放热，溶液的体积储能密度可达 $900MJ/m^3$。但是，其再生热源的温度高达 150℃，降低了该技术的应用前景。

### (1) 氨水-水

基于氨水工质对构建的吸收储能技术是一种比较理想的低品位热能远距离输送方式。氨的价格低廉，来源广泛；氨和水能以任意比例互溶，氨浓度在 15% 以上时，溶液的结晶温度在 -20℃ 以下，基本无须担心结晶问题；氨水吸收可以实现制冷与制热功能，最低制冷温度可达 -60℃，采用合理的循环方式，制热温度可以与热源温度相当，甚至高于热源温度；氨是天然工质，其温室效应指数（GWP）值和臭氧破坏指数（ODP）值都为零；氨水-水也是历史最为悠久、发展最为活跃、技术最为成熟的工质对。

但是，氨有比较强的毒性和可燃性。当空气中氨的体积含量达到 0.5%~0.6% 时，人在其中停留半小时即可中毒，达到 11%~13% 时可点燃，达到 15.5%~27% 时遇明火就会爆炸。当有水存在时，氨对铜及其合金（磷青铜除外）有腐蚀作用，它和铜可结合成铜氨络合离子。另外，氨在 180℃ 时就开始分解，所以能利用的热源温度不能高于 180℃，一般在 80~180℃ 之间。虽然氨水吸收有上述缺点，但是人们在长期的实践中已经总结了丰富的使用经验，只要做好充分的预防措施，如氨换热设备机房注意通风，并经常排除系统中的空气，就可以保证氨水系统安全运行。由于氨和水的标准沸点之差仅有 133.4℃，在发生器中受热产生的氨蒸汽带有少量水，需要在系统中设置精馏器，将氨的纯度提升到 99.8% 以上。

### (2) 无机盐水溶液-水

无机水合盐具有较大的溶解热、较高的导热系数等优点，但是无机盐溶液的结晶浓度受环境温度的影响非常明显，一旦在输送管道中结晶，将对整个系统造成破坏。使用较多的无机盐有碱及碱土金属氯化物、硝酸盐、硫酸盐、碳酸盐及醋酸盐等。LiCl-$H_2O$ 溶液和 $CaCl_2$-$H_2O$ 溶液的相图如图 8-8 所示。与 $CaCl_2$-$H_2O$ 相比，LiCl-$H_2O$ 具有更高的储热密度。但是 LiCl 的成本是 $CaCl_2$ 的 10 倍，所以 LiCl-$H_2O$ 通常不适合应用于大规模的储热系统。LiBr-$H_2O$ 工质对的储热密度居中，但是溴化锂溶液对金属的腐蚀性很强，不仅影响机组的寿命，而且腐蚀产生的 $H_2$，属于机组的不凝性气体，严重影响机组的性能。LiBr 溶液对金属的腐蚀速度随着溶液浓度和温度的增加而增大。LiBr-$H_2O$ 工质对还受到溶解度和结晶线的限制，难以实现空气制冷。而且 LiBr 溶液的传热传质系数小，使得换热面积增大，使得 LiBr-$H_2O$ 工质对从经济性的角度来说，不适合应用于小型的储热系统。

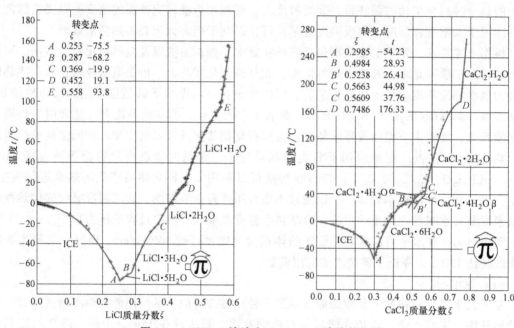

图 8-8　LiCl-$H_2O$ 溶液和 $CaCl_2$-$H_2O$ 溶液的相图

（3）NaOH-$H_2O$ 溶液

NaOH-$H_2O$ 溶液储热与放热过程用化学反应式可表示为

$$NaOH\text{-}(m+n)H_2O+Heat \longleftrightarrow NaOH\text{-}mH_2O+nH_2O \tag{8-15}$$

理论上，利用 NaOH-$H_2O$ 溶液吸收进行储热具有以下优点：

1）NaOH 化学性质稳定，价格低廉，来源广泛。

2）高浓度的 NaOH-$H_2O$ 溶液具有很强的吸水能力。一方面有利于提高单位体积溶液的储热能力；另一方面有利于提高吸收过程中水蒸气的传质速率，因为强吸水特性导致 NaOH-$H_2O$ 溶液表面的水蒸气分压力低于相同温度下纯水表面的水蒸气分压力。NaOH-$H_2O$ 溶液的体积储能密度随溶液浓度的变化如图 8-9 所示。为了获得较高的放热温度（40~45℃，冬季采暖），同时为了避免溶液结晶，NaOH-$H_2O$ 溶液的起始浓度不高于 52%Wt。单位体积 NaOH-$H_2O$ 溶液的储热能力取决于水的吸收焓以及吸附过程前后溶液的浓度差。

但是 NaOH-$H_2O$ 溶液也具有明显的缺点，如具有强腐蚀性，对系统中的容器和管道的防腐性能要求较高；同时，还容易对人体造成伤害，如与皮肤接触会引起灼烧。

瑞士国家联邦实验室（EMPA）建立了采用 $NaOH-H_2O$ 为工质对的闭式吸收式储能实验装置用于太阳能的季节性储热。测试结果表明：当蒸发温度为 5℃ 时可提供 35℃ 的采暖和 60℃ 的生活热水，其储存罐和换热器的总体积约为 $7m^3$；太阳能保证率可达到 100%，即利用夏季的太阳能完全可以保证冬季供热的需求。若制备70℃ 的热水，储能密度是水储能的 3 倍；若提供 40℃ 的低温热水，其储能密度是水储能的 6 倍。

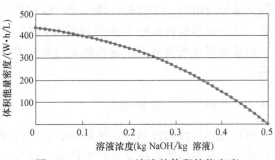

图 8-9 $NaOH-H_2O$ 溶液的体积储能密度随溶液浓度的变化

4. 复合-混合吸附工质对

由上所述，固体吸附剂-物理吸附剂和化学吸附剂在应用中均存在明显的缺点：物理吸附剂尽管具有传质性能好、稳定性强的优点，但其吸水量较小且吸附热较低；化学吸附剂具有较大的吸附热，但易发生液解现象，多次解吸-吸附循环后的膨胀和结块现象会造成性能衰减及传热传质恶化，且对一般的容器材料有腐蚀性。为了综合物理吸附剂和化学吸附剂的优点，并有效解决它们在应用中所存在的问题，Aristov 提出可以利用多孔材料和吸水性无机盐配置复合吸附剂，并将其命名为 CSPM（composite salt in porous matrix）。复合吸附剂采用多孔介质作为载体，如硅胶、沸石和膨胀蛭石等，将吸湿性无机盐嵌入多孔介质的孔隙当中，利用多孔材料的孔隙结构强化了传热传质性能，利用吸湿性无机盐的液解现象提高总吸水量，这样复合吸附剂可以发生物理吸附、化学吸附和溶液吸收三种不同的吸附过程，如图 8-10 所示，大大提高了总吸水量，并利用无机盐较高的反应热大大提高了总的吸附热。

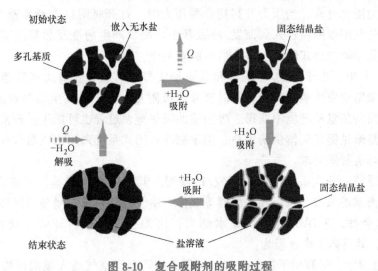

图 8-10 复合吸附剂的吸附过程

混合吸附剂一般是指固化复合吸附剂，通常作为物理吸附剂的多孔材料和作为化学吸附剂的无机盐的热导率都不太高，不利于搭建大型的热化学储热系统。为了解决该问题，一些研究者将物理吸附剂、化学吸附剂或复合吸附剂与传热传质增强材料进行混合后，再压块得到固化成型吸附剂。常用的传热传质增强材料有膨胀石墨、硫化膨胀石墨、泡沫金属和活性炭等。这些材料的热导率是常用物理吸附剂、化学吸附剂或复合吸附剂的十几倍甚至几百倍，形成的混合吸附剂由于导热能力的显著增强，可以更有效地实施加热解吸和冷却吸附等过程。

### 8.4.4 热化学储热系统

根据充热阶段和放热阶段的间隔时间，可以将热化学储热系统分为长期储热系统和短期储热系统。长期储热系统又被称为跨季节储热系统，其充热阶段和放热阶段间隔 3～5 个月，一般一年完成一次完整的充热-放热循环，即在阳光充沛的夏季将太阳能存储起来，在阳光不足的冬季释放出来，用于建筑取暖或提供生活热水。短期热化学储热系统一般是在阳光充沛的白天存储太阳能，并在夜晚释放出来；也可以在夜晚存储低谷电力，并在白天释放出来用于建筑取暖。Fisch 等人总结了 27 个欧洲短期（昼夜）和长期（季节）大型太阳能储热供热系统的投入产出比，结果表明，长期储热系统可以满足每年热量需求的 50%～70%，而短期储热系统只能满足 10%～20%，可见跨季节储能技术可以提高全年的太阳能热利用率。虽然季节性储热在实际应用中具有更大的潜力，但其对技术要求更高，并且要求储热规模大、保温性能好，储热介质经济实用，性能稳定。

根据系统的工作方式，热化学储热系统可以分为闭式系统和开式系统。典型的闭式系统的工作原理如图 8-11a 所示。闭式系统主要由两部分组成，即吸附反应器和蒸发/冷凝器。吸附反应器和蒸发/冷凝器之间通过管道连接，管道上安装阀门来控制充热过程和放热过程的启动和停止。吸附剂填充在吸附反应器当中，液态吸附质存储在蒸发/冷凝器中。闭式系统的具体工作过程为：

1）充热过程中，热源通过换热流体将热量输入到吸附反应器中，吸附剂被加热再生，反应器中的压力随之升高，当压力升高到冷凝压力时，打开吸附反应器和蒸发/冷凝器之间的阀门，逸出的气态吸附质进入到蒸发/冷凝器中冷凝，产生的冷凝热释放到环境中，输入的热源热量以化学能的形式储存在再生后的吸附剂中。

2）放热过程中，连接蒸发/冷凝器和吸附反应器，气态吸附质从蒸发器中蒸发进入到吸附反应器与吸附剂发生吸附反应，同时释放出吸附热，用于提供生活热水或者建筑供暖，吸附质蒸发所需的热量从环境中获得。吸附质的吸热蒸发过程也可用于实现夏季制冷，即蒸发所产生的冷量通过循环流体供给用户，用于制冷。闭式系统采用水或氨气作为工质，因而对管道和阀门均有特殊要求。

相比闭式系统，开式系统不需要蒸发/冷凝器，其结构更为简单，主体为吸附反应器，以及驱动空气流动的风道、风机和加湿器等配件。由于开式系统直接与周围环境发生物质交换，考虑到安全性，采用的吸附质是水蒸气，由湿空气提供。开式系统的工作原理如图 8-11b 所示，其具体工作过程为：

1）充热过程中，热源用于加热空气，所得到的高温干空气通入吸附反应器用于加热吸附剂，吸附剂所吸附的水蒸气逸出到周围空气中，与此同时，输入的热源热量以化学能的形式存储在再生后的吸附剂当中。吸附反应器出口是热湿空气。

2）放热过程中，将室内的低温湿空气通入到吸附反应器当中，其中含有的水蒸气与吸附剂发生吸附反应，释放出吸附热，用于加热空气，从而在吸附反应器出口得到暖风用于建

筑供暖。显然开式系统维护保养比较容易，但是储热的温度范围非常窄，主要用于建筑
供暖。

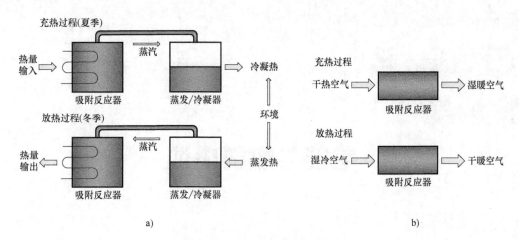

图 8-11　热化学储热系统分类

a) 闭式系统　b) 开式系统

## 第 9 章

# 氢能与燃料电池

## 9.1　概述

### 9.1.1　氢能

氢是宇宙中最丰富的元素，约占宇宙质量的 75% 左右。在太阳系中，氢是太阳的主要组成成分，也是太阳系中最重要的能量来源；而在地球中，氢主要以化合态（如水、甲烷等）的形式存在，其储量也十分丰富。氢能指的是氢的化合能，即氢与氧反应生成水的过程中所放出的能量。相比于消耗大量化石能源过程中会造成大气中 $CO_2$ 浓度增加进而引起全球温室效应等自然灾害而言，氢能具有来源广泛、绿色无污染、可存储和可再生等特点。

众所周知，当今能源消耗量巨大，随着化石能源储量的日益减少、化石能源不断消耗及其所带来的国际问题、环境问题日益严重，发展清洁无污染、可持续的新能源必将越来越受到重视。氢能无论从能量密度、能量利用率，还是从燃烧或反应后产物只有水不会污染环境的角度来看，都是非常优良的二次能源。自进入 21 世纪以来，氢能的开发和利用步伐逐渐加快，尤其是一些发达国家和化石能源贫乏的国家，都已经将氢能列为国家能源体系中的重要组成部分。

近年来，各种可再生能源技术应运而生，如太阳能、风能、生物质能、水能和潮汐能等。但是，低密度且波动大的可再生能源很难用于维持现代能源体系。因此，必须将可再生能源作为一次能源，转化成作为能量载体的二次能源，并且应该具有以下特性：①容易从各种一次能源中获取；②高能量密度和高利用率；③便于存储和运输，以及便于消费者使用；④使用过程中清洁无污染。单一的二次能源无法满足上述所有条件，如果合理搭配利用作为二次能源的电能和氢能，则可以全部满足这些特性。首先，电能具有容易从各种一次能源制取和转换成其他各种形式能量、效率高及使用方便的特点，但是也存在难以大量储存和远距离输送的缺点。而氢能正好可以弥补这些缺点，氢可以通过电解水、化石能源重组、化合物高温热解、生物质和太阳能等方式制备，然后根据用途以气体、液体、金属氢化物等形式储藏、运输和利用。同时，相比于其他能源，氢单位质量的能量大，可透过转换装置（如燃料电池）变成电能或动能，转换效率高，应用范围广，几乎可以覆盖现有工业、国防、运输等高能量密度、便于运输和有利用需求的领域。

### 9.1.2　氢的制备与提纯

虽然氢在地球上的储量丰富，但其主要以水或化合物的形态存在，属于二次能源，因此氢的制备技术至关重要。目前的制氢方法主要有化石燃料重组制氢、电解水制氢、太阳能制氢和生物质制氢等。

#### 1. 化石燃料重组制氢法

化石燃料重组制氢是一种成熟的商业化制氢方法，具有良好的经济性，其很早就用于石油精炼和石油化学加工等大规模制氢上。化石燃料重组制氢时，通常的方法是加入水蒸气或氧气，通过催化剂接触分解来制取 $H_2$、$CO$、$CO_2$ 和 $CH_4$ 等混合的气体。其主要技术有水蒸气重组法、部分氧化法和煤气化法等。

（1）水蒸气重组法

水蒸气重组法为目前制氢技术中最常用的一种方法，主要利用水蒸气与低碳的化石原料（以 $CH_4$ 为主）反应产生 $H_2$ 和 $CO_2$，其主要化学反应方程式为

$$CH_4 + H_2O \rightarrow 3H_2 + CO \tag{9-1}$$
$$CO + H_2O \rightarrow CO_2 + H_2 \tag{9-2}$$

在甲烷-水蒸气重组催化反应中，催化剂是决定操作条件和设备尺寸的关键因素之一。由于在高温操作下，催化剂晶粒容易长大，为了得到高活性和稳定性的催化剂，需要将催化剂分散在耐热的载体上，同时还应保证载体具有较高的强度。此外，考虑到甲烷原料中含有较高比例的硫元素以及实际反应中会出现副反应生成碳，还需要添加触媒材料以提高催化剂的抗硫和抗积碳能力。镍触媒是目前工业开发过程中最主要的活性成分，其性价比合适。而载体的选择通常以 $Al_2O_3$ 和 $MgO$ 为主，近年来也经常会用到低表面耐火材料——陶瓷。

虽然从化学反应方程式来看反应过程非常简单，但实际工艺流程是非常复杂的，其简化工艺流程如图 9-1 所示。在反应过程中，镍触媒易受到甲烷蒸气中所含硫的毒化，因此甲烷在进入重组器前需要先脱硫。由于该重组反应为强吸热反应，所以需要燃料进行加热使反应温度维持在 $650 \sim 700℃$，压力在 $7 \sim 48$ 个大气压之间。重组器出口温度为 $870 \sim 885℃$，为了提高能源利用率，需要通过热交换器将部分热量和蒸汽回流，再进一步于转化器内与水进行反应，将 $CO$ 转换成 $CO_2$，提高 $H_2$ 转化率。最后考虑到很多应用端（如燃料电池）对氢气纯度的要求，一般需要将产生的混合气在纯化器内进行分离以产生高纯度氢气。

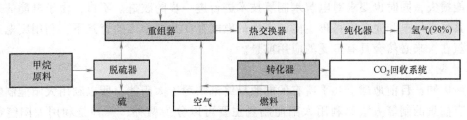

图 9-1　水蒸气重组法制氢简化工艺流程

（2）部分氧化法

由于煤气化法与水蒸气重组法都需要由外部提供热量以维持反应温度，所以为了直接利用内部反应所产生的热量，发展出了部分氧化法。部分氧化法是将预热的原料与比化学理论计量少的氧气和水蒸气在没有触媒的条件下反应，产生的热量供转化器中的蒸汽重组使用。其总反应方程式为

$$C_nH_m+2nO_2\rightarrow nCO_2+(m/2)H_2 \qquad (9\text{-}3)$$

在该反应中，合成气所需要的成分和比例根据用途需要做不同的处理。如果需要提纯氢气，其过程与水蒸气重组法类似。

（3）煤气化法

煤气化制氢技术其实是将化工生产过程和动力系统热力过程有机结合的一门技术，它可在利用煤炭进行发电、供热和制冷的同时，利用所使用的能源原料生产氢气。当然，该方法在反应产物中会有大量的 $CO_2$，但是目前已有的 $CO_2$ 捕集手段完全可以做到将其移除，减少 $CO_2$ 排放，所以综合考虑我国的煤炭储量，其未来会是一种经济的集中式制氢方法之一，也会是煤炭清洁利用的一种新途径。

2. 电解水制氢法

电解水制氢技术的优点是工艺比较简单，完全自动化，操作简单，并且产生的氢气纯度非常高，一般可达到 99%~99.9%，其中主要的杂质是水和氧气，无污染，特别适合质子交换膜燃料电池这种对于 CO 含量要求严格的燃料电池使用。

电解水制氢反应是燃料电池中 $H_2$ 与 $O_2$ 进行氧化还原反应生成水过程的逆反应。电解槽是其关键部件。由于纯水几乎不导电，所以为了提高水的电导率，减小内阻，降低电解电压，需要加入强电解质，通常采用强碱或者强酸。碱性电解质（一般用 KOH 或 NaOH）中电解的主要反应方程式为

阴极反应 $\qquad 4H_2O+4e^-\rightarrow 2H_2+4OH^- \qquad (9\text{-}4)$

阳极 $\qquad 4OH^-\rightarrow O_2+2H_2O+4e^- \qquad (9\text{-}5)$

总反应 $\qquad 2H_2O\rightarrow 2H_2+O_2 \qquad (9\text{-}6)$

酸性电解质（一般 $H_2SO_4$）中的电解反应式为

阴极反应 $\qquad 4H^++4e^-\rightarrow 2H_2 \qquad (9\text{-}7)$

阳极反应 $\qquad 2H_2O\rightarrow 4H^++O_2+4e^- \qquad (9\text{-}8)$

总反应 $\qquad 2H_2O\rightarrow 2H_2+O_2 \qquad (9\text{-}9)$

电解水制氢法的缺点是制氢成本更高，虽然以水作为原料，原料价格非常低廉，但是制氢成本主要来源于电能的消耗。理论上，在一个标准大气压和 25℃ 标准状态下水的分解电压为 1.23V，但是实际电解水所需的电压比理论值要高。因此，电解水的过程将不可避免会带来电能损失，同时也要求对电解水制氢技术进行进一步的改进。不过，由于电能的来源广泛，尤其是在风电和光电等可再生能源产生的电能存在并网困难的背景下，利用废电进行电解水制氢在未来必然会具有广泛的应用前景。

3. 太阳能制氢法

众所周知，目前地球上几乎所有的能源最终都来源于太阳能，所以利用太阳能制氢是一种非常有前景的制氢方法。利用太阳能制氢主要可以分为两种，一种是利用太阳能热能制氢，另一种是利用太阳光能制氢。

在利用太阳能热能方面，主要有太阳能热化学分解水制氢和太阳能热化学循环制氢两种方法。太阳能热化学分解水制氢是通过聚集太阳能将水加热到2500K以上进行热分解而产生氢气的方法，其过程简单，但对高温反应器、高温产物分离器等材料和工艺的要求很高，是目前该技术的一个发展瓶颈；太阳能热化学循环制氢避免了单一步骤分解纯水所需要的过高反应温度要求，而可以在不同阶段、不同温度下供给含有中间介质的水分解系统，使水沿着多步骤反应过程最终分解为 $H_2$ 和 $O_2$，从而大大降低了热化学制氢的反应温度，可以在低于1273K的温度下获得较高的制氢效率。

在利用太阳光能方面，主要有太阳能光伏发电电解水制氢、太阳能光电化学过程制氢、光催化水解制氢和太阳能光生物化学制氢四种方法。其中太阳能光电化学制氢是由光化学电池来实现。光化学电池由光阳极、光阴极和电解质组成。光阳极通常为光半导体材料，在吸收太阳能后可以产生电子-空穴对，然后电子通过外电路流向光阴极，而水中的质子从光阴极得到电子产生氢气。由于篇幅有限，其他方法这里不再过多介绍，有兴趣的读者可以参考吴素芳编著的《氢能与制氢技术》第10章内容。

### 4. 生物质制氢法

生物质制氢技术是一种利用热化学或生物技术等方法将生物质原料转换成氢气的技术。常用的生物质有半纤维素、纤维素、木质素和以其他有机质为主的水生或陆生植物等。生物质能是一种通过绿色植物的光合作用，将太阳能转化成化学能后存储到生物体内的稳定可再生能源。与其他可再生能源相比，生物质能是唯一可直接存储和运输的能源，而且来源极为广泛，资源丰富，又不受地理位置等条件的限制，但要想用生物质制备大量高品质的氢气，就需要集中处理，而由于有机植物中含量最高的还是水，集中过程所带来的运输成本非常高。生物质制氢的主要方法有生物法制氢、热化学法制氢和生物乙醇制氢。

### 5. 其他制氢方法

除了上述几种制氢方法，还有很多其他技术，如甲醇制氢、氨分解制氢等。另外，通过将各种制氢技术取长补短也形成了一些新的联合制氢方法，可以提高生产率。但综合来看，目前仍以甲烷水蒸气重组制氢成本最低。其次由于国内煤炭相对丰富，煤气化制氢成本与之相当甚至更低。但是甲烷和煤炭都不是可再生能源，而且制氢过程中同样会带来 $CO_2$ 排放问题，所以只是目前的过渡方法而非长久之计。

### 6. 氢的提纯

各种制氢技术所得到的氢气中都或多或少含有一些杂质，如 CO、$CO_2$ 和 $H_2O$ 等。在氢气应用中最高效、广泛的方式是燃料电池，而燃料电池往往对氢气的纯度要求较高，如 CO 容易使质子交换膜燃料电池中催化剂中毒等。所以，有必要对得到的氢气进行提纯。目前的提纯方法主要有深冷分离法、变压吸附法和膜分离法。

1）深冷分离法是利用低温条件下各原料气组分相对挥发度的区别，通过降低温度使部分气体液化，从而达到分离提纯的目的。深冷分离法适用于氢含量低于30%的原料气，而得到的氢气纯度高于95%，且氢回收率高，达到92%~97%。该工艺早期使用较多，常用于合成氨厂、炼油厂废气中氢气的提炼回收。

2）变压吸附法是利用吸附剂对吸附质组分在不同分压下的选择吸附性以及吸附容量差异来分离提纯氢气。杂质在高压下更容易被吸附剂吸附，从而使得吸附容量小的氢气得以被提纯，然后在低压下进行杂质脱附，吸附剂可重复循环利用。一般选用的吸附剂有活性氧化铝、硅胶、分子筛、活性炭等。该方法的优点是分离得到的氢气纯度非常高，可达99.9999%，可以满足几乎所有工业用氢的要求。缺点是氢的回收率低，只有60%～80%，这是因为，在不同的吸附剂中，氢气或多或少也会被吸附。

3）膜分离法是利用特定膜材料对特定气体组分具有选择透过性来实现气体分离的，最终使得氢气富集在膜的渗透侧，而杂质则无法渗透。该方法的缺点是无法得到很高纯度的氢气，因为当渗透侧氢气浓度达到一定程度时，氢气的扩散率就会很低，从而导致回收率降低。

### 9.1.3 氢的储存与运输

氢的储存与运输是氢能发展的关键环节，特别是车载储氢技术是制约燃料电池汽车发展的重要因素之一。由于氢气的体积能量密度很低，而且是一种易燃易爆的危险气体，如何安全地在较高的体积能量密度下输送和储存氢气是本节需要重点讨论的问题。一般来说，氢气可以以气态、液态和固体氢化物等形式储存。目前最主流的储氢方法有四种，即高压气态储氢、低温液态储氢、物理吸附储氢和金属氢化物储氢。

#### 1. 高压气态储氢

高压气态储氢顾名思义就是将氢气压缩后以气态的形式储存在高压钢瓶中，这是目前最常用和最成熟的储氢方式。目前应用较广泛的是罐装压力为15.2MPa的储氢钢瓶，在常温下就可以进行，但是单位质量的储氢密度只有1%左右，无法满足更高的应用要求。所以，目前该技术的重点研究方向是在保证安全性的条件下进行以下方面的研究：①改进储氢材料的结构和强度，提高容器的储氢压力和储氢质量密度；②改进储罐材质，向轻量化和低成本化方向发展。事实上，目前日本、美国和中国等都逐渐掌握了70MPa的高压气态储氢技术，并在燃料电池汽车上得到了实际应用。该技术的缺陷是相比于其他储氢方法质量密度还是较低，单位质量储氢密度不超过5.7%，而且随着储氢压力的增加，氢气泄漏和爆炸的潜在危害更大。

#### 2. 低温液态储氢

在101kPa下，当温度降到-253℃时氢气会变成液态。所以，低温液态储氢技术就是将氢气冷却到-253℃使其液化，然后储存于真空的绝热容器中。液化氢气具有存储效率高、能量密度大的特点，但是氢的液化需要消耗大量的能源，所以成本也高。同时，由于液化氢气与室温之间存在200℃以上的温差，所以低温液化储氢技术对容器保温材料的要求也非常高。液化储氢的单位质量储氢密度在5.7%～10%之间，是所有储氢技术中最高的。目前，美国通用汽车公司开发的燃料电池汽车就是以液态氢为燃料，该技术可以避免高压氢气的危险，更加可靠。

#### 3. 物理吸附储氢

物理吸附储氢方式是利用大比表面积、高孔容的吸附材料通过物理吸附或化学吸附将氢气吸附到孔隙内从而达到储氢的目的。目前常见的吸附材料多为碳基多孔材料，如碳纳米纤维、碳纳米管和及活性炭等。由于在常温常压下，氢气几乎不会进入到材料的纳米孔孔道内，所以，一般该储氢方式都需要在较高压力或较低温度下才能对氢气产生非常明显和大量的吸附。另外，近年来，金属有机框架材料（MOF）由于其可达到非常高的比表面积和孔容而成为研究热点。总的来说，物理吸附储氢技术目前大多还处于实验阶段，离商业化距离较远。

#### 4. 金属氢化物储氢

金属氢化物储氢是用储氢合金与氢气反应生成可逆金属氢化物进行储氢。金属氢化物中氢以原子状态储存于合金中，在需要时再经扩散、相变、化合等过程重新被释放出来，这些过程受热效率与压力的制约，因此金属氢化物储氢比高压储氢更为安全，并且具有很高的储氢容量。也就是说，根据金属氢化物的特性，只需要调节其温度和压力就可以分解释放出其中的氢气。典型的金属氢化物及其主要的储氢特性见表 9-1。

表 9-1　典型的金属氢化物及其主要的储氢特性

| 类别 | 金属 | 氢化物 | 结构 | 储氢质量比（%） | $p_{eq}/(\times 10^5 Pa), T/K$ |
|---|---|---|---|---|---|
| 元素 | Pd | $PdH_{0.6}$ | Fm3m | 0.56 | 0.02,298 |
| $AB_5$ | $LaNi_5$ | $LaNi_5H_6$ | P6/mmm | 1.37 | 2,298 |
| $AB_2$ | $ZrV_2$ | $ZrV_2H_{5.5}$ | Fd3m | 3.01 | 0.01,323 |
| AB | FeTi | $FeTiH_2$ | Pm3m | 1.89 | 5,303 |
| $A_2B$ | $Mg_2Ni$ | $Mg_2NiH_4$ | P6222 | 3.59 | 1,555 |
| b.c.c | $TiV_2$ | $TiV_2H_4$ | b.c.c | 2.6 | 10,313 |

#### 5. 各类储氢方式的储氢密度对比

除了上述四种储氢方式，还有许多其他的储氢方式，如有机液体氢化物储氢、低温高压复合储氢、高压和储氢金属复合储氢等。储氢质量密度是评价各种储氢方式的一个极为重要的指标，图 9-2 为各种储氢方式的储氢质量密度对比。

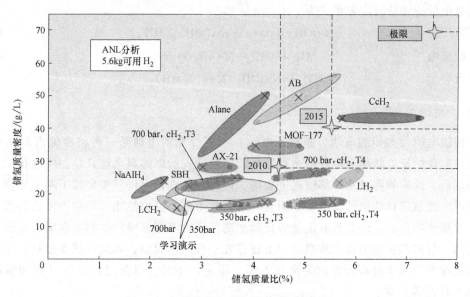

图 9-2　各种储氢方式的储氢质量密度对比

### 9.1.4　氢能的利用

氢的用途非常多，可以作为很多化工产品的原料，但这并不是本节要讨论的内容。本节的氢能利用主要指的是如何利用其化学能，其主要应用有氢内燃机、镍氢电池和氢燃料电池。氢燃料电池是高效的能量转化装置，也是推动氢能发展最重要的动力，所以燃料电池将放在下一节专门介绍。

### 1. 氢内燃机

内燃机利用活塞的往复运动将化学能转化成动能。氢内燃机的活塞在做往复运动时供给的是氢气和空气，然后将氢气点燃所产生的热能转换为动能。氢气在内燃机内的应用有以下特性：

1）点火容易，因为氢气燃烧的上下限范围大。

2）点火所需的能量小，约为汽油的 1/10，在氢稀薄状态就能顺利点火。但同时也会导致热排气与气缸局部高温热点，可能成为点火点引起气缸爆燃或提前点火。

3）相比于汽油，氢气在内燃机内的燃烧效率更高，降低了尾气中污染物的排放。

4）氢气密度小，所以在相同体积下的能量密度也小，导致出力相对也小一些。

氢内燃机汽车的能源效率和行驶里程都比燃料电池汽车低，但是考虑到燃料电池汽车目前还存在成本和耐久性的问题，氢内燃机汽车可以作为氢能向燃料电池方向发展的过渡。氢内燃机发展的关键在于如何控制 $NO_x$ 的生成、控制回火等异常燃烧以及提高输出功率等技术问题。

### 2. 镍氢电池

在锂离子电池之前，镍氢电池算是综合性能最好的电池。其正极为 $Ni(OH)_2$，负极由金属氢化物（储氢合金）作为活性物质，电解液为氢氧化钾溶液。充电过程中，$Ni(OH)_2$ 被氧化成 $NiOOH$，负极水被金属元素还原生成金属氢化物。而放电过程是充电过程的逆反应，其电极反应和总反应方程式为

$$\text{正极反应} \qquad NiOOH + H_2O + e^- \rightarrow Ni(OH)_2 + OH^- \qquad (9\text{-}10)$$

$$\text{负极反应} \qquad MH_n + nOH^- \rightarrow M + nH_2O + ne^- \qquad (9\text{-}11)$$

$$\text{总反应} \qquad MH_n + nNiOOH \rightarrow M + nNi(OH)_2 \qquad (9\text{-}12)$$

## 9.1.5 燃料电池

与传统电池（如铅酸电池、锂离子电池）不同，燃料电池是一种将存储在燃料中的化学能通过电化学反应转化为电能的一种能量转换装置。所以燃料电池只是提供电化学反应所需要的场所，反应物都是从外部输送进去的，因此，从理论上讲只要源源不断地提供反应物质，燃料电池就能持续地输出电能。而且，该转化不需要经由热能、动能等多重的能量传递过程，主要产物是水，因此具有能量转化效率高、环境友好、噪声小和负载响应速度快等特点。当然，目前燃料电池在大规模应用上还存在一些技术难点，如运行成本过高，主要表现在燃料电池本身成本过高而性能寿命还不够、稳定性不足，以及配套设施（如加氢站的建设）成本较高等方面。

根据使用的电解质不同，燃料电池可以分为质子交换膜燃料电池（proton exchange membrane fuel cell，PEMFC）、熔融碳酸盐燃料电池（molten carbonate fuel cell，MCFC）、固体氧化物燃料电池（solid Oxide fuel cell，SOFC）、磷酸燃料电池（phosphoric acid fuel cell，PAFC）和碱性燃料电池（alkaline fuel cell，AFC）。这几种燃料电池的基本性能参数对比见表 9-2。

表 9-2　各类型燃料电池的基本性能参数对比

| 类型 | 能量转化效率（%） | 工作温度/℃ | 能量密度/（kW/m²） | 启动时间级 |
|---|---|---|---|---|
| PEMFC | 40~55 | 50~100 | 3.8~6.5 | s—min |
| MCFC | 50~60 | 650~700 | 0.1~0.5 | h |
| SOFC | 45~65 | 800~1000 | 1.5~2.6 | h |
| PAFC | 40~50 | 160~210 | 0.8~1.9 | h |
| AFC | 45~60 | 60~100 | 0.7~8.1 | min |

　　正如前文所述，燃料电池具有非常广泛的应用前景。在燃料电池汽车方面，世界各国都出台了很多政策大力推广燃料电池汽车的发展，其中日本的丰田、本田，韩国的现代，美国通用和中国上汽都投入了大量的资金对燃料电池汽车进行了深入的研发。自 2015 年以来，从欧洲的挪威开始，世界上越来越多的国家开始宣布了燃油车的禁售计划，然后推广使用新能源汽车。但是纯电动汽车由于能量密度低、续驶里程小的缺点，在长途运行中常常受到诟病。燃料电池汽车具有非常大的应用市场，无论是在小轿车、公交车还是货车上。军用方面，由于燃料电池（PEMFC）工作温度低，噪声小，非常适合战场侦察等任务，因此在潜艇、无人机上得到了很好的应用，其中德国在 2002 年研发下水了第一台质子交换膜燃料电池潜艇 U212，并在近年来向希腊、以色列等国出售。在固定式发电站方面，燃料电池也已进入了正式应用阶段，如加拿大 Ballard 公司的 PEMFC 电站、美国能源研究公司（ERC）的 MCFC 电站、西门子-西屋公司的 SOFC 电站等。除上述三种热点应用外，由于高能量密度，微型燃料电池作为便携式电源也具有非常大的潜力。

## 9.2　质子交换膜燃料电池

### 9.2.1　质子交换膜燃料电池原理及概述

　　在不同类型的燃料电池中，质子交换膜燃料电池（PEMFC）凭借其能量密度和功率密度高、工作温度低、环境友好和可靠性高等特点，赢得了科学界和工业界的普遍关注。其中，氢-空气质子交换膜燃料电池更是由于其优越的便携性，在轻型汽车动力方面得到广泛应用，被视为未来汽车动力来源的终极解决方案。

　　以丰田、本田、通用和现代等汽车公司为首的欧美及日韩众多著名车企均已投入到车用质子交换膜燃料电池技术的研发中，丰田汽车于 2014 年 12 月在日本正式上市燃料电池车型"Mirai"，其电池堆体积功率密度达到了 3.1 kW/L。接着，本田于 2016 年 3 月以租售形式上市了其燃料电池车型"Clarity"，续驶里程达到 589km。作为最早开发车用 PEMFC 技术的通用也于 2017 年 1 月宣布将与本田合作生产氢动力 PEMFC 的新一代系统。

　　同样，在全球燃料电池汽车技术全面提升的新时期，我国也在大力发展燃料电池汽车。2017 年工业和信息化部、国家发展改革委、科技部联合印发《汽车产业中长期发展规划》，将燃料电池汽车列为重点支持领域。根据中国汽车工程学会 2020 年 10 月发布的《节能与新能源汽车技术路线图 2.0》，2025 年和 2030 年，我国燃料电池汽车的发展目标分别为 10 万辆以及 100 万辆。

### 1. 质子交换膜燃料电池的反应原理

传统的内燃机或发电机组，通常以直接燃烧的方式将燃料内储存的化学能释放为工质的内能，继而转换为机械能再做功或者发电，这个过程中就会造成巨大的能量损耗。如氢气的燃烧反应化学方程式为

$$H_2+\frac{1}{2}O_2 \rightleftharpoons H_2O \tag{9-13}$$

而在质子交换膜燃料电池中，氢气和氧气分别在阳极和阴极发生两个电化学半反应，方程式为

$$H_2 \rightleftharpoons 2H^+ + 2e^- \tag{9-14}$$

$$2H^+ + \frac{1}{2}O_2 + 2e^- \rightleftharpoons H_2O \tag{9-15}$$

如图 9-3 所示，连通氢气的阳极和连通空气的阴极，被只能传导质子的电解质薄膜分隔开来，这层电解质薄膜只能传递质子而不能传递电子和反应气体，称为质子交换膜。氢气作为燃料被通入阳极，在催化剂作用下发生氧化反应，形成质子，同时释放自由电子。质子则穿过质子交换膜向阴极方向传递，与氧气结合，在阴极催化剂的作用下发生还原反应。同时电子通过外电路传递到阴极，形成回路，实现化学能到电能的直接转换。

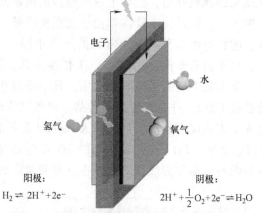

图 9-3　质子交换膜燃料电池反应原理示意图

### 2. 质子交换膜燃料电池的工作过程和关键部件

质子交换膜燃料电池的工作过程并不复杂，如图 9-4 所示，可以分为以下五个步骤：

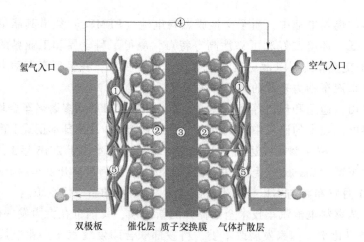

图 9-4　质子交换膜燃料电池的工作过程示意图

①—反应气体的传输　②—氧化还原反应　③—质子的传输　④—电子的传输　⑤—反应产物的排出

1）反应气体的传输。为了保证电流的持续输出，需要源源不断地为燃料电池提供燃料（$H_2$）和氧化物（$O_2$），反应气体穿过双极板流道和气体扩散层来到催化层进行反应。尤其是大电流下，反应需要大量的反应气体，需要设计高效的流场结构和气体扩散层微观结构以保证足够的反应物供给。注意：反应气体在流道中依靠对流传输，在气体扩散层和催化层中依靠扩散传输，应针对其不同传质特性进行结构设计。

2）氧化还原反应。来到催化层的反应气体会发生氧化还原反应，氧化还原反应的反应速率与电流的大小直接相关，反应速率越大，则电流越大；反应速率越小，则电流越小。反应速率的关键在于催化剂的选择，想要获得更大的电流和更高的性能，依赖于选择高效的催化剂并提高电极内催化剂的利用率。

3）质子的传输。阳极的氧化反应产生的质子需要来到阴极参与还原反应，就必须穿过两极之间的质子交换膜，这主要通过跳跃机理实现。一般来说，质子交换膜越湿润，质子传输速率越高。

4）电子的传输。和质子一样，电子也需要从阳极来到阴极参与还原反应，但由于质子交换膜不导电，电子需要通过外电路来到阴极，这样就形成了电流回路，保证了电能的持续输出。

5）反应产物的排出。作为清洁能源的代表，质子交换膜燃料电池的反应产物只有对环境没有污染的水。然而，如果这些产物水不能及时从电池中排出，却会严重地影响电池的性能。如果产物聚集在流道或电极中，就会出现"水淹"现象，堵住反应气体的传输通道，妨碍反应气体传输到催化层内，造成反应物不足，最终使得电池"窒息"而死。

## 9.2.2 质子交换膜燃料电池反应热力学

### 1. 热力学第一定律和第二定律

**热力学第一定律**：热能和机械能在转移或转换时，能量的总量必定守恒。由于封闭系统与环境之间的能量交换只有两种方式：传热或做功，根据热力学第一定律，一个封闭系统内能的变化（$dU$）必定等于系统吸收的热量（$dQ$）减去系统所做的功（$dW$），即

$$dU = dQ - dW \tag{9-16}$$

在燃料电池中，系统在做机械功的同时输出电能，则有

$$dU = dQ - pdV - dW_{elec} \tag{9-17}$$

式中，$p$ 为压强；$dV$ 为体积变化；$dW_{elec}$ 为电池所做的电功。

**热力学第二定律**：不可能把热量从低温物体传向高温物体而不引起其他变化。熵（$S$）是根据热力学第二定律引出的一个反映自发过程不可逆性的物质状态变量，孤立系统的熵永不自动减少，熵在可逆过程中不变，在不可逆过程中增加，即熵增原理。对于压强恒定的可逆反应，系统的熵变可以表示为

$$dS = \frac{dQ_{rev}}{T} \tag{9-18}$$

式中，$dQ_{rev}$ 为可逆热传递过程的热量；$T$ 为恒定温度。

结合热力学第一定律和第二定律，用熵和体积表示系统内能的变化为

$$dU = TdS - pdV - dW_{elec} \tag{9-19}$$

### 2. 标准状态条件下的可逆电压

吉布斯自由能（Gibbs free energy）又称吉布斯函数，指在等温、等压过程中，可以用于对外部环境做的非体积功，是热力学中一个重要参量，常用 $G$ 表示，它定义为

$$\mathrm{d}G = \mathrm{d}U + \mathrm{d}(pV) - T\mathrm{d}S = \mathrm{d}H - T\mathrm{d}S \tag{9-20}$$

式中，$\mathrm{d}H$ 为反应焓变；$T\mathrm{d}S$ 为电池可逆状态下的生成热。

结合式（9-19），可以将 $\mathrm{d}U$ 项代入，得

$$\mathrm{d}G = -\mathrm{d}W_{\mathrm{elec}} - S\mathrm{d}T + V\mathrm{d}p \tag{9-21}$$

一个系统所做的电功是用在一定的电压作用下移动的电荷数来度量的，而电荷是由电子携带的，可表示为

$$W_{\mathrm{elec}} = -EQ = -nFE \tag{9-22}$$

式中，$E$ 为电池做功得到的电压；$Q$ 为在电压 $E$ 作用下移动的电荷数；$n$ 为迁移电子的摩尔数；$F$ 为法拉第常数。

那么式（9-22）又可以写为

$$\Delta G = -nFE \tag{9-23}$$

可以看出，吉布斯自由能决定了质子交换膜燃料电池的理论电压，在标准状态下，对于生成液态水的氢氧反应，其吉布斯自由能变化为 $-237\mathrm{kJ/mol}$，则可以计算出氢氧质子交换膜燃料电池在标准状态下的可逆电压（$E^\circ$）为

$$E^\circ = \frac{\Delta G^0}{-nF} = -\frac{237000\mathrm{J/mol}}{2 \times 96400\mathrm{C/mol}} = 1.23\mathrm{V} \tag{9-24}$$

类似地，可以计算出生成气态水时，氢氧质子交换膜燃料电池在标准状态下的可逆电压为 $1.18\mathrm{V}$。

### 3. 非标准状态条件下的可逆电压

上述标准状态可逆电压只适用于标准状态，而质子交换膜燃料电池的工作条件常常不同于标准状态的条件，这种情况下，需要重新计算其可逆电压。非标准状态条件下的可逆电压可以利用能斯特方程来推导。

对于任意一个化学反应：

$$a\mathrm{A} + b\mathrm{B} \rightleftharpoons c\mathrm{C} + d\mathrm{D} \tag{9-25}$$

其吉布斯自由能的变化可以计算为

$$\Delta G = \Delta G^0 + RT\ln\frac{[\mathrm{C}]^c[\mathrm{D}]^d}{[\mathrm{A}]^a[\mathrm{B}]^b} \tag{9-26}$$

式中，$[\mathrm{A}]$、$[\mathrm{B}]$、$[\mathrm{C}]$ 和 $[\mathrm{D}]$ 分别为反应物和产物的活度（对于理想气体，$[\mathrm{A}] = p_\mathrm{A}/p^0$，其中 $p_\mathrm{A}$ 为气体 A 的分压，$p^0$ 为标准态压强，atm（$1\mathrm{atm} = 101325\mathrm{Pa}$）；对于理想溶液，$[\mathrm{A}] = c_\mathrm{A}/c^0$，其中，$c_\mathrm{A}$ 为溶液 A 的摩尔浓度，$c^0$ 为标准态浓度 mol/L；对于纯组分物质，$[\mathrm{A}] = 1$；$a$、$b$、$c$ 和 $d$ 分别为反应物和产物的化学计量数；$\Delta G^0$ 为标准状态下的吉布斯自由能变化，$R$ 为理想气体常数。

可以看出，如果反应物活度增加，则 $\Delta G$ 的值负移，说明反应可以释放更多能量；相反，如果生产物活度增加，则 $\Delta G$ 的值正移，说明反应可以释放的能量减少。

结合式（9-23），可以得到能斯特方程为

$$E = E^0 - \frac{RT}{nF} \ln \frac{[C]^c [D]^d}{[A]^a [B]^b} \tag{9-27}$$

对于氢氧质子交换膜燃料电池，如果反应产物为液态水（液态水的活度 $a_{H_2O} = 1$），能斯特方程写为

$$E = E^0 - \frac{RT}{2F} \ln \frac{1}{p_{H_2} p_{O_2}^{1/2}} \tag{9-28}$$

式中，$p_{H_2}$ 和 $p_{O_2}$ 分别为反应物氢气和氧气的分压。

### 9.2.3 质子交换膜燃料电池电极动力学

#### 1. 过电动势和工作电压

由于电池的放电过程是热力学上的不可逆过程，所以得到的电池电压低于其理想的平衡值。相对于平衡值，电池电压的损失被称为极化或过电动势。

极化主要来源于以下三个方面：

1）电化学极化。又称活化极化，是由缓慢的电极过程动力学引起的极化，只要有电流流过阴阳极，就会有活化极化。它与电化学反应的速率直接相关，高活性的催化剂可以降低电化学极化。

2）欧姆极化。欧姆极化是由电解质对离子的流动阻力和电极对电子的流动阻力引起的极化，欧姆极化引起的电压降基本上与电流密度成正比。较薄的电解质具有较高的离子电导率，电极催化层、扩散层和双极板的充分接触有助于电子传导，都可以降低欧姆极化。

3）扩散极化。又称浓差极化，是由反应物和反应产物质量传输引起的极化。显然，输出电流越大，需要的反应气体越多，扩散极化越明显。优化设计的流场结构和电极结构有利于反应物的传质和反应产物的排出，可以降低扩散极化。

因此，质子交换膜燃料电池的输出电压可以写成热力学理想电压减去各种极化引起的过电动势，即

$$E_{cell} = E - \eta_{act} - \eta_{ohm} - \eta_{conc} \tag{9-29}$$

式中，$E_{cell}$ 为电池的工作电压；$E$ 为电池的热力学理想电压；$\eta_{act}$ 为活化过电动势；$\eta_{ohm}$ 为欧姆过电动势；$\eta_{conc}$ 为浓差过电动势。

通常，质子交换膜燃料电池的性能可以用伏安特性曲线（又称极化曲线或 $I$-$V$ 曲线）来表示。图 9-5 是一个典型的质子交换膜燃料电池的极化曲线。当电流密度较小时，电化学极化占主导地位，电池电压有急降，此为活化极化区；电压在急降之后，随电流密度的增大而平缓地降低，基本上呈线性关系，此为欧姆极化区；当电流密度增大到一定程度后，扩散极化占主导地位，电压随电流密度的增加而迅速下降，此为浓差极化区。

#### 2. 活化极化

基于过渡态理论的 Butler-Volmer 方程可以很好地描述活化极化，即

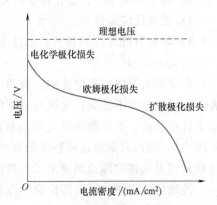

图 9-5 典型的质子交换膜燃料电池极化曲线

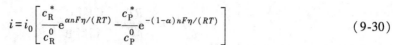

$$i = i_0 \left[ \frac{c_R^*}{c_R^0} e^{\alpha nF\eta/(RT)} - \frac{c_P^*}{c_P^0} e^{-(1-\alpha)nF\eta/(RT)} \right] \tag{9-30}$$

式中，$c_R^0$、$c_P^0$、$c_R^*$、$c_P^*$ 分别为反应物、生成物的初始浓度和反应物、生成物在催化剂表面的浓度；$i$ 和 $i_0$ 分别为净电流密度和交换电流密度；$\eta$ 为过电动势，即燃料电池中的 $\eta_{act}$；$n$ 为反应电子数；$\alpha$ 为传递系数，取决于活化能垒的对称性，$\alpha$ 的值总是介于 0~1 之间。

当评估一个反应的总的反应速率时，必须同时考虑正向速率和逆向速率，在质子交换膜燃料电池中，表现为正向电流密度 $i_1$ 和逆向电流密度 $i_2$。在热力学平衡下，正向速率等于逆向速率，即没有净电流密度（$i = 0$），此时有

$$i_1 = i_2 = i_0 \tag{9-31}$$

式中，$i_0$ 为反应的交换电流密度。在平衡条件下，虽然净电流密度为零，但正向反应和逆向反应都在以 $i_0$ 的速度发生着动态平衡。

在质子交换膜燃料电池中，电池反应温度不高，且阴极氧化还原反应可逆性低，导致交换电流密度非常小，即 $i_0 \ll i$。在这种情况下，需要比较大的过电动势才能达到净电流密度，当 $\eta_{act}$ 很大时，式（9-30）的右侧一项可以忽略，同时忽略浓度的影响，得

$$i = i_0 e^{\alpha nF\eta_{act}/(RT)} \tag{9-32}$$

解此方程得

$$\eta_{act} = -\frac{RT}{\alpha nF}\ln i_0 + \frac{RT}{\alpha nF}\ln i \tag{9-33}$$

由式（9-33）可以计算质子交换膜燃料电池的活化过电动势。式（9-33）又可以简写为塔菲尔公式的形式，即

$$\eta_{act} = a + b\lg i \tag{9-34}$$

式中，$a = -\frac{2.3RT}{\alpha F}\lg i_0$；$b$ 为塔菲尔斜率，$b = -\frac{2.3RT}{\alpha F}$。

从前面的分析可以发现，改善燃料电池动力学性能的关键在于提高 $i_0$，提高 $i_0$ 的方法主要有以下几种：

1）增加反应物浓度，如纯氧代替空气作为阴极反应气体，或提高气体压力。
2）降低活化能垒，如使用更高效的催化剂来改变反应途径。
3）提高反应温度。
4）增加可能反应的场所，如使用多孔电极来增加反应面积的粗糙度。

3. 欧姆极化

在质子交换膜燃料电池中，有两种带电物质，即带负电荷的电子和带正电荷的质子。二者的传导机理并不相同：金属电子导体中，电子可以离开不可移动的原子核，在给定场的作用下自由移动，其移动速度受到晶格散射的限制；而在固态离子导体中（如质子在质子交换膜中），电荷只能通过可移动的离子在晶格内从一个位置跳跃到另一个位置，而这种跳跃过程只能发生在空隙或填隙离子这样的晶格缺陷处。

类比欧姆定律，可以写出燃料电池中的欧姆过电动势为

$$\eta_{ohm} = iR_{ohm} \tag{9-35}$$

式中，$R_{ohm}$ 为质子交换膜燃料电池中的欧姆阻抗，包括电子电阻（$R_{elec}$）和离子电阻

（$R_{ion}$）。由于离子电荷比电子电荷传输更加困难，$R_{ion} \gg R_{elec}$。

降低 $R_{ohm}$ 的方法主要有以下几种：

1）使用电导率高的电极材料。

2）优化电池部件之间的接触，降低接触电阻。

3）使用质子传导率高的固态电解质薄膜。

4）在保证机械强度和化学稳定性的前提下，把质子交换膜做得尽可能薄。

4. 浓差极化

典型的燃料电池传质过程如图 9-6 所示。反应物先进入流场，在流场中发生对流传质，然后在电极中浓度差的作用下扩散进入多孔电极（包括扩散层和催化层），在催化层内发生电化学反应，反应的消耗导致反应物浓度下降，生成物浓度上升。在稳态条件下，多孔电极中形成稳定的浓度梯度，该梯度在气体扩散层中基本上呈线性。图 9-6 中，$c_R^0$、$c_R^*$、$c_P^0$ 和 $c_P^*$ 分别表示反应物、生成物的初始浓度和反应物、生成物的在催化剂表面的浓度。

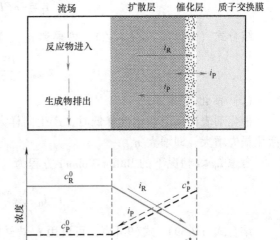

反应物消耗造成的性能损失主要表现在以下两个方面。

（1）能斯特损耗

由于 $c_R^*$ 低于 $c_R^0$，$c_P^0$ 高于 $c_P^*$，根据能斯特方程，燃料电池的可逆电动势必然下降。

图 9-6 典型的燃料电池传质示意图

稳态时，可以用菲克定律来描述其扩散行为，即

$$J_R = -D^{eff} \frac{c_R^0 - c_R^*}{\delta} \tag{9-36}$$

式中，$J_R$ 为从流道扩散到催化剂表面的反应物通量；$D_{eff}$ 为有效扩散系数；$\delta$ 为扩散距离。

由于质子交换膜的电极为多孔结构，气体在其中的扩散总会受到孔壁的阻碍，远小于其在开放空间中的扩散系数 $D$。多孔结构对气体扩散的影响一般可以用孔隙率 $\varepsilon$ 和迂曲率 $\tau$ 来修正，即

$$D^{eff} = D \frac{\varepsilon}{\tau} \tag{9-37}$$

根据法拉第定律，反应物通量和电流成正比，即

$$i = nFJ_R \tag{9-38}$$

结合式（9-37），得

$$i = -nFD^{eff} \frac{c_R^* - c_R^0}{\delta} \tag{9-39}$$

$$c_R^* = c_R^0 - \frac{i\delta}{nFD^{eff}} \tag{9-40}$$

代入能斯特方程，可得

$$\eta_{conc} = \frac{RT}{nF} \ln \frac{c_R^0}{c_R^*} \tag{9-41}$$

考虑式（9-39），对于一个给定电池，$c_R^0$ 由测试条件决定，$\delta$ 和 $D_{eff}$ 取决于电极结构的物理性质，只有 $c_R^*$ 和 $i$ 不是固定值，电流密度随催化剂表面的反应物浓度的降低而增大。考虑一种极端情况，当 $c_R^*$ 下降到零时，浓度梯度不再增加，电流密度达到一个最大值，称为极限电流 $i_L$。此时，式（9-39）写为

$$i_L = -nFD^{eff}\frac{c_R^0}{\delta} \tag{9-42}$$

结合式（9-39）~式（9-42），可得到 $\eta_{conc}$ 为

$$\eta_{conc} = \frac{RT}{nF} \ln \frac{i_L}{i_L - i} \tag{9-43}$$

（2）活化损耗

催化剂表面反应物活度降低时，产生同样大小的电流会需要更大的过电动势，也会使得活化损失增大，即增大 $\eta_{act}$。

考虑 $i_0 \ll i$ 情况下的 Butler-Volmer 方程为

$$i = i_0 \frac{c_R^*}{c_R^0} e^{\alpha nF\eta_{act}/(RT)} \tag{9-44}$$

结合式（9-39）~式（9-42），可以用 $i_L$ 描述活化损耗为

$$\eta_{conc} = \frac{RT}{\alpha nF} \ln \frac{i_L}{i_L - i} \tag{9-45}$$

综合以上两种因素，将式（9-41）和式（9-45）相加可以得到总的浓度损耗为

$$\eta_{conc} = \left(1 + \frac{1}{\alpha}\right) \frac{RT}{nF} \ln \frac{i_L}{i_L - i} \tag{9-46}$$

### 9.2.4　ORR 催化机理和催化剂

由于质子交换膜燃料电池工作温度低且 pH 值也较低，所以需要在其阳极和阴极使用催化剂来催化氧化还原反应。与阳极的氢气氧化反应（hydrogen oxidation reaction，HOR）相比，阴极的氧气还原反应（oxygen reduction reaction，ORR）十分缓慢，即使采用最佳催化剂 Pt 或 Pt 基催化剂进行催化，该反应也是高度不可逆的。本节主要介绍近年来研究人员在高活性低 Pt 或超低 Pt 阴极催化剂方面取得的研究进展，涵盖对 Pt 基催化剂表面的 ORR 电催化机理的理解以及具有更高 ORR 电催化活性的新型催化剂开发两个方面。

1. ORR 电催化机理

目前，科学界普遍认为 Pt 表面的 ORR 过程主要是一个包含多步骤的四电子还原反应过程，最终产物为水。在酸性水溶液中，其总反应方程式为

$$O_2 + 4H^+ + 4e^- \rightleftharpoons 2H_2O \tag{9-47}$$

一个被广为接受的理论认为，电子转移步骤是多步反应中的速控步骤，伴随或者说紧跟其后的质子转移步骤相对较快。然而，四电子 ORR 过程是一个高度不可逆过程，造成燃料

电池电压的损失严重，致使其热力学可逆电动势很难由实验得到验证；在 ORR 的反应电动势区间内，电极电动势及在该电动势下维持的时间对电极表层结构与特性都起着决定性作用；另外，实际电流密度往往大于交换电流密度，只能体现出控速步骤的特征。上述因素都使得电极的 ORR 反应动力学研究变得复杂。

目前人们对 ORR 反应动力学与金属表面电子特性间的关系认识还不全面，随着新研究方法的出现，有关 ORR 电催化机理的新理论也不断涌现。

Norskov 等基于简单解离机理（即认为只有吸附氧 O* 以及羟基 HO* 这两种中间态），并结合密度泛函理论（DFT）计算得到随电动势变化的氧气还原反应中间态的吉布斯自由能，发现在热力学平衡电动势下 O* 或 HO* 会被牢牢束缚在 Pt 表面，致使电子传递以及质子传递变得很困难，通过降低电极电动势可以减弱氧的吸附强度，从而使 ORR 得以顺利进行，这也是 Pt 表面 ORR 过电动势产生的原因。使用同样的方法，Norskov 还计算得到了其他金属与 O* 以及 HO* 间的键能，并将键能值与金属催化 ORR 活性的能力进行了关联，发现两者呈火山形关系，催化 ORR 活性最好的 Pt 及 Pd 处于火山的顶点，如图 9-7 所示，且 O*-金属键能与 HO*-金属键能在决定 ORR 活性上是等价的。

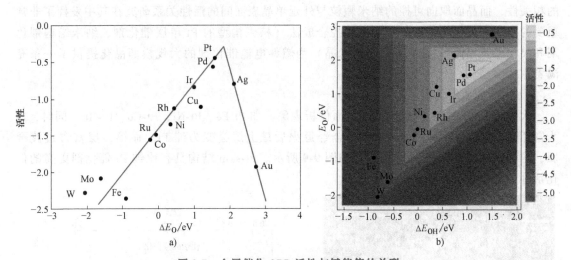

图 9-7 金属催化 ORR 活性与键能值的关联

a）氧还原活性随 O*-金属键能值变化的趋势图　b）氧还原活性随 O*-金属键能值

以及 HO*-金属键能值变化的趋势组合

Wang 等建立了一个没有特定速控假设步骤的动力学模型，包含以下四个基本步骤：①解离吸附（dissociative adsorption，DA）；②还原吸附（reductive adsorption，RA），分别产生中间态 $O_{ad}$ 以及 $OH_{ad}$；③由 $O_{ad}$ 还原转变（reductive transition，RT）为 $OH_{ad}$；④$OH_{ad}$ 的还原脱附（reductive desorption，RD），如图 9-8 所示。在平衡电动势附近，由于 DA 步骤为整个反应提供了一个更活跃的吸附路径，从而第一个电子转移步骤 RA 不能成为 Pt 上 ORR 反应的速率控制步骤。然而，由于反应中间态 $O_{ad}$ 和 $OH_{ad}$ 被牢牢束缚在 Pt 表面，需要施加相当大的过电动势来克服 O 转变为 OH 和 OH 还原为水并脱附的能量。

$$\frac{1}{2}O_2 \xrightarrow[\text{RA}]{+H^++e^-} OH_{ad} \xrightarrow[\text{RD}]{H^++e^-} H_2O$$

$$DA \searrow \quad \nearrow RT$$
$$O_{ad}$$

图 9-8 ORR 的可能路径

大量研究发现，Pt 催化 ORR 的面积比活性与它的结构有关，并且电解质不同，表现出的结构敏感性也不同。在硫酸溶液中，Pt 的不同晶面上的 ORR 催化活性顺序为(111)≪(100)<(110)；在高氯酸溶液中，Pt 的不同晶面上的催化活性差异相对较小，依次为(100)<(111)<(110)。

Pt 颗粒的尺寸变化也会使 Pt 颗粒的电化学比表面积和面积比活性发生变化，而表征催化剂催化 ORR 能力的指标——质量比活性 = 电化学比表面积×面积比活性，由此可知 Pt 颗粒催化 ORR 存在一个最佳的颗粒尺寸范围，这很大程度上决定了传统 Pt/C 的载量低限。研究表明，Pt 颗粒在 3nm 时具有最大的质量比活性。

低 Pt 载量、高活性以及高稳定性的催化剂仍是车用 PEMFC 的一大挑战。目前实际应用于汽车燃料电池的催化剂主要为 Pt/C。与 Pt/C 相比，Pt-合金/C 具有更高活性以及耐久性，其最有可能成为下一代车用燃料电池的候选催化剂。以目前 Pt/C 和 Pt-合金/C 的技术水平，尚不能满足燃料电池汽车大规模产业化的成本需求。未来有望实现低成本高性能燃料电池的催化剂包括 Pt 单层催化剂、纳米薄膜催化剂以及晶面可控催化剂等。与上述 Pt 基催化剂相比，非 Pt 催化剂还处在研发阶段，其性能与耐久性离实际燃料应用要求还有很远的距离。

从理论与实验角度，迫切需要进一步理解催化剂的活性、稳定性与原子级结构特性之间的相关性，而晶面取向可控的纳米颗粒与外延单晶表面间的活性关系研究在其中发挥了非常重要的作用。催化剂结构与表面的可控合成法（核壳构型的 Pt 单层催化剂、纳米结构催化剂和尺寸以及晶面可控的 Pt 合金纳米晶）为燃料电池催化剂的大规模商品化提供了一条充满希望的路径。

（1）Pt 合金催化剂

大部分 Pt-M 二元合金存在 Pt 表面偏析现象，如 Pt-Fe、Pt-Ni、Pt-Co、Pt-Ru；同时，Pt 为富相的 Pt-Fe、Pt-Co 和 Pt-Ni 等合金经退火后最上层会变为纯 Pt，而第二层富含过渡金属，这种结构被称作 Pt-skin 结构，如图 9-9 所示。Pt-skin 结构具有比纯 Pt 催化剂更高的催化活性，同时具有更好的抗毒化能力。

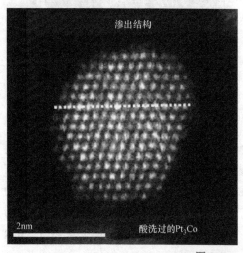
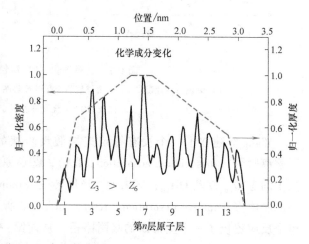

图 9-9 一种 Pt₃Co 合金催化剂

$Z_3$、$Z_6$—第 3、6 层原子层上的强度

（2）Pt 单层催化剂

Adzic 等提出的 Pt 单层催化剂是近些年降低质子交换膜燃料电池 Pt 载量的一个主要方

向。Pt 单层催化剂具有以下优点：①Pt 原子利用率为 100%（因为这些 Pt 原子都在表面上）；②通过改变基底金属来调整 Pt 的活性与稳定性。如图 9-10 所示，当 Pt 单层沉积在不同的金属基底上，由于金属间晶格的不匹配促使单层承受拉应力或压应力，导致 d 能带中心能量改变，从而影响 ORR 活性。

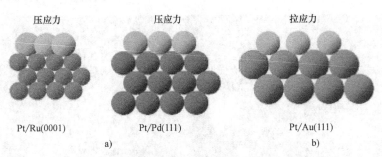

图 9-10　三种不同基底上的不规则 Pt 单层模型

a）压应力：Ru（0001）和 Pd（111）　　b）拉应力：Au（111）

**（3）Pt 及 Pt 合金的纳米线和纳米管电催化剂**

Pt 或 Pt 合金的纳米线或纳米管因为具有比较小的局部曲率（至少一个方向上曲率是小的），且其与 OH 或 O 的结合比较弱，表现出高稳定性以及面积比活性，近年来得到了学者们的广泛关注，如 3M 纳米薄膜催化剂（NSTF）。NSTF 是由在具有良好热、化学和电化学稳定性的有序晶须上真空镀沉积一层 Pt 得到的，其扫描电子显微镜（SEM）照片如图 9-11 所示。该催化剂起支撑作用的有序晶须是由有机颜料 PR（perylene red）在真空蒸发后退火形成的，晶须截面尺度为 50nm，晶须长度由 PR 膜的厚度控制，一般长度在 $0.5 \sim 2\mu m$ 范围内。

图 9-11　典型 NSTF-Pt 催化剂的 SEM 照片

**（4）形貌以及晶面取向可控的纳米 Pt 基合金催化剂**

Stamenkovic 等研究发现，在高氯酸溶液体系中，$Pt_3Ni$（111）表面的 ORR 面积比活性要比 Pt（111）表面上的约高一个数量级，而其他低指数面［$Pt_3Ni$（100）和 $Pt_3Ni$（110）］的面积比活性远不及 $Pt_3Ni$（111）。因此，研究者认为，如果能够制备暴露面全为（111）取向的纳米晶，就有望将面积比活性提高两个数量级（对比最佳 Pt/C 催化剂面积比活性）。基于该理论，Wu 等制备的截角八面体 $Pt_3Ni$（t，o-$Pt_3Ni$），Zhang 等制备的单分散

$Pt_3Ni$ 纳米正八面体和纳米立方体，以及 Yang 和 Stamenkovic 等制备的 $Pt_3Ni$ 纳米骨架均表现出了惊人的性能。

典型的 $Pt_3Ni$ 纳米正八面体和纳米正立方体 SEM 照片、三维模型、透射电镜（TEM）照片如图 9-12 所示。

图 9-12 典型的 $Pt_3Ni$ 纳米正八面体和纳米正立方体催化剂

a、b）$Pt_3Ni$ 纳米正八面体的 SEM 照 c）$Pt_3Ni$ 纳米正八面体的三维模型
d、e）$Pt_3Ni$ 纳米正八面体的 TEM 照片 f、g）$Pt_3Ni$ 纳米立方体的 SEM 照片
h）$Pt_3Ni$ 纳米立方体的三维模型 i、j）$Pt_3Ni$ 纳米立方体的 TEM 照片

（5）非贵金属催化剂

过渡金属——$N_4$ 大环化合物（如钴卟啉、铁卟啉、铁酞菁等）是当前研究较多的一类非 Pt 基氧还原催化剂，为实现其在 PEMFC 上的应用，大量研究集中在氧还原催化活性的提高、氧还原催化机理的探明和合成工艺的简化，以及稳定性的提高三个关键问题上。

一种典型的非贵金属催化剂及其合成步骤如图 9-13 所示。

## 9.2.5 质子交换膜

质子交换膜（proton exchange membrane，PEM）是离子交换膜的一种。由于它在燃料电池中的主要功能是实现质子快速传导，故又称为质子导电膜。PEMFC 工作时，$H_2$ 在阳极催化剂作用下解离为质子（$H^+$）和电子（$e^-$），电子从外电路由阳极向阴极转移，而质子则通过质子导电膜由阳极转移到阴极。通常，低温质子导电膜中的质子以水合氢离子 $H_3O^+$（$H_2O$）n 的形式在质子交换膜中定向传输，实现质子导电。

质子交换膜作为 PEMFC 的核心组件，不仅充当质子通道，而且还起阻隔阳极燃料和阴极氧化物的作用，防止燃料（$H_2$、甲醇等）和氧化物（$O_2$）在两个电极间发生互串。质子交换膜性能的好坏直接决定着 PEMFC 的性能和使用寿命。根据 PEMFC 的发展和需要，PEM 的材料应具有以下性质：

1）高的质子传导率，保证在高电流密度下，膜的电阻小，以提高输出功率密度和电池效率。

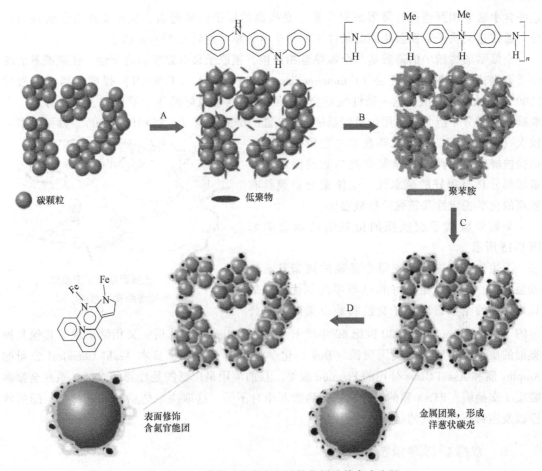

图 9-13  一种典型的非贵金属催化剂及其合成步骤

2）低电子电导率，使得电子只能从外电路通过，提高电池效率。

3）气体渗透性低，能够有效阻隔燃料和氧化剂的互串。

4）化学和电化学稳定性好，在燃料电池工作环境下不发生化学降解，以提高电池的工作寿命。

5）热稳定性好，在燃料电池工作环境中，能够具有较好的力学性能，不发生热降解。

6）较好的力学性能和尺寸稳定性，在高湿环境下溶胀率低。

7）价格较低及环境友好。

目前，最先进的质子交换膜是基于全氟磺酸离子交换聚合物（perfluorinated sulfonic acid ionomers，PFSA）的质子交换膜，也是目前在 PEMFC 中唯一得到广泛应用的一类质子交换膜。全氟磺酸质子交换膜的分子结构式如图 9-14 所示。

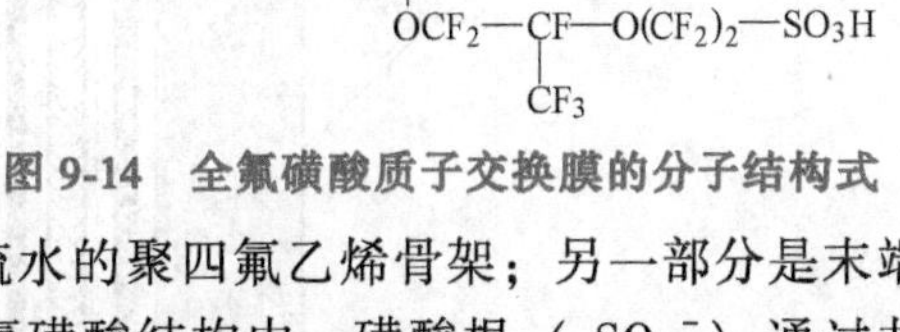

图 9-14  全氟磺酸质子交换膜的分子结构式

全氟磺酸聚合物的结构分为两部分：一部分是疏水的聚四氟乙烯骨架；另一部分是末端带有亲水性离子交换基团（磺酸基团）的支链。全氟磺酸结构中，磺酸根（$-SO_3^-$）通过共价键固定在聚合物分子链上，它与 $H^+$ 结合形成的磺酸基团在质子溶剂（$H_2O$）中可离解出可自由移动的质子（$H^+$）。每个 $-SO_3^-$ 侧链周围大概可聚集 20 个水分子，形成含水区域。当这些含水区域相互连通时可形成贯穿质子交换膜的质子传输通道，从而实现质子的快速传导。通常这类质子交换膜在高湿条件下的质子电导率可达到 0.1S/cm 以上。

全氟磺酸树脂中的磺酸基与全氟烷基相连接，氟原子具有强吸引电子性，使磺酸基的酸性显著提高。三氟甲基磺酸（trifluoromethanesul fonic acid，$CF_3SO_3H$）强度相当于硫酸的1000 倍，故称为超酸。这一特性使得全氟磺酸树脂具有较好的质子导电性。另一方面，全氟磺酸树脂分子链骨架采用的是碳氟链，C-F 键的键能较高（$4.85×10^5$J/mol），氟原子半径较大（$0.64×10^{-10}$m），能够在 C-C 键附近形成一道保护屏障，因此使得全氟磺酸树脂的四氟乙烯链段部分具有很好的疏水性，也使聚合物膜具有较高的化学稳定性和较强的机械强度。

全氟磺酸质子交换膜的微观结构示意图如图 9-15 所示。

上述化学结构特点使得全氟磺酸树脂具有机械强度高、化学稳定性好和电导率高的优点。最具代表性的全氟磺酸质子交换膜是由美国杜邦公

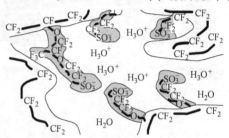

图 9-15　全氟磺酸质子交换膜的微观结构示意图

司的 Walther Grot 博士于 20 世纪 60 年代末开发的 Nafion 膜；此后，又相继出现了其他几种类似的质子交换膜，如美国陶氏（Dow）化学公司的 Dow 膜、日本 Asahi Chemical 公司的 Aciplex 膜和 Asahi Glass 公司的 Flemion 膜等。目前应用最广泛的是杜邦的 Nafion 系列全氟磺酸质子交换膜。PFSA 膜的寿命从数千到数万小时不等，这取决于树脂的端基种类、膜的特性以及燃料电池测试的运行条件等因素。

## 9.2.6　双极板材料和技术

一般来说，在燃料电池中，起到支撑、集流、分隔氧化剂与还原剂作用并引导氧化剂和还原剂在电池内电极表面流动的导电隔板通称为双极板。在燃料电池的三大基本组件中，双极板占到了燃料电池重量的 80%、成本的 45%。图 9-16 所示为燃料电池堆结构示意图，可以看出，双极板与质子交换膜交替叠加，构成一个单体电池，而每个电池堆中有几十甚至上百个这样的单体电池，双极板在其中既是支撑电池堆的"骨架"，也是收集电流的集电器，同时又为流场冷却电池堆提供流道，因此，双极板在燃料电池中的地位不言而喻。

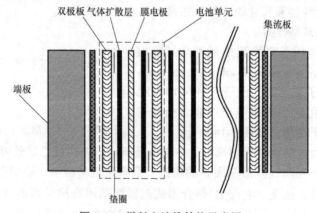

图 9-16　燃料电池堆结构示意图

双极板的功能和特点包括：

1）分隔氧化剂与还原剂。双极板的流道设计需要具有良好的气密性，阻止氧化剂和还原剂或者冷却液通过双极板的孔隙混合。

2）收集电流。双极板需要具有良好的导电性能，尤其装配后在电池堆中应尽可能降低双极板的电阻率，提高电流收集效率。

3）为冷却液提供通道。双极板除了为反应剂提供通道外，也同时为冷却剂提供通道，因此双极板应具有良好的导热性能和密封性能，确保电池组的有效冷却，同时防止冷却液外泄，干扰电池组工作。

4）双极板在电池堆中同时为氧化剂、还原剂、冷却液提供流场，双极板的流场结构很大程度上会影响极板的加工难度、电池的工作效率与寿命等，因此双极板的流场构形设计应该尽可能均匀、合理，最大可能地保证反应均匀、稳定同时高效地进行。

5）双极板的工作环境中同时存在氧化介质（氧气）和还原介质（如氢气），因此双极板的材料需要具有在工作环境下的抗腐蚀能力。

6）双极板同时是电池堆中的"骨架"，与膜电极层叠装配形成电池堆，因此双极板应具有一定的强度，保持电池堆的结构稳定。

根据燃料电池的工作特性和功能要求，双极板材料需要满足的多项标准归纳见表9-3。

表9-3 双极板材料的性能指标

| 材料特性 | 标准 | 材料特性 | 标准 |
|---|---|---|---|
| 体导电率/(S/cm) | >100 | 导热性能/(W/m·K) | >10 |
| 单位面积接触电阻/$\Omega \cdot cm^2$ | <0.01 | 渗透率/($cm^3/cm^2 \cdot s$) | $<2 \times 10^{-6}$ |
| 化学稳定性能极限 | pH<4 | 抗弯曲强度/MPa | >59 |
| 抗腐蚀性能/$\mu A \cdot cm^2$ | <16 | 冲击强度/(J/m) | >40.5 |

基于规模化生产以及市场化的考量，双极板还需要满足成本低、质量小以及易加工的特点，这对于双极板的材料以及加工工艺提出了许多其他具体的要求。国内外的研究者也针对双极板的构型设计、材料选择等方面开展了大量研究。

1. 双极板的构型设计

由于双极板在燃料电池中同时为冷却液和反应剂提供流动的流道，因此在两面都需要加工出流场，流体在流场中的流动方向根据燃料电池的设计情况各不相同。氧化剂、还原剂以及冷却液在流场中可以按照顺流、逆流或者错流等方式流动，不同的流场设计对于反应剂在电极各处的分配有很大影响，如果反应剂分配不均匀，则造成电极各处反应不均匀，产生的电流密度分布也随之不均匀，导致电池局部过热，效率下降；同时反应所产生的水未及时排出会阻止反应气体顺利接近催化剂，降低输出功率。因此双极板的构型设计对燃料电池最终的性能和效率影响重大。常见的双极板流道结

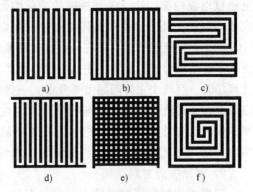

图9-17 常见的双极板流道结构

a）蛇形流道 b）平行流道 c）多路蛇形流道
d）交指形流道 e）网状流道 f）螺旋蛇形流道

构如图 9-17 所示，有以下几种：

（1）蛇行流道

在流场板上从入口到出口只有一条通道，气体进入后只有唯一流动方向和路径；流道在流场区往复折返，由长直流道和回返流道两部分不断连接而成；流道为串联形式，前后长直流道一般平行并列。蛇形流道的突出优点是方向和路径唯一且连续的通道可以保证流体稳定流动，能迅速排出生成的液体水，不易出现堵塞的情况。缺点是对于面积比较大的流场板，蛇形流道会因流道过长造成反应气体压降过大、在流道后段导致反应气供应不足，最终影响电池性能。

（2）平行流道

在流场板上从入口到出口有多条通道，气体进入入口后有多条路径；流场区一般由多条长直流道平行排列而成，流道中不存在折弯或者回返部分；平行流道的入口和出口与流场区入口和出口分别连接。由于平行流道不存在折弯和回返的部分，所以平行流道具有流动阻力小的优点，这在一定程度上能够降低压力损失，提高电池的整体效率。另一方面，由于平行流场流道数目多，虽然流道都是平行排列的，但是根据流体力学，气体并非完全均匀地流入各流道，这就造成了流速分布不均匀、产物水不易被排出、在脊下和流道的边缘聚集，从而造成部分电极水淹的情况。而且，各流道中气体的流动和反应情况的细微差别会对电池的整体性能造成扰动，在电池持续工作的过程中，容易出现电池性能不稳定的情况。

（3）多路蛇行流道

流场区含有多条连续流道，流道间互不相通；每一条单独的流道都呈蛇形，从入口到出口是连续且独立的通道，流体在其中有唯一的流向和路径；多条蛇形流道在并行的部分是平行的；多条流道的入口和流场入口是一致的，即流体进入各流道是均匀和同时的关系。这种流场构型既有蛇形流道连续稳定的特点，又有平行流道有效避免压降过大的优点。同时多路蛇形流道有很大的灵活性，在不改变流场板面积和形状的条件下，其流道数目和长度以及流道尺寸都可以调整，能够设计出适合不同需要的各种形式。虽然多路蛇形流道构型仍然有存在压降的现象，但其程度已经大大减小，电池稳定性也随之明显提高。

（4）交指形流道

采用流道末端封死、流场入口和出口间不连通的结构，迫使气体在压差的作用下强迫对流通过电极内部。这一流动机理的变化缩短了气体扩散至催化层表面的距离，扩散加快，反应速率得到提高，但由于是强制对流，所以整个流场的压降很大。

除了上述流场构型，还有一些其他的流场构型，如回状流道、螺旋蛇形流道等，这些流场也基本都是结合平行流道、蛇形流道以及非连续流道的设计理念，灵活综合而得。在选择与设计流场时，有两个主要问题需要考虑：一是整个流场的压降越小，越有利于提高燃料电池的反应效率；二是流体在整个流场的分布均匀性，分布越均匀，越有利于提高燃料电池的反应效率。同时也应考虑双极板的材料以及不同流场的加工难度，因为不同材料条件下适用的流场构型和加工工艺截然不同，因此流场构型设计也要考虑针对材料特性合理设计、灵活调整。

2. 双极板的材料选择

双极板的材料选取目前主要包括石墨、金属以及复合材料三类。

1）石墨材料因其良好的导电性能以及在燃料电池工作环境中良好的抗腐蚀性能受到研究者的青睐。在传统的燃料电池研究中，双极板多基于石墨材料制造而成。但石墨材料抗弯曲强度小，厚度较大。制造成本方面，石墨板脆性较大，加工往往采用铣削方式进行，加工难度大，速度慢，合格率低，因此成本较高，同时也增加了石墨双极板大批量规模化生产的难度。而且石墨双极板一般由铣削工艺加工而成，板体设计较厚才能保证加工出流道的基本尺寸。由于石墨孔隙较多，制造出的双极板渗透率高，也会影响燃料电池的工作性能。

2）金属材料相比石墨材料具有更好的导电和热传导性能，同时金属材料良好的机加工性能会大大降低双极板的加工难度，然而金属材料抗腐蚀性能较差，需要采用表面镀膜、涂层处理等方法进行改性。

3）复合材料双极板能较好地结合石墨板与金属板的优点，使电池堆装配后达到更好的效果，复合双极板可以分为碳基复合材料双极板和金属基复合材料双极板。

石墨材料、金属材料与复合材料作为双极板材料各有其优点，也有比较明显的缺点，研究者们一直在研究和尝试如石墨板新的加工工艺、金属板表面镀膜、低成本的复合材料合成工艺等方法和手段来改良这些材料的特性，使之能够更好地应用于双极板，最终实现大批量产业化制造低成本、高效率、高性能双极板的目标，促进整个燃料电池行业的发展。

### 9.2.7 直接甲醇燃料电池

直接甲醇燃料电池（direct methanol fuel cell，DMFC）的阳极用液态的、可再生的甲醇（MeOH，比能量为4384W·h/L，6.1kW·h/kg）作为燃料，阴极和氢氧燃料电池类似，使用氧作为氧化剂，通过甲醇的电化学氧化和氧气的电化学还原，在外电路中释放出电子，实现化学能到电能的转换。

MeOH的价格相对低廉，与氢作为燃料的系统相比，该系统中不需要安放重组装置，或是携带储存量有限的储氢罐，而且甲醇的储存或运输也较为方便，这样就使整个系统更为简单。

直接甲醇燃料电池的化学反应方程式为

阳极反应

$$CH_3OH+H_2O=CO_2+6H^++6e^- \qquad (9-48)$$

阴极反应

$$1.5O_2+6H^++6e^-=3H_2O \qquad (9-49)$$

总反应

$$CH_3OH+1.5O_2=CO_2+3H_2O \qquad (9-50)$$

要使DMFC发展成为一项成功的燃料电池技术，需要开发两种关键材料：电极催化剂和电解质膜，这也是DMFC技术所面临的两个巨大挑战。DMFC的商业化受到两个因素的限制，其中一个因素是甲醇阳极反应的动力学速度比氢气要缓慢很多；另一个因素是甲醇会透过电解质膜，在阴极上发生氧化反应，降低了电池电压和燃料的利用率。因此，必须研究和开发新的阳极催化剂，有效地提高甲醇的电化学氧化速度；研究和制备低甲醇透过的电解质膜以及耐甲醇的阴极催化剂，这样才能使直接甲醇燃料电池在运输领域、便携式工具和分布式电站等方面的实用化取得显著的进步。

阳极催化剂的研究和开发主要着眼于两方面：其一为高性能，包括高活性、高可靠性和长寿命；其二为低价格。为了提高阳极催化性能，需要开发新的催化剂材料，包括贵金属和非贵金属催化剂。合金化是贵金属催化剂开发的主要研究方向，通过快速的活性筛选，可以在商业化上得到突破。

阳极是甲醇发生电化学氧化的地方，反应很复杂，有许多中间步骤，产生许多中间产物，图9-18所示为甲醇阳极电化学反应的路径和可能的中间产物。浅色箭头表示非直接形

成 $CO_2$ 的机理,而指向右边的箭头,包含了从碳化物或是周围的水(添加了 OH 基团)所产生的质子/电子对(在图中略去),虚线箭头表示没有产生质子/电子对。

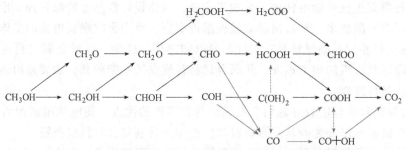

图 9-18    甲醇阳极电化学反应的路径和可能的中间产物

甲醇氧化是 DMFC 电池反应的重要步骤,也是限制其性能的制约性因素。其中的中间产物 CO 限制了阳极的反应速度,然而 CO 又是一种最稳定的中间产物,也是 Pt 中毒最主要的原因。当存在第二种金属,如金属 Ru 和 Pt 合金化后,将产生既具有活性催化剂的性能,又能抵抗 CO 中毒的协同效应,可以使甲醇的氧化速度大幅度提高,达到实用化的水平。

在酸性介质中,只有有限的电极材料适合于甲醇的电化学氧化。其中 PtRu 合金表现出了较好的活性和稳定性,是最实用化的 DMFC 的催化剂,而在 PEMFC 中广泛使用的纯 Pt 催化剂,由于会被甲醇电化学氧化的中间产物 CO 所吸附,占据反应的活性点,反应速度较低。

PtRu 合金催化剂性能依赖于组成、结构、形貌、粒子大小和合金化的程度。纳米尺寸小且颗粒分布范围窄、合金化彻底且均匀而广泛地分布在载体上的 PtRu 合金催化剂通常具有良好的性能。

研究者通过控制合成步骤和条件,开发出了有潜在应用价值的、创新性的、具有经济效益的 DMFC 阳极催化剂材料制备方法。阳极催化剂主要有三种重要的制备方法:

1)浸渍法。包括浸渍步骤和还原步骤,是最简单直接的制备技术。浸渍步骤中的许多因素会影响催化剂的组成和分布,导致催化剂的性能不同,这也是浸渍法最大的缺点。

2)胶体法。首先制备包含 PtRu 的胶体,然后把 PtRu 胶体沉积在碳载体上,最后化学还原混合物,还原条件的不同,会造成催化剂的粒径的大小和分布的不同。

3)微乳液法。通过油包水的乳液反应先形成 PtRu 纳米粒子,接着再进行还原。微乳液起到纳米尺寸反应器的作用,化学反应在微乳液中进行。其优点是通过改变合成条件,可以很容易地控制金属的组成和粒子大小,催化剂的尺寸分布很窄,可得到高度合金化的催化剂。但是,微乳液法需要昂贵的表面活性剂和后续多次的分离、洗涤步骤,并不适合于大规模生产。

# 9.3    固体氧化物燃料电池

## 9.3.1    固体氧化物燃料电池概述

固体氧化物燃料电池(solid oxide fuel cell,SOFC)是一种通过电化学反应将燃料中的化学能直接转变成电能的全固态发电器件，其基本的思想和材料由能斯特与他的同事在 19 世纪末提出。SOFC 无须经过从燃料化学能→热能→机械能→电能的转变过程，其能量转化效率高、操作方便、无腐蚀，燃料适用性广，可广泛地采用氢气、一氧化碳、天然气、液化气、煤气、生物质气、甲醇、乙醇、汽油和柴油等多种碳氢燃料，很容易与现有能源资源供应系统兼容。SOFC 不需要贵金属催化剂，而且不存在直接甲醇燃料电池（DMFC）的液体燃料渗透问题。另外，SOFC 具有环境友好、排放低和噪声低等优点，是公认的高效绿色能源转换技术。

SOFC 的工作原理如图 9-19 所示，其单体电池由阳极、阴极和电解质组成。阳极为燃料发生氧化的场所，在阳极一侧持续通入燃料气，如氢气（$H_2$）、甲烷（$CH_4$）和其他碳氢燃料等，碳氢燃料可通过重整反应产生氢气和一氧化碳，具有催化作用的阳极表面吸附燃料气体，并通过阳极的多孔结构扩散到阳极与电解质的

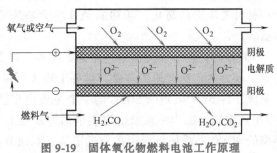

图 9-19 固体氧化物燃料电池工作原理

界面。阴极为氧化剂还原的场所，在阴极一侧持续通入氧气或空气，具有多孔结构的阴极表面吸附氧，由于阴极本身的催化作用，氧分子得到电子还原成氧离子，在化学势的作用下，氧离子进入起电解质作用的固体氧离子导体，由于浓度梯度引起扩散，最终到达固体电解质与阳极的界面，氢气和一氧化碳与氧离子结合被氧化成水和二氧化碳，失去的电子通过外电路回到阴极。SOFC 工作时相当于一个直流电源，其阳极即电源负极，阴极为电源正极。

SOFC 的化学反应方程式为

阳极反应
$$H_2+O^{2-} \rightleftharpoons H_2O+2e^- \tag{9-51}$$
$$CO+O^{2-} \rightleftharpoons CO_2+2e^- \tag{9-52}$$

阴极反应
$$\frac{1}{2}O_2+2e^- \rightleftharpoons O^{2-} \tag{9-53}$$

总反应
$$H_2+\frac{1}{2}O_2 \rightleftharpoons H_2O \tag{9-54}$$
$$CO+\frac{1}{2}O_2 \rightleftharpoons CO_2 \tag{9-55}$$

在无电流的条件下，阴极和阳极之间的电压由能斯特方程确定，即

$$E=E^0+\frac{RT}{4F}\ln p_{O_2}-\frac{RT}{2F}\ln\frac{p_{H_2}}{p_{H_2O}} \tag{9-56}$$

实际情况所测得的开路电压值与由能斯特方程计算得到的数值会有偏差。当外部负载与 SOFC 相连时，电池的电压将低于开路电压，其原因在于电流产生时会引起欧姆极化、活化极化和浓差极化。活化损耗是由电化学反应引起的损耗，对于 SOFC 而言，由于工作温度较高，其活化损耗相对较低。浓度损耗是由质量在多孔介质内传输而引起的损耗，造成电解质/电极界面的燃料或氧化剂浓度低于其在电极内部的浓度。电池的电压降与通过电池的电流成正比，并与电池工作温度相关。

典型的 SOFC 单体电池由钇稳定氧化锆（YSZ）电解质、Ni/YSZ 多孔金属陶瓷阳极和掺杂 $LaMnO_3$（LSM）多孔阴极组成。YSZ 需要工作在相对较高的温度，一般在 700℃ 以上，以保持足够的离子电导率。YSZ 电解质支撑的单体电池工作在 1000℃ 左右，以确保足够的功率输出，其中 YSZ 电解质支撑体的厚度在 150μm 左右。当采用阳极支撑体结构时，YSZ 电解质薄膜的厚度可在 10μm 左右，电池工作温度则可降至 800℃ 以下的中温区，并具有相同的功率输出。与高温 SOFC 相比，中温 SOFC 显现出多方面的优点：①连接体可采用低成本的金属材料（如铁基不锈钢）；②系统的快速启动和停止步骤成为可能；③周边组件的设计和材料要求得到简化；④热腐蚀速率大幅降低，部件性能衰减得到缓减；⑤密封要求可降低。

SOFC 的高效率、无污染、全固态结构，以及对多种燃料气体广泛适应性等方面的突出优点，成为其广泛应用的基础，世界上许多研发机构正在开发多种用途的 SOFC 电池堆和发电系统。1~5kW 级别的 SOFC 的一个主要应用就是为以天然气为燃料的用户提供热电联供（CHP）系统，能为一般家庭提供电力并满足其主要的热能需求（包括热水）。另外，这些小型的 SOFC 系统还可应用在偏远地区以实现分布式发电和军事用途。大型 SOFC 可以实现以煤或者其他碳氢化合物为燃料的数兆瓦级发电系统的发电，分析认为，配备 SOFC/气体涡轮的联合系统在兆瓦级别系统上的发电效率可达 70%。便携式设备所需要的电力在数毫瓦到数百瓦之间，基于 SOFC 的便携式发电系统也已扩展至军工、休闲和紧急情况方面的应用，可延长军事任务的时间和为电子设备、无线电和笔记本计算机等提供非电网电力。SOFC 的另一应用是在交通运输领域，可将其用在辅助动力装置上。

## 9.3.2 电解质材料

在 SOFC 系统中，电解质的主要作用是传导离子和隔离气体。电解质材料按照导电离子的不同可以分为氧离子导电电解质和质子导电电解质，它将离子从一个电极尽可能高效率地传输到另一个电极，同时阻碍电子的传输，因为电子的传导会产生两极短路，降低电池效率。电解质两侧分别与阴极和阳极相接触，阻止还原气体和氧化气体相互渗透。因此，电解质材料在其制备和实际工作条件下必须具备以下性能要求：

1）电解质材料在氧化和还原环境中以及在工作温度范围内必须具有足够高的离子电导率，而电子电导率要低得可以忽略，从而实现高效的离子传输。

2）在各种不同的电池结构中，电解质必须是致密的隔离层，以阻止还原气体和氧化气体的相互渗透，发生直接燃烧反应。

3）电解质在高温制备和运行环境中必须具有高的化学稳定性，避免材料的分解。

4）电解质必须在高温制备和运行环境中与阴、阳极有良好的化学相容性和热膨胀性匹配性，避免电解质-电极界面反应物的产生，以及电解质和电极相分离。

5）电解质必须在高温制备和运行环境中具有较高的机械强度和抗热振性能，以保持结构及尺寸形状的稳定性。

6）电解质材料必须具有较低的价格，以降低整个系统的成本。

固体电解质是 SOFC 的核心部分，它决定着电池的整体性能。目前，在 SOFC 研究领域常用的电解质材料以萤石结构型材料和钙钛矿型材料为主，若干其他结构型的电解质材料也逐渐得到重视。

### 1. 萤石结构电解质

萤石结构属于面心立方晶格，在此晶体结构中，由于以阳离子形成的紧密堆积中全部八面体空隙都没有被填充，也就是说 8 个阴离子之间形成了一个"空洞"，因此结构比较开放，有利于形成阴离子填隙，也为阴离子扩散提供了条件。SOFC 中常见的结构型电解质包括氧化锆（$ZrO_2$）基、氧化铈基（$CeO_2$）和氧化铋（$Bi_2O_3$）基材料。

8mol% $Y_2O_3$ 稳定的 $ZrO_2$（8YSZ）是目前 SOFC 中普遍采用的萤石结构电解质材料，其突出的优点是在很宽的氧分压范围内相当稳定，YSZ 具有良好的相容性和力学强度，以及几乎可以忽略的电子电导，并且价格低廉，缺点是电导率在中低温范围内较低。

针对 YSZ 在中温范围内电导率较低的缺点，人们不断寻找替代材料。相关研究发现，掺杂 $CeO_2$ 基固体氧化物在中低温范围内具有高的氧离子电导率。纯 $CeO_2$ 从室温至熔点具有与 YSZ 相同的立方萤石型结构，不需要进行稳定化，当对 $CeO_2$ 掺杂少量低价碱土或稀土金属氧化物（MO 或 $RE_2O_3$）后，能够生成具有一定浓度氧空位的萤石型固溶体，在高温下表现出较高的氧离子电导率和较低的电导活化能，即形成氧离子导体。使用 8YSZ 作为电解质制备的 SOFC 如图 9-20 所示。

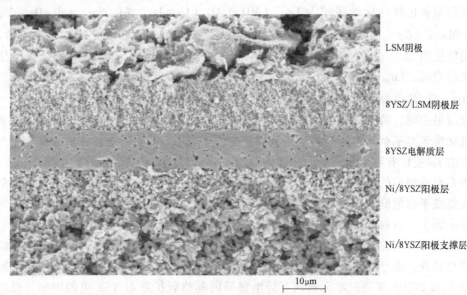

图 9-20 使用 8YSZ 作为电解质制备的 SOFC

### 2. 钙钛矿结构电解质

钙钛矿结构型氧化物（$ABO_3$）属立方晶型，A位一般为稀土或碱土元素离子，B 位为过渡金属元素离子，A 位和 B 位皆可被半径相近的其他金属离子部分取代而保持其晶体结构基本不变。晶体结构中 A 位阳离子居于八面体中央，周围有 6 个氧离子，B 位阳离子周围有 12 个氧离子如图 9-21 所示。如果其中 1 个阳离子被较低价的阳离子代替，则为维持电中性，必须产生氧离子空位，同时结构中有

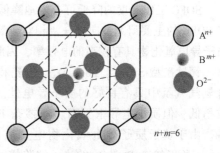

图 9-21 钙钛矿结构型氧化物（$ABO_3$）的单元结构示意图

较大的空隙，从而产生氧离子导电。

目前在 SOFC 领域得到广泛应用的钙钛矿结构电解质是 $LaGaO_3$ 基氧化物。二价离子取代晶体结构中的 La 位置在氧亚晶格中产生空位以满足电中性要求，氧离子电导率随着氧空位的增加而提高，因此用碱土金属元素取代 La 可提高材料的电导率。由于 Sr 的离子半径与 $LaGaO_3$ 中的 La 几乎相同，所以是最合适的掺杂元素，氧离子电导率在 Sr 的取代量达 10mol% 时达到最高值。

氧空位同样可通过二价离子取代晶体结构中的 $Ga^{3+}$ 位置来产生，Mg 取代 Ga 可明显提高 $LaGaO_3$ 的电导率，氧离子电导率在 Mg 的取代量达 20mol% 时达到最高值。研究表明，最高电导率 $LaGaO_3$ 基电解质的组分为 $La_{0.8}Sr_{0.2}Ga_{0.8}Mg_{0.2}O_3$（LSGM）。

LSGM 应用于 SOFC 的主要问题是 Ga 的蒸发，在还原气氛下，Ga 的一价氧化物 $Ga_2O$ 具有很高的饱和蒸汽压，很容易以 $Ga_2O$ 的形式蒸发，并会促进 $Ga_2O_3$ 和氢气发生反应，由此导致表面 Ga 含量呈梯度减少。研究发现，掺杂种类、氧分压和温度对 Ga 蒸发具有重要影响，通过掺杂大量 Mg 和少量 Sr，以及在 700℃ 以下工作，可基本上杜绝 Ga 的蒸发。

### 3. 磷灰石类氧化物电解质

磷灰石类氧化物的化学通式为 $Ln_{10}(MO_4)_6O_3$（Ln = La，Nd，Sm，Gd，Dy，Y，Ho，Er，Yb；M = Si，Ge），是一种非萤石型和非钙钛矿型的低对称性氧化物，属于六方晶系。磷灰石类氧化物 $Ln_{10}(SiO_4)_6O_3$ 是一种纯氧离子电导的氧化物，其电导率不随氧分压和湿度的变化而变化。$Ln_{10}(SiO_4)_6O_3$ 系列氧化物的电导率随着离子半径的增加而提高，其中 $La_{10}(SiO_4)_6O_3$ 的电导率为最大，在 700℃ 时可以达到 $1.4×10^{-3}$ S/cm。

研究结果表明，磷灰石类氧化物结构中过量的氧处于间隙位置，这些氧的存在有利于磷灰石类氧化物氧离子电导率的提高，而氧离子空位不利于其氧离子电导率的提高。另外，由于结构中的 La 空位有利于氧离子的迁移，$La_{9.33+x}(SiO_4)_6O_{2+\delta}$ 呈现最高的电导率。

磷灰石类电解质的出现扩展了对高性能电解质材料的认识，在结构中具有可以让氧自由移动的孔道或平面的低对称性材料也能呈现高的氧离子导电性能，结构中阳离子空位或过量氧的存在也能实现材料氧离子电导率的提高。虽然国内外对于磷灰石类电解质开展了有关材料掺杂、合成和导电性能方面的研究，但是基于此电解质的中低温 SOFC 单体电池性能普遍较差。研究发现，由于磷灰石类电解质中的氧传导机理与 YSZ 不同，所以造成氧离子从 LSM/YSZ 阴极的三相界面扩散至磷灰石类电解质的晶格较扩散至 YSZ 更加困难。总之，为使磷灰石类电解质在 SOFC 中得到广泛应用，还需在多方面开展进一步的研究。

### 4. 质子导电氧化物电解质

SOFC 工作温度的降低可有效地降低系统的成本并提高其稳定性，因此低温化已成为近年来 SOFC 的主要研究方向之一。相对于氧离子而言，质子具有体积小和质量小的优点，低温下质子导电氧化物具有较高的电导率，因此质子导电氧化物可应用于低温工作 SOFC 的电解质。

钙钛矿型 $SrCe_{0.95}Yb_{0.05}O_{3-\delta}$ 陶瓷和 $BaCeO_3$ 陶瓷均被发现在 $600～1000℃$ 下的水蒸气或含氢气气氛中具有良好的质子导电性。与掺杂 $SrCeO_3$ 陶瓷相比，掺杂 $BaCeO_3$ 的质子迁移数稍低，但质子电导率更高。但掺杂 $BaCeO_3$ 在含有 $CO_2$ 和水蒸气的气氛中化学稳定性较差。由于基于质子导电氧化物电解质的 SOFC 工作时在阴极产生水，并且空气中存在着 $CO_2$，所以掺杂 $BaCeO_3$ 的这一缺陷排除了其在 SOFC 中的应用。同时，掺杂 $BaCeO_3$ 在 $CO_2$ 气氛中的低化学稳定性也排除了含碳燃料在 SOFC 中的应用，其中包括生物乙醇这一可持续生物燃料。与掺杂钙钛矿型 $BaCeO_3$ 陶瓷相比，掺杂钙钛矿型锆酸盐质子导体如掺杂 $CaZrO_3$、掺杂 $SrZrO_3$ 和掺杂 $BaZrO_3$ 陶瓷具有更高的化学稳定性及机械强度，尤其是它们难以与一般的酸溶液反应，在 $CO_2$ 气氛中也很稳定，但是这些质子导体的电导率较低。

### 9.3.3　阳极和阴极材料

SOFC 具有燃料广泛适用性的特点，在 SOFC 阳极上进行的反应主要是燃料的电催化氧化反应，以及实现对反应后的电子和产生的气体进行转移，因此在其制备和实际工作条件下必须具备以下性能要求：

1）具有优良的电催化活性和足够的表面积，为燃料电化学氧化反应的高效进行提供场所。

2）具有足够的孔隙率，使燃料能够快速地传输至反应位置并参与反应，同时将反应产生的气体和副产物及时带走。

3）高的电子电导率，使电子能够顺利传到外回路而产生电流；与电解质和连接体具有好的化学相容性，以避免在阳极制备和工作中相互间发生的反应而形成高电阻的反应产物。

4）对燃料中的杂质如 $H_2S$ 具有高的容忍性，避免引起硫中毒而使电池性能退化。

5）在高温下的还原气氛中具有高的物理化学稳定性，不发生分相和相变，外形尺寸稳定。

6）与其他电池部件的热膨胀系数相匹配，以免出现开裂、变形和脱落现象。

7）在燃料供应中断等情况下，空气将不可避免地进入阳极室，对此需对氧化-还原循环具有高的容忍性。

对于阳极支撑 SOFC 单体电池而言，阳极也起着整个电池结构支撑体的作用，因此其力学性能也是非常重要的。SOFC 阳极材料的发展经历了贵金属、过渡金属、Ni/YSZ 金属陶瓷、Cu 基金属陶瓷、$CeO_2$ 基复合材料、钙钛矿结构的氧化物和其他氧化物等多种材料。

在 SOFC 阴极上的反应主要是氧还原反应，包括一系列的体相和表面过程，其中的一个或数个过程是决定反应速度的控制步骤。对于呈现低氧离子电导率的阴极材料而言，阴极反应包括氧气扩散进入阴极多孔结构、解离并扩散至气相-阴极-电解质三相界面，氧还原反应所产生的氧离子传输进入电解质。对于同时呈现高氧离子电导率和高电子电导率的混合导电阴极材料而言，阴极反应包括氧气扩散进入阴极多孔结构、解离并同时扩散至阴极表面和气相-阴极-电解质三相界面，在阴极表面氧还原反应所产生的氧离子通过阴极传输进入电解质，而在气相-阴极-电解质三相界面氧还原反应所产生的氧离子传输进入电解质，这样氧还原反应的面积大幅增加，从而有效地降低了阴极的极化电阻。

SOFC 阴极的主要功能在于提供氧电化学还原反应的场所，因此，SOFC 阴极材料在其制备和实际工作条件下必须具备以下性能要求：

1）较高的电子和离子电导率，对氧裂解和还原具有高的催化活性，以降低氧还原反应的极化。

2）与电解质和连接体具有好的化学相容性，以避免相互间发生反应而形成高电阻的反应产物。

3）在高温下氧化气氛中具有高的物理化学稳定性，不发生分相和相变，外形尺寸稳定。

4）与其他电池部件的热膨胀系数相匹配，避免出现开裂、变形和脱落现象。

5）能形成具有足够孔隙率的薄膜，使反应气体能够传输到反应位置。

因为 SOFC 的工作温度比较高，能够满足上述性能要求的阴极材料只有贵金属、电子导电氧化物、混合电子-离子导电氧化物。在 SOFC 的发展初期，由于缺乏其他适合的材料用于阴极，所以铂被选为阴极材料，但铂非常昂贵，这对于 SOFC 的商业化发展而言是不现实的。因此，随着 SOFC 的进一步发展，氧化物材料逐渐取代了贵金属，因此阴极材料的介绍集中于氧化物材料。

# 9.4 熔融碳酸盐燃料电池

## 9.4.1 熔融碳酸盐燃料电池概述

熔融碳酸盐燃料电池（MCFC）是继磷酸燃料电池之后第二种商业化的燃料电池，它主要由电解质隔膜、电极、双极板等核心部件构成。除具有一般燃料电池的共同优点（不受热机卡诺循环限制，能量转换效率高；洁净、无污染、噪声低；模块结构，积木性强，适应不同的功率要求，灵活机动，适于分散建立；比功率、比能量高，降载弹性佳等）之外，MCFC 还具有以下特点：

1）工作温度高达 650~700℃，属于高温燃料电池，其发电效率相比于低温燃料电池更高，可达 60%。且不需要使用贵金属作为催化剂，制造成本更低。

2）由于 MCFC 在高温下工作，电极催化剂可以避免受 CO 毒化，所以可使用的燃料范围更广，除了纯氢气之外，还可以使用由天然气、甲烷、石油、煤气等转化产生的富氢合成气作为燃料。

3）排出的废热温度高，可以直接驱动燃气轮机/蒸汽轮机进行复合发电，进一步提高系统的发电效率。与 PAFC 相比，MCFC 具有更高的热效率，还可实现电池的内重整，简化系统；与 SOFC 相比，MCFC 的部件材料、结构设计、密封方式较简单，工程放大较为容易，其发电技术应用前景十分广阔。

4）中小规模经济性。与几种发电方式相比较，当负载指数大于 45% 时，MCFC 发电系统年成本最低。与 PAFC 相比，虽然 MCFC 起始投资高，但 PAFC 的燃料费远比 MCFC 为高。当发电系统为分散型中小规模时，MCFC 的经济优越性则更为突出。

MCFC 一般采用碱金属碳酸盐（如碳酸钾、碳酸锂）作为电解质，然后固定于 $LiAiO_2$ 基体中作为电解质隔膜，Ni-Cr/Ni-Al 合金为阳极，NiO 为阴极。在高达 600℃ 以上的温度下，电解质呈熔融状态，此时导电离子为碳酸根离子（$CO_3^{2-}$）。当向阳极通入 $H_2$ 作为燃料气、阴极通入 $O_2$/空气和 $CO_2$ 作为氧化剂时，其工作原理如图 9-22 所示。

工作时，阴极上的氧气和二氧化碳与从外电路输送过来的电子结合，生成 $CO_3^{2-}$；阳极上的氢气则与从电解质隔膜迁移过来的 $CO_3^{2-}$ 发生

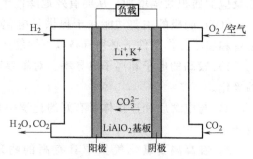

图 9-22　MCFC 工作原理示意图

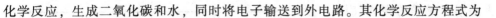

化学反应，生成二氧化碳和水，同时将电子输送到外电路。其化学反应方程式为

$$\text{阳极（燃料极）反应} \qquad H_2+CO_3^{2-} \rightarrow H_2O+CO_2+2e^- \qquad (9\text{-}57)$$

$$\text{阴极（空气极）反应} \qquad CO_2+1/2O_2+2e^- \rightarrow CO_3^{2-} \qquad (9\text{-}58)$$

$$\text{总反应} \qquad H_2+1/2O_2+CO_2(\text{阴极}) \rightarrow H_2O+CO_2(\text{阳极}) \qquad (9\text{-}59)$$

根据化学反应方程式可知，在 MCFC 中，$CO_2$ 在阴极被消耗而在阳极重新产生，整体保持平衡而不需要外部输入。所以熔融盐燃料电池除了离子与电子回路外，还需要设计 $CO_2$ 回路，这点与其他燃料电池不同。

当在燃料极使用的燃料不只是氢气时，如还有 CO、$CH_4$ 等气体时，电池内通过反应热在高温下将 CO、$CH_4$ 等燃料通过氧化反应先转变为氢气，之后再作为燃料进一步参与上述的电化学反应。氧化反应化学反应方程式为

$$CO+H_2O \rightarrow CO_2+H_2 \qquad (9\text{-}60)$$

$$CH_4+H_2O \rightarrow CO+3H_2 \qquad (9\text{-}61)$$

## 9.4.2　MCFC 隔膜材料

电解质隔膜是 MCFC 的重要组成部分，其质量优劣往往直接影响到 MCFC 的电性能。电解质隔膜应至少具备以下三方面的功能：它是隔离电池阳极与阴极的电子绝缘体。它是碳酸盐电解质的载体，$CO_3^{2-}$ 离子迁移的通道；浸满熔盐后能隔绝气体的渗透。因此，电解质隔膜既是离子导体，也是阴阳极之间的隔板，它必须具有以下特性：

1）有较高的机械强度，无裂缝，耐高温熔盐的腐蚀，具有很高的耐久性和稳定性。

2）无大孔，在工作状态下，隔膜中应充满电解质而不会出现气孔，并具有良好的保持电解质性能。

3）具有良好的电子绝缘性能。

早期曾采用 MgO、$SrTiO_3$ 作为 MCFC 的电解质隔膜材料，但 MgO、$SrTiO_3$ 在高温熔盐中会发生微量的溶解，使隔膜的强度变差。而 $LiAlO_2$ 既有很强的抗高温熔融碳酸盐腐蚀的能力，又有优异的化学稳定性，同时也是一种绝缘的陶瓷材料，因而目前被普遍用作 MCFC 电解质隔膜的原料。

电解质隔膜一般通过在电池装配前将碳酸盐电解质浸渍到隔膜基体中得到。所以隔膜工艺最主要的还是隔膜基体的制备，大概可以分为两大主要步骤：第一步是 $LiAlO_2$ 粉体的合成；第二步才是整块隔膜的制备。隔膜的制备工艺主要借鉴了陶瓷的制备工艺，主要有热压法、辊轧法和流延法。其中流延法（tape casting）是一种适合于大规模制备陶瓷支撑体和多层结构陶瓷的方法，目前普遍用于 MCFC 隔膜（也包括电极）的制备。流延法能有效地完成大面积无机薄膜及厚膜的制备。用流延法制备 MCFC 隔膜，首先将陶瓷粉体分散于溶剂中，通过添加合适的分散剂、黏结剂、塑化剂和其他试剂来使粉体在体系中均匀分散，经过可移动的刮刀流延在带状基材上，等溶剂挥发后形成柔韧、光滑和性质均匀的薄膜，具体工艺过程如图 9-23 所示。

对于制备好的隔膜，还需要对其性能进行检验和评价，主要评价指标是透气性和离子传导性。对于透气性，由于在 MCFC 隔膜中起保持碳酸盐电解质作用的是亲液毛细管，根据 Yang-Laplace 公式有

$$P=2\sigma\cos\theta/r \qquad (9\text{-}62)$$

式中，$P$ 为毛细管承受的穿透气压；$r$ 为毛细管半径；$\sigma$ 为电解质表面张力系数；$\theta$ 为电解质与隔膜体的接触角，假设完全浸润，则 $\theta = 0°$。

由式（9-62）可知，隔膜孔半径 $r$ 越小，其穿透气压 $P$ 就越大。若要求 MCFC 隔膜可承受阴、阳极压力差为 0.1MPa，则可计算出隔膜孔半径应该不大于 3.96μm。所以，为保证隔膜孔半径不大于 3.96μm，必须严格控制 $LiAlO_2$ 粉料的粒度尽量小。

对于离子传导性，因为隔膜孔内的碳酸盐电解质起离子传导作用，由 Meredith-Tobias 公式有

$$\rho = \rho_0 / (1 - \alpha)^2 \qquad (9\text{-}63)$$

式中，$\rho$ 为隔膜电阻率；$\rho_0$ 为电介质电阻率；$\alpha$ 为隔膜 $LiAlO_2$ 所占的体积分数，$1 - \alpha$ 为隔膜的孔隙率。

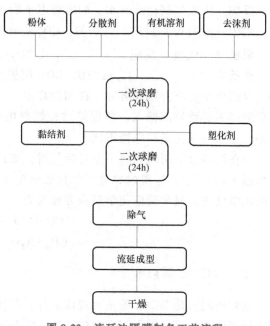

图 9-23　流延法隔膜制备工艺流程

因此，隔膜的孔隙率越大，隔膜中浸入的碳酸盐电解质就越多，从而隔膜的电阻率就越小。所以，为了同时满足能够承受较大穿透气压和尽量降低电阻率的要求，隔膜应该有小的孔半径和大的孔隙率，常把孔径和孔隙率作为衡量 MCFC 隔膜性能的指标。一般，孔隙率可控制在 50%～70% 之间。通常制备出的 MCFC 隔膜应满足以下性能指标：厚度为 0.3～0.6mm，孔隙率为 60%～70%，平均孔径为 0.25～0.8μm。

### 9.4.3　MCFC 电极材料

MCFC 工作时，在阳极发生氢的氧化反应，阴极则发生氧的还原反应，由于工作温度高（650℃），反应时有电解质（$CO_3^{2-}$）参与，故要求电极材料有很高的耐腐蚀性和较高的电导率。同时，由于工作温度高，电极催化活性也高，目前通常使用非贵金属 Ni 作为电极材料。

#### 1. 阳极材料

早期也曾用银和铂作为阳极催化剂，后来为了降低成本改用了导电性和电催化性能良好的镍，通常是多孔镍合金板。多孔镍的主要功能是电催化将氢气转化为氢离子，而 Ni 具有较强的吸氢能力，所以有较高的交换电流密度。但在高温应力的长期作用下，塑性的金属材料会发生蠕变。对多孔镍而言，由于在 MCFC 中的工作温度为 650℃，并在法线方向上承受载荷，因此很容易造成多孔结构的破坏，以及厚度的收缩、接触密封不良和高的阳极过电位等缺陷，严重影响了 MCFC 电池堆的效率和寿命。

为了防止镍阳极的蠕变，可对其进行增强处理。例如，在电极制备过程中，将镍粉与 2～10wt.% 的 Cr 粉混合，制成片状材料，将其烧结成连续多孔的半成品，再将半成品直接安装到电池上，将电池升温到操作温度，将燃料气和氧气引入电池中。随后，阳极中的 Cr 就被氧化成 $Cr_2O_3$ 和 $LiCrO_2$（与熔融碳酸锂反应得到），氧化产物可以弥散增强

镍阳极，从而减轻阳极的蠕变。同样，在镍粉中添加 Al 粉，也可起到类似的效果。但就目前的研究来看，上述方法并不很理想，这是因为 $LiCrO_2$ 或 $LiAlO_2$ 的生成降低了熔融碳酸盐对电极表面的浸润性，改变了电极表面的性质，因此，可以在制备电极时向镍粉中添加 NiAl 或 $Ni_3Al$ 合金或稀土元素，或在陶瓷粉体（如 $LiFeO_2$ 等）表面镀镍，将复合粉体制成素坯，再烧结成阳极板。这种处理方法可以在一定程度上增强镍电极或阻止镍晶粒的长大，从而使 MCFC 的阳极具有较好的抗蠕变性能。Cu 与 Cu-Ni 合金也可作为 MCFC 的阴极材料，其交换电流密度与 Ni 接近，电导和耐氧化性能比 Ni 好，但 Cu 的熔点比 Ni 低，抗蠕变性能不如 Ni。研究表明，将 $Al_2O_3$ 分散到 Cu 或 Cu-Ni 合金中可改进其抗蠕变的性能，但是制造工艺比较复杂。

## 2. 阴极材料

一般来说，阴极材料必须具备高的电导率、机械强度和在熔盐中低的溶解度，以避免金属沉淀在电解质矩阵结构内。阴极的作用是催化氧化剂进行还原反应，提供活性位点和反应物迁移的通道。对阴极材料的要求有：①电子良导体，内阻小；②具有优良的电催化活性；③易被熔融电解质润湿；④结构稳定，难溶解；⑤抗腐蚀性强；⑥孔结构和孔径分布适宜，利于传质。

最初，MCFC 的阴极由金属银或铜作为原料制成，但 20 世纪 70 年代以来，镍替代了其他金属成为制作 MCFC 阴极的主要原料。在 MCFC 工作过程中，多孔的金属镍板与熔融的碳酸盐接触，在氧化气氛（空气/$CO_2$）中逐渐成为氧化镍。氧化镍是一种内部存在缺陷的 p-型半导体，但导电性能很差，纯氧化镍在空气中烧结以后的电阻率约为 $108\Omega \cdot cm$。在阴极环境中，熔融碳酸锂的锂离子可以进入 NiO 晶格中（锂化过程），造成晶格的正电子缺陷（部分 $Ni^{2+}$ 被 $Ni^{3+}$ 取代以达到电荷平衡），而 NiO 的导电性强烈依赖于晶格中的缺陷。大量的锂溶于氧化镍晶格中，结果形成与加入溶体中的锂的数量相等的 $Ni^{3+}$ 含量。所以，"锂化"作用大大提高了 NiO 的导电性。目前，熔融碳酸盐燃料电池阴极的电化学反应机理主要有三种，即超氧化物离子（superoxide ion）反应机理、过氧化物离子（peroxide ion）机理和单一过氧化物碳酸根离子（peroximonocarbonate ion）机理。在以上三种机理中，目前认为前两种机理占主要地位。

目前，阴极最大的问题是 NiO 的不断溶解和金属 Ni 的不断沉积，最终会导致 Ni 短路、电解质降解和分隔板被腐蚀。这是因为，NiO 在熔融碳酸盐中可以发生缓慢的溶解变成镍离子，然后迁移到电解质板的内部，与阳极的氢气发生还原反应，成为金属镍而沉积在电解质板内部。图 9-24 所示为由于 NiO 在熔融碳酸盐中溶解所导致的 MCFC 短路的示意图。为了解决这个问题，目前研究的主要方向有：①采用其他材料代替 NiO，如 $Li_2MnO_3$、$LiFeO_2$ 和 Li-$CoO_2$；②添加一些碱性金属氧化物来增加熔融碳酸盐的碱性，如 MgO、CaO、SrO 和 BaO 等，这是由于

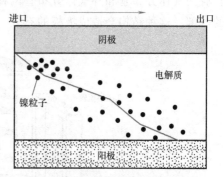

图 9-24　因 NiO 的溶解导致 MCFC
短路的示意图

NiO 阴极在其工作条件下的溶解机理主要是酸性溶解；③对传统的 NiO 阴极进行掺杂改性来降低溶解。

### 9.4.4 MCFC 电池结构

#### 1. 单体电池结构

MCFC 单体电池一般由分离器（隔板）、波纹板、集电器、电极（阴极和阳极）和两电极板之间的电解质板（常用瓷砖）组成。典型的 MCFC 单体电池的结构与工作原理如图 9-25 所示。为保证电解质在电解质板、阴极和阳极间的良好匹配，电极与电解质板之间必须具有适宜的孔匹配率。由于阴极、阳极的活性物质都是气体，电化学反应在气-液（电解质）-固三相界面进行，所以阴极和阳极必须采用特殊结构的三相多孔气体扩散电极，以利于气相传质、液相传质和电子传递过程的进行。MCFC 依靠多孔电极内毛细管力的平衡来建立稳定的三相界面。在阳极，$H_2$ 与电解质中的 $CO_3^{2-}$ 反应生成 $CO_2$ 和 $H_2O$，同时将电子送到外电路。在阴极，空气中的 $O_2$ 和 $CO_2$ 与外电路送来的电子结合生成 $CO_3^{2-}$。为保持电解质成分不变，需要将阳极生成的 $CO_2$ 供给阴极实现 $CO_2$ 循环。所以，实际上通常会将阳极尾气中剩余的 $H_2$ 和 $CO$ 烧掉，然后进行分离除水之后送回到阴极。另外，当采用的燃料为由天然气、甲醇、石油和煤炭等转化得到的富氢燃料气时，在燃料极的气室内还会加一个重整器，以将 $CO$ 和 $CH_4$ 重整成 $H_2$，最终能在阳极催化层进行反应。

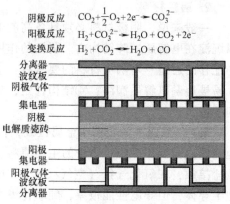

阴极反应 $CO_2 + \frac{1}{2}O_2 + 2e^- \rightarrow CO_3^{2-}$

阳极反应 $H_2 + CO_3^{2-} \rightarrow H_2O + CO_2 + 2e^-$

变换反应 $H_2 + CO_2 \rightleftharpoons H_2O + CO$

分离器
波纹板
阴极气体
集电器
阴极
电解质瓷砖
阳极
集电器
阳极气体
波纹板
分离器

图 9-25　典型的 MCFC 单体电池的结构与工作原理

#### 2. 电池组结构

对于 MCFC 来说，由一组电极和电解质板构成的单体电池工作时的输出电压为 0.6~0.8V，电流密度约为 $150~200\text{mA/cm}^2$。为获得高的电压和功率，通常将多个单体电池串联，构成 MCFC 电池组。图 9-26 所示为直交流型 MCFC 电池堆结构示意图。在电池组中，氧化气体和燃料气体分别进入到各节电池孔道（气体分布管），MCFC 电池组中的气体分布管有内气体分布管和外气体分布管两种。内气体分布管是氧化气和燃料气的通道放到隔离板的内部，这种结构会造成极板的有效工作面积减小，适用于大面积的电池；外气体分布管是

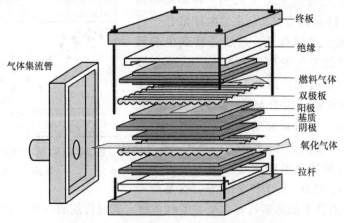

气体集流管

终板
绝缘
燃料气体
双极板
阳极
基质
阴极
氧化气体
拉杆

图 9-26　直交流型 MCFC 电池堆结构示意图

氧化气和燃料气从隔离板外侧供给，当电池组装好之后在电池组和进气管间加入由偏铝酸锂和氧化锆制成的密封垫，这种结构在工作时一旦发生变形易产生漏气。

### 9.4.5　影响 MCFC 性能和寿命的主要因素

MCFC 的性能除了取决于电池堆的大小、传热率、电压水平、负载和成本等相关因素外，还取决于压力、温度、气体组成和利用率等。

#### 1. 压力的影响

根据能斯特方程，MCFC 的可逆电动势依赖于压力，当压力从 $p_1$ 变为 $p_2$ 时，可逆电动势的变化量为

$$\Delta V_p = \frac{RT}{2F}\ln\left(\frac{p_{1,a}p_{2,c}^{3/2}}{p_{2,a}p_{1,c}^{3/2}}\right) \tag{9-64}$$

式中，下标 a 和 c 分别表示阳极和阴极。当阴阳极反应室压力相等时，则有

$$\Delta V_p = \frac{RT}{4F}\ln\left(\frac{p_2}{p_1}\right) \tag{9-65}$$

在 650℃时，有

$$\Delta V_p(\text{mV}) = 46\lg\left(\frac{p_2}{p_1}\right) \tag{9-66}$$

因此在 650℃温度下，当压力提高 10 倍时，可逆电池电动势就会增加 46mV。

提高 MCFC 的运行压力，使得反应气体分压增大，气体的溶解度增大，物质的传输速率增大，从而使电池电压增加。另一方面，按照 Le-Chateler 原理，压力增加将引起碳沉积作用和甲烷化作用，并可能产生甲烷的分解（式 9-69）。但在更高的压力下，甲烷的分解又受到抑制。而水气转换作用（式 9-70）由于气态反应物和生成物的摩尔数不变，受压力影响不明显。上述过程的化学反应方程式为

碳沉积作用　　　$2CO \rightarrow C + CO_2$ 　　　(9-67)

甲烷化作用　　　$CO + 3H_2 \rightarrow CH_4 + H_2O$ 　　　(9-68)

甲烷分解　　　$CH_4 \rightarrow C + 2H_2$ 　　　(9-69)

水气转换作用　　　$CO_2 + H_2 \rightarrow CO + H_2O$ 　　　(9-70)

MCFC 中阳极的积炭和甲烷化作用是有害的，应尽量避免。碳沉积会阻塞阳极的气体通路，而甲烷化作用中每生成 1mol 甲烷将消耗 $3molH_2$，从而导致反应物大量损失，降低了电池的发电效率。在燃料气中添加 $H_2O$ 和 $CO_2$ 可调节平衡气体的组分，最大限度地减少甲烷化作用。而碳沉积则可通过提高气流中 $H_2O$ 的分压来避免。

图 9-27 所示为 MCFC 在不同压力和气体组成时的性能。当 $CO_2$ 分压变化时，其结果的主要区别在于开路电压的变化，开路电压随着电池电压和 $CO_2$ 的

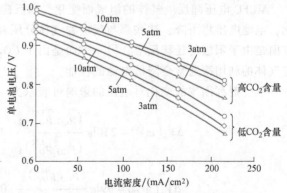

图 9-27　MCFC 在不同压力和气体组成时的性能

含量增加而增加。当电流密度为 $160mA/cm^2$，氧化剂气体压力从 3 个标准大气压变化到 10 个标准大气压时，$\Delta V_p$ 为 $-44mV$。由于 $\Delta V_p$ 是总的气体压力的函数，由图 9-27 可见气体的成分对 $\Delta V_p$ 影响很小。基于以上结果，可得到压力变化对电池电压的影响关系为

$$\Delta V_p(mV) = 76.5\lg\left(\frac{p_2}{p_1}\right) \tag{9-71}$$

式 (9-71) 是基于工作温度为 650℃、电流密度为 $160mA/cm^2$ 的负载下得出的，压力在 $1atm \leqslant p \leqslant 10atm$ 的范围内均适用。

### 2. 温度的影响

温度对 MCFC 反向电动势的影响取决于若干因素，其中之一就是燃料气体的平衡组分。水气转换反应在 MCFC 阳极迅速达到平衡，从而使 CO 成为 $H_2$ 的实际间接来源，其平衡常数 $[K = p_{CO}p_{H_2O}/(p_{H_2}p_{CO_2})]$ 随温度的增加而增大。因此，温度和燃气利用率的变化影响燃料气体的平衡组分，进而影响电池电压。由于 $K$ 随温度的增加而增大，即 CO 和 $H_2O$ 分压增大导致气体的平衡组分改变，从而开路电动势 $E_0$ 随着温度的增加而减小，因此，电池总电动势 $E$ 将随温度增加而减小。当温度增加时，电池的动力学反应速度加快，电极极化（尤其是阴极极化）减小，同时，增加工作温度将增大熔盐的电导率，降低欧姆极化，最终使电池电压升高。但当工作温度高于 650℃时，电压增益随温度增加而增加的量逐渐减小；另外，由于高温下蒸发和材料的腐蚀，电解质的损失加大。因此，通常 MCFC 比较理想的工作温度为 650℃。表 9-4 为温度对 MCFC 阳极气体的平衡组分及可逆电动势的影响。

表 9-4 温度对 MCFC 阳极气体的平衡组分及可逆电动势的影响

| 参数 | 温度/K | | |
|---|---|---|---|
| | 800 | 900 | 1000 |
| $p_{H_2}$/MPa | 0.0669 | 0.0649 | 0.0643 |
| $p_{CO_2}$/MPa | 0.0088 | 0.0068 | 0.0053 |
| $p_{CO}$/MPa | 0.0106 | 0.0126 | 0.0141 |
| $p_{H_2O}$/MPa | 0.0137 | 0.0157 | 0.0172 |
| $K$ | 4.04 | 2.20 | 1.38 |
| $E$/V | 1.155 | 1.143 | 1.133 |

### 3. 反应气体的组成和利用率的影响

MCFC 电压随反应气体的组成而变化，当反应物气体消耗时，由于极化和气体组分的变化，电池电压将下降，这些都与反应物气体分压有关。然而，反应气体的分压难以分析，一方面是由于阳极的迁移反应，另一方面是由于 $CO_2$ 和 $O_2$ 在阴极的消耗。一般来说，增加反应气体的利用率通常会降低电池的性能。

氧化剂利用率的变化对电压的影响可表示为

$$\Delta V_c(mV) = 250\lg\frac{(\bar{p}_{CO_2}\bar{p}_{O_2}^{1/2})_2}{(\bar{p}_{CO_2}\bar{p}_{O_2}^{1/2})_1} \quad 0.04 \leqslant (\bar{p}_{CO_2}\bar{p}_{O_2}^{1/2}) \leqslant 0.11 \tag{9-72}$$

$$\Delta V_c(mV) = 99\lg\frac{(\bar{p}_{CO_2}\bar{p}_{O_2}^{1/2})_2}{(\bar{p}_{CO_2}\bar{p}_{O_2}^{1/2})_1} \quad 0.11 \leqslant (\bar{p}_{CO_2}\bar{p}_{O_2}^{1/2}) \leqslant 0.38 \tag{9-73}$$

式中，$p_{CO_2}$ 和 $p_{O_2}$ 为系统中 $CO_2$ 和 $O_2$ 的平均分压；下角标 1 和 2 代表两种不同的氧化剂利用率；方程前面的系数则由具体 MCFC 单体电池或电池组测定得到。

燃料利用率的变化对电压的影响为

$$\Delta V_c(\mathrm{mV}) = 173\lg \frac{(\overline{p}_{H_2}/\overline{p}_{CO_2}\overline{p}_{H_2O})_2}{(\overline{p}_{H_2}/\overline{p}_{CO_2}\overline{p}_{H_2O})_1} \tag{9-74}$$

由式 (9-73) 和式 (9-74) 可知，对于 MCFC，提高氧化剂或燃料的利用率都会导致电池性能下降，但反应气的利用率过低对电池系统的内耗就会更大。综合考虑，为获得整体最佳性能，折中后的燃料利用率一般为 75%~85%，氧化剂利用率一般为 50%。

**4. 电流密度的影响**

为了降低成本，MCFC 电池堆应该工作在较高的电流密度下，但是随电流密度的增大，欧姆极化和浓度损失都将增大，从而导致 MCFC 的电压下降。在电流密度的通常变化范围内，最主要的是线性欧姆损失，其大小可表示为

$$\Delta V_J(\mathrm{mA}) = -1.21\Delta J \quad 50 \leqslant J \leqslant 150 \tag{9-75}$$

$$\Delta V_J(\mathrm{mA}) = -1.76\Delta J \quad 150 \leqslant J \leqslant 200 \tag{9-76}$$

式中，$J$ 为电池工作的电流密度（$\mathrm{mA/cm^2}$）。

随着电流密度的增加，欧姆极化线性增大，为此应当采取措施减小欧姆阻抗，如提高集流板和电机的导电性，减小电介质板的厚度等。

**5. 杂质的影响**

理想情况是 MCFC 的燃料气主要来源于煤的气化，但是由煤气化得到的燃料气中含有多种杂质，它们对 MCFC 的性能和寿命有着不同的影响，见表 9-5。

表 9-5 煤气化燃料气中的杂质对 MCFC 的潜在影响

| 分类 | 杂质 | 潜在影响 |
| --- | --- | --- |
| 微粒 | 煤粉，灰 | 堵塞气体通道 |
| 硫化物 | $H_2S, COS, CS_2, C_4H_4S$ | 电压损耗；通过 $SO_2$ 与电解质发生反应 |
| 卤化物 | $HCl, HI, HF, HBr, SnCl_2$ | 腐蚀；与电解质发生反应 |
| 氮化物 | $NH_3, HCN, N_2$ | 通过 $NO_x$ 与电解质发生反应 |
| 微量金属 | $AsPb, Hg, Cd, Sn, Zn,$ $H_2Se, H_2Te, AsH_3$ | 沉积于电极；与电解质发生反应 |
| 碳氢化合物 | $C_6H_6, C_{10}H_8, C_4H_{10}$ | 积炭 |

## 9.4.6 MCFC 的未来展望

如前所述，MCFC 长期工作在高温和强腐蚀环境下，由此产生了诸多的问题，影响 MCFC 系统的性能与寿命。要解决这些问题，必须在新材料选择、系统配合、运行条件的调整、加温、加气的方法、系统结构的优化设计等方面进行大量的基础研究和工程实践。目前 MCFC 技术开发的重点大致有以下方面：

1）降低成本。燃料电池发电与传统发电形式竞争的关键是降低成本，对 MCFC 也不例外，必须把价格从目前的 3500~4000 美元/kW 降低到 1500 美元/kW 左右，才能具备较强的

市场竞争力。

2）提高 MCFC 系统的性能和可靠性，延长电池寿命。MCFC 要进入发电市场，需要将电池寿命提高到 40000h。

3）燃料的来源与存储。对大功率发电的 MCFC 系统，其燃料主要来自天然气、煤、甲醇或乙醇等，烃类转化燃料是燃料电池的主要燃料，研究新型燃料转化技术与煤气化技术是建立 MCFC 电站的必要条件。

4）MCFC 系统体积的小型化。MCFC 和 BOP 设备的小型化和布置紧凑化可进一步减小占地面积，尤其是建在城市人口密集区的分布式 MCFC 电站。

提高 MCFC 的性能和可靠性、延长工作寿命以及降低成本是 MCFC 制造者始终不渝的努力目标，它涉及：①阴阳极材料的选择及其电化学反应的研究；研究氧还原过程的动力学参数、弄清氧还原反应的机理，研制新的电极材料，解决 MCFC 的阴极溶解和极化问题；提高阳极的电催化活性，改善润湿性，增强其抗蠕变能力，降低成本；②电解质组分的选择与添加剂的研究；综合考虑电导率、蒸汽压、腐蚀性等各种因素，选择最佳电解质组分，降低阴极的溶解速度；③电池耐腐蚀性能的研究；研究熔融碳酸盐在高温下的腐蚀特性，改进密封技术，解决电解质的蒸发以及由于壳体、隔板和其他组分的腐蚀而造成电解质损失；④解决由于湿密封引起的旁路电流及电解质迁移、杂质对电池性能与寿命的影响、扩大电池堆尺寸和高度时性能的变化等问题；⑤对 MCFC 的工作性能和负载特性的研究等。

# 第 10 章

# 多能互补、可持续能源系统

## 10.1 概述

由于人们对环境保护重要性认识的不断提高，希望减少对化石能源的依赖，环境友好（可再生和清洁替代能源）的能源技术在能源供应中越来越受到重视。这些能源包括风能、太阳能、小型水能、生物质能、地热能、海洋能等可再生能源。这些能源的利用主要是用于发电，然后输入电网。可再生或清洁替代能源发电可采用并网或独立配置的分布式系统的形式。

由于许多可再生能源的间歇性，即能源的输出会随着外界环境的变化而变化，如单纯的小型风力发电系统很可能遇到"用电无风、有风不用电"的情况，所以近年来，多能互补、梯级利用、混合能源系统、综合能源系统等受到了广泛关注。与单一的可再生能源利用不同，混合能源系统可以将两种或更多种能源搭配组合或再配上储能系统，以改善系统性能，增加可靠性。这样的系统将所有资源转换成同一种形式的能量（通常是电）或存储成其他形式的能量，以满足生产、生活负荷。

从全球范围来看，很多国家都对混合能源系统进行了探索，通过开发新的技术和实行系列激励政策来支持和促进可再生能源产生的电能进入电力系统。据不完全统计，已有至少70个国家先后开展了与混合能源系统技术相关的研究，近年来还提出了智能电网、能源互联网等一系列的创新概念，目的是促进各国未来能源的可持续供应。不同国家往往结合自身需求和特点，各自制定不同的、适合自身的混合能源发展战略。

欧洲很早就开展了混合能源系统的相关研究，并最早付诸实施。通过欧盟框架项目，欧洲各国在此领域开展了卓有成效的研究工作。除在欧盟整体框架下推进该领域研究外，欧洲各国还根据自身需求开展了一些特色研究。以英国为例，英国工程与物理科学研究委员会（EPSRC）资助了大批该领域的研究项目。即将启动的 SIES&D 研究计划涉及可再生能源入网、不同能源间的协同、能源与交通系统和基础设施的交互影响以及建筑能效提升等诸多方面。此外，英国政府机构 Innovate UK 成立了能源系统孵化器，与企业合作资助了大量区域综合能源系统的研究应用。

美国在 2001 年提出了混合能源系统发展计划，目的是促进分布式能源和热电联产技术的推广应用，以及提高清洁能源的使用比重。2007 年，美国颁布了《2007 能源独立和安全法案》（EISA-2007），以立法形式要求社会主要供用能环节必须开展综合能源规划；随着天然气使用比例的不断提升，美国国家自然科学基金会（NSF）和美国能源部（DOE）等机构设立多项课题，研究天然气与电力系统之间的耦合关系。美国积极推进智能电网国家战略，其愿景是构建一个高效能、低投资、安全可靠、智能灵活的综合能源网络，而智能化的电力网络在其中起到了核心枢纽作用。

2010 年 9 月，美国佛罗里达州电力和照明公司（FPL）耗资 4.76 亿美元，建成了第一个聚光太阳能-天然气发电站（CSP），利用太阳能提供蒸汽以减少附近的联合循环发电厂的化石燃料（天然气）消耗。FPL 的太阳能热电厂是世界上第一个工业规模上将聚光太阳能技术运用到已有电厂的混合能源发电站。该混合能源发电站占地约 11000 英亩（包括占地 500 英亩的 3600MW 联合循环发电厂，1 英亩 = 4046.856m$^2$）。太阳能发电站内含有超过190000 个抛物面反射镜，这些反射镜全天追踪太阳，捕获尽可能多的太阳能，从而将太阳热能集中到距反射镜 53 英里（1 英里 = 1609.344m）远的集热元件上，集热元件含有被称为联苯-联苯醚的导热液体。这类液体加热到接近 400℃后，经泵输送到热交换器，通过换热将从工厂供应的给水变为蒸汽，最后将蒸汽送至现有的 Nooter-Erikson 联合循环余热锅炉，并进一步过热成为最终的蒸汽轮机入口蒸汽，从而减小了原本用来生产蒸汽的天然气的用量。该工厂的建设始于 2008 年，于 2010 年 9 月竣工。佛罗里达电力和照明公司预计这个聚光太阳能集热装置将把联合循环发电厂的年天然气消耗量减少 370 亿 m$^3$。在该项目 30 年的生命周期中，将节省 1.78 亿美元的燃料成本，并减少 275 万 t 的 $CO_2$ 排放量。这充分说明传统化石能源与可再生能源结合，不但可以降低成本，还能保护环境（减少天然气和 $CO_2$ 排放量）。这个工程还为如何降低新能源发电成本（与独立太阳能发电设备相比）提供了新思路，即与现有发电厂相结合，无须建造新的汽轮机或新的大功率输电线路。

近期，美国华盛顿市还提出，到 2050 年，完成利用风能、水能和太阳能混合能源系统（WWS）来提供整个华盛顿市所有能源的规划，图 10-1 为华盛顿市风-光-水混合能源系统实施规划图。该规划提出，到 2030 年，将有 80%～85% 的能源将由风-光-水混合能源系统提供，2050 年将达到 100%。为了达到目标，该规划建议到 2020 年，所有的发电厂、住宅和商业区的供暖/制冷、干燥除湿和厨房用能等应该全部由风-光-水混合能源系统提供；到2025 年，所有的大型水上货物转运、铁道、轻型公路运输、重型货车运输和工业加工用能全部由风-光-水混合能源系统提供；到 2035 年，所有短途飞机由风-光-水混合能源系统供能；到 2040 年，所有长途飞机由风-光-水混合能源系统供能。

早在 20 世纪 80 年代初，我国制定的能源政策就要求逐步改变以煤为主的能源格局，开发利用其他能源资源，包括石油、天然气、煤和核能，要不断提高可再生能源和新能源的比例，如水电、太阳能、风能、海洋能、生物质能、地热能和氢能等的开发利用。我国的新能源储量丰富，分布式能源利用技术的发展为新能源的利用提供了途径，若将储能技术与新能源技术融合，可提高风电与光伏发电在总能源中的发电比例，将分布式能源发电技术与当地能源结构特性相结合，可以解决偏远地区的能源问题。目前，我国已启动了多项与多能源利用技术相关的科研项目。

在混合能源的基础上，考虑用户对能源需求的多样性，能源系统演变为综合能源系统。

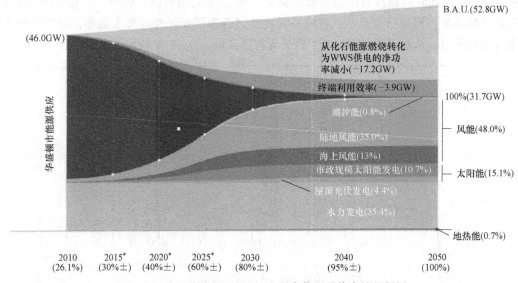

图 10-1　美国华盛顿州风-光-水混合能源系统实施规划图

B. A. U—不加节能改进，采用正常技术的情形

　　我国政府与包括新加坡、德国政府在内的相关机构共同合作，建设了各类生态文明城市，积极推广综合能源利用技术，目的是构建清洁、安全、高效、可持续的综合能源供应系统和服务体系。我国两大电网公司、天津大学、清华大学、中国科学院等研究单位也已形成混合能源系统领域较为稳固的科研团队和研究方向。本章首先介绍混合能源系统，接着介绍现代可持续能源系统的核心——智能电网，最后介绍综合能源系统的发展情况。

# 10.2　混合能源系统

## 10.2.1　混合能源系统简介

　　使用石油、煤炭等能源发电需要持续地向发电机组供给能源，这意味着对燃料供给需要一定的经济承诺以及一些不可避免的污染物排放。对偏远地区来说，太阳能或者风能显然是更合理的选择，不但能减少电能或燃料的运输成本，而且还无污染。以可再生能源为例，最常见的可再生能源为风能和太阳能。风能虽然能够全天发电，但是它短期内的随机性和不稳定性极大，所以不能作为一个可靠能源去满足负荷；另一方面，现在虽然能够比较准确地预测太阳能资源，但是发电只能在白天进行，因此发电量具有局限性。尽管可再生能源有诸多优点，但是可再生能源利用技术都有一些共同缺点，如过于依赖环境因素、较高的初投资成本等。为了使这些能源资源的利用缺陷最小化，混合能源系统（又称为多能源系统）提供了一个可行、安全和高效的解决方案。随着环境保护和能源可持续发展成为当今世界的主题，由可再生能源组成的多能源互补独立供电系统得到了广泛应用。

　　雅各布森等人建立了一个混合能源模拟系统，该系统在水力（water）、风能（wind）和太阳能（solar energy）具有可变性和不确定性的条件下，可以根据各种可再生能源的不同的间断性特点来匹配日常负荷，实现持续 6 年（2050～2055 年）为美国 48 个州提供电力，并且在每个 30s 的间隔内都没有失配导致的损失。图 10-2 为加利福尼亚州 7 月某日的 WWS 系统供能模拟结果，模拟结果显示，在这一天内通过合理搭配各种可再生能源，可以完全不使用化石燃料发电，从而真正实现 100% 的清洁能源发电。

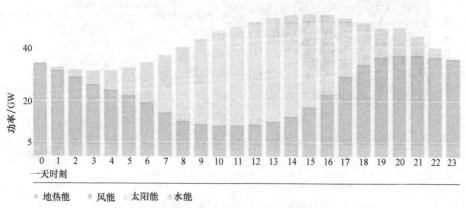

图 10-2　WWS 系统供能模拟结果

图 10-2 中多种能源配合利用的技术称为多能互补。它实质上是能源利用策略的一种，按照实际的资源条件和用能单位，多种能源之间互相补充和梯级利用，从而提升能源系统的综合利用效率，缓解能源供需矛盾，构成清洁、低碳的供能结构体系。同时也能间接地达到合理保护自然资源，促进生态环境良性循环的目的。这里所谓的多能互补并不仅仅是单纯地将多种能源做加法，而是经过技术创新后，实现新能源和传统能源之间的深度融合。

多能互补是混合能源系统的核心理念。混合能源系统是指在不同的区域等级中，如农村、城市，充分结合当地的资源条件，以最优的方式使用一种以上的可再生能源或不可再生能源的发电系统。它相对于独立的传统能源系统，可达到技术性能最优、经济效益最好和环境最友善的目标。图 10-3 为一典型的混合能源系统的示意图。

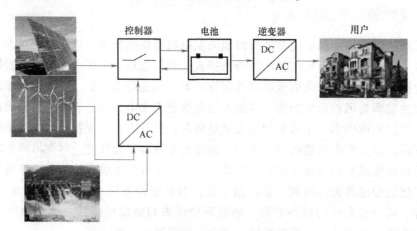

图 10-3　典型的混合能源系统示意图

混合能源系统从规模的角度来看，可以应用在单个建筑物中（使用多种能源支持建筑物中的所有设备），也可以应用在一个社区，甚至一个地区或是国家。从一次能源的角度来看，混合能源系统强调了从天然气传统能源到生物质等可再生能源可以集成在一起实现最佳输出（经济性和环境友好），满足用户的需求。从网络的角度来看，能源网络在混合能源系统中具有关键作用，它不但促进了多能源技术的发展，并且配置合理的能源网络能最大限度地降低系统成本，同时提高环境绩效。

混合能源系统具有以下几个优点：

1）提高了一次能源的转换和利用效率，如分布式多能源发电系统（DMG）。

2）通过优化市场合作互动，促进集中式和分散式的最佳配置，使其达到系统级层次。

3）增加能源系统的灵活性和可靠性，在多种输入能源的情况下，某种能源的突然中断对整个系统的影响并不大，系统断电可能性大大减小。

4）可以减小由供需关系不匹配导致的短期能源价格波动影响。如在风能丰富的能源系统中，通过配置小型的热电联产系统以应对价格不断波动的电力市场。

5）相对于常规系统，可以做到运行成本更低。

6）充分利用当地能源资源，实现能源系统的自给自足。

7）不同的多能系统有着自身独特的优点。

需要指出的是，混合能源系统也存在一些缺点：多能源互补意味着更复杂的系统设计、系统运行和系统控制，以及更高的初投资成本等。如何把各种发电机组、储能设备、转换设备和用户合理地、最优地搭配起来至今仍是研究的一个热点。

混合能源系统的应用有很多，小型混合能源系统可以作为偏远地区的供电来源，也可以作为一个稳定的社区层面的电力服务设施，同时考虑未来多余电量并网的可能性，如我国的送电到村项目；混合能源系统由于具有效率高、可靠性高和长期性能好的特点，可以作为一个有效的备用能源解决方案，防止公共电网的断电情况；也可作为专业场所的紧急备用能源解决方案，如无线通信站或医院的急救室等。

## 10.2.2　混合能源系统的分类、组成

混合能源系统的分类方法有很多，常见的有以下几种：

1）按是否并网可分为并网混合能源系统和离网混合能源系统。并网混合能源系统与电网相连接，系统产能过多时可将多余电能输入电网，提高了系统性能。这类系统的应用产生了一些基于消费和小、中、大型分布式发电的新型生产模式和能源管理策略。离网混合能源系统与电网隔离，因此它必须始终确保满足负荷需求。这样的系统通常对可靠性和性能有一定的要求。由于可用资源有限，离网系统所提供的能源安全性较低。同样，有时产能过剩也是一个问题，因为必须要白白释放掉多余能量，导致系统性能降低。因此，这种配置只有在技术和经济可行且难以连接电网的情况下应用。与传统的能源方案相比，离网混合能源系统具有更高的安装成本。大多数情况下都需要奖励和补贴支持，以使其具有竞争力。

2）按系统中常规能源所占的比例可分为以可再生能源为主的混合能源系统和以不可再生能源为主的混合能源系统。前者主要由可再生能源发电来满足主要电力负荷，而常规能源发电机组则作为备用，在可再生能源可用性较差而用户需求较高时使用常规能源发电机组；后者主要由常规能源来满足主要电力负荷，可再生能源发电机组主要在低负荷的情况运行或者在产能过剩的情况下对电池充电。在这种类型的系统中，可再生能源的贡献相对较低。相对于前者，以不可再生能源为主的混合能源系统可以适当地减小蓄

能设备的容量，这是由于不可再生能源的可靠性高。可再生能源的比例越低，能源的保证率越高，且初投资也越低。

通常一个混合能源系统主要由可再生能源发电机组、化石能源发电机组、储能系统、功率调节器、负荷（AC/DC）、甚至电网等部分组成。风能和太阳能由于资源丰富、清洁、维护成本较低、效益较高等特点，在过去十年间在全球范围内越来越多地用于生产电力，此外还有小型水力发电系统或是生物质能系统。生物质利用的主要技术包括燃烧技术、气化技术和热电联产技术。生物质衍生燃料可以适当地替代柴油发电机组中的柴油燃料，它们都是可再生能源发电机组的常用能源来源。不可再生能源发电机大多用作混合能源系统的备用机组，在可再生能源和电池系统无法满足负荷时运行。一般采用柴油发电机，它们便于携带、模块化，并具有较高的功率重量比。作为缓冲，储能系统能很好地平衡可再生能源间歇性所带来的影响。同时，储能系统对于控制功率输出和提供辅助服务也是必不可少的。当某些分布式发电机组发生故障时，虽然可以通过减负荷或起动其他发电机组来解决问题，但储能系统几乎可以瞬间弥补暂时的电力短缺。

## 10.2.3 混合能源系统的配置和能源管理策略

混合能源系统为偏远地区发电提供了一个可行的解决方案，因为它集成了不同的能源和储能系统。设计一个混合能源系统，首先要正确评估负荷特性和现场资源条件，它是混合能源系统设计的重要根据（尤其是离网混合能源系统）。为了将负荷和间歇性的资源互补，需要在目标地点收集大量数据，了解当地用电负荷的大小和规律，以及当地可再生能源的大小和分布规律。而后从可行性分析、技术经济限制和可靠性要求等对这些数据进行分析，选择不同能源组合，不断细化系统规模和优化的方法，最后通过优化算法或模拟软件等确定混合能源系统的最佳配置、尺寸和能源管理策略。最大限度地提高系统效率和降低生命周期成本是混合能源系统的主要目标。

实际的混合能源系统设计思路一般有两种：一是因地制宜设计，即为每个地点都定制一套混合能源系统，主要包括控制的种类和策略。这可能需要极高的工程费用且只有专业的技术团队才能提供设计方案，而且如果没有在最初设计时将系统特性的改变考虑在内，如负荷增加或组件更新，很有可能导致系统的重新设计。二是封装系统设计，即提供一个标准的已设计好的混合能源系统，控制和组件（系统配置）均相同。为了保证在不同应用中的运行效率，确定组件的尺寸大小是最重要的一步。

常规的混合能源系统配置如图10-4所示。不同的配置方式见表10-1，总共可以分为四种，即直流耦合配置、工频交流耦合配置、高频交流耦合配置及混合耦合配置。配置的选取主要依据实际应用的情况。

经过可行性分析后，再根据天气数据等环境条件选择适当的设备尺寸。混合能源系统的尺寸对系统的可靠性和经济性有着巨大的影响。

在规划、设计和建造混合能源系统时，由于不确定的可再生能源供应、负荷需求、组件的非线性特性和混合能源系统的规模和运行之间相互影响，问题将变得非常复杂。混合能源系统优化的目的是为了在保证系统的可靠运行的同时，最大限度地降低生命周期成本。由于组件尺寸大小和运行之间的关系密切，因此在每个多能源组合中分析不同的组件配置以获得最优的混合能源系统是必要的。

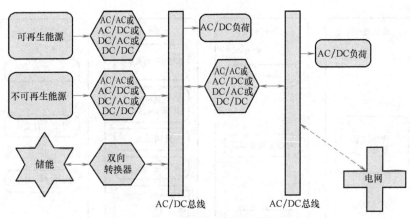

图 10-4　常规的混合能源系统配置

表 10-1　不同的配置方式对比

| 配置 | 电源 | 负载 | 优势 | 劣势 | 应用 |
|---|---|---|---|---|---|
| 直流耦合 | 直流 | 直流 | 无须同步 | 只包含一个逆变器,因此,当这个逆变器出现故障时,将无法满足负荷要求 | 低压直流微电网 |
| 工频交流耦合 | 交流 | 交流 | 容易保护 | 耦合指标要完成预期的功率流动管理 | 交流微电网 |
| 高频交流耦合 | 不同频率的交流 | 高频交流 | 较小的尺寸和散热组件质量,系统效率较高 | 高转换效率导致高频功率转换器有着较高的转换损失 | 飞机、船舶、潜艇和空间站 |
| 混合耦合 | 直流和交流 | 直流和交流 | 与其他系统相比,系统灵活,在较低的成本下有着最高的效率 | 因为同时有直流和交流负荷,控制和能源管理策略比较复杂 | 在电源和负载端都存在直流和交流的情况 |

确定了系统的组件配置之后,需要明确系统的能源管理策略。一般来说,混合能源系统最优的能源管理策略是在满足负荷平衡、资源可用和设备限制之内的条件下,寻找可再生能源发电机组、柴油机和储能系统组合的最经济配置。

能源管理策略根据不同的目标需求实现不同的优化结果。这些策略旨在规定系统正常运行过程中的能量流动,从而确定什么时候哪些设备以怎样的方式运行。根据优化目标、系统拓扑结构和配置,策略或多或少地会比较复杂,根据策略的复杂程度,需要不同的优化算法或软件模拟。

能源管理策略一般分为以下四种:

1）优先满足负荷需求策略。这种策略的主要目标是满足负荷需求,其控制算法主要基于三个设计准则,即功率平衡、电池的充电状态和储能系统容量,这些因素均取决于系统集成的组件,如图 10-5 所示。

2）包含技术因素的需求策略。这种策略在满足负荷需求的同时,考虑一些技术指标,以确保设备的正确使用。这种策略的主要目标是减小系统运行过程中设备的性能退化,这些组件包括发电机组和储能设备等,如图 10-6 所示。

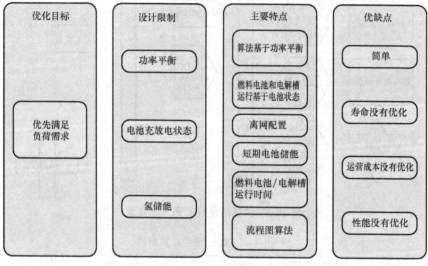

图 10-5　优先满足负荷需求策略

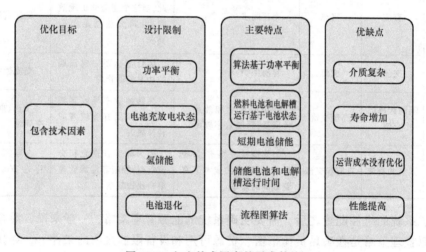

图 10-6　包含技术因素的需求策略

3）包含经济因素的需求策略。这种策略在满足负荷需求的同时，还考虑经济因素。这些经济参数将有助于从经济角度确定最佳解决方案。在许多情况下，由于没有足够的技术标准来避免不同运行方式切换的问题，这种最佳解决方案并不能解决设备的运行问题，但这种策略在确定规格和长期运行方面具有潜在的应用，如图 10-7 所示。

4）同时包含技术和经济因素的需求策略。这种策略在满足负荷需求的同时，将技术和经济标准也考虑在内，以提高设备使用寿命并降低维护成本。该策略在技术和经济方面均具有最佳解决方案。一般将解决方案的制定转换为非线性优化问题，将成本和设备折旧放入多目标函数中，通过各种手段求解这个函数，确定每个元件在每次迭代中提供的额定功率，以此来保证功率平衡和系统性能最佳。但是考虑因素的增加使得优化算法的复杂性增加，同时增加了实际应用中的复杂性。最后，与前三者相同，在产能过剩或能量不足的特别情况下实施的解决方案将取决于系统的拓扑结构，如图 10-8 所示。

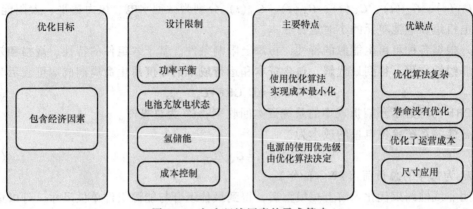

图 10-7 包含经济因素的需求策略

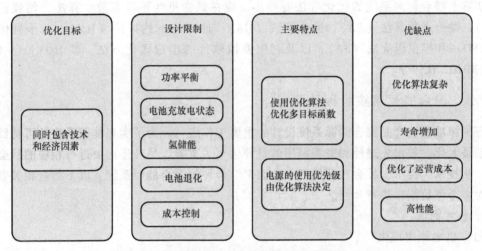

图 10-8 同时包含技术和经济因素的需求策略

优先满足负荷需求策略是最简单的策略。以下是一个简单的能源管理策略：如果可再生能源在满足负荷需求后，仍有剩余的电力，则给电池充电；如果可再生能源未能满足负荷，则由电池放电。柴油发电机用作系统的备用，应对可再生能源和储存能源均不足以满足负荷的紧急情况，如图 10-9 所示。

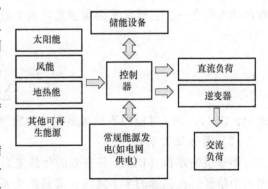

图 10-9 简单的混合能源系统结构图

通过非线性约束优化方法来解决能量不满足负荷需求的问题，确定不同能源配置的逐时运行策略。可再生能源的限制条件应该尽量用公式表达出来。太阳能光伏/风能/微水电组合的最佳运行策略，应尽量减少每年的运营成本 $C_o$，以小时间隔 $t$ 作为变量可表示为

$$C_{ot} = \sum_1^{365} \left\{ \sum_{t=1}^{24} \left[ C_{oh}(t) + C_{ow}(t) + C_{os}(t) + C_{og}(t) + C_{ob}(t) \right] \right\} \tag{10-1}$$

式中，$C_{oh}(t)$、$C_{ow}(t)$、$C_{os}(t)$、$C_{og}(t)$、$C_{ob}(t)$ 分别为微型水电、风力透平、太阳能电池、柴油发电机组和电池单元的小时运行成本。

另外根据各种可再生能源的特性，再添上限制条件。基于各组件的特性、规格和效率计算上述非线性方程，得到最优解。包含资本和运行成本的年度总生命周期成本可表示为

$$C_{an} = C_c \mathrm{CRF} + C_{ot} \qquad (10\text{-}2)$$

式中，CRF 为考虑了预期折现率的系统资本回收率；$C_c$ 为总投资。

混合能源系统单位电量的成本为

$$C_{oe} = C_{an}/E_1 \qquad (10\text{-}3)$$

式中，$E_1$ 为每年的总负荷（kW·h/年）。

利用非线性约束优化求解上述模型后，得到最佳组合与能源组件单位尺寸，可以最大限度地减少整个生命周期的成本。

实际上混合能源系统的优化方法有很多，现在最常见的手段有数学算法，如蚁群算法（ACS）、微分进化算法（EA）、遗传算法（GA）、修正的 $\varepsilon$ 约束法（HM）、粒子群优化算法（PSO）和模拟退火法（SA），以及利用模拟软件的模拟优化方法，如 HOMER、GAMS 和 HYBRID2 软件等。

### 10.2.4 混合能源系统的评价指标

评价标准的选择是混合能源系统设计的重要工作之一。为了实现能源系统的可持续发展和效益最大化，技术先进性和资源利用效益评估至关重要，另外还需要进行相应的社会经济评价，从技术、经济、社会和环境四个方面来综合评价混合能源系统。以下结合相关数学表达式对多个评价指标进行介绍。

1. 技术因素

（1）供电概率损失

因为太阳能、风能等可再生能源在自然环境中是随机的、间断的，因此确定系统能量来源的可靠性变得非常重要。在确定系统可靠性的所有参数中，供电概率损失（LPSP）是最常用的参数之一。它被定义为观察期间富余总能量占总需求的比率，可表示为

$$\mathrm{LPSP} = \frac{\displaystyle\sum_{t=1}^{T} \mathrm{DE}(t)}{\displaystyle\sum_{t=1}^{T} P_{load}(t)\Delta t} \qquad (10\text{-}4)$$

式中，$\mathrm{DE}(t)$ 为 $t$ 时刻内不能满足负荷的能量；$P_{load}(t)$ 为 $t$ 时刻的负荷功率。

（2）等效损失系数

等效损失系数（ELF）是有效的负载停运时间与总时长的比率，它包含停用的时间和范围大小信息。在偏远的乡下地区，等效损失系数小于 0.01 是可以接受的。发达国家的电力供应商计划将等效损失系数降低到 0.0001 以下。等效损失系数可表示为

$$\mathrm{ELF} = \frac{1}{H}\sum_{n=1}^{H} \frac{E(Q(h))}{D(h)} \qquad (10\text{-}5)$$

式中，$Q(h)$ 和 $D(h)$ 为在第 $h$ 个步长中未满足负荷的大小和需求功率；$H$ 为时间步长的数量。

（3）负载预期损失

负载预期损失（LOLE）是指在负载超过发电量条件下不会供应的那部分能量，可表示为

$$\text{LOLE} = \sum_{h=1}^{H} E[\text{LOL}(h)] \tag{10-6}$$

式中，$E[\text{LOL}(h)]$ 为在第 $h$ 个时间步长中负载损失的期望值。它又可以表示为

$$E[\text{LOL}(h)] = \sum_{s \in S} T(s)f(s) \tag{10-7}$$

式中，$f(s)$ 为满足状态 $s$ 的可能性；$T(s)$ 为负载持续时间内的损失；给定的发生状态 $s$ 和 $S$ 是所有可能状态的组合。

（4）总能量损失

总能量损失（TEL）是由于混合能源系统通过采用规范（如规定该数量不应超过在规定的分析时段 $T$ 的一个特定值，假定该时间段为 8760h）而产生的多余发电量的最小值。限制条件表示为

$$\text{TEL} = \begin{cases} \sum_{t=1}^{T} [E_{\text{PGS}}(t) - \text{LD}(t)] & \text{LD}(t) < E_{\text{PGS}}(t) \\ 0 & \text{其他} \end{cases} \tag{10-8}$$

式中，$E_{\text{PGS}}$ 为发电机组的发电量；LD 为负载需求量。根据不同的能源管理策略，将不同的多余发电量卖给电网，这是总的能量损失的来源。

（5）自主等级

自主等级（LA）定义为1减去负载损失发生的总小时数与总运行时间的比例后所得之差，可表示为

$$\text{LA} = 1 - \frac{H_{\text{LOL}}}{H_{\text{tot}}} \tag{10-9}$$

式中，$H_{\text{tot}}$ 为系统工作的总小时数；$H_{\text{LOL}}$ 为负载损失发生的总小时数。

（6）电池的充电状态

电池的充电状态（SOC）与系统的能量存储有关，可以表示为

$$\text{SOC}(t+1) = \text{SOC}(t)\sigma + I_{\text{bat}}(t)\Delta t\eta[I_{\text{bat}}(t)] \tag{10-10}$$

式中，$\sigma$ 为电池组的自放电率；$I_{\text{bat}}(t)$ 为电池的充电电流；$\Delta t$ 为采样周期；$\eta(I_{\text{bat}}(t))$ 为充电电流效率。SOC 有助于确保设计者在确定的存储容量下选择的电池一定能满足要求。

2. 经济因素

（1）能源平准化成本

平准化成本（LCE）定义为总的系统年度成本与年度系统送出的电能的比例，可表示为

$$\text{LCE} = \frac{\text{TAC}}{E_{\text{tot}}} \tag{10-11}$$

式中，TAC 为总的系统年度成本；$E_{\text{tot}}$ 为年度系统送出的电能。

（2）资本回收率

资本回收率（CRF）可以解释为等价（或统一）的成本在 $t$ 年内能被返回的份额，可表示为

$$CRF = \frac{d(1+d)^t}{(1+d)^t - 1} \tag{10-12}$$

式中，$d$ 为贴现率；$t$ 为工厂运行的时间。

（3）混合能源系统的长期成本

系统的长期投资成本（$C_n$）可以视为初次安装总成本、维修费用、运行费用和替换成本的累加值，可表示为

$$C_n = IC_0 \left[ (1-\gamma) + mx\frac{n^x}{x-1} + \frac{c_0 M_f}{IC_0} y\frac{y^n-1}{y-1} + \Psi \right] \tag{10-13}$$

式中，$IC_0$ 为初始投资；$c_0$ 为运行辅助材料。

式（10-13）中，从左到右的各项分别为初始投资成本（$\gamma$ 为政府资助补贴比例）、维修成本、运行成本和主要零部件更换成本比例（$\Psi$）。

（4）能源的平均发电成本

能源的平均发电成本（$C_{av}$）是指在系统设计中包含的设备的平均发电成本，可表示为

$$C_{av} = \frac{\{[r(1+r)^n + m]/[(1+r)^n - 1]\} \sum_i P_i R_i}{87.6 \sum_i R_i K_i} \tag{10-14}$$

式中，$r$ 为利率；$m$ 为维护成本；$P_i R_i$ 为设备投资；$R_i K_i$ 为发电量。

（5）净现值

净现值（NPV）可以通过将当前的收入折扣值相加来评估，同时通过系统的使用寿命减去贴现成本，可表示为

$$NPV = \sum NPV_{sale\_i} + \sum NPV_{end\_i} - C_{investment} - \sum NPV_{r\_i} - \sum NPV_{O\&M\_i} \tag{10-15}$$

式中，$NPV_{sale\_i}$ 为销售 $i$（如销售给电网的电能）的当前净现值；$NPV_{end\_i}$ 为混合能源系统生命周期结束时组件 $i$ 剩余价值的净现值；$C_{investment}$ 为初始总投资成本；$NPV_{r\_i}$ 为在系统使用寿命期间内替换组件 $i$ 成本的净现值，$NPV_{O\&M\_i}$ 为系统整个生命周期中组件 $i$ 的未来运行和维护成本的净现值。

（6）系统年化成本

系统年化成本（ACS）由年化资本成本、年化维修成本（$C_{amain}$）和年化替换成本（$C_{arep}$）组成，可表示为

$$ACS = C_{acap} + C_{amain} + C_{arep} \tag{10-16}$$

（7）燃料消费量

没有可再生能源的发电厂的最小燃料消费总量可表示为

$$FC = \sum_{t \in T} \sum_{j \in F} \omega_t b_{jt} y_{jt} \tag{10-17}$$

式中，$\omega$ 为折扣系数；$b_{jt}$ 为进口燃料类型 $j$ 在时间段 $t$ 内的成本；$y_{jt}$ 为进口燃料类型 $j$ 在时间段 $t$ 中的数量。

3. 社会政治因素

（1）社会可接受性

社会可接受性（SA）是社会绩效的评估标准之一，它考虑的是社会对安装混合能源系统的抵制情况。在一般情况下，土地占用和市容影响是社会的主要负面影响，除此之外还有电磁

干扰、声学噪声、阴影或光污染和生态系统干扰。社会可接受性可通过使用模糊逻辑算法来实现，其中发电系统的用地面积和所需微型轮机的数量是输入变量，输出是社会认可指标。

（2）投资组合风险

投资组合风险旨在尽量减少执行社会政治决策时燃料价格不稳定的风险，可表示为

$$PR = \sum_{t \in T} \left( \sum_{j \in F} \alpha_{jt} \sum_{j \in N_j} gn_{nt} \right) \tag{10-18}$$

式中，$\alpha_{jt}$ 为时间段 $t$ 内燃料类型 $j$ 价格的历史变化系数；$gn_{nt}$ 为时间段 $t(\mathrm{MW \cdot h})$ 内由 $n$ 个单位的不可再生能源发电机组产生的累计能量输出。

4. 环境因素

（1）排放函数

排放可以用一个二次多项式加上具有指数项的二次多项式或者添加了发电功率的线性方程项的二次多项式来表示，即

$$E_i(P_i) = \alpha_i + \beta_i P_i + \lambda_i P_i^2 \tag{10-19}$$

$$E_i(P_i) = \alpha_i + \beta_i P_i + \lambda_i P_i^2 + \xi_1 \exp(\lambda_i P_i) \tag{10-20}$$

$$E_i(P_i) = \alpha_i + \beta_i P_i + \lambda_i P_i^2 + \xi_{1i} \exp(\lambda_1 P_i) + \xi_{2i} \exp(\lambda_2 P_i) \tag{10-21}$$

式中，$\alpha_i$、$\beta_i$、$\lambda_i$、$\xi_{1i}$、$\xi_{2i}$ 和 $\lambda_1$、$\lambda_2$ 为排放函数的系数；$P_i$ 为发电功率。

（2）$CO_2$ 排放量

发电机组的 $CO_2$ 排放量应尽量减少。$CO_2$ 排放量可由不同类型发电机组的排放率来确定，即

$$E_t = \sum_{t \in T} \sum_{n \in N} E_n gn_{nt} \tag{10-22}$$

式中，$E_n$ 为在时间段 $t$ 内由一个 $n$ 类型单位产生的 $CO_2$ 排放量（t/MW·h）；$gn_{nt}$ 为在时间段 $t$ 内由 $n$ 个单位的不可再生能源发电机组累计输出的能量（MW·h）。

## 10.2.5　混合能源系统实例介绍

绝大多数可用的尺寸设计方案只能在单个设计选项下进行，它们通常不提供整套可能的设计。而空间设计法可用于评估改造方案和系统优化。

本节以一现有的离网型混合能源系统为例介绍采用空间设计法设计混合能源系统电池的过程。该系统位于印度高卢帕哈里（28.4°N，77°E），由印度能源与资源研究所（TERI）设计安装，包含光伏单元、柴油发电机和电池存储单元，用于当地发电。混合能源系统实例示意图如图 10-10 所示。

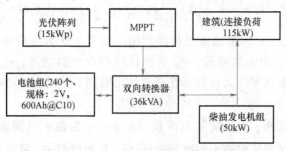

图 10-10　混合能源系统实例示意图

系统中的光伏阵列的额定功率为 15kW，柴油发电机组的额定功率为 50kW。电池组总容量为 288kW·h，电池带有陶瓷排气塞的铅酸充液电解液管形板，带有 240 个单元（120 个电池相串联）。电池组的额定放电电压为 240V（每个电池的额定电压为 2V）。每个电池的容量在 C10 条件下为 600A·h，额定放电深度为 70%。在充电和放电期间使用双向转换器用于正常的功率转换。MPPT 确保光伏组件始终在其最大功率点供电。功率调节单元由 MPPT 单元和充电控制器组成。功率调节器的额定输入电压为 240V（DC），输出电压为 415V（AC）。混合能源系统中的柴油发电机组采用水冷式涡轮四冲程增压柴油发动机。在使用沼气和柴油的双燃料模式下运行时，额定功率为 77.2kW，降额时为 50kW。

在 TERI 园区内的光伏单元-柴油发电机-电池组组合系统是所有满足电力需求的可行系统配置中的其中一个。此处的空间设计是满足在该地点可用日照和负荷条件下，柴油发电机、光伏阵列和电池组的可行组合。现有系统一年的每小时负荷、太阳辐射值数据、当地资源概况以及系统特征对系统规模大小的设计是必需的。受季节性影响，混合能源系统负荷曲线随人员流动的变化而变化。根据工厂年负荷曲线可以分为三种情况：低负荷月份、中等负荷月份和高负荷月份。低负荷月份通常为 10 月至 3 月；中等负荷月份为 4 月至 6 月，高负荷为 7 月至 9 月。系统规模大小主要参考典型日特征，这一天的负荷和太阳小时辐射值用于确定系统大小。图 10-11 所示为当地负荷随时间变化的规律。用于确定尺寸的典型日太阳辐射值如图 10-12 所示。尺寸与典型日辐射值对应关系的规律可参考相关文献。

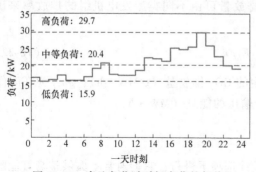

图 10-11　当地负荷随时间变化的规律

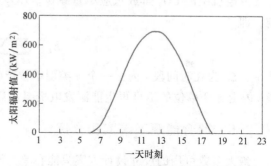

图 10-12　典型日太阳辐射值随时间的变化曲线

系统产生的净功率表示为从柴油发电机组和光伏阵列产生的总功率与负载所需的功率之间的差值，即

$$\frac{dQ_B}{dt}\begin{cases}[P_P(t)+P^*(t)\eta_{conv}]f(t) & P_P(t)+P^*(t)\geqslant0 \text{ 且 } f(t)=\eta_c \\ \left[P_P(t)+\dfrac{P^*(t)}{\eta_{conv}}\right]f(t) & P_P(t)+P^*(t)<0 \text{ 且 } f(t)=\dfrac{1}{\eta_d}\end{cases} \tag{10-23}$$

式中，$P^*=P(t)-D(t)$，$P$ 为柴油发电机组产生的功率，$D$ 为负载所需功率；$f(t)$ 为电池充放电过程的效率；$Q_B$ 为电池容量；$P_P$ 为光伏阵列产生的功率；$\eta_{conv}$ 为转换器效率；$\eta_c$ 为充电效率；$\eta_d$ 为放电效率。光伏阵列在任意给定时间 $t$ 内产生的功率为

$$P_P(t)=\eta_0 A I_T(t) \tag{10-24}$$

式中，$\eta_0$ 为光伏系统效率；$A$ 为阵列总面积（$m^2$）；$I_T$ 为在一时间步长内照射在阵列上的总辐射值（$W/m^2$）。对于相对较小的时间步长 $\Delta t$，储能能量 $Q_B$ 可以表示为

$$Q_{\mathrm{B}}(t+\Delta t)\begin{cases} Q_{\mathrm{B}}(t)+\left[P_{\mathrm{P}}(t)+P^{*}(t)\eta_{\mathrm{conv}}\right]f(t)\Delta t & P_{\mathrm{P}}(t)+P^{*}(t)\geqslant0 \\ Q_{\mathrm{B}}(t)+\left[P_{\mathrm{P}}(t)+\dfrac{P^{*}(t)}{\eta_{\mathrm{conv}}}\right]f(t)\Delta t & P_{\mathrm{P}}(t)+P^{*}(t)<0 \end{cases} \tag{10-25}$$

在系统运行 $\Delta t$ 时间内，如果由柴油发电机组和光伏阵列发电的总能量超过负荷，则多余能量用于电池充电；如果由发电机输送的总能量低于负荷，则由电池放电补充，如果电池没有达到放电深度，则可以满足负荷需求。在这种情况下，储存的化学能转换成电能。假定电池组和转换器的充电和放电效率随时间保持恒定，以及电池的自放电损失可以忽略不计，所需的最小发电机额定值和满足指定负荷的相应存储容量通过在整个系统操作期间求解式（10-25）得到。在广义方法中，为了获得最小发电机的额定值，需要进行满足能量平衡和以下条件的数值搜索：

$$Q_{\mathrm{B}}(t)\geqslant0\ \forall\ t \tag{10-26}$$

$$Q_{\mathrm{B}}(t=0)=Q_{\mathrm{B}}(t=T) \tag{10-27}$$

式（10-26）确保了电池能量水平一直不为负，式（10-27）表示电池在整个时间区域内的可重复性。因此需要的电池容量可表示为

$$B_{\mathrm{r}}=\frac{\max\{Q_{\mathrm{B}}(t)\}}{\mathrm{DOD}} \tag{10-28}$$

式中，DOD 为电池可允许的放电深度。这里的计算中提供了柴油发电机的最小容量值（$P=P_{\min}$）以及电池组对于特定光伏阵列额定值的相应容量。通过系统模拟也可以确定对应特定柴油发电机额定值的光伏阵列最小额定值或面积（$A=A_{\min}$）以及电池组的相应容量，从而将整套可行的配置问题转换成了给定尺寸的设计空间问题。柴油发电机组、光伏阵列和电池组的完整可行配置表示在三维空间中如图 10-13 所示。

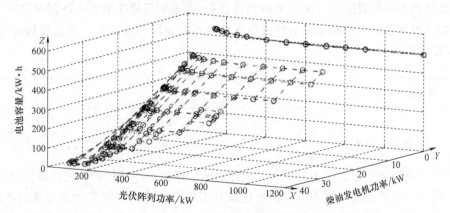

图 10-13　柴油发电机组、光伏阵列和电池组的完整可行配置

系统尺寸设计用到的主要参数见表 10-2。

表 10-2　系统尺寸设计和优化的输入参数

| 参数 | 数值 | 参数 | 数值 |
| --- | --- | --- | --- |
| 光伏系统效率(%) | 10 | 逆变器效率(%) | 90 |
| 净充电效率(%) | 85 | 放电深度(%) | 70 |
| 净放电效率(%) | 85 | | |

以电池容量作为 $Z$ 坐标，$XY$ 面是以尺寸曲线表示的设计空间，该尺寸曲线是在光伏阵列确定的条件下，由可行柴油发电机组-电池组组合变化而形成的。在光伏阵列确定后，得到柴油发电机组功率和电池组容量的变化关系如图 10-14 所示。

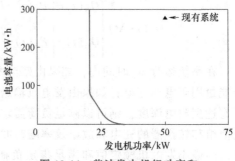

图 10-14　柴油发电机组功率和
电池组容量的变化关系

### 10.2.6　未来发展

随着能源领域新技术的发展，未来能源利用领域所面临的一些重要挑战和研究热点主要表现在以下方面：

1）可再生能源需要进一步开发突破性技术，从而能高效转换得到更多的电能。

2）由于高成本增加了投资回收期，利用可再生能源系统制造成本的显著降低，成本削减将激励工业生产更多地使用这些系统。

3）电力转换器的损失虽然已降至较低的水平，但应该确保在转换器中的电力损失达到最小。

4）存储设备的寿命周期，如电池和超级电容器，需要通过技术创新来提高。

5）在设计混合能源系统时加入不同类型的发电机会增加电力转换设备的压力。一个可行的混合能源系统需要配置适当的监测系统，记录其运行的重要信息。在任何不匹配的情况下，系统都能打开断路器，以获得更好的保护和操作。

6）可再生能源与负荷波动相互独立，因此必须要设计合适的能源管理策略，提高系统的使用寿命。大幅度的负荷波动可能导致整个系统的瘫痪。

7）储能设备的配置问题（如电池或其他设备），是制造商主要关心的问题之一。

8）需要发展包含多种发电机组的微电网来使多种能源相互协作，并且智能地根据需要来分配和传输能量。

# 10.3　智能电网

## 10.3.1　智能电网概述

随着全球资源环境压力的不断增大，全球对节能减排、环境保护的可持续性发展呼声日益增加。同时，电力市场化进程的不断推进以及用户对电能可靠性和质量要求的不断提升，要求未来电网提供的电力供应必须更加安全、可靠、清洁、优质，能够匹配多种能源类型的发电方式，能够更加适应高度市场化的电力交易，能够满足客户的自主选择，进一步提高庞大的电网资产利用效率和效益，提供更加优质的服务。为此，以美国和欧盟为代表的不同国家和组织不约而同地提出要建设灵活、清洁、安全、经济、友好的智能电网，将智能电网视为未来电网的发展方向。

电网，一般是指除了发电侧之外，由变电装置和输配电线组成的网络。电网主要分为变电、输电、配电三个环节。变电设备将电压由低变高或由高变低的环节是变电环节。通过输电线路传输电能的环节为输电。通过配电变压，将电能从高压输电线路分配给用户的环节称为配电。电能从发电厂制造出来，通过变电升压，进入高压输电线路，再经过变电降压，配电给各个用户。

对于交流输电而言，输电网由升压变电站的升压变压器、高压输电线路、降压变电站的降压变压器组成。在输电网中，输电线、杆塔、绝缘子串、架空线路等称为输电设备；变压器、电抗器、电容器、断路器、隔离开关、接地开关、避雷器、电压互感器、电流互感器、母线等变电一次设备和确保安全、可靠输电的继电保护、监视、控制和电力通信等变电二次设备等主要集中在变电站内的设备统称为变电设备。

对于直流输电来说，其输电功能由直流输电线路和两端换流站内的各种换流设备（包括一次设备和二次设备）来实现。与输电网类似，配电网主要由电压相对较低的配电线路、开关设备、互感器和配电变压器等组成。配电网几乎都是采用三相交流配电网。

关于智能电网，其实是一个含义很宽泛的概念，目前并没有公认的定义，这里摘取美国能源部的定义：一个完全自动化的电力传输网络，能够监视和控制每个用户和电网节点，保证从电厂到终端用户整个输配电过程中所有节点之间的信息和电能的双向流动。简单地说，智能电网就是将信息技术、通信技术、计算机技术和原有的输、配电基础设施高度集成而形成的新型电网，它具有提高能源效率、减少对环境的影响、提高供电的安全性和可靠性、减少输电网的电能损耗等多个优点。

从宏观上看，与传统电网管理运行模式相比，智能电网是一个完整的企业级信息框架和基础设施体系，它可以实现对电力客户、资产及运营的持续监视，提高管理水平、工作效率、电网可靠性和服务水平。传统的电力分配方式，类似于经济学上的计划经济，电力供需平衡是单向的，基本都着眼于发电方和传输网的建设，缺多少电就建多少电厂，造成电网规模不断扩大、情况越发复杂的问题。电力资源没有被合理配置，就会造成能源和财富的损失，而智能电网将基本杜绝由此带来的损失，它是双向的，是从供应和需求两个方面考虑。它会把暂时不用的电卖给其他需要电力的人，供或需都由电力市场决定，智能电网是全过程的智能化。从微观上看，与传统电网相比，智能电网进一步优化各级电网控制，构建结构扁平化、功能模块化、系统组态化的柔性体系结构，通过集中与分散相结合，灵活变换网络结构、智能重组系统结构、最佳配置系统效能、优化电网服务质量，实现与传统电网截然不同的电网构成理念和体系。

智能电网的和传统电网的区别见表10-3。

表10-3 智能电网与传统电网的区别

| 特征 | 传统电网 | 智能电网 |
|---|---|---|
| 激励/包括电力用户 | 电价不透明,缺少实时定价,选择很少 | 充分的电价信息,实时定价,有许多供电方案和电价可供选择 |
| 提供发电/储能 | 集中发电占优,少量DG、DR、储能或可再生能源 | 大量即插即用的分布式电源辅助集中发电 |
| 满足电能质量需要 | 关注停运,不关心电能质量 | 电能质量需保证,有各种各样的质量、价格方案可供选择 |
| 优化 | 很少计及资产管理 | 电网的智能化同资产管理软件深度集成 |
| 自愈 | 扰动发生时保护资产 | 防止断电,减少影响 |
| 抵御攻击 | 对恐怖袭击和自然灾害脆弱 | 具有快速恢复能力 |

智能电网相对于传统电网主要具有以下特点：

1）自愈——稳定可靠。自愈是实现电网安全可靠运行的主要功能，指无须或仅需少量人为干预，实现电网中存在问题的元器件的隔离或使其恢复正常运行，最小化或避免用户供电中断。通过进行连续的评估自测，智能电网可以检测、分析、响应甚至恢复电力元器件或局部网络的异常运行。

2）安全——抵御攻击。无论是物理系统还是计算机网络遭到外部攻击，智能电网均能有效抵御由此造成的对电力系统本身的攻击伤害以及对其他领域形成的伤害，一旦发生供电中断，也能很快恢复运行。

3）兼容——发电资源。传统电网主要采用远端集中式发电，而智能电网通过在电源互联领域引入类似于计算机中的即插即用技术（尤其是分布式发电资源），电网可以容纳包含集中式发电在内的多种不同类型电源甚至储能装置。

4）交互——电力用户。智能电网在运行中与用户设备和行为进行交互，将其视为电力系统的完整组成部分之一，可以促使电力用户发挥积极作用，实现电力运行和环境保护等多方面的收益。

5）协调——电力市场。与批发电力市场甚至是零售电力市场实现无缝衔接，有效的市场设计可以提高电力系统的规划、运行和可靠性管理水平，电力系统管理能力的提升促进了电力市场竞争效率的提高。

6）高效——资产优化。引入最先进的信息和监控技术优化设备和资源的使用效益，可以提高单个资产的利用效率，从整体上实现网络运行和扩容的优化，降低运行维护成本和投资。

7）优质——电能质量。在数字化、高科技占主导的经济模式下，电力用户的电能质量能够得到有效保障，实现电能质量的差别定价。

8）集成——信息系统。实现包括监视、控制、维护、能量管理（EMS）、配电管理（DMS）、市场运营的集成。

智能电网为相关企业提高运行效率及可靠性、降低成本提供了条件。通过对电力生产、输送、零售各个环节的优化管理，可以节省电费、实现智能管理、具有更强的可靠性和使用效率、增加可再生能源的使用。

目前，智能电网在国外先进电网企业的实施和应用已经为企业带来了卓著的价值回报。意大利的主要电力运营商于2001年安装和改造了3000万台智能电能表，建立了智能化计量网络，节省了约5亿欧元的管理成本，客户服务成本降低40%以上。《纽约时报》刊文称，美国能源部西北太平洋国家实验室的研究结果表明，仅使用数字工具设定家庭温度及融入价格信息，能源消耗每年可缩减15%。可见，智能电网除了能更灵活有效地调配电力供需，还通过利用先进电子电能表所提供的实时用电信息来改变用户的用电行为模式，引导用户节约用电，另外透过差异电价进一步降低尖峰用电，节约了增建电厂的庞大投资。

发展智能电网对当今社会具有诸多意义：

（1）鼓励用户积极参与电力系统的运行和管理

在智能电网中，用户的需求是一种可管理的资源，它有助于平衡供求关系，确保系统的可靠性；从用户的角度来看，电力消费是一种经济的选择，通过参与电网的运行和管理，修正其使用和购买电力的方式，从而获得实实在在的好处。在智能电网中，用户将根据其电力需求和电力系统满足其需求的能力的平衡来调整其消费。同时需求响应（DR）计划将满足用户在能源购买中有更多选择的基本需求，减少或转移高峰电力需求的能力使电力公司尽量减少资本开支和营运开支，通过降低线损和减少效率低下的调峰电厂的运营，同时也提供了大量的环境效益。在智能电网中，和用户建立的双向实时通信系统是实现鼓励和促进用户积极参与电力系统运行和管理的基础。实时通知用户其电力消费的成本，实时电价、电网目前的状况、计划停电信息以及其他一些服务的信息，同时用户也可以根据这些信息制定自己的电力使用方案。

（2）提供满足用户需求的高电能质量

电能质量指标包括电压偏移、三相不平衡、频率偏移、闪变、谐波、电压骤降和突升等。由于用电设备的数字化，对电能质量越来越敏感。电能质量问题可以导致生产线的停产，对社会经济发展造成重大的损失，因此提供能满足用户需求的高质量电能是发展智能电网的又一重要目的。因为并非所有的商业企业用户和居民用户，都需要相同的电能质量。因此需要制定新的电能质量标准，对电能质量进行分级。电能质量的分级可以从"标准"到"优质"，取决于电力消费者的需求，它将在一个合理的价格水平上平衡负载的敏感度与供电的电能质量。智能电网将以不同的价格水平提供不同等级的电能质量，以满足用户对不同电能质量水平的需求，同时要将优质、优价真正写入电力服务合同中。

（3）容许各种不同类型的发电和储能系统接入

智能电网将安全、无缝地容许各种不同类型的发电和储能系统接入系统，简化联网过程，类似于即插即用，这一特征对电网提出了严峻的挑战。改进的互联标准将使各种各样的发电和储能系统容易接入。各种不同容量的发电和储能在所有的电压等级上都可以互联，包括分布式电源，如光伏发电、风电、先进的电池系统、即插式混合动力汽车和燃料电池。商业用户安装自己的发电设备（包括高效热电联产装置）和电力储能设施将更加容易和更加有利可图。在智能电网中，大型集中式发电厂包括环境友好型电源，如风电、大型太阳能电厂和先进的核电厂，将继续发挥重要的作用。加强输电系统的建设使这些大型电厂仍然能够远距离输送电力。同时各种各样的分布式电源的接入一方面减少了对外来能源的依赖，另一方面提高了供电可靠性和电能质量，特别是对应对战争和恐怖袭击具有重要的意义。

（4）优化资产应用，使运行更加高效

智能电网优化调整电网资产的管理和运行以实现用最低的成本提供所期望的电能。这并不意味着资产将被连续不断地用到其极限，而是有效地管理需要什么资产以及何时需要，每个资产将和所有其他资产进行很好的整合，以最大限度地发挥其功能，同时降低成本。智能电网将应用最新技术优化其资产的应用。例如，通过动态评估技术使资产发挥其最佳的能力，通过连续不断地监测和评价其能力使资产能够在更大的负荷下使用。

智能电网通过高速通信网络实现对运行设备的在线状态监测，以获取设备的运行状态，在最恰当的时间给出需要维修设备的信息，实现设备的状态检修，同时使设备运行在最佳状态。系统的控制装置可以被调整到降低损耗和消除阻塞的状态。通过对系统控制装置的调整选择最小成本的能源输送系统、提高运行的效率。最佳的容量、最佳的状态和最佳的运行将大大降低电网运行的费用。此外，先进的信息技术将提供大量的数据和资料，并将集成到现有的企业范围的系统中，大大加强其能力，以优化运行和维修过程。这些信息将为设计人员提供更好的工具，创造出最佳的设计，同时为规划人员提供所需的数据，从而提高其电网规划的能力和水平，运行和维护费用以及电网建设投资将得到更为有效的管理。

## 10.3.2　可再生能源与智能电网

在可预见的未来，大多数可再生能源都将被转化为电能以供使用，由可再生能源转换而来的电能在电网调度系统的指导下，经过电网的输、变、配、用等环节，最终保证用户的生活质量。而现在传统的电网并不能将大规模可再生能源发出的电并入电网，因此，必须加强电网建设，满足大规模可再生能源接入的需要。在这个大背景下，可以接纳可再生能源的智能电网应运而生。

智能电网对可再生能源发电利用的意义首先体现在大规模电力输送上：①可再生能源基地输电规划技术可以实现可再生能源与常规能源的合理布局和优化配置；②可再生能源的高压交流送出技术，可以解决可再生能源波动性给系统调峰、调频、调压等方面带来的影响；③可再生能源的高压直流送出技术，可以减小电能输送功率损耗和发电成本，实现输送功率的合理分配；④可再生能源支撑电网安全稳定的协调技术，解决了间歇性可再生能源接入后的系统保护及安全自动装置的配置与协调问题。

其次，可再生能源大多与当地的环境条件密切关联，这使得可再生能源发电一般都具有间歇性、周期性、波动性等特点。这些特点不利于电网电能供给和负荷需求之间的平衡。若大量可再生能源接入电网，而没有采取有效的调度措施和控制手段，很可能在某个微小故障的触发下形成联锁反应，造成大面积停电。在智能电网调度系统中，基于负荷端预测信息、发电端预测信息的可再生能源与常规机组的联合优化发电调度技术，可以提高可再生能源调度运行的经济性。基于可再生能源的时空分布特性以及风力发电、光伏发电基地之间的关联特性的可再生能源调度技术将充分利用电网的储能设备，协调配合其他发电能源，实现电网的稳定控制，以及可再生能源与常规电源的智能协调优化运行。

另外，大规模可再生能源的分布式接入对传统配用电系统提出了严峻的挑战。而智能电网配用电技术根据可再生能源分布式接入对配电网在规划、运行、控制等方面的影响，研制了智能化的配用电设备和系统。这些设备和系统将使得可再生能源分布式发电具备一定的功率调节能力和对电网的支撑能力，保证用户用电安全可靠。而且用户也可以通过简单的操作获取电量、电价、电费等信息，电网则可向用户发送缴费、检修以及电价政策信息等。这些智能化的配用电设备和系统将支撑配电网的智能化建设，实现对分布式可再生能源的接纳与协调控制。

最后，电网是连接电源和用户的桥梁和接口，它将多种能源发出的电输送到末端用户，同时，多种能源发电又必须严格满足电网安全可靠运行的要求。因此，在智能电网接纳可再生能源这方面，尽管可再生能源各自的特性并不相同，对电网的影响也不相同，但要求是一致的，即要求可再生能源发电接入电网后必须具备接近常规能源发电机组的优良性能、能够保证电网的安全稳定运行。达到这些要求并不容易，目前智能电网在发电侧可通过完善可再生能源发电接入电网的技术标准，规范可再生能源发电站的性能指标，引导可再生能源发电先进技术与设备的开发与应用。另一方面，通过重点研究先进的可再生能源发电核心控制技术，如自动电压控制、自动发电控制、故障穿越技术等，使可再生能源发电站在向电网提供优质电能的同时，具备支撑电网运行的能力，实现与电网的灵活互动。储能设备是改善可再生能源电站输出功率稳定性的有效方法，在电网中增加储能电池，通过合理控制储能电池的运行，对于缓解可再生能源的功率波动、提高电网接纳可再生能源的能力、降低电网运行风险具有重要作用。

### 10.3.3　可再生能源接入智能电网的要求和技术

由于风电、太阳能等可再生能源发电具有间歇性、波动性、可调度性低的特点，为将它们接入电网，对电网的适应性和安全稳定控制水平提出了更高要求。智能电网建立了接纳可再生能源的高速公路，同时，对可再生能源的接入与控制也提出了基本要求。

#### 1. 接入要求

风能、太阳能等可再生能源与当地所处的地理位置和环境有较大的关系，属于地域性的自然资源。从利用方式来看，除部分太阳能可直接就地进行热利用外，绝大部分可再生能源本身无法实现方便地直接使用和运输，需要转化为便于直接使用和传输的二次能源。电力是现代技术水平下实现这种转换的最主要的能源利用形式，而电网则是实现电力输送的唯一载体。

为了规范可再生能源，电站必须具备一定的性能指标，以引导可再生能源发电的先进技术以及先进装备的开发与应用，保证电网的安全、稳定。要实现可再生能源与电网的灵活互动，必须制定可再生能源发电接入智能电网的相关技术标准。

国家电网公司于 2009 年分别针对风电场和光伏电站接入电网出台了相关的技术规定，并在所辖电网区域里推行。技术规定分别对风电场和光伏电站在接入电网之后的电能质量、功率控制和电压调节、电网异常时的响应特性等方面进行了具体的规定，并要求风电场、大型和中型光伏电站必须具备与电网调度机构进行通信的能力。详见《国家电网公司风电场接入电网技术规定》《国家电网公司光伏电站接入电网技术规定》。

#### 2. 可再生能源自动控制功能

（1）有功功率控制

可再生能源电站应具有有功功率调节能力，并能根据电网调度机构指令控制其有功功率输出。为了实现对可再生能源电站有功功率的控制，电站需要安装有功功率控制系统，根据电网频率值、电网调度机构指令等信息自动调节电站的有功功率输出，确保电站最大输出功率及功率变化率不超过电网调度机构的给定值。可再生能源电站应具有限制输出功率变化率的能力，但可以允许因气候突然变化引起的电站输出功率下降速度超过最大变化率的情况。

（2）无功电压调节

可再生能源电站应具备无功电压调节能力，参与电网电压调节的方式包括调节电站的无功功率、调节无功补偿设备投入量以及调整电站升压变压器的电压比等。

可再生能源电站的功率因数应能够在允许范围内连续可调，有特殊要求时，可以与电网企业协商确定。在无功输出范围内，可再生能源电站应具备根据并网点电压水平调节无功输出、参与电网电压调节的能力，参考电压、电压调差率等参数应可由电网调度机构远程设定。

（3）启动

可再生能源电站能够按照电网调度机构的启动指令执行，但启动时需要考虑电站的当前状态和本地测量的信号。可再生能源电站启动时应确保输出的有功功率变化不超过所设定的最大变化率。

（4）停机

可再生能源电站能够按照电网调度机构的停机指令停机，或在发生电气故障时自动停机。正常停机情况下，可再生能源电站同时切除的功率应在电网允许的最大功率变化率范围内。

### 3. 需要解决的关键技术

#### （1）可再生能源发电技术

由于可再生能源发电的研究和应用时间还比较短，在可再生能源发电技术方面，风电、光伏等可再生能源发电系统的自身技术指标尚未接近或达到常规发电机组的控制性能。针对国内的技术发展和应用现状，需要在风电机组/光伏系统的先进控制技术、风电场/光伏电站的自动化/信息化技术方面开展技术攻关，使可再生能源电站具备良好的适应电网不同工况的能力，能够根据电网运行条件的变化自动调整运行状态，为电网安全稳定和经济可靠运行提供支撑，满足智能电网对可再生能源提出的"可观、可控、可调"的要求。

在研究先进发电技术的同时，遵守可再生能源发电并网标准，开展相关检测认证技术的研究和试验能力的建设，引导可再生能源发电的正确发展方向，规范可再生能源电站的建设和运行，避免不满足并网条件的可再生能源发电接入电网。

#### （2）可再生能源发电功率预测技术

为了接纳可再生能源接入电网，不影响电网的安全性、稳定性和经济性，满足社会用电需求，必须做好可再生能源发电功率预测，主要是针对间歇性、波动性的太阳能和风力发电。

关于可再生能源发电功率预测技术的研究已经开展，但目前尚未建立适用于国情的数值天气预报生产基地，预测所需的数值天气预报数据需从国外购买。目前风力发电短期功率预测研究已经开展，但适应电网多时间尺度运行调度要求的风力发电功率预测研究还存在不足。需要提出适合我国风力发电和太阳能发电功率预测用的数值天气预报计算模式，建立适合我国不同地区的风力发电和太阳能发电功率预测用数值天气预报基地，开发适合大规模集中接入的发电功率预测系统，为电网调度提供发电计划决策依据。

#### （3）可再生能源发电大规模输送技术

为了提高资源的利用率，减少长距离输电损耗，提高电网的稳定性、安全性和经济性，需要开展以下三个方面的研究：

1）针对间歇式可再生能源出力的随机性和波动性，进行大容量间歇式可再生能源输电系统网架优化技术研究，在保证系统安全性的同时，通过适当选择供电距离和接入电压等级，将相似电源特性的电站打捆后采用单一线路外送，提高了经济性能；考虑不同可再生能源间以及可再生能源与常规电源间的合理配比，对大规模可再生能源的端电源结构和布局进行优化，并打捆送出，以平滑间歇式可再生能源的出力波动，并提高传输通道的利用率。

2）采用高压交流/直流大规模外送可再生能源是我国可再生能源大规模集中开发的一种重要输电技术手段。针对可再生能源通过高压交流大规模外送给系统在调峰、调频、调压及安全稳定等方面带来巨大挑战的情况，借助先进的信息自动化手段，运用先进的输配电设备，掌握应对大规模可再生能源出力波动的有功功率及无功电压控制策略与方法，实现大规模间歇性可再生能源并网后的系统自动控制调节技术。

3）大规模可再生能源发电支撑电网安全稳定技术针对可再生能源出力特性，分析可再生能源大规模接入后的系统动态特征，研究系统保护装置及安全稳定装置的适应性，提出配置原则及整定策略，实现可再生能源自身保护系统与电网二、三道防线的协调配合。

(4) 可再生能源发电的分布式接入技术

分布式发电使得电网中电源的构成多元化，电源的分布更接近用户。因此，在大电网发生故障时，如果能够有效利用各种分布式发电，进行科学的控制调节，就能在保证用户的用电需要，提高电力系统的供电可靠性。

分布式可再生能源电站规模的扩大，将对电网产生越来越大的影响。如大量分布式电源的接入，使得我国原有的配电网放射状的供电结构，配电网的电压调节、潮流控制、继电保护以及综合自动化方案无法适应新的网络结构的变化。同时，分布式电源与终端用户紧密相连，其电能质量问题也对用户的设备安全带来隐患。

此外，如何在配电网中确定合理的电源结构、如何协调和有效地利用各种类型的电源、在配电网规划中如何考虑分布式发电的影响，已成为迫切需要解决的课题。同时，针对分布式发电的间歇性与波动性，应在分布式储能、用户侧的能源高效利用方面开展前瞻性研究，使得配电网能够适应供电结构变化带来的运行方式差异，逐步实现分布式可再生能源的即插即用。

## 10.3.4　智能电网的储能设备

储能设备是电网中的重要组成设备。系统添加了储能这一环节后，可以有效地实现平衡昼夜间峰谷差、需求侧管理、平滑负荷，不仅可以更高效地利用电力设备，降低供电成本，还可以促进可再生能源的应用，是提高系统运行稳定性、调整频率、补偿负荷波动的一种有效手段。储能技术的应用必将给传统电力系统的设计、规划、调度、控制等方面带来重大变革。储能技术作为实现智能电网能量双向流动的中枢和纽带，是智能电网建设中的关键技术之一。

1) 缓和间歇式电源功率波动，促进可再生能源的集约化开发利用。风力发电和太阳能发电不同于煤、石油、天然气等常规电源，具有波动性和间歇性。大规模并网运行时，电网的稳定运行将受到极大影响，严重时会引发大规模恶性事故。在波动性可再生能源装机容量不断增加、规模不断扩大的情况下，增加储能装置能够提供快速的有功支撑，增强电网的调频能力。因此，对于太阳能和风能等波动性可再生能源发电系统，应在电源侧配置动态响应特性好、寿命长、可靠性高的大规模储能装置，有效解决风能、太阳能等间歇式可再生能源的随机性和波动性问题，大幅提高电网接纳可再生能源的能力，促进可再生能源的集约化开发和利用。

2) 减小负荷峰谷差，提高系统效率和设备利用率。电力系统的一个重要特点为发电和负荷时刻处于平衡状态，即用户负荷需要多少电力，系统中就必须发出并供给多少电力。但电力负荷存在白天高峰和晚上低谷的周期性变化，电力系统中负荷峰谷差一般可达最大发电出力的 30%~40%，近年来有继续增大的趋势，给发电和电力调度造成一定的困难。目前的电力供应紧张状况大部分出现在夏季负荷高峰期，如果电力系统能够大规模地储存电能，即在晚间负荷低谷期将电能储存起来，白天负荷高峰时再将其释放出来，就能在一定程度上解决缺电问题，延缓新的发电机组和输电线建设，提高系统效率和输配电设备的利用率。

3) 增加备用容量，提高电网安全稳定性和供电质量。要保证供电安全，就要求系统具有足够的备用容量。在电力系统遇到大的扰动时，如短路等事故，储能装置可以在瞬时吸收或释放能量，使系统中的调节装置有时间进行调整，避免系统失稳，恢复正常运行。对于对电压暂降和短时中断等暂态电能质量问题特别敏感的用电负荷，如自动化生产线、大型计算中心、医院、重要的政府和军工部门，则需要研究采用以超级电容器、超导、飞轮等为代表的功率型储能技术，快速补偿各种电能质量扰动，保证优质供电。在系统因故障而停电时，储能装置又可以起到大型不间断电源（UPS）的作用，避免突然停电带来的损失。

现今有很多储能技术被应用在不同的领域中，按照典型的负荷曲线，储能系统有三种工作模式：充能、储能和放能。根据储能持续时间储能可以分为短期、中期和长期储能系统。根据储能技术可分为机械储能、化学储能和电储能。

下面介绍几种典型的储能技术。

（1）电池储能技术

可反复充电电池是将电能以化学能的形式储存在电储能系统中最早的应用之一。在多种多样的储能技术中，在离网系统中，电池储能最灵活、可靠。电池是模块化且无污染的，它既可以放置在接近中心的地方，也可以安装在靠近发电机组的位置。

（2）飞轮储能技术

飞轮储能适用于再生制动、电压支持、运输、电能质量和 UPS 应用。在这种存储方案中，动能是通过使磁盘或转子围绕轴线旋转来储存的。存储在磁盘或转子中的能量与轮速和转子的质量惯性矩的二次方成正比。在需要电力时，飞轮消耗转子惯量，将存储的动能转化为所需的电力。

（3）抽水蓄能技术

抽水蓄能电站是一种高效的、使用年限长的成熟技术。通常水电站为两个竖直分隔的水库。在低电力需求期，水从下水库泵入上水库；在用电高峰时段，从上水库排水流入下水库，流水带动发电机的水轮机发电，将水的势转化为电能。

（4）超导储能技术

超导储能系统由三部分组成：超导磁线圈、功率调节设备和制冷系统。该系统将能量存至由超导线圈的交流电流产生的磁场中。为了满足磁线圈的超导性质，系统的线圈必须保持在超导温度范围内。超导储能技术在储存交流电的电能时具有很高的效率。在非高峰时期的多余直流电量也可以通过转换存到磁场中。

（5）超级电容器储能技术

相对于常规的电容器和电池，超级电容器具有极高的能量密度。超级电容器使用两层板来有效地分离电荷，因此，这样的储能有着很长的生命周期，非常适合于高功率、短放电的应用场景。

（6）压缩空气储能技术

除了抽水蓄能外，压缩空气储能技术是唯一能够存储容量超过 50MW 的大容量存储技术。压缩空气存储系统的容量一般为 50~300MW，存储周期通常为一年，损失很小。压缩空气储能系统使用非高峰电能将空气压缩到水面以下的水管或水箱中。当需要电力时，空气用于燃料的加热和燃烧，驱动涡轮发电机工作。

（7）氢储能技术

利用可再生能源的非高峰电力，通过电解水产生氢气。通常在 30~300psi（1psi = 0.006895MPa）的低压力环境下产生氢，然后压缩、存储在3000psi的高压储氢罐中。交流电充放电的能量转换效率在 40%~60% 之间。

### 10.3.5　上海世博园智能电网可再生能源接入示范工程

上海世博园智能电网综合示范工程包括可再生能源接入、储能系统、智能变电站、配电自动化系统、故障抢修管理系统、电能质量监测、用电信息采集系统、智能家居及智能用电小区/楼宇、电动汽车充放电站 9 个示范工程，智能输电、智能电网调度、信息化平台、其他可视化展示 4 个演示工程。此处只介绍可再生能源接入示范工程的情况。

**1. 可再生能源接入的目标**

针对当前可再生能源自身存在的间歇性、不确定性问题，结合上海可再生能源接入情况，建设可再生能源接入综合系统，覆盖上海各风电场、光伏电站、储能系统、电动汽车充电站和部分资源综合利用（热电冷三联供）机组。系统为可再生能源接入关键技术研究、分析运行规律及综合控制策略提供了试验平台，体现了上海在可再生能源应用和可再生能源优化控制方面取得的成果。

**2. 系统方案**

（1）风电和光伏功率预测系统

在吸收国内外风电和光伏功率预测的研究成果、总结已有风电功率预测系统开发经验的基础上，根据不同风电场和光伏电站收集到的数据和具备的条件，建立预测模型，开发风电场和光伏电站功率预测系统，实现 4 个风电场和 6 个光伏电站的日前预测和东海大桥风电场及崇明前卫村光伏电站 0~4h 超短期预测。

（2）风电场和光伏电站远程控制系统

开展风电场和光伏电站出力控制的研究，对东海大桥风电场和崇明前卫村光伏电站控制系统进行改造，实现调度对其有功出力的控制。改变以往可再生能源发电不可控的思维，实现对可再生能源发电的可控、在控和能控。

（3）风电场无功监测系统

上海市电力公司和国网电力科学研究院联合研制了风电机组无功控制系统，使风电机组的无功出力根据并网点电压波动进行调节，并在奉贤风电场（二期）中予以应用。可再生能源接入综合系统远程监测奉贤风电场（二期）并网点电压、整个风电场的无功功率输出以及各台风电机组的有功和无功信息，体现了风电机组无功控制系统的调节作用。

（4）风火联调系统

对于风电装机集中地区，如何保证风电的持续稳定送出是一直困扰电网的首要问题。按一定比例，将火电机组和风电机组发电出力进行捆绑，实现风火打捆送出是一种解决方案。此次，选择上海石洞口第二电厂一台 600MW 机组与东海大桥风电场实现联动，根据风电场出力的波动情况，自动调整火电机组发电出力，使风电场与火电厂的总出力保持稳定，验证了风火打捆送出技术。

（5）风光储联合控制系统

储能系统也是解决风电、光伏发电间歇性、不确定性的一种途径。上海近年来开展了多种化学储能的试点研究工作，并网的储能系统达到 410kW。将上海市内储能系统与东海大桥风电场和前卫村光伏电站联合起来，建立风光储联合控制系统。通过对储能系统的充放电控制，实现平滑风电、光伏发电短期功率波动和削峰填谷的功能，探索风光储联合控制策略和方法。

（6）电动汽车充电站信息监控系统

上海市已有多个电动汽车充电站，并已建立电动汽车充放电集中监控中心。本系统通过电动汽车充放电集中监控中心，监视上海市内 6 个电动汽车充电站和 6 个电动汽车充放电站的信息，并对充放电站实现充放电控制，实现对电动汽车作为分布（分散）式移动储能单元的集中控制和统一调度。

（7）热电冷三联供机组信息显示系统

热电冷三联供机组具有较高的资源利用效率，是城市发展分布式供能的主要形式。上海在热电冷三联供机组建设方面起步早，实际应用较多。系统通过监测中国电力投资集团公司高级培训中心和上海市同济医院热电冷三联供机组信息，展示热电冷三联供机组的发电量、供热量、用气量、能效比、经济性等信息，体现了其资源综合利用效率。

（8）信息远程展示

结合上海世博园区国家电网馆智能电网展区和应急指挥中心的展示需要，系统在上述两地增设了展示终端，展示项目的研究成果，并显示世博会期间上海市内风电场和光伏电站的总出力、发电量、折合碳排放的减少量以及占世博园区用电量的百分比等实时信息，体现绿色世博、低碳世博理念。

可再生能源接入综合系统结构如图 10-15 所示。

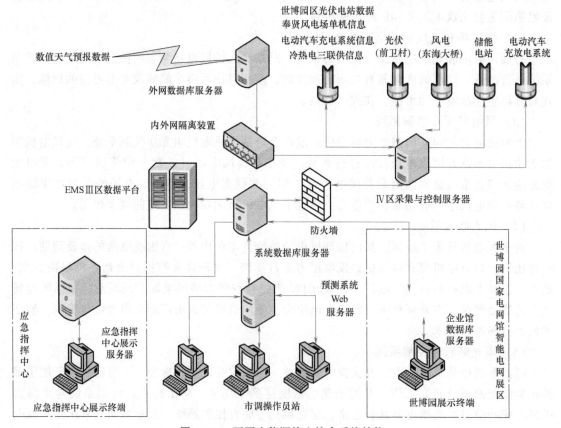

图 10-15  可再生能源接入综合系统结构

## 10.4　综合能源系统

### 10.4.1　综合能源系统简介

能源是社会和经济发展的动力和基础。以智能电网为核心的能源系统革命在全世界范围内推动了电力系统的信息化和智能化。智能电网视为应对气候变化、推动经济发展、建立可持续发展的能源系统和社会的基础，从而得到快速发展。虽然欧洲的智能电网建设取得了显著的成绩，但是人们逐渐意识到单靠智能电网难以实现大规模可再生能源的消纳，能源系统的综合规划、运行、管理和梯级利用，能源系统总体安全可靠性的增强，以及能源费用的降低。传统的能源生产、传输和消费方式极大地限制了个体。综合能源系统的提出和快速发展正是为了应对上述问题。

理论上讲，综合能源系统并非一个全新的概念，因为在能源领域中，长期存在着不同能源形式协同优化的情况，如冷热电联供（CCHP）发电机组通过高低品位热能与电能的协调优化，以达到燃料利用效率提升的目的；冰蓄冷设备则协调电能和冷能（也可视为一种热能），以达到电能削峰填谷的目的。事实上，CCHP和冰蓄冷设备都属于局部的综合能源系统。综合能源系统的概念最早来源于热电协同优化领域的研究。

区域综合能源系统一般简称为综合能源系统。综合能源系统是指一定区域内利用先进的物理信息技术和创新管理模式，整合区域内煤炭、石油、天然气、电能、热能等多种能源，实现多种异质能源子系统之间的协调规划、优化运行，协同管理、交互响应和互补互济，在满足系统内多元化用能需求的同时，要有效地提升能源利用效率，促进能源可持续发展的新型一体化的能源系统。它主要由供能网络（如供电、供气、供冷/热等网络）、能源交换环节（如CCHP机组、发电机组、锅炉、空调、热泵等）、能源存储环节（储电、储气、储热、储冷等）、终端综合能源供用单元（如微网）和大量终端用户共同构成。

综合能源系统可以实现各种能源的协同优化，利用各个能源系统之间在时空上的耦合机制，一方面实现能源的互补，提高可再生能源的利用率，从而减少对化石能源的利用；另一方面实现了能源梯级利用，从而提高了能源的综合利用水平。例如，它可以将过剩电能转化为易于储存的化学能等其他能源形式，从而实现可再生能源的高效利用与大规模消纳，从根本上对能源结构进行调整，促进可持续发展。此外，由于各个能源系统之间的互联，所以当某个能源系统出现故障时，其他的能源系统通过获取相应信息，利用能源之间的转换供给弥补故障时的供能缺额，为能源系统在紧急情况下的协调控制提供了更为丰富的手段，从而实现整个综合系统的稳定与可靠运行。

综合能源系统的各级子系统之间存在多重耦合关系，能源集线器作为综合能源系统的功能性集成，更为形象地体现了能源间的耦合关系，使得各类能源之间可以互联、互通以及互补。各能源之间的耦合关系见表10-4，表中所述能源均为可储能源。

以分布式能源系统/冷热电联供系统（DES/CCHP）为代表的系统在我国已经得到示范应用，其将电力系统、供气系统、供热系统和供冷系统通过相关的信息通信建立对应的耦合关系，结构和能量流动如图10-16所示。多能耦合和互动是综合能源系统典型的物理特征。例如：电-气耦合的主要设备为燃气轮机和电转气装置，一方面可以将天然气燃烧获得的高品位热能用于发电，低品位热能用于供热和供冷；另一方面，该技术将多余的电能转化为天然气，能够提高在负荷低谷时段系统的可再生能源接纳能力。热能是众多能源生产的产物之一，热电联产、锅炉、热泵等设备技术促进了电-热耦合的发展，对于可再生能源的接纳能力和能源的利用效率有着积极的影响。冷-热耦合主要通过冷热联供模式来改善一次能源利用率，同时提高了设备利用率和供热系统低热负荷时的负载率。与此同时，储能系统在能源耦合方面的重要性也得到进一步加强。热储能具有较好的调峰能力，可以降低系统的运行成本；电储能在低电价时储电，在用电高峰时释放电能调峰；电转气技术可以将从电网购买的低价电转换成天然气进行长时间、大规模的存储，既降低了一次能源的成本，又缓解了能源压力；综合储能单元集成以上多种储能技术，多样化的性能使其具有较好的发展前景。

表 10-4　各能源之间的耦合关系

| 能源形式 | 耦合能源 | 耦合形式 |
| --- | --- | --- |
| 电 | 气、热、化学、生物等 | 燃气轮机、热泵、电压缩机 |
| 气 | 电、热、化学、生物等 | 燃气锅炉、余热回收装置 |
| 热 | 气、电、化学、生物等 | 热电联产机组、换热器等 |
| 化学能 | 各类能源 | 溴化锂直燃机等 |
| 生物能 | 气、电、化学能等 | 沼气发电机、各类能源站等 |

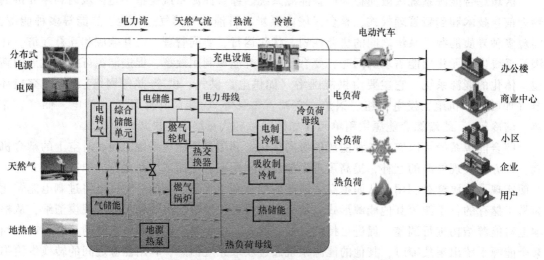

图 10-16　典型综合能源系统结构与能量流动示意图

综合能源系统的出现，有助于打通多种能源子系统间的技术壁垒、体制壁垒和市场壁垒，促进多种能源互补互济和多系统协调优化，在保障能源安全的基础上促进能效提升和新能源消纳，大力推动能源生产和消费革命。

（1）有助于打破能源子系统间的壁垒

在长期的经济发展中，我国能源生产和消费总量不断增长，传统化石能源被过度开发和利用，导致生态环境污染和能源安全等问题比较突出，制约了我国能源的可持续发展，因此需要更加注重清洁能源（包括可再生能源）的开发和利用。传统的能源系统在提高能源利用效率、实现能源互补、从整体上解决能源需求问题时面临一些障碍：①各类能源的特性不尽相同，要在能源生产、运输和使用环节实现互补协调存在技术壁垒；②各类能源子系统之间在规划、建设、运行和管理层面都相互独立，存在体制壁垒；③各类能源子系统之间缺乏价值转换媒介和机制，难以实现能源互补带来的经济效益和社会效益，存在市场壁垒。

构建综合能源系统可以打破上述三个壁垒，即通过创新技术，根据异质能源的物理特性明晰能源之间的互补性和可替代性，开发能源转化和存储新技术，提高能源开发和利用效率，打破技术壁垒；通过创新管理体制，实现多种能源子系统的统筹管理和协调规划，打破体制壁垒；通过创新市场模式，建立统一的市场价值衡量标准和价值转换媒介，从而实现能源转化互补的经济价值和社会价值，打破市场壁垒。

（2）有助于解决我国能源发展面临的挑战和难题

构建综合能源系统有助于解决我国能源发展面临的一系列挑战和难题。应对复杂的国际能源格局，综合能源系统是一种新型的能源供应、转换和利用系统，利用能量收集、转化和存储技术，通过系统内能源的集成和转换可以形成"多能源输入—能源转换和分配—多能源输出"的能源供应体系。"多进多出"的能源供应体系将在很大程度上降低覆盖区域对某种单一能源的依赖度，对于规避能源供应风险、保障能源安全具有重要作用。目前我国的清洁能源电力消纳尚不尽如人意有两个最重要的原因：一是清洁能源发电出力的波动特性，使电力系统调峰存在一定困难；二是清洁能源电力覆盖区域的市场消纳能力有限。综合能源系统集成多个能源子系统，通过系统内的能源转换元件实现能源的转化和梯级利用，通过供需信号对不同能源进行合理调配，使能源子系统具备更加灵活的运行方式，可以较为有效地解决上述两个问题。清洁能源电力富余时，综合能源系统可以将其吸收转化甚至存储起来；清洁能源电力不足时，综合能源系统可调配其他能源填补空缺。此外，清洁能源可以通过综合能源系统进行能量形式转换，并利用综合能源系统中其他能源系统的管网和负荷进行输送或消纳。

（3）有助于推动我国能源战略转型

随着经济的发展和工业化的推进，一国的能源消费总量逐渐达到上限，以能源消费推动经济发展和工业化进程的方式就会发生改变，环境保护和能源安全将成为能源战略向多元化和清洁化方向转型的驱动力。我国目前正处于这一关键的能源战略转型阶段。特别是《巴黎协定》正式生效后，我国能源战略转型更是迫在眉睫。构建综合能源系统，有助于推动我国的能源战略转型。

1）向清洁低碳转型。综合能源系统打破不同能源行业间的界限，推动不同类型能源之间的协调互补，将改变能源的生产方式、供应体系和消费模式。通过物理管网和信息系统的互联互通，综合能源系统增强了能源生产、传输、存储、消费等各个环节的灵活性，可以大力推动清洁能源开发设备和移动能量存储设备的规模化和经济化应用，能够有效改善能源生产和供应模式，提高清洁能源的比重，实现能源生态圈的清洁低碳化。

2）向多元化转型。当前，能源开发利用技术不断推陈出新，供应侧的非常规油气、可再生能源技术以及需求侧的新能源汽车、分布式能源和储能技术等新技术的应用加速了能源结构调整，推动了能源格局向多元化演进。综合能源系统本质上是一个多能源的综合开发利用系统，它可以简化多元能源耦合开发利用的路径，实现多元能源互补互济、协调优化，提高综合用能效率，是促进我国能源战略向多元化转型的重要助力。

## 10.4.2 能源集线器

### 1. 基本概念

在区域综合能源系统中，各种能源耦合环节是通过不同的机组实现的，为此需要构建其适用的分析模型。能源集线器用来描述其中的能源耦合关系，它是研究含有电、气、热、冷等多种能源的微能源网的重要手段，被广泛用于综合能源系统的建模分析当中。能源集线器被认为是可以转换、调整和储存多个能源载体的单位。它代表了不同能源基础设施、负载之间的接口。能源集线器在输入端口处消耗功率如电力和天然气基础设施，并且在输出端口处为负载提供能量服务，如电力、供暖、制冷和空气压缩。在集线器内部，使用热电联供技术、变压器、电力电子装置、压缩机、热交换器和其他设备来转换和调节能量。能源集线器的实际设施包括工业厂房（钢铁厂，造纸厂）、大型建筑群（机场，医院，购物中心）、农村和城市区以及小型隔离系统（火车，轮船，飞行器）。

能源集线器可看作能源生产者、消费者和交通基础设施之间的接口。从系统角度来看，它可以被视为提供多个能源载体的输入输出、转换和存储这些基本特征的单元。能源集线器也可看作为能源基础设施和网络参与者（生产者，消费者）之间的接口。因此，能源集线器代表着电气系统中网络节点的普遍化和扩展。图 10-17 所示为一简单的多能源集线器例子。

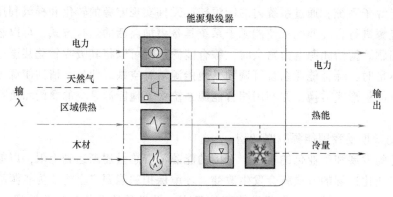

图 10-17　简单的多能源集线器

图 10-17 所示的多能源集线器内部包含变压器、微型涡轮机、热交换器、炉子、吸收式冷却器、电池和热水储存器等多种设备。能源中心通过多个端口与周围的系统交换能量。多个端口由一系列单载端口组成。图 10-17 中的示例集线器有输入、输出两个端口。在输入端口，相应的基础设施需要电力、天然气和区域供热和木材。输出端口提供（转换）电力、热能和冷量。

通常情况下，多能集线器的输入为常见的电网能源载体（如电力、天然气和区域供热），这些能源在集线器内转换、调节。其他化石燃料（如煤和石油产品）也可以作为输入。在未来，氢气（或基于氢气的产品）、生物质/沼气、地热、城市垃圾、垃圾填埋气和其他载体也有可能成为输入。输出端还可以提供不同的能源载体。基本上，所有提到的输入载体都可以传输到输出端而不用将它们转换成其他形式。此外，为了制冷，可以通过生产压缩空气或蒸汽来转换能量形式。除了上述能源载体之外，还可以考虑输入和输出化学反应物和产物，如水、空气、排放物、润滑剂和废物。

### 2. 组成元素

就功能而言，能源集线器包含三个基本要素：直接连接、转换器和存储。

直接连接用于将输入载体传送到输出而不将其转换成另一种形式或显著改变其质量的情况（如电压和液压）。电缆、高空架线和管道就属于这类元件。转换器元件用于将某一种能量转换为其他形式的能量或改变能量品质。如蒸汽轮机、燃气轮机、往复式内燃机、斯特林发动机、燃料电池、电解器、热电转换器等，还包括压缩机、泵、压力控制阀、变压器、电力电子逆变器、过滤器、热交换器和其他通常用于调节的设备，这些设备将功率调至期望的大小或是满足负载需要的质量。储能设备也可以用不同的技术来实现。可以使用相对简单的技术将固体、液体和气体能量载体储存在罐体或容器中。电可以直接存储（如超级电容、超导设备）或间接存储（如电池、水库、飞轮、压缩空气存储、可逆燃料电池）。这些存储技术在 10.3.4 节中已详细介绍。

### 3. 应用

最初，能源集线器方法是为绿地设计研究而开发的。与此同时，这一概念也被应用于其他目的。瑞士某市政公用事业公司计划建设一座含有木屑气化和甲烷化以及热电联产的能源集线器。图 10-18 所示为这个能源集线器的基本布局。木屑是该公司供应地区的一种富余资源，因而用木屑生成合成天然气（SNG）和热量的提议被提出。生产的合

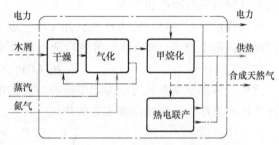

图 10-18　瑞士某市政公用事业公司的能源集线器的基本布局

成天然气可以直接输入公用设施所用的天然气系统，也可以通过热电联产装置转换成电能，并送入配电网络。这两种情况下产生的余热都可以由当地的区域供热网络吸收。整个系统可以看作是在处理不同能源载体（木屑、电力、热量和合成天然气）的能源集线器。除了这些能源载体之外，气化过程需要氮气和蒸汽，这些必须在集线器输入端提供。

## 10.4.3　能源集线器建模

能源集线器涉及气、电、热、冷多种能源的等效转化以及能量存储，下面分别从能量流的等效转化角度，建立气、电、热、冷能量之间的等效转化模型；从能量流的时序转移角度，建立电、热、冷三种能源的通用储能模型。

### 1. 能量等效转化模型

（1）天然气等效转化模型

天然气网提供的天然气一部分进入燃气轮机转化为电能和热能，另一部分进入燃气锅炉转化为热能。天然气 $P_{gas}$ 的调度情况可表示为

$$P_{gas} = P_{ge} + P_{gh} \tag{10-29}$$

式中，$P_{ge}$ 和 $P_{gh}$ 分别为进入微燃机和燃气锅炉的天然气量。

天然气通过燃气轮机转化为电能，可表示为

$$\eta_{ge} P_{ge} = P_{gt} \tag{10-30}$$

式中，$\eta_{ge}$ 为 $P_{ge}$ 的转化效率；$P_{gt}$ 为燃气轮机的发电功率。

天然气通过燃气锅炉和燃气轮机转化为热能，用 $\eta_{gh,gb}$ 和 $\eta_{gh,gt}$ 分别表示锅炉和燃气轮机的产热效率，$H_{gb}$ 和 $H_{gt}$ 分别表示锅炉和燃气轮机的产热量，则天然气对热能的等效转化可表示为

$$\eta_{gh,gb} P_{gh} = H_{gb} \tag{10-31}$$

$$\eta_{gh,gt} P_{ge} = H_{gt} \tag{10-32}$$

（2）电能等效转化模型

通过变压器能源集线器与外部电网进行电能交换。当综合能源系统电力不足时，从外部电网购买所需电能，当综合能源系统电力过剩时，将多余的电量出售给外部电网。若用 $P_b$ 表示购电（为正值）、$P_s$ 表示售电（为负值），则有

$$P_{grid} \eta_t = (P_b + P_s) \eta_t \tag{10-33}$$

式中，$P_{grid}$ 为能源集线器与外部电网交换的电量；$\eta_t$ 为变压器效率。值得注意的是，同一时刻不可同时进行购电和售电。

电能通过电制冷机转化为冷能，用 $COP_{ec}$ 表示电制冷机的制冷系数、$C_{ec}$ 表示电制冷机的制冷量，则电能 $P_{ec}$ 对冷能的等效转化可表示为

$$P_{ec} COP_{ec} = C_{ec} \tag{10-34}$$

此外，蓄冰空调系统可以将用电低谷时期的电能转化为冰存储起来，在用电高峰期通过融冰为用户供冷，以实现削峰填谷的作用，即

$$P_{ice} COP_{iec} = P_{cs,c} \tag{10-35}$$

式中，$P_{ice}$ 为蓄冰空调的耗电功率；$COP_{ice}$ 为蓄冰空调的制冷系数；$P_{cs,c}$ 为蓄冰空调的制冰功率。

（3）热能对冷能的等效转化

热能可以通过吸收式制冷机转化为冷能，用 $COP_{ac}$ 表示吸收式制冷机的制冷系数、$C_{ac}$ 表示吸收式制冷机的制冷量，则热能 $H_{ac}$ 对冷能的等效转化可表示为

$$H_{ac} COP_{ac} = C_{ac} \tag{10-36}$$

2. 能量时序转移通用模型

储能装置是综合能源系统的重要设备，可以实现能量在时间维度的存储及转移。储能设备将某时刻多余的能量或者廉价的能量进行存储，在其他能量需求时刻或者能量价格较高的时刻释放，以实现能量的高效利用和降低用能成本。广义的储能不仅包括储电（蓄电池），还包括储热（热水蓄热系统）和储冷（冰蓄冷系统）。它们的能量充放过程类似，均需要同时满足充放能、储能量等方面的约束。广义储能系统的动态通用模型可表示为

$$E_x^{t+1} = E_x^t (1 - \delta_x) + \left( P_{x,c}^t \eta_{x,c} - \frac{P_{x,d}^t}{\eta_{x,d}} \right) \Delta t \tag{10-37}$$

$$0 \leq P_{x,c}^t \leq u_x P_{x,d}^{max} \tag{10-38}$$

$$0 \leq P_{x,d}^t \leq (1 - u_x) P_{x,d}^{max} \tag{10-39}$$

$$E_x^{min} \leq E_x^t \leq E_x^{max} \tag{10-40}$$

$$E_x^{24} = E_x^0 \tag{10-41}$$

式中，下标 $x$ 表示能量类型，电、热、冷能下标分别用 es、hs、cs 表示。式（10-37）表示

储能系统充放能量前后存储的能量变化情况，$E_x^{t+1}$ 为充放能后的储能量，$E_x^t$ 为充放能前的储能量，$\delta_x$ 为储能系统的能量损失率，$P_{x,c}^t$ 为 $t$ 时刻的充能功率，$P_{x,d}^t$ 为 $t$ 刻的放能功率，$\eta_{x,c}$ 和 $\eta_{x,d}$ 分别为充能、放能效率。式（10-38）和式（10-39）表明储能系统 $t$ 时刻充放能量的功率不大于允许的最大充/放能量功率，其中 $u_x$ 为约束储能系统不能同时进行充放能量而引入的 0-1 变量（当 $u_x$ 为 0 时，表明储能系统放能；当 $u_x$ 为 1 时，表明储能系统充能）。式（10-40）表明储能系统 $t$ 时刻的储能量需满足最小储能量 $E_x^{\min}$ 和最大储能量 $E_x^{\max}$ 的约束。式（10-41）表示储能设备在调度周期结束时刻 $E_x^{24}$ 和初始时刻 $E_x^0$ 的储能量相等，这里选择调度周期为 24h，时间步长为 1h。

### 10.4.4　运行策略优化模型

运行策略优化建模包括确定目标函数、建立约束方程、确定求解算法等。

#### 1. 目标函数

综合能源系统的优化运行以日运行费用最低为目标函数，日运行费用由购电费 $M_{pe}$、购气费 $M_{pg}$ 和碳排放费 $M_{ce}$ 三部分构成，可表示为

$$M = \min(M_{pe} + M_{pg} + M_{ce}) \tag{10-42}$$

$$M_{pe} = \sum_{t=1}^{24}(p_b^t P_b^t + p_s^t P_s^t) \tag{10-43}$$

式中，$p_b^t$、$P_b^t$ 分别为 $t$ 时刻的购电电价和购电功率；$p_s^t$、$P_s^t$ 分别为 $t$ 时刻的售电电价和售电功率（负值），电价单位均为元/kW·h，功率单位均为 kW。由式（10-29）可知，购买的天然气一部分 $P_{ge}$ 进入燃气轮机，另一部分 $P_{gh}$ 进入燃气锅炉，假设天然气价格为固定价格 $p_g$，则购买天然气的费用可表示为

$$M_{pg} = p_g \sum_{t=1}^{24}(P_{ge}^t + P_{gh}^t) = p_g \sum_{t=1}^{24}\left(\frac{P_{ge}^t}{\eta_{ge}} + \frac{H_{gb}^t}{\eta_{gh,gb}}\right)\Delta t \tag{10-44}$$

碳排放量由电网购电等效排放量和气网购气等效排放量两部分组成，假设 $\beta_e$、$\beta_g$ 分别表示购电和购气的等效排放系数（kg/(kW·h)），$\varepsilon$ 表示单位 $CO_2$ 的处理费用（元/kg），则碳排放成本可表示为

$$M_{ce} = \varepsilon \sum_{t=1}^{24}\left[\beta_e p_b^t + \beta_g\left(\frac{P_{ge}^t}{\eta_{ge}} + \frac{H_{gb}^t}{\eta_{gh,gb}}\right)\right]\Delta t \tag{10-45}$$

#### 2. 运行约束条件

（1）子能源集线器能量平衡

对于集电器电能平衡可表示为

$$(P_b + P_s)\eta_t + P_{pv} + P_{wt} + P_{gt} + P_{es,d} = P_{ec} + P_{es,c} + P_{ice} + P_L \tag{10-46}$$

$$0 \leq P_b \leq v P_{grid}^{\max} \tag{10-47}$$

$$(1-v)P_{grid}^{\min} \leq P_s \leq 0 \tag{10-48}$$

对于集热器热能平衡可表示为

$$\eta_{he} H_{gt} + H_{gb} + P_{hs,d} = H_{ac} + P_{hs,c} + H_L \tag{10-49}$$

对于集冷器冷能平衡可表示为

$$C_{ec} + C_{ac} + P_{cs,d} = C_L \tag{10-50}$$

式（10-46）等式左边表示各时刻注入集电器的电量，包括综合能源系统购入电量 $P_b$、售出电量 $P_s$、光伏发电量 $P_{pv}$、风机发电量 $P_{wt}$、燃气轮机发电量 $P_{gt}$ 与蓄电装置放电量 $P_{es,d}$；等式右边表示流出集电器的电量，包括电制冷机耗电量 $P_{ec}$、蓄电装置充入电量 $P_{es,c}$、蓄冰空调系统耗电量 $P_{ice}$ 与电负荷 $P_L$。此外，为保证同一时刻购电和售电不同时进行，需满足式（10-47）和式（10-48），其中 $v$ 为引入的 0-1 变量，$P_{grid}^{max}$ 为购电最大功率（正值），$P_{grid}^{min}$（负值）的绝对值为售电最大功率。式（10-49）等式左边表示各时刻注入集热器的热能，包括燃气轮机产热量（换热器输出热量）$\eta_{he}H_{gt}$、锅炉产热量 $H_{gb}$ 和蓄热装置放出的热量 $P_{hs,d}$；等式右边表示流出集热器的热量，包括吸收式制冷机消耗热量 $H_{ac}$、蓄热装置充入热量 $P_{hs,c}$ 和热负荷 $H_L$。式（10-50）等式左边表示各时刻注入集冷器的冷能，包括电制冷机制冷量 $C_{ec}$、吸收式制冷机制冷量 $C_{ac}$ 和蓄冰空调融冰制冷量 $P_{cs,d}$，等式右边表示冷负荷 $C_L$。

（2）能量转换元件约束

能量转换元件包括燃气轮机、燃气锅炉、变压器、电制冷机、蓄冰空调和吸收式制冷机，其运行需满足式（10-29）~式（10-36）。

（3）储能设备约束

蓄电装置、蓄热装置、蓄冷装置分别满足式（10-37）~式（10-41）的约束。值得一提的是，此处蓄冷装置为冰蓄冷空调系统的储冰槽，蓄冷量即为制冰量，释冷量即为融冰量，制冰和融冰不可同时进行。

（4）其他设备技术约束

所有设备均需要工作在允许范围内，其出力不可超过其最大功率，$P_{gt}^{max}$、$P_{gb}^{max}$、$P_{ac}^{max}$、$P_{ec}^{max}$、$P_{ice}^{max}$、$P_{pv}^{max}$、$P_{wt}^{max}$ 分别表示燃气轮机、锅炉、吸收式制冷机、电制冷机、蓄冰空调制冷机、光伏，风电的最大功率，则 $t$ 时刻各设备出力需满足如下约束：

$$\begin{cases} 0 \leqslant P_{gt}^t \leqslant P_{gt}^{max} \\ 0 \leqslant P_{gb}^t \leqslant P_{gb}^{max} \\ 0 \leqslant P_{ac}^t \leqslant P_{ac}^{max} \\ 0 \leqslant P_{ec}^t \leqslant P_{ec}^{max} \\ 0 \leqslant P_{ice}^t \leqslant P_{ice}^{max} \\ 0 \leqslant P_{pv}^t \leqslant P_{pv}^{max} \\ 0 \leqslant P_{wt}^t \leqslant P_{wt}^{max} \end{cases} \tag{10-51}$$

（5）功率约束

为保证外部电网及天然气网稳定运行，微能源网与外界电网、气网交换的能量需满足其联络线的功率约束，即

$$\begin{cases} P_{grid}^{min} \leqslant P_{grid}^t \leqslant P_{grid}^{max} \\ P_{gas}^{min} \leqslant P_{gas}^t \leqslant P_{gas}^{max} \end{cases} \tag{10-52}$$

## 10.4.5 综合能源系统的评估指标与方法

综合能源系统的评估涉及其各个能源环节从规划建设到运行维护的各方面，对综合能源

系统进行评估利于及时发现系统中的不合理、薄弱环节，并对其改造建设、优化运行方式给出合理的指导意见。受限于我国综合能源系统的建设进程和发展水平，现阶段对于综合能源系统的评估工作无法深入到每个环节构建详尽的各项指标。为了解决目前存在的问题和评估缺陷，此处以配电系统为核心，耦合分布式能源、天然气、交通等多元能源系统，从能源环节、装置环节、配电网环节和用户环节提炼出具有普遍适应性的指标，进而对综合能源系统展开综合评估。区域综合能源系统（RIES）评估指标如图10-19所示。

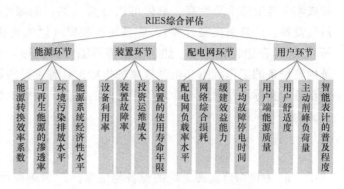

图 10-19　区域综合能源系统评估指标

### 1. 能源环节指标

能源环节的评估主要针对的是能源系统的整体生产性能，其重点集中于多元能源耦合互动、利用效率、环境因素等方面，主要评估指标包括能源转换效率系数、可再生能源的渗透率、环境污染排放水平，以及能源系统经济性水平。

能源环节整体运行效率的高低是决定整个综合能源系统的能源结构是否合理的重要依据之一，而能源转换效率系数是在能质系数概念和能源品位基础上产生的，能够将不同能源的品位联系起来，体现了在转换效率方面不同品位能源的贡献大小。不同能源的能质系数 $\lambda$ 定义为不同能源可以转化成能量的部分与总能量的比值，反映了能源品位的高低，具体计算公式为

$$\lambda = \frac{W}{Q} \tag{10-53}$$

式中，$W$ 为可以转化为功的部分能量；$Q$ 为该能源的总能量，单位均为 kJ。其中，电能是最高品位的能源，能够全部转化为功，故其能质系数为 1，由此可以计算出其他形式的能质系数，并且在不同季节情况下，同种能源的能质系数也不同。

可再生能源的渗透率是体现综合能源系统发展水平的一个重要指标，较高的渗透率代表着系统接纳供电、气、热能的能力较强，系统内部供能用户覆盖率高，同时系统的鲁棒性也会得到提升。可再生能源属于清洁型能源，在产能的过程中对环境污染小，综合能源系统与配电系统结合的目的之一是获得较好的能源利用效率，另一个重要目的就是降低环境污染排放，保持其可持续发展的潜力。将颗粒物、碳氮氧化物等排放物总量作为评估指标之一，对于能源行业的发展意义重大。此外，能源系统的投入成本和能源收益决定了其经济性水平，这也是评估的一部分。与传统能源系统相比，综合能源系统在降低成本费用的同时，也收获了可观的经济效益，其经济性水平可表示为

$$\rho = \frac{D - \sum_i C_i}{\sum_i C_i} \times 100\% \tag{10-54}$$

式中，$\rho$ 为综合能源系统在能源侧的经济性水平；$D$ 为一段时间内总的经济收益；$C_i$ 为单个能源的投入成本。

## 2. 装置环节指标

除了基本的配电一、二次装置以外，综合能源系统的主要装置设备集中于能源环节，投资成本大且运维重要性高，具体可以分为三类：能源生产装置（风电机组、光伏组件、天然气设备、地热采集装置等）；能源转换装置（燃气轮机、热电联产机组、发电机组、空调等）；能源存储装置（电、热、气储能及综合储能等）。首先，设备利用率是能够体现出系统内该设备的工作状态和生产效率的指标，具有重要的评估意义。设备利用率是指一段时间内设备的实际工作时间与计划工作时间的比值，该数值的大小与投资效益直接相关，具体表达式为

$$\eta_e = \frac{1}{NT_0} \sum_{n=1}^{N} T_n \tag{10-55}$$

式中，$\eta_e$ 为该综合能源系统的设备利用率；$T_0$ 为单位计划工作时长；$T_n$ 为第 $n$ 台设备在单位时间内的实际工作时长；$N$ 为区域系统内的能源环节设备数量。

其次，在内部运行方式和工作时长，以及外部环境侵蚀和温差骤变的双重因素影响下，各类设备都会出现不同程度的磨损或故障情况，无论是对综合能源系统的能源供给可靠性还是经济性来讲，装置故障率都是一个不容忽视的评估指标。由于涉及多个能源环节的多种设备，在数据获取和计算方面，采用在单位工作时间内设备的平均故障率能够简化评估流程并同时满足评估精度；再者，设备在规划建设、安装设计、运行维护、故障和更新等方面所涉及的成本费用相互制约，任何一方面的欠缺都会增加其他方面的成本，高故障率会加大运维更新成本，规划建设的不合理会带来过高的故障概率和维护费用，因此，需要将装置的投资运维成本纳入评估范畴，投资运维成本为综合能源系统在一段时间内的投资成本和运维成本之和。最后，装置的使用寿命是在进行规划设计时必须要考虑的指标之一，装置的使用寿命年限间接反映了其装置的质量好坏和技术水平，在长时间的负荷承载及短时间的故障电流冲击前提下，高质量的装置具有更长的寿命年限，因此经济性更好。

## 3. 配电网环节指标

配电网是连接能源系统和终端用户之间的桥梁，也是整个综合能源系统的网架核心，在维持系统电压稳定、功率平衡，以及实现多种能源流的传输和分配等方面，发挥着重要的作用。配电网负载率水平是决定配电系统利用水平的一项重要指标，包含了配电变压器和线路两个方面。负载率水平是指平均负载容量和额定负载容量之比，既反映了配电系统承受大负荷运行的能力，又能够体现配电网设备是否得到最大利用。

由于技术水平限制和能源特性，配电网环节在传输能源时会存在一定的损耗。如线路、配电变压器等设备上存在着功率损耗；热能自身具有较好的传导性，在生产或传输过程中，容易与外界环境之间发生能量交换造成热损耗；其他形式的能源在系统中也会存在着一定的损耗，但是其最终损耗都是在转化为电和热以后产生的。尽管无法避免，但通过一定的协调手段和运行控制，可以尽可能地降低损耗，获得理想的经济效益。考虑到无功可以就近补偿，通常只考虑单位时间内的有功损耗，其表达式为

$$\Delta P = \Delta P_L + \Delta P_V + \frac{\Delta Q}{3.6} \times 10^{-3} \tag{10-56}$$

式中，$\Delta P$ 为总有功功率损耗；$\Delta P_L$ 和 $\Delta P_V$ 分别为传输线路和变压器等配电网设备的有功损耗；$\Delta Q$ 为热能在传输中的能量损失。

配电网缓建效益能力对于减少配电网投资成本、延缓其改造升级具有重大的意义，可以用有功、无功功率的单位成本 $C_{i,\mathrm{p}}^{\mathrm{IRP}}$ 和 $C_{i,\mathrm{q}}^{\mathrm{IRP}}$ 表示。其表达式为

$$
\begin{cases}
C_{i,\mathrm{p}}^{\mathrm{IRP}} = \dfrac{C_{i,\mathrm{p}}}{\Delta p} \\[2mm]
C_{i,\mathrm{q}}^{\mathrm{IRP}} = \dfrac{C_{i,\mathrm{q}}}{\Delta q}
\end{cases}
\tag{10-57}
$$

式中，$\Delta p$ 和 $\Delta q$ 分别为节点 $i$ 的有功、无功功率的变化值；$C_{i,\mathrm{p}}$ 和 $C_{i,\mathrm{q}}$ 分别为节点 $i$ 的有功、无功变化值造成的费用。如果 $C_{i,\mathrm{p}}^{\mathrm{IRP}}$ 和 $C_{i,\mathrm{q}}^{\mathrm{IRP}}$ 为负值，则代表传输功率下降，设备的使用强度也将降低，因此延缓了相应的投资。

系统平均故障停电时间是评估配电网运行和供能可靠性的重要指标，它是指在一段时间内，配电网内每个用户平均停电时间的期望值，表征配电网维持能源可靠供给的能力，也间接反映了用户端能源消费的满意程度。

4. 用户环节指标

综合能源系统的初衷就是为用户提供更加优质高效、灵活可靠的能源服务，因此对用户环节评估有利于了解用户的用能情况，从中发现问题和不足之处。用户端能源质量主要包括电能、热能及燃气等能源质量，电能质量主要通过电压波动、闪变和谐波质量等来衡量，而热能质量则主要是由热能的品位因子进行表述，燃气质量则可以通过燃气的燃烧值及烃类化合物成分来界定。用户端能源质量的高低直接决定了该能源是否能够被消费用户所接受及提高用户的用能体验；由此而言，用户舒适度也是一项重要的评估指标，是用户参与能源互动的直接感受。在固定周期内通过发放用户调查问卷，或者通过用户手机端 App 的方式进行意见采集，可以得到用户在此段时间内消费能源的满意程度及合理建议，并将数据反馈给后台中心，这对于完善用户端用能建设具有重要的意义。随着我国区域综合能源系统的不断发展，用户侧在未来会变得更加智能化、便捷化。

需求侧管理主要是指机构通过制定确定性的或随时间合理变化的激励政策，来激励调整用户在负荷高峰或系统可靠性变化时，及时响应削减负荷或调整用电行为，其中主动参与峰值负荷削减的用户比例反映了需求侧响应的建设水平和用户的参与积极性。智能表计是需求侧管理的智能终端，除了具备传统电能表的电能计量功能之外，同时还具有用户信息数据存储、多费率双向计量、保护控制、防窃电能和数据，以及用户终端控制等智能化功能，能够促使用户更加积极地与电网互动，优化用能途径和体验，更好地适应综合能源系统的发展。因此，智能表计的普及程度可以反映用户环节需求响应的完善度，代表着综合能源系统智能化、综合化的发展进程。

## 10.4.6 国内外实际工程示例

欧盟 ELECTRA 示范项目为实现大规模可再生能源的充分利用，着眼于 2030 年欧洲智能电网的稳定运行，针对不同规模、不同电压等级的电网，从运行控制、储能技术、电力市场机制等多个方面展开研究。项目组涵盖了 RSE、AIT 等 20 多个欧洲研究机构，整体研究思路是以分层分布式的控制策略代替传统的集中控制，提出以网元（cell）互联的概念协调各种分布式能源的接入与就地平衡。网元定义为包含主动负荷、分布式能源与储能单元的既定区域。网元互联示意图如图 10-20 所示。

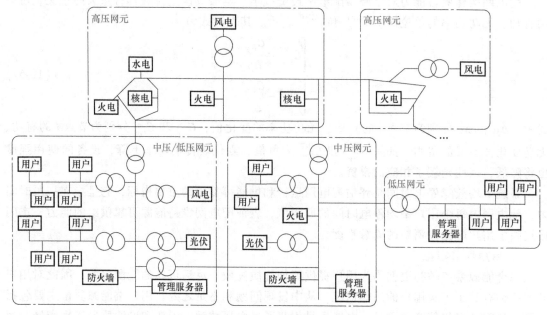

图 10-20　网元互联示意图

在运行控制方面，该项目利用网元互联构成的网络实现分层分布式控制。在中压网络层面，侧重电压与频率的控制；在用户层面，根据建筑物冷热电负荷规律、数量以及供能设备运行情况实现不同系统运行方案的切换，优化冷热电三联供系统的部件匹配和参数匹配，达到不同运行工况的多目标优化。在储能技术方面，针对不同容量及不同时间尺度的控制策略进行了划分，通过需求侧管理实现储能与分布式能源的综合优化、削峰填谷等。电力市场机制作为上述技术研究的基础，制定合适的激励机制以促进新技术的应用。

成都美好花园位于成都双流国际机场附近，其所采用的冷热电联产系统，为工厂、五星级酒店、高档别墅群及办公科研楼供冷、采暖、生活热水和电力等综合能源服务。该冷热电联产系统采用燃气内燃机发电结合余热回收。

该系统主要包括发电和热回收两个组成部分，发电机组有 8 台 500kW 天然气发电机和 8 台 700kW 柴油发电机（其中 4 台为备用发电机）。设计总发电机装机容量为 6800kW。该系统采用双燃料并联，电力供应可靠性高，热回收将提供部分空调的负荷，使得空调能耗大大降低，最大负荷仅为 3000kW。系统平均发电效率为 33% 左右，机组排烟温度为 370～450℃。排烟余热用于 1 台 1740kW 烟气型溴化锂吸收式制冷机生产空调冷水。另外，机组产生的高温水（80～90℃）在夏天用于驱动热水型溴化锂吸收式制冷机产生空调冷水；冬天用于采暖热水。机组产生的中温冷却水（40～50℃）用于生活热水。为了满足机组余热不够用的情况下的用能，系统还配有 1 台离心式制冷机和真空热水锅炉。

若该社区采用压缩式制冷分产方案，总投资需要 1960 万元，按照夏季压缩制冷、冬季燃气锅炉供暖的运行方式，算上折旧费，总运行费用约为 1125.2 万元/年；而冷热电联产系统总投资为 1890 万元，按照同样的条件计算，运行费用约为 612.7 万元/年。故相对于分产系统，仅仅运行费用一项，联产系统运行费用就可节约 43%。

# 第 11 章

# 碳减排技术评价与分析

气候变化问题已成为能源政策和环境管理领域的热点研究问题之一。应对气候变化需要减少温室气体排放和社会经济发展的矛盾。前面的章节已经介绍了太阳能、风能、生物质能等新能源的技术原理与发展前景，以及各种储能技术。本章重点介绍碳减排技术的评价与分析、碳税与碳交易，并分析新能源对低碳经济的影响。

在制定相应的减排政策之前，应先对该国家或城市的碳排放有初步核算。不同领域和地区使用的碳核算方法和软件不尽相同。其中，以基于联合国政府间气候变化专门委员会（IPCC）碳排放清单的核算方法与投入产出分析法最为主流。本章第一节重点介绍碳排放的概念、碳排放清单的编制，以及不同核算方法的优劣性和适用场合。第二节介绍碳税和碳交易，包括碳税、碳交易的来源，碳税与能源税、环境税的关系，碳税征收目的与影响，碳税与碳交易的关系等。在梳理清楚相关基础概念后，通过对欧洲国家碳税政策的建立与发展，以及世界碳交易市场的发展的分析，探究我国碳税与碳交易政策推广的必要性与发展方向。此外，大力发展新能源技术也是推进低碳经济发展，缓和气候变化问题的必经之路。新能源技术是低碳经济社会发展的新动力，同时，新能源技术的发展必须建立在低碳经济发展模式上。为探究新能源对低碳经济的影响，本章第三节将从新能源生命周期内碳排放测算方法、新能源减排的成本效益和减排效益，以及新能源发展的挑战与机遇三个方面进行研究。

## 11.1 碳排放核算方法

碳排放是关于温室气体（$CO_2$、$CH_4$、$N_2O$、HFC、PFC、$SF_6$）排放的一个总称或简称。而温室气体中最主要的气体是 $CO_2$，因此用碳（carbon）一词作为代表。碳排放分为可再生碳排放和不可再生碳排放。可再生碳排放是指地球表面各种动植物正常的碳循环，以及使用各种可再生能源的碳排放；而不可再生碳排放是指从地下把几亿年前的矿物能源开发出来，燃烧后产生的碳排放。碳排放尤其是不可再生碳排放带来诸多弊处，其中最主要、最直接的结果是引起温室效应。由于温室气体对来自太阳辐射的可见光具有高度透过性，而对地球发射出来的长波辐射具有高度吸收性，能强烈吸收地面辐射中的红外线，导致地球温度上升，即温室效应。当温室效应不断积累，会导致地气系统吸收与发射的能量不平衡，能量不断在地气系统累积，从而导致温度上升，造成全球气候变暖现象，并引发连锁自然和社会问题。

为应对全球气候变化，世界各国纷纷出台相应的政策来降低碳排放量，以降低碳排放量为目标的低碳经济发展模式正在取代传统的经济增长模式，成为世界各国经济发展模式的首选。作为引起气候变化的主要诱因之一，温室气体排放，尤其是 $CO_2$ 排放的核算成为评估气候变化发展特征的重要依据。碳排放计算主要体现在能源活动方面。能源活动的温室气体排放主要包括固定燃烧源和移动燃烧源。固定源燃烧涵盖以下大类：电力生产、石油冶炼、固体燃烧生产及其他能源工业，制造业，建筑业，其他部门（商业、农业、居民）以及其他活动。另外，移动源矿物燃烧主要消耗在交通运输领域，主要包括道路机动车、非道路机动车、铁路机车、民用航空和水路运输等。

碳排放量水平作为研究环境问题的重要指标，其影响因素很多。其中一些因素属于直接影响因素，另一部分属于间接影响因素。根据影响效果的时期不同，又可以分为长期影响因素和短期影响因素。经过长期的科学研究，一些专家学者提出了多种核算 $CO_2$ 排放量的方法，如从机械设备层面采取仪器测量方法，或者结合燃料燃烧过程的氧化率、燃料含碳量等因素来估计单位燃料燃烧排放出的 $CO_2$ 量等。相应地用于碳排放计算的软件也应运而生，如 BEES（building for environmental and economic sustainability）和 SimaPro 等。BESS 由美国国家标准与技术研究院（NIST）能源实验室研发，适用于建筑行业，分析建筑、建筑材料、建筑施工等的环境与经济效能，为决策者在多产品、项目间的选择提供环境与经济依据。SimaPro 则是由荷兰 Leiden 大学环境科学中心（CML）开发，可用于分析农业、建筑产业、能源设备、材料采矿、零售产品、食品等的环境影响。

本节重点介绍基于 IPCC 的碳排放核算方法以及碳排放投入产出分析法。

## 11.1.1　基于 IPCC 的碳排放清单与计算方法

IPCC 是世界气象组织（WMO）及联合国环境规划署（UNEP）于 1988 年联合建立的政府间机构。2013 年 IPCC 第五次评估报告中指出，自 1901 年以来，全球气温上升了 0.9℃，海平面上升近 0.2m，且上升速度还在加快；自 1979 年以来，夏季北极冰的面积减少了约40%；格陵兰岛和南极冰盖正在融化，全球各地的大部分冰川也都在融化；出现各种极端气候和天气事件的概率增加，而且在未来的数十年里有可能进一步增加。作为温室气体研究方面最为权威的机构，IPCC 的特别报告、技术报告与清单指南等已经成为国家层面温室气体排放清单与气候变化研究领域的最高指导性方法，被各个国家、地区的温室气体排放清单的编制所广泛采用。

基于 IPCC 的报告，制定碳排放清单（即碳排放源普查）和碳排放量计算方法是构成碳排放研究体系的主要内容。其中碳排放量计算方法的研究又可分为针对不同地域尺度的碳排放量核算、针对不同客体的碳排放量核算。

清单（inventory）一词的原意为库存商品的清单明细，即各种商品的存货的数量的一份详细记录，也是商业领域会计上常用的概念。温室气体排放清单作为对温室气体排放的具体描述和详细记录，应当反映出排放量总水平、不同种类温室气体的组成结构、不同排放来源的相应数量及比例关系，包括一套标准的温室气体排放统计表，涵盖了所有相关的气体。另外，该清单还包括了一份说明估算温室气体排放量所使用的方法模型和数据报告。其包含的温室气体主要有 $CO_2$、$CH_4$、$N_2O$、HFCs 等，又因为碳素是温室气体的主要元素，所以温室气体排放清单又称为碳排放清单。

2006 年 IPCC 出版了一份新的温室气体清单指南；将碳源合并为四个部门，即能源（energy）、工业过程和产品用途（industrial processes and product use，IPPU）、农业林业和其他土地利用（agriculture，forestry and other land use，AFOLU）、废弃物（waste）。

为积极响应 IPCC 的要求，2011 年，我国政府针对可代表本国碳排放清单所包含的五大部门——能源相关（能源生产、能源加工与转换、能源消费、生物质能燃烧）、工业生产、农业活动、城市废弃物处置处理、土地利用变化与林业进行明细化研究，并分别形成最终清单。该清单充分体现了我国碳排放源的特点：生物质能燃烧被单列出来加以考察，是由于中国农村地区还广泛存在着直接燃烧生物质能燃料的现象；我国农业活动在经济部门中占有较大比例，粮食主产区分布广泛，地跨多个自然带，受区域地形和小气候影响，耕作制度复杂多样，因此将农业活动碳排放单列；另外，我国快速的城市化过程已导致的污染问题突出，城市废弃物的处理和处置亦被列入清单。

碳排放清单的编制意义重大，应用广泛。以城市层面为例，城市碳排放清单的编制是开展低碳城市规划的基础。低碳城市规划的编制需要以详尽的终端能耗数据为基础，采用定量化、科学化的技术手段，规划结果才会具有很强的可测量性和可考核性。

如图 11-1 所示，低碳城市规划的主要技术方法包括城市碳排放清单编制、规划碳排放情景分析、低碳城市规划路线图制定，以及低碳规划、策略与政策制定，其核心要点是规划要素与碳排放评估过程的关联。此外，影响城市碳排放的其他两个重要因素包括能源供应和低碳技术，这两者与城市规划也有密切的联系。

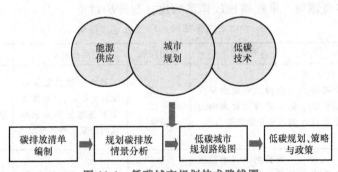

图 11-1　低碳城市规划技术路线图

碳排放计算方法和模型，按照其设计思路可分为微观和宏观两大类。微观估算模型直接针对不同的排放源类型估算出碳排放量，而宏观估算模型则是从大尺度上对碳排放核算给出概念性解释与计算指导方法。目前，使用范围较广、兼具宏观和微观特点的方法主要有排放因子法、质量平衡法和实测法三种。

排放因子法（emission-factor approach）是 IPCC 提出的第一种碳排放估算方法，也是当下最主流的方法之一。其基本思路是依照碳排放清单列表，针对每一种排放源构造其活动数据与排放因子（emission factor，EF），以活动数据和排放因子的乘积作为该排放项目的碳排放量估算值，即。

$$\text{Emissions} = AD \times EF \tag{11-1}$$

式中，Emissions 为温室气体的排放量（如 $CO_2$、$CH_4$ 等）；AD 为活动数据（单个排放源与碳排放直接相关的具体使用和投入数量）；EF 为排放因子（单位某排放源使用量所释放的温室气体数量）。目前，多国都提出了以排放因子法为基础的碳排放计算器，面向用户提供碳排放量估算的方法。可见，排放因子法业已成为当今碳排放估算方法的主流。但由于不同区域，不同时期技术条件和燃烧设备的差异，利用平均排放因子来计算 $CO_2$ 排放对于区域的 $CO_2$ 排放来说还是存在一定的不确定性。

质量平衡法（mass-balance approach）是近年来提出的一种新方法。根据每年用于国家生产生活的新化学物质和设备，计算为满足新设备能力或替换去除气体而消耗的新化学物质份额。该方法的主要优势是可反映碳排放发生地的实际排放量，不仅能够区分各类设施之间的差异，还可以分辨单个和部分设备之间的区别。在当年际间设备不断更新的情况下，该种方法更为简便。

实测法（experiment approach）基于排放源的现场实测基础数据进行汇总从而得到相关碳排放量。该方法根据不同工厂的技术水平和设备以及使用燃料源的不同，可以精确地估算出 $CO_2$ 排放数据，中间环节少、估算结果准确。但该方法又会涉及具体不同工厂和设备气体排放的测量操作，数据获取相对困难，投入较大。现实中多是将现场采集的样品送到有关监测部门，利用专门的检测设备和技术进行定量分析，因此该方法还受到样品采集与处理流程中涉及的样品代表性、测定精度等因素的干扰。目前，实测法在我国的应用还不多。

综合比较，上述三种方法的优缺点、适用的尺度和对象及应用状况见表 11-1。其中，宏观尺度主要包括全球气候变化及预测，全球、大陆、国家碳循环研究，全球、大陆、国家碳排放计算；中观尺度主要有城市、住区碳排放估算范式的建立，城市、住区碳排放估算模型研究；微观尺度多指建筑、家庭碳排放体系的建立与方法讨论。

表 11-1　三种碳排放核算方法的比较

| 类别 | 优点 | 缺点 | 适用尺度 | 适用对象 | 应用现状 |
|---|---|---|---|---|---|
| 排放因子法 | 简单明确易于理解；有成熟的核算公式和活动数据、排放因子数据库；有大量应用实例参考 | 对排放系统自身发生变化时的处理能力较质量平衡法要差 | 宏观 中观 微观 | 社会经济排放源变化较为稳定，自然排放源不是很复杂或忽略其内部复杂性的情况 | 广为应用；方法论的认识统一；结论权威 |
| 质量平衡法 | 明确区分各类设施设备和自然排放源之间的差异 | 需要纳入考虑范围的排放的中间过程较多，容易出现系统误差，数据获取困难且不具权威性 | 宏观 中观 | 社会经济发展迅速、排放设备更换频繁，自然排放源复杂的情况 | 刚刚兴起；方法论认识尚不统一；具体操作方法众多；结论需讨论 |
| 实测法 | 中间环节少；结果准确 | 数据获取相对困难，投入较大，受到样品采集与处理流程中涉及的样品代表性、测定精度等因素的干扰 | 微观 | 小区域、简单生产排放链的碳排放源，或小区域、有能力获取一手监测数据的自然排放源 | 应用历史较长；方法缺陷最小，但数据获取最难；应用范围窄 |

随着人们对环境问题的日益关注，国际碳排放研究现已基本形成了以 IPCC 为主导，各国政府和科学组织积极参与的开放局面，并已从单一的科学问题上升为国际政治问题。由于 IPCC 编制的碳排放清单主要针对国家尺度，城市尺度的清单编制成为近年来派生出来的新学科增长点。

在政府的推动和倡导下，我国科学界对目前我国碳排放的历史演变过程、区域差异特点、主要影响因素，以及生态系统碳排放与碳循环的模式、特点、数量等问题进行了研究，形成了适合我国国情的碳排放核算清单，研究成果颇丰，逐渐加强了碳排放研究对国际气候变化谈判的支撑能力，但也存在理论创新少，方法探索不多，研究发展不均衡等问题。

### 11.1.2 碳排放投入产出分析法

投入产出分析是诺贝尔经济学奖获得者 W. Leontief 在 20 世纪 30 年代首先提出的一种经济计量方法，早期主要用来研究美国的经济结构和宏观经济活动。投入是进行一项活动的消耗，如生产过程的消耗，包括本系统内各部门产品的消耗（中间投入）和初始投入要素的消耗（最初投入）。产出是指进行一项活动的结果，如生产活动的结果是为本系统各部分生产的产品（物质产品和劳务）。

投入产出法的基本原理是通过分析经济活动中的投入产出，建立基础数据矩阵，通过 Leontief 逆矩阵变换，得到产品投入与产出之间的对应关系，并进一步量化经济活动对生态环境所产生的负荷。其研究内容包括编制投入产出表和建立相应的线性方程组，构成一个模拟现实的经济结构与社会产品再生产过程的经济数学模型，综合分析和确定国民经济各部门间错综复杂的联系和再生产的重要比例关系。

研究过程中，对于系统部门的划分主要通过国民经济按照生产产品的经济性质、生产技术方法（工艺过程）和材料结构等方面的同类性，分为若干个部门。例如，我国 1997 年的投入产出表，第一层次共分为六个部门：农业、工业、建筑业、运输邮电业、商业饮食业和非物质生产部门；第二层次分为 40 个部门；第三层次分为 124 个部门。

投入产出分析的基础是投入产出表。根据编表对象的不同，可划分为国家级、地区级和企业级。在实际分析和规划宏观经济计划、战略时，必须首先编制投入产出表。投入产出表编制质量的好坏将直接影响到投入产出模型效果的好坏。

投入产出分析的提出至今已有半个多世纪，在这段时间里，它得到了很大的发展，衍生出了产品模型、固定资产模型、生产能力模型、投资模型、劳动模型以及研究人口、环境保护等专门问题的模型。而针对碳排放问题，也发展出了对应的投入产出模型。作为一种经济核算的辅助模型，碳排放投入产出模型能够跟踪产品的全过程，定位所有排放的源头，区分出产品生产各环节部门引起的直接和间接碳排放。投入产出表的一般格式见表 11-2。

表 11-2 中的行表示某部门的产出，列表示某部门的投入。如第一行的 $x_1$ 为部门 1 的总产出水平，$x_{11}$ 为本部门的使用量，$x_{1j}(j=1, 2, \cdots, n)$ 为部门 1 提供给部门 $j$ 的使用量。各部门的供给最终需求（包括居民消耗、政府使用、出口和社会储备等）为 $y_j(j=1, 2, \cdots, n)$。这几个方面投入的总和代表了这个时期的总产出水平。

表 11-2 投入产出表的一般格式

| 投入 | | 产出 | | | |
|---|---|---|---|---|---|
| | | 消耗部门消耗 | | 最终需求 | 总产出 |
| | | 1 2 $\cdots$ $n$ | | | |
| 生产部门投入 | 1 | $x_{11}$ $x_{12}$ $\cdots$ $x_{1n}$ | | $y_1$ | $x_1$ |
| | 2 | $x_{21}$ $x_{22}$ $\cdots$ $x_{2n}$ | | $y_2$ | $x_2$ |
| | $\vdots$ | $\vdots$ $\vdots$ $\vdots$ | | $\vdots$ | $\vdots$ |
| | $n$ | $x_{n1}$ $x_{n2}$ $\cdots$ $x_{nn}$ | | $y_n$ | $x_n$ |

（续）

| 投入 | | 产出 | | | |
|---|---|---|---|---|---|
| | | 消耗部门消耗 | 最终需求 | 总产出 | |
| | | 1 2 … n | | | |
| 新创造价值 | 工资 纯收入 合计 | $v_1$ $v_2$ … $v_n$ <br> $m_1$ $m_2$ … $m_n$ <br> $z_1$ $z_2$ … $z_n$ | | | |
| 总投入 | | $x_1$ $x_2$ … $x_n$ | | | |

投入产出的基本平衡关系是：从左到右，中间需求加上最终需求等于总产出；从上到下：中间消耗加上净产值等于总投入。由此得平衡方程如下：

从左到右可列产出平衡方程组（也称分配平衡方程组）为

$$\begin{cases} x_{11}+x_{12}+\cdots+x_{1n}+y_1=x_1 \\ x_{22}+x_{22}+\cdots+x_{2n}+y_2=x_2 \\ \quad\vdots \\ x_{n1}+x_{n2}+\cdots+x_{nn}+y_n=x_n \end{cases} \tag{11-2}$$

即

$$\sum_{j=1}^{n} x_{ij} + y_i = x_i \quad i=1,2,\cdots,n \tag{11-3}$$

从上到下可列投入平衡方程组（也称消耗平衡方程组）为

$$\begin{cases} x_{11}+x_{21}+\cdots+x_{n1}+z_1=x_1 \\ x_{12}+x_{22}+\cdots+x_{n2}+z_2=x_2 \\ \quad\vdots \\ x_{1n}+x_{2n}+\cdots+x_{nn}+z_n=x_n \end{cases} \tag{11-4}$$

即

$$\sum_{i=1}^{n} x_{ij} + z_j = x_j \quad j=1,2,\cdots,n \tag{11-5}$$

由式（11-3）和式（11-5）可得

$$\sum_{i=1}^{n} y_i = \sum_{j=1}^{n} z_j \tag{11-6}$$

这也就表明就整个国民经济来讲，用于非生产的消费、积累、储备和出口等方面产品的总价值与整个国民经济净产值的总和相等。

此外，为了帮助更好地理解和应用投入产出表，还有两个系数非常重要：直接消耗系数和完全消耗系数。第 $j$ 部门生产单位价值所消耗的第 $i$ 部门的价值称为第 $j$ 部门对第 $i$ 部门的直接消耗系数，记作 $a_{ij}(i, j=1, 2, \cdots, n)$。由定义得

$$a_{ij}=\frac{x_{ij}}{x_j} \quad i,j=1,2,\cdots,n \tag{11-7}$$

把投入产出表中的各个中间需求 $x_{ij}$ 换成相应的 $a_{ij}$ 后得到的数表称为直接消耗系数表，并称 $n$ 阶矩阵 $\boldsymbol{A}=(a_{ij})$ 为直接消耗系数矩阵，称矩阵 $\boldsymbol{E}-\boldsymbol{A}$ 为列昂捷夫矩阵，其中 $\boldsymbol{E}$ 为单位矩阵。

直接消耗系数只反映各部门间的直接消耗，不能反映各部门间的间接消耗，为此引入完

全消耗系数。

第 $j$ 部门对第 $i$ 部门的完全消耗系数满足方程：

$$b_{ij} = a_{ij} + \sum_{k=1}^{n} b_{ik}a_{kj} \quad i,j = 1,2,\cdots,n \tag{11-8}$$

式中，第 $j$ 部门生产单位价值量直接和间接消耗的第 $i$ 部门的价值量总和，称为第 $j$ 部门对第 $i$ 部门的完全消耗系数，记作 $b_{ij}(i, j=1, 2, \cdots, n)$。由 $b_{ij}$ 构成的 $n$ 阶方阵 $\boldsymbol{B} = (b_{ij})$ 称为各部门间的完全消耗系数矩阵。

$n$ 个部门的直接消耗系数矩阵为 $\boldsymbol{A}$，完全消耗系数矩阵为 $\boldsymbol{B}$，则有

$$\boldsymbol{B} = (\boldsymbol{E}-\boldsymbol{A})^{-1} - \boldsymbol{E} \tag{11-9}$$

通常，完全消耗系数矩阵的值比直接消耗系数矩阵的值要大得多。

下面以计算我国出口产品的碳排放测算为例，介绍用投入产出法计算碳排放的一般步骤。

第一步是相关数据的收集，包括：

1）我国及其主要贸易伙伴之间的货物出口统计数据。

2）反映我国经济各部门之间联系的投入产出数据。

3）各部门或各行业的能源消费数据。

4）我国 $CO_2$ 年排放数据。

5）各部门年产值统计数据。

第二步是数据整理。由于仅需要研究出口贸易中的碳排放，所以需要对行业进行分类、归并。

第三步是建立投入产出模型并计算。

理论上讲，进出口贸易中的隐含碳可以表示为

$$C = \sum_{i=1}^{n} M_i\theta_i \tag{11-10}$$

式中，$C$ 为进口或出口贸易中的隐含碳总量；$M_i$ 为第 $i$ 种进出口商品的价值量，该数据为海关统计量；$\theta_i$ 为第 $i$ 种进出口商品单位价值中包含的碳排放，即碳耗系数。商品生产过程中的碳排放主要包含两个部分，即燃料燃烧所排放的 $CO_2$ 和工农业生产过程所排放的 $CO_2$，如水泥生产等。对于大部分商品来说，燃料燃烧所排放的 $CO_2$ 是最为重要的部分。因此，或可近似计算为

$$\theta_i = E_{固}\,\alpha_{固} + E_{液}\,\alpha_{液} + E_{气}\,\alpha_{气} \tag{11-11}$$

式中，$E_{固}$、$E_{液}$、$E_{气}$ 为生产过程中所消耗的固体能源、液体能源和气体能源的量，单位均为 J；$\alpha_{固}$、$\alpha_{液}$、$\alpha_{气}$ 为固体、液体和气体能源各自的碳排放系数，单位为千克碳当量/$10^9$J。

根据式（11-9）可求出各部门对一次能源部门的完全消耗系数，进而得出该部门每生产单位价值的产品所需要的固体燃料、液体燃料和气体燃料的价值量。根据一次能源部门的产值-实物转换系数，可求得该部门最终产品对固、液、气各燃料的实物消耗量。结合式（11-11），可求出各部门产品的碳耗系数，即 $\theta_i$。

根据搜集到的数据结合投入产出模型，计算不同部分的碳排放系数和净排放值等。

第四步是根据计算结果，结合我国实际国情，分析结果，并得出结论，提出建议。

当前，我国已成为世界上碳排放总量最大的国家之一，面对来自国际社会巨大的碳减排

压力，我国采取积极的态度，制定了到 2020 年碳排放强度在 2005 年基础上降低 45% 的目标，同时通过国家层面的产业规划、政策鼓励等措施将其分解到各个部门，至今取得的成效在 2010 年坎昆世界气候大会上得到世界的认可。

然而国内对碳排放量计算的基准、计算方法等尚未完全与国际标准接轨，而且由于我国经济发展的地域性差异使得碳排放的历史数据、碳排放因子的选取更加困难。因此在借鉴国际标准的同时，更有必要通过实际数据采集和大量案例研究制定适应我国国情的碳减排核算标准。

## 11.2 碳税与碳交易

### 11.2.1 碳税

碳排放的限制和削减（以下称碳减排）不仅是一个技术问题，也是一个经济问题，需要运用多种管理手段和政策工具。其中，碳税是有效减少碳排放的重要经济手段之一，国内外多数经济学家建议通过征收碳税实现碳减排。本节将从碳税的来源与征收原理，碳税与能源税、环境税的关系，征收目的与影响三个方面介绍碳税的基本知识。

#### 1. 碳税的来源与征收原理

碳税最初的由来是根据欧盟对航空征收碳税。根据欧盟 2008 年第 101 号指令，从 2012 年 1 月 1 日起，欧盟要对所有在欧盟境内机场起飞或降落的航班所排放的 $CO_2$ 纳入欧盟的碳排放交易体系，因此，对于 $CO_2$ 排放超过规定配额的航空公司，就需要在欧盟碳排放交易市场购买超出配额的部分。碳税是指针对 $CO_2$ 排放所征收的税，以环境保护为目的，希望通过削减 $CO_2$ 排放来减缓全球变暖。碳税通过对燃煤和石油下游的汽油、航空燃油、天然气等化石燃料产品，按其碳含量的比例征税来实现减少化石燃料消耗和 $CO_2$ 排放。

理论上，碳税的征收原理如图 11-2 所示。横坐标表示碳排放量，纵坐标表示成本，曲线 MC 表示碳减排的边际成本，曲线 MD 表示碳排放边际损害。两条曲线的交点所对应的 $T^*$ 即为最佳碳税标准，相应的 $E^*$ 为最佳碳排放量。但是对于碳排放来说，确定其损害并加以定量化和货币化很困难，因而一般采用次优的排放控制费用最小的方法。

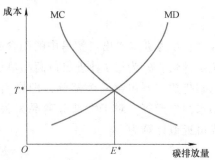

图 11-2　最佳碳税标准和最佳碳排放量

#### 2. 碳税与能源税、环境税的关系

提及碳税，与之相关的概念还包括能源税和环境税。三者之间既相互联系，也存在着一定的区别。碳税就是针对 $CO_2$ 排放征收的一种税，而能源税一般是泛指对各种能源征收的所有税种的统称，包括国外征收的燃油税、燃料税、电力税以及我国征收的成品油消费税等各个税种。

碳税与能源税的相同点体现在征税范围和征收效果上。在征税范围上，碳税与能源税有一定的交叉和重合，都包括对化石燃料进行征税。在征收效果上，碳税与能源税都具有一定的 $CO_2$ 减排和节约能源等作用。

两者的主要区别体现在产生时间、征收目的、征收范围、计税依据、计税效果上。在产生时间上，对各种能源征收的能源税的产生要早于碳税；在征收目的上，碳税的 $CO_2$ 减排征收目的更为明确，而能源税的初期征收目的并不是 $CO_2$ 减排；在征收范围上，碳税的征收范围要小于能源税，只针对化石能源，而能源税包括所有能源；在计税依据上，碳税按照化石燃料的含碳量或碳排放量进行征收，而能源税一般是对能源本身的数量进行征收；在征税效果上，对于 $CO_2$ 减排，理论上根据含碳量征收的碳税效果优于不按含碳量征收的能源税。

环境税也称为生态税（ecological taxation）或绿色税（green tax），一般泛指为实现一定的环境保护目标而征收的所有税种。

三者相比较，环境税的外延最大，既包括能源税和碳税，也包括其他与环境保护相关的税种，如硫税、氮税、污水税等，其目的也是为了激励企业或个人调整生产消费行为习惯，起到改善环境的作用。

### 3. 征收目的与影响

征收碳税的主要目的是减少温室气体的排放量，使得替代能源与廉价燃料相比更具成本竞争力，进而推动替代能源的使用。同时，政府可以通过征收碳税而获得收入，这项收入可用于资助环保项目或减免税额。

虽然征收碳税在碳减排方面有着突出贡献，但由于其对生活和经济的一些负面影响，国际上仍存在对碳税的争议。其支持者认为，通过合理的碳税制度设计可以部分甚至全部规避碳税的负面作用。除了达到减排目的，还能通过征收碳税，减少征收其他税目，或将碳税收入用于支持减排技术研发、低碳产业发展或社会福利事业，成为政府长期稳定财政收入的来源。

其反对者的意见主要集中在碳税对于经济、居民生活的不利影响，以及政府在制度选择和征管因素上的考量，主要包括征管手段、征管的利益分配格局等，这些都能影响碳税的实施效果。如我国如果要征收碳税，国税和地税如何分配、以什么比例分配，直接影响着地方的行为选择和政策倾向。

碳税和环境税政策的影响主要体现在环境和经济两个方面。Pearce 于 1991 提出的环境税"双重红利"假说，也一直被认为是环境税的理论基础之一。具体是指，环境税的开征能够有效抑制污染，改善生态环境质量，达到保护环境的目标；利用环境税税收收入降低现存税制对资本、劳动产生的扭曲作用，有利于社会就业、经济持续增长。另外，碳税政策还对能效改善有积极作用，进一步促进取暖从化石燃料转向生物燃料，并提高清洁能源的竞争力。Karki 等人于 2006 年指出对化石燃料发电征收碳税可以促使可再生能源发电的替代进程，产生替代效应，而碳税会迫使化石燃料发电的电价提高，反过来又会降低客户的需求，产生价格效应。两种效应相互作用，必然有利于减排和能效改善，以及可再生能源的发展。

对于经济的影响，碳税会直接影响国家的国际竞争力和国内的收入分配。一般来说，企业面临碳税时，其短期反应可以是减少供应、改变生产过程或提高产品价格；对于消费者而言，他们可能改变消费结构或者使用进口替代品。但企业典型的长期反应则应是通过革新技术或减少污染工艺来降低生产成本和税收支付，从而提高企业的竞争条件。所以，从短期来看碳税可能会对某些碳密集型产业产生较大的影响，甚至会导致产业的国际转移。

但从长远来看，适当的碳税以及适当的能源价格未必会削减国家的整体国际竞争力。虽然碳税对于低收入家庭的影响要远高于高收入家庭，但碳税对收入分配的影响相对较弱。尽管这一结论已被大量研究证实，但是源于分配问题而反对碳税的争论却很激烈，这是因为征收碳税被认为是直接导致物价上涨。

相关领域专家学者经过多年的研究，得出了以下结论：碳税短期内会对经济发展产生一定影响，但是通过税收中性政策和渐进税率等方法，可以降低其负面影响；长期而言，碳税对节能减排目标的实现具有重要作用，而且可以改善能源结构，提高能源效率，对经济发展的内在质量的提升具有正面的作用；碳税对不同行业的影响存在较大的差异，对能源部门和重化工业的影响较大，对农业、服务业等影响较小，这将促使产业结构调整，尤其是促使我国将经济增长的重点逐步转移到具有人力资源优势且能耗和排放都较低的第三产业，提升经济增长的内在结构；能源税/碳税的实施需要制定较为明确的减排目标，同时也需要结合碳交易等多种经济手段，以及减免税、补贴等多项政策的配合，才能取得相应的成效，同时避免对经济和产业竞争力的过度负面影响。

碳税的影响广泛而深远，涉及社会经济和人民生活诸多方面。征收碳税不仅应考虑环境效果和经济效率，还要考虑社会效益和国际竞争力等。不同国家和地区在不同的经济社会发展阶段，碳税的实施效果有较大差异。但从长期来看，碳税是一个有效的环境经济政策工具，能有效地减少 $CO_2$ 排放，降低能源消耗，改变能源消费结构，短期内抑制经济增长，中长期将有利于经济的健康发展，但有可能扩大资本与劳动的收入分配差距，因此需全局考虑，谨慎开展。

## 11.2.2 碳交易

为了达到应对气候变化，减少碳排放的目的，目前国际上比较常用的基于市场的减排政策工具，除碳税外还有碳交易。碳排放权交易也称为碳交易（即温室气体排放权交易），也就是碳减排购买协议（the certified emission reductions sale and purchase agreement，ERPAs）。本节将介绍碳交易的来源以及碳税与碳交易的关系。

### 1. 碳交易的来源

碳排放权交易的概念源于 1968 年，美国经济学家戴尔斯首先提出了排放权交易的概念，即建立合法的污染物排放的权利，将其通过排放许可证的形式表现出来，令环境资源可以像商品一样买卖。

碳交易的基本原理是合同的一方通过支付另一方获得温室气体减排额度。买方可以将购得的减排额度用于减缓温室效应从而实现其减排的目标。碳交易机制的建立确保了碳交易市场可以规范进行，促进了可再生能源的优化配置。

碳交易机制就是规范国际碳交易市场的一种制度。碳资产原本并非商品，也没有显著的开发价值，因此进行买卖的实际上是碳排放额度。世界碳市场上的交易品种，主要是AAUs、RMUs、ERUs、CERs 等，详见表 11-3。

表 11-3 世界碳市场上的交易品种及其含义

| 名称 | 内涵 | 使用范围或要求 |
| --- | --- | --- |
| AAUs | 国家分配单位(配额) | 《京都议定书》附件—国家之间使用 |
| RMUs | 森林吸收减少的排放量单位 | 由碳汇吸收形成的排放量 |

（续）

| 名称 | 内涵 | 使用范围或要求 |
|---|---|---|
| ERUs | 联合履约(JI)减排单位 | 转型国家由监管委员会签发的项目减排量 |
| CERs | 经核实的减排单位 | 由清洁发展机制（CDM）执行理事会签发 |
| ICERs | 造林或砍伐产生的排放单位 | 由 CDM 执行理事会签发 |
| EUAs | 欧盟排放交易系统单位 | 欧盟成员国实现的强制减排目标 |
| ERs | 自愿减排交易的单位 | 芝加哥交易所、黄金标准交易等 |

碳交易市场产生的源头，可以追溯到 1992 年的《联合国气候变化框架公约》（以下简称《公约》）和 1997 年的《京都协议书》。为了应对全球气候变暖的威胁，1992 年 6 月，150 多个国家制定了《公约》，设定 2050 年全球温室气体排放减少 50% 的目标。1997 年 12 月，有关国家通过了《京都议定书》作为《公约》的补充条款，成为具体的实施纲领。《京都议定书》设定了发达国家（《公约》附录 1 中所列国家）在既定时期（2008～2012 年）的温室气体减排目标，要求实现 2012 年底的温室气体排放量较 1990 年的水平降低 5.2%。

此外，由于《京都议定书》还规定了各国所需达到的具体目标，这导致了同一减排量在不同国家之间存在着不同的成本，形成了价格差。发达国家有需求，发展中国家有供应能力，碳交易市场由此产生。除此之外，全球的碳交易市场还有另外一个强制性的减排市场，也就是欧盟排放交易体系（EUETS）。这是帮助欧盟各国实现《京都议定书》所承诺减排目标的关键措施，并将在中长期持续发挥作用。就减排的国际合作而言，可以通过国际谈判将包括碳交易机制、碳税和管制三者有机地结合，形成互补、灵活的国际合作综合方案。

2. 碳税与碳交易的关系

碳税与碳排放交易机制作为减排的主要经济手段，两者的理论基础不同，作用的方式不同，减排的效果不同，对社会经济的影响也不同。从政策效果来讲，碳税和碳交易各有优势。碳税和碳交易机制都是试图通过市场经济手段来实现节能减排的目标，但是碳税采取的是价格干预，试图通过相对价格的改变来引导经济主体的行为，达到降低排放数量的目的；而碳交易则采取数量干预，在规定排放配额的前提下，由市场交易来决定排放权的分配。

碳交易（适用于大型的排放设施，易发展成为碳金融市场）制度有三点优势：

1）碳交易制度是逆经济周期的，可以起到自动稳定器的作用。

2）减少政府干预。碳交易体系相对来讲受到政府的干预较小，一旦配额分配完毕，政府对于碳交易市场几乎是不干预的。

3）碳交易市场的减排机制不仅减排效果是明确的，而且市场上交易的配额也是节能减排技术的产物，有助于激励低碳经济的发展。

但是相对于碳交易制度，碳税（适用于中小型的、分散的排放设施）的优势主要表现在以下方面：

① 覆盖范围广泛；

② 不需要额外建立监督管理机制；

③ 价格稳定，从而使得企业能够更好地做出如何减少排放的决策；

④ 更容易适应排放绝对增长的国家。

从体制上的可行性来看，碳税比碳交易机制更有效率，碳税更适合目前气候变暖形势严峻、而国际合作机制仍无法就碳排放总目标上达成一致的时候在全球推广，能促使高碳、能源密集型产业在短期实现较大减排。实际上，碳税最大的问题在于很难确定最合理的税率，税率太低不会带来实质性减排，税率太高会对整个实体经济造成影响。并且，所以而长远来看，基于总量控制-交易机制的碳交易市场仍是全球碳减排实现成本最低、效率最明确的最优政策工具。

### 11.2.3 国际经验与借鉴

#### 1. 北欧国家碳税的发展历程

碳税是针对化石燃料使用所征收的税种，旨在希望通过减少化石燃料消耗及 $CO_2$ 排放来减缓全球变暖。碳税最早在芬兰于 1990 年开征，并于 1992 年由欧盟推广。目前世界上。有多个国家（芬兰、丹麦、瑞典、挪威、荷兰和意大利）以及美国、日本和加拿大的部分地区实行了碳税。此外，瑞士、英国、美国等国家也正在讨论征收碳税的提案。总体上看，各国碳税的名义税率差异较大，这主要是因为不同国家和地区减排目标的差异，以及由于处于不同经济社会发展阶段导致不同产业和不同的居民有着不同的减排成本函数造成的。此外，各国一般都有能源税和其他的减排政策，这也会对碳税税率的确定产生影响。

1990 年芬兰率先设立了碳税，税率的确定采取由低到高的循序渐进增长模式，征收范围为所有矿物燃料，当时的目标是在 20 世纪 90 年代末将 $CO_2$ 排放的增长率降低为零。1994 年，芬兰对碳税进行了重新调整，将燃料税分为两部分：一是对煤炭和天然气不征收基本税，只征收碳/能源混合税；二是对柴油和汽油实行差别税率的碳税。

丹麦早在 20 世纪 70 年代就开始对能源消费征税。1992 年丹麦开始对企业和家庭同时征收碳税，征收范围包括天然气、汽油和生物燃料以外的所有化石燃料。按照《1995 年绿色税收框架》，1996 年丹麦进行了环境税制改革，其中涉及能源领域的包括碳税、硫税和能源税三种。

瑞典的碳税是从 1991 年开始征收。1993 年，税收计划进行重大调整，为保证瑞典工业的国际竞争力，将工业部门的碳税降为 80 克朗/t，同时私人的税率增加到 320 克朗/t。2002 年税率又进一步提高，同时作为补偿劳动收入的税率相应下调。

荷兰从 1988 年开始征收环境税，能源税也被纳入环境税收体系，采取普通燃料税的（general fuel tax）形式进行征收。1992 年 7 月，燃料税被纳入一般预算管理条目，碳税变为能源/碳税，比例各为 50%。1999 年 1 月和 2000 年 1 月，荷兰两次提高了碳税税率，结果电力零售价提高 59%，煤气零售价提高 55%，消费者间接通过能源供应企业向政府纳税。

挪威从 1991 年开始对汽油、矿物油和天然气征收 $CO_2$ 税，覆盖了所有 $CO_2$ 排放的 65%。1992 年，挪威把征收范围扩展到煤和焦炭。根据燃料含碳量不同，征税标准也有差别，如 1995 年对汽油的征税标准是 0.83 挪威克朗/L，对柴油的征税标准是 0.415 挪威克朗/L。年税收收入 60 亿挪威克朗，占税收总收入的 2%。

综上所述，北欧五国（芬兰、丹麦、瑞典、荷兰、挪威）的碳税税率具有以下特征：

1）各国税率相差很大，挪威和瑞典的税率相对较高，刺激作用相对较强，而其他三国的刺激作用相对较小。

2）混合征收方式，即税率设计除了考虑燃料碳含量，还考虑不同燃料的比价、不同行业的燃料成本比重等因素。

3）实行差异税率。对家庭、出口及工业所用燃料实行差异税率政策，其目的是环境与工业竞争力并重。

4）税率不断提高。欧盟建立了统一的碳税指引，各成员国据此不断提高税率。

同理，由于欧盟各成员国之间除碳税之外，一般都有其他的能源税和其他的减排政策，且不同国家和地区的减排目标不一样。因此，目前欧盟内部并没有制定统一的碳税税率，各成员国之间存在一定差异。大部分国家的碳税均以混合方式征收，设计的税率由两部分组成：一部分由该能源的含碳量决定，另一部分是由该能源的发热量来决定。

### 2. 国际碳交易市场

碳税的推广需要国际协调，通过谈判达成国际协议，在各国可以承受的减排成本情况下，制定碳税征收的对象、最低税率、调整的时间表和减免税政策等，由市场机制来决定最后能达到的排放水平。但是，碳税也存在一些潜在的问题。由于碳税的实际减排效果无法估算，也就无法判断各国履约的情况。在碳税的税率和征收对象等方面的国际协调会存在较大的争议，尤其是对于碳密集型行业，碳税直接影响其国际竞争力，也关系到各国的经济发展问题。

世界上的碳交易所共有四个：欧盟的欧盟排放权交易制（European Union greenhouse gas emission trading scheme，EU ETS）、英国的英国排放权交易制（UK emissions trading group，ETG）、美国的芝加哥气候交易所（Chicago climate exchange，CCX）和澳大利亚的澳大利亚国家信托（National Trust of Australia，NSW）。

国际碳交易市场主要分为配额交易市场和自愿交易市场。其中，配额交易市场为那些有温室气体排放上限的国家或企业提供碳交易平台以满足减排目标；自愿交易市场则是从其他目标出发（如企业社会责任、品牌建设、社会效益等）自愿进行碳交易以实现其目标。自愿交易市场虽缺乏统一管理，但机制灵活，从申请、审核、交易到颁发所需时间相对更短，价格也较低，虽然目前其所占碳交易额比例小，但潜力巨大。

作为一个对管制高度依赖的市场，国际碳交易所存在的诸多缺陷，在根本上源于国际合作的不充分。各国在减排目标、监管体系以及市场建设方面的差异，导致了市场分割、政策风险以及高昂交易成本的产生。总体来看，国际共识的形成以及国际合作的强化，将有助于扫清国际碳交易市场发展的障碍，对其进一步的快速发展以及新技术的开发和应用起到关键性的作用。不过，也应该看到，在国际合作的层面上，由于各国的利益诉求不同，在一些关键问题上还可能会存在分歧，且很难会在短期内得出结果，国家间的争执难免。不过，尽管如此，这些分歧的存在并不足以改变全球合作的趋势，国际碳交易或许将很快进入到新的发展阶段。

## 11.2.4　我国的碳税与碳交易政策

### 1. 我国的碳税政策

从 2004 年起，我国开始了新一轮税制改革，开始有步骤地实施涉及能源方面的税收政策。出口退税方面，为限制高污染、高能耗、资源性产品的出口，我国取消了原油等部分资源产品的出口退税，炼焦煤、焦炭等部分能源产品的出口退税率也降为 5%；资源税方面，2004 年调整了煤炭、原油、天然气等部分资源品目的资源税税额标准，2007 年又对煤炭等资源的税额进一步进行了调整；消费税方面，2006 年 4 月 1 日开始实施新调整的消费税政策规定，将石脑油、燃料油等成品油纳入消费税征收范围，同时，2008 年开始实施对 1.6L 排量小汽车减半征收购置税等优惠政策，促进了节能环保汽车的开发和发展；企业所得税方面，2008 年 1 月 1 日起，新企业所得税法对企业购置并实际使用的环境保护、节能节水的设备投资额的 10%可以从应纳税额中抵免，对节能环保项目的所得可享受"三免三减半"的税收优惠政策。

在我国开证碳税的必要性有以下四点：

1）开征碳税是减缓国内生态环境压力的需要。改革开放以来，我国经济高速发展，碳排放量逐年增加，而且增长很快。气候变化已经对我国的自然生态系统和经济社会系统产生了一定的影响，同时，我国的发展面临着人口、资源、环境的严重约束。因此，为了实现经济和环境的可持续发展，政府已经把节能减排作为当前工作的重点，并采取了相关的政策措施。碳税作为实现节能减排的有力政策手段，也是保护环境的有效经济措施，应成为我国应对气候变化的主要政策手段之一。

2）开征碳税有利于我国树立负责任的国际形象。我国是《联合国气候变化框架公约》的签约国，并且作为世界上的 $CO_2$ 排放大国，我国限排和减排的国际压力与日俱增。既然减排是有益人民和子孙后代的事业，自然应该寻求主动。因此，开征符合我国国情的碳税，将其作为我国主动进行 $CO_2$ 减排的行动之一，不仅符合国际环境政策的发展趋势，也可以提高自身的国际形象，有利于掌握未来谈判的主动权。

3）开征碳税有利于经济发展方式的转变。经济发展方式粗放，特别是经济结构不合理，是我国经济发展诸多矛盾的主要症结之一。节能减排是进行经济结构调整、转变发展方式的重要途径。而碳税作为重要的环境政策工具，既有利于调整产业结构，也有利于促进节能减排技术的发展，还符合我国发展低碳经济的方向。开征适度的碳税，适当加重高耗能、高污染企业的负担，抑制这些产业的无序增长。同时，征收碳税有利于鼓励和刺激企业探索与利用可再生能源，加快淘汰耗能高、排放高的落后工艺，研究和使用碳回收技术等节能减排技术，促进产业结构的调整和优化、降低能源消耗和加快节能减排技术的开发和应用。总之，开征碳税有利于促进我国经济发展方式的转变和低碳经济的发展。

4）开征碳税是完善环境税制的需要。国外发达国家普遍建立了以硫税、氮税、燃油税、碳税等环境税税种为核心的环境税制或绿色税制。虽然我国目前也有一些与环境保护相关的税种，如资源税、消费税等，但尚缺乏独立的环境税种，符合市场经济的环境税收制度尚未建立起来，环境治理的效果不够理想。开征碳税，可以设立直接针对碳排放征收的税种，增强税收对于 $CO_2$ 减排的调控力度，同时也有助于我国环境税制的完善。碳税作为一个独立税种或者作为环境税的一个税目，配合其他环境税税目的开征，可以弥补环境税的缺位，构建起环境税制的框架，加大税制的绿化程度。此外，通过开征碳税，减少其他扭曲性税收，还能够实现整个税制结构的完善和优化，对实行有利于科学发展的财税制度，进一步深化税制改革具有重要意义。

但目前我国尚未真正构建起完备的能源税收体系，涉及能源、环境的税收基本都是零星分散在其他税收政策之中，主要目的仍是解决节能的问题，调节手段较为单一，不能与国家能源安全、产业发展战略等协调一致。现有能源税收体系基本上是通过对一些基本税收法规的条款进行修订、补充而形成的，散见于各类税收单行法规或税收文件中，直接导致无法形成全面、系统、目标明确的政策导向，以及由于缺乏稳定性、权威性和规范性，局限了政策效力的发挥，在实际执行中容易受到来自各方面的冲击和干扰。未来的能源法律体系将以《能源法》为核心，形成涉及能源生产、消费、节能减排等各具体层面的能源法律群落，结合阶段性的能源发展规划，以及有关节能减排的技术标准出台，构建全方位、系统的、保证能源安全和节能减排的完整政策体系。

结合我国的实际国情，制定碳税政策需要有一个清晰的思路。首先，需要估计我国经济发展和碳排放前景，初步估算碳排放的峰值年份，以此为基础，进行碳税政策的规划和设计；其次，以燃油税为起点，选择适当时机先开征能源税，在能源税稳定运行的基础上再引入碳税，初期以碳税和能源税的混合税形式出现，稳定运行 4~5 年后，逐步由碳税来替代能源税；能源税/碳税的税率调整应是循序渐进、逐步增加的一个过程，既要确保不对经济增长产生太大负面影响，还要保证减排效果能够满足未来碳减排目标的实现；最后，配套措施是能源税/碳税政策能否顺利实施的关键，包括减免税优惠、补贴、投资等一系列政策，为减少碳税实施的阻力和负面效应提供一个过渡期。

### 2. 我国的碳交易政策

近年来我国环境问题频发，碳交易机制作为实现低碳发展的有效路径，也已被政策制定者纳入考虑范围。为完成政府承诺的 2020 年碳排放强度下降的目标，需要发挥市场有效配置资源的作用，降低控制温室气体排放的成本，同时激励企业和社会积极参与。一方面自愿减排交易需要出台交易管理办法，制定审定和核证标准，建立信息披露平台和登记注册系统，提高公正性、公平性和透明性，保证市场的健康发展，鼓励更多的企业参与；另一方面，要积极探索在我国实施以总量控制为前提的碳排放权交易的可行性，尽早建立起交易制度和管理体系，进一步发挥市场机制对控制温室气体排放的积极作用。

随着国际碳交易市场的快速发展，国内很多地区较早就建立了碳排放交易所，探索开展相关业务。早在 2008 年，北京、上海、天津等主要城市相继成立环境交易所，2011 年，北京、上海、天津、重庆、广东、湖北、深圳 7 个省市启动了碳排放权交易试点，并把碳交易作为全面深化改革和生态文明建设的重大任务。2015 年，中美两国联合发布了《中美元首气候变化联合声明》，该声明提出我国计划于 2017 年启动全国碳排放权交易体系。2016 年 1 月，国家发改委发文部署全国碳市场建设工作，出台《碳排放权交易管理暂行办法》，明确部分管理规则，我国的碳市场将从区域试点走向全国统一。

我国的碳交易市场虽然已经初步建立，但是起步时间晚，经验相对不足，因此从各经济体的制度设计中汲取经验就显得尤为重要，各经济体的制度借鉴总结如下。

1）发挥政府在碳市场建设中的主导地位。由各经济体的实践情况可以看出，各国的碳市场建设都有政府参与其中。根据国家发改委目前发布的《碳排放权交易管理暂行办法》，我国的碳市场建设工作由国家发改委主导，根据各地区温室气体排放、经济增长、产业结构、能源结构等因素确定地区配额总量，并预留部分配额用于市场调节和重大项目建设。政府主导碳市场建设，能够协调各区域，起到宏观统御作用。

2）分阶段推进制度建设。为平稳过渡，各经济体都选择分阶段推行政策。初期的绝大多数碳配额被免费分配给企业，后期则更多地采取公开拍卖的方式交易碳配额。我国的大多数企业对这一新制度都较为陌生，政策推进工作预期会有较多障碍，并且我国目前正处于产业结构调整的关键时期，各地区经济发展水平也不相同，某些地区的高能耗、高污染企业对地方财政贡献不小，因此不宜操之过急，我国的碳市场建设还需稳中开展。

3）关注与碳交易配套的碳金融制度。碳金融是碳交易的未来发展方向，如美国有芝加哥气候交易所作为平台交易碳金融产品，满足更高阶段的碳交易需求；韩国也建立了碳基金和碳金融股份公司，将碳基金的款项投资于可再生能源等绿色行业。碳金融在融通市场、配置资源方面能够发挥重要作用，我国目前已在北京、上海、广州、深圳、湖北 5 个试点市场推出了 20 多种金融产品，为企业进行碳交易提供了多种选择。预计下一步全国碳交易市场启动后，将会有更完善的市场规则推出，更多的银行、券商也会参与其中，共同推动我国碳市场和碳金融体系的发展。

综上所述，碳税的制度设计要和其他制度相匹配，其设计应切合我国低碳发展、节能减排的总体政策框架体系，应有一个协调、统一的规划和低碳政策方案，使碳税和碳排放交易制度协调统一，使碳税和能源、资源价格（以电价、油价为主）形成机制改革协调统一，其中的重点是如何协调碳税和碳交易的制度设计。

## 11.3 新能源对低碳经济的影响

能源短缺和环境问题迫使全球走向低碳经济。从世界能源发展趋势来看，低碳经济的核心是新能源技术，在各种新能源和可再生能源的开发利用中，水电、核电、太阳能、风能、地热能、海洋能、生物质能等新能源的发展研究最为迅速。在低碳经济的全球博弈中，新能源产业渐成各国的"兵家必争之地"。

低碳经济与新能源技术具有必然的内在关联性，主要表现在：

1）新能源技术是低碳经济社会发展的新动力。经济的发展离不开技术的创新，低碳经济是一种全新的经济发展模式，它将环境因素作为重要的一种资源，通过新能源技术可以改善周围环境，进而推动技术的进步，促进新的产业发展。

2）低碳经济为新能源技术的发展提供平台与环境优势。新能源技术的发展必须建立在低碳经济发展模式上，脱离低碳经济发展模式，新能源技术就不能获得相应的发展．因此新能源技术与低碳经济之间存相互联系、相互发展的关系。

本节将从新能源生命周期内的碳排放测算方法、新能源减排的成本效益和减排效益，以及新能源发展的挑战与机遇三个方面分析新能源对低碳经济的影响。

### 11.3.1 新能源生命周期内的碳排放测算方法

由于新能源发电本身基本不产生碳排放，因此使用新能源替代传统火力发电可达到减少碳排放的目的。目前我国温室气体减排的工作重点对象是在发电及能源消耗过程中排放的温室气体。核电、风电、光伏发电等新能源往往被认为是零排放的电力能源。而实际上，从生命周期的角度分析，各类新能源电力的开发、建设、运行过程，包括原材料开采、设备生产、运输、销售、设施废弃等环节和阶段也会带来一定的温室气体排放。认识到这一点，引发了人们对于新能源发电技术低碳属性的担忧。因此，遵循生命周期分析方法进行新能源发电技术温室气体减排潜力比较、分析并澄清相关事实具有重要的意义。

生命周期评价（life cycle assessment, LCA）起源于20世纪60年代，理论基础为能量守恒定律和物质守恒定律，是指对特定对象生命周期循环的考察。1969 年，LCA 首先应用于饮料容器的资源消耗和环境释放，20 世纪 80 年代开始大规模引入工业产品评价中，评价范围一般包括原材料提取、制造加工、运输、运营与维护以及废弃处置。评价对象也逐渐从单一的工业产品拓展到工业技术、工业园区、各类项目工程等。随着废弃物品再生循环利用的兴起，评价范围从一般所认为的"从摇篮到坟墓"扩展为"从摇篮到摇篮"，使得循环更加封闭。

各种国际组织也纷纷研究并推动使用 LCA 方法，如国际环境毒理与化学学会（SETAC）和联合国环境规划署（UNEP）等，日本、韩国、印度等国家也建立了本国的 LCA 学会。各种 LCA 软件和数据库也陆续被开发。其中，国际标准化组织制定和发布的 ISO 14040 系列标准，逐渐成为 LCA 使用者的标准。2006 年以来 ISO 发布的 LCA 系列标准见表 11-4。这些标准可用于降低在产品的生产与消费中可能带来的对环境的影响，将推进环境影响的评价进程，即产品在生命周期内对环境所造成的影响，进而鼓励对资源的有效利用并减少产品对环境的影响。

表 11-4　ISO 发布的 LCA 系列标准

| 序号 | 名称 |
| --- | --- |
| ISO 14044:2006 | life cycle assessment-requirements and guidelines |
| ISO 14040:2006 | life cycle assessment-princeples and framework |
| ISO/TR 14047:2012 | life cycle assessment-illustrative examples on how to apply ISO 14044 to impact assessment situations |
| ISO/TR 14049:2012 | life cycle assessment-illustrative examples on how to apply ISO 14044 to goal and scope definition and inventory analysis |
| ISO/TR 14071:2014 | life cycle assessment-critical review processes and reviewer competencies; additional requirements and guidelines to ISO 14044:2006 |
| ISO/TR 14072:2014 | life cycle assessment-requirements and guidelines for organizational life cycle assessment |

下面举例核算风力发电、光伏发电和生物质能发电在生命周期内的各项能源指标。

1. 风力发电核算

以上海市临港某风电场项目为核算对象，该项目装设了 50 台 1MW 的风力发电机，总装机容量 50MW，预计年发电小时数为 2585h，年上网电量为 12926 万 kW，项目投资 21.22 亿元。

该风电场 LCA 系统的核算边界如图 11-3 所示，采用对风电场生命周期的各个部分进行模块化分析的方法，使得各种生命周期分析能够独立地进行，也方便各种生命周期分析之间的横向比较。

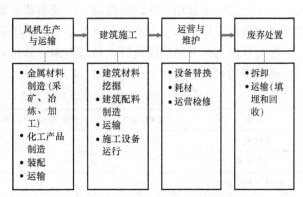

图 11-3　风电场 LCA 系统的核算边界

关于材料的末端处理与循环使用，风力发电机的末端处理根据各种材料的特性不同，各种零部件的处理方式比例是不同的。例如，所有大型的金属组件，单一材料的组件被认为进行 98% 的循环，电缆线被认为是 95% 的循环，其他风力发电机的组成部分循环使用状况见表 11-5。本次核算中认为这种风力发电机的全部循环使用比例约为 81%。

表 11-5  部分风力发电机材料废弃处置状况

| 材料 | 处理方式 | 材料 | 处理方式 |
|---|---|---|---|
| 铝 | 90%循环,10%填埋 | 聚合物 | 50%焚烧,10%填埋 |
| 铜 | 90%循环,10%填埋 | 润滑剂 | 100%焚烧 |
| 铁 | 90%循环,10%填埋 | 其他废弃物 | 100%填埋 |

风机所使用的材料组成主要根据供应商的技术报告和运行手册进行评估。塔的组件,包括制造、加工、组装,主要在长三角地区进行。生产过程中涉及的能量消耗和环境影响选用平均水平的产品单位能耗系数和碳排放因子。

考虑风机制造在江苏盐城完成,而后运输到现场。70%的运输依赖于铁路,而30%依赖于长途货运汽车。火车动力燃料为柴油,机车为柴油机车;汽车动力燃料为汽油,机车为汽油机车。盐城至该风电场的运输距离为400km。根据风机生产与运输阶段的核算公式,可计算出风机生产、运输阶段的能耗和 $CO_2$ 排放核算。

现场的建筑工作包括所有的为风电场建设和运营所提供的工程,考虑到建筑过程中的用料、残余的废弃材料、建筑机器设备的能耗与大气排放等影响,可计算出建筑过程中的能耗和 $CO_2$ 排放核算。

风电场的使用寿命设计为20年。设备为自动化控制,日常运营维护仅需要较少的工作人员。在参考电力公司编制的运行和控制循环系统目录后,认为在经营阶段内,每2周执行一次常规检查,工作人员乘坐汽油车,在20年的时间内,预计共有7000kg汽油消耗。日常运营维护主要包括注入润滑剂、检查零部件并适当更换等,这些均根据既定的维护手册或行业内的国际通用方法进行,即可得出风电场运营阶段的核算结果。

由于废弃处置阶段尚未实际发生,且尚未有成熟的类似经验供参考,因此,此阶段评估的不确定性较大。系统报废以后,主要元件可以进行回收利用,包括90%的钢和20%的叶片材料,其他材料则可以运输到附近的填埋场进行填埋。而建设施工阶段所建设的道路等设施,则不予进一步处理。拆卸阶段施工消耗参照安装施工消耗进行,回收和填埋阶段的运输参照器材运输阶段计算。由此得出风电场拆卸阶段的核算结果。

在对风电场所有的阶段进行生命周期编目分析后,得到风电场生命周期内的能源投入与 $CO_2$ 排放量的数值,见表11-6和图11-4。

表 11-6  风电场 LCA 能源投入与 $CO_2$ 排放量

| 阶段 | 能源投入/TJ | 能源投入占比(%) | $CO_2$ 排放量/t | $CO_2$ 排放占比(%) |
|---|---|---|---|---|
| 风机生产 | 167.27 | 68.23 | 16452.04 | 67.18 |
| 风机运输 | 0.57 | 0.23 | 39.29 | 0.16 |
| 建筑材料产运 | 62.58 | 25.57 | 6911.61 | 28.22 |
| 建筑施工 | 12.77 | 5.21 | 986.21 | 4.03 |
| 运营 | 072 | 0.29 | 49.28 | 0.20 |
| 废弃处置 | 1.14 | 0.47 | 50.11 | 0.20 |
| 合计 | 245.15 | 100 | 24488.54 | 100.00 |

从结果来看,能源投入与碳排放值大小顺序基本一一对应,耗能高的阶段排放也较多。

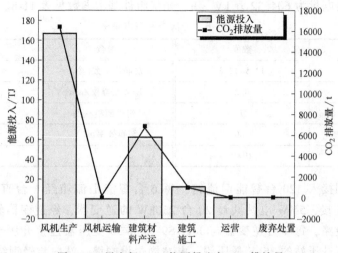

**图 11-4　风电场 LCA 能源投入与 $CO_2$ 排放量**

从各阶段数据来看，生产安装阶段是能源投入与碳排放最为集中的阶段，交通运输、检修以及废弃处置阶段则比例较低。风机生产阶段能源投入与碳排放仍占整个生命周期能源投入的主要比例，均超过了一半，分别占 68.23% 和 67.18%。这与火电设施在运营阶段大量的燃料消耗与碳排放形成鲜明对比。

按照工程设计书上提供的设计发电量计算，可得到 $CO_2$ 强度指标与能源回报比，$CO_2$ 强度指标计算模型为

$$g_c = \frac{G}{Q} \tag{11-12}$$

式中，$g_c$ 为碳强度指标；$G$ 为总 $CO_2$ 排放量；$Q$ 为预计发电量。

能源回报比计算模型为

$$y = \frac{Q}{E} \tag{11-13}$$

式中，$y$ 为能源回报比；$Q$ 为总发电量；$E$ 为总能源投入。

由式（11-12）、式（11-13）可求得风电场的风电场 LCA 发电排放强度见表 11-7。能源回报比将近 38，$CO_2$ 排放强度为 9.47g/kW·h。由于未考虑其他温室气体，温室气体当量值会略大于该值。

**表 11-7　风电场 LCA 发电排放强度**

| 指标 | 总能源投入 /TJ | 总 $CO_2$ 排放量 /t | 预计总电量 /kW·h | 预计发电量 /TJ | $CO_2$ 强度指标 /(g/kW·h) | 能源回报比 |
|---|---|---|---|---|---|---|
| 合计 | 245.15 | 24488.54 | 2585100000 | 9306.40 | 9.47 | 37.96 |

**2. 光伏发电核算**

核算对象为某 5MW 大型并网光伏电站。该电站采用固定式太阳能电池方阵，方阵倾斜 45°，无跟踪系统。该电站共安装了 21744 块 230W 太阳能电池组件，形成 18 个组件串联、1208 列支路并联的阵列，120 台智能汇流箱，20 台直流配电柜，20 台 250kW 并网逆变器，5 台交流配电柜，5 台 S9-1250/35 变压器和 1 套综合监控系统。电站设计寿命为 25 年，运

行期内年平均上网电量为 604.32 万 kW·h。光伏组件基本参数见表 11-8。

表 11-8  光伏组件基本参数

| 参数 | 数值 | 参数 | 数值 |
|---|---|---|---|
| 晶片面积/cm² | 12.5×12.5 | 总晶片个数（个） | 90 |
| 晶片厚度/mm | 0.2 | EVA 层厚度/mm | 0.5 |
| 正面金属镀膜比例(%) | 7 | 组件面积/m² | 1.6 |
| 背面金属镀膜比例(%) | 100 | 转换效率(%) | 16 |
| 晶片阵列分布 | 10×9 | | |

光伏阵列分别接入 120 台智能汇流箱，每 6 台智能汇流箱经 1 台直流配电柜与 1 台 250kW 的逆变器连接，5MW 电站共计 20 台 250kW 的逆变器，经逆变器转换后的 400V 交流，经站内集电线路，每 4 台逆变器与 1 台 S9-1250/35 变压器连接升压至 35kV，经 35kV 输电线路接到汇流升压站的 35kV 低压侧。电站周边设围墙，站内建轻钢结构配电室。光伏电站周围围墙和铁栅栏总高为 2.5m。围墙基础采用平毛石砌筑，砖砌围墙宽为 0.24m，高为 0.5m，以上为 2m 高铁栅栏，铁栅栏围墙每隔 4.5m 固定镀锌钢管立柱。230W 单板面积为 1.6m²，方阵倾角为 45°。方阵支架基础采用 C25 混凝土浇筑。方阵采用 4 行 9 列方式排列，方阵间距 5.5m。每阵 36 块组件，共 604 阵，占地面积共 8 万 m²，约 120 亩（1 亩 ≈ 666.6m²），实际规划用地 150 亩。

光伏发电技术与风力发电技术的生命周期过程比较类似，不同之处仅在于各阶段有关数值的大小。如风电场的现场施工和建设是一个相对较大的工程，而光伏发电站的基地土建工程量则很小。因此，光伏电站的生命周期核算边界如图 11-5 所示。

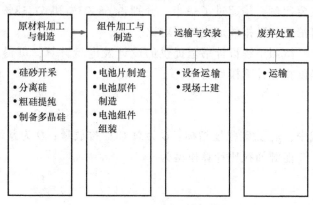

图 11-5  光伏电站的 LCA 系统核算边界

由于光伏组件的独立性，在进行光伏发电站的生命周期核算时，先对光伏发电组件的生命周期进行核算，这时的功能单位确定为一个组件，继而对光伏发电站进行生命周期核算，功能单位以单位发电量即 1kW·h 为准，以方便同其他研究结果做比较，以及同风力发电技术做比较。

将光伏组件的核算以及其他阶段核算结果进行加和处理，得到该光伏电站生命周期内的总能源投入和总 $CO_2$ 排放，如图 11-6 所示。各阶段所占详细比例见表 11-9。

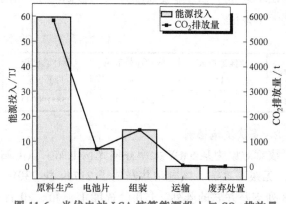

图 11-6  光伏电站 LCA 核算能源投入与 $CO_2$ 排放量

表 11-9　光伏电站 LCA 核算能源投入与 $CO_2$ 排放量

| 阶段 | 原料生产 | 电池片 | 组装 | 运输 | 废弃处置 | 总计 |
|---|---|---|---|---|---|---|
| 能源投入/TJ | 59.32 | 7.07 | 14.83 | 0.15 | 0.07 | 81.43 |
| 能源投入占比(%) | 72.84 | 8.68 | 18.21 | 0.18 | 0.08 | 100 |
| $CO_2$ 排放量/t | 31854.96 | 3635.60 | 7940.91 | 64.71 | 29.42 | 43525.60 |
| $CO_2$ 排放量占比(%) | 71.79 | 8.19 | 17.90 | 1.46 | 0.66 | 100 |

从结果来看，原料生产阶段的能耗和排放在 LCA 周期内均为最高，分别占 72.84% 和 71.79%。组装阶段和电池片生产阶段的能耗和排放则分居 2、3 位。

为了计算光伏电站的能源回报比，需先计算发电量和碳排放量。

光伏发电系统的效率受很多因素影响，包括当地温度、污染情况、光伏组件安装倾角、方位角、太阳电池组件转换效率、周围障碍物遮光等。将计算方法简化后，光伏发电并网系统的总效率由光伏阵列的效率、光伏并网逆变器的转换效率和其他效率（主要是升压变压器效率）三部分组成。这里光伏阵列效率为 90%，光伏并网逆变器的转换效率为 96%，其他效率为 95%，系统的总效率为三者相乘，约为 82.08%。总装机容量为 5MW，该地日照条件充足，为国家光照Ⅱ类地区，按此标准，其峰值日照时长计为 4.3h，假设年均满功率发电 1570h，则该电站一年可发电 7850MW，考虑光伏发电系统的效率为 90%，并考虑电池衰减率 82.08%。实际运行中，第 1 年发电量为 644.32 万 kW·h。运行 25 年中光伏电站的发电量见表 11-10。

表 11-10　光伏电站发电量计算

| 年份 | 发电量/万 kW·h | 年份 | 发电量/万 kW·h |
|---|---|---|---|
| 第 1 年 | 644.32 | 第 25 年 | 571.30 |
| 第 2 年 | 641.11 | 总计 | 15177.76 |
| 第 3 年 | 637.90 | 年均总发电 | 607.11 |
| ⋮ | ⋮ | | |

光伏电站总发电量为 15177.76 万 kW·h，折合为 546.399TJ，该电站生命周期内的总能源投入为 81.432TJ，得到能源回报比为 6.71，即每投入 1 单位的能量，可以得到 6.71 单位的能量产出。

光伏电站 LCA 发电量的排放强度见表 11-11。

表 11-11　光伏电站 LCA 发电量的排放强度

| 指标 | 总能源投入/TJ | 总 $CO_2$ 排放量/t | 预计发电量/kW·h | 预计发电量/TJ | $CO_2$ 强度指标/(g/kW·h) | 能源回报比 |
|---|---|---|---|---|---|---|
| 合计 | 81.432 | 43525.6 | 151777600 | 546.399 | 292.4 | 6.71 |

### 3. 生物质发电核算

核算对象为位于吉林省某地的生物质发电厂，占地面积约 10hm²，装机容量 50MW，建筑物占地面积 24000m²，堆场占地面积 14000m²。运行时长根据季节和植物生长情况有所波动，年均 6000h，使用设计年限为 20 年，消耗生物质量为 1.1kg/kW·h。

生物质发电厂的工艺流程同传统火力发电厂较为类似，只不过用植物秸秆等原料替代煤等原料作为燃料供给。植物秸秆在运输到发电厂后，利用破碎机进行粉碎，而后通过传送带送至焚烧炉进行燃烧，将化学能转化为热能，产生水蒸气推动汽轮机运转从而发电。工艺流程如图 11-7 所示。

生物质发电技术生命周期系统的核算边界如图 11-8 所示。由于工艺上与火力发电具有较高的相似性，其生命周期系统边界与火力发电的边界也比较类似。与风力发电和光伏发电技术不同，

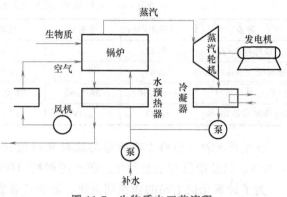

图 11-7  生物质电工艺流程

生物质发电技术的生命周期过程清晰地显示为燃料线和设备线两条线，而由于运行时燃料线的能量投入来源于自然界，故只需要关心设备线即可。

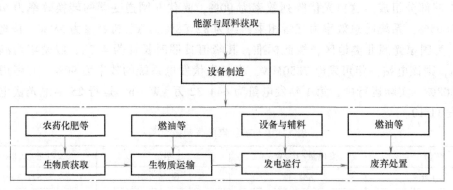

图 11-8  生物质电厂 LCA 系统核算边界

1）生物质获取阶段。该阶段是指生物质在田间生长成熟以后，通过机械和人工劳动进行大规模集中的过程。这部分涉及的机械等暂时不计入范围。生物质在生长成熟后收获时的含水量为 50%，需先将其留在生长地或附近自然脱水，当其含水量降至 25% 时开始运输。

2）生物质运输阶段。生物质发电技术的运输阶段与风力和火力发电不同，并非一次性的，而是需要连续不断地进行。供给半径一般在 50km 范围内，这里取 30km 的平均值作为供给半径。

3）设备制造与运输。该阶段包括生物质电厂建设完成之前所需要的全部步骤，包括电厂设备的制造与运输等，简称电厂建设阶段。

4）发电运行阶段。该阶段是指电厂正常运行发电的阶段。零部件的更换和老化因素暂时没有计算在内。

5）废弃处置阶段。即生物质发电厂达到服役寿命以后，电厂设备的拆卸与处理过程。这里假设电厂设备用于回收和填埋。

选用单位发电量即产生 1kW·h 电能作为功能单位，与风力发电核算与光伏发电核算选取的功能单位一致，有利于进行比较，也可以将生物质发电同火力发电技术进行比较。

核算公式仍采用风力发电核算时所形成的公式，此处不再单独列出。

核算过程涉及各种物料和能源投入，列出最主要的两种能源清单和物料清单，即原油和

原煤的使用量，以及钢铁和铜的使用量，见表 11-12。这里的使用量是电厂整个生命周期内的使用量。

表 11-12 生物质电厂 LCA 主要能源与物料输入清单

| 原料 | 生物质获取 | 生物质运输 | 电厂建设 | 运行 | 废弃处置 |
|---|---|---|---|---|---|
| 原油/kg | 1.837×108 | 10967400 | 0 | 0 | 0 |
| 原煤/kg | 0 | 105000 | 7768200 | 0 | 6369924 |
| 钢铁/kg | 0 | 217800 | 14944200 | 0 | 0 |
| 铜/kg | 0 | 0 | 12750600 | 0 | 0 |

核算结果如图 11-9 和表 11-13、表 11-14 所示。

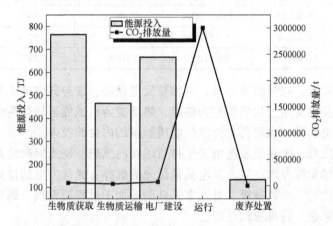

图 11-9 生物质电厂 LCA 核算总能源投入与总 $CO_2$ 排放量

表 11-13 生物质电厂 LCA 各阶段能源投入

| 阶段 | 生物质获取 | 生物质运输 | 电厂建设 | 运行 | 废弃处置 |
|---|---|---|---|---|---|
| 能源投入/TJ | 764.04 | 465.21 | 666.46 | — | 133.13 |
| 占比(%) | 37.66 | 22.93 | 32.85 | | 6.56 |

表 11-14 生物质电厂 LCA 各阶段 $CO_2$ 排放量

| 阶段 | 生物质获取 | 生物质运输 | 电厂建设 | 运行 | 废弃处置 |
|---|---|---|---|---|---|
| $CO_2$ 排放量/t | 54835200 | 33537300 | 70149180 | 300100000 | 163590 |
| 占比(%) | 1.74 | 1.06 | 2.22 | 95.56 | 0.005 |

生物质燃烧时所带来的排放成为主要排放，占比 95.56%。

为了计算单位发电量的排放强度，需要计算发电厂的全部发电时间。该生物质电厂设计功率为 50MW，按照原料供应充足，满负荷年运行 6000h 计算，一年的发电量为 3 亿 kW·h。核算出的 LCA 发电排放强度见表 11-15。

表 11-15 生物质电厂 LCA 发电排放强度

| 指标 | 总能源投入/TJ | 总 $CO_2$ 排放量/t | 预计发电量/kW·h | $CO_2$ 强度指标/(g/kW·h) |
|---|---|---|---|---|
| 合计 | 2028.8 | 3159885.3 | $6×10^9$ | 527 |

应当指出的是，不同生物质原料对结果会产生不同的影响，原因在于生物质培育阶段和燃烧热值等特性的不同。虽然从核算出来的碳排放结果来看，生物质发电的排放要少于同等规模的传统发电，但却仍然面临着很大的发展障碍。除了面临成本较高的劣势外，原料不足也成为一个极大的制约因素。

以上分别针对风力发电、光伏发电和生物质发电三种发电技术，选取我国国内的实例进行生命周期总能源投入和总 $CO_2$ 排放的核算，结果见表 11-16。三种技术实例核算的装机容量规模依次为风电 50MW、光伏发电 5MW、生物质发电 50MW。

表 11-16　三种发电技术 LCA 总能源投入和发电排放强度

| 技术类型 | 能耗/TJ | $CO_2$ 排放量/t | 预计发电量/kW·h | 预计发电量/TJ | $CO_2$ 强度指标/(g/kW·h) | 能源回报比 |
|---|---|---|---|---|---|---|
| 风力 | 245.15 | 24488.54 | 2585100000 | 9306.4 | 9.47 | 37.96 |
| 光伏 | 81.432 | 43525.6 | 151777600 | 546.4 | 292.4 | 6.71 |
| 生物质 | 2028.8 | 3159885.3 | $6\times10^9$ | 21600 | 527 | — |

从总能源投入来看，同等装机容量，生物质发电最高，这与其内部工艺和能源转化方式有关，因为生物质发电要经过化学能变为热能，热能变为机械能再转化为电能的过程，工艺较为复杂。需要指出的是，这里尚未计算生物质燃料的内含能投入。

从发电排放强度看，生物质发电由于生物质燃料的燃烧，毫无疑问地高于风力发电和光伏发电；若仅从减排角度考虑，风力发电是最优先的选择；光伏发电的排放强度高于风力发电，与生物质发电达到一个数量级，可见多晶硅制造加工过程同钢铁、铜等金属加工冶炼过程一样，是一个高耗能、高排放的过程。

为了直观地表示三种发电技术的实际减排量，假定存在三座与这三个核算实例同等寿命、同等发电量且于 2010 年开始运行的火力发电厂，其 $CO_2$ 排放强度均为 0.86kg/kW·h。三种发电技术核算实例的对应减排量见表 11-17。

表 11-17　各类型电厂的减排量

| 参数 | 发电类型 | | | |
|---|---|---|---|---|
| | 风力 | 光伏 | 生物质 | 火力 |
| 排放强度/(g/kW·h) | 9.47 | 292.4 | 527 | 860 |
| 装机规模/MW | 50 | 5 | 50 | — |
| 设计寿命/年 | 20 | 25 | 20 | — |
| 总发电量/×$10^4$kW·h | 258510 | 15177.6 | 600000 | — |
| 总减排量/×$10^4$t | 219.87 | 8.615 | 199.8 | — |

为了方便比较，将光伏发电的装机规模和设计寿命分别按 50MW 和 20 年计算时，可得三种技术的发电厂实际减排量分别为 219.87 万 t、8.615 万 t 和 199.8 万 t。可见同等条件下，风力发电有着最高的减排潜力，生物质发电基本与之相当，而光伏发电则相对较小。反向推算可以发现，光伏发电组件的生产过相比风力发电组件的生产过程是一个耗能强度更高的过程。

因此，从生命周期的角度分析，尽管相对于传统火电来说，风电、光伏发电、生物质能发电等新能源发电技术温室气体排放系数比传统火电要小得多，但并不是绝对的零排放，而是低排放电力类型。由于煤炭开采以及自燃过程温室气体排放较多，考虑生命周期排放以后，新能源发电替代火电的温室气体减排效果更为显著。调整电力结构，提高新能源发电比重，对温室气体减排贡献巨大，减排潜力主要取决于各类电力温室气体排放系数和规划发展目标。

生命周期分析方法除了用于核算新能源发电技术的温室气体排放以外，还可以评价新能源发电的环境影响，如水电对生态和移民的影响、核电发生核泄漏的风险、风电对鸟类飞行的影响、太阳能电池原料多晶硅生产过程中排放的四氯化硅对人类健康的危害等。未来电力行业温室气体减排政策及新能源发展规划制定过程中，也应遵循生命周期分析方法，综合考察新能源发电技术的成本、温室气体减排潜力和环境影响等。

## 11.3.2　新能源减排的成本效益和减排效益

尽管新能源的发展正呈现星火燎原之势，但由于技术、设备、成本、价格、大规模利用的网络等诸多问题，要产生明显效益短期内恐难实现。石油和煤炭仍然将在世界尤其是我国的能源结构中长期占据主导地位，新能源在相当长的一段时期内只能作为化石能源的补充角色而存在。

因此，对现有的石油、煤炭传统能源利用进行技术改进，产生的减排效益十分重要。如清洁煤技术、天然气和煤层气开发利用等，这些技术一旦获得突破并具备经济效益，所带来的减排价值和投资价值非常巨大。更重要的是，基于国内外现有的资源量和开发利用能力，天然气和煤层气的利用扩展速度非常惊人，我国的天然气消费量年增长超过10%，对产业投资的拉动效益显著。此外，在传统工业领域、传统能源领域进行节能降耗的重大改革、改造，其低碳效益更是不可估量。

可见，降低碳排放，发展低碳经济，传统能源与新能源要二者并重才能真正构建出优势互补、节约型和环境友好型共同发展的能源体系。2016年12月26日，国家发展改革委发出通知，进一步调低光伏及陆上风电上网电价，预示着发电行业竞争压力将不断增强，成本效益问题成为目前新能源发电领域最亟须解决的问题。已有的成本比较研究多集中于技术发展较为成熟且较早实现规模化开发的风电领域。郭全英通过风速分布模型、期望发电量模型、成本计算模型对我国风力发电的实际成本进行了研究，得出我国目前风力发电实际成本状况还很难同常规能源相竞争的结论；同时也从国产化的形势、装机容量的增长、风机技术的发展等方面进行分析，预测我国风力发电成本将呈不断下降的趋势。蓝澜等发现即使不考虑新能源发电的鼓励性政策补贴和传统能源发电的环境外部性，风电项目仍比火电项目具有明显的成本优势，否定了对新能源成本过高的固有认识。美国斯坦福大学研究表明，煤电与风电的发电内部成本差别不大，均为 3~4 美分/kW·h；但是加上外部环境成本，煤电的成本就变成 5.5~8.3 美分/kW·h，将超过风电成本。

影响新能源发电成本的因素有很多，已有的研究成果可大致归类为初始设备和组件的投资成本过高、运行维护费用过高、财务费用过高、上网电量过低等主要因素。由于技术进步的原因，光伏和风机的组件价格持续下跌，未来将拥有完全取代化石燃料发电的商业价值。同时，选取不同的并网方案、增加适当的政府补贴、提高新能源上网的稳定性、发电企业内部进行成本控制等方法也可以有效降低新能源发电的成本。

新能源开发利用可替代大量化石能源、减少温室气体和污染物排放、显著增加就业岗位，对环境和社会发展起到重要且积极的作用，其效益不能单纯用货币来衡量。国际上一些机构在新能源效益评估方面做得较好，国际能源署（IEA）每年的能源技术展望报告致力于能源转型技术研究，评估了各个能源技术领域的转型潜力并开展了成本效益分析。

在国内，减排效益的评价主要集中在新能源发展投入的经济性。如方国昌等从非线性动力学入手，将新能源纳入节能减排演化系统，分析了新能源对能源强度和经济增长的影响，结果表明，依靠新能源自身发展或单纯加大对新能源的经济投入，并不能很好地控制能源强度。加大包括新能源在内的节能减排等的综合投入，可以很好地降低能源强度，促进经济发展。陈立斌采用技术经济评价方法对水电、风电、太阳能光伏发电和核电减排 $CO_2$ 的经济性进行分析，分析结果表明，单从减排 $CO_2$ 的经济性看，水电最好，其次为核电，再次是风电和太阳能光伏；如果从减排效果看，则核电最强。

最后，以温丹辉、王灿搭建的混合模型为例，将我国电力行业按燃煤、燃气、水电、核电、风能、光伏发电和生物质能发电等发电技术进行拆分，分析我国清洁能源的企业减排成本和社会减排成本。考察的发电技术类型用集合 $T$ 表示，$T=\{co,gs,hy,np,wi,so,bi\}$，其中 co、gs、hy、np、wi、so、bi 分别表示燃煤、燃气、水电、核电、风能、太阳能和生物能发电技术，模型分为生产活动模块、收入支出与投资模块、国际贸易模块、福利模块均衡与闭合模块。

清洁能源替代煤电后产品价格发生变化，产业规模也发生了调整。清洁能源对煤炭发电替代比例为 5% 时，各部门销售价格和产量变化比率见表 11-18。

结果表明，总体而言，低成本清洁发电技术促进了产业部门的发展，而高成本技术则抑制了产业部门的发展。一次能源部门中，煤炭产业在所有六项清洁能源技术发展情景中均受到抑制，而石油部门与天然气部门则只在水电、核电、风电技术发展情景中受到抑制，燃气、光伏、生物质能发电技术将增加对石油和天然气的需求。

表 11-18　替代比例为 5% 时各部门销售价格（$p$）与产量（$q$）的变化比率　　　　　（%）

| 部门 | 水电 | | 核电 | | 燃气 | | 风电 | | 光伏 | | 生物质能 | |
|---|---|---|---|---|---|---|---|---|---|---|---|---|
| | $p$ | $q$ | $p$ | $q$ | $p$ | $q$ | $p$ | $q$ | $p$ | $q$ | $p$ | $q$ |
| 煤炭 | −0.41 | −2.60 | −0.34 | −2.58 | 0.32 | −3.94 | 0.27 | −4.28 | 2.21 | −8.95 | 0.75 | −6.27 |
| 石油 | −0.30 | −0.93 | −0.25 | −0.81 | 0.25 | 0.42 | 0.30 | −0.34 | 1.92 | 1.52 | 0.54 | 0.52 |
| 天然气 | −0.49 | −0.77 | −0.4 | −0.70 | 0.38 | 97.65 | 0.39 | −0.46 | 2.51 | 0.83 | 0.89 | 0.76 |
| 电力、热力 | −2.35 | 2.36 | −1.90 | 2.33 | 1.77 | −1.75 | 0.58 | −1.18 | 10.04 | −11.22 | 4.51 | −5.68 |
| 农林牧渔 | −0.10 | 0.19 | −0.08 | 0.11 | 0.08 | −0.24 | 0.09 | −0.21 | 0.61 | −1.18 | 0.18 | 4.70 |
| 采矿业 | −0.57 | 0.50 | −0.47 | 1.19 | 0.44 | −0.41 | 0.30 | −0.40 | 2.85 | −2.90 | 1.06 | −1.27 |
| 食品制造业 | −0.13 | 0.24 | −0.11 | 0.14 | 0.12 | −0.26 | 0.16 | −0.22 | 0.96 | −1.28 | 0.24 | 0.49 |
| 纺织业 | −0.22 | 0.29 | −0.18 | 0.20 | 0.18 | −0.24 | 0.16 | −0.24 | 1.46 | −1.56 | 0.40 | −0.37 |
| 木材加工业 | −0.26 | 0.22 | −0.21 | 0.12 | 0.21 | −0.32 | 0.22 | −0.33 | 1.55 | −1.78 | 0.47 | −0.71 |
| 造纸印刷业 | −0.26 | 0.40 | −0.22 | 0.29 | 0.22 | −0.32 | 0.24 | −0.24 | 1.63 | −1.93 | 0.53 | −0.53 |
| 化学工业 | −0.41 | 0.34 | −0.34 | 0.25 | 0.32 | −0.25 | 0.26 | −0.29 | 2.16 | −1.97 | 0.75 | −0.36 |
| 非金属矿物制品 | −0.47 | 0.28 | −0.39 | 0.16 | 0.37 | −0.30 | 0.27 | −0.27 | 2.45 | −1.76 | 0.87 | −0.83 |
| 金属冶炼加工 | −0.46 | 0.37 | −0.38 | 0.25 | 0.36 | −0.30 | 0.28 | −0.36 | 2.39 | −2.40 | 0.85 | −1.15 |

（续）

| 部门 | 水电 | | 核电 | | 燃气 | | 风电 | | 光伏 | | 生物质能 | |
|---|---|---|---|---|---|---|---|---|---|---|---|---|
| | $p$ | $q$ | $p$ | $q$ | $p$ | $q$ | $p$ | $q$ | $p$ | $q$ | $p$ | $q$ |
| 通用专用设备 | -0.31 | 0.26 | -0.26 | 0.15 | 0.25 | -0.19 | 0.25 | -0.35 | 1.81 | -2.02 | 0.57 | -1.00 |
| 交通运输设备 | -0.25 | 0.43 | -0.21 | 0.30 | 0.20 | -0.31 | 0.22 | -0.16 | 1.52 | -1.76 | 0.45 | -0.73 |
| 电气机械 | -0.29 | 0.78 | -0.23 | 0.66 | 0.23 | -0.48 | 0.24 | 0.39 | 1.70 | -0.98 | 0.52 | -0.79 |
| 通信设备 | -0.16 | 0.24 | -0.13 | 0.18 | 0.13 | -0.20 | 0.17 | -0.18 | 1.04 | -1.31 | 0.28 | -0.41 |
| 仪器仪表 | -0.17 | 0.47 | -0.14 | 0.41 | 0.15 | -0.06 | 0.18 | 0.21 | 1.15 | -0.71 | 0.32 | -0.47 |
| 其他制作业 | -0.10 | 0.32 | -0.09 | 0.20 | 0.11 | -0.35 | 0.30 | -0.35 | 1.28 | -2.07 | 0.17 | -0.67 |
| 水的生产和供应 | -0.84 | 0.62 | -0.68 | 0.47 | 0.64 | -0.47 | 0.34 | 0.03 | 3.93 | -1.65 | 1.57 | 0.80 |
| 交通业 | -0.08 | 0.01 | -0.07 | -0.06 | 0.09 | -0.41 | 0.27 | -0.56 | 1.11 | -2.08 | 0.14 | -0.83 |
| 建筑业 | -0.30 | 0.32 | -0.24 | 0.18 | 0.24 | -0.31 | 0.24 | -0.16 | 1.74 | -1.40 | 0.54 | 0.67 |
| 服务业 | -0.08 | 0.29 | -0.07 | 0.19 | 0.09 | -0.28 | 0.24 | -0.17 | 1.05 | -1.33 | 0.14 | 0.32 |

表 11-19 为考察不同技术的减排表现，包括在等量替代传统煤电的情况下电力行业的排放量、其他行业的排放量、总排放量、排放强度（总排放量与 GDP 的比值）等指标的变化率。结果表明，清洁发电技术均可以实现电力行业减排，但差异很大。替代比例为 5% 时，光伏发电、生物质能分别帮助电力行业实现了 16.48% 和 11.41% 的减排，燃气发电只帮助电力行业减排 1.86%。

表 11-19 替代比例为 5% 时的减排比率 （%）

| 类型 | 电力行业排放量 | 其他行业排放量 | 总排放量 | 排放强度 |
|---|---|---|---|---|
| 水电 | -3.59 | -1.18 | -2.06 | -2.12 |
| 核电 | -3.67 | -1.05 | -2 | -1.97 |
| 燃气 | -1.86 | 1.18 | 0.08 | 0.18 |
| 风电 | -6.92 | -0.51 | -2.84 | -2.82 |
| 光伏 | -16.48 | 1.73 | -4.89 | -4.84 |
| 生物 | -11.41 | 0.81 | -3.63 | -3.67 |

计算不同清洁发电技术的企业减排成本和社会减排成本见表 11-20。

表 11-20 不同清洁发电技术的企业减排成本与社会减排成本（单位：元/tCO₂）

| 类型 | 企业减排成本 | 社会减排成本 | | |
|---|---|---|---|---|
| | | 1% | 2% | 3% |
| 水电 | -168.47 | -125.4 | -125.11 | -124.26 |
| 核电 | -135.57 | 54.38 | 54.57 | 55.14 |
| 燃气 | 300.91 | ∞ | ∞ | ∞ |
| 风电 | 26.13 | 24.09 | 24.11 | 24.17 |
| 光伏 | 662.63 | 37.8 | 39.84 | 46.01 |
| 生物 | 324.48 | -49.25 | -48.45 | -46.09 |

由于投资拉动等影响，风电、光伏发电、生物质能等新型清洁发电技术的成本得到了部

分补偿,社会减排成本低于其企业减排成本;核电的社会减排成本显著高于企业减排成本;燃气发电无助于减排又显著抑制了经济发展,社会减排成本为无穷大。

鉴于各项减排技术在企业成本和社会成本中的差异,政府不应该行政化地只为电力企业设定一个减排数字,而应该由企业根据自身的企业成本进行技术选择,从而制定相应的减排目标。政府应该引导电力行业采取社会成本较低的减排技术。在引导过程中,谨慎采取核电,同时仅为减排考虑,也应避免采用天然气发电方式。

### 11.3.3 我国新能源发展的挑战与机遇

虽然我国的新能源发电装机量呈快速增长的趋势,但是由于投资者与经营者在新能源利用方面的责任和义务不明确,利用效率不高,重建设、轻利用的情况较为突出,供给与需求不平衡、不协调,致使新能源替代化石能源消费的潜力未能充分挖掘。因此,尽管新能源技术存在诸多优势,但仍存在以下问题:

1)新能源技术还不完善,导致产生大量的污染与能耗。我国一直在强调新能源的低污染、低能耗,但是由于新能源技术不够完善,导致在发展新能源产业时存在大量的污染,尤其是在新能源产业制造过程中产生大量的污染。

2)新能源技术创新制度不完善,适应不了低碳经济发展的要求。目前我国在新能源技术创新制度建设方面还存在一些问题:一是新能源技术创新的资金投入不足。新能源技术开发需要的资金比较多,而且新能源技术开发所要承担的风险也比较大,因此在新能源技术的研发上存在资金投入不足的问题。二是政府在新能源技术研发创新中的主导作用不够。新能源技术创新需要政府部门发挥统一协调的管理机制,然而目前政府在其中的主导作用没有发挥出来,导致我国新能源技术的关键领域缺乏创新,过度依赖于国外技术。三是我国与世界合作的机制也不顺畅。

3)新能源关键技术没有解决。发展新能源技术的重要举措是提高关键技术。以新能源汽车技术为例,电池技术是新能源汽车发展的关键,电池间的一致性是影响新能源汽车发展的技术难题,解决电池间一致性问题的措施主要是在来料一致的情况下提高生产工艺,保证电池每个生产环节的一致性。

在目前严峻的新能源应用形势下,我国要想按时完成减排的自主行动目标存在一定压力。为了解决新能源应用以及替代减排中的一系列问题,积极开展相关的研究是必要的。因此,为应对低碳经济环境新趋势,新能源技术发展的新对策应运而生,主要包括以下方面:

1)创新新能源技术,构建相应的技术配套战略,构建层次科学的新能源产业系统。一方面要积极构建与新能源技术相适应的技术配套设施,降低因为配套设施不完善而导致新能源不"能源"的问题。以太阳能转化电能为例,需要加强对多晶硅生产技术的研发与创新,降低该原料的单位消耗,实现真正的低碳经济发展;另一方面大力发展智能电网体系。新能源技术发展的主要瓶颈是智能电网建设缺乏整体性考虑,因此需要紧随新能源技术发展要求构建智能电网体系。

2)完善新能源创新制度,完善相关法律法规。一是强化政府部门对新能源技术的资金投入。由于新能源技术研发周期较长,因此需要政府加强对新能源技术的研发资金投入,建立专项资金,重点支持关键技术的研发,提高科研院校在新能源技术创新、实践方面的作用,拓展新能源技术的社会应用性。二是建立多元化的融资渠道。新能源技术的研发具有一定的公益性，因此需要构建多渠道的融资机制以保证资金的稳定性。我国要在政府投入、银行信贷的基础上，发挥市场的作用，增加民间资金研发新能源技术。三是培养高素质的研发人员，提高我国新能源技术的创新能力，四是建立完善的法律法规体系，以此指导新能源技术的发展与创新。

3）培养引导性强大的企业，扩大宣传力度。依据我国经济发展政策对能源市场进行整合分析，调节以往能源企业与新能源之间的关系，大力建立和扶植新能源龙头企业，为之后企业的发展拓展市场。在进行新能源开发之前，相应的基础建设都是龙头企业需要承担的责任和任务。毕竟，龙头企业早已获取了新能源市场的重要地位，同时拥有有效的资金进行技术研发，从而可以更加有效地宣传新能源技术。

4）提升新能源技术发展的自主创新能力。一方面要大力培育具有工匠精神的工程研发队伍，提高自主创新能力。培养具有工匠精神和自主创新能力的工程师是提升我国新能源技术的关键，因此科研院校要加强人才培养，提高生产能力水平；另一方面也要加强对自主创新成果的产权保护，提高企业科研创新的积极性，改善新能源技术专利审查与授权程序，加大对新能源技术产权的保护力度；三是加快新能源技术成果转让，实现新能源技术成果的市场价值，加快我国新能源技术领域产品的创新速度。

# 参 考 文 献

[1] 中国电力规划设计总院. 中国能源发展报告 2019 [R/OL]. (2020-07-31) [2021-03-01]. https://mp. weixin. qq. com/s/utoECnHNeH46G7OSIGEemA.

[2] JACOBSON M Z, DELUCCHI M A. 2030 开启新能源时代 [J]. 环球科学, 2009 (12): 16-23.

[3] 王如竹, 代彦军. 太阳能制冷 [M]. 北京: 化学工业出版社, 2007.

[4] 朱颖心. 建筑环境学 [M]. 北京: 中国建筑工业出版社, 2010.

[5] 杨世铭, 陶文铨. 传热学 [M]. 4 版. 北京: 高等教育出版社, 2006.

[6] 左然, 施明恒, 王希麟. 可再生能源概论 [M]. 北京: 机械工业出版社, 2007.

[7] 杨洪兴, 吕琳, 彭晋卿, 等. 太阳能建筑一体化技术与应用 [M]. 2 版. 北京: 中国建筑工业出版社, 2015.

[8] 何梓年, 朱敦智. 太阳能供热采暖应用技术手册 [M]. 北京: 化学工业出版社, 2009.

[9] 岑幻霞. 太阳能热利用 [M]. 北京: 清华大学出版社, 1997.

[10] 郑宏飞, 何开岩, 陈子乾. 太阳能海水淡化技术 [M]. 北京: 北京理工大学出版社, 2005.

[11] 韩崇巍. 太阳能双效溴化锂吸收式制冷系统的性能研究 [D]. 合肥: 中国科学技术大学, 2009.

[12] 徐震原. 基于太阳能利用的溴化锂-水变效吸收式制冷的循环与系统研究 [D]. 上海: 上海交通大学, 2015.

[13] 陈欢. 自然循环太阳能蒸汽发生系统传热特性实验研究 [D]. 杭州: 浙江大学, 2013.

[14] 潘权稳, 王如竹. 一种回热回质循环吸附式制冷系统的仿真 [J]. 化工学报, 2016, 67 (S2): 262-268.

[15] 王敏, 何涛, 路宾. 中温太阳能集热技术应用分析 [J]. 建筑科学, 2013, 29 (2): 4-6, 49.

[16] 申文明, 殷志强, 马迎昌, 等. 中温太阳能集热器 [J]. 太阳能, 2012 (14): 49-51.

[17] KALOGIROU S A. Solar thermal collectors and applications [J]. Progress in Energy and Combustion Science, 2004, 30 (3): 231-295.

[18] SolarPower Europe. Global market outlook for solar power 2015-2019 [R/OL]. [2021-03-01]. https://resources. solarbusinesshub. com/solar-industry-reports/item/global-market-outlook-for-solar-power-2015-2019.

[19] 杨洪兴, 周伟. 太阳能建筑一体化技术与应用 [M]. 北京: 中国建筑工业出版社, 2009.

[20] 杨洪兴, 吕琳, 马涛. 太阳能—风能互补发电技术及应用 [M]. 北京: 中国建筑工业出版社, 2015.

[21] 杨金焕. 太阳能光伏发电应用技术. [M]. 2 版. 北京: 电子工业出版社, 2013.

[22] 黄素逸, 高伟. 能源概论 [M]. 2 版. 北京: 高等教育出版社, 2013.

[23] 李传统. 新能源与可再生能源技术 [M]. 2 版. 南京: 东南大学出版社, 2012.

[24] 苏亚欣, 毛玉如, 赵敬德. 新能源与可再生能源概论 [M]. 北京: 高等教育出版社, 2006.

[25] 张希良. 风能开发利用 [M]. 北京: 化学工业出版社, 2005.

[26] 左然, 施明恒, 王希麟. 可再生能源概论 [M]. 北京: 机械工业出版社, 2007.

[27] 李家春, 贺德馨. 中国风能可持续发展之路 [M]. 北京: 科学出版社, 2018.

[28] 吴治坚, 叶枝全, 沈辉. 新能源和可再生能源的利用 [M]. 北京: 机械工业出版社, 2006.

[29] 黄武群, 朱一平, 鲁林平, 等. 风能及其利用 [M]. 天津: 天津大学出版社, 2015.

[30] 张志英, 赵萍, 李银凤, 等. 风能与风力发电技术 [M]. 2 版. 北京: 化学工业出版社, 2010.

[31] KISSELL T E. 风力发电技术与工程应用 [M]. 刘其辉, 译. 北京: 机械工业出版社, 2014.

[32] BURTON T, et al. 风能技术 [M]. 武鑫, 等译. 北京: 科学出版社, 2007.

［33］ 肖松，刘艳娜. 风资源评估及风电场选址实例［M］. 沈阳：东北大学出版社，2016.

［34］ 中国可再生能源学会风能专业委员会. 2017 中国风电装机容量统计［EB/OL］.［2019-02-19］. ht-tp：//www. cwea. org. cn/industry_data_2017. html.

［35］ GUO M，SONG W，BUHAIN J. Bioenergy and biofuels：history，status，and perspective［J］. Renewable and Sustainable Energy Reviews，2015，42：712-725.

［36］ 许大全. 光合作用效率［J］. 植物生理学报，1988（5）：3-9.

［37］ 李景明，薛梅. 中国生物质能利用现状与发展前景［J］. 农业科技管理，2010，29（2）：1-4.

［38］ 田春龙，郭斌，刘春朝. 能源植物研究现状和展望［J］. 生物加工过程，2005，3（1）：14-19.

［39］ 夏金兰，万民熙，王润民，等. 微藻生物柴油的现状与进展［J］. 中国生物工程杂志，2009，29（7）：118-126.

［40］ WANG S，DAI G，YANG H，et al. Lignocellulosic biomass pyrolysis mechanism：a state-of-the-art review［J］. Progress in Energy and Combustion Science，2017，62：33-86.

［41］ 刘延春，张英楠，刘明，等. 生物质固化成型技术研究进展［J］. 世界林业研究，2008，21（4）：41-47.

［42］ DHUNGANA A. Torrefaction of biomass［D］. Halifax：Dalhousie University，2011.

［43］ 孙立，张晓东. 生物质热解气化原理与技术［M］. 北京：化学工业出版社，2013.

［44］ 王树荣，骆仲泱. 生物质组分热裂解［M］. 北京：科学出版社，2013.

［45］ BRIDGWATER A V. Review of fast pyrolysis of biomass and product upgrading［J］. Biomass & Bioenergy，2012，38（2）：68-94.

［46］ GARCIANUNEZ J A，PELAEZSAMANIEGO M R，GARCÍAPÉREZ M E，et al. Historical developments of pyrolysis reactors：a review［J］. Energy & Fuels，2017，31（6）：5751-5775.

［47］ KATUNZI M. Biomass conversion in fixed bed experiments［R］. Eindhoven：Technische Universiteit Eindhoven，2006.

［48］ V LOO S，KOPPEJAN J. The handbook of biomass combustion and co-firing［M］. London，Earthscan，2007.

［49］ 陈振辉，杨海平，杨伟，等. 生物质燃烧过程中颗粒物的形成机理及排放特性综述［J］. 生物质化学工程，2014（5）：33-38.

［50］ NIU Y，ZHU Y，TAN H，et al. Investigations on biomass slagging in utility boiler：criterion numbers and slagging growth mechanisms［J］. Fuel Processing Technology，2014，128：499-508.

［51］ ZHOU H，JENSEN A D，GLARBORG P，et al. Formation and reduction of nitric oxide in fixed-bed combustion of straw［J］. Fuel，2006，85（5）：705-716.

［52］ VAINIO E. Fate of fuel-bound nitrogen and sulfur in biomass-fired industrial boilers［D］. Turku Abo Akademi University，2014.

［53］ KUMAR A，JONES D D，HANNA M A. Thermochemical biomass gasification：a review of the current status of the technology［J］. Energies，2009，2（3）：556-581.

［54］ PUIG-A M，BRUNO J C，CORONAS A. Review and analysis of biomass gasification models［J］. Renewable and Sustainable Energy Reviews，2010，14（9）：2841-2851.

［55］ SHEN Y，YOSHIKAWA K. Recent progresses in catalytic tar elimination during biomass gasification or pyrolysis：a review［J］. Renewable and Sustainable Energy Reviews，2013，17（21）：371-392.

［56］ 周泽宇，刘书敏，蔡德耀，等. 垃圾焚烧中二噁英脱除方法及机理［J］. 能源与环境，2009（1）：80-82.

［57］ RIOS M L V，GONZÁLEZ A M，LORA E E S，et al. Reduction of tar generated during biomass gasification：a review［J］. Biomass and Bioenergy，2018，108：345-370.

［58］ EGSGAARD H，AHRENFELDT J，AMBUS P，et al. Gas cleaning with hot char beds studied by stable isotopes [J]. Journal of Analytical and Applied Pyrolysis, 2014, 107: 174-182.

[59]　张睿智, 罗永浩, 殷仁豪. 生活垃圾气化-燃烧清洁转化工艺 [J]. 工业锅炉, 2016 (5): 1-5.

[60]　林鑫, 武国庆. 纤维素乙醇关键技术及进展 [J]. 生物产业技术, 2015 (2): 16-21.

[61]　Renewable Fuels Association. World fuel ethanol production [R/OL] [2013-04-06] [2021-03-01]. ht-tp: //ethanolrfa. org/pages/World-Fuel-Ethanol-Production.

[62]　GUPTA A, VERMA J P. Sustainable bio-ethanol production from agro-residues: a review [J]. Renewable and Sustainable Energy Reviews, 2015, 41: 550-567.

[63]　张玉玺. 生物乙醇原料的发展现状及展望 [J]. 当代化工研究, 2016 (4): 43-44.

[64]　SIKARWAR V S, ZHAO M, FENNELL P S, et al. Progress in biofuel production from gasification [J]. Progress in Energy and Combustion Science, 2017, 43 (61): 189-248.

[65]　MAO C, FENG Y, WANG X, et al. Review on research achievements of biogas from anaerobic digestion [J]. Renewable and Sustainable Energy Reviews, 2015, 45: 540-555.

[66]　刘荣厚. 生物质能工程 [M]. 北京: 化学工业出版社, 2009.

[67]　中华人民共和国农业部. 中国农业统计资料: 2013 [M]. 北京: 中国农业出版社, 2014.

[68]　陈利洪, 贾敬敦, 雍新琴. 我国沼气产业化发展战略模式及其措施 [J]. 中国沼气, 2016, 34 (1): 84-89.

[69]　AGARWAL A K. Biofuels (alcohols and biodiesel) applications as fuels for internal combustion engines [J]. Progress in Energy and Combustion Science, 2007, 33 (3): 233-271.

[70]　BASHA S A, GOPAL K R, JEBARAJ S. A review on biodiesel production, combustion, emissions and performance [J]. Renewable and Sustainable Energy Reviews, 2009, 13 (6-7): 1628-1634.

[71]　李扬, 曾静, 杜伟, 等. 我国生物柴油产业的回顾与展望 [J]. 生物工程学报, 2015, 31 (6): 820-828.

[72]　李小英, 聂小安, 陈洁, 等. 微生物油脂制备生物柴油技术研究现状及发展趋势 [J]. 生物质化学工程, 2015, 49 (6): 37-44.

[73]　连培生. 原子能工业 [M]. 北京: 中国原子能出版社, 2002.

[74]　倪晓理, 黄晓津, 张亚军. 多用途低温核供热堆运行目标的开环优化研究 [J]. 原子能科学技术, 2013, 47 (8): 1383-1388.

[75]　张骐. 低温核能供热堆联合有机朗肯循环的热电联供 [J]. 煤气与热力, 2017, 37 (9): 1-3.

[76]　薄涵亮, 马昌文, 吴少融. 低温供热堆推荐动力循环 [J]. 核科学与工程, 1997, 17 (4): 309-312.

[77]　张亚军, 王秀珍. 200MW 低温核供热堆研究进展及产业化发展前景 [J]. 核动力工程, 2003, 24 (2): 180-183.

[78]　HAISHENG C, THANG N C, WEI Y, et al. Progress in electrical energy storage system: a critical review [J]. Progress in Natural Science, 2009, 19 (3): 291-312.

[79]　TARASCON J M, ARMAND M. Issues and challenges facing rechargeable lithium batteries [J]. Nature, 2001, 414: 359-367.

[80]　杨军, 解晶莹, 王久林. 化学电源测试原理与技术 [M]. 北京: 化学工业出版社, 2006.

[81]　DAVID L, THOMAS B R. Handbook of batteries [M]. New York: The McGraw-Hill Companies, Inc., 2001.

[82]　傅献彩, 沈文霞, 姚天扬, 等. 物理化学 [M]. 北京: 高等教育出版社, 2006.

[83]　唐有根. 镍氢电池 [M]. 北京: 化学工业出版社, 2007.

[84]　GOODENOUGH J B, PARK K S, The Li-ion rechargeable battery: a perspective [J]. J A CS, 2013, 135: 1167-1176.

［85］ VINCENT C A. Lithium batteries: a 50-year perspective, 1959-2009 ［J］. Solid State Ionics, 2000, 134 (1-2): 159-167.

［86］ 吴宇平, 袁翔云, 董超, 等. 锂离子电池: 应用与实践 ［M］. 北京: 化学工业出版社, 2004.

［87］ 袁国辉. 电化学电容器 ［M］. 北京: 化学工业出版社, 2006.

［88］ 张治安, 邓梅根, 胡永达, 等. 电化学电容器的特点及应用 ［J］. 电子元件与材料, 2003, 22 (11): 1-5.

［89］ FTITTS D H. An analysis of electrochemical capacitors ［J］. Journal of the Electrochemical Society, 1997, 144 (6): 2233-2245.

［90］ 侯贺辉. 高比表面积中孔炭材料的制备及其双电层电容性能研究 ［D］. 长沙: 中南大学, 2004.

［91］ 樊栓狮, 梁德青, 杨向阳. 储能材料与技术 ［M］. 北京: 化学工业出版社, 2004.

［92］ ABEDIN A H, ROSEN M A. A critical review of thermochemical energy storage systems ［J］. Open Renewable Energy Journal, 2011, 4 (4): 42-46.

［93］ 郭茶秀, 魏新利. 热能存储技术与应用 ［M］. 北京: 化学工业出版社, 2005.

［94］ 崔海亭, 杨锋. 蓄热技术及其应用 ［M］. 北京: 化学工业出版社, 2004.

［95］ 鹿鹏. 能源储存与应用技术 ［M］. 北京: 科学出版社, 2016.

［96］ PINEL P, CRUICKSHANK C A, BEAUSOLEIL-MORRISON I, et al. A review of available methods for seasonal storage of solar thermal energy in residential applications ［J］. Renewable & Sustainable Energy Reviews, 2011, 15 (7): 3341-3359.

［97］ 张仁元. 相变材料与相变储能技术 ［M］. 北京: 科学出版社, 2009.

［98］ 张金延, 倪永全. 脂肪酸及其深加工手册 ［M］. 北京: 化学工业出版社, 2002.

［99］ SHARIF M K A, AL-ABIDI A A, MAT S, et al. Review of the application of phase change material for heating and domestic hot water systems ［J］. Renewable & Sustainable Energy Reviews, 2015, 42: 557-568.

［100］ 王如竹, 王丽伟, 吴静怡. 吸附式制冷理论与应用 ［M］. 北京: 科学出版社, 2007.

［101］ YU N, WANG R Z, WANG L W. Sorption thermal storage for solar energy ［J］. Progress in Energy and Combustion Science, 2013, 39 (5): 489-514.

［102］ FISCH M N, GUIGAS M, DALENBÄCK, J O. A review of large-scale solar heating systems in Europe ［J］. Solar Energy, 1998, 63: 355-366.

［103］ ZHANG Y N, WANG R Z, LI T X. Experimental investigation on an open sorption thermal storage system for space heating ［J］. Energy, 2017, 141: 2421-2433.

［104］ NEHRIR M H, WANG C, STRUNZ K, et al. A review of hybrid renewable/alternative energy systems for electric power generation: configurations, control, and applications ［J］. IEEE Transactions on Sustainable Energy, 2011, 2 (4): 392-403.

［105］ MANCARELLA P. MES (multi-energy systems): an overview of concepts and evaluation models ［J］. Energy, 2014, 65 (2): 1-17.

［106］ JACOBSON M Z, DELUCCHI M A, BAZOUIN G, et al. A 100% wind, water, sunlight (WWS) all-sector energy plan for Washington State ［J］. Renewable Energy, 2016, 86: 75-88.

［107］ FATHIMA A H, PALANISAMY K. Optimization in microgrids with hybrid energy systems: a review ［J］. Renewable & Sustainable Energy Reviews, 2015, 39 (45): 431-446.

［108］ VIVAS F J, HERAS A D L, SEGUREA F, et al. A review of energy management strategies for renewable hybrid energy systems with hydrogen backup ［J］. Renewable & Sustainable Energy Reviews, 2017, 41 (82): 126-155.

［109］ UPADHYAY S, SHARMA M P. A review on configurations, control and sizing methodologies of hybrid energy systems [J]. Renewable & Sustainable Energy Reviews, 2014, 38 (5): 47-63.

[110] LUNA-RUBIO R, TREJO-PEREAM, VARGAS V D, et al. Optimal sizing of renewable hybrids energy systems: a review of methodologies [J]. Solar Energy, 2012, 86 (4): 1077-1088.

[111] 刘振亚. 智能电网知识读本 [M]. 北京: 中国电力出版社, 2010.

[112] 吴建中. 欧洲综合能源系统发展的驱动与现状 [J]. 电力系统自动化, 2016, 40 (5): 1-7.

[113] 彭克, 张聪, 徐丙垠, 等. 多能协同综合能源系统示范工程现状与展望 [J]. 电力自动化设备, 2017, 37 (6): 3-10.

[114] MERINO J, RODRÍGUEZ J E, CAERTS C, et al. Scenarios and requirements for the operation of the 2030+ electricity network [C] //CIRED 2015: 23rd International Conference on Electricity Distribution, [s. l.]: ELECTRAIRP, 2015.

[115] 金红光, 郑丹星, 徐建中. 分布式冷热电联产系统装置及应用 [M]. 北京: 中国电力出版社, 2010.

[116] 张成, 蔡万焕, 于同申. 区域经济增长与碳生产率: 基于收敛及脱钩指数的分析 [J]. 中国工业经济, 2013 (5): 18-30.

[117] 王雅捷, 何永. 基于碳排放清单编制的低碳城市规划技术方法研究 [J]. 中国人口·资源与环境, 2015, 25 (6): 72-80.

[118] HOUGHTON J T. Revised 1996 IPCC guidelines for National Greenhouse Gas Inventories: referenle manu [Z]. 1997.

[119] 钟契夫. 投入产出原理及其应用 [M]. 北京: 中国社会科学出版社, 1982.

[120] LEONTIEF W W. Quantitative input and output relations in the economic systems of the united states [J]. Review of Economics & Statistics, 1936, 18 (3): 105-125.

[121] 周宏春. 世界碳交易市场的发展与启示 [J]. 中国软科学, 2009 (12): 39-48.

[122] 周剑, 何建坤. 北欧国家碳税政策的研究及启示 [J]. 环境保护, 2008 (22): 70-73.

[123] 刘胜强, 毛显强, 邢有凯. 中国新能源发电生命周期温室气体减排潜力比较和分析 [J]. 气候变化研究进展, 2012, 8 (1): 48-53.

[124] 李钢, 张磊, 姚磊磊. 中国风力发电社会成本收益分析 [J]. 经济研究参考, 2009 (52): 44-49.

[125] 方国昌, 田立新, 傅敏, 等. 新能源发展对能源强度和经济增长的影响 [J]. 系统工程理论与实践, 2013, 33 (11): 2795-2803.